원샷!원킬!
한방에 합격하는 합격비법서!

토목기사시리즈
| Engineer Civil Engineering Series |

측량학

이진녕 지음

독자 여러분께 알려드립니다

토목기사 필기시험을 본 후 그 문제 가운데 **측량학** 10여 문제를 재구성해서 성안당 출판사로 보내주시면, 채택된 문제에 대해서 **성안당 도서 1부**를 증정해 드립니다. 독자 여러분이 보내주시는 기출문제는 더 나은 책을 만드는 데 큰 도움이 됩니다. 감사합니다.

 e-mail coh@cyber.co.kr (최옥현)

★ 메일을 보내주실 때 성명, 연락처, 주소를 기재해 주시기 바랍니다.
★ 보내주신 기출문제는 집필자가 검토한 후에 도서를 증정해 드립니다.

■ 도서 A/S 안내

성안당에서 발행하는 모든 도서는 저자와 출판사, 그리고 독자가 함께 만들어 나갑니다.

좋은 책을 펴내기 위해 많은 노력을 기울이고 있습니다. 혹시라도 내용상의 오류나 오탈자 등이 발견되면 "좋은 책은 나라의 보배"로서 우리 모두가 함께 만들어 간다는 마음으로 연락주시기 바랍니다. 수정 보완하여 더 나은 책이 되도록 최선을 다하겠습니다.

성안당은 늘 독자 여러분들의 소중한 의견을 기다리고 있습니다. 좋은 의견을 보내주시는 분께는 성안당 쇼핑몰의 포인트(3,000포인트)를 적립해 드립니다.

잘못 만들어진 책이나 부록 등이 파손된 경우에는 교환해 드립니다.

저자문의 e-mail : ljny2k@hanmail.net(이진녕)
본서 기획자 e-mail : coh@cyber.co.kr(최옥현)
홈페이지 : http://www.cyber.co.kr   전화 : 031) 950-6300

머리말

　측량학은 지구 및 우주상에 존재하는 모든 대상물(지표면, 지하, 해양, 공간)의 기하학적 위치(거리, 방향, 높이, 시간)를 관측하여 지도 제작 및 모든 구조물의 위치를 정량화하고, 환경 및 자원에 관한 정보를 수집하여 이를 정성적으로 해석하는 제반 방법을 다루는 학문이다.

　과거의 측량은 줄자나 레벨, 트랜싯 등의 장비를 이용하여 1차원적인 거리, 높이, 각을 관측한 결과를 바탕으로 2, 3차원의 위치를 결정하는 방식으로 진행되었다. 하지만 최근에는 측량기술의 발전으로 GNSS나 항공사진측량, Total Station 등의 장비를 이용하여 한 번의 관측으로 3차원 위치를 결정하는 방법적인 변화가 진행되고 있어서 본서에서는 전통적인 측량과 현대의 측량을 모두 다루고자 노력했다. 측량학을 학문적으로 접근하여 내용을 정리하기에는 그 방대함에 어려움을 느끼고 수많은 수식과 관측방법의 이론적 배경과 실무적인 내용, 관측에 따른 오차의 처리 등에 이르기까지 학습에 어려움을 주는 분야임에는 틀림이 없다. 필자 역시 학창시절에 측량학 공부가 어려웠고, 토목기사 시험을 치르며 다른 과목에 비해 더 많은 어려움을 느꼈던 것으로 기억한다.

　본서는 필자가 대학과 학원에서 측량과 관련한 여러 과목을 강의하며 정리한 측량이론과 원리를 한국산업인력공단이 주관하는 국가기술자격시험의 출제기준에 따라 수험생의 입장에서 학습하고 내용을 정리하기 용이하게 기술하였다. 아울러 토목공학을 전공하는 학생들이 측량학을 공부하는 데 있어 이 책이 좋은 길잡이가 될 수 있으리라 확신하며 다음의 사항에 중점을 두고 이 책을 출간하게 되었다.

> **본서의 특징**
> 1. 각 장의 서두에 학습포인트를 넣어 학습의 방향성을 제시하였다.
> 2. 3회독 플래너를 넣어 단계적이고 체계적인 학습이 되도록 일정을 제시하였다.
> 3. 필수 내용을 본문으로 구성하고, 과년도 기출문제 중 빈출문제를 선별해서 단원별로 수록하였다.
> 4. 유형별 문제의 해설을 보다 자세하게 수록하여 문제를 학습하며 본문의 내용을 정리할 수 있도록 구성하였다.
> 5. 각 장마다 과년도 기출문제의 출제빈도표를 구성하고, 빈출되는 중요한 문제는 별표(★)로 강조하였다.
> 6. 시험에 임박하여 마무리학습을 할 수 있도록 요점노트를 첨부하였다.

　아무쪼록 이 책이 국가자격시험을 준비하는 수험생에게 큰 도움이 되기를 바라며, 미흡한 내용이나 부족한 점은 계속해서 수정 보완해 나갈 것을 약속드린다. 끝으로 출간을 위해 애써 주신 도서출판 성안당의 임직원분들에게 깊은 감사를 드린다.

저자 이진녕

출제기준

필기

| 직무분야 | 건설 | 중직무분야 | 토목 | 자격종목 | 토목기사 | 적용기간 | 2026. 1. 1. ~ 2027. 12. 31. |

직무내용: 도로, 공항, 철도, 하천, 교량, 댐, 터널, 상하수도, 사면, 항만 및 해양시설물 등 다양한 건설사업을 계획, 설계, 시공, 관리 등을 수행하는 직무이다.

| 필기검정방법 | 객관식 | 문제 수 | 120 | 시험시간 | 3시간 |

필기과목명	출제문제 수	주요항목	세부항목	세세항목
응용역학	20	1. 역학적인 개념 및 건설 구조물의 해석	(1) 힘과 모멘트	① 힘 ② 모멘트
			(2) 단면의 성질	① 단면 1차 모멘트와 도심 ② 단면 2차 모멘트 ③ 단면 상승 모멘트 ④ 회전반경 ⑤ 단면계수
			(3) 재료의 역학적 성질	① 응력과 변형률 ② 탄성계수
			(4) 정정보	① 보의 반력 ② 보의 전단력 ③ 보의 휨모멘트 ④ 보의 영향선 ⑤ 정정보의 종류
			(5) 보의 응력	① 휨응력 ② 전단응력
			(6) 보의 처짐	① 보의 처짐 ② 보의 처짐각 ③ 기타 처짐 해법
			(7) 기둥	① 단주 ② 장주
			(8) 정정트러스(truss), 라멘(rahmen), 아치(arch), 케이블(cable)	① 트러스 ② 라멘 ③ 아치 ④ 케이블
			(9) 구조물의 탄성변형	① 탄성변형
			(10) 부정정 구조물	① 부정정구조물의 개요 ② 부정정구조물의 판별 ③ 부정정구조물의 해법

필기과목명	출제문제 수	주요항목	세부항목	세세항목
측량학	20	1. 측량학 일반	(1) 측량기준 및 오차	① 측지학 개요 ② 좌표계와 측량원점 ③ 측량의 오차와 정밀도
			(2) 국가기준점	① 국가기준점 개요 ② 국가기준점 현황
		2. 평면기준점측량	(1) 위성측위시스템(GNSS)	① 위성측위시스템(GNSS) 개요 ② 위성측위시스템(GNSS) 활용
			(2) 삼각측량	① 삼각측량의 개요 ② 삼각측량의 방법 ③ 수평각 측정 및 조정 ④ 변장계산 및 좌표계산 ⑤ 삼각수준측량 ⑥ 삼변측량
			(3) 다각측량	① 다각측량 개요 ② 다각측량 외업 ③ 다각측량 내업 ④ 측점전개 및 도면작성
		3. 수준점측량	(1) 수준측량	① 정의, 분류, 용어 ② 야장기입법 ③ 종·횡단측량 ④ 수준망 조정 ⑤ 교호수준측량
		4. 응용측량	(1) 지형측량	① 지형도 표시법 ② 등고선의 일반 개요 ③ 등고선의 측정 및 작성 ④ 공간정보의 활용
			(2) 면적 및 체적 측량	① 면적계산 ② 체적계산
			(3) 노선측량	① 중심선 및 종횡단 측량 ② 단곡선 설치와 계산 및 이용방법 ③ 완화곡선의 종류별 설치와 계산 및 이용방법 ④ 종곡선 설치와 계산 및 이용방법
			(4) 하천측량	① 하천측량의 개요 ② 하천의 종횡단측량
수리학 및 수문학	20	1. 수리학	(1) 물의성질	① 점성계수 ② 압축성 ③ 표면장력 ④ 증기압
			(2) 정수역학	① 압력의 정의 ② 정수압 분포 ③ 정수력 ④ 부력

필기과목명	출제 문제 수	주요항목	세부항목	세세항목
			(3) 동수역학	① 오일러방정식과 베르누이식 ② 흐름의 구분 ③ 연속방정식 ④ 운동량방정식 ⑤ 에너지 방정식
			(4) 관수로	① 마찰손실 ② 기타 손실 ③ 관망 해석
			(5) 개수로	① 전수두 및 에너지방정식 ② 효율적 흐름 단면 ③ 비에너지 ④ 도수 ⑤ 점변 부등류 ⑥ 오리피스 ⑦ 위어
			(6) 지하수	① Darcy의 법칙 ② 지하수 흐름 방정식
			(7) 해안 수리	① 파랑 ② 항만구조물
		2. 수문학	(1) 수문학의 기초	① 수문 순환 및 기상학 ② 유역 ③ 강수 ④ 증발산 ⑤ 침투
			(2) 주요 이론	① 지표수 및 지하수 유출 ② 단위 유량도 ③ 홍수추적 ④ 수문통계 및 빈도 ⑤ 도시 수문학
			(3) 응용 및 설계	① 수문모형 ② 수문조사 및 설계
철근콘크리트 및 강구조	20	1. 철근콘크리트 및 강구조	(1) 철근콘크리트	① 설계일반 ② 설계하중 및 하중조합 ③ 휨과 압축 ④ 전단과 비틀림 ⑤ 철근의 정착과 이음 ⑥ 슬래브, 벽체, 기초, 옹벽, 라멘, 아치 등의 구조물 설계
			(2) 프리스트레스트 콘크리트	① 기본개념 및 재료 ② 도입과 손실 ③ 휨부재 설계 ④ 전단 설계 ⑤ 슬래브 설계
			(3) 강구조	① 기본개념 ② 인장 및 압축부재 ③ 휨부재 ④ 접합 및 연결

필기과목명	출제문제 수	주요항목	세부항목	세세항목
토질 및 기초	20	1. 토질역학	(1) 흙의 물리적 성질과 분류	① 흙의 기본성질 ② 흙의 구성 ③ 흙의 입도 분포 ④ 흙의 소성특성 ⑤ 흙의 분류
			(2) 흙속에서의 물의 흐름	① 투수계수 ② 물의 2차원 흐름 ③ 침투와 파이핑
			(3) 지반 내의 응력분포	① 지중응력 ② 유효응력과 간극수압 ③ 모관현상 ④ 외력에 의한 지중응력 ⑤ 흙의 동상 및 융해
			(4) 압밀	① 압밀이론 ② 압밀시험 ③ 압밀도 ④ 압밀시간 ⑤ 압밀침하량 산정
			(5) 흙의 전단강도	① 흙의 파괴이론과 전단강도 ② 흙의 전단특성 ③ 전단시험 ④ 간극수압계수 ⑤ 응력경로
			(6) 토압	① 토압의 종류 ② 토압이론 ③ 구조물에 작용하는 토압 ④ 옹벽 및 보강토옹벽의 안정
			(7) 흙의 다짐	① 흙의 다짐특성 ② 흙의 다짐시험 ③ 현장다짐 및 품질관리
			(8) 사면의 안정	① 사면의 파괴거동 ② 사면의 안정해석 ③ 사면안정 대책공법
			(9) 지반조사 및 시험	① 시추 및 시료 채취 ② 원위치 시험 및 물리탐사 ③ 토질시험
		2. 기초공학	(1) 기초일반	① 기초일반 ② 기초의 형식
			(2) 얕은기초	① 지지력 ② 침하
			(3) 깊은기초	① 말뚝기초 지지력 ② 말뚝기초 침하 ③ 케이슨기초
			(4) 연약지반개량	① 사질토 지반개량공법 ② 점성토 지반개량공법 ③ 기타 지반개량공법

필기 과목명	출제 문제 수	주요항목	세부항목	세세항목
상하수도 공학	20	1. 상수도계획	(1) 상수도 시설 계획	① 상수도의 구성 및 계통 ② 계획급수량의 산정 ③ 수원 ④ 수질기준
			(2) 상수관로 시설	① 도수, 송수계획 ② 배수, 급수계획 ③ 펌프장 계획
			(3) 정수장 시설	① 정수방법 ② 정수시설 ③ 배출수 처리시설
		2. 하수도계획	(1) 하수도 시설계획	① 하수도의 구성 및 계통 ② 하수의 배제방식 ③ 계획하수량의 산정 ④ 하수의 수질
			(2) 하수관로 시설	① 하수관로 계획 ② 펌프장 계획 ③ 우수조정지 계획
			(3) 하수처리장 시설	① 하수처리방법 ② 하수처리시설 ③ 오니(Sludge) 처리시설

실기

직무분야	건설	중직무분야	토목	자격종목	토목기사	적용기간	2026. 1. 1. ~ 2027. 12. 31.
직무내용 : 도로, 공항, 철도, 하천, 교량, 댐, 터널, 상하수도, 사면, 항만 및 해양시설물 등 다양한 건설사업을 계획, 설계, 시공, 관리 등을 수행하는 직무이다.							
수행준거 : 1. 토목시설물에 대한 타당성 조사, 기본설계, 실시설계 등의 각 설계단계에 따른 설계를 할 수 있다. 2. 설계도면 이해에 대한 지식을 가지고 시공 및 건설사업관리 직무를 수행할 수 있다.							
실기검정방법	필답형			시험시간			3시간	

실기과목명	주요항목	세부항목	세세항목
토목설계 및 시공실무	1. 토목설계 및 시공에 관한 사항	(1) 토공 및 건설기계 이해하기	① 토공계획에 대해 알고 있어야 한다. ② 토공시공에 대해 알고 있어야 한다. ③ 건설기계 및 장비에 대해 알고 있어야 한다.
		(2) 기초 및 연약지반 개량 이해하기	① 지반조사 및 시험방법을 알고 있어야 한다. ② 연약지반 개요에 대해 알고 있어야 한다. ③ 연약지반 개량공법에 대해 알고 있어야 한다. ④ 연약지반 측방유동에 대해 알고 있어야 한다. ⑤ 연약지반 계측에 대해 알고 있어야 한다. ⑥ 얕은기초에 대해 알고 있어야 한다. ⑦ 깊은기초에 대해 알고 있어야 한다.
		(3) 콘크리트 이해하기	① 특성에 대해 알고 있어야 한다. ② 재료에 대해 알고 있어야 한다. ③ 배합 설계 및 시공에 대해 알고 있어야 한다. ④ 특수 콘크리트에 대해 알고 있어야 한다. ⑤ 콘크리트 구조물의 보수, 보강 공법에 대해 알고 있어야 한다.
		(4) 교량 이해하기	① 구성 및 분류를 알고 있어야 한다. ② 가설공법에 대해 알고 있어야 한다. ③ 내하력 평가방법 및 보수, 보강 공법에 대해 알고 있어야 한다.
		(5) 터널 이해하기	① 조사 및 암반 분류에 대해 알고 있어야 한다. ② 터널공법에 대해 알고 있어야 한다. ③ 발파개념에 대해 알고 있어야 한다. ④ 지보 및 보강 공법에 대해 알고 있어야 한다. ⑤ 콘크리트 라이닝 및 배수에 대해 알고 있어야 한다. ⑥ 터널계측 및 부대시설에 대해 알고 있어야 한다.
		(6) 배수구조물 이해하기	① 배수구조물의 종류 및 특성에 대해 알고 있어야 한다. ② 시공방법에 대해 알고 있어야 한다.

실기과목명	주요항목	세부항목	세세항목
		(7) 도로 및 포장 이해하기	① 도로의 계획 및 개념에 대해 알고 있어야 한다. ② 포장의 종류 및 특성에 대해 알고 있어야 한다. ③ 아스팔트 포장에 대해 알고 있어야 한다. ④ 콘크리트 포장에 대해 알고 있어야 한다. ⑤ 포장 유지 보수에 대해 알고 있어야 한다.
		(8) 옹벽, 사면, 흙막이 이해하기	① 옹벽의 개념에 대해 알고 있어야 한다. ② 옹벽설계 및 시공에 대해 알고 있어야 한다. ③ 보강토 옹벽에 대해 알고 있어야 한다. ④ 흙막이 공법의 종류 및 특성에 대해 알고 있어야 한다. ⑤ 흙막이 공법의 설계에 대해 알고 있어야 한다. ⑥ 사면 안정에 대해 알고 있어야 한다.
		(9) 하천, 댐 및 항만 이해하기	① 하천공사의 종류 및 특성에 대해 알고 있어야 한다. ② 댐공사의 종류 및 특성에 대해 알고 있어야 한다. ③ 항만공사의 종류 및 특성에 대해 알고 있어야 한다. ④ 준설 및 매립에 대해 알고 있어야 한다.
	2. 토목시공에 따른 공사·공정 및 품질관리	(1) 공사 및 공정관리하기	① 공사 관리에 대해 알고 있어야 한다. ② 공정관리 개요에 대해 알고 있어야 한다. ③ 공정계획을 할 수 있어야 한다. ④ 최적공기를 산출할 수 있어야 한다.
		(2) 품질관리하기	① 품질관리의 개념에 대해 알고 있어야 한다. ② 품질관리 절차 및 방법에 대해 알고 있어야 한다.
	3. 도면 검토 및 물량산출	(1) 도면기본 검토하기	① 도면에서 지시하는 내용을 파악할 수 있다. ② 도면에 오류, 누락 등을 확인할 수 있다.
		(2) 옹벽, 슬래브, 암거, 기초, 교각, 교대 및 도로 부대시설물 물량산출하기	① 토공량을 산출할 수 있어야 한다. ② 거푸집량을 산출할 수 있어야 한다. ③ 콘크리트량을 산출할 수 있어야 한다. ④ 철근량을 산출할 수 있어야 한다.

출제경향 분석

[최근 10년간 출제분석표]

구분	2016년	2017년	2018년	2019년	2020년	2021년	2022년	2023년	2024년	2025년	10개년 평균
제1장 측량기준 및 오차	13.3	13.3	5	8.3	8.3	11.7	11.7	15	15	18.3	12.0
제2장 국가기준점	0	1.7	1.7	0	0	1.7	1.7	5	5	5	2.2
제3장 GNSS 측량	5	1.7	6.7	3.3	5	5	8.3	5	5	6.7	5.2
제4장 삼각측량	5	10	6.7	13.3	11.7	13.2	5	10	5	8.3	8.8
제5장 다각측량	6.7	5	11.7	11.8	13.3	10	15	10	15	10	10.9
제6장 수준측량	13.3	15	13.2	18.3	15	15	13.3	10	10	15	13.8
제7장 지형측량	11.7	8.3	6.7	6.7	6.7	11.7	10	11.7	10	8.3	9.2
제8장 면적 및 체적 측량	13.3	10	15	13.3	13.3	10	11.7	11.7	10	11.7	12.0
제9장 노선측량	15	15	15	15	16.7	15	18.3	16.6	20	11.7	15.8
제10장 하천측량	6.7	10	8.3	5	3.3	1.7	5	5	5	5	5.5
기타(사진, 평판)	10	10	10	5	6.7	5	0	0	0	0	4.7

※ 기타(사진, 평판)는 출제기준 변경으로 2022년부터 토목기사에 출제되지 않습니다.

[단원별 출제비율]

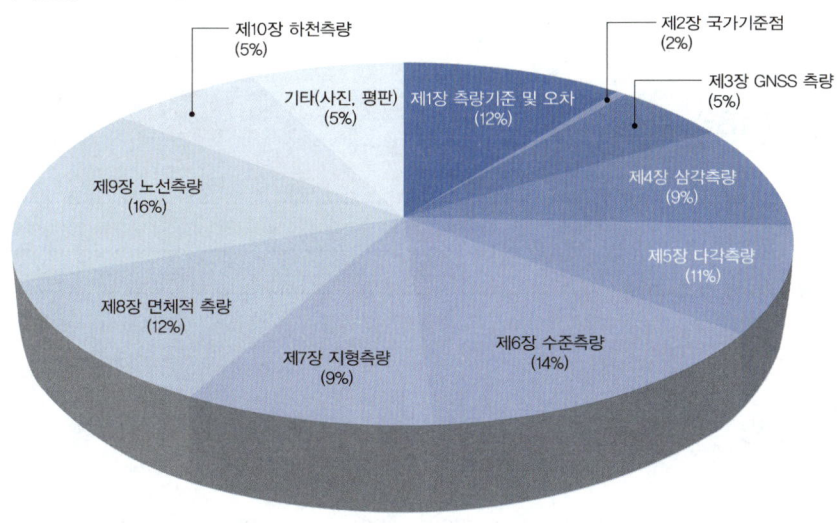

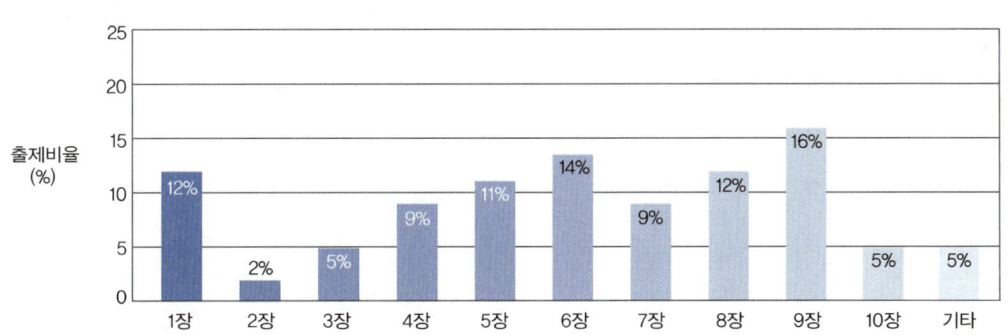

차례

CHAPTER 01 측량기준 및 오차

SECTION 01 측량학의 개요 ·· 2
SECTION 02 좌표계와 측량원점 ·· 6
SECTION 03 측량의 오차와 정밀도 ·· 11
■ 단원별 기출문제 ·· 16

CHAPTER 02 국가기준점

SECTION 01 국가기준점 개요 ·· 32
SECTION 02 국가기준점 현황 ·· 36
■ 단원별 기출문제 ·· 38

CHAPTER 03 GNSS 측량

SECTION 01 GNSS 측량의 개요 ·· 44
SECTION 02 GNSS 측량방법 및 활용 ·· 49
■ 단원별 기출문제 ·· 55

CHAPTER 04 삼각측량

SECTION 01 삼각측량의 개요 ·· 66
■ 단원별 기출문제 ·· 82

CHAPTER 05　다각측량

SECTION 01　다각측량의 개요 …………………………………………………………… 94
SECTION 02　트래버스의 방법 …………………………………………………………… 96
SECTION 03　트래버스의 계산 …………………………………………………………… 98
　　　　　　■ 단원별 기출문제 ………………………………………………………… 106

CHAPTER 06　수준측량

SECTION 01　수준측량의 개요 …………………………………………………………… 120
SECTION 02　레벨의 종류와 구조 ………………………………………………………… 122
SECTION 03　수준측량의 방법 …………………………………………………………… 125
SECTION 04　수준측량의 오차 …………………………………………………………… 128
　　　　　　■ 단원별 기출문제 ………………………………………………………… 133

CHAPTER 07　지형측량

SECTION 01　지형측량의 의의 …………………………………………………………… 146
SECTION 02　등고선의 관측 및 활용 …………………………………………………… 150
SECTION 03　GSIS의 개요 및 분류 ……………………………………………………… 153
SECTION 04　GSIS의 자료해석 …………………………………………………………… 157
　　　　　　■ 단원별 기출문제 ………………………………………………………… 161

CHAPTER 08　면적 및 체적 측량

SECTION 01　면적의 측정 ………………………………………………………………… 172
SECTION 02　면적의 분할 및 정확도 …………………………………………………… 177
SECTION 03　체적의 계산 ………………………………………………………………… 180
　　　　　　■ 단원별 기출문제 ………………………………………………………… 185

CHAPTER 09 노선측량

SECTION 01 노선측량의 개요 ········· 196
SECTION 02 평면곡선의 설치 ········· 200
SECTION 03 완화곡선 ········· 203
SECTION 04 종단곡선 ········· 209
　　■ 단원별 기출문제 ········· 212

CHAPTER 10 하천측량

SECTION 01 하천측량의 의의 ········· 228
SECTION 02 평면측량 ········· 229
SECTION 03 수준측량 ········· 230
SECTION 04 수위관측 ········· 233
SECTION 05 유속측정 ········· 235
SECTION 06 유량측정 ········· 238
　　■ 단원별 기출문제 ········· 240

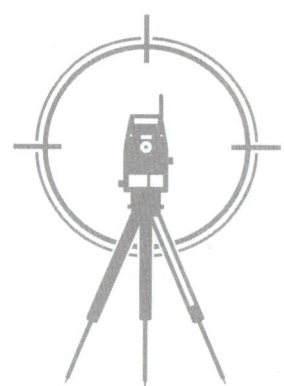

부록 I 최근 과년도 기출문제

- 2018년 제1회 토목기사 ·············· 2
- 2018년 제2회 토목기사 ·············· 7
- 2018년 제3회 토목기사 ·············· 12
- 2019년 제1회 토목기사 ·············· 17
- 2019년 제2회 토목기사 ·············· 22
- 2019년 제3회 토목기사 ·············· 27
- 2020년 제1·2회 통합 토목기사 ·· 32
- 2020년 제3회 토목기사 ·············· 37
- 2020년 제4회 토목기사 ·············· 42
- 2021년 제1회 토목기사 ·············· 47
- 2021년 제2회 토목기사 ·············· 52
- 2021년 제3회 토목기사 ·············· 57
- 2022년 제1회 토목기사 ·············· 62
- 2022년 제2회 토목기사 ·············· 67

> 2022년 3회 기출문제부터는 CBT 전면시행으로 시험문제가 공개되지 않아 수험생의 기억을 토대로 복원된 문제를 수록했습니다.

• 기출복원문제 •

- 2022년 제3회 토목기사 ·············· 72
- 2023년 제1회 토목기사 ·············· 77
- 2023년 제2회 토목기사 ·············· 82
- 2023년 제3회 토목기사 ·············· 87
- 2024년 제1회 토목기사 ·············· 92
- 2024년 제2회 토목기사 ·············· 97
- 2024년 제3회 토목기사 ·············· 103
- 2025년 제1회 토목기사 ·············· 108
- 2025년 제2회 토목기사 ·············· 113
- 2025년 제3회 토목기사 ·············· 118

부록 II CBT 실전 모의고사

- 1회 CBT 실전 모의고사 ·· 123
- 1회 CBT 실전 모의고사 정답 및 해설 ······················ 126
- 2회 CBT 실전 모의고사 ·· 128
- 2회 CBT 실전 모의고사 정답 및 해설 ······················ 131
- 3회 CBT 실전 모의고사 ·· 133
- 3회 CBT 실전 모의고사 정답 및 해설 ······················ 136

핵심 요점노트

CHAPTER 01 | 측량기준 및 오차

1. 대상토지의 크기에 따른 분류

(1) 소지측량(평면측량)
   ① 지구의 곡률을 고려하지 않는 측량
   ② 측량정확도가 $1/1,000,000(=10^{-6})$일 경우 반경 11km 이내의 지역을 평면으로 취급하여 행하는 측량

(2) 대지측량(측지측량)
   ① 국지적인 소지측량에 대응되는 측량으로 지구의 형상과 크기, 즉 지구의 곡률을 고려하여 지표면을 곡면으로 보고 행하는 대규모 정밀측량
   ② 측량정확도가 $1/1,000,000(=10^{-6})$일 경우 반경 11km 이상 또는 면적이 약 $400km^2$ 이상인 넓은 지역에 해당

2. 측량관련법규에 따른 분류

(1) 측량
   ① 공간상에 존재하는 일정한 점들의 위치를 측정하고 그 특성을 조사하여 도면 및 수치로 표현하거나 도면상의 위치를 현지(現地)에 재현하는 것
   ② 측량용 사진의 촬영, 지도의 제작 및 각종 건설사업에서 요구하는 도면작성 등을 포함

(2) 기본측량
   모든 측량의 기초가 되는 공간정보를 제공하기 위하여 국토교통부장관이 실시하는 측량

(3) 공공측량
   ① 국가, 지방자치단체, 그 밖에 대통령령으로 정하는 기관이 관계 법령에 따른 사업 등을 시행하기 위하여 기본측량을 기초로 실시하는 측량
   ② 공공의 이해 또는 안전과 밀접한 관련이 있는 측량으로서 대통령령으로 정하는 측량

(4) 지적측량
   ① 토지를 지적공부에 등록하거나 지적공부에 등록된 경계점을 지상에 복원하기 위하여 제21호에 따른 필지의 경계 또는 좌표와 면적을 정하는 측량
   ② 지적확정측량 및 지적재조사측량을 포함

(5) 일반측량
   기본측량, 공공측량, 지적측량 외의 측량

3. 타원체

(1) 타원체의 구분
   ① 회전타원체 : 한 타원의 지축을 중심으로 회전하여 생기는 입체타원체
   ② 지구타원체 : 부피와 모양이 실제의 지구와 가장 가까운 회전타원체를 지구의 형으로 규정한 타원체
   ③ 준거타원체 : 어느 지역의 대지측량계의 기준이 되는 타원체
   ④ 국제타원체 : 전세계적으로 대지측량계의 통일을 위해 제정한 지구타원체

(2) 타원체의 각종 수식
   ① 편심률(이심률, e) = $\sqrt{\dfrac{a^2-b^2}{a^2}}$
   ② 편평률$(P) = \dfrac{a-b}{a} = 1 - \sqrt{1-e^2}$

(3) 경도
   ① 측지경도 : 본초자오선과 임의의 점 A의 타원체상의 자오선이 이루는 적도면상 각거리
   ② 천문경도 : 본초자오선과 임의의 점 A의 지오이드상의 자오선이 이루는 적도면상 각거리

(4) 위도
   ① 측지위도(φ_g) : 지구상의 한 점에서 회전타원체의 법선이 적도면과 이루는 각
   ② 천문위도(φ_a) : 지구상의 한 점에서 연직선이 적도면과 이루는 각
   ③ 지심위도(φ_c) : 지구상의 한 점과 지구중심을 맺는 직선이 적도면과 이루는 각
   ④ 화성위도(φ_r) : 지구중심으로부터 장반경(a)을 반경으로 하는 원과 지구상의 한 점을 지나는 종선의 연장선과 지구중심을 연결한 직선이 적도면과 이루는 각

4. 지오이드

① 지오이드면은 평균해수면과 일치하는 등퍼텐셜면으로 일종의 수면이다.
② 지오이드는 어느 점에서나 중력 방향에 수직이다.
③ 주변 지형의 영향이나 국부적인 지각밀도의 불균일로 인하여 타원체면에 대하여 다소의 기복이 있는 불규칙한 면이다.
④ 고저측량은 지오이드면을 표고 zero로 하여 측량한다.
⑤ 지오이드면은 높이가 0m이므로 위치에너지 ($E = mgh$)가 zero이다.
⑥ 지구상 어느 한 점에서 타원체의 법선과 지오이드 법선은 일치하지 않게 되며 두 법선의 차, 즉 연직선 편차가 생긴다.
⑦ 지오이드면은 대륙에서는 지오이드면 위에 있는 지각의 인력 때문에 지구타원체보다 높으며, 해양에서는 지구타원체보다 낮다.

5. 구과량

(1) 구과량의 개요

구면삼각형의 ABC의 세 내각을 A, B, C라 할 때 이 내각의 합이 180°가 넘으면 이 차이를 구과량(ε)이라고 한다.

즉, $\varepsilon' = (A + B + C) - 180°$

$$\varepsilon'' = \frac{F}{R^2}\rho''$$

(2) 구과량의 특징

① 구과량은 구면삼각형의 면적 F에 비례하고 구의 반경 R의 제곱에 반비례한다.
② 구면삼각형의 한 정점을 지나는 변은 대원이다.
③ 일반측량에서 구과량은 미소하므로 구면삼각형의 면적 대신에 평면삼각형의 면적을 사용해도 크게 지장 없다.
④ 소규모 지역에서는 르장드르 정리를 이용하고 대규모 지역에서는 슈라이버 정리를 이용한다.

6. 우리나라 측량원점

(1) 경위도원점

① 경도 : 동경 127°03′14.8913″
② 위도 : 북위 37°16′33.3659″
③ 원방위각 : 3°17′32.195″ (원점으로부터 진북을 기준으로 서울과학기술대학교 내 위성측지기준점 금속표 십자선 교점으로 우회 측정한 방위각)

(2) 평면직교좌표원점

[우리나라의 평면직교좌표계]

명칭	투영원점의 위치	투영원점의 좌표	적용지역
서부 좌표계	북위 38°, 동경 125°	$X = 600,000m$ $Y = 200,000m$ (음수방지를 위해)	동경 124°~126°
중부 좌표계	북위 38°, 동경 127°		동경 126°~128°
동부 좌표계	북위 38°, 동경 129°		동경 128°~130°
동해 좌표계	북위 38°, 동경 131°		동경 130°~132°

(3) 수준원점

① 1911년 7월 : 전국 5개소(인천, 목포, 진남포, 원산, 청진)의 검조장으로부터 3년간 평균해수면(mean sea level ; M.S.L.) 관측
② 1945년 이후 : 인천의 기점을 원점으로 사용하였으나 6. 25전쟁으로 파괴
③ 1963년 인천시 용현동 253번지(인하대학교 교내)에 설치
④ 표고 26.6871m로 확정하여 전국에 걸쳐 일등고저기준점 신설확대

7. UTM좌표계

(1) 의의

① UTM 좌표는 국제횡메르카토르 투영법에 의하여 표현되는 좌표계이다.
② 적도를 횡축, 자오선을 종축으로 한다.
③ 투영방식, 좌표변환식은 TM과 동일하나 원점에서 축척계수를 0.9996으로 하여 적용범위를 넓혔다.

(2) 종대
① 지구 전체를 경도 6°씩 60개 구역으로 나누고, 각 종대의 중앙자오선과 적도의 교점을 원점으로 하여 원통도법인 횡메르카토르 투영법으로 등각 투영한다.
② 각 종대는 180°W 자오선에서 동쪽으로 6° 간격으로 1~60까지 번호를 붙인다.
③ 중앙자오선에서의 축척계수는 0.9996m이다.

(3) 횡대
① 횡대에서 위도는 남북 80°까지만 포함시킨다.
② 횡대는 8°씩 20개 구역으로 구분

8. **WGS84 좌표계**
① WGS84는 지구의 질량중심에 위치한 좌표원점과 X, Y, Z축으로 정의되는 좌표계
② Z축은 1984년 국제시보국(BIH)에서 채택한 지구자전축과 평행
③ X축은 BIH에서 정의한 본초자오선과 평행한 평면이 지구적도면과 교차하는 선
④ Y축은 X축과 Z축이 이루는 평면에 동쪽으로 수직인 방향으로 정의
⑤ WGS84 좌표계의 원점과 축은 WGS84 타원체의 기하학적 중심과 X, Y, Z축으로 이용

CHAPTER 02 | 국가기준점

1. **측량기준점의 종류**
(1) 국가기준점
① 우주측지기준점 : 국가측지기준계를 정립하기 위하여 전 세계 초장거리간섭계(VLBI)와 연결하여 정한 기준점
② 위성기준점 : 지리학적 경위도, 직각좌표 및 지구중심 직교좌표의 측정 기준으로 사용하기 위하여 대한민국 경위도원점을 기초로 정한 기준점
③ 수준점 : 높이 측정의 기준으로 사용하기 위하여 대한민국 수준원점을 기초로 정한 기준점
④ 중력점 : 중력 측정의 기준으로 사용하기 위하여 정한 기준점
⑤ 통합기준점 : 지리학적 경위도, 직각좌표, 지구중심 직교좌표, 높이 및 중력 측정의 기준으로 사용하기 위하여 위성기준점, 수준점 및 중력점을 기초로 정한 기준점
⑥ 삼각점 : 지리학적 경위도, 직각좌표 및 지구중심 직교좌표 측정의 기준으로 사용하기 위하여 위성기준점 및 통합기준점을 기초로 정한 기준점
⑦ 지자기점 : 지구자기 측정의 기준으로 사용하기 위하여 정한 기준점

(2) 공공기준점
① 공공삼각점 : 공공측량 시 수평위치의 기준으로 사용하기 위하여 국가기준점을 기초로 하여 정한 기준점
② 공공수준점 : 공공측량 시 높이의 기준으로 사용하기 위하여 국가기준점을 기초로 하여 정한 기준점

(3) 지적기준점
① 지적삼각점 : 지적측량 시 수평위치 측량의 기준으로 사용하기 위하여 국가기준점을 기준으로 하여 정한 기준점
② 지적삼각보조점 : 지적측량 시 수평위치 측량의 기준으로 사용하기 위하여 국가기준점과 지적삼각점을 기준으로 하여 정한 기준점
③ 지적도근점 : 지적측량 시 필지에 대한 수평위치 측량 기준으로 사용하기 위하여 국가기준점, 지적삼각점, 지적삼각보조점 및 다른 지적도근점을 기초로 하여 정한 기준점

2. **세계측지계의 기준(타원체 및 좌표계)**
① 회전타원체의 장반경 및 편평률(扁平率)은 다음과 같을 것
   ㉠ 장반경 : 6,378,137미터
   ㉡ 편평률 : 298.257222101분의 1
② 회전타원체의 중심이 지구의 질량중심과 일치할 것
③ 회전타원체의 단축(短軸)이 지구의 자전축과 일치할 것

3. 평면위치의 기준
① 지점 : 경기도 수원시 영통구 월드컵로 92(국토지리정보원)에 있는 대한민국 경위도원점 금속표의 십자선 교점)
② 수치
  ㉠ 경도 : 동경 127도 03분 14.8913초
  ㉡ 위도 : 북위 37도 16분 33.3659초
  ㉢ 원방위각 : 165도 03분 44.538초(원점으로부터 진북을 기준으로 오른쪽 방향으로 측정한 우주측지관측센터에 있는 위성기준점 안테나 참조점 중앙)

4. 높이의 기준
① 지점 : 인천광역시 남구 인하로 100(인하공업전문대학에 있는 원점표석 수정판의 영 눈금선 중앙점
② 수치 : 인천만 평균해수면상의 높이로부터 26.6871미터 높이

5. 높이 기준면의 종류
(1) 평균해수면
  ① 측지측량 높이의 기준(표고의 기준)
  ② 인천만에서 일정 기간 동안 관측한 조석을 분석하여 평균해수면의 높이를 0m로 함
  ③ 원점 한 점만을 기준으로 전체 육지의 표고 결정
  ④ 표지는 수준점(BM)이라고 함

(2) 기본수준면
  ① 수로측량 높이의 기준면(수심의 기준)
  ② 국제수로회의 규정에 따라 각 해안의 여러 지점에서 일정 기간 동안 관측한 조석을 분석하여 얻은 가장 낮은 해수면으로 최저저조면의 높이값
  ③ 여러 지역의 조석에 따라 기준면이 모두 다름
  ④ 표지는 기본수준점(TBM)이라고 함

(3) 우리나라의 수직기준
  ① 우리나라의 육지 표고기준 : 평균해수면(중등조위면)
  ② 간출지 표고와 수심 : 기본수준면(약 최저저조면)

③ 해안선 : 약최고고조면(만조면)
④ 토지와 접한 항만구조물의 높이기준 : 평균해수면에 근거한 국가수준점 표고
⑤ 수로 등의 해양구조물의 높이기준 : 약최저저조면을 기준으로 한 수로용 기준점
⑥ 선박의 안전통항을 위한 교량 및 가공선의 높이 : 약최고고조면

CHAPTER 03 | GNSS 측량

1. GNSS의 특징
① 측위기법에 따라 다양한 정확도 분포를 지님(수 mm~100m)
② 기선길이에 비해 상대적으로 높은 정확도를 지님(1ppm~0.1ppm 이상)
③ 위치 결정과 동등한 정확도로 속도와 시간 결정
④ 지구상 어느 곳에서도 이용 가능(육·해·공)
⑤ 날씨, 기상에 관계없이 위치결정 가능
⑥ 24시간 어느 시간에서나 이용 가능
⑦ 수평성분과 수직성분을 제공하므로 3차원 정보 제공
⑧ 기선결정의 경우, 두 측점 간 시통에 무관

2. GNSS 위성항법시스템
(1) GNSS 위성군
  ① GPS : 미국에서 개발
  ② GLONASS : 러시아에서 개발
  ③ GALILEO : 유럽연합에서 개발

(2) GNSS 지역 보정시스템
  ① QZSS(준천정위성) : 일본에서 개발
  ② BEIDOU(북두) : 중국에서 개발

(3) GNSS 보강시스템
  ① SBAS : 위성기반 위치보정시스템
  ② GBAS : 지상기반 위치보정시스템

3. GPS의 구성
(1) 우주부문(Space Segment)
  ① 위성의 수 : 24개
  ② 궤도면 : 6면(1면 4개 위성, 60도 간격)
  ③ 궤도 경사각 : 55도

④ 주기 : 약 11시간 58분(0.5항성일)
⑤ 궤도고도 : 약 20,200km
⑥ 궤도형상 : 거의 원궤도(타원궤도)
⑦ 위성수명 : 7.5년(Block Ⅱ 위성)
⑧ 사용 좌표계 : WGS-84

(2) 제어부문(Control Segment)
① 모니터와 위성 체계의 연속적 제어, GPS의 시간 결정, 위성시간값 예측, 각각의 위성에 대해 주기적인 항법 신호갱신 등의 일을 하는 부분
② 전리층 및 대류층의 주기적 모형화
③ 위성시간의 동기화
④ 위성으로의 자료전송

(3) 사용자부문(User Segment)
① GPS 수신기와 사용자로 구성되어 있음.
② 사용자는 GPS 수신기와 안테나, 해석용 소프트웨어, 항법용 소프트웨어를 가지고 있어야 함.
③ 위성에서 보낸 전파를 수신하여 원하는 위치, 두 점 사이의 거리를 계산

4. GPS의 신호

(1) 반송파(Carrier)
① 통신방식 : L-band의 극초단파를 반송파로 이용
② 반송파 : L_1, L_2
③ 반송파에 싣는 정보에는 항법 메시지와 PRN 코드가 있음

(2) PRN 코드
① C/A Code : L_1 반송파만 사용
② P-Code : L_1과 L_2 반송파 사용

(3) 항법 메시지(Navigation Massage)
① 위성탑재 원자시계 및 전리층 보정을 위한 파라미터값 전송
② 위성궤도의 정보 전송(평균근점각, 이심률, 궤도장반경, 승교점의 적경, 궤도경사각, 근지점 인수 등이 위성의 궤도 6요소)

5. GPS 오차

(1) 구조적 요인에 의한 거리오차
① 위성궤도오차
② 위성시계오차
③ 전리층과 대류권에 의한 전파지연

(2) 측위환경에 따른 오차
① 수신기에서 발생하는 오차(multipath)
② 위성의 임계고도각(mask angle)
③ 위성의 배치 상황에 따른 오차(DOP)
④ SA(selective availability, 선택적 가용성)
⑤ cycle slip(주파단절)

6. GPS 측량 구분과 종류

① 사용 성과(신호) : 코드측위 < 위상측위
② 자료 처리 방법 : 실시간 측위 < 후처리 측위
③ 기준국 유무 : 단독(점)측위 < 상대측위
④ 수신기 이동 유무 : 이동측위 < 고정측위

7. GPS의 활용

① 육상기준점측량에 활용
② 영해기준점측량에 활용
③ 지각변동감지에 활용
④ 지오이드 모델개발
⑤ GIS 데이터 획득에 활용
⑥ 해상측량에 활용
⑦ 해상구조물의 측설
⑧ Airborne GPS
⑨ GPS/INS

CHAPTER 04 | 삼각측량

1. 삼각측량의 분류

(1) 대지 삼각측량
① 지구의 곡률을 고려한 삼각측량, 국토지리정보원 1, 2등
② 삼각점의 경위도, 높이(λ, ϕ, H)로 지구상의 위치 결정
③ 지구의 크기 및 형상 결정수단, 구과량 $\left(\epsilon = \dfrac{F}{R^2}\rho''\right)$, 준거타원체

(2) 소지 삼각측량
　① 지구의 곡률을 고려하지 않은 삼각측량, 국토지리정보원 3, 4등
　② 지표면을 평면으로 간주

2. 삼각측량의 원리
　① 기선(base line)을 정확하게 관측하고 삼각형의 세 각을 관측하면, sine 법칙에 따라 변장을 구하고 삼각점의 위치 결정
　② 사인법칙 $\dfrac{a}{\sin A} = \dfrac{b}{\sin B} = \dfrac{c}{\sin C}$

3. 삼각측량의 특징
　① 삼각점 간의 거리를 비교적 길게 취할 수 있다.
　② 완전한 조건식이 있다.
　③ 넓은 면적의 측량에 적합하다.
　④ 가장 정밀도가 높은 측량이다.
　⑤ 조건식이 많아 조정 방법과 계산이 복잡하다.
　⑥ 삼각점은 시통이 잘되고, 후속 측량에 이용되므로 전망이 좋은 곳에 설치한다.

4. 삼각망의 종류

(1) 단열삼각망
　① 폭이 좁고 거리가 먼 지역에 적합
　② 노선, 하천, 터널측량 등에 이용
　③ 조건식이 적어 정밀도가 가장 낮음
　④ 측량이 신속하고 비용에 적게 든다.
　⑤ 거리에 비해 관측수가 적다.

(2) 사변형 삼각망
　① 조건식의 수가 가장 많아 정밀도가 가장 높다.
　② 기선삼각망에 이용
　③ 조정이 복잡하고 포함면적이 작다.
　④ 시간과 비용이 많이 든다.

(3) 유심다각망
　① 넓은 지역에 이용
　② 농지 측량 및 평탄한 지역에 사용
　③ 정밀도는 중간
　④ 동일 측점 수에 비해 포함면적이 가장 넓다.

5. 삼각측량의 순서
　① 도상계획 : 계획, 준비
　② 답사 및 선점 : 삼각점, 기선, 검기선
　③ 조표 : 측표매설, 시준표 설치
　④ 기선 및 검기선 측량
　⑤ 각관측 : 수평각 관측, 편심관측
　⑥ 삼각망의 조정 : 계산 및 성과표 작성
　⑦ 변장과 삼각점의 좌표계산

6. 삼각점 선점 시 주의사항
　① 되도록 측점 수가 적고 세부 측량에 이용가치가 커야 한다.
　② 삼각형은 정삼각형에 가까울수록 좋으나 1개의 내각은 30~120° 이내로 한다.
　③ 삼각점의 위치는 다른 삼각점과 시준이 잘 되어야 한다.
　④ 벌채량이 많거나 너무 높은 곳에 측표를 설치해야 하는 지점은 가능한 한 피한다.
　⑤ 미지점은 최소 3개, 최대 5개의 기지점에서 정반 양방향으로 시통이 되도록 한다.
　⑥ 지반이 견고하여 이동이나 침하가 되지 않는 곳
　⑦ 삼각망을 구성한 삼각점 상호의 시준은 반드시 정반관측에 의하여 실시
　⑧ 측점 간 거리는 같으면 좋다.

7. 기선측량의 보정
　① 특성값 보정
$$C_0 = \pm \left(\dfrac{\epsilon}{L}\right) l, \; l_0 = l \pm C_0 = l\left(1 \pm \dfrac{\epsilon}{L}\right)$$
　② 온도보정 $C_t = +\alpha L(t - t_0)$,
　　정확한 거리 $L_o = L \pm C_t$
　③ 장력보정
$$\Delta P = \pm \dfrac{(P - P_0)L}{AE}, \; L_0 = L \pm \Delta P$$
　④ 처짐보정
$$\Delta S = L - l = -\dfrac{L}{24}\left(\dfrac{Wl}{P}\right)^2, \; L_0 = L - \Delta S$$
　⑤ 경사보정
$$C_i = -\dfrac{h^2}{2L}, \; L_0 = L - C_i = L - \dfrac{h^2}{2L}$$

⑥ 표고보정 $C_h = -\dfrac{LH}{R}$, $L_0 = L - \dfrac{LH}{R}$

8. 삼각망의 조정

(1) 기하학적 조건

① 측점 조건
  ㉠ 한 측점에서 측정한 여러 각의 합은 그 전체를 한 각으로 측정한 각과 같다.
   $$\alpha_0 = \alpha_1 + \alpha_2 + \alpha_3$$
  ㉡ 한 측점의 둘레에 있는 모든 각을 합한 것은 360°
   $$\alpha_1 + \alpha_2 + \alpha_3 + \alpha_4 = 360°$$

② 도형 조건
  ㉠ 각조건 : 삼각형 내각의 합은 180°
  ㉡ 변조건 : 삼각망 중의 한 변의 길이는 계산 순서에 관계없이 일정

(2) 조건식의 수

① 각 조건식의 수 $= L - L' - (P-1)$
② 변 조건식의 수 $= L - 2P + 3$
③ 조건식의 총수 $= B + A - 2P + 3$
④ 점 조건식의 수 $= A + P - 2L + L'$

9. 삼각점의 성과표 내용

① 삼각점 명칭 및 등급
② 좌표계의 원점
③ 위도 및 경도
④ 평면직각좌표(X, Y)
⑤ 표고(H)
⑥ 진북방향각(α)
⑦ 시준점의 명칭
⑧ 조정방향각
⑨ 거리의 대수(회전타원체면상의 거리)

CHAPTER 05 | 다각측량

1. 다각측량의 특징

① 삼각점이 멀리 배치되어 있어 좁은 지역의 기준 되는 점을 추가 설치할 경우에 적합
② 복잡한 시가지나 지형의 기복이 심하여 기준이 어려운 지역의 측량에 적합
③ 좁고 긴 곳의 측량에 적합(도로, 수로, 철도 등)
④ 거리와 각을 관측하여 도식해법에 의하여 모든 점의 위치를 결정하기 때문에 편리
⑤ 삼각측량과 같은 높은 정도를 요하지 않는 골조측량에 사용

2. 다각측량의 종류

① 폐합 트래버스 : 임의의 한 점에서 출발하여 최후에 다시 시작점에 돌아오는 트래버스
② 개방 트래버스 : 임의의 한 점에서 출발하여 다른 점에서 끝나는 트래버스
③ 결합 트래버스 : 기지점에서 출발하여 다른 기지점에 결합시키는 트래버스
② 정밀도의 높은 순서 : 결합>폐합>개방

3. 트래버스 측량의 순서

① 외업 : 계획 ⇨ 답사 ⇨ 선점 ⇨ 조표 ⇨ 거리 관측 ⇨ 각 관측 ⇨ 거리, 각 관측정확도
② 내업 : 계산, 조정 ⇨ 측점 전개

4. 선점 시 유의사항

① 노선은 될 수 있는 한 결합 트래버스가 되게 한다.
② 결합 트래버스의 출발점과 결합점 간의 거리는 될 수 있는 한 단거리로 한다.
③ 트래버스의 노선은 평탄한 경로를 택한다.
④ 측점 간의 거리는 될 수 있는 한 등거리로 하고 두 점 간에는 큰 고저차가 없게 한다.
⑤ 측점은 그 점이 기준이 되어 앞으로 실시되는 모든 측량에 편리한 곳이어야 하며 또 표식이 안전하게 보존되는 곳이어야 한다.
⑥ 측점은 기계를 세우기가 편하고 관측이 용이하며, 관측 중에 기계의 침하나 동요가 없어야 한다.

5. 각관측 오차

(1) 폐합 트래버스

① 내각 관측 : $\Delta a = [a] - 180°(n-2)$
② 외각 관측 : $\Delta a = [a] - 180°(n+2)$
③ 편각 관측 : $\Delta a = [a] - 360°$

(2) 결합 트래버스
① 삼각점이 외곽일 경우
$\Delta a = [a] + w_a - w_b - 180°(n+1)$
② 삼각점이 왼쪽이나 오른쪽으로 향하는 경우
$\Delta a = [a] + w_a - w_b - 180°(n-1)$
③ 삼각점이 모두 안쪽일 경우
$\Delta a = [a] + w_a - w_b - 180°(n-3)$

6. 방위와 방위각

상한	방위각	방위	
I	0 ~ 90°	N 방위각 E	N 0 ~ 90°E
II	90 ~ 180°	S 180°-방위각 E	S 0 ~ 90°E
III	180 ~ 270°	S 방위각-180° W	S 0 ~ 90°W
IV	270 ~ 60°	N 360°-방위각 W	N 0 ~ 90°W

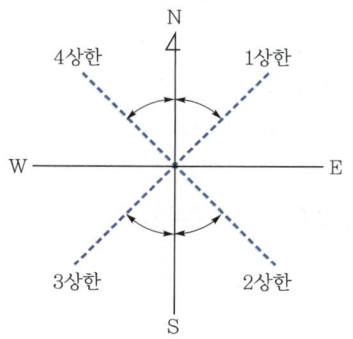

7. 위거와 경거

① 위거(latitude) : 일정한 자오선(남북선)에 대한 어떤 측선의 정사영을 그의 위거라 하며, 측선이 북쪽으로 향할 때 위거는 (+)로 하고 측선이 남쪽으로 향할 때는 (-)이다.

$$\overline{AB}\cos\alpha$$

② 경거(depature) : 일정한 동서선에 대한 어떤 측선의 정사영을 그의 경거라 하며, 측선이 동쪽으로 향할 때 경거는 (+), 측선이 서쪽으로 향할 때 경거는 (-)로 한다.

$$\overline{AB}\sin\alpha$$

8. 거리오차의 조정

(1) 컴퍼스 법칙

① 위거에 대한 보정량(조정량) $= -\dfrac{\Delta l}{\Sigma L} \times L_i$

② 경거에 대한 보정량(조정량) $= -\dfrac{\Delta d}{\Sigma L} \times L_i$

(2) 트랜싯 법칙

① 위거에 대한 보정량 $= -\dfrac{\Delta l}{\Sigma|L|} \times |L|$

② 경거에 대한 보정량 $= -\dfrac{\Delta d}{\Sigma|D|} \times |D|$

9. 면적 계산

① 횡거(자오선거리) : 어떤 측선의 중심에서 기준 자오선에 내린 수선의 길이
② 배횡거는 횡거의 2배
③ 배횡거 = 전 측선의 배횡거 + 전 측선의 경거 + 해당 측선의 경거
④ Σ배면적 = Σ(배횡거 × 위거)
⑤ 면적 $= \dfrac{\Sigma 배면적}{2}$

CHAPTER 06 | 수준측량

1. 수준측량의 용어

① 수준면 : 점들이 중력 방향에 직각으로 이루어진 곡면(중력 방향에 연직)
② 수평면 : 수준면의 한 점에 접한 평면
③ 수평선 : 수준면의 한 점에 접한 접선
④ 평균해면 : 해수의 파도를 정지시키고 간만의 차에 의한 수위변동을 평균한 수준면
⑤ 기준면 : 높이의 기준이 되는 수준면
⑥ 기준 수준면(0의 수준면) : 기준으로 취한 높이

2. 간접수준측량

① 삼각 수준측량 : 두 점 간의 연직각과 수평거리, 경사 거리를 측정하여 삼각법에 의하여 고저차를 구한다.
② 스타디아 수준측량 : 스타디아 측량으로 고저차를 구한다.

③ **기압 수준측량** : 기압계나 물리적 방법에 따라 기압차를 구하여 고저차를 구한다.
④ **항공사진측량** : 항공사진의 입체시에 의하여 고저차를 구한다.

3. 레벨의 종류
① **덤피레벨** : 망원경이 고정되어 구조가 견고하고 정밀도 좋음
② **미동레벨** : 기포상 합치식 레벨이라고도 하며 정밀측량용 레벨
③ **자동레벨** : 컴펜세이터가 부착되어 사용이 쉽고 신속하게 측정할 수 있어 가장 많이 이용
④ **전자레벨** : 바코드 수준척을 사용하여 레벨에 내장된 컴퓨터로 높이 관측

4. 기포관의 구비조건
① 곡률반경이 클 것
② 액체의 점성 및 표면장력이 작을 것
③ 관의 곡률이 일정하고, 관의 내면이 매끈할 것
④ 기포의 길이는 될 수 있는 한 길어야 할 것

5. 기포관의 감도
① 기포가 1눈금 이동에 기포관축이 기울어지는 각도
② 기포가 1눈금 이동하는 데 끼인 기포관의 중심각
$\theta = \dfrac{m}{R} = \dfrac{\Delta h}{D}$ (라디안)에서
$\alpha'' = \dfrac{\Delta h}{nD}\rho''$ 이고, $\alpha'' = \dfrac{m}{nR}\rho''$

6. 야장기입법
① **고차식** : 두 점의 높이만을 구하는 것이 주목적
② **기고식** : 중간점이 많을 경우에 용이하며, 일반적으로 종단고저측량에 많이 이용됨
③ **승강식** : 완전한 검산이 가능하므로 높은 정도를 요하는 측량에 적합하나 시간이 많이 소요되는 단점

7. 직접수준측량

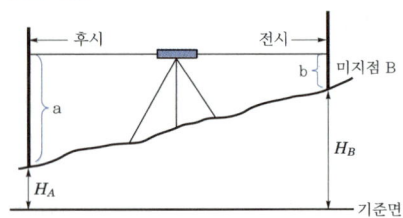

$\Delta h = H_B - H_A = a - b,\ H_B = H_A + a - b$

① **후시(B.S)** : 기지점에 세운 표척의 눈금을 읽는 것
② **전시(F.S)** : 표고를 구하려는 점에 세운 표척의 눈금을 읽는 것
③ **기계고(I.H)** : 기계를 고정시켰을 때 지표면으로부터 망원경의 시준선까지의 높이
④ **이기점(T.P)** : 표척을 세워서 전시와 후시를 취하는 점
⑤ **중간점(I.P)** : 중간의 지반변형만을 알고자 전시만 취해주는 점

CHAPTER 07 | 지형측량

1. 지형측량의 개요
① **지형측량** : 지형도를 작성하기 위한 측량
② **지형도** : 지표면상의 자연 및 인공적인 지물·지모의 상호 위치관계를 수평적·수직적으로 관측하여 일정한 축척과 도식으로 표시한 것
③ **지물** : 지표면상의 자연적·인위적 물체(도로, 하천, 호수, 철도, 건축물 등)
④ **지모** : 지표면의 기복상태(산정, 구릉, 계곡, 평야 등)

2. 지형의 표시방법
① **자연적 도법** : 영선법(우모법), 음영법(명암법)
② **부호적 도법** : 단채법(채색법), 점고법, 등고선법(contour line)

3. 등고선의 성질
① 동일 등고선상의 모든 점은 같은 높이
② 도면 내외에 폐합하는 폐곡선
③ 도면 내에서 폐합 → 등고선의 내부에 산정 또는 분지가 존재

④ 두쌍의 볼록부가 서로 마주보고 다른 한 쌍의 등고선의 바깥쪽으로 내려갈 때 → 고개
⑤ 등고선은 서로 만나지 않는다. (예외 : 절벽, 동굴)
⑥ 동일 경사의 등고선의 수평거리는 같다.
⑦ 평면을 이루는 지표의 등고선은 서로 평행한 직선
⑧ 계곡을 횡단할 경우
⑨ 최대경사선(유하선, 능선)과 직각으로 교차
⑩ 산꼭대기와 산 밑은 산 중턱보다 완경사
⑪ 수원에 가까운 부분은 하류보다 급경사

4. 등고선의 간격 및 종류
① 주곡선(가는 실선) : 등고선 간격의 기준이 되는 곡선
② 계곡선(2호 실선) : 지형의 상태와 판독을 쉽게 하기 위해 사용(주곡선 5개마다)
③ 간곡선(가는 파선) : 완경사지에서 지형의 변화가 불분명할 때 사용(주곡선의 1/2)
④ 조곡선(가는 점선) : 간곡선의 보조곡선으로 사용(주곡선의 1/4)

5. 지성선
① 지성선의 개요 : 지표면을 다수의 평면으로 이루어졌다고 생각할 때 이 평면의 접합부, 즉 접선을 말함
② 능선(凸선, 분수선) : 지표면 높은 곳의 꼭대기 점을 연결한 선
③ 곡선(凹선, 합수선, 계곡선) : 지표면이 낮거나 움푹 패인 점을 연결한 선
④ 경사변환선 : 동일 방향의 경사면에서 경사의 크기가 다른 두 면의 접합선
⑤ 최대경사선(유하선) : 지표의 임의의 1점에 경사가 최대로 되는 방향을 표시한 선

6. 등고선의 간접측정법
① 방안법(좌표점고법) : 택지, 건물부지 등 평지의 정밀한 등고선 측정에 이용
② 종단점법 : 정밀을 요하지 않는 소축척 산지 등에 지성선을 이용한 등고선 측정에 이용
③ 횡단점법 : 도로, 철도, 수로 등의 노선측량의 등고선 측정에 이용

④ 기준점법 : 지역이 넓은 소축척 지형도의 등고선 측정에 이용

7. 기지점 표고를 이용한 등고선 삽입

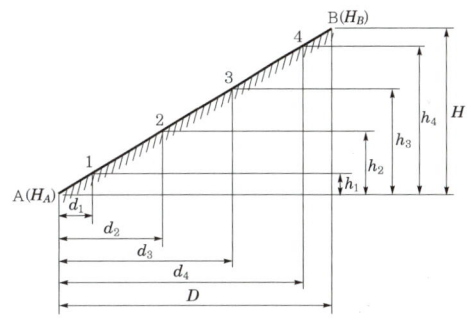

[기지점 표고를 이용한 계산법]

$$d_1 = \frac{D}{H} \times h_1, \quad d_2 = \frac{D}{H} \times h_2$$

CHAPTER 08 | 면적 및 체적 측량

1. 삼각형 면적 계산
① 삼사법 : 밑변과 높이를 관측하여 면적 산정
$$A = \frac{1}{2}ah \quad (a : 밑변, h = 높이)$$

② 2변의 길이와 그 사잇각을 알 때
$$A = \frac{1}{2}ab \cdot \sin C = \frac{1}{2}ac \cdot \sin B$$
$$= \frac{1}{2}bc \cdot \sin A$$

③ 3변의 길이를 알 때
$$A = \sqrt{s(s-a)(s-b)(s-c)},$$
$$s = \frac{1}{2}(a+b+c)$$

2. 지거에 의한 면적 계산
① 사다리꼴 공식 : 경계선의 굴절이 심한 경우
$$A = d\left\{\frac{y_0 + y_n}{2} + y_1 + y_2 + \cdots + y_{n-1}\right\}$$
$$= d\left\{\frac{y_0 + y_n}{2} + \Sigma y_{나머지}\right\}$$

② 심프슨 제1법칙(2구간을 1조)

$$A = \frac{d}{3}\{y_0 + y_n + 4(y_1 + y_3 + \cdots + y_{n-1})$$
$$+ 2(y_2 + y_4 + \cdots + y_{n-2})\}$$
$$= \frac{d}{3}(y_0 + y_n + 4\sum y_{홀수} + 2\sum y_{나머지짝수})$$

(단, n은 짝수이며 홀수인 경우 끝의 것은 사다리꼴로 계산)

③ 심프슨 제2법칙(3구간을 1조)

$$A = \frac{3}{8}d[y_0 + y_n + 2(y_3 + y_6 + \cdots + y_{n-3})$$
$$+ 3(y_1 + y_2 + y_4 + y_5 + \cdots y_{n-2} + y_{n-1})]$$
$$= \frac{3}{8}d[y_0 + y_n + 2\sum y_{3의배수} + 3\sum y_{나머지}]$$

(단, n은 3의 배수)

3. 기타 면적산정법

① 배면적에 의한 면적계산
- 배횡거 = (하나 앞 측선의 배횡거)
  + (하나 앞의 경거)
  + (그 측선의 경거)
- 면적 = $\frac{1}{2}\sum$(배횡거 × 위거)

② 좌표에 의한 면적 계산

$$A = \frac{1}{2}|x_1(y_n - y_2) + x_2(y_1 - y_3) + \cdots + x_n(y_{n-1} - y_1)|$$

③ 횡단면적의 산정

$$A = \left\{\frac{h_1 + h_2}{2} \times (x+y)\right\}$$
$$- \left\{\left[\frac{1}{2}\left(x - \frac{b}{2}\right) \times h_1\right] + \left[\frac{1}{2}\left(y - \frac{b}{2}\right) \times h_2\right]\right\}$$

4. 면적분할

① 한 변에 평행한 직선에 의한 분할[그림 (a) 참조]

$$AD = AB\sqrt{\frac{m}{m+n}}, \quad AE = AC\sqrt{\frac{m}{m+n}}$$
$$DE = BC\sqrt{\frac{m}{m+n}}$$

② 한 변상 고정점(Q)을 지나는 직선에 의한 분할[그림 (b) 참조]

$$BQ = \frac{m}{m+n} \times \frac{AB \cdot BC}{BP}$$
$$BP = \frac{m}{m+n} \times \frac{AB \cdot BC}{BQ}$$

③ 꼭짓점을 지나는 직선에 의한 분할[그림 (c) 참조]

$$BP = \frac{l}{l+m+n}BC,$$
$$BQ = \frac{l+m}{l+m+n}BC$$

5. 면적 및 체적의 정확도

① 면적측정의 정밀도 : $\frac{dA}{A} = 2\frac{dl}{l}$ (면적 정밀도는 거리 정밀도의 2배)

② 체적측정의 정밀도 : $\frac{dV}{V} = 3\frac{dl}{l}$ (체적 정밀도는 거리 정밀도의 3배)

6. 단면법에 의한 체적의 계산

① 각주공식 $V = \frac{h}{3}(A_1 + 4A_m + A_2)$

② 양단면 평균법 $V = \frac{A_1 + A_2}{2} \cdot L$

③ 중앙단면법 $V = A_m \cdot L$

④ 체적의 대소 구분 : 양단면 평균법(과대) > 각주공식(정확) > 중앙단면법(과소)

7. 점고법에 의한 체적의 계산

① 3각형으로 구분한 경우

$$V = \frac{A}{3}(\sum h_1 + 2\sum h_2 + 3\sum h_3 + 4\sum h_4$$
$$+ 5\sum h_5 + 6\sum h_6 + 7\sum h_7 + 8\sum h_8)$$

A : 3각형 1개의 면적

② 4각형으로 구분한 경우

$$V = \frac{A}{4}(\sum h_1 + 2\sum h_2 + 3\sum h_3 + 4\sum h_4)$$

A : 사각형 1개의 면적

③ 절성토량이 균형을 이루는 계획고

$$h = \frac{V}{\sum A}$$

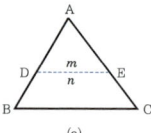
(a)
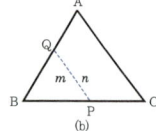
(b)
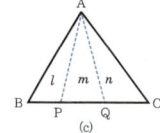
(c)

CHAPTER 09 | 노선측량

1. 노선선정 시 고려사항
① 가능한 한 직선으로 할 것
② 가능한 한 경사가 완만할 것
③ 토공량이 적게 하며, 절성토량이 같게 할 것
④ 토량운반거리를 짧게 할 것
⑤ 배수가 완전할 것

2. 곡선의 종류 및 설치
① 원곡선의 설치 : 복심곡선(접선의 같은 쪽 연결, IC), 반향곡선(공통접선의 반대쪽 연결, 쌍굴터널), 머리핀곡선(반향곡선 연속으로 연결, 산지도로)
② 완화곡선의 설치 : 3차포물선(철도), 클로소이드(도로), 램니스케이트(지하철, 도심지철도), sine 체감곡선(고속철도)
③ 종단곡선의 설치 : 원곡선(철도), 2차포물선(도로)

3. 평면곡선의 기본공식
① 접선길이 $TL = R\tan\dfrac{I}{2}$
② 곡선길이 $CL = RI$ (I는 라디안)
$= \dfrac{RI}{\rho} = \dfrac{\pi}{180°}RI$
③ 편각 $\delta = \dfrac{\theta}{2} = \dfrac{l}{2R}$ (라디안)
$= \dfrac{l}{2R} \times \dfrac{180°}{\pi}$
④ 호길이
$c = R \cdot \theta = 2R \cdot \delta$ ($\because \theta = 2\delta$)
⑤ 현길이 $l = 2R\sin\delta = 2R\sin\dfrac{\theta}{2}$
⑥ 외할
$E = R\sec\dfrac{I}{2} - R = R\left(\sec\dfrac{I}{2} - 1\right)$
$= R\left(\dfrac{1}{\cos\dfrac{I}{2}} - 1\right)$
⑦ 중앙종거 $M = R - R\cos\dfrac{I}{2} = R\left(1 - \cos\dfrac{I}{2}\right)$

4. 평면곡선의 편각설치법
(1) 편각법
① 단곡선에서 접선과 현이 이루는 각인 편각에 의한 곡선설치법
② 정밀도가 가장 높아 많이 이용
③ 편각(δ) : $\delta = \dfrac{l}{2R}$ (라디안)
$= \dfrac{l}{2R} \times \dfrac{180°}{\pi} = \dfrac{90°}{\pi} \times \dfrac{l}{R}$

(2) 계산순서
① 접선길이(T.L.)와 곡선길이(C.L.) 계산
② 곡선시점의 위치(B.C.) 계산 : B.C.=I.P.−T.L.
③ 곡선종점의 위치(E.C.) 계산 :
E.C.=B.C.+C.L.
④ 시단현의 길이(l_1)
l_1=(B.C. 다음 측점까지의 거리)
−(B.C.의 거리)
⑤ 종단현의 길이(l_2)
l_2=(E.C.의 거리)
−(E.C. 이전 측점까지의 거리)
⑥ 편각의 계산 : 시단현, 종단현 및 20m 현에 대한 편각
⑦ 검산 : 편각의 총합=$I/2$

(3) 중앙종거법
① 최초에 중앙종거 M_1을 구하고 차례로 M_2 M_3, …로 하여 작은 중앙종거를 구하여 적당한 간격마다 곡선의 중심말뚝을 박는 방법
② 시가지의 곡선설치나 철도, 도로 등의 기설곡선의 검사, 정정에 사용

5. 완화곡선의 성질
① 곡선반경은 완화곡선의 시점에서 무한대, 종점에서 원곡선 R이 됨
② 완화곡선의 접선은 시점에서 직선에, 종점에서 원호에 접함
③ 완화곡선에 연한 곡률반경의 감소율은 캔트의 증가율과 같은 비율(부호는 반대)
④ 완화곡선의 종점에서의 캔트는 원곡선의 캔트와 동일

⑤ 완화곡선의 곡률은 곡선길이에 비례

6. 캔트와 확폭
① 캔트(편경사) : 차량이 곡선을 따라 주행할 때 원심력을 줄이기 위해 곡선의 바깥쪽을 높여 차량의 주행을 안전하도록 한다.
② 확폭(slack) : 자동차가 곡선부를 주행할 때 뒷바퀴가 앞바퀴보다 항상 안쪽을 지나므로 곡선부에서는 직선부보다 약간 넓게 할 필요가 있으며 이를 곡선부의 확폭이라 함

7. 완화곡선의 종류
① 클로소이드 : 일반도로, 고속도로
② 3차포물선 : 일반철도
③ 렘니스케이트곡선 : 지하철(도시철도)
④ 사인체감곡선 : 고속철도

8. 클로소이드의 성질
① 클로소이드는 나선의 일종
② 모든 클로소이드는 닮은꼴이므로 매개변수 A를 바꾸면 크기가 다른 클로소이드를 무수히 만들 수 있음
③ 클로소이드의 요소는 길이의 단위를 가진 것과 단위가 없는 것도 있음
④ 어떤 점에 관한 2가지의 클로소이드 요소가 정해지면 클로소이드를 해석할 수 있고, 단위의 요소가 하나 주어지면 단위 클로소이드의 표를 유도할 수 있음
⑤ 접선각 τ는 45° 이하가 좋으며 작을수록 정확
⑥ 곡선길이가 일정할 때 곡률반경이 크면 접선각은 작아짐

CHAPTER 10 | 하천측량

1. 정의 및 목적
① 정의 : 하천의 형상, 수위, 단면, 경사, 지형지물의 위치를 관측하여 평면도, 종횡단면도를 작성하는 측량으로, 유속, 유량, 하천 구조물 등을 조사하는 측량
② 목적 : 하수개수공사나 하천공작물의 계획, 설계, 시공 및 특수관리에 필요한 자료를 얻기 위한 측량

2. 작업순서
① 도상조사 : 1/50,000 지형도를 이용하여 유로현황, 지역면적, 지형, 지물 등 조사
② 자료조사 : 홍수피해, 수리권문제, 물의 이용상황, 기타 제반자료 조사
③ 현지조사 : 하천노선의 답사와 선점
④ 평면측량 : 골조측량(삼각, 다각측량), 세부측량(과거 : 평판, 현재 : TS, GNSS 측량)
⑤ 수준측량 : 종횡단측량, 유수부-심천측량으로 종횡단면도 제작(거리표 사용)
⑥ 유량측량 : 각 관측점에서 수위관측, 유속관측, 심천측량 등으로 유량계산
⑦ 기타 측량 : 강우량 측량, 하천구조물 조사 실시

3. 평면측량의 범위
하천의 형상을 포함할 수 있는 크기
① 유제부-제외지 및 제내지의 300m 이내
② 무제부-홍수가 영향을 주는 구역보다 약간 넓게(약 100m)
③ 주운을 위한 하천개수공사의 경우 하류는 하구까지
④ 홍수방재목적의 하천공사는 하구에서부터 홍수피해가 미치는 지점
⑤ 사방공사의 경우 수원지까지 측량범위

4. 거리표의 설치
① 거리표는 하구 또는 하천의 합류점에서의 위치를 표시하는 것
② 거리표는 하천의 중심에 직각 방향으로 양안의 제방법선에 설치
③ 설치 간격은 하천의 기점에서 하천의 중심을 따라 200m 간격을 표준
④ 하천의 중심을 따라 설치하는 것이 곤란하므로 좌안을 따라 200m 간격으로 설치
⑤ 거리표의 위치는 보조삼각측량, 보조다각측량으로 결정

5. 종단측량
① 종단측량이란 좌우 양안의 거리표고와 지반고를 관측하는 것
② 제방고, 수문, V관, 용수로, 배수로 등의 높이, 양수표의 영점고, 교량의 높이 등을 수준

측량에 의해 결정하는 것
③ 양안 5km마다 고저기준표(수준기표) 설치, 수위 관측소에는 반드시 설치
④ 종단면도 작성
  ㉠ 종 : 1/100(하천의 길이 방향)
  ㉡ 횡 : 1/1,000~1/10,000(수위, 고저차)
⑤ 종단면도는 하류를 좌측, 상류를 우측으로 함

6. 횡단측량
① 횡단측량은 200m마다 거리표를 기준으로 하여 그 선상의 고저를 측량(좌안을 기준)
② 수애말뚝과 수위와의 관계를 명시(거리와 고저차 관측)
③ 측정구역은 평면측량할 구역을 고려
④ 고저차의 관측은 평탄지의 경우 5~10m 간격으로 하고, 경사변환점은 반드시 실시
⑤ 횡단측량은 양수표, 댐, 교량, 갑문 등 구조물이 있는 곳에서는 특별한 측량 실시
⑥ 횡단면도 작성 - 종 : 1/100
           횡 : 1/1,000~1/10,000
⑦ 횡단면도는 좌안을 좌측으로, 좌안 거리표를 기점으로 하며 거리표의 부호를 제도

7. 하천의 수위
① 최고수위(HWL), 최저수위(LWL) : 어떤 기간에 있어서 최고·최저의 수위로, 연단위나 월단위의 최고·최저로 구분
② 평균최고수위(NHWL), 평균최저수위(NLWL) : 연과 월에 있어서의 최고·최저의 평균으로, 평균최고수위는 축제, 가교, 배수공사 등의 치수 목적에, 평균최저수위는 주운, 발전, 관개 등의 이수관계에 이용
③ 평균수위(MWL) : 어떤 기간의 관측수위의 합을 관측횟수로 나누어 평균치를 구한 수위
④ 평균고수위(MHWL), 평균저수위(MLWL) : 어떤 기간에 있어서의 평균수위 이상의 수위의 평균 및 어떤 기간에 있어서의 평균수위 이하의 수위로부터 구한 평균수위
⑤ 최다수위 : 일정 기간 중 가장 많이 발생한 수위
⑥ 평수위(OWL) : 어느 기간의 수위 중 이보다 높은 수위와 낮은 수위의 관측횟수가 똑같은 수위. 일반적으로 평균수위보다 약간 낮은 수위. 1년을 통해 185일은 이보다 저하하지 않는 수위
⑦ 저수위 : 1년을 통해 275일은 이보다 저하하지 않는 수위
⑧ 갈수위 : 1년을 통해 355일은 이보다 저하하지 않는 수위
⑨ 고수위 : 1년에 2~3회 이상 이보다 적어지지 않는 수위
⑩ 지정수위 : 홍수 시에 매시 수위를 관측하는 수위
⑪ 통보수위 : 지정된 통보를 개시하는 수위
⑫ 경계수위 : 수방요원의 출동을 필요로 하는 수위

8. 수위관측소 설치 시 고려사항
① 그 상하류의 상당한 범위까지 하안과 하상이 안전하고 세굴 및 퇴적이 되지 않는 곳
② 상하류의 길이가 약 100m 정도의 직선이어야 하고 유속의 변화가 크지 않은 곳
③ 수위관측 시 교각이나 기타 구조물에 의하여 수위에 영향을 받지 않는 곳
④ 평시에는 쉽게 수위를 관측할 수 있는 곳
⑤ 홍수 시에 관측소가 유실, 이동 및 파손될 위험이 없는 곳
⑥ 지천의 합류점 및 분류점으로 수위의 변화가 생기지 않는 곳
⑦ 갈수 시에도 양수표의 0의 눈금이 노출되지 않는 곳
⑧ 잔류 및 역류가 없는 장소
⑨ 양수표는 평균해수면부터의 표고를 관측

9. 평균유속 측정법
① 1점법 : $V_m = V_{0.6}$
② 2점법 : $V_m = \frac{1}{2}(V_{0.2} + V_{0.8})$
③ 3점법 : $V_m = \frac{1}{4}(V_{0.2} + 2V_{0.6} + V_{0.8})$
④ 4점법 : $V_m = \frac{1}{5}\left\{V_{0.2} + V_{0.4} + V_{0.6} + V_{0.8} + \frac{1}{2}\left(V_{0.2} + \frac{V_{0.8}}{2}\right)\right\}$

SURVEYING

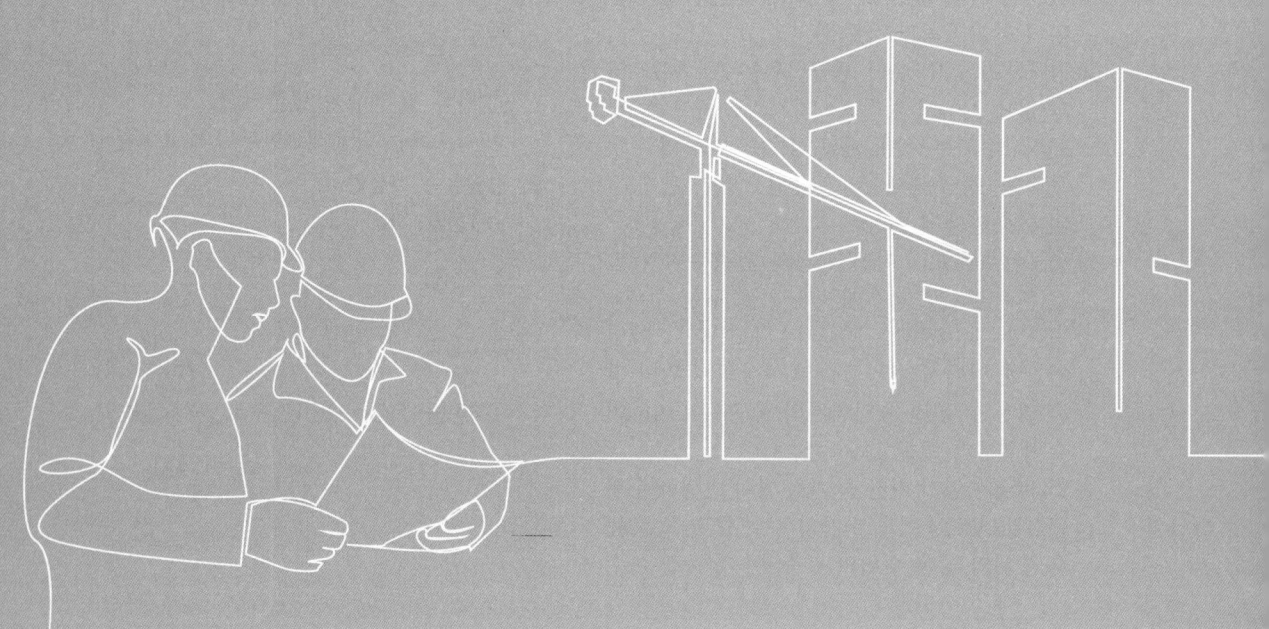

CHAPTER 1

측량기준 및 오차

SECTION 1 | **측량학의 개요**

SECTION 2 | **좌표계와 측량원점**

SECTION 3 | **측량의 오차와 정밀도**

CHAPTER 01 측량기준 및 오차

회독 체크표
1회독	월	일
2회독	월	일
3회독	월	일

최근 10년간 출제분석표
2015	2016	2017	2018	2019	2020	2021	2022	2023	2024
10%	13.3%	13.3%	5%	8.3%	8.3%	11.7%	11.7%	15%	15%

출제 POINT

학습 POINT
- 측량의 정의
- 대지측량과 소지측량의 분류
- 우리나라 측량원점
- 오차의 종류
- 최확값과 경중률

SECTION 1 측량학의 개요

1 측량학의 정의

1) 측량의 정의

지구 및 우주공간에 존재하는 제점 간의 위치관계와 그 특성을 해석하는 것

2) 측량의 대상

지표면, 지하, 수중, 해양, 공간, 우주의 자연물 및 인공물 등 인간의 활동이 미칠 수 있는 모든 영역

3) 관측요소

길이, 각, 시, 온도, 질량 등(측량의 3요소 : <u>길이</u>, <u>각</u>, <u>고저차</u>)

4) 위치해석

① 상대적 위치해석 : 형태, 길이, 면적, 체적, 속도
② 절대적 위치해석 : 경도, 위도, 시

2 측량학의 분류

1) 대상토지의 크기에 따른 분류

(1) 소지측량(평면측량)
① 지구의 곡률을 고려하지 않는 측량
② 측량정확도가 $1/1,000,000(10^{-6})$일 경우 <u>반경 11km</u> 이내의 지역을 평면으로 취급하여 행하는 측량

■ 측량의 3요소
① 길이(수평거리)
② 각(방향)
③ 고저차(높이)

(2) 대지측량(측지측량)

① 국지적인 소지측량에 대응되는 측량으로 지구의 형상과 크기, 즉 지구의 곡률을 고려하여 지표면을 곡면으로 보고 행하는 대규모 정밀측량

② 측량정확도가 $1/1,000,000(10^{-6})$일 경우 반경 11km 이상 또는 면적이 약 $400km^2$ 이상인 넓은 지역에 해당

[대지측량과 소지측량의 구분 기준]

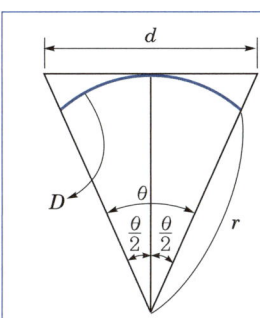

- 허용오차, 허용정밀도 : $\dfrac{d-D}{D} = \dfrac{1}{12}\left(\dfrac{D}{R}\right)^2$

- 거리오차 : $d-D = \dfrac{1}{12} \times \dfrac{D^3}{R^2}$

여기서, d : 평면거리, D : 곡면거리(실거리)
R : 지구 반경, $\dfrac{1}{m}$: 정밀도

[정확도와 반경 및 면적]

측량정확도	반경(km)	면적(km²)
1×10^{-3}	350	385,000
1×10^{-4}	110	38,000
1×10^{-5}	35	3,850
1×10^{-6}	11	380

2) 측량관련법규에 따른 분류

(1) 측량
① 공간상에 존재하는 일정한 점들의 위치를 측정하고 그 특성을 조사하여 도면 및 수치로 표현하거나 도면상의 위치를 현지(現地)에 재현하는 것
② 측량용 사진의 촬영, 지도의 제작 및 각종 건설사업에서 요구하는 도면 작성 등을 포함

(2) 기본측량
모든 측량의 기초가 되는 공간정보를 제공하기 위하여 국토교통부장관이 실시하는 측량

(3) 공공측량
① 국가, 지방자치단체, 그 밖에 대통령령으로 정하는 기관이 관계 법령에 따른 사업 등을 시행하기 위하여 기본측량을 기초로 실시하는 측량
② 공공의 이해 또는 안전과 밀접한 관련이 있는 측량으로서 대통령령으로 정하는 측량

출제 POINT

■ 대상토지의 크기에 따른 분류

① 소지측량(평면측량) : 측량정확도가 $1/100$만(10^{-6})일 경우 반경 11km 이내의 지역을 평면으로 취급하여 행하는 측량
② 대지측량(측지측량) : 측량정확도가 $1/100$만(10^{-6})일 경우 반경 11km 이상 또는 면적이 약 $400km^2$ 이상인 넓은 지역에 지구의 곡률을 고려하여 지표면을 곡면으로 보고 행하는 대규모 정밀측량

■ 소지측량과 대지측량의 구분은 지구 곡률의 고려 여부로 판단한다.

■ 측량법규에 따른 분류

기본측량, 공공측량, 지적측량, 일반측량

출제 POINT

■ 기준점 측량(골격측량)
천문측량, 삼각측량, 다각측량, 고저측량, GPS 측량(정지측위) 등

■ 세부측량
평판측량, 사진측량, GPS 측량(RTK) 등

■ 기하학적 측지학과 물리학적 측지학
① 기하학적 측지학은 3차원 위치 결정과 관련
② 물리학적 측지학은 지구의 각종 운동과 특성해석과 관련

(4) 지적측량
① 토지를 지적공부에 등록하거나 지적공부에 등록된 경계점을 지상에 복원하기 위하여 제21호에 따른 필지의 경계 또는 좌표와 면적을 정하는 측량
② 지적확정측량 및 지적재조사측량을 포함

(5) 일반측량
기본측량, 공공측량, 지적측량 외의 측량

3) 정확도에 의한 분류

(1) 기준점 측량(골조측량)
① 측량의 기준이 되는 점의 위치를 구하는 측량
② 천문측량, 삼각측량, 다각측량, 고저측량, GPS 측량 등이 행해지며, 이로 인해 설정된 삼각점, 다각점, 수준점, 위성측지기준점 등을 총칭하여 기준점이라 함.

(2) 세부측량
각종 목적에 따라 내용이 다른 도면이나 지형도를 만드는 측량으로, 이로 인해 얻어진 지도는 많은 분야에 이용되며, 기준점에 기준을 두고 평판측량, 사진측량의 측량방법이 수행됨.

4) 측지학의 분류

(1) 기하학적 측지학
지구 및 천체에 대한 점들의 상호 위치관계를 조사

(2) 물리학적 측지학
지구의 형상해석 및 지구의 내부 특성을 조사

[측지학의 비교]

기하학적 측지학	물리학적 측지학
측지학적 3차원 위치 결정	지구의 형상 해석
길이 및 시의 결정	중력 측량
수평위치 결정	지자기 측량
높이 결정	탄성파 측량
천문측량, 위성측량, 해양측량	대륙의 부동
면적, 체적 결정	지구의 극운동과 자전운동, 지각의 변동 및 균형
지도 제작	지구의 열, 지구의 조석

3 지구물리측량

1) 중력 측량(gravity survey)

(1) **중력** : 만유인력＋지구 자체의 원심력

(2) **중력이상** : 중력 실측값－실험실(이론) 실측값
① 중력이상(＋) → 질량이 여유인 지역
② 중력이상(－) → 질량이 부족한 지역

(3) **중력보정** : 계기보정, 지형보정, 프리에어보정, 고도보정, 부게보정, 위도보정

2) 지자기 측량

(1) **지자기** : 지구 내부의 자기장의 방향과 크기를 가진 벡터량

(2) **지자기의 3요소**
① 편각 : 지자기의 방향과 자오선과의 각(θ)
② 복각 : 수평면과의 각(δ)
③ 수평분력 : 수평면 내에서 자기장의 크기(H)

3) 탄성파 측량 혹은 지진파 측량

인공지진에 의한 탄성파 전달특성을 이용한 지하구조 및 자원탐사
① 굴절법 : 지표면으로부터 낮은 곳
② 반사법 : 지표면으로부터 깊은 곳

4) 탄성파의 종류

① P파(종파) : 진동 방향은 진행 방향과 일치하며 도달시간은 0분, 속도는 7~8km/sec이고, 모든 물체에 전파하는 성질을 가지고 있으며, 아주 작은 폭으로 발생한다.
② S파(횡파) : 진동 방향은 진행 방향의 직각으로 일어나며 도달시간은 8분, 속도는 3~4km/sec이고, 고체 내에서만 전파하는 성질을 가지고 있으며, 보통 폭으로 발생한다.
③ L파(표면파) : 진동 방향은 수평 및 수직으로 일어나며 속도는 3km/sec 이하이고, 지표면에 진동하는 성질을 가지고 있으며 아주 큰 폭으로 발생한다. 따라서 가장 피해가 심하다.

출제 POINT

■ 지자기 측정의 3요소
편각, 복각, 수평분력

■ 탄성파의 측정
굴절법(낮은 곳), 반사법(깊은 곳)

SECTION 2 좌표계와 측량원점

출제 POINT

■ 지구타원체와 지오이드의 활용
① 지구타원체는 지구의 형상과 크기를 결정하며, 경도와 위도의 평면적인 위치의 기준
② 지오이드는 평균해수면을 육지까지 연장하는 가상의 곡면으로, 높이의 기준

■ 타원체의 특징
① 기하학적 타원체이므로 굴곡이 없는 매끈한 면
② 지구의 반경, 면적, 표면적, 체적, 삼각측량, 경위도 결정, 지도제작 등의 기준
③ 타원체의 크기는 삼각측량 등의 실측이나 중력측정값을 클레로 정리를 이용하여 결정
④ 우리나라는 과거 베셀타원체를 이용하였으나 2002년 이후 GRS80 타원체 이용

1 지구의 형상

1) 지구의 형상

(1) **물리적 표면** : 불규칙하고 복잡한 지구의 표면으로, 실제 측량이 실시되는 표면

(2) **타원체** : 장반경과 단반경의 크기로, 지구의 형상과 크기를 결정하는 매끈한 곡면

(3) **지오이드** : 평균해수면을 육지로 연장하여 지구 전체를 둘러싸고 있다고 가정한 가상의 곡면

2) 타원체

(1) **타원체의 구분**

① 회전타원체 : 한 타원의 지축을 중심으로 회전하여 생기는 입체타원체
② 지구타원체 : 체적과 모양이 실제 지구와 가장 가까운 회전타원체를 지구의 형으로 규정한 타원체
③ 준거타원체 : 어느 지역의 대지측량계의 기준이 되는 타원체
④ 국제타원체 : 전 세계적으로 대지측량계의 통일을 위해 제정한 지구타원체

(2) **타원체의 각종 수식**

① 편심률(이심률, e) = $\sqrt{\dfrac{a^2-b^2}{a^2}}$

② 편평률(P) = $\dfrac{a-b}{a}$ = $1-\sqrt{1-e^2}$

③ 자오선 곡률반경(M) = $\dfrac{a(1-e^2)}{W^3}$

여기서, $W = \sqrt{1-e^2\sin^2\phi}$

④ 횡곡률반경(N) = $\dfrac{a}{W}$ = $\dfrac{a}{\sqrt{1-e^2\sin^2\phi}}$

⑤ 평균 곡률반경(R) = $\sqrt{MN}$

(3) **경도**

본초자오면과 지표면상의 한 점 A를 지나는 자오면이 만드는 적도면상의 각거리로 동서로 180°씩 나눠진다.

① 측지경도 : 본초자오선과 임의의 점 A의 타원체상의 자오선이 이루는 적도면상 각거리

② 천문경도 : 본초자오선과 임의의 점 A의 지오이드상의 자오선이 이루는 적도면상 각거리

(4) 위도

지표면상의 한 점 A에서 세운 법선이 적도면과 이루는 각으로 남북으로 90°씩 나눠진다.

① 측지위도(φ_g) : 지구상의 한 점에서 회전타원체의 법선이 적도면과 이루는 각
② 천문위도(φ_a) : 지구상의 한 점에서 연직선이 적도면과 이루는 각
③ 지심위도(φ_c) : 지구상의 한 점과 지구중심을 맺는 직선이 적도면과 이루는 각
④ 화성위도(φ_r) : 지구중심으로부터 장반경(a)을 반경으로 하는 원과 지구상의 한 점을 지나는 종선의 연장선과 지구중심을 연결한 직선이 적도면과 이루는 각

출제 POINT

■ 위도의 종류
① 측지위도 : 타원체 법선
② 천문위도 : 지오이드 연직선
③ 지심위도 : 지구의 질량중심
④ 화성위도 : 타원체 → 구체

3) 지오이드

정지된 평균해수면을 육지까지 연장하여 지구 전체를 둘러쌌다고 가상한 곡면을 지오이드라고 한다.
① 지오이드면은 평균해수면과 일치하는 등퍼텐셜면으로 일종의 수면이다.
② 지오이드는 어느 점에서나 중력 방향에 수직이다.
③ 주변 지형의 영향이나 국부적인 지각밀도의 불균일로 인하여 타원체면에 대하여 다소의 기복이 있는 불규칙한 면이다.
④ 고저측량은 지오이드면을 표고 zero로 하여 측량한다.
⑤ 지오이드면은 높이가 0m이므로 위치에너지($E=mgh$)가 zero이다.
⑥ 지구상 어느 한 점에서 타원체의 법선과 지오이드 법선은 일치하지 않게 되며 두 법선의 차, 즉 연직선 편차가 생긴다.
⑦ 지오이드면은 대륙에서는 지오이드면 위에 있는 지각의 인력 때문에 지구타원체보다 높으며, 해양에서는 지구타원체보다 낮다.

4) 구과량

(1) 구과량의 개요

구면삼각형 ABC의 세 내각을 A, B, C라 할 때 이 내각의 합이 180°가 넘으면 이 차이를 구과량(ε)이라고 한다.

즉, $\varepsilon' = (A+B+C) - 180°$

$$\varepsilon'' = \frac{F}{R^2}\rho''$$

여기서, ε : 구과량, F : 삼각형의 면적, R : 지구 반경

■ 구면삼각형
① 구의 중심을 지나는 평면과 구면과의 교선을 대원이라 하고, 세 변이 대원의 호로 된 삼각형
② 구과량은 구면삼각형 면적에 비례, 반경의 제곱에 반비례한다.

출제 POINT

(2) 구과량의 특징

① 구과량은 구면삼각형의 면적 F에 비례하고 구의 반경 R의 제곱에 반비례한다.
② 구면삼각형의 한 정점을 지나는 변은 대원이다.
③ 일반측량에서 구과량은 미소하므로 구면삼각형의 면적 대신 평면삼각형의 면적을 사용해도 크게 지장 없다.
④ 소규모 지역에서는 르장드르 정리를 이용하고 대규모 지역에서는 슈라이버 정리를 이용한다.

2 우리나라 측량원점

1) 대한민국 경위도원점

(1) 위치 : 경기도 수원시 국토지리정보원 내 대한민국 경위도원점 금속표의 십자선 교점

(2) 성과
① 경도 : 동경 127°03′14.8913″
② 위도 : 북위 37°16′33.3659″
③ 원방위각 : 165도 03분 44.538초(원점으로부터 진북을 기준으로 오른쪽 방향으로 측정한 우주측지관측센터에 있는 위성기준점 안테나 참조점 중앙)

■ 우리나라 측량원점의 위치
① 경위도원점 : 수원 국토지리정보원 구내
② 평면직교좌표원점
 • 서부원점(북위 38°, 동경 125°)
 • 중부원점(북위 38°, 동경 127°)
 • 동부원점(북위 38°, 동경 129°)
 • 동해원점(북위 38°, 동경 131°)
③ 수준원점 : 인천 인하공업전문대학교 교내

2) 평면직교좌표원점

지도상에서 제 점 간의 위치관계를 용이하게 결정하도록 가상한 기준점

[우리나라의 평면직교좌표계]

명칭	투영원점의 위치	투영원점의 좌표	적용지역
서부좌표계	북위 38°, 동경 125°	$X=600,000$m $Y=200,000$m (음수방지를 위해)	동경 124°~126°
중부좌표계	북위 38°, 동경 127°		동경 126°~128°
동부좌표계	북위 38°, 동경 129°		동경 128°~130°
동해좌표계	북위 38°, 동경 131°		동경 130°~132°

3) 수준원점

① 1911년 7월 : 전국 5개소(인천, 목포, 진남포, 원산, 청진)의 검조장으로부터 3년간 평균해수면(Mean Sea Level, M.S.L.) 관측
② 1945년 이후 : 인천의 기점을 원점으로 사용하였으나 6.25동란으로 파괴
③ 현재의 고저기준점
 ㉠ 1963년 인천시 용현동 253번지(인하대학교 교내)에 설치

ⓒ 표고 26.6871m로 확정하여 전국에 걸쳐 일등고저기준점 신설 확대

3 각종 좌표계

1) 지구좌표계

(1) 경위도좌표계

① 경도(λ)
  ㉠ 본초자오선(그리니치 천문대를 지나는 자오선)이 적도면에서 이루는 각
  ㉡ 본초자오선을 기준으로 적도면을 따라 동쪽 방향을 동경 0°~180° (또는 +180°)
  ㉢ 서쪽 방향을 서경 0°~180°(또는 -180°)로 표현

② 위도(ϕ)
  ㉠ P점에서 타원체면에 내린 법선이 적도면과 이루는 각
  ㉡ 적도를 기준으로 북쪽 방향을 북위 0°~90°(또는 +90°)
  ㉢ 남쪽 방향을 남위 0°~90°(또는 -90°)로 표현

③ 타원체고(h)
  ㉠ 타원체면으로부터 P점까지의 수직거리
  ㉡ 상향 방향을 (+)로 함

(2) 평면직교좌표계

① 측량범위가 크지 않은 일반측량에 사용
② 직교좌표값으로 남북 방향을 X축, 동서 방향을 Y축으로 표시

(3) UTM 좌표계

① 의의
  ㉠ UTM 좌표는 국제횡메르카토르 투영법에 의하여 표현되는 좌표계이다.
  ㉡ 적도를 횡축, 자오선을 종축으로 한다.
  ㉢ 투영방식, 좌표변환식은 TM과 동일하나 원점에서 축척계수를 0.9996으로 하여 적용범위를 넓혔다.

② 종대
  ㉠ 지구 전체를 경도 6°씩 60개 구역으로 나누고, 각 종대의 중앙자오선과 적도의 교점을 원점으로 하여 원통도법인 횡메르카토르 투영법으로 등각 투영한다.
  ㉡ 각 종대는 180°W 자오선에서 동쪽으로 6° 간격으로 1~60까지 번호를 붙인다.

출제 POINT

■ 지구좌표계
① 경위도좌표계: 경도, 위도, 높이로 표기
② 평면직교좌표계: X, Y 2차원 직교좌표로 표기
③ UTM 좌표계: 지구 전체를 위도 20, 경도 60의 구역으로 표기
④ UPS 좌표계: 양극을 원점으로 2차원 직교좌표로 표기
⑤ WGS84 좌표계: 지구질량중심을 원점으로 3차원 직교좌표로 표기

출제 POINT

■ UTM 좌표계와 UPS 좌표계
① UTM : 남위 80° ~ 북위 80°
② UPS : 북위 80° 이상
　　　　남위 80° 이하

ⓒ 중앙자오선에서의 축척계수는 0.9996m이다.

$$\left(\text{축척계수} : \frac{\text{평면거리}}{\text{구면거리}} = \frac{s}{S} = 0.9996\right)$$

③ 횡대
　㉠ 횡대에서 위도는 남북 80°까지만 포함시킨다.
　㉡ **횡대는 8°씩 20개 구역**으로 나누어 C(80°S~72°S)~X(72°N~80°N)까지(단, I, O는 제외) 20개의 알파벳문자로 표현한다.
　㉢ 결국 종대 및 횡대는 경도 6°×위도 8°의 구형구역으로 구분된다.

④ 좌표
　㉠ UTM에서 거리좌표는 m단위로 표시하며 종좌표에는 N, 횡좌표에는 E를 붙인다.
　㉡ 각 종대마다 좌표원점의 값을 북반구에서 횡좌표에 500,000mE, 종좌표 0mN(남반구에서는 10,000,000mN)으로 한다.
　㉢ 남반구에서 종좌표는 80°S에서 0mN이며, 적도에서 10,000,000mN이다.
　㉣ 북반구에서 종좌표는 80°N 10,000,000mN이며, 적도에서 0mN이다.
　㉤ 80°S에서 적도까지의 거리는 10,000,000m이다.

(4) UPS 좌표계
① 극심 입체투영법에 의한 것
② 양극을 원점으로 하는 평면직교좌표계를 사용
③ UTM 좌표에서 투영된 80°N~80°S 이외의 부분에 해당지역을 좌표로 표시하는 데 사용(m단위)
④ 종축은 0°와 180°의 경선, 횡축은 90°E와 90°W의 경선으로 한다.
⑤ 축척계수는 극에서 0.9940이다.

(5) WGS84 좌표계

지구중심좌표계의 일종으로 주로 위성측량(GNSS, 원격탐사 등)에 쓰이는 좌표계

■ WGS84 좌표계
① 지구 질량중심 좌표계
② 3차원 직각 좌표계
③ 위성측량(GNSS, 원격탐사)에 이용

① WGS84는 **지구의 질량중심에 위치한 좌표원점과 X, Y, Z축으로 정의**되는 좌표계
② Z축은 1984년 국제시보국(BIH)에서 채택한 지구자전축과 평행
③ X축은 BIH에서 정의한 본초자오선과 평행한 평면이 지구적도면과 교차하는 선
④ Y축은 X축과 Z축이 이루는 평면에 동쪽으로 수직인 방향으로 정의
⑤ WGS84 좌표계의 원점과 축은 WGS84 타원체의 기하학적 중심과 X, Y, Z축으로 이용

2) 천문좌표계

① 지평좌표계 : 관측자의 연직선과 지평면을 기준으로 한 좌표계, 방위각과 고도로 위치 표시
② 적도좌표계 : 자전축과 이에 수직인 적도면을 기준으로 한 좌표계, 적경과 적위로 위치 표시
③ 황도좌표계 : 지구의 공전궤도면을 기준으로 한 좌표계, 황경과 황위로 위치 표시
④ 은하좌표계 : 은하계의 적도면을 기준으로 한 좌표계, 은경과 은위로 위치 표시

> **출제 POINT**
>
> ■ 지구좌표계와 천문좌표계
> ① 지구좌표계 : 경위도좌표계, 평면직교좌표계, UTM 좌표계, UPS 좌표계, WGS84 좌표계
> ② 천문좌표계 : 지평좌표계, 적도좌표계, 황도좌표계, 은하좌표계

SECTION 3 측량의 오차와 정밀도

1 개요

① 모든 관측에는 필연적으로 오차가 발생하고, 모든 관측값에는 오차가 포함
② 관측값에서 착오를 제거하고, 여러 상황에 따라 알 수 있는 정오차 보정
③ 보정된 오차가 허용오차 범위 내에 있다면 여러 통계학적, 기하학적 조건을 만족하도록 부정오차(우연오차)를 조정

2 오차의 종류

오차는 그 특성에 따라 정오차, 우연오차, 착오로 나눌 수 있으며, 오차 원인에 따라서는 기계오차, 자연오차, 개인오차로 구분한다.

1) 오차의 성질에 의한 분류

(1) 착오(mistake)
① 과실, 과대오차(blunder)라고도 하며 관측자의 실수에 의한 오차
② 물리학적, 통계학적 계산을 통한 오차제거 또는 최소화를 할 수 없는 오차
③ 착오는 자료 정리 단계에서 찾아내어 제거해야 함

(2) 정오차(systematic error)
① '체계오차' 또는 '계통오차'라고도 함
② 규칙적으로 발생하므로 횟수에 따라 오차가 누적되어 '누적오차', '누차'라고도 함
③ 관측 조건과 상태가 변화하면 그 상태변화의 물리적인 법칙에 따라 변하는 오차를 말하며, 그 원인, 크기와 방향을 알 수 있는 오차

> ■ 오차의 성질에 따른 분류
> ① 착오: 과실, 과대오차
> ② 정오차: 오차의 원인, 결과를 아는 오차
> ③ 우연오차: 오차의 원인, 결과를 모르는 오차

> **참고**
>
> **정오차의 원인**
> ① 줄자의 길이가 표준길이보다 짧거나 길 때(표준척 보정)
> ② 측정을 정확한 일직선상에서 하지 않을 때(경사보정)
> ③ 줄자가 바람 혹은 초목에 걸려서 직선이 안 되었을 때(경사보정)
> ④ 경사지 측정에 줄자가 정확하게 수평으로 안 된 때(경사보정)
> ⑤ 줄자가 처져서 생긴 오차(처짐보정)
> ⑥ 줄자에 가하는 힘이 검정 시의 장력보다 항상 크거나 작을 때(장력보정)
> ⑦ 측정 시 온도와 검정 시 온도가 동일하지 않을 때(온도보정)

(3) **우연오차(random error)**
① '부정오차'라고도 하며 원인, 크기와 방향을 알 수 없는 오차
② 오차의 원인을 모르기 때문에 그 오차를 제거할 수 없으며, 충분한 수의 잉여관측을 통하여 통계적 기법으로 조정

2) 오차 발생원인에 의한 분류

■ 오차 발생원인에 의한 분류
① 기계오차(장비오차)
② 자연오차(환경오차)
③ 개인오차(관측자의 숙련도)

(1) **기계오차(instrumental error)**
'장비오차'라고도 하며, 관측기계가 불완전하여 발생하는 오차

(2) **자연오차(natural error)**
'환경오차'라고도 하며, 관측을 수행할 때의 여러 가지 자연 환경 조건의 변화에 의해 발생하는 오차

(3) **개인오차(personal error)**
관측자의 숙련도나 관측 습관 등에 의해 발생하는 오차

③ 관측값 해석과 관련된 용어 및 개념

> **참고**
>
> 관측값과 오차의 관계
>
>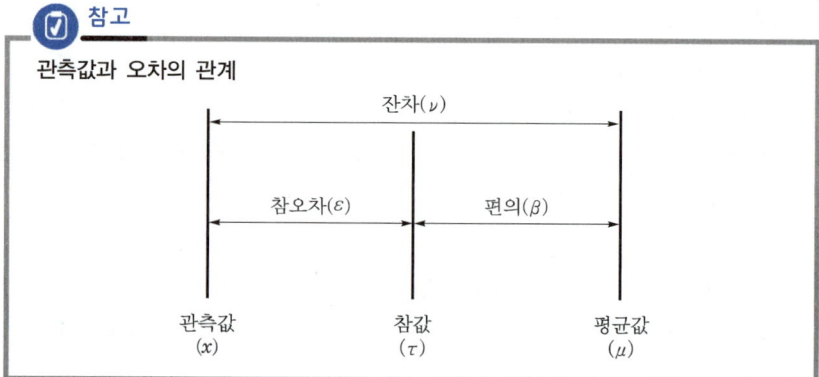

1) 참값(τ)

    관측하고자 하는 양에 대해 이론적으로 정확한 값이며, 추상적인 개념

2) 참오차(ϵ)

    관측값(x)과 참값(τ)의 차이로 정의되는 추상적인 개념

3) 최확값(μ)

    ① 참값은 수학적인 개념으로 실제로는 참값을 알 수 없으므로 참값을 대신한 대푯값

    ② 반복 관측한 관측값들을 수학적 처리과정을 통해 얻어지는 참값에 가장 가까울 확률이 큰 값으로 정의하는 것이 최확값(MPV, Most Probable Value)

    ③ 관측값과 잔차로 구성되어 있을 때 잔차(ν)가 0일 때 관측값은 최확값이 됨

4) 잔차(ν)

    ① 잔차(residual error)는 최확값과 각 관측값들 사이의 차이로 정의
    ② 관측값들을 조정할 때 잔차 이용

    $$\nu = x - \mu$$

5) 편의(β)

    ① 편의(bias)는 참값과 최확값과의 차이로 정의
    ② 참값을 모르기 때문에 편의값 역시 알 수 없음

    $$\beta = \tau - \mu$$

6) 상대오차

    상대오차(relative error)는 관측값과 잔차의 절댓값의 비로 정의

7) 경중률(weight)

    ① 경중률의 개념
        ㉠ 어떤 관측값이 이와 관련된 다른 관측값에 대해 상대적으로 어느 정도의 신뢰성을 갖는지를 표현하는 척도
        ㉡ 경중률의 개념은 분산으로부터 나오며, 정밀한 관측은 분산값이 적음. 이는 분산값이 큰 관측들보다 오차가 작으므로 더 신뢰할 만하다는 의미

출제 POINT

■ 최확값(MPV)
① 참값에 가장 가까울 확률이 큰 값
② 일반적인 평균값
③ 조건부 관측일 때 조건식을 만족하는 값
④ 경중률을 고려한 최확값 계산문제가 많이 출제됨

■ 경중률
① 관측의 신뢰도의 척도
② 일반적으로 관측의 횟수에 비례

> **출제 POINT**

② 경중률의 특성
  ㉠ 경중률은 평균제곱오차(m)의 제곱에 반비례
  ㉡ 경중률은 정밀도(R)의 제곱에 비례
  ㉢ 직접수준측량에서 경중률은 노선거리(S)에 반비례
  ㉣ 경중률은 관측횟수(n)에 비례

8) 분산(σ^2)

분산(variance)은 주어진 관측값들이 평균값 주위에 얼마나 퍼져 있는가를 나타내는 척도이며 정밀도를 나타냄

■ 표준편차
개별 관측(독립관측)의 평균제곱근오차
$\sigma = \pm \sqrt{\dfrac{\sum \nu^2}{n-1}}$ (동일 경중률)
$\sigma = \pm \sqrt{\dfrac{\sum (w\nu^2)}{n-1}}$ (다른 경중률)

9) 평균제곱근오차(σ)

① 평균제곱근오차는 관측단위를 맞추기 위해 분산에 제곱근을 취한 것으로 '표준편차'라고도 함
② 동일 경중률인 경우의 평균제곱근오차

$$\sigma = \pm \sqrt{\dfrac{\sum(x-\mu)^2}{n-1}} = \pm \sqrt{\dfrac{\sum \nu^2}{n-1}}$$

③ 경중률이 다른 경우의 평균제곱근오차

$$\sigma = \pm \sqrt{\dfrac{\sum(w\nu^2)}{n-1}}$$

■ 표준오차
최확값의 평균제곱근오차
$\sigma_m = \pm \sqrt{\dfrac{\sum \nu^2}{n(n-1)}}$ (동일 경중률)
$\sigma_m = \pm \sqrt{\dfrac{\sum(w\nu^2)}{\sum w(n-1)}}$ (다른 경중률)

10) 표준오차(σ_m)

① 여러 표본평균값들에 대한 표준편차는 단관측에 대한 표준편차를 $\sqrt{n}$으로 나눈 값과 같으며, 이 값을 표준오차 또는 평균에 대한 표준오차라 부름
② 경중률이 동일한 경우의 표준오차

$$\sigma_m = \pm \sqrt{\dfrac{\sum(x-\mu)^2}{n(n-1)}} = \pm \sqrt{\dfrac{\sum \nu^2}{n(n-1)}}$$

③ 경중률이 다른 경우의 표준오차

$$\sigma_m = \pm \sqrt{\dfrac{\sum(w\nu^2)}{\sum w(n-1)}}$$

측량학

11) 확률오차

① 어느 오차보다 절댓값이 큰 오차가 발생할 확률과 작은 오차가 발생할 확률이 같은 오차를 확률오차라고 하며, 정밀도의 척도로 사용
② 관측값이 전체 관측값의 50%에 있을 확률을 나타내며, 50% 불확실성이라고도 함
③ 확률오차는 표준편차에 0.6745배한 것

$$\gamma = \pm 0.6745\sigma$$

> **출제 POINT**
>
> ■ 확률오차
> ① 전체 관측의 50% 확률
> ② 5 : 5 오차
> ③ 표준편차의 0.6745배

12) 경중률에 따른 관측값의 처리

항목	경중률이 같은 경우	경중률이 다른 경우
최확값	$MPV = \dfrac{\sum L}{n}$	$MPV = \dfrac{\sum(w \times L)}{\sum w}$
표준편차 (개별관측의 평균제곱근오차)	$\sigma = \pm \sqrt{\dfrac{\sum \nu^2}{n-1}}$	$\sigma = \pm \sqrt{\dfrac{\sum(w\nu^2)}{n-1}}$
표준오차 (최확값의 평균제곱근오차)	$\sigma_m = \pm \sqrt{\dfrac{\sum \nu^2}{n(n-1)}}$	$\sigma_m = \pm \sqrt{\dfrac{\sum(w\nu^2)}{\sum w(n-1)}}$

CHAPTER 01 기출문제

01 측지학에 관한 설명 중 옳지 않은 것은?
① 측지학이란 지구 내부의 특성, 지구의 형상, 지구 표면의 상호위치관계를 결정하는 학문이다.
② 물리학적 측지학은 중력측정, 지자기측정 등을 포함한다.
③ 기하학적 측지학에는 천문측량, 위성측량, 높이의 결정 등이 있다.
④ 측지측량이란 지구의 곡률을 고려하지 않는 측량으로 11km 이내를 평면으로 취급한다.

> **해설** 측지측량(대지측량)
> 지구의 곡률을 고려한 정밀측량으로, 반경 11km 이상의 지역을 곡면으로 간주하며 지각변동의 관측, 항로 등의 측량이 이에 속한다.

02 지구의 형상에 대한 설명으로 틀린 것은?
① 회전타원체는 지구의 형상을 수학적으로 정의한 것이고, 어느 하나의 국가에 기준으로 채택한 타원체를 기준타원체라 한다.
② 지오이드는 물리적인 형상을 고려하여 만든 불규칙한 곡면이며, 높이 측정의 기준이 된다.
③ 지오이드상에서 중력퍼텐셜의 크기는 중력이상에 의하여 달라진다.
④ 임의 지점에서 회전타원체에 내린 법선이 적도면과 만나는 각도를 측지위도라 한다.

> **해설** 지구의 형상의 구분
> 지오이드상에서 중력퍼텐셜은 표고가 0m이므로 0으로 동일하다.

03 다음 설명 중 틀린 것은?
① 측지학이란 지구 내부의 특성, 지구의 형상 및 운동을 결정하는 측량과 지구 표면상 모든 점들 간의 상호 위치관계를 산정하는 측량을 위한 학문이다.
② 측지측량은 지구의 곡률을 고려한 정밀측량이다.
③ 지각변동의 관측, 항로 등의 측량은 평면측량으로 한다.
④ 측지학의 구분은 물리측지학과 기하측지학으로 크게 나눌 수 있다.

> **해설** 측지측량(대지측량)
> 지구의 곡률을 고려한 정밀측량으로 지각변동의 관측, 항로 등의 측량이 이에 속한다.

04 다음 설명 중 옳지 않은 것은?
① 측지학적 3차원 위치결정이란 경도, 위도 및 높이를 산정하는 것이다.
② 측지학에서 면적이란 일반적으로 지표면의 경계선을 어떤 기준면에 투영하였을 때의 면적을 말한다.
③ 해양측지는 해양상의 위치 및 수심의 결정, 해저지질 조사 등을 목적으로 한다.
④ 원격탐사는 피사체와의 직접 접촉에 의해 획득한 정보를 이용하여 정량적 해석을 하는 기법이다.

> **해설** 원격탐사
> 피사체와의 간접 접촉에 의해 획득한 정보를 이용하여 정성적 해석을 하는 기법이다.

정답 1. ④ 2. ③ 3. ③ 4. ④

05 측량의 분류에 대한 설명으로 옳은 것은?

① 측량 구역이 상대적으로 협소하여 지구의 곡률을 고려하지 않아도 되는 측량을 측지측량이라 한다.
② 측량정확도에 따라 평면기준점측량과 고저기준점측량으로 구분한다.
③ 구면삼각법을 적용하는 측량과 평면삼각법을 적용하는 측량과의 근본적인 차이는 삼각형의 내각의 합이다.
④ 측량법에는 기본측량과 공공측량의 두 가지로만 측량을 분류한다.

> 해설
> ① 측량 구역이 상대적으로 협소하여 지구의 곡률을 고려하지 않아도 되는 측량을 평면측량(소지측량)이라 한다.
> ② 측량정확도에 따라 기초측량(골조측량)과 세부측량으로 구분한다.
> ③ 구면삼각법을 적용하는 측량과 평면삼각법을 적용하는 측량과의 근본적인 차이는 삼각형의 내각의 합이다.
> ④ 측량법은 기본측량, 공공측량, 지적측량, 수로측량, 일반측량으로 분류한다.

06 다음 설명 중 옳지 않은 것은?

① 측지선은 지표상 두 점 간의 최단거리선이다.
② 라플라스점은 중력측정을 실시하기 위한 점이다.
③ 항정선은 자오선과 항상 일정한 각도를 유지하는 지표의 선이다.
④ 지표면의 요철을 무시하고 적도반경과 극반경으로 지구의 형상을 나타내는 가상의 타원체를 지구타원체라고 한다.

> 해설 **라플라스점**
> 측지망이 광범위하게 설치된 경우 측량오차가 누적되는 것을 피하기 위해 200~300km마다 1점의 비율로 삼각측량에 의해 계산된 측지방위각과 천문측량에 의해 관측된 값을 조정함으로써 삼각망의 비틀림을 바로잡을 수 있는 점이다.

07 다음 설명 중 틀린 것은?

① 지자기측량은 지자기가 수평면과 이루는 방향 및 크기를 결정하는 측량이다.
② 지구의 운동이란 극운동 및 자전운동을 의미하며, 이들을 조사함으로써 지구의 운동과 지구 내부의 구조 및 다른 행성과의 관계를 파악할 수 있다.
③ 지도제작에 관한 지도학은 입체인 구면상에서 측량한 결과를 평면인 도지 위에 정확히 표시하기 위한 투영법을 포함하고 있다.
④ 탄성파 측량은 지진조사, 광물탐사에 이용되는 측량으로 지표면으로부터 낮은 곳은 반사법, 깊은 곳은 굴절법을 이용한다.

> 해설 **탄성파 측량**
> 지진조사, 광물탐사에 이용되는 탄성파 측량은 지표면으로부터 낮은 곳은 굴절법, 깊은 곳은 반사법을 이용한다.

08 구면삼각형의 성질에 대한 설명으로 틀린 것은?

① 구면삼각형의 내각의 합은 180°보다 크다.
② 두 점 간 거리가 구면상에서는 대원의 호길이가 된다.
③ 구면삼각형의 한 변은 다른 두 변의 합보다 작고 차이보다 크다.
④ 구과량은 지구 반경의 제곱에 비례하고 구면삼각형의 면적에 반비례한다.

> 해설 **구면삼각형과 구과량**
> 넓은 지역의 측량의 경우 정밀한 위치 결정을 위해 지구의 곡률을 고려하여 각을 관측하게 되는데 이때 구과량이 발생한다.
> 구면삼각형의 ABC의 3각을 A, B, C라 하면 이 삼각형 내각의 합은 180°가 넘으며 이 차이를 구과량이라고 한다.
> 즉, $\varepsilon = (A+B+C) - 180°$
> $$\varepsilon'' = \frac{A}{R^2} \times \rho$$
> 여기서, ε : 구과량, A : 삼각형의 면적, R : 지구 반경, ρ : 라디안

정답 5. ③ 6. ② 7. ④ 8. ④

09 지구상의 △ABC를 측정한 결과, 두 변의 거리가 a=30km, b=20km이었고, 그 사잇각이 80°이었다면 이때 발생하는 구과량은? (단, 지구의 곡선반경은 6,400km로 가정한다.)

① 1.49″   ② 1.62″
③ 2.04″   ④ 2.24″

> **해설** 구면삼각형과 구과량
> 구과량은 구면삼각형의 면적에 비례하고 지구 반경의 제곱에 반비례한다.
> $$\varepsilon = \frac{A}{R^2} \times \frac{180°}{\pi}$$
> $$= \frac{\frac{1}{2} \times 30 \times 20 \times \sin 80°}{6,400^2} \times \frac{180°}{\pi}$$
> $$= 0°0'1.49''$$

10 지구 반경이 6,370km이고 거리의 허용오차가 $1/10^5$이면 평면측량으로 볼 수 있는 범위의 직경은?

① 약 69km   ② 약 64km
③ 약 36km   ④ 약 22km

> **해설** 평면측량의 범위
> 거리의 허용오차를 $1/10^5$이라 할 경우 평면측량의 최대허용범위는 대상지역을 원으로 가정할 때 직경 약 69km 이하가 된다.
> 거리의 허용정밀도는 $\frac{d-D}{D} \leq \frac{1}{10^5}$ 이므로
> $$\frac{d-D}{D} = \frac{1}{12}\left(\frac{D}{R}\right)^2 = \frac{1}{10^5}$$
> $$D = \sqrt{\frac{12 \times R^2}{10^5}} = \sqrt{\frac{12 \times 6,370^2}{10^5}} \fallingdotseq 69\,km$$

11 측량에서 일적으로 지구의 곡률을 고려하지 않아도 되는 최대 범위는? (단, 거리의 정밀도는 10^{-6}까지 허용하며 지구 반경은 6,370km이다.)

① 약 $100km^2$ 이내   ② 약 $380km^2$ 이내
③ 약 $1,000km^2$ 이내   ④ 약 $1,200km^2$ 이내

> **해설** 평면측량의 범위
> 거리의 허용오차를 $1/10^6$이라 할 경우 평면측량의 최대허용범위는 대상지역을 원으로 가정할 때 반경 약 11km 이하가 된다.
> 거리의 허용정밀도는 $\frac{d-D}{D} \leq \frac{1}{10^6}$ 이므로
> $$\frac{d-D}{D} = \frac{1}{12}\left(\frac{D}{R}\right)^2 = \frac{1}{10^6}$$
> $$D = \sqrt{\frac{12 \times R^2}{10^6}} = \sqrt{\frac{12 \times 6,370^2}{10^6}} \fallingdotseq 22\,km$$
> $$\therefore A = \pi r^2 = \frac{\pi D^2}{4} = \frac{\pi \times 22^2}{4} \fallingdotseq 380\,km^2$$

12 지구 표면의 거리 35km까지를 평면으로 간주했다면 허용정밀도는 약 얼마인가? (단, 지구의 반경은 6,370km이다.)

① 1/300,000   ② 1/400,000
③ 1/500,000   ④ 1/600,000

> **해설** 평면측량의 허용정밀도
> 거리관측의 정밀도 $\frac{d-D}{D} = \frac{1}{12}\left(\frac{D}{R}\right)^2$ 에서
> $$\frac{d-D}{D} = \frac{1}{12}\left(\frac{35km}{6,370km}\right)^2 \fallingdotseq \frac{1}{400,000}$$

13 평면측량에서 거리의 허용오차를 1/500,000까지 허용한다면 지구를 평면으로 볼 수 있는 한계는 몇 km인가? (단, 지구의 곡률반경은 6,370km이다.)

① 22.07km   ② 31.2km
③ 2,207km   ④ 3,122km

> **해설** 평면측량의 한계
> 거리의 허용정밀도는 $\frac{d-D}{D} \leq \frac{1}{500,000}$ 이므로
> $$\frac{d-D}{D} = \frac{1}{12}\left(\frac{D}{R}\right)^2 = \frac{1}{500,000}$$
> $$D = \sqrt{\frac{12 \times R^2}{500,000}} = \sqrt{\frac{12 \times 6,370^2}{500,000}} = 31.2\,km$$
> 지구의 반경(R)을 6,370km로 대입하면 D=약 31.2km 이하임을 알 수 있다.

정답 9. ① 10. ① 11. ② 12. ② 13. ②

14 지구상에서 50km 떨어진 두 점의 거리를 지구곡률을 고려하지 않은 평면측량으로 수행한 경우의 거리 오차는? (단, 지구의 반경은 6,370km이다.)

① 0.257m
② 0.138m
③ 0.069m
④ 0.005m

> **해설** 평면측량의 거리오차
> 거리의 허용정밀도
> $$\frac{d-D}{D} = \frac{1}{12}\left(\frac{D}{R}\right)^2 = \frac{1}{12}\left(\frac{50}{6,370}\right)^2$$
> $$= \frac{1}{194,769.12}$$
> 거리오차
> $$d-D = \frac{d-D}{D} \times D = \frac{1}{194,769.12} \times 50km$$
> $$= 0.000257km = 0.257m$$

15 지오이드(geoid)에 대한 설명 중 옳지 않은 것은?

① 평균해수면을 육지까지 연장한 가상적인 곡면을 지오이드라 하며 이것은 지구타원체와 일치한다.
② 지오이드는 중력장의 등퍼텐셜면으로 볼 수 있다.
③ 실제로 지오이드면은 굴곡이 심하므로 측지측량의 기준으로 채택하기 어렵다.
④ 지구타원체의 법선과 지오이드의 법선 간의 차이를 연직선 편차라 한다.

> **해설** 지오이드(geoid)의 정의 및 특징
> ㉠ 정의 : 평균해수면을 육지로 연장시켜 지구물체를 둘러싸고 있다고 가정한 곡면
> ㉡ 특징
> • 지오이드는 등퍼텐셜면이다.
> • 지오이드는 연직선 중력 방향에 직교한다.
> • 지오이드는 불규칙한 지형이다.
> • 지오이드는 위치에너지($E=mgh$)가 0이다.
> • 지오이드는 육지에서는 회전타원체 위에 존재하고, 바다에서는 회전타원체면 아래에 존재한다.

16 다음 중 물리학적 측지학에 해당되는 것은?

① 탄성파 관측
② 면적 및 부피 계산
③ 구과량 계산
④ 3차원 위치 결정

> **해설** 측지학의 분류
>
> | 기하학적 측지학 | 물리학적 측지학 |
> | --- | --- |
> | 측지학적 3차원 위치 결정 | 지구의 형상 해석 |
> | 길이 및 시의 결정 | 중력 측량 |
> | 수평위치 결정 | 지자기 측량 |
> | 높이 결정 | 탄성파 측량 |
> | 천문측량, 위성측량, 해양측량 | 대륙의 부동 |
> | 면적, 체적 결정 | 지구의 극운동과 자전운동, 지각의 변동 및 균형 |
> | 지도 제작 | 지구의 열, 지구의 조석 |

17 지오이드(geoid)에 대한 설명으로 옳은 것은?

① 육지와 해양의 지형면을 말한다.
② 육지 및 해저의 요철(凹凸)을 평균한 매끈한 곡면이다.
③ 회전타원체와 같은 것으로 지구의 형상이 되는 곡면이다.
④ 평균해수면을 육지 내부까지 연장했을 때의 가상적인 곡면이다.

> **해설** 지오이드(geoid)의 정의 및 특징
> ㉠ 정의 : 평균해수면을 육지로 연장시켜 지구물체를 둘러싸고 있다고 가정한 곡면
> ㉡ 특징
> • 지오이드는 등퍼텐셜면이다.
> • 지오이드는 연직선 중력 방향에 직교한다.
> • 지오이드는 불규칙한 지형이다.
> • 지오이드는 위치에너지($E=mgh$)가 0이다.
> • 지오이드는 육지에서는 회전타원체 위에 존재하고, 바다에서는 회전타원체면 아래에 존재한다.

정답 14. ① 15. ③ 16. ① 17. ④

18 지오이드(geoid)에 관한 설명으로 틀린 것은?
① 중력장 이론에 의한 물리적 가상면이다.
② 지오이드면과 기준타원체면은 일치한다.
③ 지오이드는 어느 곳에서나 중력 방향과 수직을 이룬다.
④ 평균 해수면과 일치하는 등퍼텐셜면이다.

> **해설** 지오이드(geoid)의 정의 및 특징
> 지오이드는 평균해수면을 육지로 연장시켜 지구 물체를 둘러싸고 있다고 가정한 곡면이며, 일반적으로 육지에서는 타원체의 위에, 해양에서는 타원체 아래에 위치하며, 타원체와 일치하지 않는다.

19 기준면으로부터 어느 측점까지의 연직거리를 의미하는 용어는?
① 수준선(level line)
② 표고(elevation)
③ 연직선(plumb line)
④ 수평면(horizontal plane)

> **해설** 표고의 정의
> 표고(elevation) : 그 지역의 평균해수면을 연결한 지오이드로부터 지표까지의 수직거리를 말한다.

20 중력이상에 대한 설명으로 옳지 않은 것은?
① 중력이상에 의해 지표면 밑의 상태를 추정할 수 있다.
② 중력이상에 대한 취급은 물리학적 측지학에 속한다.
③ 중력이상이 양(+)이면 그 지점 부근에 무거운 물질이 있는 것으로 추정할 수 있다.
④ 중력식에 의한 계산값에서 실측값을 뺀 것이 중력이상이다.

> **해설** 중력이상의 정의 및 특징
> 중력이상은 측정중력과 표준중력과의 차이를 의미하며 주된 원인은 지하물질 간 밀도의 불균일에 기인하며 밀도가 큰 물질이 지표 가까이 있을 때는 (+)값, 반대인 경우 (-)값을 갖는다.

21 UTM 좌표에 대한 설명으로 옳지 않은 것은?
① 중앙자오선의 축척계수는 0.9996이다.
② 좌표계는 경도 6°, 위도 8° 간격으로 나눈다.
③ 우리나라는 40구역(ZONE)과 43구역(ZONE)에 위치하고 있다.
④ 경도의 원점은 중앙자오선에 있으며 위도의 원점은 적도상에 있다.

> **해설** UTM 좌표계의 특징
> ㉠ UTM 좌표는 경도를 6° 간격으로, 위도를 8° 간격으로 분할하여 사용한다.
> ㉡ UTM 좌표는 적도를 횡축으로, 자오선을 종축으로 한다.
> ㉢ 80°N과 80°S 간 전 지역의 지도는 UTM 좌표로 표시할 수 있다.
> ㉣ UTM 좌표는 세계 제2차 대전 말기 연합군의 군사용 좌표로 세계를 하나의 통일된 좌표로 표시하기 위해 고안되었다.
> ㉤ UTM 좌표에서 종좌표는 N으로, 횡좌표는 E를 붙인다.
> ㉥ 중앙자오선에서 축척계수는 0.9996이다.
> ㉦ 우리나라의 UTM 좌표는 51, 52 종대, S, T 횡대에 포함되어 있다.

22 다음 우리나라에서 사용되고 있는 좌표계에 대한 설명 중 옳지 않은 것은?

> 우리나라의 평면직각좌표는 ㉠ 4개의 평면직각좌표계(서부, 중부, 동부, 동해)를 사용하고 있다. ㉡ 원점은 위도 38°선과 경도 125°, 127°, 129°, 131°선의 교점에 위치하며, ㉢ 투영법은 TM(Transverse Mercator)을 사용한다. 좌표의 음수 표기를 방지하기 위해 ㉣ 횡좌표에 200,000m, 종좌표에 500,000m를 가산한 가좌표를 사용한다.

① ㉠   ② ㉡
③ ㉢   ④ ㉣

> **해설** 평면직교좌표계의 특징
> 우리나라 평면직각좌표계에서는 좌표의 음수표기를 방지하기 위해 좌표계원점(0, 0)의 횡좌표에 200,000m, 종좌표에 600,000m를 가산한 좌표를 사용한다.

정답 18. ② 19. ② 20. ④ 21. ③ 22. ④

23 UPS 좌표에 대한 설명 중 틀린 것은?

① 지구의 양극지역, 좌표를 표시하는 데 사용한다.
② UPS 좌표는 극상입체투영법에 의한 것이다.
③ 지심을 원점으로 하는 3차원 직교좌표계를 사용한다.
④ 지구의 양극을 원점으로 하는 좌표계이다.

> **해설** UPS 좌표계의 특징
> ㉠ 지구상의 위치를 나타내기 위해 UTM 좌표계와 더불어 사용되는 지리좌표계
> ㉡ 지구의 양 극점 부근의 위치를 나타내는 데 사용
> ㉢ UTM 좌표계에서 나타낼 수 없는 북위 84°보다 북쪽과 남위 80°보다 남쪽 지역에 해당
> ㉣ 두 좌표계의 경계부가 중첩될 수 있도록 UPS 좌표계의 한계는 위도 30분씩 확장
> ㉤ UTM 좌표계와 마찬가지로, 등각투영된 직교 격자망과 미터 단위를 사용
> ㉥ UPS 좌표는 양극을 원점으로 하는 평면직교좌표계를 사용한다.

24 ★ 측량의 기준에 관한 설명 중 틀린 것은?

① 측량의 원점은 직각좌표의 원점과 수준원점으로 한다.
② 위치는 세계측지계에 따라 측정한 지리학적 경위도와 평균해수면으로부터의 높이로 표시한다.
③ 수로조사에서 간출지의 높이와 수심은 기본수준면을 기준으로 측량한다.
④ 세계측지계, 측량의 원점값의 결정 및 직각좌표의 기준 등에 필요한 사항은 대통령령으로 정한다.

> **해설** 공간정보의 구축 및 관리 등에 관한 법률 제6조(측량기준)
> 1. 위치는 세계측지계에 따라 측정한 지리학적 경위도와 높이(평균해수면으로부터의 높이)로 표시한다.
> 2. 측량의 원점은 대한민국 경위도원점 및 수준원점으로 한다.
> 3. 수로조사에서 간출지의 높이와 수심은 기본수준면을 기준으로 측량한다.
> 4. 해안선은 해수면이 약최고고조면에 이르렀을 때의 육지와 해수면과의 경계로 표시한다.

25 각 좌표계에서의 직각좌표를 TM(Transverse Mercator, 횡단 메르카토르) 방법으로 표시할 때의 조건으로 옳지 않은 것은?

① X축은 좌표계 원점의 자북선에 일치하도록 한다.
② 진북 방향을 정(+)으로 표시한다.
③ Y축은 X축에 직교하는 축으로 한다.
④ 진동 방향을 정(+)으로 한다.

> **해설** 공간정보의 구축 및 관리 등에 관한 법률 시행령 [별표 2(측량업의 종류별 업무 내용)]
> 각 좌표계에서의 직각좌표는 TM(Transverse Mercator, 횡단 메르카토르) 방법으로 표시하고, 원점의 좌표는 ($X=0$, $Y=0$)으로 한다.
> ㉠ X축은 좌표계 원점의 자오선에 일치하여야 하고, 진북 방향을 정(+)으로 표시하며, Y축은 X축에 직교하는 축으로서 진동 방향을 정(+)으로 한다.
> ㉡ 세계측지계에 따르지 아니하는 지적측량의 경우에는 가우스상사이중투영법으로 표시하되, 직각좌표계 투영원점의 가산(加算) 수치를 각각 X(N) 500,000미터, Y(E) 200,000미터로 하여 사용할 수 있다.

26 ★★ 우리나라 기준점에 대한 설명으로 옳지 않은 것은?

① 대한민국 수준원점은 인천광역시에 있다.
② 대한민국 수준원점의 높이는 26.6871m이다.
③ 대한민국 경위도원점은 서울특별시에 있다.
④ 대한민국 경위도원점은 경도, 위도, 원방위각의 값으로 나타낸다.

> **해설** 공간정보의 구축 및 관리 등에 관한 법률 시행령 제27조(세계측지계 등)
> 대한민국 경위도원점은 경기도 수원시에 있다.

정답 23. ③ 24. ① 25. ① 26. ③

27 우리나라가 속해 있는 UTM 좌표구역 52S에서 좌표원점의 위치는?

① 동경 125°와 적도 ② 동경 127°와 적도
③ 동경 129°와 적도 ④ 동경 132°와 적도

> **해설** 우리나라의 UTM 좌표계
> UTM 좌표계의 시작은 서경 180°에서 서쪽으로 6° 간격으로 계수하므로 동경 0°는 30번째 도엽에서 종료되어 31번째 도엽은 동경 0°~동경 6°가 된다. UTM 52 도엽은 동경 126~132° 구간에 해당한다. 그러므로 52 도엽의 원점은 중앙에 위치하게 되므로 동경 129°가 된다.

28 우리나라의 지형도에서 사용하고 있는 평면좌표는 어느 투영법에 의하는가?

① 등각투영 ② 등적투영
③ 등거투영 ④ 복합투영

> **해설** 우리나라에서 대축척 지도 제작에 사용되는 투영법
> ㉠ TM 투영으로 등각횡원통투영방법을 이용한다.
> ㉡ 가우스-크뤼거도법을 사용하며 표준형 메르카토르 투영에서 지구를 90° 회전시켜 중앙자오선이 원기둥면에 접하도록 하는 투영
> ㉢ 동경 124~132° 범위를 북위 38°상에서 경도 2°씩 4등분하여 4개 구역으로 구분
> ㉣ 128°를 기준으로 동쪽으로 매 2°씩 이동하면서 중앙자오선 정함
> ㉤ 중앙자오선에서의 축척계수는 1이며, 중앙자오선 이외 지역에서의 축척계수는 1보다 크다.

29 우리나라의 평면직각좌표계에 대한 설명으로 옳은 것은?

① 측량의 정확도를 1:10,000까지 허용한다면 우리나라 전역을 평면으로 간주하여도 무방하다.
② 좌표원점의 축척계수는 1.0000이다.
③ 음수표시를 피하기 위하여 가좌표계로서 종(X)축에 200,000m, 횡(Y)축에 500,000m를 사용하고 있다.
④ 3개의 평면직각 좌표계로 되어 있으며, 투영의 경계는 동·서 방향으로 각각 2°이다.

> **해설** ① 측량의 정확도를 1:10,000으로 한다면 $D=$220km가 되며 면적 38,013km²까지 평면으로 간주하는데, 우리나라의 면적(남한)은 약 100,000km²이므로 남한 전역을 평면으로 간주할 수 없다(38,013km² ≪ 100,000km²).
> ③ 음수표시를 피하기 위하여 가좌표계로서 종(X)축에 600,000m, 횡(Y)축에 200,000m를 사용하고 있다.
> ④ 4개의 평면직각좌표계로 되어 있으며, 투영의 경계는 동서 방향으로 각각 1°이다.

30 우리나라 평면직각좌표의 원점은 어떻게 구성되어 있는가?

① 서해, 내륙, 중부, 동해 원점
② 동부, 서부, 내부, 중부 원점
③ 동부, 서부, 중부, 동해 원점
④ 동해, 남부, 북부, 중부 원점

> **해설** 우리나라의 평면직각좌표계
>
> | 명칭 | 투영원점의 위치 | 투영원점의 좌표 | 적용지역 |
> |---|---|---|---|
> | 서부 좌표계 | 북위 38°, 동경 125° | X=600,000m Y=200,000m (음수방지를 위해) | 동경 124~126° |
> | 중부 좌표계 | 북위 38°, 동경 127° | | 동경 126~128° |
> | 동부 좌표계 | 북위 38°, 동경 129° | | 동경 128~130° |
> | 동해 좌표계 | 북위 38°, 동경 131° | | 동경 130~132° |

31 우리나라 측량의 기준이 되는 세계측지계의 요건으로 옳지 않은 것은?

① 회전타원체의 장반경은 6,378,137미터일 것
② 회전타원체의 중심이 지구의 질량중심과 일치할 것
③ 회원타원체의 장축(長軸)이 지구의 자전축과 일치할 것
④ 회전타원체의 편평률은 298.257222분의 1

정답 27. ③ 28. ① 29. ② 30. ③ 31. ③

해설 공간정보의 구축 및 관리 등에 관한 법률 시행령 제7조(세계측지계 등) 제1항
세계측지계는 지구를 편평한 회전타원체로 상정하여 실시하는 위치측정의 기준으로서 다음 각 호의 요건을 갖춘 것을 말한다.
1. 회전타원체의 장반경 및 편평률은 다음 각 목과 같을 것
   가. 장반경: 6,378,137미터
   나. 편평률: 298.257222101분의 1
2. 회전타원체의 중심이 지구의 질량중심과 일치할 것
3. 회전타원체의 단축이 지구의 자전축과 일치할 것

32 1:5,000 지형도 도엽의 1구획으로 옳은 것은?

① 경위도차 1분 30초
② 경위도차 7분 30초
③ 경위도차 15분
④ 경위도차 30분

해설 지형도 도식적용규정 제4조(지형도의 도곽 구성)
① 지형도의 도곽은 다음 각 호 경위도 차의 경위선에 의하여 구성됨을 원칙으로 한다.
   1. 1:5000의 경우 1:50,000 지형도 경위도 15′의 1구획을 100등분한 경위도 1′30″
   2. 1:10,000의 경우 경위도 3′
   3. 1:25,000의 경우 경위도 7′30″
   4. 1:50,000의 경우 경위도 15′
② 지도의 방위는 경도선의 북쪽 방향을 도북으로 하며, 자침편차 도표를 삽입하는 경우의 자북과 구분한다.

33 UTM 좌표에 대한 설명으로 옳지 않은 것은?

① UTM 좌표는 적도를 횡축으로, 측지선을 종축으로 한다.
② UTM 좌표에서 종좌표는 N으로, 횡좌표는 E를 붙인다.
③ 80°N과 80°S 간 전 지역의 지도는 UTM 좌표로 표시할 수 있다.
④ UTM 좌표는 제2차 세계대전 말기 연합군의 군용거리 좌표로 고안된 것이다.

해설 UTM 좌표는 적도를 횡축으로, 자오선을 종축으로 한다.

34 우리나라는 TM도법에 따른 평면직교좌표계를 사용하고 있는데 그 중 동해 원점의 경위도 좌표는?

① 129°00′00″ E, 35°00′00″ N
② 131°00′00″ E, 35°00′00″ N
③ 129°00′00″ E, 38°00′00″ N
④ 131°00′00″ E, 38°00′00″ N

해설 우리나라의 평면직각좌표계

명칭	투영원점의 위치	투영원점의 좌표	적용지역
서부 좌표계	북위 38°, 동경 125°	X=600,000m Y=200,000m (음수방지를 위해)	동경 124~126°
중부 좌표계	북위 38°, 동경 127°		동경 126~128°
동부 좌표계	북위 38°, 동경 129°		동경 128~130°
동해 좌표계	북위 38°, 동경 131°		동경 130~132°

35 UTM 좌표계에 대한 설명으로 옳지 않은 것은?

① 세계를 하나의 통일된 좌표로 표시하기 위한 목적으로 고안되었다.
② 좌표지역대의 분할을 위해 위도는 8°, 경도는 6° 간격으로 분할하였다.
③ 우리나라의 UTM 좌표는 경도 127°와 극지방을 좌표계의 원점으로 하는 55S와 56S 지역대에 속한다.
④ 중앙자오선에서 축척계수는 0.9996이다.

해설 우리나라의 UTM 좌표는 51, 52 종대, S, T 횡대에 포함되어 있다.

정답 32. ① 33. ① 34. ④ 35. ③

36 UTM 좌표계에 대한 설명으로 옳은 것은?

① 각 구역은 서쪽 방향으로 10° 간격으로 1부터 번호를 붙인다.
② 지구 전체를 경도 6°씩 60구역으로 나눈다.
③ 위도는 남, 북위 60°까지만 포함한다.
④ 위도 80° 이상의 양극지역의 좌표도 포함된다.

> **해설** UTM 좌표계
> ㉠ UTM 좌표는 경도를 6° 간격으로, 위도를 8° 간격으로 분할하여 사용한다.
> ㉡ UTM 좌표는 적도를 횡축으로, 자오선을 종축으로 한다.
> ㉢ 80°N과 80°S 간 전 지역의 지도는 UTM 좌표로 표시할 수 있다.
> ㉣ UTM 좌표는 세계 제2차 대전 말기 연합군의 군사용 좌표로 세계를 하나의 통일된 좌표로 표시하기 위해 고안되었다.
> ㉤ UTM 좌표에서 종좌표는 N으로, 횡좌표는 E를 붙인다.
> ㉥ 중앙자오선에서 축척계수는 0.9996이다.

37 우리나라의 직각좌표계에서 사용하고 있는 지도투영법은?

① TM(Transverse Mercator) 투영
② 람베르트 정각원추 투영
③ 카시니 투영
④ 심사 투영

> **해설** 우리나라에서 사용하는 지도투영법 : TM 투영(횡원통 투영)
> ㉠ 가우스-크뤼거도법을 사용하며 표준형 메르카토르 투영에서 지구를 90° 회전시켜 중앙자오선이 원기둥면에 접하도록 하는 투영
> ㉡ 동경 124°~132° 범위를 북위 38°상에서 경도 2°씩 4등분하여 4개 구역으로 구분
> ㉢ 128°를 기준으로 동쪽으로 매 2°씩 이동하면서 중앙자오선 정함
> ㉣ 우리나라에서 대축척 지도제작에 사용하고 있다.
> ㉤ 중앙자오선에서의 축척계수는 1이며, 중앙자오선 이외 지역에서의 축척계수는 1보다 크다.

38 어느 점의 위치를 표시하는 방법 중 거리와 방향(각)으로 위치를 표시하는 좌표를 무엇이라고 하는가?

① 극좌표
② 지리좌표
③ 평면직각좌표
④ 3차원 직각좌표

> **해설** 극좌표의 정의
> 원점에서 대상점에 이르는 거리와 원점을 지나는 기준선과 그 선분이 이루는 각으로 하는 좌표계이다.

39 우리나라 평면직교좌표계에 사용하는 횡원통(Transverse Mercator) 투영에 대한 설명으로 틀린 것은?

① 표준형 Mercator 투영에서 지구를 90° 회전시켜 중앙자오선이 원기둥면에 접하도록 하는 투영이다.
② 중앙자오선 이외 지역에서의 축척계수는 1보다 작다.
③ 우리나라에서 대축척 지도제작에 사용하고 있다.
④ 중앙자오선에서의 축척계수는 1이다.

> **해설** TM 투영(횡원통 투영)의 특징
> 중앙자오선 이외 지역에서의 축척계수는 1보다 크다.

40 우리나라 평면직각좌표계에 대한 설명 중 틀린 것은?

① 우리나라에서는 서부, 중부, 동부 3개의 투영구역으로 구분하여 사용하고 있다.
② 우리나라는 횡원통 투영법(TM)을 사용한다.
③ 우리나라의 평면직각좌표계에서는 원점은 축척계수가 1이다.
④ 우리나라 평면직각좌표계에서는 좌표계원점(0,0)의 횡좌표에 200,000m, 종좌표에 600,000m를 가산한 좌표를 사용한다.

정답 36. ② 37. ① 38. ① 39. ② 40. ①

> [해설] **우리나라의 평면직각좌표계의 종류**
> 우리나라 측량의 평면직각좌표계는 서부좌표계, 중부좌표계, 동부좌표계, 동해좌표계 등 4개의 좌표계로 구성된다.

41 상차라고도 하며 그 크기와 방향(부호)이 불규칙적으로 발생하고 확률론에 의해 추정할 수 있는 오차는?

① 착오　　　　② 정오차
③ 개인오차　　④ 우연오차

> [해설] **오차의 성질에 따른 분류**
> ㉠ 정오차(누적오차, 누차) : 오차가 일어나는 원인이 명백하고, 일정한 조건 밑에서는 일정한 크기와 방향으로 발생하는 오차, 그 원인이 조사되면 오차량을 계산하여 제거할 수 있는 오차
> ㉡ 부정오차(우연오차, 상차) : 일어나는 원인이 불분명하거나 원인을 안다 하여도 직접 처리하는 방법이 불확실하고 예견할 수 없으며 관측값에 어느 정도의 영향을 주고 있는지를 알 수 없는 성질의 불규칙한 오차, 아무리 주의해도 피할 수 없고 또 계산으로 제거할 수 없으므로 통계학(최소제곱법)적으로 소거하는 방법을 사용
> ㉢ 착오 : 관측자 기술의 미숙, 심리상태의 혼란, 부주의, 착각에 의한 눈금 오독, 기장오기 등으로 발생

42 어느 두 지점 간의 거리를 A, B, C, D 4명이 각각 10회 관측한 결과가 다음과 같다면 가장 신뢰성이 낮은 관측자는?

> A : 165.864±0.002m
> B : 165.867±0.006m
> C : 165.862±0.007m
> D : 165.864±0.004m

① A　　　　② B
③ C　　　　④ D

> [해설] **경중률의 정의 및 성질**
> 경중률은 관측값의 신뢰도(신뢰성)를 나타내는 값으로, 횟수에 비례하고 평균제곱근오차의 제곱에 반비례하므로 평균제곱근오차가 클수록 신뢰도는 낮아진다.

43 측량에 있어 미지값을 관측할 경우에 나타나는 오차와 관련된 설명으로 틀린 것은?

① 경중률은 분산에 반비례한다.
② 경중률은 반복 관측일 경우 각 관측값 간의 편차를 의미한다.
③ 일반적으로 큰 오차가 생길 확률은 작은 오차가 생길 확률보다 매우 작다.
④ 표준편차는 각과 거리 같은 1차원의 경우에 대한 정밀도의 척도이다.

> [해설] **경중률(관측값의 무게)의 정의 및 적용**
> 미지량의 관측에서 그 정밀도가 동일하지 않은 경우에는 어떤 계수를 곱하여 개개의 관측값 간에 평형을 잡은 후 그 최확값을 구해야 한다. 이때 이 계수를 경중률이라 하는데, 관측값들의 신뢰도를 나타내는 값으로 관측횟수에 비례, 분산에 반비례, 관측거리에 반비례하며 평균제곱근오차(표준편차)의 제곱에 반비례한다.

44 표고가 300m인 평지에서 삼각망의 기선을 측정한 결과 600m이었다. 이 기선에 대하여 평균해수면 상의 거리로 보정할 때 보정량은? (단, 지구 반경 R=6,370km)

① +2.83cm　　② +2.42cm
③ -2.42cm　　④ -2.83cm

> [해설] **거리측량의 표고보정**
> 표고 300m의 수평거리가 600m이므로 이를 평균해면상 거리로 환산하면 보정량은 줄어들게 된다. 평균해수면에 대한 오차 보정량의 일반적인 적용은
> $$C_h = -\frac{HL_0}{R}$$
> $$= -\frac{300\text{m} \times 0.6\text{km}}{6,370\text{km}} = -0.0283\text{m}$$
> $$= -2.83\text{cm}$$
> 여기서, R : 지구 반경
> 　　　　H : 높이
> 　　　　L_0 : 기준면상의 거리

정답 41. ④　42. ③　43. ②　44. ④

45 전자파거리측량기로 거리를 측량할 때 발생되는 관측오차에 대한 설명으로 옳은 것은?

① 모든 관측오차는 거리에 비례한다.
② 모든 관측오차는 거리에 비례하지 않는다.
③ 거리에 비례하는 오차와 비례하지 않는 오차가 있다.
④ 거리가 어떤 길이 이상으로 커지면 관측오차가 상쇄되어 길이에 대한 영향이 없어진다.

> **해설** 전자파거리측량기의 오차
> ㉠ 거리에 비례하는 오차 : 광속도 오차, 광변조주파수의 오차, 굴절률의 오차
> ㉡ 거리에 비례하지 않는 오차 : 측정기의 정수, 반사경 정수의 오차, 위상차 측정오차, 측정기와 반사경의 구심오차

46 평균표고 730m인 지형에서 AB 측선의 수평거리를 측정한 결과 5,000m이었다면 평균해수면에서의 환산 거리는? (단, 지구의 반경은 6,370km)

① 5000.57m ② 5000.66m
③ 4999.34m ④ 4999.43m

> **해설** 거리측량의 표고보정
> 표고 730m의 수평거리가 5,000m이므로 이를 평균해면상 거리로 환산하면 보정량은 줄어들게 된다.
> ㉠ 평균해수면에 대한 오차 보정량의 일반적인 적용은
> $$C_h = -\frac{H}{R}L_0$$
> $$= -\frac{730\text{m}}{6,370\text{km}} \times 5\text{km} = -0.57\text{m}$$
> 여기서, R : 지구 반경, H : 높이
> L_0 : 기준면상의 거리
> ㉡ 보정 후의 거리
> $L = L_0 + C_h = 5000 - 0.57 = 4999.43\text{m}$

47 정확도 1/5,000을 요구하는 50m 거리측량에서 경사거리를 측정하여도 허용되는 두 점 간의 최대 높이차는?

① 1.0m ② 1.5m
③ 2.0m ④ 2.5m

> **해설** 거리측량의 경사보정
> 경사에 의한 오차 $C_i = -\frac{h^2}{2L}$에서 $h = \sqrt{2C_iL}$
> $\frac{1}{5,000} = \frac{C_i}{50}$에서 $C_i = \frac{50\text{m}}{5,000} = 0.01\text{m}$이므로
> $h = \sqrt{2C_iL} = \sqrt{2 \times 0.01 \times 50} = 1\text{m}$

48 거리측량의 정확도가 1/10,000일 때 같은 정확도를 가지는 각 관측오차는?

① 18.6″ ② 19.6″
③ 20.6″ ④ 21.6″

> **해설** 거리측량과 각측량의 정확도
> 거리측량의 정확도와 각측량의 정확도가 동일하다면 $\frac{dl}{l} = \frac{d\alpha}{\rho}$이므로
> $\frac{dl}{l} = \frac{1}{10,000} = \frac{d\alpha}{206,265″}$에서
> $d\alpha = \frac{206,265″}{10,000} = 20.6″$

49 토털스테이션으로 각을 측정할 때 기계의 중심과 측점이 일치하지 않아 0.5mm의 오차가 발생하였다면 각 관측오차를 2″ 이하로 하기 위한 변의 최소 길이는?

① 82.501m ② 51.566m
③ 8.250m   ④ 5.157m

> **해설** 거리측량과 각측량의 정확도
> 거리측량의 정확도와 각측량의 정확도가 동일하다면 $\frac{dl}{l} = \frac{d\alpha}{\rho}$에서
> $l = \frac{dl}{d\alpha} \times \rho = \frac{0.5\text{mm}}{2″} \times 206,265″$
> $= 51,566.25\text{mm} ≒ 51.566\text{m}$

정답 45. ③ 46. ④ 47. ① 48. ③ 49. ②

50 측점 A에 각관측 장비를 세우고 50m 떨어져 있는 측점 B를 시준하여 각을 관측할 때, 측선 AB에 직각 방향으로 3cm의 오차가 있었다면 이로 인한 각관측오차는?

① 0°1′13″ ② 0°1′22″
③ 0°2′04″ ④ 0°2′45″

> **해설** 거리측량과 각측량의 정확도
> 거리측량의 정확도와 각측량의 정확도가 동일하다면 $\frac{dl}{l} = \frac{d\alpha}{\rho}$ 에서
> $d\alpha = \frac{dl}{l} \times \rho = \frac{0.03\text{m}}{50\text{m}} \times \frac{180°}{\pi} = 0°2′04″$

51 각의 정밀도가 ±20″인 각측량기로 각을 관측할 경우, 각오차와 거리오차가 균형을 이루기 위한 줄자의 정밀도는?

① 약 1/10,000 ② 약 1/50,000
③ 약 1/100,000 ④ 약 1/500,000

> **해설** 거리측량과 각측량의 정확도
> ㉠ 각의 정밀도가 ±20″이라는 의미는 1라디안에 대한 각오차를 의미
> ㉡ 각오차와 거리오차가 균형을 이루므로
> 거리오차의 정밀도 = $\frac{\pm 20″}{\rho″} = \frac{20″}{206,265″}$
> $\fallingdotseq \frac{1}{10,000}$

52 2,000m의 거리를 50m씩 끊어서 40회 관측하였다. 관측 결과 오차가 ±0.14m이었고, 40회 관측의 정밀도가 동일하다면, 50m 거리 관측의 오차는?

① ±0.022m ② ±0.019m
③ ±0.016m ④ ±0.013m

> **해설** 우연오차의 전파
> 동일한 조건하에 반복된 관측의 오차(부정오차)의 합은 관측횟수의 제곱근에 비례한다.
> 50m의 오차 = $\pm \frac{0.14\text{m}}{\sqrt{40회}} = \pm 0.022\text{m}$

53 그림과 같이 한 점 O에서 A, B, C방향의 각관측을 실시한 결과가 다음과 같을 때 ∠BOC의 최확값은?

∠AOB	2회	관측 결과	40°30′25″
	3회	관측 결과	40°30′20″
∠AOC	6회	관측 결과	85°30′20″
	4회	관측 결과	85°30′25″

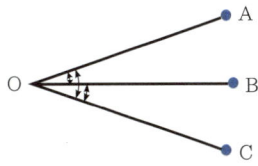

① 45°00′05″ ② 45°00′02″
③ 45°00′03″ ④ 45°00′00″

> **해설** 경중률이 다른 각관측의 최확값
> 경중률은 횟수에 비례하므로 최확값$(\theta) = \frac{\sum P \times \theta}{\sum P}$ 를 적용한다.
> ㉠ ∠AOB의 최확값
> $= 40°30′ + \frac{2 \times 25″ + 3 \times 20″}{2+3} = 40°30′22″$
> ㉡ ∠AOC의 최확값
> $= 85°30′ + \frac{6 \times 20″ + 4 \times 25″}{6+4} = 85°30′22″$
> ㉢ ∠BOC의 최확값 = ∠AOC - ∠AOB
> $= 45°00′00″$

54 그림과 같이 2회 관측한 ∠AOB의 크기는 21°36′28″, 3회 관측한 ∠BOC는 63°18′45″, 6회 관측한 ∠AOC는 84°54′37″일 때 ∠AOC의 최확값은?

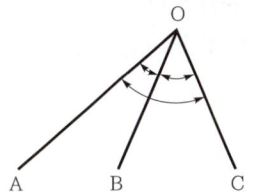

① 84°54′25″ ② 84°54′31″
③ 84°54′43″ ④ 84°54′49″

정답 50. ③ 51. ① 52. ① 53. ④ 54. ③

해설 경중률이 다른 각관측의 최확값

측각오차는 ∠AOC−(∠AOB+∠BOC)로 구하고 −36″이며, ∠AOC는 (−)오차이다.
오차는 경중률에 반비례하므로 측각오차의 조정은 관측횟수에 반비례하여

$$P_{\angle AOB} : P_{\angle BOC} : P_{\angle AOC}$$
$$= \frac{1}{2} : \frac{1}{3} : \frac{1}{6} = 3 : 2 : 1$$

$$\angle AOC = 84°54'37'' + \frac{1}{3+2+1} \times 36''$$
$$= 84°54'43''$$

55 그림에서 두 각이 ∠AOB=15°32′18.9″±5″, ∠BOC=67°17′45″±15″로 표시될 때 두 각의 합 ∠AOC는?

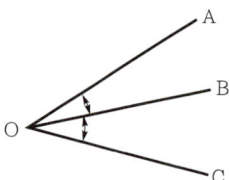

① 82°50′3.9″±5.5″   ② 82°50′3.9″±10.1″
③ 82°50′3.9″±15.4″   ④ 82°50′3.9″±15.8″

해설 각관측의 우연오차의 전파

∠AOC=∠AOB+∠BOC=82°50′3.9″
우연오차는 오차의 전파에 의해

$$\sigma_{\angle AOC} = \pm \sqrt{\sigma^2_{\angle AOB} + \sigma^2_{\angle BOC}}$$
$$= \pm \sqrt{(5'')^2 + (15'')^2} = \pm 15.8''$$

56 어떤 거리를 10회 관측하여 평균 2403.557m의 값을 얻고 잔차의 제곱의 합 8.208mm²를 얻었다면 1회 관측의 평균 제곱근 오차는?

① ±23.7mm   ② ±25.5mm
③ ±28.3mm   ④ ±30.2mm

해설 1회 관측의 평균제곱근오차(σ)

$$\sigma = \pm \sqrt{\frac{[v^2]}{n-1}} = \pm \sqrt{\frac{8.208}{10-1}} = \pm 30.2\text{mm}$$

57 어느 각을 관측한 결과가 다음과 같을 때, 최확값은? (단, 괄호 안의 숫자는 경중률)

73°40′12″ (2),	73°40′10″ (1)
73°40′15″ (2),	73°40′18″ (1)
73°40′09″ (2),	73°40′16″ (2)
73°40′14″ (2),	73°40′13″ (3)

① 73°40′10.2″   ② 73°40′11.6″
③ 73°40′13.7″   ④ 73°40′15.1″

해설 경중률이 다른 각관측의 최확값

$$\text{최확값}(\theta) = \frac{\sum P \times \theta}{\sum P}$$
$$= 73°40'$$
$$+ \frac{12 \times 2 + 15 \times 2 + 09 \times 2 + 14 \times 2 + 10 \times 1 + 18 \times 1 + 16 \times 2 + 13 \times 3}{2+2+2+2+1+1+2+3}$$
$$= 73°40'13.7''$$

58 삼각형 A, B, C의 내각을 측정하여 다음과 같은 결과를 얻었다. 오차를 보정한 각 B의 최확값은?

∠A=59°59′27″ (1회 관측)
∠B=60°00′11″ (2회 관측)
∠C=59°59′49″ (3회 관측)

① 60°00′20″   ② 60°00′22″
③ 60°00′33″   ④ 60°00′44″

해설 경중률이 다른 각관측의 최확값

㉠ 삼각형 내각의 합 = 179°59′27″이므로 각관측오차 = −33″
㉡ 오차의 분배 비율은 관측횟수에 반비례하므로
$$A : B : C = \frac{1}{1} : \frac{1}{2} : \frac{1}{3} = 6 : 3 : 2$$
㉢ B의 최확값
$$= 60°00'11'' + \frac{3}{6+3+2} \times 33'' = 60°00'20''$$

정답 55. ④   56. ④   57. ③   58. ①

59 A, B 두 점 간의 거리를 관측하기 위하여 그림과 같이 세 구간으로 나누어 측량하였다. 측선 $\overline{AB}$ 의 거리는? (단, Ⅰ : 10m±0.01m, Ⅱ : 20m±0.03m, Ⅲ : 30m±0.05m이다.)

① 60m±0.09m ② 30m±0.06m
③ 60m±0.06m ④ 30m±0.09m

> **해설** 거리측량에 대한 부정오차의 전파
> $\overline{AB}$ = Ⅰ + Ⅱ + Ⅲ = 10 + 20 + 30 = 60m
> σ_{AB}
> $= \pm \sqrt{\left(\frac{\partial AB}{\partial Ⅰ}\right)^2 \sigma_Ⅰ^2 + \left(\frac{\partial AB}{\partial Ⅱ}\right)^2 \sigma_Ⅱ^2 + \left(\frac{\partial AB}{\partial Ⅲ}\right)^2 \sigma_Ⅲ^2}$
> $= \pm \sqrt{\sigma_Ⅰ^2 + \sigma_Ⅱ^2 + \sigma_Ⅲ^2}$
> $= \pm \sqrt{0.01^2 + 0.03^2 + 0.05^2} = \pm 0.06m$

60 줄자로 거리를 관측할 때 한 구간 20m의 거리에 비례하는 정오차가 +2mm라면 전 구간 200m를 관측하였을 때 정오차는?

① +0.2mm ② +0.63mm
③ +6.3mm ④ +20mm

> **해설** 거리측량의 정오차의 전파
> 정오차는 관측횟수에 비례하고, 우연오차(부정오차)는 관측횟수의 제곱근에 비례한다.
> 정오차 $E = +2mm \times \frac{200m}{20m} = +20mm$

61 어느 각을 10번 관측하여 52°12′을 2번, 52°13′을 4번, 52°14′을 4번 얻었다면 관측한 각의 최확값은?

① 52°12′45″ ② 52°13′00″
③ 52°13′12″ ④ 52°13′45″

> **해설** 경중률이 다른 각측의 최확값
> 경중률은 관측횟수에 비례하므로
> 최확값(θ) = $\frac{\sum P \times \theta}{\sum P}$
> $= \frac{2 \times 52°12′ + 4 \times 52°13′ + 4 \times 52°14′}{2+4+4}$
> $= 52°13′12″$

62 120m의 측선을 30m 줄자로 관측하였다. 1회 관측에 따른 우연오차가 ±3mm이었다면, 전체 거리에 대한 오차는?

① ±3mm ② ±6mm
③ ±9mm ④ ±12mm

> **해설** 거리측량의 오차의 전파
> 정오차는 관측횟수에 비례하고, 우연오차(부정오차)는 관측횟수의 제곱근에 비례한다.
> ㉠ 관측횟수 = $\frac{120m}{30m}$ = 4(회)
> ㉡ 전체 거리의 우연오차 = ±3mm$\sqrt{4}$ = ±6mm

63 2,000m의 거리를 50m씩 끊어서 40회 관측하였다. 관측 결과 총 오차가 ±0.14m이었고, 40회 관측의 정밀도가 동일하였다면, 50m거리 관측의 오차는?

① ±0.022m ② ±0.019m
③ ±0.016m ④ ±0.013m

> **해설** 거리측량의 오차의 전파
> 정오차는 관측횟수에 비례하고, 우연오차(부정오차)는 관측횟수의 제곱근에 비례한다.
> ㉠ 관측횟수 = $\frac{2,000m}{50m}$ = 40회
> ㉡ 우연오차 = ±1회 오차$\sqrt{40}$ = ±0.14m에서
> 1회 오차 = $\frac{\pm 0.14m}{\sqrt{40}}$ = ±0.022m

64 100m의 측선을 20m 줄자로 관측하였다. 1회의 관측에 +4mm의 정오차와 ±3mm의 부정오차가 있었다면 측선의 거리는?

① 100.010±0.007m
② 100.010±0.015m
③ 100.020±0.007m
④ 100.020±0.015m

정답 59. ③ 60. ④ 61. ③ 62. ② 63. ① 64. ③

> **해설** 거리측량의 오차의 전파
> 정오차는 관측횟수에 비례하고, 우연오차(부정오차)는 관측횟수의 제곱근에 비례한다.
> ㉠ 관측횟수 = $\frac{100m}{20m}$ = 5(회)
> ㉡ 정오차 = +4mm × 5회 = +20mm
>   = +0.020m
> ㉢ 우연오차 = ±3mm × $\sqrt{5}$ ≒ ±7mm
>   = ±0.007m

65 동일 구간에 대해 3개의 관측군으로 나누어 거리관측을 실시한 결과가 표와 같을 때, 이 구간의 최확값은?

관측군	관측값(m)	관측횟수
1	50.362	5
2	50.348	2
3	50.359	3

① 50.354m ② 50.356m
③ 50.358m ④ 50.362m

> **해설** 경중률이 다른 거리관측의 최확값
> 경중률은 관측횟수에 비례하므로
> 최확값 = $\frac{\sum P \times l}{\sum P}$ 에서
> 최확값
> = 50.350m + $\frac{5 \times 12 + 2 \times (-2) + 3 \times 9}{5 + 2 + 3}$ mm
> = 50.358m

66 30m에 대하여 3mm 늘어나 있는 줄자로써 정사각형의 지역을 측정한 결과 80,000m²이었다면 실제의 면적은?

① 80,016m² ② 80,008m²
③ 79,984m² ④ 79,992m²

> **해설** 면적에 대한 오차의 전파
> 늘어나 있는 줄자로 관측한 값의 실제값은 +로, 수축된 줄자는 반대로 −로 적용한다.
> $A_0 = A \pm C_0$ ∵ $C_0 = \pm 2 \times \frac{\Delta l}{l} \times A$
> $C_0 = 2 \times \frac{0.003m}{30m} \times 80,000m^2 = 16m^2$
> $A_0 = 80,000 + 16 = 80,016m^2$

정답 65. ③ 66. ①

CHAPTER 2

국가기준점

SECTION 1 | 국가기준점 개요
SECTION 2 | 국가기준점 현황

SURVEYING

CHAPTER 02 국가기준점

회독 체크표
- 1회독 월 일
- 2회독 월 일
- 3회독 월 일

최근 10년간 출제분석표

2015	2016	2017	2018	2019	2020	2021	2022	2023	2024
		1.7%	1.7%			1.7%	1.7%	5%	5%

출제 POINT

학습 POINT
- 국가기준점의 개념과 종류
- 공공기준점의 개념과 종류
- 지적기준점의 개념과 종류
- 측량의 기준
- 높이 기준면의 종류

■ 국가기준점
① 우주측지기준점(VLBI 기준점)
② 위성기준점(GNSS 기준점)
③ 수준점(높이기준점)
④ 중력점(중력기준점)
⑤ 통합기준점(위성, 수준, 중력 기준점)
⑥ 삼각점(평면위치 기준점)
⑦ 지자기점(지구자기 기준점)

SECTION 1 국가기준점 개요

1 측량기준점의 종류

측량기준점의 종류는 공간정보구축 및 관리 등에 관한 법률에서 다음과 같이 구분하고 있다.

1) 국가기준점

측량의 정확도를 확보하고 효율성을 높이기 위하여 국토교통부장관이 전국토를 대상으로 주요 지점마다 정한 측량의 기본이 되는 측량기준점이다.
① 우주측지기준점 : 국가측지기준계를 정립하기 위하여 전 세계 초장거리 간섭계(VLBI)와 연결하여 정한 기준점
② 위성기준점 : 지리학적 경위도, 직각좌표 및 지구중심 직교좌표의 측정 기준으로 사용하기 위하여 대한민국 경위도원점을 기초로 정한 기준점
③ 수준점 : 높이 측정의 기준으로 사용하기 위하여 대한민국 수준원점을 기초로 정한 기준점
④ 중력점 : 중력 측정의 기준으로 사용하기 위하여 정한 기준점
⑤ 통합기준점 : 지리학적 경위도, 직각좌표, 지구중심 직교좌표, 높이 및 중력 측정의 기준으로 사용하기 위하여 위성기준점, 수준점 및 중력점을 기초로 정한 기준점
⑥ 삼각점 : 지리학적 경위도, 직각좌표 및 지구중심 직교좌표 측정의 기준으로 사용하기 위하여 위성기준점 및 통합기준점을 기초로 정한 기준점
⑦ 지자기점 : 지구자기 측정의 기준으로 사용하기 위하여 정한 기준점

> **참고**
>
> **우주측지기준점(측지 VLBI)**
> ① 수십억 광년 떨어진 준성(Quasar)에서 전달되는 전파가 VLBI 안테나에 도달하는 시간 차이를 해석하여 위치좌표 산출
> ② 우리나라는 세종시에 우주측지관측센터 건설
> ③ 국가기준점의 정확도 제고와 국가 간 장거리 측량, 대륙 간 지각변동 등 정밀관측에 활용

2) 공공기준점

공공측량시행자가 공공측량을 정확하고 효율적으로 시행하기 위하여 국가기준점을 기준으로 하여 따로 정하는 측량기준점
① 공공삼각점 : 공공측량 시 수평위치의 기준으로 사용하기 위하여 국가기준점을 기초로 하여 정한 기준점
② 공공수준점 : 공공측량 시 높이의 기준으로 사용하기 위하여 국가기준점을 기초로 하여 정한 기준점

3) 지적기준점

특별시장·광역시장·특별자치시장·도지사 또는 특별자치도지사나 지적소관청이 지적측량을 정확하고 효율적으로 시행하기 위하여 국가기준점을 기준으로 하여 따로 정하는 측량기준점
① 지적삼각점 : 지적측량 시 수평위치 측량의 기준으로 사용하기 위하여 국가기준점을 기준으로 하여 정한 기준점
② 지적삼각보조점 : 지적측량 시 수평위치 측량의 기준으로 사용하기 위하여 국가기준점과 지적삼각점을 기준으로 하여 정한 기준점
③ 지적도근점 : 지적측량 시 필지에 대한 수평위치 측량 기준으로 사용하기 위하여 국가기준점, 지적삼각점, 지적삼각보조점 및 다른 지적도근점을 기초로 하여 정한 기준점

[우리나라 측량기준점 현황]

위성기준점	통합기준점	삼각점	수준점	중력점	지자기점		공공기준점	지적기준점
					1등	2등		
182	3898	16448 (망실 포함)	7229 (망실 포함)	23 (보조점 제외)	30	642	30977	678389

출제 POINT

■ **공공기준점**
① 공공삼각점: 공공측량 시 수평위치의 기준점
② 공공수준점: 공공측량 시 높이의 기준점

■ **지적기준점**
① 지적삼각점: 지적측량 시 수평위치 측량의 기준점
② 지적삼각보조점: 지적측량 시 수평위치 측량의 보조기준점
③ 지적도근점: 필지에 대한 수평위치 기준점

■ **측량기준점의 종류**
① 국가기준점: 우주측지기준점, 위성기준점, 수준점, 중력점, 통합기준점, 삼각점, 지자기점
② 공공기준점: 공공삼각점, 공공수준점
③ 지적기준점: 지적삼각점, 지적삼각보조점, 지적도근점

■ 측량기준점표지 설치 및 고시 내용
① 기준점의 명칭 및 번호
② 직각좌표계의 원점명(지적기준점에 한정함)
③ 좌표 및 표고
④ 경도와 위도
⑤ 설치일, 소재지 및 표지의 재질
⑥ 측량성과 보관장소

2 측량기준점표지의 설치 및 통지

① 측량기준점표지의 설치자가 측량기준점표지의 설치 사실을 통지할 때에는 그 측량성과[평면직각좌표 및 표고(標高)의 성과가 있는 경우 그 좌표 및 표고를 포함한다]를 함께 통지하여야 한다.
② 측량기준점표지 설치의 통지를 위하여 필요한 사항은 국토교통부령으로 정한다.

3 측량기준점표지 설치 등의 고시

지적기준점표지의 설치(이전·복구·철거 또는 폐기를 포함)에 대한 고시는 다음의 사항을 공보 또는 인터넷 홈페이지에 게재하는 방법으로 한다.
① 기준점의 명칭 및 번호
② 직각좌표계의 원점명(지적기준점에 한정함)
③ 좌표 및 표고
④ 경도와 위도
⑤ 설치일, 소재지 및 표지의 재질
⑥ 측량성과 보관장소

4 측량기준점표지의 형상

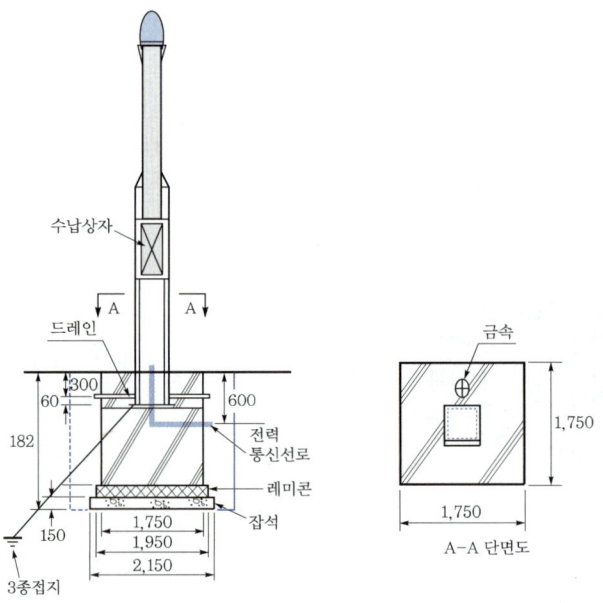

[위성기준표지](단위 : mm)

 출제 POINT

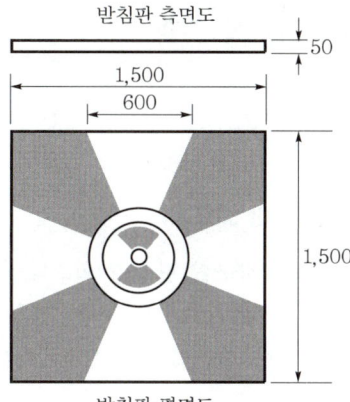

[통합기준점표지](단위 : mm)

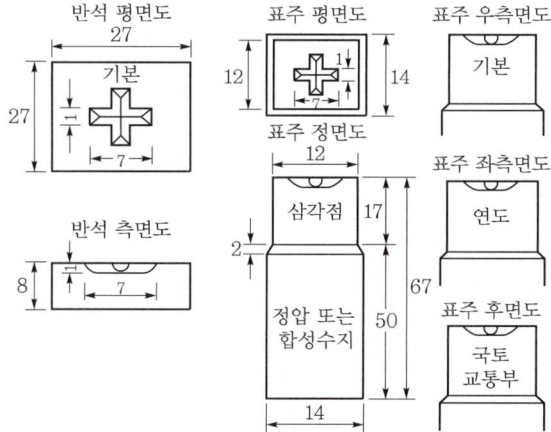

[삼각점표지](단위 : cm)

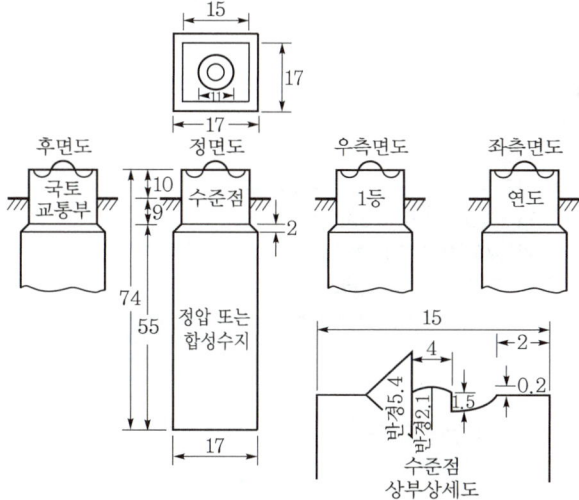

[수준점표지](단위 : cm)

SECTION 2 국가기준점 현황

1 측량의 기준

1) 세계측지계의 기준(타원체 및 좌표계)

세계측지계(世界測地系)는 지구를 편평한 회전타원체로 상정하여 실시하는 위치측정의 기준으로서 다음의 요건을 갖춘 것을 말한다.
① 회전타원체의 장반경 및 편평률(扁平率)은 다음과 같을 것
 • 장반경 : 6,378,137미터
 • 편평률 : 298.257222101분의 1
② 회전타원체의 중심이 지구의 질량중심과 일치할 것
③ 회전타원체의 단축(短軸)이 지구의 자전축과 일치할 것

■ 세계측지계의 기준
① 장반경 : 6,378,137미터
② 편평률 : 298.257222101분의 1
③ 회전타원체의 중심이 지구의 질량중심과 일치할 것
④ 회전타원체의 단축이 지구의 자전축과 일치할 것

2) 평면위치의 기준

대한민국 평면위치의 기준인 경위도원점(經緯度原點)의 지점과 그 수치는 다음과 같다.
① 지점 : 경기도 수원시 영통구 월드컵로 92(국토지리정보원에 있는 대한민국 경위도원점 금속표의 십자선 교점)
② 수치
 • 경도 : 동경 127도 03분 14.8913초
 • 위도 : 북위 37도 16분 33.3659초
 • 원방위각 : 165도 03분 44.538초(원점으로부터 진북을 기준으로 오른쪽 방향으로 측정한 우주측지관측센터에 있는 위성기준점 안테나 참조점 중앙)

> **참고**
> 평면위치의 기준
> ① 지점 : 경기도 수원시 영통구 월드컵로 92
> ② 경도 : 동경 127도 03분 14.8913초
> ③ 위도 : 북위 37도 16분 33.3659초
> ④ 원방위각 : 165도 03분 44.538초

3) 높이의 기준

대한민국 높이의 기준인 수준원점(水準原點)의 지점과 그 수치는 다음과 같다.

■ 높이의 기준
① 지점 : 인하공업전문대학
② 수치 : 26.6871m

① 지점 : 인천광역시 남구 인하로 100(인하공업전문대학에 있는 원점표석 수정판의 영 눈금선 중앙점)
② 수치 : 인천만 평균해수면상의 높이로부터 26.6871미터 높이

2 높이 기준면의 종류

1) 평균해수면
① 측지측량 높이의 기준(표고의 기준)
② 인천만에서 일정 기간 동안 관측한 조석을 분석하여 평균해수면의 높이를 0m로 함
③ 원점 한 점만을 기준으로 전체 육지의 표고를 결정함
④ 표지는 수준점(BM)이라고 함

2) 기본수준면
① 수로측량 높이의 기준면(수심의 기준)
② 국제수로회의 규정에 따라 각 해안의 여러 지점에서 일정 기간 동안 관측한 조석을 분석하여 얻은 가장 낮은 해수면으로 최저저조면의 높이값
③ 여러 지역의 조석에 따라 기준면이 모두 다름
④ 표지는 기본수준점(TBM)이라고 함

3) 우리나라의 수직기준
① 우리나라의 육지 표고기준 : 평균해수면(중등조위면)
② 간출지 표고와 수심 : 기본수준면(약최저저조면)
③ 해안선 : 약최고고조면(만조면)
④ 토지와 접한 항만구조물의 높이기준 : 평균해수면에 근거한 국가수준점 표고
⑤ 수로 등의 해양구조물의 높이기준 : 약최저저조면을 기준으로 한 수로용 기준점
⑥ 선박의 안전통항을 위한 교량 및 가공선의 높이 : 약최고고조면

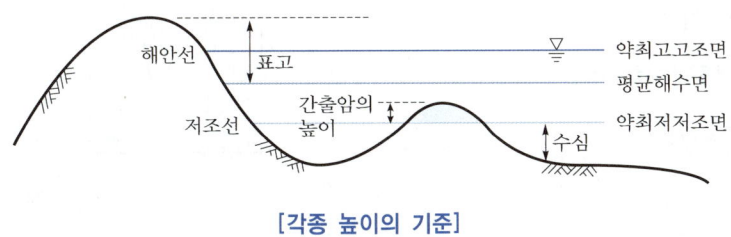

[각종 높이의 기준]

■ 출제 POINT

■ 높이 기준면의 종류
① 평균해수면 : 측지측량 높이의 기준(표고의 기준)
② 기본수준면 : 수로측량 높이의 기준면(수심의 기준)

■ 우리나라의 수직기준
① 우리나라의 육지 표고기준 : 평균해수면(중등조위면)
② 간출지 표고와 수심 : 기본수준면(약최저저조면)
③ 해안선 : 약최고고조면(만조면)
④ 토지와 접한 항만구조물의 높이기준 : 평균해수면에 근거한 국가수준점 표고
⑤ 수로 등의 해양구조물의 높이기준 : 약최저저조면을 기준으로 한 수로용 기준점
⑥ 선박의 안전통항을 위한 교량 및 가공선의 높이 : 약최고고조면

CHAPTER 02 기출문제

01 다음 중 국가기준점에 속하지 않는 것은?
① 지자기점
② 지적삼각점
③ 통합기준점
④ 영해기준점

해설 공간정보의 구축 및 관리 등에 관한 법률 시행령 제8조(측량기준점의 구분)
측량기준점은 다음과 같이 구분한다.
1. 국가기준점 : 우주측지기준점, 위성기준점, 수준점, 중력점, 통합기준점, 삼각점, 지자기점
2. 공공기준점 : 공공삼각점, 공공수준점
3. 지적기준점 : 지적삼각점, 지적삼각보조점, 지적도근점

02 측량기준점의 구분에 해당되지 않는 것은?
① 국가기준점
② 지적기준점
③ 공공기준점
④ 연안기준점

해설 공간정보의 구축 및 관리 등에 관한 법률 시행령 제8조(측량기준점의 구분)
측량기준점은 다음과 같이 구분한다.
1. 국가기준점 : 우주측지기준점, 위성기준점, 수준점, 중력점, 통합기준점, 삼각점, 지자기점
2. 공공기준점 : 공공삼각점, 공공수준점
3. 지적기준점 : 지적삼각점, 지적삼각보조점, 지적도근점

03 측량기준점에서 국가기준점에 해당되지 않는 것은?
① 공공삼각점
② 수로기준점
③ 통합기준점
④ 지자기점

해설 공간정보의 구축 및 관리 등에 관한 법률 시행령 제8조(측량기준점의 구분)
측량기준점은 다음과 같이 구분한다.
1. 국가기준점 : 우주측지기준점, 위성기준점, 수준점, 중력점, 통합기준점, 삼각점, 지자기점
2. 공공기준점 : 공공삼각점, 공공수준점
3. 지적기준점 : 지적삼각점, 지적삼각보조점, 지적도근점

04 측량기준점을 크게 3가지로 구분할 때에 이에 속하지 않는 것은?
① 국가기준점
② 지적기준점
③ 공공기준점
④ 수로기준점

해설 공간정보의 구축 및 관리 등에 관한 법률 제7조(측량기준점)
측량기준점은 국가기준점, 공공기준점, 지적기준점으로 구분한다.
1. 국가기준점 : 측량의 정확도를 확보하고 효율성을 높이기 위하여 국토교통부장관 및 해양수산부장관이 전 국토를 대상으로 주요 지점마다 정한 측량의 기본이 되는 측량기준점
2. 공공기준점 : 공공측량시행자가 공공측량을 정확하고 효율적으로 시행하기 위하여 국가기준점을 기준으로 하여 따로 정하는 측량기준점
3. 지적기준점 : 특별시장·광역시장·특별자치시장·도지사 또는 특별자치도지사나 지적소관청이 지적측량을 정확하고 효율적으로 시행하기 위하여 국가기준점을 기준으로 하여 따로 정하는 측량기준점

05 그림과 같은 평면도의 받침판 표지를 갖고 있는 국가기준점은?

① 위성기준점
② 통합기준점
③ 삼각점
④ 수준점

정답 1. ② 2. ④ 3. ① 4. ④ 5. ②

해설 공간정보의 구축 및 관리 등에 관한 법률 시행규칙 제3조(측량기준점표지의 형상) [별표 1]
통합기준점 표지(단위 : mm) 중의 받침판평면도

06 국가기준점 중 지리학적 경위도, 직각좌표, 지구중심 직교좌표, 높이 및 중력 측정의 기준으로 사용하기 위하여 위성기준점, 수준점 및 중력점을 기초로 정한 기준점은?

① 위성기준점 ② 중력점
③ 통합기준점 ④ 삼각점

해설 국가기준점의 구분
㉠ 위성기준점 : 지리학적 경위도, 직각좌표 및 지구중심 직교좌표의 측정 기준으로 사용하기 위하여 대한민국 경위도원점을 기초로 정한 기준점
㉡ 중력점 : 중력 측정의 기준으로 사용하기 위하여 정한 기준점
㉢ 통합기준점 : 지리학적 경위도, 직각좌표, 지구중심 직교좌표, 높이 및 중력 측정의 기준으로 사용하기 위하여 위성기준점, 수준점 및 중력점을 기초로 정한 기준점
㉣ 삼각점 : 지리학적 경위도, 직각좌표 및 지구중심 직교좌표 측정의 기준으로 사용하기 위하여 위성기준점 및 통합기준점을 기초로 정한 기준점

07 지리학적 경위도, 높이 및 중력 측정 등 3차원의 기준으로 사용하기 위하여 설치된 국가기준점은?

① 통합기준점 ② 위성기준점
③ 삼각점   ④ 수준점

해설 공간정보의 구축 및 관리 등에 관한 법률 시행령 제8조(측량기준점의 구분)
㉠ 통합기준점 : 지리학적 경위도, 직각좌표, 지구중심 직교좌표, 높이 및 중력 측정의 기준으로 사용하기 위하여 위성기준점, 수준점 및 중력점을 기초로 정한 기준점
㉡ 위성기준점 : 지리학적 경위도, 직각좌표 및 지구중심 직교좌표의 측정 기준으로 사용하기 위하여 대한민국 경위도원점을 기초로 정한 기준점
㉢ 삼각점 : 지리학적 경위도, 직각좌표 및 지구중심 직교좌표 측정의 기준으로 사용하기 위하여 위성기준점 및 통합기준점을 기초로 정한 기준점
㉣ 수준점 : 높이 측정의 기준으로 사용하기 위하여 대한민국 수준원점을 기초로 정한 기준점

08 해양에서 수심측량을 할 경우 높이 측정의 기준으로 사용하기 위하여 조석관측을 기초로 정한 국가기준점은?

① 기본수준점 ② 영해기준점
③ 중력점   ④ 위성기준점

해설 조석관측을 기초로 정한 국가기준점
수준점은 높이 측정의 기준으로 사용하기 위하여 대한민국 수준원점을 기초로 정한 기준점이다.

09 측량기준점을 크게 3가지로 구분할 때, 그 분류로 옳은 것은?

① 삼각점, 수준점, 지적점
② 위성기준점, 수준점, 삼각점
③ 국가기준점, 공공기준점, 지적기준점
④ 국가기준점, 공공기준점, 일반기준점

해설 공간정보의 구축 및 관리 등에 관한 법률 제7조(측량기준점)
측량기준점은 국가기준점, 공공기준점, 지적기준점으로 구분한다.
1. 국가기준점 : 측량의 정확도를 확보하고 효율성을 높이기 위하여 국토교통부장관 및 해양수산부장관이 전 국토를 대상으로 주요 지점마다 정한 측량의 기본이 되는 측량기준점
2. 공공기준점 : 공공측량시행자가 공공측량을 정확하고 효율적으로 시행하기 위하여 국가기준점을 기준으로 하여 따로 정하는 측량기준점
3. 지적기준점 : 특별시장·광역시장·특별자치시장·도지사 또는 특별자치도지사나 지적소관청이 지적측량을 정확하고 효율적으로 시행하기 위하여 국가기준점을 기준으로 하여 따로 정하는 측량기준점

정답 6. ③ 7. ① 8. ① 9. ③

10 다음 기준점 중 국가기준점에 속하지 않는 것은?

① 위성기준점　② 통합기준점
③ 지적기준점　④ 수로기준

> **해설** 공간정보의 구축 및 관리 등에 관한 법률 시행령 제8조(측량기준점의 구분)
> 측량기준점의 다음과 같이 구분한다.
> 1. 국가기준점: 우주측지기준점, 위성기준점, 수준점, 중력점, 통합기준점, 삼각점, 지자기점, 수로기준점, 영해기준점
> 2. 공공기준점: 공공삼각점, 공공수준점
> 3. 지적기준점: 지적삼각점, 지적삼각보조점, 지적도근점

11 측량기준점의 국가기준점에 대한 설명으로 옳은 것은?

① 수준점: 수로조사 시 해양에서의 수평위치와 높이, 수심 측정 및 해안선 결정 기준으로 사용하기 위한 기준점
② 중력점: 지구자기 측정의 기준으로 사용하기 위하여 정한 기준점
③ 통합기준점: 지리학적 경위도, 직각좌표 및 지구중심 직교좌표의 측정 기준으로 사용하기 위하여 대한민국 경위도원점을 기초로 정한 기준점
④ 삼각점: 지리학적 경위도, 직각좌표 및 지구중심 직교좌표 측정의 기준으로 사용하기 위하여 위성기준점 및 통합기준점을 기초로 정한 기준점

> **해설** 공간정보의 구축 및 관리 등에 관한 법률 시행령 제8조(측량기준점의 구분) - 국가기준점
> ㉠ 위성기준점: 지리학적 경위도, 직각좌표 및 지구중심 직교좌표의 측정 기준으로 사용하기 위하여 대한민국 경위도원점을 기초로 정한 기준점
> ㉡ 수준점: 높이 측정의 기준으로 사용하기 위하여 대한민국 수준원점을 기초로 정한 기준점
> ㉢ 중력점: 중력 측정의 기준으로 사용하기 위하여 정한 기준점
> ㉣ 통합기준점: 지리학적 경위도, 직각좌표, 지구중심 직교좌표, 높이 및 중력 측정의 기준으로 사용하기 위하여 위성기준점, 수준점 및 중력점을 기초로 정한 기준점
> ㉤ 삼각점: 지리학적 경위도, 직각좌표 및 지구중심 직교좌표 측정의 기준으로 사용하기 위하여 위성기준점 및 통합기준점을 기초로 정한 기준점
> ㉥ 지자기점: 지구자기 측정의 기준으로 사용하기 위하여 정한 기준점
> ㉦ 수로기준점: 수로조사 시 해양에서의 수평위치와 높이, 수심 측정 및 해안선 결정 기준으로 사용하기 위하여 위성기준점과 기본수준면을 기초로 정한 기준점으로서 수로측량기준점, 기본수준점, 해안선기준점으로 구분한다.
> ㉧ 영해기준점: 우리나라의 영해를 획정하기 위하여 정한 기준점

12 우리나라는 TM도법에 따른 평면직교좌표계를 사용하고 있는데 그 중 동해원점의 경위도 좌표는?

① 129°00′00″ E, 35°00′00″ N
② 131°00′00″ E, 35°00′00″ N
③ 129°00′00″ E, 38°00′00″ N
④ 131°00′00″ E, 38°00′00″ N

> **해설** 우리나라의 평면직각좌표계
>
> | 명칭 | 투영원점의 위치 | 투영원점의 좌표 | 적용지역 |
> |---|---|---|---|
> | 서부좌표계 | 북위 38°, 동경 125° | $X=600,000$m $Y=200,000$m (음수방지를 위해) | 동경 124~126° |
> | 중부좌표계 | 북위 38°, 동경 127° | | 동경 126~128° |
> | 동부좌표계 | 북위 38°, 동경 129° | | 동경 128~130° |
> | 동해좌표계 | 북위 38°, 동경 131° | | 동경 130~132° |

13 삼각측량을 위한 기준점 성과표에 기록되는 내용이 아닌 것은?

① 점번호
② 천문경위도
③ 평면직각좌표 및 표고
④ 도엽명칭

정답 10. ③ 11. ④ 12. ④ 13. ②

해설 기준점 성과표의 내용
삼각측량을 위한 기준점 성과표에는 측지경위도가 기록된다.

14 국토지리정보원에서 발급하는 기준점 성과표의 내용으로 틀린 것은?
① 삼각점이 위치한 평면좌표계의 원점을 알 수 있다.
② 삼각점 위치를 결정한 관측방법을 알 수 있다.
③ 삼각점의 경도, 위도, 직각좌표를 알 수 있다.
④ 삼각점의 표고를 알 수 있다.

해설 국토지리정보원에서 발급하는 기준점 성과표의 내용
국토지리정보원보원에서 발급하는 기준점 성과표에는 좌표계의 원점, 경도, 위도, 직각좌표, 높이 등은 알 수 있으나 관측방법은 알 수 없다.

15 하천의 평면측량에서 수애선측량은 어떤 수위를 기준으로 하는가?
① 평수위   ② 평균수위
③ 최고수위   ④ 최저수위

해설 하천측량의 높이기준
수면과 하안과의 경계선을 수애선이라 하며, 수애선의 결정은 평수위, 지형도 작성 및 해안선은 만수위, 간출암은 최저수위로 결정한다.

★
16 수로조사에서 간출지의 높이와 수심의 기준이 되는 것은?
① 약최고고조면   ② 평균중등수위면
③ 수애면   ④ 약최저저조면

해설 수로측량의 기준
수로측량에서 해안선 결정의 기준이 되는 해수면은 약최고고조면을, 간출지의 높이와 수심의 기준이 되는 해수면은 약최저저조면을, 표고는 평균해수면을 기준으로 한다.

17 지형측량을 할 때 기본 삼각점만으로는 기준점이 부족하여 추가로 설치하는 기준점은?
① 방향전환점   ② 도근점
③ 이기점   ④ 중간점

해설 도근점(圖根點)의 개념
지형 측량에서 기준점이 부족한 경우 설치하는 보조기준점으로, 이미 설치한 기준점만으로는 세부측량을 실시하기가 쉽지 않은 경우에 이 기준점을 기준으로 하여 새로운 수평위치 및 수직위치를 관측하여 결정되는 기준점이다.

★
18 다음 수로측량의 기준에 대한 설명으로 틀린 것은?
① 좌표계는 세계측지계를 사용한다.
② 수심은 기본수준면으로부터의 깊이로 표시한다.
③ 해안선은 해면이 약최저저조면에 달하였을 때의 육지와 해면과의 경계로 표시한다.
④ 투영법은 국제횡메르카토르도법(UTM)을 원칙으로 한다.

해설 수로측량의 기준
수로측량에서 해안선 결정의 기준이 되는 해수면은 약최고고조면을, 간출지의 높이와 수심의 기준이 되는 해수면은 약최저저조면을, 표고는 평균해수면을 기준으로 한다.

19 수로측량의 기준으로 옳은 것은?
① 교량 및 가공선의 높이는 약최저저조면으로부터의 높이로 표시한다.
② 노출암, 표고 및 지형은 약최고고조면으로부터의 높이로 표시한다.
③ 수심은 기본수준면으로 부터의 깊이로 표시한다.
④ 해안선은 해면이 약최저저조면에 달하였을 때의 육지와 해면의 경계로 표시한다.

정답 14. ② 15. ① 16. ④ 17. ② 18. ③ 19. ③

> **[해설] 수로측량의 기준**
> ⊙ 교량 및 가공선의 높이는 약최고고조면으로부터의 높이로 표시한다.
> ⓒ 노출암, 표고 및 지형은 약최저저조면으로 부터의 높이로 표시한다.
> ⓒ 수심은 기본수준면(약최저저조면)으로부터의 깊이로 표시한다.
> ⓔ 해안선은 해면이 약최고고조면에 달하였을 때의 육지와 해면의 경계로 표시한다.

20 우리나라의 표고기준에 관한 설명 중 틀린 것은?

① 다년간 조석 관측한 결과를 평균 조정한 평균해수면을 이용하여 그 위치를 지상에 영구표석으로 설치하여 수준원점으로 삼았다.
② 우리나라의 수준원점의 표고는 26.6871m이다.
③ 해저수심은 평균최고 만조면을 기준으로 한다.
④ 우리나라 수준원점은 인하공업전문대학 내에 있다.

> **[해설] 공간정보의 구축 및 관리 등에 관한 법률 제6조 (측량기준)**
> 측량의 기준은 다음 각 호와 같다.
> 1. 위치는 세계측지계에 따라 측정한 지리학적 경위도와 높이로 표시한다.
> 2. 측량의 원점은 대한민국 경위도원점 및 수준원점으로 한다.
> 3. 수로조사에서 간출지의 높이와 수심은 기본수준면을 기준으로 측량한다.
> 4. 해안선은 해수면이 약최고고조면(일정 기간 조석을 관측하여 분석한 결과 가장 높은 해수면)에 이르렀을 때의 육지와 해수면과의 경계로 표시한다.

★
21 해안선의 형상과 종별을 확인하여 도면화하기 위한 해안선의 기준은?

① 평균해수면 ② 약최고고조면
③ 약최저저조면 ④ 해저수심의 기준면

> **[해설] 해안선의 기준**
> 선박의 안전통항을 위한 교량 및 가공선의 높이를 결정하기 위해 해안선의 기준을 적용하므로 약최고고조면이 기준이 된다.

★
22 측량의 기준에 관한 설명 중 틀린 것은?

① 측량의 원점은 직각좌표의 원점과 수준원점으로 한다.
② 위치는 세계측지계에 따라 측정한 지리학적 경위도와 평균해수면으로부터의 높이로 표시한다.
③ 수로조사에서 간출지의 높이와 수심은 기본수준면을 기준으로 측량한다.
④ 세계측지계, 측량의 원점 값의 결정 및 직각좌표의 기준 등에 필요한 사항은 대통령령으로 정한다.

> **[해설] 공간정보의 구축 및 관리 등에 관한 법률 제6조 (측량기준)**
> 1. 위치는 세계측지계에 따라 측정한 지리학적 경위도와 높이(평균해수면으로부터의 높이로 표시한다.
> 2. 측량의 원점은 대한민국 경위도원점 및 수준원점으로 한다.
> 3. 수로조사에서 간출지의 높이와 수심은 기본수준면을 기준으로 측량한다.
> 4. 해안선은 해수면이 약최고고조면에 이르렀을 때의 육지와 해수면과의 경계로 표시한다.

정답 20. ③ 21. ② 22. ①

CHAPTER 3

GNSS 측량

SECTION 1 | GNSS 측량의 개요
SECTION 2 | GNSS 측량방법 및 활용

CHAPTER 03 GNSS 측량

회독 체크표
- 1회독 　월 　일
- 2회독 　월 　일
- 3회독 　월 　일

최근 10년간 출제분석표

2015	2016	2017	2018	2019	2020	2021	2022	2023	2024
8.3%	5%	1.7%	5.7%	3.3%	5%	5%	8.3%	5%	5%

출제 POINT

학습 POINT
- GNSS의 특징
- GNSS 위성과 원격탐측 위성
- GPS의 구성(우주, 제어, 사용자)
- GPS 오차
- GNSS 측량방법

SECTION 1 GNSS 측량의 개요

1 GNSS(Global Navigation Satellite System)의 개요

1) GNSS의 의의

① 인공위성에서 발사한 전파를 수신하여 지구상의 위치를 결정하는 위성항법시스템
② 수신기가 위치하고 있는 지점과 위성 간의 거리를 측정하여 그 거리 벡터를 교차시켜 위치를 결정

2) GPS의 역사

구분	연대	단계
1세대	1978~1992년	GPS Block Ⅰ
2세대	1993~1999년	GPS Block Ⅱ
3세대	2000년 이후	GPS 현대화

> **참고**
>
> **NNSS와 GPS의 비교**
>
> | 구분 | NNSS | GPS |
> |---|---|---|
> | 개발시기 | 1950년 | 1973년 |
> | 실용개시 | 1967년 | 1994년 |
> | 사용주파수 | 150MHz 400MHz | 1575MHz 1227MHz |
> | 주기 | 107분 | 11시간 58분 |
> | 고도 | 1075km | 20,183km |
> | 궤도 | 극궤도 | 타원궤도(거의 원궤도) |

SERIES 02 측량학

구분	NNSS	GPS
거리관측법	도플러 효과	전파도달시간
정확도	수 cm	$10^{-7} \sim 10^{-6}$
이용좌표계	WGS72	WGS84

3) GNSS의 특징

① 측위기법에 따라 다양한 정확도 분포를 지님(수 mm~100m)
② 기선길이에 비해 상대적으로 높은 정확도를 지님(1ppm~0.1ppm 이상)
③ 위치 결정과 동등한 정확도로 속도와 시간 결정
④ 지구상 어느 곳에서도 이용 가능(육·해·공)
⑤ 날씨, 기상에 관계없이 위치 결정 가능
⑥ 24시간 어느 시간에서나 이용 가능
⑦ 수평성분과 수직성분을 제공하므로 3차원 정보 제공
⑧ 기선결정의 경우 두 측점 간 시통에 무관

> **참고**
>
> **GNSS 측량의 장단점**
>
> | 장점 | 단점 |
> |---|---|
> | ① 고정밀 측량이 가능하다.
② 장거리를 신속하게 측량할 수 있다.
③ 관측점 간의 시통이 필요하지 않다.
④ 기상조건에 영향을 받지 않으며, 야간 관측도 가능하다.
⑤ 3차원 측정이 가능하며, 동체 측정이 가능하다. | ① 위성의 궤도정보가 필요하다.
② 전리층 및 대류권에 관한 정보를 필요로 한다.
③ 우리나라 좌표계에 맞도록 변환하여야 한다. |

4) GNSS(위성항법시스템)의 종류

(1) GNSS 위성군

① GPS : 미국에서 개발
② GLONASS : 러시아에서 개발
③ GALILEO : 유럽연합에서 개발

(2) GNSS 지역보정시스템

고층빌딩 및 신호 음영지역의 단점을 보완하여 정밀도를 향상시키기 위한 지역보정시스템

① QZSS(준천정위성) : 일본에서 개발
② BEIDOU(북두) : 중국에서 개발

출제 POINT

■ **GNSS 위성**

GPS(미국), GLONASS(러시아), GALILEO(유럽연합), QZSS(일본), BEIDOU(중국)

■ **원격탐측(RS) 위성**

LANDSAT(미국), SPOT(프랑스), IKONOS(미국), KOMPSAT(한국)

출제 POINT

(3) GNSS 보강시스템
① SBAS : 위성기반 위치보정시스템
② GBAS : 지상기반 위치보정시스템

2 GPS(Global Positioning System)

1) GPS의 구성

(1) 우주부문(Space Segment)

GPS 위성의 명칭은 NAVSTAR(NAVigation System with Time and Ranging)이며 Rockwell International사에서 제작

■ GPS의 구성
① 우주부문 : 위성 24개, 궤도면 6면(60°간격), 궤도경사각(55°), 고도 2만km, 거의 원궤도
② 제어부문 : 궤도와 시각 결정을 위한 위성의 추적, 위성시간의 동기화, 위성으로의 자료전송
③ 사용자부문 : 위성으로부터 전송되는 전파를 수신하여 원하는 위치와 거리 계산

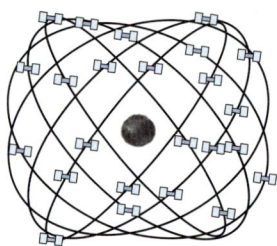

- 위성의 수 : 24개
- 궤도면 : 6면(1면 4개 위성, 60도 간격)
- 궤도 경사각 : 55도
- 주기 : 약 11시간 58분(0.5항성일)
- 궤도고도 : 약 20,200km
- 궤도형상 : 거의 원궤도(타원궤도)
- 위성수명 : 7.5년(Block Ⅱ 위성)
- 사용 좌표계 : WGS-84

(2) 제어부문(Control Segment)
① 모니터와 위성체계의 연속적 제어, GPS의 시간 결정, 위성시간값 예측, 각각의 위성에 대해 주기적인 항법 신호갱신 등의 일을 하는 부분
② 전리층 및 대류층의 주기적 모형화
③ 위성시간의 동기화
④ 위성으로의 자료전송

(3) 사용자부문(User Segment)
① GPS 수신기와 사용자로 구성되어 있음
② 사용자는 GPS 수신기와 안테나, 해석용 소프트웨어, 항법용 소프트웨어를 가지고 있어야 함
③ 위성에서 보낸 전파를 수신하여 원하는 위치, 두 점 사이의 거리를 계산

2) GPS의 신호

(1) 반송파(Carrier)
① 통신방식 : L-band의 극초단파(마이크로웨이브)를 반송파로 이용
② 반송파 (Carrier)
  L_1 = 1575.42MHz(기준신호 10.23MHz×154)
  L_2 = 1227.60MHz(기준신호 10.23MHz×120)
  L_5 = 1176.45MHz(기준신호 10.23MHz×115)

③ 반송파에 싣는 정보에는 "항법메시지"와 "PRN(Pseudo Random Noise)코드(1과 0의 연속신호)"가 있다.
④ 항법메시지 : 위성시계 보정치, 전리층 모델, 위성궤도 정보, 위성상태 정보 등
PRN코드 : C/A코드(민간용), P코드(군용), Y코드
⑤ L_1파에는 C/A코드와 P코드가 중첩 변조되어 송신되고, L_2파에는 P코드가 중첩 변조되어 송신됨. 즉 L_1파에서는 C/A code, P Code가 있으나 L_2파에서는 P Code만 있다.

(2) PRN코드(Pseudo Random Noise Code)
① C/A Code
  ㉠ L_1 반송파만 사용 : 전리층 지연 보상에 불리
  ㉡ 주파수 : 1.023MHz
  ㉢ 파장 : 약 300m, 1ms 주기로 반복
  ㉣ 위성 식별은 본 C/A 코드로 가능
② P-Code
  ㉠ L_1과 L_2 반송파 사용 : 전리층 지연 보상
  ㉡ 주파수 : 10.23MHz
  ㉢ 파장 : 약 30m, 266.4일 주기로 반복
  ㉣ 암호화한 P코드를 Y코드라고도 함
③ M-Code
  ㉠ 군사용으로 사용되던 P코드의 새로운 형채
  ㉡ 기존의 P코드에 비해 20dB 이상, 약 100배 강도의 신호
  ㉢ L_1과 L_2 반송파 사용

(3) 항법메시지(Navigation Massage)
① 위성탑재 원자시계 및 전리층 보정을 위한 파라미터값 전송
② 위성궤도의 정보 전송(평균근점각, 이심률, 궤도장반경, 승교점의 적경, 궤도경사각, 근지점 인수 등이 위성의 궤도 6요소)

3 GNSS 오차

1) GNSS 오차
① GNSS 측위오차는 거리오차와 DOP(정밀도 저하율)의 곱으로 표시가 되어 크게 구조적 요인에 의한 거리오차, 위성의 배치상황에 따른 오차, SA(Selective Availability), Cycle Slip 등으로 구분
② Noise(잡음), Bias(편의), 그리고 Blunder 등이 주원인

■ GPS의 신호
① 반송파 : L_1, L_2, L_5
② 코드 : C/A코드, P코드, M코드
③ 항법메시지

출제 POINT

■ GNSS의 구조적 요인에 의한 거리오차
① 위성궤도오차
② 위성시계오차
③ 전리층과 대류권에 의한 전파지연 오차

2) 구조적 요인에 의한 거리오차

(1) 위성궤도오차
① 위성의 항행메시지(Navigation Message)에 의한 예상궤도와 실제궤도의 불일치가 원인
② 위성의 예상위치를 사용하는 실시간 위치 결정(Real Time Positioning)에 의한 영향

(2) 위성시계오차
① 위성에 장착된 정밀한 원자시계의 미세한 오차로 위성시계오차
② 잘못된 시간에 신호를 보냄으로써 발생하는 오차

(3) 전리층과 대류권에 의한 전파지연 오차
① 전리층은 전자입자로 형성되어 있기 때문에 입사되는 신호가 방해를 받음
② 대류권은 수증기로 인하여 방해받는 비율이 다를 뿐 동일한 영향을 받음

3) 측위환경에 따른 오차

(1) 수신기에서 발생하는 오차(multipath)
① 위성신호의 오차원인 중에서 상대적으로 작은 부분을 차지하며, 우주에서 쏘아보낸 신호가 지상의 수신기에 도착되기 전에 건물이나 주변의 철제 구조물, 수면 등에서 반사된 후, 지상의 수신기 안테나로 위성신호가 수신되는 현상
② 지상 수신기에는 위성으로부터의 신호를 바로 받는 것과 주위의 인공적인 혹은 자연적인 물체에 의해 반사되어 돌아오는 신호가 동시에 수신되는 것

(2) 위성의 임계고도각(Mask Angle)
① 고도각를 설정하는 것은 설정된 고도각 이하의 위성의 신호는 받지 않겠다는 것을 의미하는데, 가장 전형적인 임계고도각은 일반적으로 15도임
② 고도각을 너무 높게 설정하게 되면, 위성장애물이 다수 존재하는 지역에서는 최소 4개의 위성도 관측할 수 없게 되는 경우가 발생할 수 있다.

(3) 위성의 배치 상황에 따른 오차(DOP, 정밀도 저하율)
① DOP의 개념
   • 위성과 수신기의 기하학적 배치에 따라 관측정밀도가 달라진다는 개념
   • DOP의 수치는 낮을수록 위성의 기하학적 배치가 좋은 것
   • DOP가 낮다는 것은 위치의 모호성을 나타내는 부분의 면적이 작기 때문에 높은 정도를 얻을 수 있고 면적이 클수록 정도는 떨어지게 됨

[DOP에 따른 측량상태]

양호한 정도	매우 좋음	좋음	보통	불량
DOP	1-3	4-5	6	>6

② DOP의 종류와 설명
- GDOP : 기하학적 정밀도 저하율로 전체적인 위치정확도
- PDOP : 위치 정밀도 저하율로 일반적으로 사용되는 3차원 정도
- HDOP : 수평 정밀도 저하율로 2차원의 수평면에 대한 정도
- VDOP : 수직 정밀도 저하율로 높이에 대한 정도
- TDOP : 시간 정밀도 저하율로 시간에 대한 정도

(4) SA(Selective Availability, 선택적 가용성)
① 미국방성이 정책적 판단에 의해 고의로 오차를 증가시킨 것으로 천체위치표에 의한 자료와 위성시계 자료의 조작을 통해 위성과 수신기 사이에 거리오차가 생기도록 하는 방법
② SA의 감소를 위해 상대위치해석이나 DGPS 기법이 개발되었으나 2000년 5월 1일부로 해제되어 더 이상은 영향을 미치지 않는다.

(5) Cycle Slip(주파단절)
① 사이클 슬립은 GPS 반송파 위상추적회로에서 반송파 위상치의 값을 순간적으로 놓침으로 인해 발생하는 오차
② 반송파 위상데이터를 사용하는 정밀위치측정분야에서는 매우 큰 영향을 미칠 수 있으므로 사이클 슬립의 검출은 매우 중요
③ 사이클 슬립의 원인으로는 GPS 안테나 주위의 지형지물에 의한 신호단절, 높은 신호잡음, 낮은 신호강도, 낮은 위성의 고도각 등이 있다.

SECTION 2 GNSS 측량방법 및 활용

1 GNSS 측량방법

1) 거리측량방법

(1) 의사거리를 이용한 위치 결정(코드관측방식)
① 위성에서 발사한 코드와 수신기에서 미리 복사한 코드를 비교하여 두 코드가 완전히 일치할 때까지 걸리는 시간을 관측하여 여기에 전파속도를 곱하여 거리를 구함
② 코드관측방식은 GPS 위성과 수신기 간의 거리가 의사시간코드(pseudotiming code)의 사용에 의해서 결정되는 기법

■ 출제 POINT

■ DOP의 종류
① GDOP : 기하학적 정밀도 저하율(전체적인 위치정확도)
② PDOP : 위치 정밀도 저하율(3차원 위치정확도)
③ HDOP : 수평 정밀도 저하율(2차원 위치정확도)
④ VDOP : 수직 정밀도 저하율(높이 정확도)
⑤ TDOP : 시간 정밀도 저하율(시간 정확도)

■ 거리측량방법
① 의사거리를 이용한 위치 결정(코드관측방식)
② 반송파를 이용한 위치 결정(위상차관측방식)

출제 POINT

(2) 반송파 관측방식에 의한 위치 결정(위상차관측방식)

① 위상관측은 반송파가 지상의 수신기 안테나에 도착할 때의 위성신호의 위상과 수신기 내부 발진기(진동자)의 위상 사이의 차이를 관측하는 것

② 반송파 위상 차이만 관측될 뿐 위성과 수신기 사이의 반송파의 진동수를 헤아리지 못하는데, 이를 "모호정수(integer ambiguity)"라고 함. 모호정수의 결정과 시계동조 오차를 소거하기 위하여 차분법(differencing technique)을 사용

> **참고**
>
> **GNSS 관측방식의 비교**
> 1. 코드해석방식
>   ① 측정시간이 매우 신속하다.
>   ② 정확도가 떨어진다.
>   ③ 시간에 오차가 포함되어 있으므로 유사거리(Pseudo Range)라 한다.
>   ④ 코드신호에는 C/A, P, 항법메시지가 있다.
> 2. 반송파해석방식
>   ① 시간이 많이 소요되나 정밀도가 높다.
>   ② 기준점측량에 이용된다.
>   ③ 2대 이상의 수신기로 관측하여 불명확상수를 결정한다.
>   ④ 반송파에는 L_1, L_2파가 있다.

■ 위상차 관측방식
① 단일 차분법(1중차) : 위성 시계오차, 수신기 시계오차 각각 제거
② 이중 차분법(2중차) : 위성 시계오차, 수신기 시계오차 동시에 제거
③ 삼중 차분법(3중차) : 위성 시계오차, 수신기 시계오차 및 모호정수 제거

(3) 단일 차분법(Single differencing)

두 가지 단순 차분 관측법이 있다.

① 두 수신기에서 동일 시각(한 epoch)에 수신한 한 위성으로부터의 위성신호 위상차를 계산 → 위성 시계오차 제거

② 한 수신기에서 동일 시각(한 epoch)에 수신한 두 위성으로부터의 위성신호 위상차를 계산 → 수신기 시계오차 제거

(4) 이중 차분법(Double differencing)

두 수신기에서 동일 시각에 수신한 두 위성으로부터의 위성신호위상을 관측하고, 2개의 단일 차분법의 차이를 계산
→ 수신기와 위성 시계오차 동시 제거

(5) 삼중 차분법(Triple differencing)

서로 다른 두 시각(epoch)에 두 수신기에서 수신한 두 위성으로부터의 위성신호위상을 관측하고, 2개의 이중 차분법의 차이를 계산
→ 모호정수의 제거

2) GPS 측량의 종류

(1) 단독측위법(Point Positioning)

수신기 1대에서 관측된 자료를 이용하는 코드측위법

(2) 상대측위법(Relative Positioning)

기지점 수신기의 위치 및 의사거리를 중심으로 반송파 위상의 관측값을 이용하여 미지점의 수신기의 위치를 계산하는 방식

① 정지측량(스태틱 측량)

높은 정확도를 요하는 측지측량, 지구물리분야, 기준점 측량 등에 활용

② 신속정지측량
   ㉠ 하나의 기준국으로 여러 미지점을 한꺼번에 관측하는 방법
   ㉡ 20km 이내의 지역에서 가장 많이 사용하는 방법
   ㉢ 비교적 짧은 관측시간이 소요되며 관측시간은 위성의 수에 따라 결정

③ 이동측량
   ㉠ 스태틱 측위에서 정수 바이어스 결정을 위해 장시간 관측이 필요했는데 이 시간을 단축하기 위해 키네마틱 측위 개발
   ㉡ 기지점에 안테나와 수신기를 설치하고, 다른 수신기는 여러 측점을 수초씩 측정하여 순차적으로 이동해 가는 측량 방식

④ 실시간 위치 결정법(RTK)
   ㉠ 수신기 한 대는 기준국에, 다른 한 대는 이동 중이며, 실시간으로 좌표를 결정하는 기법
   ㉡ 광범위한 많은 관측점의 좌표를 1~2cm의 정밀도로 빠른 시간 내에 획득하기 위해 개발된 것이 실시각 이동측량기법

✓ 참고

GNSS 관측방식의 비교
1. 정지(Static)측량
   ① 2대의 수신기를 각각 관측점에 고정
   ② 4대 이상의 위성으로부터 동시에 30분 이상 전파신호 수신
   ③ 수신 완료 후 위치 거리계산(후처리)
   ④ VLBI의 역할 수행
   ⑤ 정확도가 높아 지적삼각측량에 이용
2. 이동(Kinematic)측량
   ① 1대의 수신기는 고정국으로, 1대의 수신기는 이동국으로 한다.
   ② 미지측점을 이동하면서 수분~수초 전파신호 수신
   ③ 지적도근측량 등에 이용

3) DGNSS(Differential GNSS)

① GNSS의 오차를 보다 정밀하게 보정하여 이용자에게 제공하는 일종의 GNSS 보정시스템
② 정밀하게 측정된(알려진) 기준국의 위치와 GNSS 위성으로부터 수신한 신호로부터 계산된 좌표를 비교하여 각 위성신호에서의 거리 보정값을 산출

■ **GNSS 관측기법의 정확도 비교**
① 사용 성과(신호) : 코드측위 < 위상측위
② 자료 처리 방법 : 실시간 측위 < 후처리 측위
③ 기준국 유무 : 단독(점)측위 < 상대측위
④ 수신기 이동 유무 : 이동측위 < 고정측위

■ **DGNSS**
① 두 수신기가 갖는 공통의 오차를 서로 상쇄시키므로 보다 정밀한 위치정보를 얻기 위한 기술
② 정밀측량에 의해 정확한 위치를 파악하고 있는 고정국에서 오차의 범위를 이동국에 전송한 후 보정하여 사용하는 방식

출제 POINT

■ GNSS의 활용
① 육상기준점측량에 활용
② 영해기준점측량에 활용
③ 지각변동감지에 활용
④ 지오이드 모델개발
⑤ GIS 데이터 획득에 활용
⑥ 해상측량에 활용
⑦ 해상구조물의 측설
⑧ Airborne GPS
⑨ GPS/INS

2 GNSS의 활용

1) 육상기준점측량에 활용

① 정지측량, 신속정지측량, 이동측량, 실시간 이동측량기법을 이용하여 지상기준점측량 수행
② 지오이드 모델개발과 지적삼각측량, 지적삼각보조점측량, 지적도근점측량, 경계측량, 일필지 측량 등의 지적측량에 활용

2) 영해기준점측량에 활용

① 최근 우리바다에 접해 있는 인근 일본과 중국의 영해 협상을 위해서는 우선 우리영토의 최남단, 서단, 동단의 좌표의 중요성 고취
② 정지측량, 신속정지측량, 이동측량, RTK 측량기법 사용

3) 지각변동감지에 활용

대규모 측량에 GPS가 강점이 있으므로 대륙 간의 움직임을 정확히 파악 가능

4) 지오이드 모델개발

① 지구중력장 모델, 육상중력자료 및 GPS/Leveling 기법에 의한 지오이드로 계산을 수행하여 우리나라에 적합한 지오이드 모델을 개발
② 국내에서 지구중력장 모델과 육상중력자료 및 GPS/Leveling 기법을 토대로 개발된 지오이드 모델들은 약 ±10cm의 정확도를 보이고 있으나, 좀 더 높은 정확도의 지오이드 모델개발이 필요

5) GIS 데이터 획득에 활용

① 신속하게 요구하는 정확도로 위치를 결정할 수 있으므로 GIS 데이터 구축을 위한 위치결정시스템으로 적합
② DGPS, RTK 등의 GPS 측위결과를 기존 수치지도에 표시할 수 있으며, 현장에서 측량결과를 이용하여 직접 GIS 데이터 획득 및 기존 수치지도를 갱신

6) 해상측량에 활용

① 해상에 떠 있는 배인 경우에는 그 위치가 항상 유동적이므로 기존의 측량방법으로는 위치결정에 어려운 점이 있다.
② GPS를 사용하면 목적에 맞게 효율적으로 활용할 수 있다.

7) 해상구조물의 측설

① 항만 등의 해양구조물 설치 시 해상의 정확한 위치 결정은 매우 중요

② GPS를 이용한 실시간 이동측량(RTK)을 활용하면 해상구조물의 정확한 위치 및 가이드 정보를 제공받을 수 있으며 해상구조물 설치작업 시 최소한의 인원배치로 안전도를 향상시킬 수 있다.

8) Airborne GPS

① GPS 장비 및 관성항법장치(INS)를 비행체(항공기, 헬기, 인공위성)에 장착하고 지상국과의 상대관측을 통해 실시간 또는 후처리로 획득된 결과를 이용하여 센서의 위치와 자세를 산출하는 방법으로 항공사진측량용 카메라 및 레이저 스캐너를 조합하여 사용하는 최신 GPS 기술
② 항공사진에 의한 지도제작 시 막대한 지상기준점측량 비용의 절감효과

9) GPS/INS

① GPS의 일관성 있는 높은 위치정확도와 독립적으로 자신의 위치와 자세를 결정할 수 있는 INS의 장점을 조합한 최신 기술
② GPS의 높은 정확도로 얻어진 좌표를 INS에 계속 제공함으로써 시간이 지날수록 위치와 자세 정확도가 저하되는 INS의 단점을 보완

■ GPS/INS의 조합
① GPS는 관측점의 위치를, INS는 관측 당시의 자세를 파악
② GPS와 INS의 장점을 조합
③ 항공삼각측량으로 지상기준점(GCPS) 작업을 줄일 수 있음

10) 기타 활용

(1) 자동차 항법(Car Navigation System)
① 저가형 GPS 수신장치를 이용하여 운전안내시스템으로 개발이 활발
② 자동차 관련 회사가 주축이 되어 개발되고 있으며 PDA와 GPS의 결합 용이

(2) 항공기 항법(CNS/ATM)
국제민간항공기구(ICAO)에서 추진하고 있는 새로운 항행지원시스템을 총괄하는 개념

C	항공교통분야(Communication)
N	항공항행분야(Navigation)
S	항공감시분야(Surveilance)
ATM	항공항행분야(Air Traffic Management)

(3) 기상예보시스템
대류권 수분량에 따른 GPS 신호의 지연현상을 이용하여 실시간 국지기상을 파악

(4) 우주분야에서의 활용
① 우주선의 이착륙 제어
② 지구궤도와 행성 간의 항법을 위한 위치정보 제공
③ 위성의 궤도 결정

출제 POINT

(5) 군사분야에서의 활용
① 전략·전술 수행을 위한 저공 비행침투 시 위치정보 제공
② 군사 요충지 위치정보 확보를 위한 타깃 수집
③ 적군의 위치파악을 위한 수색 및 정보수집 시 현위치 제공

(6) 시각동기(timing)
① 세계시로 GPS 시간을 사용
② 통신망의 표준시각 및 관리, 전화, 무선전화, 전력공급, 금융거래, 전자 상거래 등에 활용

기출문제

10년간 출제된 빈출문제

01 GPS 위성측량에 대한 설명으로 옳은 것은?

① GPS를 이용하여 취득한 높이는 지반고이다.
② GPS에서 사용하고 있는 기준타원체는 GRS80 타원체이다.
③ 대기 내 수증기는 GPS 위성신호를 지연시킨다.
④ VRS 측량에서는 망조정이 필요하다.

해설 GPS 위성측량의 특성
㉠ GPS를 이용하여 취득한 높이는 타원체고이다.
㉡ GPS에서 사용하고 있는 기준타원체는 WGS84 타원체이다.
㉢ 대기 내 수증기는 GPS 위성신호를 지연시킨다.
㉣ 정지측량(static surveying)은 기준점측량으로 망조정이 필요하다.

02 GPS 측량에서 이용하지 않는 위성신호는?

① L_1 반송파
② L_2 반송파
③ L_4 반송파
④ L_5 반송파

해설 GPS의 위성신호
GPS 위성은 과거 L_1, L_2 반송파 신호, GPS 현대화 작업에 의하여 L_5 반송파 신호를 추가하여 이용하고 있다.

03 GNSS 위성측량시스템으로 틀린 것은?

① GPS
② GSIS
③ QZSS
④ GALILEO

해설 GNSS는 GPS와 GLONASS, GALILEO 등 인공위성을 이용하여 지상물의 위치·고도·속도 등에 관한 정보를 제공하는 시스템이다.

GNSS의 종류
㉠ GPS : 미국
㉡ GLONASS : 러시아
㉢ GALILEO : 유럽연합
㉣ QZSS(준천정위성) : 일본
㉤ 북두항법시스템 : 중국

04 GPS 구성 부문 중 위성의 신호 상태를 점검하고, 궤도 위치에 대한 정보를 모니터링하는 임무를 수행하는 부문은?

① 우주부문
② 제어부문
③ 사용자부문
④ 개발부문

해설 GPS의 주요 구성요소
㉠ 우주부문(Space Segment)
연속적 다중위치결정체계, 55°의 궤도경사각, 위도 60°의 6궤도, 2만 km 고도와 12시간 주기로 운행
㉡ 제어부문(Control Segment)
궤도와 시각 결정을 위한 위성의 추적, 전리층 및 대류층의 주기적 모형화, 위성시간의 동일화, 위성자료 전송
㉢ 사용자부문(User Segment)
위성으로부터 보내진 전파를 수신해 원하는 위치 또는 두 점 사이의 거리 계산

05 좌표를 알고 있는 기지점에 고정용 수신기를 설치하여 보정자료를 생성하고 동시에 미지점에 또 다른 수신기를 설치하여 고정점에서 생성된 보정자료를 이용해 미지점의 관측자료를 보정함으로써 높은 정확도를 확보하는 GPS측위 방법은?

① KINEMATIC
② STATIC
③ SPOT
④ DGPS

해설 상대측위(DGPS 측위)의 특징
㉠ 이미 알고 있는 기지점의 좌표를 이용하여 오차를 최대한 줄여 이용하기 위한 상대측위방식의 위치결정방식
㉡ 기지점에 기준국용 GPS수신기를 설치하고 위성을 관측하여 각 위성의 의사거리 보정값을 취득
㉢ 이를 이용하여 미지점용 GPS수신기의 위치결정 오차를 개선하는 위치결정 방식

정답 1. ③ 2. ③ 3. ② 4. ② 5. ④

06 GNSS 측량에 대한 설명으로 옳지 않은 것은?

① 3차원 공간 계측이 가능하다.
② 기상의 영향을 거의 받지 않으며 야간에도 측량이 가능하다.
③ 베셀타원체를 기준으로 경위도좌표를 수집하기 때문에 좌표정밀도가 높다.
④ 기선 결정의 경우 두 측점 간의 시통에 관계가 없다.

> **해설** GNSS 측량의 특징
> GNSS 측량에는 지구질량중심좌표인 WGS84 타원체를 기준으로 3차원 직각좌표를 관측하여 경위도좌표로 변환하여 사용한다.

07 GNSS 측량에 대한 설명으로 틀린 것은?

① 다양한 항법위성을 이용한 3차원 측위방법으로 GPS, GLONASS, GALILEO 등이 있다.
② VRS 측위는 수신기 1대를 이용한 절대측위방법이다.
③ 지구질량중심을 원점으로 하는 3차원 직교좌표체계를 사용한다.
④ 정지측량, 신속정지측량, 이동측량 등으로 측위방법을 구분할 수 있다.

> **해설** VRS 측위는 수신기 1대를 이용한 상대측위방법이다.
> **VRS(Virtual Reference Station, 가상기준점 방식)의 개념**
> ㉠ 이동국의 개략적인 위치정보를 VRS서버에 전송하여 인접한 지점에 VRS를 생성한 후 VRS지점에 관측값과 보정값을 제공함으로써 대기효과가 제거된 상태에서 이동국의 위치를 결정한다.
> ㉡ 실시간 정밀측량방식으로 반송파를 기반으로 측량을 수행한다.

08 GNSS 관측성과로 틀린 것은?

① 지오이드 모델   ② 경도와 위도
③ 지구중심좌표   ④ 타원체고

> **해설** GNSS 관측 성과
> GNSS 관측 성과로는 지구중심좌표로 경도와 위도, 타원체고를 들 수 있으나 지오이드 모델을 정립하지는 못한다.

09 DGPS를 적용할 경우 기지점과 미지점에서 측정한 결과로부터 공통오차를 상쇄시킬 수 있기 때문에 측량의 정확도를 높일 수 있다. 이때 상쇄되는 오차요인이 아닌 것은?

① 위성의 궤도정보오차
② 다중경로오차
③ 전리층 신호지연
④ 대류권 신호지연

> **해설** 다중경로오차의 특징
> 다중경로오차(multipath)는 GPS위성의 신호가 수신기에 수신되기 전에 건물이나 지형 등에 반사되어 수신되므로 발생하는 오차로서 기준국과 이동국의 거리의 문제가 아닌 수신기 주변에 반사물질의 유무와 관계가 있는 사항이다.

10 GNSS 상대측위방법에 대한 설명으로 옳은 것은?

① 수신기 1대만을 사용하여 측위를 실시한다.
② 위성과 수신기 간의 거리는 전파의 파장 개수를 이용하여 계산할 수 있다.
③ 위상차의 계산은 단순차, 2중차, 3중차와 같은 차분기법으로는 해결하기 어렵다.
④ 전파의 위상차를 관측하는 방식이나 절대측위방법보다 정확도가 낮다.

> **해설** GNSS 상대측위방법의 특징
> ㉠ 2대 이상의 수신기를 사용하여 측위를 실시한다.
> ㉡ 위성과 수신기 간의 거리는 전파의 파장 개수를 이용하여 계산할 수 있다.
> ㉢ 위상차의 계산은 1중차, 2중차, 3중차와 같은 차분기법을 이용한다.
> ㉣ 전파의 위상차를 관측하는 방식으로 절대측위방법보다 정확도가 높다.

정답 6. ③ 7. ② 8. ① 9. ② 10. ②

11 GNSS 데이터의 교환 등에 필요한 공통적인 형식으로 원시데이터에서 측량에 필요한 데이터를 추출하여 보기 쉽게 표현한 것은?

① Bernese ② RINEX
③ Ambiguity ④ Binary

> **해설** RINEX의 특징
> ㉠ RINEX는 GPS 수신기 기종에 따라 기록방식이 달라 이를 통합하기 위해 만든 표준파일형식이다.
> ㉡ 헤더부분에는 관측점명, 안테나 높이, 관측날짜, 수신기명 등 파일에 대한 정보가 들어간다.
> ㉢ RINEX 파일로 변환하였을 경우 자료처리가 가능하도록 사용자가 편집할 수 있도록 고안된 데이터 포맷이다.
> ㉣ 반송파, 코드 신호를 모두 기록한다.

12 측점 간의 시통이 불필요하고 24시간 상시 높은 정밀도로 3차원 위치측정이 가능하며, 실시간 측정이 가능하여 항법용으로도 촬영되는 측량방법은?

① NNSS 측량 ② GNSS 측량
③ VLBI 측량 ④ 토털스테이션 측량

> **해설** GNSS는 GPS와 GLONASS, GALILEO 등 인공위성을 이용하여 지상물의 위치·고도·속도 등에 관한 정보를 제공하는 시스템이다.
>
> **GNSS(Global Navigational Satellite System)의 종류**
> GPS : 미국, GLONASS : 러시아, GALILEO : 유럽연합, QZSS(준천정위성) : 일본, 북두항법시스템 : 중국

13 GNSS 측량에 대한 설명으로 옳지 않은 것은?

① 인공위성의 전파를 수신하여 위치를 결정하는 시스템이다.
② 우천시에도 위치 결정이 가능하다.
③ 수신점의 높이를 결정하는 데 이용될 수 있다.
④ 2점 이상 관측 시 수신점 간 시통이 되지 않으면 위치를 결정할 수 없다.

> **해설** GNSS 측량의 특징
> GNSS 측량의 기준점 선점에 인접 기준점과 시통의 유무는 무관하며, 다만 기준점과 위성과의 전파수신이 가능하도록 임계고도각이 유지 가능지역을 선정하여야 하고, 전파의 다중경로 발생지역이나 주파수 단절 예상지역 등은 피해야 한다.

14 GNSS 측량에 대한 설명으로 옳지 않은 것은?

① GNSS는 위치를 알고 있는 위성에서 발사한 전파를 수신하여 소요시간을 관측함으로써 미지점의 위치를 구하는 인공위성을 이용한 범지구 위치결정체계이다.
② GNSS의 구성은 우주부문, 제어부문, 사용자부문으로 나눌 수 있다.
③ GNSS에서 정밀도 저하율(DOP)의 수치가 클수록 정확하다.
④ GPS에 이용되는 좌표계는 WGS84를 이용하고 있으며 WGS84의 원점은 지구질량중심이다.

> **해설** GNSS 측량의 특징
> DOP(정밀도 저하율)는 값이 클수록 관측정확도가 낮아지며 그 수치가 7~10 이상인 경우 관측을 하지 않는다.

15 GPS의 정확도가 1ppm이라면 기선의 길이가 10km일 때 GPS를 이용하여 어느 정도로 정확하게 위치를 알아낼 수 있다는 것을 의미하는가?

① 1km ② 1m
③ 1cm ④ 1mm

> **해설** GPS의 정확도에서 ppm의 개념
> 1ppm이란 1/100만이므로 1km 거리관측에 1mm의 오차가 발생하는 것을 의미한다.
> $$\frac{1}{1,000,000} = \frac{1mm}{1km} = \frac{1mm}{1,000,000mm}$$
> 기선의 길이가 10km이면 1km의 10배이므로 mm의 10배인 1cm의 정확도로 관측됨을 알 수 있다.

정답 11. ② 12. ② 13. ④ 14. ③ 15. ③

16 DGPS 측위에 대한 설명 중 틀린 것은?

① 위치를 알고 있는 기지점과 위치를 모르는 미지점에서 동시에 관측한다.
② 동시에 수신 가능한 위성이 최소한 4개 필요하다.
③ 기지점과 미지점의 거리가 길수록 측위정확도가 높다.
④ 기지점과 미지점에서의 오차가 유사할 것이라는 가정을 이용한다.

> **해설** 기지점과 미지점의 거리가 멀수록 측위정확도는 낮아진다.
>
> **DGPS 측위의 특징**
> ㉠ 이미 알고 있는 기지점의 좌표를 이용하여 오차를 최대한 줄여 이용하기 위한 상대측위방식의 위치결정방식
> ㉡ 기지점에 기준국용 GPS수신기를 설치하고 위성을 관측하여 각 위성의 의사거리 보정값을 취득
> ㉢ 이를 이용하여 미지점용 GPS수신기의 위치결정 오차를 개선하는 위치결정방식

17 GNSS를 이용한 단독측위에 대한 설명으로 틀린 것은?

① GNSS 수신기 한 대로 위치 결정을 할 수 있다.
② 실시간으로 현재 위치를 파악할 수 있다.
③ 코드 신호를 이용하여 산출된 의사거리를 사용하여 위치를 결정한다.
④ 우주공간부터 항공, 해상, 해저, 지상, 지하 등 어느 곳을 막론하고 사용이 가능하다.

> **해설** **GNSS를 이용한 단독측위의 특징**
> GNSS를 이용한 단독측위로 해저나 지하의 위치를 결정하기는 곤란하다.

18 반송파(carrier)에 대한 미지의 수로서, 위성과 수신기 안테나 간 온전한 파장의 개수를 무엇이라 하는가?

① 모호정수　　② AS(anti-spoofing)
③ 다중경로　　④ 삼중차

> **해설** **모호정수(ambiguity)의 개념**
> 반송파 측정법에 의한 GPS 위치결정원리는 반송파의 파장 수에 의해 위치를 결정하며, 이때 정수치에 해당하는 파장의 수를 모호정수라고 한다. 3중차 위상차 측정을 통해 반송파의 모호정수를 소거할 수 있다.

19 GNSS의 주요 구성 중 궤도와 시각 결정을 위한 위성 추적을 담당하는 부분은?

① 우주부문　　② 제어부문
③ 사용자부문　④ 위성부문

> **해설** **GPS의 주요구성요소**
> ㉠ 우주부문(space segment) : 연속적 다중위치 결정체계, 55°의 궤도경사각, 위도 60°의 6궤도, 2만km 고도와 12시간 주기로 운행
> ㉡ 제어부문(control segment) : 궤도와 시각 결정을 위한 위성의 추적, 전리층 및 대류층의 주기적 모형화, 위성시간의 동일화, 위성자료 전송
> ㉢ 사용자부문(user segment) : 위성으로부터 보내진 전파를 수신해 원하는 위치 또는 두 점 사이의 거리 계산

20 GPS 궤도와 관련된 설명 중 틀린 것은?

① GPS 위성의 궤도는 타원 형태이다.
② GPS 위성의 회전주기는 약 12시간이다.
③ GPS 위성의 고도는 약 2,000km이다.
④ GPS 위성궤도의 경사각은 적도면에 대하여 55°이다.

> **해설** **GPS의 궤도**
> GPS 위성의 고도는 약 20,000km이다.

21 GPS 신호에서 C/A코드는 1.023Mbps로 이루어져 있다. GPS 신호의 전파속도를 200,000km/s로 가정했을 때 코드 1bit 사이의 간격은 약 몇 m인가?

① 약 1.96m　　② 약 19.6m
③ 약 196m　　④ 약 1960m

정답 16. ③　17. ④　18. ①　19. ②　20. ③　21. ③

해설 **주파수와 속도와 거리와의 관계**

주파수는 시간의 역수 $\left(\dfrac{1}{t}\right)$이고,

$\lambda = \dfrac{c}{f}$ (λ : 파장, c : 광속도, f : 주파수)

MHz를 Hz 단위로 환산하여 계산하면,

$\lambda = \dfrac{200,000,000\ \frac{m}{s}}{1.023 \times 1,000,000\ \frac{1}{s}} = 196m$

22 GNSS 단독측위의 정확도에 영향을 미치는 요소가 아닌 것은?

① 위성궤도정보의 정확성
② 관측 위성의 배치
③ 전리층과 대류권의 영향
④ 위성의 의사 잡음 부호

해설 **GPS 측량의 구조적 원인에 의한 오차 (단독측위의 정확도에 영향을 미치는 요소)**
㉠ 위성시계오차
㉡ 위성궤도오차, 위성의 배치
㉢ 전리층과 대류권의 전파지연에 의한 오차
㉣ 전파적 잡음, 다중경로 오차

23 GPS 신호의 기본 주파수는 얼마인가?

① 1.023MHz
② 10.23MHz
③ 102.3MHz
④ 1,023MHz

해설 **GPS 신호의 기본 주파수**
GPS 신호의 기본 주파수는 10.23MHz이다.

24 관측자가 이동국(관측점)의 GNSS만을 운용하며, 기준국(GNSS 상시관측소)들로부터 생성된 관측오차보정 데이터를 무선인터넷으로 수신받아 실시간 정밀위치 측정을 수행하는 GNSS 측량방식은?

① 정지측량
② 네트워크 RTK측량
③ 이동측량
④ fast-static측량

해설 **네트워크 RTK측량의 특징**
관측자가 이동국(관측점)의 GNSS만을 운용하며, 기준국(GNSS 상시관측소)들로부터 생성된 관측오차보정 데이터를 무선인터넷으로 수신받아 실시간 정밀위치 측정을 수행하는 GNSS 측량방식

25 현재 운용되고 있는 GPS 위성의 궤도경사각은?

① 50°
② 55°
③ 63°
④ 72°

해설 **GPS의 주요 구성요소 중 우주부문(Space Segment)**
연속적 다중위치 결정체계, 55°의 궤도경사각, 위도 60°의 6궤도, 2만km 고도와 12시간 주기로 운행

26 GNSS 측량방법 중 〈보기〉가 설명하고 있는 방법은?

〈보기〉
이 방법은 기존의 Network RTK GNSS 측량방식이 기지국에 1대, 이동국에 1대, 총 2대의 수신기를 필요로 했던 방식을 상시관측소를 기준국으로 사용함으로써 1대의 수신기와 블루투스 통신이 가능한 1대의 휴대전화로 실시간 위성측량이 가능하다.

① VRS
② SLR
③ DGPS
④ Pseudo Kinematic

해설 **VRS(Virtual Reference Station, 가상기준점 방식)**
㉠ 이동국의 개략적인 위치정보를 VRS서버에 전송하여 인접한 지점에 VRS를 생성한 후 VRS 지점에 관측값과 보정값을 제공함으로써 대기효과가 제거된 상태에서 이동국의 위치를 결정한다.
㉡ 실시간 정밀측량방식으로 반송파를 기반으로 측량을 수행한다.

27 다음 중 위성의 케플러 궤도요소가 아닌 것은?

① 궤도의 장반경
② 이심률
③ 위성의 질량
④ 궤도경사각

정답 22. ④ 23. ② 24. ② 25. ② 26. ① 27. ③

해설 케플러의 기본궤도요소(위성의 궤도 6요소)
- ㉠ 궤도의 장반경
- ㉡ 궤도의 이심률
- ㉢ 궤도의 경사각
- ㉣ 승교점의 적경
- ㉤ 근지점의 인수
- ㉥ 근점의 이각

28 다음 중 GPS 신호가 아닌 것은?

① L_1 반송파
② P코드
③ C/A코드
④ K 반송파

해설 GPS신호의 종류

반송파 신호	코드 신호	용도
L_1파 (1575.42MHz)	C/A코드 : 위성궤도정보를 PRN 코드로 암호화한 코드	민간용
	P코드 : 위성궤도정보를 PRN코드로 암호화한 코드(10.23MHz)	군사용
	항법메시지 : 시각정보, 궤도정보 및 타위성의 궤도정보	민간용
L_2파 (1227.60MHz)	P코드(10.23MHz)	군사용
	항법메시지	민간용

29 GNSS 단독측위에서의 정확도에 대한 설명으로 틀린 것은?

① 대류권의 수증기 양이 적을수록 정확도가 높다.
② 전리층의 전하량이 적을수록 정확도가 높다.
③ 위성의 궤도가 정확할수록 정확도가 높다.
④ 위성의 배치가 천정 방향에 집중될수록 정확도가 높다.

해설 위성의 배치는 관측점을 포함하여 정사면체를 이룰 때 정확도가 높다.

DOP(Dilution of Precision, 정밀도 저하율)의 특징
수신기와 위성들 간의 기하학적 배치에 따라 영향을 받는데 이 경우 측위 정확도의 영향을 표시하는 계수로 DOP가 사용된다.

30 GNSS 측량 시 고려해야 할 사항에 대한 설명으로 옳지 않은 것은?

① 3차원 위치결정을 위해서는 4개 이상의 위성 신호를 관측하여야 한다.
② 임계 고도각(양각)은 15° 이상을 유지하는 것이 좋다.
③ DOP값이 3 이하인 경우는 관측을 하지 않는 것이 좋다.
④ 철탑이나 대형 구조물, 고압선의 아래 지점에서는 관측을 피하여야 한다.

해설 정밀도 저하율을 의미하는 DOP값은 수치가 작을수록 정확도가 높다.

DOP(Dilution of Precision)의 특징
- ㉠ 위성의 배치에 따른 정밀도 저하율을 의미한다.
- ㉡ 높은 DOP는 위성의 기하학적 배치 상태가 나쁘다는 것을 의미한다.
- ㉢ 수신기를 가운데 두고 4개의 위성이 정사면체를 이룰 때, 즉 최대 체적일 때 GDOP, PDOP 등이 최소가 된다.
- ㉣ DOP 상태가 좋지 않을 때는 정밀 측량을 피하는 것이 좋다.

31 GPS 측량의 기준좌표계인 WGS84에 대한 설명으로 옳지 않은 것은?

① 전 세계적으로 측정해온 지구의 중력장과 지구 모양을 근거로 해서 만들어진 좌표계이다.
② X축은 국제시보국(BIH)에서 정의한 본초자오선과 평행한 평면이 지구 적도면과 교차하는 선이다.
③ Y축은 X축과 Z축이 이루는 평면에 서쪽으로 수직인 방향(서쪽으로 90°)으로 정의된다.
④ Z축은 1984년 국제시보국(BIH)에서 채택한 평균극축(CTP)과 평행하다.

해설 GPS 측량의 기준좌표계인 WGS84의 특징
Y축은 X축과 Z축이 이루는 평면에 동쪽으로 수직인 방향으로 정의된다.

정답 28. ④ 29. ④ 30. ③ 31. ③

32 GNSS가 다중주파수(multi frequency)를 채택하고 있는 가장 큰 이유는?

① 데이터 취득 속도의 향상을 위해
② 대류권지연 효과를 제거하기 위해
③ 다중경로오차를 제거하기 위해
④ 전리층지연 효과의 제거를 위해

> **해설** GNSS가 다중주파수를 채택하는 가장 큰 이유
> GNSS 측량에서 2중주파수, 다중주파수의 수신기를 사용하는 이유는 전리층지연의 효과를 제거하기 위해서이다.

33 위성에 의한 원격탐사(Remote Sensing)의 특징으로 옳지 않은 것은?

① 항공사진측량이나 지상측량에 비해 넓은 지역의 동시측량이 가능하다.
② 동일 대상물에 대해 반복측량이 가능하다.
③ 항공사진측량을 통해 지도를 제작하는 경우보다 대축척 지도의 제작에 적합하다.
④ 여러 가지 분광 파장대에 대한 측량자료 수집이 가능하므로 다양한 주제도 작성이 용이하다.

> **해설** 원격탐사의 특징
> 사진측량의 축척 $M = \dfrac{1}{m} = \dfrac{f}{H}$ 이므로 고도에 반비례하며, 고도가 높을수록 소축척이 된다. 그러므로 원격탐사에 의한 지도는 소축척지도의 제작에 적합하다.

34 위성측량의 DOP(Dilution of Precision)에 관한 설명으로 옳지 않은 것은?

① DOP는 위성의 기하학적 분포에 따른 오차이다.
② 일반적으로 위성들 간의 공간이 더 크면 위치 정밀도가 낮아진다.
③ DOP를 이용하여 실제 측량 전에 위성측량의 정확도를 예측할 수 있다.
④ DOP 값이 클수록 정확도가 좋지 않은 상태이다.

> **해설** DOP(Dilution of Precision, 정밀도 저하율)의 특징
> DOP는 위성의 기하학적 분포에 따른 오차를 의미하며, 위성과 수신기와의 거리가 동일한 정사면체를 이룰 때가 최적의 배치관계로 보므로 위성들 간의 공간과는 무관한 개념이다.

35 위성측량의 DOP(Dilution of Precision)에 관한 설명 중 옳지 않은 것은?

① 기하학적 DOP(GDOP), 3차원 위치 DOP(PDOP), 수직위치 DOP(VDOP), 평면위치 DOP(HDOP), 시간 DOP(TDOP) 등이 있다.
② DOP는 측량할 때 수신 가능한 위성의 궤도 정보를 항법메시지에서 받아 계산할 수 있다.
③ 위성측량에서 DOP가 작으면 클 때보다 위성의 배치상태가 좋은 것이다.
④ 3차원 위치 DOP(PDOP)는 평면위치 DOP(HDOP)와 수직위치 DOP(VDOP)의 합으로 나타난다.

> **해설** DOP(Dilution of Precision, 정밀도 저하율)의 특징
> ㉠ 위성의 배치에 따른 정밀도 저하율을 의미한다.
> ㉡ 높은 DOP는 위성의 기하학적 배치상태가 나쁘다는 것을 의미한다.
> ㉢ 수신기를 가운데 두고 4개의 위성이 정사면체를 이룰 때, 즉 최대 체적일 때 GDOP, PDOP 등이 최소가 된다.
> ㉣ DOP 상태가 좋지 않을 때는 정밀 측량을 피하는 것이 좋다.
> ㉤ PDOP = $\sqrt{q_{xx}^2 + q_{yy}^2 + q_{zz}^2}$

36 VRS(Virtual Reference Station)를 활용한 GNSS 측량에 대한 설명으로 틀린 것은?

① 코드 데이터 기반으로 측량을 수행한다.
② 중앙국과의 무선통신이 가능해야 한다.
③ 중앙국에서 계산된 오차를 이용하여 위치를 결정하는 기법이다.
④ 실시간 측위가 가능하다.

정답 32. ④ 33. ③ 34. ② 35. ④ 36. ①

> **해설** VRS(Virtual Reference Station, 가상기준점 방식)의 특징
> ㉠ 반송파 데이터 기반으로 측량을 수행한다.
> ㉡ 중앙국과의 무선통신이 가능해야 한다.
> ㉢ 중앙국에서 계산된 오차를 이용하여 위치를 결정하는 기법이다.
> ㉣ 실시간 측위가 가능하다.

37 원격탐사(remote sensing)의 정의로 옳은 것은?

① 지상에서 대상 물체에 전파를 발생시켜 그 반사파를 이용하여 측정하는 방법
② 센서를 이용하여 지표의 대상물에서 반사 또는 방사된 전자 스펙트럼을 측정하고 이들의 자료를 이용하여 대상물이나 현상에 관한 정보를 얻는 기법
③ 우주에 산재해 있는 물체의 고유스펙트럼을 이용하여 각각의 구성 성분을 지상의 레이더망으로 수집하여 처리하는 방법
④ 우주선에서 찍은 중복된 사진을 이용하여 지상에서 항공사진의 처리와 같은 방법으로 판독하는 작업

> **해설** 원격탐사는 인공위성뿐 아니라 항공기나 지상 등에 설치된 센서에 의해 관측된 자료를 해석하는 기법이다.
>
> **원격탐사의 특징**
> ㉠ 짧은 시간 내 넓은 지역을 동시에 측량할 수 있으며 반복 측량이 가능하다.
> ㉡ 센서(sensor)에 의한 지구 표면의 정보획득이 용이하며 측량자료가 수치 기록되어 판독이 자동적이고 정량화가 가능하다.
> ㉢ 관측이 좁은 시야각으로 행하여지므로 얻어진 영상은 정사투영상에 가깝다.
> ㉣ 탐사된 자료가 즉시 이용될 수 있으며 재해 및 환경문제 해결에 편리하다.
> ㉤ 회전 주기가 일정하므로 원하는 지점 및 시기에 관측하기가 어렵다.

38 GNSS 측량에서 수평 측위 정밀도와 관련되는 위성의 기하학적 배치는 다음 중 어느 것인가?

① PDOP   ② TDOP
③ HDOP   ④ VDOP

> **해설** DOP의 종류
> ㉠ GDOP : 기하학적 정밀도 저하율
> ㉡ PDOP : 위치 정밀도 저하율(3차원 위치)
> ㉢ HDOP : 수평 정밀도 저하율(수평위치)
> ㉣ VDOP : 수직 정밀도 저하율(높이)
> ㉤ TDOP : 시간 정밀도 저하율
> ㉥ RDOP : 상대 정밀도 저하율

39 최근 GNSS 측량의 의사거리 결정에 영향을 주는 오차와 거리가 먼 것은?

① 위성의 궤도오차
② 위성의 시계오차
③ 위성의 기하학적 위치에 따른 오차
④ SA(selective availability) 오차

> **해설** GNSS 측량의 의사거리 결정에 영향을 주는 오차
> SA(Selective Availability, 선택적 사용성)는 민간부문의 사용을 제한하기 위하여 의도적으로 오차를 발생시키는 방법을 의미한다.

40 GNSS 측량에 대한 설명으로 옳지 않은 것은?

① 상대측위기법을 이용하면 절대측위보다 높은 측위정확도의 확보가 가능하다.
② GNSS 측량을 위해서는 최소 4개의 가시위성(visible satellite)이 필요하다.
③ GNSS 측량을 통해 수신기의 좌표뿐만 아니라 시계오차도 계산할 수 있다.
④ 위성의 고도각(elevation angle)이 낮은 경우 상대적으로 높은 측위정확도의 확보가 가능하다.

정답 37. ② 38. ③ 39. ④ 40. ④

> **해설** GNSS 측량의 특징
> 위성의 고도각은 낮을수록 대기오차가 증대되어 관측이 부정확해지므로 임계고도각을 15° 이상으로 유지한다.

41 ★ L₁과 L₂의 2개 주파수 수신이 가능한 2주파 GNSS 수신기에 의하여 제거가 가능한 오차는?

① 위성의 기하학적 위치에 따른 오차
② 다중경로오차
③ 수신기 오차
④ 전리층오차

> **해설** 2주파 GNSS 수신기에 의해 제거되는 오차
> GNSS 측량에서 2중주파수, 다중주파수의 수신기를 사용하는 이유는 전리층지연의 효과를 제거하기 위해서이다.

42 DGPS에 대한 설명으로 옳지 않은 것은?

① DGPS에서는 2개의 수신기에 관측된 자료를 사용한다.
② DGPS 측량은 실시간 위치결정이 불가능하다.
③ 기선의 길이가 길수록 DGPS의 정확도는 낮다.
④ 일반적으로 DGPS가 단독측위보다 정확하다.

> **해설** DGPS(Differential GPS)의 특징
> ㉮ 정의
> DGPS 측량은 기지점 보정데이터를 무선통신에 의하여 전송하여 미지점의 실시간 위치결정이 가능하다.
> ㉯ 특징
> ㉠ 이미 알고 있는 기지점 좌표를 이용하여 오차를 최대한 줄여 이용하기 위한 상대측위 방식의 위치결정방식
> ㉡ 기지점에 기준국용 GPS 수신기를 설치하고 위성을 관측하여 위성의 보정값을 구한 뒤 이를 이용하여 미지점용 GPS 수신기의 위치결정오차를 개선하는 위치결정방식
> ㉢ 일반적으로 DGPS가 단독측위보다 정확하다.
> ㉣ DGPS에서는 2개의 수신기에 관측된 자료를 사용한다.
> ㉤ 기선의 길이가 길수록 DGPS의 정확도는 낮다.

43 GNSS 측량 시 시계오차가 소거된 3차원 위치결정을 위해 필요로 하는 최소 위성의 수는?

① 4대 ② 5대
③ 6대 ④ 7대

> **해설** GPS 관측위성의 수
> ㉠ 시간의 오차를 무시할 경우 : 3차원 위치결정이므로 3개의 위성 필요
> ㉡ 시간의 오차를 제거할 경우 : 3차원 위치결정에 정확한 시간을 결정하므로 4개의 위성 필요
> ㉢ RTK 위치결정 : 5개의 위성 필요

44 ★ 다음 중 위치기반서비스(LBS)를 위한 실시간 위치결정과 거리가 먼 것은?

① GPS ② GLONASS
③ GALILEO ④ LANDSAT

> **해설** LANDSAT은 원격탐사위성이며, 나머지 GPS, GLONASS, GALILEO는 GNSS 위성이며 위치기반서비스(LBS)를 위한 실시간 위치결정에 이용된다.
> **GNSS(Global Navigational Satellite System)의 종류**
> GPS : 미국, GLONASS : 러시아, GALILEO : 유럽연합, QZSS(준천정위성) : 일본, 북두항법시스템 : 중국

45 ★ GNSS(Global Navigation Satellite System) 측량에 대한 설명으로 옳지 않은 것은?

① GNSS 측량은 관측 가능한 기상 및 시간의 제약이 매우 적다.
② 도심지 내 GNSS 측량에서는 멀티패스에 주의해야 한다.
③ GNSS 측량에서는 3차원 좌표값을 직접 얻기 때문에 안테나 높이를 관측할 필요가 없다.
④ GNSS 측량에서는 수신점 간의 시통이 없어도 기선 벡터(거리와 방향)를 구할 수 있으므로 시통을 염려할 필요가 없다.

정답 41. ④ 42. ② 43. ① 44. ④ 45. ③

> [해설] **GNSS 측량의 특징**
> GNSS 측량에서 3차원 좌표값을 직접 얻기 위해서 안테나의 높이를 관측하여야 한다.

46 GNSS 간섭측위방법 중 위성시계오차와 수신기 시계오차를 상쇄시킬 수 있고 관측시간이 길지만 모호정수(cycle ambiguity)가 소거될 수 있는 반송파 위상조합 방법은?

① 위성간 일중위상
② 수신기간 일중위상차
③ 이중위상차
④ 삼중위상차

> [해설] **반송파 위상조합의 방법**
> 모호정수를 구하기 위해서는 2대의 수신기로 3중 차분을 수행하여야 한다.

정답 46. ④

CHAPTER 4

삼각측량

SECTION 1 | **삼각측량의 개요**

SURVEYING

CHAPTER 04 삼각측량

회독 체크표

1회독	월	일
2회독	월	일
3회독	월	일

최근 10년간 출제분석표

2015	2016	2017	2018	2019	2020	2021	2022	2023	2024
10%	5%	10%	6.7%	13.3%	11.7%	13.3%	5%	10%	5%

출제 POINT

학습 POINT
- 삼각측량의 원리(사인법칙)
- 삼각망의 종류(유심, 단열, 사변형)
- 삼각측량의 조정조건(각 조건, 변 조건, 점 조건)
- 편심조정

SECTION 1 삼각측량의 개요

1 삼각측량의 개요

1) 정의

① 삼각측량은 기선 거리와 삼각망을 이루는 삼각형의 내각만을 관측하여 삼각법을 응용해서 각 측점의 위치(좌표)를 계산하는 측량법이다.

② 각 지점을 맺는 다수의 삼각형을 만들고 그 가운데 삼각형 한 개의 한 변을 정밀하게 측정해서 기선(base line), 검기선(check line)으로 하고, 다른 삼각형은 협각만을 관측하여 삼각법에 의해 각 변의 길이를 차례로 계산한 후 조건식에 의해 조정하여 수평(평면)위치(X, Y)를 결정하는 방법이다.

> **참고**
> 삼각측량에서 삼변측량으로 바뀌는 이유
> ① 삼각점의 위치가 산정상이어서 측량을 위한 접근이 어려움
> ② 평지에서도 높은 정밀도 유지할 수 있는 GNSS 측량 도입
> ③ 통합기준점, 위성기준점 등의 설치 및 활용

2) 삼각측량의 분류

(1) 대지 삼각측량

① 지구의 곡률을 고려한 삼각측량, 국토지리정보원 1, 2등

② 삼각점의 경위도, 높이(λ, ϕ, H)로 지구상의 위치 결정

③ 지구의 크기 및 형상 결정수단, 구과량$\left(\varepsilon = \dfrac{A}{R^2}\rho''\right)$, 준거타원체

측량학

(2) 소지 삼각측량

① 지구의 곡률을 고려하지 않은 삼각측량, 국토지리정보원 3, 4등
② 지표면을 평면으로 간주

3) 삼각측량의 원리

삼각망을 구성한 다음 삼각형의 내각과 한 변장을 정밀하게 측정하여 다른 모든 미지변의 거리를 sine 법칙에 따라 구한다. 기선(base line)을 정확하게 관측하고 삼각형의 세 각을 관측하면, sine 법칙에 따라 변장을 구할 수 있고 삼각점의 위치를 결정할 수 있다.

$$\frac{a}{\sin A} = \frac{b}{\sin B} = \frac{c}{\sin C}$$

$$\therefore b = \frac{\sin B}{\sin A}a, \quad c = \frac{\sin C}{\sin A}a$$

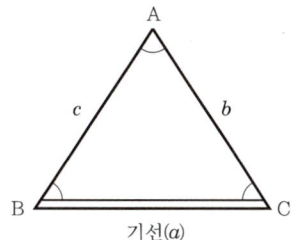
기선(a)

양변에 log를 취하면,

$$\log b = \log \sin B + \log a - \log \sin A$$

4) 삼각측량의 특징

① 삼각점 간의 거리를 비교적 길게 취할 수 있다.
② 완전한 조건식이 있다.
③ 넓은 면적의 측량에 적합하다.
④ 정밀도가 높은 측량이다.
⑤ 조건식이 많아 조정 방법과 계산이 복잡하다.
⑥ 삼각점은 시통이 잘되고, 후속 측량에 이용되므로 전망이 좋은 곳에 설치한다(산지 등 기복이 많은 곳에 알맞고, 평야지대, 산림지대에서는 작업이 곤란하다).

2 삼각망의 일반

1) 삼각점

경위도원점을 기준으로 경위도를 정하고 수준원점으로 표고를 정한다.

구분 \ 등급	1등	2등	3등	4등
평균 변장	30km	10km	5km	2.5km
관측제한오차	1″	2″	10″	20″
교각	약 60°	300°~120°	250°~130°	15° 이상

출제 POINT

■ 삼각측량의 원리

sine 법칙에 따라 변장을 구하고 삼각점의 위치 결정

$$\frac{a}{\sin A} = \frac{b}{\sin B} = \frac{c}{\sin C}$$

$$\therefore b = \frac{\sin B}{\sin A}a, \quad c = \frac{\sin C}{\sin A}a$$

■ 삼각점의 평균 변장
① 1등 삼각점: 30km
② 2등 삼각점: 10km
③ 3등 삼각점: 5km
④ 4등 삼각점: 2.5km

출제 POINT

참고
삼각점 기호
① 1등 삼각점 ◎
② 2등 삼각점 ◉
③ 3등 삼각점 ●
④ 4등 삼각점 ○

■ 삼각측량의 종류
① 단삼각망 : 삼각형 하나로 이뤄진 삼각망으로 특수한 경우에 사용
② 단열삼각망 : 폭이 좁고 거리가 먼 노선, 하천, 터널 등에 이용
③ 사변형 망 : 조건식 수가 많아서 정밀도가 높고 면적이 작은 곳에 이용
④ 유심삼각망 : 농지 및 평탄한 지역 등 넓은 지역에 이용

2) 삼각망의 종류

(1) 단삼각망
① 삼각형 한 개로 이루어진 삼각망
② 특수한 경우에 사용

(2) 단열삼각망
① 폭이 좁고 거리가 먼 지역에 적합
② 노선, 하천, 터널측량 등에 이용
③ 조건식이 적어 정밀도가 가장 낮음
④ 측량이 신속하고 비용에 적게 듦
⑤ 거리에 비해 관측수가 적음

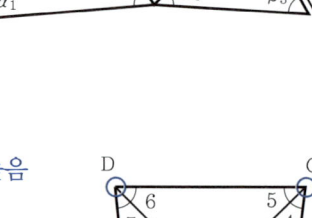

(3) 사변형 망
① 조건식 수가 가장 많아 정밀도가 가장 높음
② 기선삼각망에 이용
③ 조정이 복잡하고 포함면적이 적음
④ 시간과 비용이 많이 듦

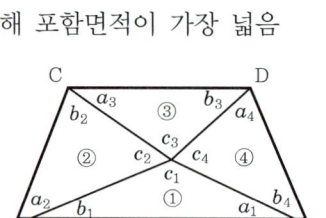

(4) 유심다각망
① 넓은 지역에 이용
② 농지 측량 및 평탄한 지역에 사용
③ 정밀도는 중간
④ 동일 측점 수에 비해 포함면적이 가장 넓음

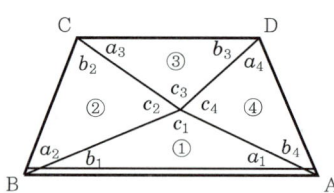

참고
삼각측량의 정밀도 순서
단열 < 유심 < 사변형

3 삼각측량의 순서

1) 삼각측량의 순서

① 도상계획 : 계획, 준비 – 도상선점(지형도, 답사, 항공사진, 성과표)
② 답사 및 선점 : 삼각점, 기선, 검기선
③ 조표 : 측표매설, 시준표 설치
④ 기선 및 검기선 측량
　㉠ 기선삼각망의 선점 : 기선확대는 보통 1회 확대하는 데 기선길이의 3배, 2회 확대하는 데 8배 이내이고, 10배로 증대하는 데는 3회 이내로 해야 한다.
　㉡ 검기선 : 삼각형수의 15~20개마다 설치, 우리나라 1등 삼각검기선은 200km마다 설치하였다.
　㉢ 기선설치 : 평탄한 곳이 좋고, 경사는 1/25 이하, 내각 최소가 20° 이하가 되어서는 안 된다.
⑤ 각관측 : 수평각 관측, 편심관측
⑥ 삼각망의 조정 : 계산 및 성과표 작성
⑦ 변장과 삼각점의 좌표계산

2) 선점

(1) 기선삼각망의 선점

① 측량의 정밀도, 경제성을 고려하여 위치선정
② 기선설치위치
　㉠ 평탄한 곳이 좋으며, 경사는 1/25 이하
　㉡ 기선장 : 평균변장의 1/10 정도
③ 검기선
　㉠ 삼각형수는 15~20개마다 1개 설치
　㉡ 우리나라 1등 삼각점 검기선은 200km마다 설치
④ 기선확대
　㉠ 1회 확대 : 3배 이내
　㉡ 3회 확대 : 10배 이내

3) 삼각점 선점

① 되도록 측점 수가 적고 세부 측량에 이용가치가 커야 한다.
② 삼각형은 정삼각형에 가까울수록 좋으며 1개의 내각은 30~120° 이내로 한다.
③ 삼각점의 위치는 다른 삼각점과 시준이 잘 되어야 한다.

출제 POINT

■ 측량의 순서
① 삼각측량 → 다각측량 → 세부측량
② 삼각측량의 순서 : 도상계획 → 답사 및 선점 → 조표 → 각관측 → 삼각망의 조정 → 변장과 삼각점의 좌표계산

■ 기선삼각망의 설치
① 기선의 설치위치는 평탄한 곳이 좋으며, 경사는 1/25 이하
② 기선의 길이는 평균변장의 1/10 정도
③ 기선의 확대는 1회 확대 3배 이내, 3회 확대 10배 이내

■ 삼각망의 선점
① 되도록 측점 수가 적고 세부 측량에 이용가치가 커야 한다.
② 삼각형은 정삼각형에 가까울수록 좋으며 내각은 30~120° 이내로 한다.
③ 삼각점의 위치는 다른 삼각점과 시준이 잘 되어야 한다.
④ 기지점에서 정반 양방향으로 시통이 되도록 한다.
⑤ 지반이 견고하여 이동이나 침하가 되지 않는 곳이어야 한다.
⑥ 측점 간 거리는 같으면 좋다.

④ 벌채량이 많거나 너무 높은 곳에 측표를 설치해야 하는 지점은 가능한 한 피한다.
⑤ 미지점은 최소 3개, 최대 5개의 기지점에서 정반 양방향으로 시통이 되도록 한다.
⑥ 지반이 견고하여 이동이나 침하가 되지 않는 곳이어야 한다.
⑦ 삼각망을 구성한 삼각점 상호의 시준은 반드시 정반관측에 의하여 실시한다.
⑧ 측점 간 거리는 같으면 좋다.

4 삼각측량의 각관측

1) 단측법(method of single measurment)

■ 단측법(단각법)
하나의 각을 한 번 관측하는 방법

하나의 각을 한 번 관측하는 방법으로, "나중 읽음값-처음 읽음값"이다.

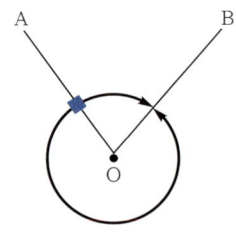

[단측법]

① 우회각(우측각) : 첫 측선에서 다음 측선까지 시계 방향으로 재는 각
② 좌회각(좌측각) : 첫 측선에서 다음 측선까지 반시계 방향으로 재는 각

2) 배각법(反復法, method of repetition)

■ 배각법
① 1각을 2회 이상 관측하여 관측횟수로 나누어서 구하는 방법
② 누적관측된 각을 관측횟수로 나누어 구하므로 보다 세밀한 각을 얻을 수 있다.

(1) 방법

배각법은 1각을 2회 이상 관측하여 관측횟수로 나누어서 구하는 방법이다. 최후의 B를 시준한 때의 눈금값을 α_n이라 하면

$$\angle AOB = \frac{\alpha_n - \alpha_o}{n}$$

여기서, α_n : 마지막 읽음값(B점)
α_o : A점의 맨 처음 시준한 값
n : 관측횟수

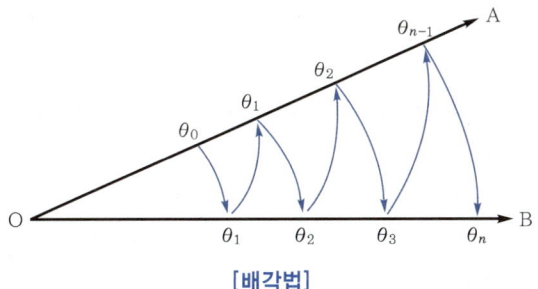

[배각법]

(2) 배각법(반복법)의 측각 정도

① 한 방향에 대한 시준오차는 $\sqrt{n}\alpha$ 이며 θ_0, θ_n에 $\sqrt{n}\alpha$가 있으므로 한 각의 시준오차는 즉 n배각의 관측에 있어서 1각에 포함되는 오차를 말하며 시준오차 m_1은

$$m_1 = \frac{\sqrt{2}\alpha \cdot \sqrt{n}}{n} = \sqrt{\frac{2\alpha}{n}}$$

여기서, α : 시준오차

② 읽음 오차 m_2는

$$m_2 = \frac{\sqrt{2\beta^2}}{n}$$

여기서, β : 읽기오차

③ 1각에 생기는 배각 관측오차(M)

$$M^2 = (m_1)^2 + (m_2)^2 = \frac{2\alpha^2}{n} + \frac{2\beta^2}{n^2} = \frac{2}{n}\left(\alpha^2 + \frac{\beta^2}{n}\right)$$

$$\therefore M = \pm\sqrt{\frac{2}{n}\left(\alpha^2 + \frac{\beta^2}{n}\right)}$$

(3) 배각법의 특징

① 배각법은 방향법과 비교하여 읽기오차 β의 영향을 적게 받는다.
② 눈금을 직접 측정할 수 없는 미량의 값을 누적하여 반복횟수로 나누면 세밀한 값을 읽을 수 있다.
③ 눈금의 부정에 의한 오차를 최소로 하기 위하여 n회의 반복결과가 360°에 가깝게 해야 한다.
④ 배각법은 방향 수가 적은 경우에는 편리하나 삼각측량과 같이 많은 방향이 있는 경우는 적합하지 않다.

■ 배각법의 특징
① 방향법과 비교하여 읽기오차 β의 영향을 적게 받는다.
② 눈금을 직접 측정할 수 없는 미량의 값을 누적하여 반복횟수로 나누면 세밀한 값을 읽을 수 있다.
③ 눈금의 부정에 의한 오차를 최소로 하기 위하여 n회의 반복 결과가 360°에 가깝게 해야 한다.
④ 배각법은 방향 수가 적은 경우에는 편리하나 삼각측량과 같이 많은 방향이 있는 경우는 적합하지 않다.

출제 POINT

■ 방향관측법
① 한 측점 주위에 관측할 각이 많은 경우 각을 차례로 관측한다.
② 지적측량의 수평각관측법에 주로 이용된다.
③ 정반관측의 평균값으로 기계적 오차를 제거할 수 있다.

3) 방향관측법(Method of Direction or Continuous Combination)

(1) 개요
① 한 측점 주위에 관측할 각이 많은 경우 어느 측선에서 각 측선에 이르는 각을 차례로 읽는다.
② 삼각, 천문측량에 많이 이용한다. 이 방법은 오차가 있으면 각각의 각에 평균 분배하며 기계적 오차를 제거하기 위해서는 정·반의 관측 평균값을 취하면 된다.

(2) 방향관측법의 각관측 정도
① 1방향에 생기는 오차 m_1

$$m_1 = \pm \sqrt{\alpha^2 + \beta^2}$$

여기서, α : 시준오차, β : 읽기오차
② 각관측(두 방향의 차)의 오차 m_2

$$m_2 = \pm \sqrt{2} \cdot m_1 = \pm \sqrt{2(\alpha^2 + \beta^2)}$$

③ n회 관측한 평균값에 있어서의 오차 M

$$M = \pm \frac{\sqrt{n} \cdot m_2}{n} = \pm \frac{m_2}{\sqrt{n}} = \pm \sqrt{\frac{2}{n}(\alpha^2 + \beta^2)}$$

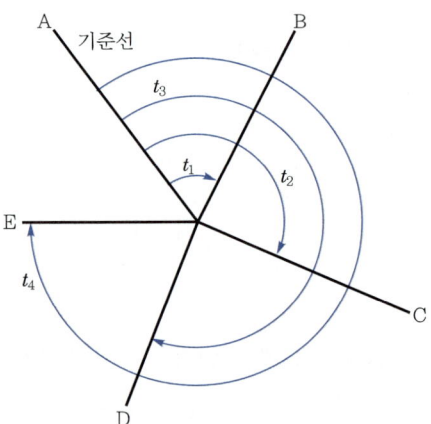

$\angle COD = t_3 - t_2$, $\angle DOE = t_4 - t_3$, $\angle AOB = t_1$, $\angle BOC = t_2 - t_1$

(3) 관측정밀도 향상 요망 시
A → E까지 우회관측 후 E → A로 좌회관측(즉, 1대회관측)

> **참고**
>
> 대회관측의 윤곽도
> ① 1대회 : 0°
> ② 2대회 : 0°, 90°
> ③ 3대회 : 0°, 60°, 120°
> ④ 윤곽도는 180°를 윤곽도의 수로 나눈 값의 배수를 각으로 한다.

4) 조합각관측법(각관측법, method of combination)

① 가장 정확한 수평각 관측법(1등 삼각측량에 이용)
② 방향선 사이의 모든 각을 방향각법으로 관측 : 최소제곱법으로 최확값 산정

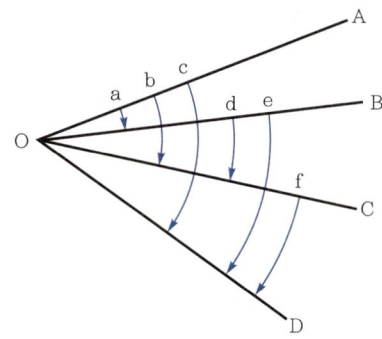

[조합각관측법]

※ 한 점에서 관측할 방향선이 N일 때 총 N : 방향선의 개수

$$측각총수 = \frac{1}{2}N(N-1)$$

$$조건식\ 수 = \frac{1}{2}(N-1)(N-2)$$

> **참고**
>
> 각관측 시 주의사항
> ① 경사지에 기계를 세울 때에는 2개의 다리를 관측점보다 낮은 곳에 같은 높이로 설치하고 1개의 다리를 관측점보다 높게 설치한다.
> ② 기계를 운반할 때는 연직축을 수직으로 한다.
> ③ 기계는 잘 조정하여 망원경 정·반위 위치에서 관측해야 한다.
> ④ 시준 시 폴의 하단을 시준한다.
> ⑤ 관측에 좋은 시간을 택해야 한다.

■ 조합각관측법

① 측각총수 = $\frac{1}{2}N(N-1)$

② 조건식 수 = $\frac{1}{2}(N-1)(N-2)$

여기서, N : 방향선수

출제 POINT

■ 삼각측량의 조정조건

① 각 조건: 삼각형 내각의 합은 180°이다.
② 점 조건: 한 측점 둘레의 모든 각의 합은 360°이다.
③ 변 조건: 한 변의 길이는 계산 순서에 관계없이 일정하다.

■ 조건식의 수

① 각 조건식의 수= $L-L'-(P-1)$
② 변 조건식의 수= $L-2P+3$
③ 조건식의 총수= $B+A-2P+3$
④ 점 조건식의 수= $A+P-2L+L'$

5 삼각망의 조정

1) 기하학적 조건

(1) 측점 조건

어느 한 측점에서 여러 방향의 협각을 측정했을 때, 이들 여러 각 사이의 관계를 표시하는 조건

① 한 측점에서 측정한 여러 각의 합은 그 전체를 한 각으로 측정한 각과 같다.

$$\alpha_0 = \alpha_1 + \alpha_2 + \alpha_3$$

② 한 측점의 둘레에 있는 모든 각을 합한 것은 360°이다.

$$\alpha_1 + \alpha_2 + \alpha_3 + \alpha_4 = 360°$$

(2) 도형 조건

삼각망의 도형이 폐합하기 위하여 필요한 여러 각 사이의 상호 관계는 다음과 같다.

① 각조건: 삼각형 내각의 합은 180°
② 변조건: 삼각망 중의 한 변의 길이는 계산 순서에 관계없이 일정

2) 조건식의 수

삼각망의 조정 계산에 필요한 각 조건식, 변 조건식, 측점 조건식의 수는 다음과 같다.

① 각 조건식의 수= $L-L'-(P-1)$
② 변 조건식의 수= $L-2P+3$
③ 조건식의 총수= $B+A-2P+3$
④ 점 조건식의 수=조건식의 총수-(각 조건식의 수+변 조건식의 수)
$\qquad = A+P-2L+L'$
$\qquad = w-l+1$

여기서, L: 변의 수, P: 삼각점의 수, B: 기선의 수, A: 각의 수,
$\qquad A'$: 그 측점(한측점)에서 관측한 각의 수
$\qquad L'$: 그 측점(한측점)에서 펼친 변의 수

3) 단열삼각망

기지변에 대한 각을 β로 3각형 순서에 따라 β_1, β_2, β_3, 미지변(구변)에 대한 각을 α_1, α_2, α_3라 한다.

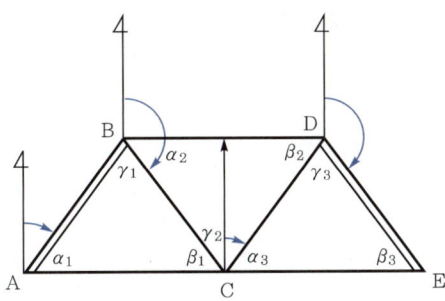

(1) 각 조건에 대한 조정(제1조정)

각각의 3각형

삼각형 ① → $(\alpha_1 + \beta_1 + \gamma_1) - 180° = \pm W_1$

조정각은 삼각형 ①의 경우

$$\alpha_1' = \alpha_1 \mp \frac{W_1}{3}$$

$$\beta_1' = \beta_2 \mp \frac{W_1}{3}$$

$$\gamma_1' = \gamma_1 \mp \frac{W_1}{3}$$

삼각형 ②, ③도 마찬가지로 각 조정을 할 때, 나누어서 떨어지지 않는 값은 90°에 가까운 각에 계산한다.

(2) 방향각에 대한 조정(제2조정)

측점 A에 있어서 AC의 방향각 T_0로부터 시작하여 계산한 측선 EF의 방향각 T'_b가 측정 DE의 기지 방향각 T_b와 같지 않은 경우

BC의 방향각 $T_1 = T_0 + 180° - \gamma_1'$

CD의 방향각 $T_2 = T_1 + 180° + \gamma_2'$

DE의 방향각 $T_b' = T_2 + 180° - \gamma_3'$

∴ $T'_b = T_0 + 180° \times n \pm [\gamma'$짝수$] \mp [\gamma'$홀수$]$

여기서, n : 방향각 수

측선기준 +좌측각, -우측각

$T'_b - T_b = W_2$

γ'에 대하여 $V_2 = -\frac{W_2}{n}$

α', β'에 대하여 $V_2 = \frac{W_2}{2n}$

출제 POINT

■ 단열삼각망의 조정

① 각 조건 조정: 삼각형 내각의 합이 180°
② 방향각 조정: 기지 방향각과 내각의 관측에 의해 계산한 방향각이 동일해야 함
③ 변 조건 조정: 검기선의 길이와 계산에 의한 길이가 동일해야 함

(3) 변 조건에 대한 조정(제3조정)

삼각망의 실측값 b_2가 기선 b_1에서 시작하여 계산한 값과 같지 않은 경우

$$S_1 = \frac{\sin\alpha_1}{\sin\beta_1} \cdot b_1$$

$$\therefore b_2 = b_1 \frac{\sin\alpha_1 \sin\alpha_2 \sin\alpha_3}{\sin\beta_1 \sin\beta_2 \sin\beta_3}$$

양변에 대수를 취하면

$$\log b_2 = \log b_1 + \sum \log \sin\alpha - \sum \log \sin\beta$$

$$\log b_1 - \log b_2 + \sum \log \sin\alpha - \sum \log \sin\beta = \varepsilon_3$$

조정량(V_3)

$$V_{\alpha,\beta3} = -\frac{\varepsilon_3}{\sum 표차(d)}, \ \varepsilon_3에\ 의해\ \alpha,\ \beta의\ 대소에\ 따라$$

$$\alpha = \pm \frac{\varepsilon_3}{\sum d}, \ \beta = \mp \frac{\varepsilon_3}{\sum d}$$

$\sum d = \log \sin$ 표차의 총합$[d = 2.106 \times 10^{-6} \times \cot(A)]$

4) 변장 계산과 좌표 계산

변장 계산은 sine 법칙에 의해 얻고, 계산된 변장과 측선의 방위각을 이용하여 위거, 경거를 계산하고 최종 좌표(X, Y)를 계산한다.

5) 사변형 조정

(1) 각 조건식

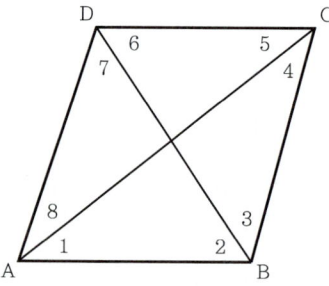

$\triangle ABCD$, $Z_1 + Z_2 + Z_3 + Z_4 + Z_5 + Z_6 + Z_7 + Z_8 = 360°$

$$Z_1 + Z_2 - (Z_5 + Z_6) = 0$$
$$Z_3 + Z_4 - (Z_7 + Z_8) = 0$$
$$\varepsilon_1 = 360° - (Z_1 + Z_2 + \cdots + Z_8)$$

$$\varepsilon_2 = Z_1 + Z_2 - (Z_5 + Z_6)$$
$$\varepsilon_3 = Z_3 + Z_4 - (Z_7 + Z_8)$$
$$V_1 = \frac{\varepsilon_1}{8}, \quad V_2 = \frac{\varepsilon_2}{4}, \quad V_3 = \frac{\varepsilon_3}{4}$$

(2) 변 조건식

$$BC = AB \frac{\sin Z_1}{\sin Z_4}$$
$$CD = BC \frac{\sin Z_3}{\sin Z_6}$$
$$AD = CD \frac{\sin Z_5}{\sin Z_8}$$
$$AB = AD \frac{\sin Z_7}{\sin Z_2}$$
$$\therefore AB = AB \frac{\sin Z_1 \sin Z_3 \sin Z_5 \sin Z_7}{\sin Z_2 \sin Z_4 \sin Z_6 \sin Z_8},$$
$$\frac{\sin Z_1 \sin Z_3 \sin Z_5 \sin Z_7}{\sin Z_2 \sin Z_4 \sin Z_6 \sin Z_8} = 1$$
$$\sum \log \sin(\text{홀수}) - \sum \log \sin(\text{짝수}) = \varepsilon_4$$
$$V_4 = \frac{\varepsilon_4}{\sum d}$$

출제 POINT

■ **사변형망의 조정**
① 각 조건 조정 1 : 사변형각의 합이 360°
② 방향각 조정 2 : 대응되는 각의 합이 동일해야 함
③ 변 조건 조정 : 검기선의 길이와 계산에 의한 길이가 동일해야 함

6) 유심다각형의 조정

(1) 각 조건식

① 각 삼각형의 내각의 합 180°

$$V_1 = \frac{\varepsilon_1}{3}$$
$$\varepsilon_1 = \alpha_1 + \beta_1 + \gamma_1 - 180°$$
$$\varepsilon_2 = \alpha_2 + \beta_2 + \gamma_2 - 180°$$
$$\varepsilon_3 = \alpha_3 + \beta_3 + \gamma_3 - 180°$$
$$\varepsilon_4 = \alpha_4 + \beta_4 + \gamma_4 - 180°$$

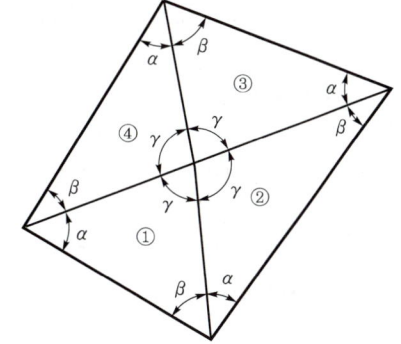

② $\gamma_1 + \gamma_2 + \gamma_3 + \gamma_4 - 360 = \varepsilon_2$

출제 POINT

■ 유심삼각망의 조정
① 각 조건 조정 : 삼각형 내각의 합이 180°
② 점 조건 조정 : 유심삼각망 내부점의 둘레각의 합이 360°
③ 변 조건 조정 : 검기선의 길이와 계산에 의한 길이가 동일해야 함

(2) 점 조건식

$$V_2 = \frac{\varepsilon_2}{4}$$

(V_2를 2등분 → α, β에 보정)

(3) 변 조건식

$$\frac{\sin\alpha_1 \sin\alpha_2 \sin\alpha_3 \sin\alpha_4}{\sin\beta_1 \sin\beta_2 \sin\beta_3 \sin\beta_4} = 1$$

양변에 대수를 취하면

$$\sum \log \sin\alpha - \sum \log \sin\beta = \varepsilon_3$$

$$V_3 = \frac{\varepsilon_3}{\sum d}$$

7) 편심조정

기계의 중심을 B, 표석의 중심을 C, 측표의 중심을 P라 하고, 기계 설치점이 편심되어 있으므로 관측각 T를 편심되지 않은 삼각점 C에서의 진각 T'으로 환산하기 위해서는 B, C, M, N을 동일한 평면으로 생각하면

$$T' + x_1 = T + x_2$$
$$T' = T + x_2 - x_1$$
$$S_1' ≒ S_1, \; S_2' ≒ S_2$$

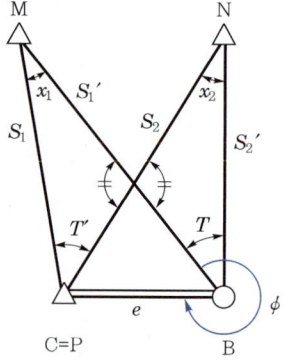

ΔCBM에서 sine 법칙을 적용하면

$$\sin x_1 = \frac{e}{S_1} \sin(360° - \phi)$$

ΔCBN에서

$$\sin x_2 = \frac{e}{S_2} \sin(360° - \phi + T)$$

일반적으로 편심거리 e가 S_1, S_2에 비해 매우 작으며 x_1, x_2각은 미소하고, 따라서 $\sin x ≒ x$ Radian이다. x Radian을 초로 바꾸어 나타내면

■ 편심거리(e)는 삼각점 간 거리(S_1, S_1', S_2, S_2')에 비해 미소하므로 $S_1 ≒ S_1'$, $S_2 ≒ S_2'$이 된다.

$$x_1'' = \frac{e}{S_1}\sin(360°-\phi)\cdot\rho''$$
$$= \sin^{-1}\left[\frac{e}{S_1}\sin(360°-\phi)\right]$$
$$x_2'' = \frac{e}{S_2}\sin(360°-\phi+T)\cdot\rho''$$
$$= \sin^{-1}\left[\frac{e}{S_2}\sin(360°-\phi+T)\right]$$

8) 삼각수준측량

레벨을 사용하지 않고 트랜싯이나 데오돌라이트를 이용하여 2점 간의 연직각과 거리를 관측하여 고저차를 구하는 측량으로 양차(구차와 기차)를 고려한다.

$$H_P = H_A + H + 양차$$
$$= H_A + I + D\times\tan\theta + 양차$$
$$H_P = H_A + I + D\times\tan\theta + \frac{D^2}{2R}(1-k)$$

여기서, I : 기계고, D : 수평거리, k : 굴절계수, θ : 수직각

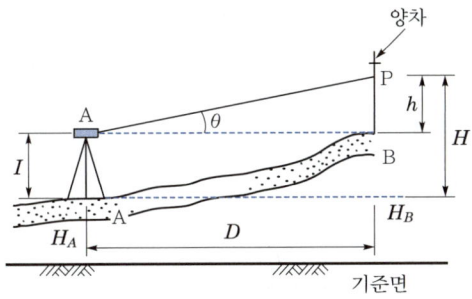

[삼각수준측량]

참고

삼각법을 사용한 간접수준측량
① 아지랑이가 없어 목표가 잘 보이는 아침, 저녁에 수평각관측을 하면 굴절에서 일어나는 오차는 고려하지 않아도 된다.
② 연직각의 관측은 빛의 굴절로 생기는 오차를 없애기 위해 2점 간 상호의 동시 관측이 바람직하다.

출제 POINT

■ 삼각수준측량
① 레벨 이외의 장비인 트랜싯이나 데오돌라이트를 이용하는 간접수준측량
② 양차(구차와 기차)를 고려하는 정밀수준측량

출제 POINT

9) 삼각측량 성과표 내용

① 삼각점의 등급과 내용
② 방위각
③ 평균거리의 대수
④ 측점 및 시준점의 명칭
⑤ 자북 방향각
⑥ 평면 직각좌표
⑦ 위도, 경도
⑧ 삼각점의 표고

6 삼변측량

1) 개요

전자기파 거리측량기(EDM)의 출현으로 장거리관측의 정확도가 높아짐에 따라 변만을 관측하여 수평위치결정(거리관측오차가 각 관측오차보다 작다)하는 측량이다.

① cosine 2 법칙 반각공식을 이용하여 변으로부터 각을 구하고 계산한 각과 변에 의해 수평위치결정
② 관측값에 비해 조건식 수가 적은 것이 단점이나 복수로 변을 연속 관측하여 조건식의 수를 늘리고 기상보정을 하여 정확도 향상

■ 삼변측량에서 코사인 법칙의 이용

① 코사인 제1법칙 : 두 변과 사잇각을 이용. 한 변의 길이를 구할 때 이용
$a = \sqrt{b^2 + c^2 - 2bc \times \cos A}$

② 코사인 제2법칙 : 세 변의 길이를 이용. 교각을 구할 때 이용
$\cos A = \dfrac{b^2 + c^2 - a^2}{2bc}$

2) 삼변측량 관련공식

① cosine 제1법칙

$$a = \sqrt{b^2 + c^2 - 2bc \times \cos A}$$
$$b = \sqrt{c^2 + a^2 - 2ca \times \cos B}$$
$$c = \sqrt{a^2 + b^2 - 2ab \times \cos C}$$

② cosine 제2법칙

$$\cos A = \dfrac{b^2 + c^2 - a^2}{2bc}$$
$$\cos B = \dfrac{c^2 + a^2 - b^2}{2ca}$$
$$\cos C = \dfrac{a^2 + b^2 - c^2}{2ab}$$

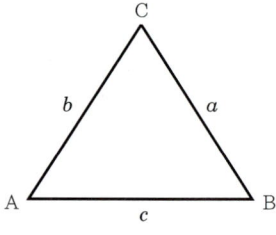

> **참고**
>
> **반각공식**
>
> $$\sin\frac{A}{2} = \sqrt{\frac{(s-b)(s-c)}{bc}}$$
>
> $$\cos\frac{A}{2} = \sqrt{\frac{s(s-a)}{bc}}$$
>
> $$\tan\frac{A}{2} = \sqrt{\frac{(s-b)(s-c)}{s(s-a)}}$$

> **참고**
>
> **면적조건**
>
> $$\sin A = \frac{2}{bc}\sqrt{s(s-a)(s-b)(s-c)}$$
>
> 여기서, $S = \frac{1}{2}(a+b+c)$

3) 삼변측량의 특징

① 변장만을 이용하여 삼각망 구성
② 삼각측량에 사용되는 기선의 확대, 축소가 불필요
③ 적당한 각을 관측하여 삼각망의 오차 점검
④ 조건식 수가 적고, 조정이 오래 걸림
⑤ 정확도를 높이기 위해서는 많은 복수변장의 관측 필요

4) 삼변측량의 조정

삼변망의 조정은 삼각망의 조정과 같이 간이조정법과 엄밀조정법으로 구분한다.

① 간이법 : 측정된 변을 사용하여 각을 계산하고, 삼각측량 측정각 조정에 의해 좌표 산정
② 엄밀조정법 : 정밀한 관측에 사용하며 최소제곱법의 원리를 이용하여 각 조정 후 좌표 산정

출제 POINT

■ **삼변측량의 특징**

① 변장만 관측
② 기선의 확대, 축소 불필요
③ 조건식 적고, 조정이 오래 걸림
④ 코사인 법칙 이용

CHAPTER 04 기출문제

SURVEYING
10년간 출제된 빈출문제

01 삼각측량에서 삼각점을 선점할 때 주의사항으로 틀린 것은?

① 삼각형은 정삼각형에 가까울수록 좋다.
② 가능한 측점의 수를 많게 하고 거리가 짧을수록 유리하다.
③ 미지점은 최소 3개, 최대 5개의 기지점에서 정반 양방향으로 시통이 되도록 한다.
④ 삼각점의 위치는 다른 삼각점과 시준이 잘되어야 한다.

> **해설** 삼각점의 선점 시 유의사항
> 삼각점을 선점할 때 가능한 측점 수를 적게 하는 것이 오차발생 가능성을 줄일 수 있어 유리하다.

02 삼각측량에서 삼각점의 위치 선정에 관한 주의사항으로 옳지 않은 것은?

① 각 점이 서로 잘 보여야 한다.
② 측점 수는 될 수 있는 대로 적게 한다.
③ 계속해서 연결되는 작업에 편리하여야 한다.
④ 삼각형은 될 수 있는 대로 직각삼각형으로 구성한다.

> **해설** 삼각점 선정 시 주의사항
> ㉠ 견고한 지반에 설치하여 이동, 침하 등이 없도록 한다.
> ㉡ 삼각점 상호간에 시준이 잘되어야 한다.
> ㉢ 삼각형은 가능한 정삼각형에 가깝도록 하는 것이 좋으며, 내각은 30°~120° 이내로 한다.
> ㉣ 가능한 측점 수를 적게 하여 후속 세부측량의 활용도를 높인다.
> ㉤ 미지점은 최소 3개, 최대 5개의 기지점에서 정반 양방향으로 시통이 되도록 한다.

03 그림에서 $\overline{AB}=500m$, $\angle a=71°33'54''$, $\angle b_1=36°52'12''$, $\angle b_2=39°05'38''$, $\angle c=85°36'05''$를 관측하였을 때 $\overline{BC}$의 거리는?

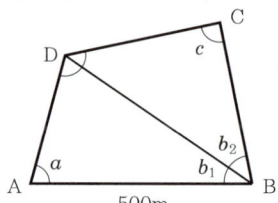

① 391m
② 412m
③ 422m
④ 427m

> **해설** 변 조건에 의한 거리의 계산
> ㉠ $\overline{BD}$의 길이
> $\dfrac{\overline{AB}}{\sin(180°-\angle(a+b_1))} = \dfrac{\overline{BD}}{\sin\angle a}$ 에서
> $\overline{BD} = \dfrac{500m}{\sin 71°33'54''} \times \sin 71°33'54''$
> $= 500m$
> ㉡ $\overline{BC}$의 길이
> $\dfrac{\overline{BC}}{\sin(180°-\angle(c+b_2))} = \dfrac{\overline{BD}}{\sin\angle c}$ 에서
> $\overline{BC} = \dfrac{500m}{\sin 85°36'05''} \times \sin 55°18'17''$
> $≒ 412m$

04 그림과 같은 삼각망에서 CD의 거리는?

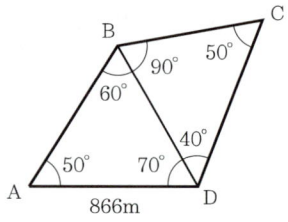

① 1,732m
② 1,000m
③ 866m
④ 750m

정답 1. ② 2. ④ 3. ② 4. ②

[해설] **변 조건에 의한 거리의 계산**

㉠ $\overline{BD}$의 길이

$$\frac{\overline{AD}}{\sin 60°} = \frac{\overline{BD}}{\sin 50°} \text{에서}$$

$$\overline{BD} = 866\text{m} \times \frac{\sin 50°}{\sin 60°}$$

㉡ $\overline{CD}$의 길이

$$\frac{\overline{CD}}{\sin 90°} = \frac{\overline{BD}}{\sin 50°} \text{에서}$$

$$\overline{CD} = \overline{BD} \times \frac{\sin 90°}{\sin 50°}$$

$$= 866 \times \frac{\sin 50°}{\sin 60°} \times \frac{\sin 90°}{\sin 50°} ≒ 1,000\text{m}$$

05 ★ B, C, D점에서 그림과 같이 ①~④의 각을 관측하였다. BC의 거리가 120.00m일 때 CD의 거리는?

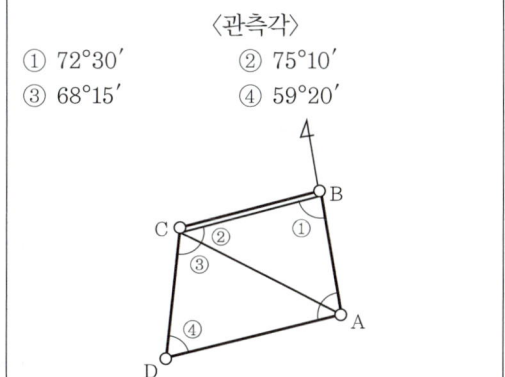

〈관측각〉
① 72°30′ ② 75°10′
③ 68°15′ ④ 59°20′

① 197.1m ② 198.3m
③ 202.4m ④ 215.3m

[해설] **변 조건에 의한 거리의 계산**

∠BAC = 180° − (72°30′ + 75°10′) = 32°20′
∠CAD = 180° − (68°15′ + 59°20′) = 52°25′

$$\frac{\overline{BC}}{\sin(\angle BAC)} = \frac{\overline{AC}}{\sin(①)} \text{에서}$$

$$\overline{AC} = \frac{\sin 72°30′}{\sin 32°20′} \times 120\text{m} = 213.98\text{m}$$

$$\frac{\overline{CD}}{\sin(\angle CAD)} = \frac{\overline{AC}}{\sin(④)} \text{에서}$$

$$\overline{CD} = \frac{\sin 52°25′}{\sin 59°20′} \times 213.98\text{m} = 197.14\text{m}$$

06 일반적으로 단열삼각망으로 구성하기에 가장 적합한 것은?
① 시가지와 같이 정밀을 요하는 골조측량
② 복잡한 지형의 골조측량
③ 광대한 지역의 지형측량
④ 하천조사를 위한 골조측량

[해설] **단열삼각망의 특징**
㉠ 동일 측점 수에 비하여 도달거리가 가장 길기 때문에 폭이 좁고 거리가 먼 지역에 적합하며, 거리에 비하여 관측 수가 적으므로 측량이 신속하고 경비가 적게 드는 반면 정밀도는 낮다.
㉡ 각 조건, 변 조건과 방향각 조정을 수행한다.

07 ★ 그림과 같은 유심다각망의 조정에 필요한 조건방정식의 총수는?

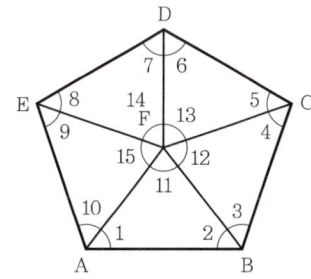

① 5개 ② 6개
③ 7개 ④ 8개

[해설] **유심삼각망의 조정조건**
유심삼각망의 조건방정식의 총합은 7개
㉠ 각 조건 : 삼각형의 수=5개
㉡ 점 조건 : 유심삼각망의 수=1개
㉢ 변 조건 : 기선의 수=1개

08 ★ 수평각관측법 중 가장 정확한 값을 얻을 수 있는 방법으로 삼각측량에 이용되는 방법은?
① 조합각관측법 ② 방향각법
③ 배각법 ④ 단각법

정답 5. ① 6. ④ 7. ③ 8. ①

해설	조합각관측법의 특징

조합각관측법은 각관측법이라고도 하며, 수평각 관측법 중 가장 정확한 값을 얻을 수 있는 방법으로 1등 삼각측량에 이용된다.

09 그림과 같은 유심삼각망에서 만족하여야 할 조건이 아닌 것은?

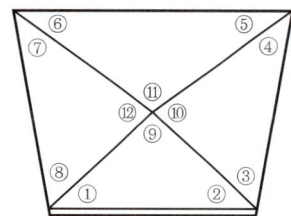

① (①+②+⑨)−180°=0
② [①+②]−[⑤+⑥]=0
③ (⑨+⑩+⑪+⑫)−360°=0
④ (①+②+③+④+⑤+⑥+⑦+⑧)−360°=0

해설	유심삼각망의 조정조건

㉠ 각 조건: 삼각형 내각의 합은 180°
㉡ 점 조건: 한 점 주위의 각의 합은 360°
㉢ 변 조건: 어느 방향으로 거리를 계산하여도 동일한 거리이어야 함

10 점 C와 D의 평면좌표를 구하기 위하여 기지삼각점 A, B로부터 사변형삼각망에 의해 삼각측량을 실시하였다. 변 조정에 앞서 각 조정 실시에 필요한 최소한의 조건식이 아닌 것은?

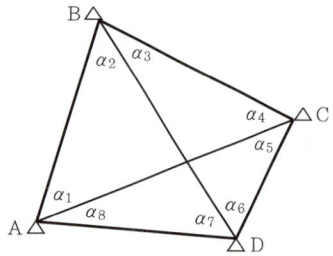

① $\alpha_1 + \alpha_2 = \alpha_5 + \alpha_6$
② $\alpha_1 + \alpha_3 = \alpha_5 + \alpha_7 = 180°$
③ $\alpha_3 + \alpha_4 = \alpha_7 + \alpha_8$
④ $\sum \alpha_1 = 360°$

해설	사변형삼각망의 각 조건조정

㉠ $\sum_{i=1}^{8} \alpha_i = 360°$
㉡ $\alpha_1 + \alpha_2 = \alpha_5 + \alpha_6$
㉢ $\alpha_3 + \alpha_4 = \alpha_7 + \alpha_8$

11 삼각측량을 위한 삼각망 중에서 유심다각망에 대한 설명으로 틀린 것은?

① 농지측량에 많이 사용된다.
② 방대한 지역의 측량에 적합하다.
③ 삼각망 중에서 정확도가 가장 높다.
④ 동일 측점 수에 비하여 포함면적이 가장 넓다.

해설	삼각망의 종류

㉠ 단열삼각망: 동일 측점 수에 비하여 도달거리가 가장 길기 때문에 폭이 좁고 거리가 먼 지역에 적합하며, 거리에 비하여 관측 수가 적으므로 측량이 신속하고 경비가 적게 드는 반면 정밀도는 낮다.
㉡ 유심삼각망: 동일 측점 수에 비하여 피복면적이 가장 넓다. 넓은 지역의 측량에 적당하고, 정밀도는 단열삼각망과 사변형삼각망의 중간이다.
㉢ 사변형삼각망: 조건식의 수가 가장 많기 때문에 가장 높은 정밀도를 얻을 수 있으나, 조정이 복잡하고 피복면적이 적으며 많은 노력과 시간 그리고 경비가 필요하다. 높은 정밀도를 필요로 하는 측량이나 기선삼각망 등에 사용된다.

12 삼각망 조정에 관한 설명으로 옳지 않은 것은?

① 임의 한 변의 길이는 계산 경로에 따라 달라질 수 있다.
② 검기선은 측정한 길이와 계산된 길이가 동일하다.
③ 1점 주위에 있는 각의 합은 360°이다.
④ 삼각형의 내각의 합은 180°이다.

정답 9. ② 10. ② 11. ③ 12. ①

> **해설** 삼각망조정의 3조건
> ㉠ 각 조건 : 삼각망 중 각각 3각형 내각의 합은 180°가 될 것
> ㉡ 변 조건 : 삼각망 중에서 임의 한 변의 길이는 계산순서에 관계없이 동일할 것
> ㉢ 점 조건(측점조건) : 한 측점 주위에 있는 모든 각의 총합은 360°가 될 것

13 삼각측량에서 시간과 경비가 많이 소요되나 가장 정밀한 측량성과를 얻을 수 있는 삼각망은?
① 유심망
② 단삼각형
③ 단열삼각망
④ 사변형망

> **해설** 사변형삼각망의 특징
> ㉠ 조건식의 수가 가장 많기 때문에 가장 높은 정밀도를 얻을 수 있다.
> ㉡ 조정이 복잡하고 피복면적이 적으며 많은 노력과 시간 그리고 경비가 필요하다.
> ㉢ 높은 정밀도를 필요로 하는 측량이나 기선삼각망 등에 사용된다.

14 삼각망의 종류 중 유심삼각망에 대한 설명으로 옳은 것은?
① 삼각망 가운데 가장 간단한 형태이며 측량의 정확도를 얻기 위한 조건이 부족하므로 특수한 경우 외에는 사용하지 않는다.
② 가장 높은 정확도를 얻을 수 있으나 조정이 복잡하고, 포함된 면적이 작으며 특히 기선을 확대할 때 주로 사용한다.
③ 거리에 비하여 측점 수가 가장 적으므로 측량이 간단하며 조건식의 수가 적어 정확도가 낮다.
④ 광대한 지역의 측량에 적합하며 정확도가 비교적 높은 편이다.

> **해설** 삼각망의 종류
> ㉠ 단열삼각망 : 동일 측점 수에 비하여 도달거리가 가장 길기 때문에 폭이 좁고 거리가 먼 지역에 적합하며, 거리에 비하여 관측 수가 적으므로 측량이 신속하고 경비가 적게 드는 반면 정밀도는 낮다.
> ㉡ 유심삼각망 : 동일 측점 수에 비하여 피복면적이 가장 넓다. 넓은 지역의 측량에 적당하고, 정밀도는 단열삼각망과 사변형삼각망의 중간이다.
> ㉢ 사변형삼각망 : 조건식의 수가 가장 많기 때문에 가장 높은 정밀도를 얻을 수 있으나, 조정이 복잡하고 피복면적이 적으며 많은 노력과 시간 그리고 경비가 필요하다. 높은 정밀도를 필요로 하는 측량이나 기선삼각망 등에 사용된다.

15 단일삼각형에 대해 삼각측량을 수행한 결과 내각이 $\alpha = 54°25'32''$, $\beta = 68°43'23''$, $\gamma = 56°51'14''$ 이었다면 β의 각 조건에 의한 조정량은?
① $-4''$
② $-3''$
③ $+4''$
④ $+3''$

> **해설** 단열삼각망 각 조건의 조정
> 측각오차 $\Delta a = \alpha + \beta + \gamma - 180° = 0°00'09''$
> 조정량 $= -\dfrac{\Delta a}{n} = -\dfrac{9''}{3} = -3''$
> α, β, γ에 각각 $-3''$씩 조정한다.

16 기지의 삼각점을 이용하여 새로운 도근점들을 매설하고자 할 때 결합 트래버스 측량(다각측량)의 순서는?
① 도상계획 → 답사 및 선점 → 조표 → 거리관측 → 각관측 → 거리 및 각의 오차 배분 → 좌표계산 및 측점 전개
② 도상계획 → 조표 → 답사 및 선점 → 각관측 → 거리관측 → 거리 및 각의 오차 배분 → 좌표계산 및 측점 전개
③ 답사 및 선점 → 도상계획 → 조표 → 각관측 → 거리관측 → 거리 및 각의 오차 배분 → 좌표계산 및 측점 전개
④ 답사 및 선점 → 조표 → 도상계획 → 거리관측 → 각관측 → 좌표계산 및 측점 전개 → 거리 및 각의 오차 배분

정답 13. ④ 14. ④ 15. ② 16. ①

해설 **결합 트래버스 측량의 작업순서**
도상계획 → 답사 및 선점 → 조표 → 거리관측 → 각관측 → 거리 및 각의 오차 배분 → 좌표계산 및 측점 전개

17 D점의 평면좌표를 구하기 위하여 그림과 같이 기지삼각점 A, B, C로부터 삼각측량을 하였다. 다음 중 이용 가능한 변방정식은? (단, 각의 명칭은 그림에 따르며, 일반적인 명칭부여방법과 다를 수 있음)

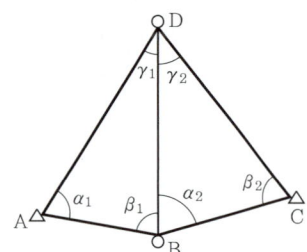

① $\dfrac{\overline{AB}}{\overline{BC}} = \dfrac{\sin\alpha_1 \sin\alpha_2}{\sin\beta_1 \sin\beta_2}$

② $\dfrac{\overline{AB}}{\overline{BC}} = \dfrac{\sin\beta_1 \sin\beta_2}{\sin\alpha_1 \sin\alpha_2}$

③ $\dfrac{\overline{AB}}{\overline{BC}} = \dfrac{\sin\gamma_1 \sin\beta_2}{\sin\alpha_1 \sin\gamma_2}$

④ $\dfrac{\overline{AB}}{\overline{BC}} = \dfrac{\sin\alpha_1 \sin\gamma_2}{\sin\gamma_1 \sin\beta_2}$

해설 **삼각측량 변방정식(변조건)**

㉠ △ABD에서 sin법칙을 적용하면
$\dfrac{\overline{BD}}{\sin\alpha_1} = \dfrac{\overline{AB}}{\sin\gamma_1}$ 로부터 $\overline{BD} = \dfrac{\sin\alpha_1}{\sin\gamma_1} \times \overline{AB}$

㉡ △BCD에서 sin법칙을 적용하면
$\dfrac{\overline{BD}}{\sin\beta_2} = \dfrac{\overline{BC}}{\sin\gamma_2}$ 로부터 $\overline{BC} = \dfrac{\sin\gamma_2}{\sin\beta_2} \times \overline{BD}$

㉢ ㉡식에 ㉠의 $\overline{BD}$를 대입하여 정리하면
$\overline{BC} = \dfrac{\sin\alpha_1 \times \sin\gamma_2}{\sin\gamma_1 \times \sin\beta_2} \times \overline{AB}$

㉣ 이항하여 정리하면
$\dfrac{\overline{AB}}{\overline{BC}} = \dfrac{\sin\gamma_1 \times \sin\beta_2}{\sin\alpha_1 \times \sin\gamma_2}$

18 그림과 같이 삼각형에서 A점과 B점의 좌표가 각각 (1,000m, 1,000m), (1,400m, 1,500m)이고, a=1500.00m, b=1200.00m일 때, 삼변측량을 위한 관측방정식으로 옳은 것은?

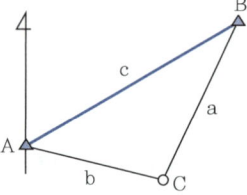

① $1,200 + v_a = \sqrt{(1,500 - x_c)^2 + (1,400 - y_c)^2}$
  $1,500 + v_b = \sqrt{(1,000 - x_c)^2 + (1,000 - y_c)^2}$

② $1,200 + v_a = \sqrt{(1,400 - x_c)^2 + (1,500 - y_c)^2}$
  $1,500 + v_b = \sqrt{(1,000 - x_c)^2 + (1,000 - y_c)^2}$

③ $1,500 + v_a = \sqrt{(1,500 - y_c)^2 + (1,400 - x_c)^2}$
  $1,200 + v_b = \sqrt{(1,000 - y_c)^2 + (1,000 - x_c)^2}$

④ $1,200 + v_a = \sqrt{(1,400 - y_c)^2 + (1,500 - x_c)^2}$
  $1,500 + v_b = \sqrt{(1,000 - y_c)^2 + (1,000 - x_c)^2}$

해설 **삼변측량의 관측방정식**
$a = \overline{BC}$, $b = \overline{AC}$ 이므로
$a = \sqrt{(X_B - X_C)^2 + (Y_B - Y_C)^2}$
$b = \sqrt{(X_A - X_C)^2 + (Y_A - Y_C)^2}$
여기에 거리관측오차를 a에 대하여 v_a, b에 대하여 v_b라 하고, 좌표와 거리를 대입하여 정리하면
$1,500 + v_a = \sqrt{(1,400 - X_C)^2 + (1,500 - Y_C)^2}$
$1,200 + v_b = \sqrt{(1,000 - X_C)^2 + (1,000 - Y_C)^2}$

19 삼각망 조정계산의 경우에 하나의 삼각형에 발생한 각오차의 처리방법은? (단, 각관측 정밀도는 동일하다.)

① 각의 크기에 관계없이 동일하게 배분한다.
② 대변의 크기에 비례하여 배분한다.
③ 각의 크기에 반비례하여 배분한다.
④ 각의 크기에 비례하여 배분한다.

정답 17. ③ 18. ④ 19. ①

> [해설] **삼각측량 각오차 처리방법**
> 삼각망의 조정계산에서 각오차의 배분은 각의 크기에 관계없이 동일하게 배분(등분배)한다.

20 삼각점 C에 기계를 세울 수 없어서 2.5m를 편심하여 B에 기계를 설치하고 $T' = 31°15'40''$ 를 얻었다면 T는? (단, $\phi = 300°20'$, $S_1 = 2\text{km}$, $S_2 = 3\text{km}$)

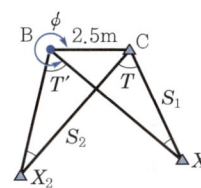

① $31°14'49''$ ② $31°15'18''$
③ $31°15'29''$ ④ $31°15'41''$

> [해설] **편심각의 계산**
> ㉠ $\angle x_1$의 계산
> $\dfrac{e}{\sin x_1} = \dfrac{S_1}{\sin(360°-\phi)}$ 에서
> $\sin x_1 = \dfrac{e}{S_1}\sin(360°-\phi)$
> $x_1 = \sin^{-1}\left[\dfrac{2.5}{2,000}\sin(360°-300°20')\right]$
> $= 0°03'43''$
> ㉡ $\angle x_2$의 계산
> $\dfrac{e}{\sin x_2} = \dfrac{S_2}{\sin(360°-\phi+T')}$ 에서
> $\sin x_2 = \dfrac{e}{S_2}\sin(360°-\phi+T')$
> $x_2 = \sin^{-1}\left[\dfrac{2.5}{3,000}\sin(360°-300°20'+31°15'40'')\right]$
> $= 0°02'52''$
> ㉢ $T = T' + x_2 - x_1$
> $= 31°15'40'' + 0°02'52'' - 0°03'43''$
> $= 31°14'49''$

21 삼각점 A에 기계를 설치하였으나, 삼각점 B가 시준이 되지 않아 점 P를 관측하여 $T' = 68°32'15''$ 를 얻었다. 보정각 T는? (단, $S = 2\text{km}$, $e = 5\text{m}$, $\phi = 302°56'$)

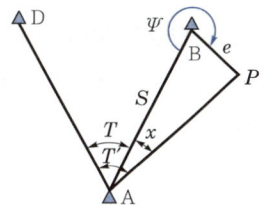

① $68°25'02''$ ② $68°20'09''$
③ $68°15'02''$ ④ $68°10'09''$

> [해설] **편심각의 계산**
> $T = T' - x$ 이고 x는 사인법칙을 적용하여 계산한다.
> $\dfrac{e}{\sin x} = \dfrac{S}{\sin(360°-\phi)}$ 에서
> $\sin x = \dfrac{e}{S} \times \sin(360°-\phi)$ 이므로
> $x = \sin^{-1}\left[\dfrac{e}{S}\times\sin(360°-\phi)\right]$
> $= \sin^{-1}\left[\dfrac{5\text{m}}{2,000\text{m}}\times\sin(360°-302°56')\right]$
> $= 0°07'13''$
> $T = T' - x = 68°32'15'' - 0°07'13''$
> $= 68°25'02''$

22 삼각측량의 각 삼각점에 있어 모든 각의 관측 시 만족되어야 하는 조건이 아닌 것은?

① 하나의 측점을 둘러싸고 있는 각의 합은 360°가 되어야 한다.
② 삼각망 중에서 임의의 한 변의 길이는 계산의 순서에 관계없이 같아야 한다.
③ 삼각망 중 각각 삼각형 내각의 합은 180°가 되어야 한다.
④ 모든 삼각점의 포함면적은 각각 일정하여야 한다.

> [해설] **삼각망 조정의 3조건**
> ㉠ 각 조건: 삼각망 중 각각 3각형 내각의 합은 180°가 될 것
> ㉡ 변 조건: 삼각망 중에서 임의 한 변의 길이는 계산순서에 관계없이 동일할 것
> ㉢ 점 조건(측점조건): 한 측점 주위에 있는 모든 각의 총합은 360°가 될 것

정답 20. ① 21. ① 22. ④

23 그림과 같은 편심측량에서 ∠ABC는? (단, $\overline{AB}$ =2.0km, $\overline{BC}$ =1.5km, e =0.5m, t =54°30′, ϕ =300°30′)

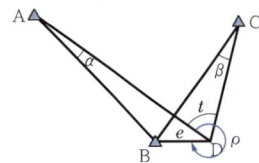

① 54°28′45″ ② 54°30′19″
③ 54°31′58″ ④ 54°33′14″

> **해설** 편심각의 계산
> ㉠ ∠α의 계산
> $\dfrac{e}{\sin\alpha} = \dfrac{AB}{\sin(360°-\phi)}$ 에서
> $\sin\alpha = \dfrac{e}{AB}\sin(360°-\phi)$
> $\alpha = \sin^{-1}\left[\dfrac{0.5}{2,000}\sin(360°-300°30′)\right]$
> $= 0°00′44″$
> ㉡ ∠β의 계산
> $\dfrac{e}{\sin\beta} = \dfrac{BC}{\sin(360°-\phi+t)}$ 에서
> $\sin\beta = \dfrac{e}{BC}\sin(360°-\phi+t)$
> $\beta = \sin^{-1}\left[\dfrac{0.5}{1,500}\sin(360°-300°30′+54°30′)\right]$
> $= 0°01′3″$
> ㉢ ∠ABC $= t + \beta - \alpha$
> $= 54°30′ + 0°01′03″ - 0°00′44″$
> $= 54°30′19″$

24 삼각측량을 위한 삼각점의 위치선정에 있어서 피해야 할 장소와 가장 거리가 먼 것은?

① 측표를 높게 설치해야 되는 곳
② 나무의 벌목면적이 큰 곳
③ 편심관측을 해야 되는 곳
④ 습지 또는 하상인 곳

> **해설** 삼각점의 위치선정 시 고려사항
> 편심관측은 측량과정에서 기준점에 기계를 설치할 수 없거나 측점의 시준이 어려울 때 기준점에서 일정 거리를 편심하여 관측하고 관측값을 보정하여 삼각점을 설치하는 관측방법이다.

25 ★★★ 삼각측량에 의한 관측 결과가 그림과 같을 때, c점의 좌표는? (단, AB의 거리=10m, 좌표의 단위 : m)

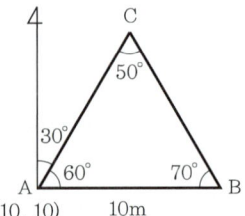

① (20.63, 17.13) ② (16.13, 20.63)
③ (20.63, 16.13) ④ (17.13, 16.13)

> **해설** 좌표의 계산
> $\overline{AC}$의 길이는 사인법칙에 의하여 구한다.
> $\dfrac{\overline{AB}}{\sin 50°} = \dfrac{\overline{AC}}{\sin 70°}$ 에서
> $\overline{AC} = \dfrac{10m}{\sin 50°}\times \sin 70° = 12.27m$
> $X_C = X_A + \overline{AC}\times \cos$ 방위각
> $= 10 + 12.27 \times \cos 30° = 20.63m$
> $Y_C = Y_A + \overline{AC}\times \sin$ 방위각
> $= 10 + 12.27 \times \sin 30° = 16.13m$

26 ★ 조정계산이 완료된 조정각 및 기선으로부터 처음 신설하는 삼각점의 위치를 구하는 계산순서로 가장 적합한 것은?

① 편심조정 계산 → 삼각형 계산(변, 방향각) → 경위도 결정 → 좌표조정 계산 → 표고 계산
② 편심조정 계산 → 삼각형 계산(변, 방향각) → 좌표조정 계산 → 표고 계산 → 경위도 결정
③ 삼각형 계산(변, 방향각) → 편심조정 계산 → 표고 계산 → 경위도 결정 → 좌표조정 계산
④ 삼각형 계산(변, 방향각) → 편심조정 계산 → 표고 계산 → 좌표조정 계산 → 경위도 결정

> **해설** 삼각점의 위치를 구하는 계산순서
> 편심조정 계산 → 삼각형 계산(변, 방향각) → 좌표조정 계산 → 표고 계산 → 경위도 결정

정답 23. ② 24. ③ 25. ③ 26. ②

27 장애물로 인하여 접근하기 어려운 2점 P, Q를 간접거리 측량한 결과가 그림과 같다. $\overline{AB}$의 거리가 216.90m일 때 PQ의 거리는?

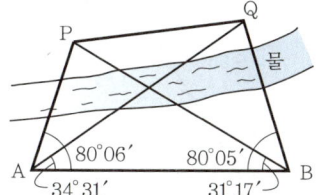

① 120.96 ② 142.29m
③ 173.39m ④ 194.22m

> **해설** 사인법칙과 코사인법칙을 이용한 거리의 계산
> ㉠ ΔAPB에 AP 거리를 구하면
> $\dfrac{AP}{\sin\angle A} = \dfrac{AB}{\sin\angle P}$ 에서
> $AP = \dfrac{\sin 31°17'}{\sin(180° - 80°06' - 31°17')} \times 216.9m$
> $= 120.96m$
> ㉡ ΔAQB에 AQ 거리를 구하면
> $\dfrac{AQ}{\sin\angle B} = \dfrac{AB}{\sin\angle Q}$ 에서
> $AQ = \dfrac{\sin 80°05'}{\sin(180° - 80°05' - 34°31')} \times 216.9m$
> $= 234.99m$
> ㉢ PQ의 거리는 ΔAPQ에 코사인법칙을 적용하여 구하면
> $PQ = \sqrt{AP^2 + AQ^2 - 2AP \times AQ \times \cos\angle A}$ 에서
> $PQ = \sqrt{120.96^2 + 234.99^2 - 2 \times 120.96 \times 234.99 \times \cos(80°06' - 34°31')}$
> $= 173.39m$

28 삼각측량과 삼변측량에 대한 설명으로 틀린 것은?
① 삼변측량은 변 길이를 관측하여 삼각점의 위치를 구하는 측량이다.
② 삼각측량의 삼각망 중 가장 정확도가 높은 망은 사변형삼각망이다.
③ 삼각점의 선점 시 기계나 측표가 동요할 수 있는 습지나 하상은 피한다.
④ 삼각점의 등급을 정하는 주된 목적은 표석설치를 편리하게 하기 위함이다.

> **해설** 삼각측량과 삼변측량의 특징
> 삼각점의 등급(차수)은 각 관측의 정밀도에 의하여 1, 2, 3, 4의 4등급으로 구분한 삼각점이다. 등급이 위의 것일수록 정밀한 측량으로 측정한 것이다.

29 삼변측량에 관한 설명 중 틀린 것은?
① 관측요소는 변의 길이뿐이다.
② 관측값에 비하여 조건식이 적은 단점이 있다.
③ 삼각형의 내각을 구하기 위해 cosine 제2법칙을 이용한다.
④ 반각공식을 이용하여 각으로부터 변을 구하여 수직위치를 구한다.

> **해설** 삼변측량의 특징
> 삼변측량은 변의 길이를 관측하고 cosine 제2법칙, 반각공식을 이용하여 각을 계산하고, 각과 변으로 수평위치를 결정하는 측량

30 삼변측량에 대한 설명으로 틀린 것은?
① 전자파거리측량기(EDM)의 출현으로 그 이용이 활성화되었다.
② 관측값의 수에 비해 조건식이 많은 것이 장점이다.
③ 코사인 제2법칙과 반각공식을 이용하여 각을 구한다.
④ 조정방법에는 조건방정식에 의한 조정과 관측방정식에 의한 조정방법이 있다.

> **해설** 삼변측량의 특징
> ㉠ EDM, GPS 등의 출현으로 장거리관측의 정확도가 높아짐에 따라 변만을 관측하여 수평위치결정
> ㉡ cosine 제2법칙, 반각공식을 이용하여 변으로부터 각을 구하고 계산한 각과 변에 의해 수평위치결정
> ㉢ 관측값에 비해 조건식 수가 적어 복수로 변을 연속 관측하여 조건식의 수를 늘리고 기상보정을 하여 정확도 향상

정답 27. ③ 29. ④ 29. ④ 30. ②

31 삼변측량에서 △ABC에서 세 변의 길이가 $a=$ 1200.00m, $b=1600.00$m, $c=1442.22$m라면 변 c의 대각인 ∠C는?

① 45°   ② 60°
③ 75°   ④ 90°

> **해설** 삼각형 세 변의 길이를 이용한 교각의 계산
> 세 변의 길이를 알 때 내각의 계산은 코사인 제2법칙에 의해 구한다.
> $\cos \angle C = \dfrac{a^2+b^2-c^2}{2ab}$ 에서
> $\angle C = \cos^{-1}\left(\dfrac{a^2+b^2-c^2}{2ab}\right)$
> $\angle C = \cos^{-1}\left(\dfrac{1,200^2+1,600^2-1442.22^2}{2\times1,200\times1,600}\right) = 60°$

32 ★ 삼변측량을 실시하여 길이가 각각 $a=1,200$m, $b=1,300$m, $c=1,500$m이었다면 ∠ACB는?

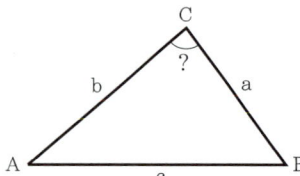

① 73°31′02″   ② 73°33′02″
③ 73°35′02″   ④ 73°37′02″

> **해설** 삼각형 세 변의 길이를 이용한 교각의 계산
> 세 변의 길이를 알 때 내각의 계산은 코사인 제2법칙에 의해 구한다.
> $\cos \angle C = \dfrac{a^2+b^2-c^2}{2ab}$ 에서
> $\angle C = \cos^{-1}\left(\dfrac{a^2+b^2-c^2}{2ab}\right)$
> $\angle C = \cos^{-1}\left(\dfrac{1,200^2+1,300^2-1,500^2}{2\times1,200\times1,300}\right)$
> $= 73°37′02″$

33 삼각형 3변의 길이가 그림과 같을 때 삼각형의 ∠A, ∠B로 옳은 것은?

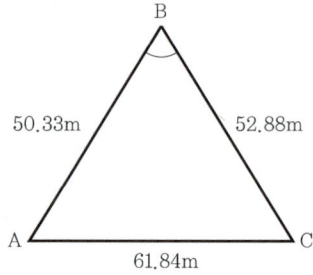

① ∠A=50°06′32″, ∠B=72°35′25″
② ∠A=54°08′20″, ∠B=69°34′25″
③ ∠A=55°06′20″, ∠B=73°34′25″
④ ∠A=55°08′20″, ∠B=69°34′25″

> **해설** 삼각형 세 변의 길이를 이용한 교각의 계산
> 삼변측량에서 각의 계산은 코사인 제2법칙 $\left(\cos A = \dfrac{b^2+c^2-a^2}{2bc}\right)$ 에 의해 구한다.
> $A = \cos^{-1}\left(\dfrac{b^2+c^2-a^2}{2bc}\right)$
> $= \cos^{-1}\left(\dfrac{61.84^2+50.33^2-52.88^2}{2\times61.84\times50.33}\right)$
> $= 55°06′20″$
> $B = \cos^{-1}\left(\dfrac{c^2+a^2-b^2}{2ca}\right)$
> $= \cos^{-1}\left(\dfrac{50.33^2+52.88^2-61.84^2}{2\times50.33\times52.88}\right)$
> $= 73°34′25″$

34 ★★ 삼각측량을 실시하여 A점(1,000m, 1,600m), B점(3,300m, 3,100m), ∠BAC=62°의 결과를 얻었다면 측선 AC의 방위각(α_{AC})은?

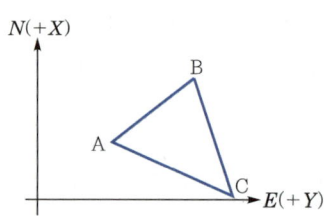

① 33°6′41″   ② 56°53′19″
③ 95°6′41″   ④ 118°53′19″

정답 31. ② 32. ④ 33. ③ 34. ③

> **해설** 방위각의 계산
> ㉠ $\tan\theta_{AB} = \dfrac{\Delta Y}{\Delta X}$ 에서
> $\theta_{AB} = \tan^{-1}\left(\dfrac{\Delta Y}{\Delta X}\right)$
> $= \tan^{-1}\left(\dfrac{3,100-1,600}{3,300-1,000}\right) = 33°6'41''$
> ㉡ AC 방위각 = ∠BAC + AB 방위각
> $= 33°6'41'' + 62° = 95°6'41''$

35 그림과 같은 삼각망에서 CD의 방위는?

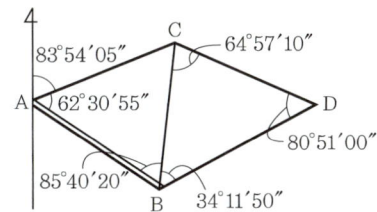

① S12°51'50''E ② S12°11'50''W
③ S23°51'10''E ④ S23°45'30''W

> **해설** 방위의 계산
> △ABD에서
> ∠ACB = 180° − (62°30'55'' + 85°40'20'')
> $= 31°48'45''$
> $\overline{CD}$ 방위각
> $= \overline{AC}$ 방위각 + 180° − (∠ACB + ∠BCD)
> $= 83°54'05'' + 180° - (31°48'45'' + 64°57'10'')$
> $= 167°08'10''$
> 방위각이 2상한선이므로,
> 방위 = $S(180°-\theta)E = S(12°51'50'')E$

36 동일한 정밀도로 각을 관측하여 $\alpha=39°19'40''$, $\beta=52°25'29''$, $\gamma=91°45'00''$를 얻었다면 γ의 최확값은?

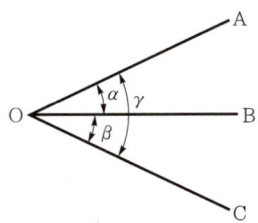

① 91°44'57''
② 91°44'59''
③ 91°45'01''
④ 91°45'03''

> **해설** 최확값의 계산
> 조건식 $\alpha+\beta-\gamma=0$이어야 하며
> $39°19'40'' + 52°25'29'' - 91°45'00'' = 9''$
> 오차가 9''이므로 조정각은 $9'' \div 3 = 3''$
> 오차원인으로 α, β는 조건식이 (+)값이 되도록 작용하므로 −3''씩을 조정하고 γ는 그 반대이므로 +3''를 조정한다.
> $\gamma = 91°45'00'' + 3'' = 91°45'03''$

37 동일한 각을 관측횟수를 다르게 적용하여 얻은 결과가 표와 같을 때, 각의 최확값은?

구분	관측횟수	관측값
A	2	42°28'40''
B	4	42°28'46''
C	6	42°28'48''

① 42°28'44''
② 42°28'46''
③ 42°28'48''
④ 42°28'50''

> **해설** 경중률에 의한 최확값의 계산
> 최확값(MPV)은 관측횟수에 비례하므로
> $MPV = 42°28'40'' + \dfrac{0''\times 2 + 6''\times 4 + 8''\times 6}{2+4+6}$
> $= 42°28'46''$

정답 35. ① 36. ④ 37. ②

38. 삼각형의 내각을 서로 다른 경중률(P)로 관측하여 다음과 같은 결과를 얻었다. ∠A의 최확값은?

∠A = 40°31′25″, $P_a = 2$,
∠B = 72°15′36″, $P_b = 1$,
∠C = 67°13′23″, $P_c = 5$

① 40°31′18″ ② 40°31′20″
③ 40°31′22″ ④ 40°31′24″

해설 경중률에 의한 최확값의 계산

∠A + ∠B + ∠C = 180°00′24″이므로 오차는 +24″
오차의 배분은 (−)부호로 경중률에 반비례하여 적용하므로

A : B : C = $\frac{1}{2} : \frac{1}{1} : \frac{1}{5}$ = 5 : 10 : 2

∠A 최확값 = 40°31′25″ + $\frac{5}{5+10+2}$ × (−24)
= 40°31′18″

정답 38. ①

CHAPTER 5

다각측량

SECTION 1 | **다각측량의 개요**

SECTION 2 | **트래버스의 방법**

SECTION 3 | **트래버스의 계산**

CHAPTER 05 다각측량

회독 체크표
1회독	월	일
2회독	월	일
3회독	월	일

최근 10년간 출제분석표
2015	2016	2017	2018	2019	2020	2021	2022	2023	2024
8.3%	6.7%	5%	11.7%	11.7%	13.3%	10%	15%	10%	15%

출제 POINT

학습 POINT
- 다각측량의 종류
- 수평각 측정법
- 각관측오차의 조정
- 방위각과 방위
- 위거와 경거
- 거리관측 오차의 조정
- 폐합오차와 폐합비
- 면적 계산

■ **다각측량의 필요성**
① 삼각점 간의 거리가 멀어 좁은 지역의 기준점을 충분한 밀도로 전개하기 위해 필요하다.
② 시가지나 산림 등 시준이 좋지 않아 단거리마다 기준점이 필요할 때 사용한다.
③ 면적을 정확히 파악하고자 할 때 경계측량 등에 사용한다.
④ 삼각측량에 비해서 경비가 저렴하나 정확도는 낮다.

SECTION 1 다각측량의 개요

1 정의

① 여러 개의 측점을 연결해서 생긴 다각형의 각 변의 길이와 방위각을 순차로 측정
② 그 결과에서 각 변의 위거, 경거를 계산
③ 이 점들의 좌표를 결정해서 도상 기준점의 위치, 즉 수평위치(x, y)를 정하는 측량
④ 트래버스 측량이라고도 함

2 다각측량의 특징

① 삼각점이 멀리 배치되어 있어 좁은 지역의 기준이 되는 점을 추가 설치할 경우에 적합
② 복잡한 시가지나 지형의 기복이 심하여 기준이 어려운 지역의 측량에 적합
③ 좁고 긴 곳의 측량에 적합(도로, 수로, 철도 등)
④ 거리와 각을 관측하여 도식해법에 의하여 모든 점의 위치를 결정하기 때문에 편리
⑤ 삼각측량과 같은 높은 정도를 요하지 않는 골조측량에 사용

3 다각측량의 종류

1) 폐합 트래버스
① 임의의 한 점에서 출발하여 최후에 다시 시작점에 돌아오는 트래버스
② 시작점과 출발점이 동일 지점이며 소규모 지역에 적합한 방법

2) 개방 트래버스

① 임의의 한 점에서 출발하여 아무런 관계나 조건이 없는 다른 점에서 끝나는 트래버스
② 하천이나 노선의 기준점을 정하는 데 사용
③ 정밀도가 가장 낮은 트래버스

3) 결합 트래버스

① 기지점에서 출발하여 다른 기지점에 결합시키는 트래버스
② 정밀도가 가장 높은 트래버스로서 기지점은 삼각점을 이용

4) 트래버스망

① 2개 이상의 트래버스를 필요에 따라 그물모양으로 연결한 것
② X형, Y형, A형, H형 등의 다각망이 있음

> **출제 POINT**
>
> ■ 다각측량의 종류
> ① 폐합 트래버스 : 시작점과 출발점이 동일 지점이며 소규모 지역에 적합한 방법
> ② 결합 트래버스 : 기지점에서 출발하여 다른 기지점에 결합시키며 가장 정밀한 방법
> ③ 개방 트래버스 : 임의의 한 점에서 출발하여 임의의 다른 점에서 끝나며 답사 등에 이용
> ④ 트래버스 측량의 정확도
> 결합 > 폐합 > 개방

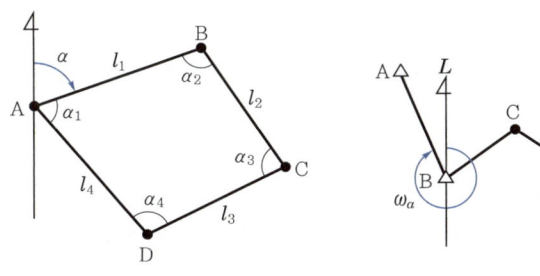

[폐합 트래버스]   [결합 트래버스]

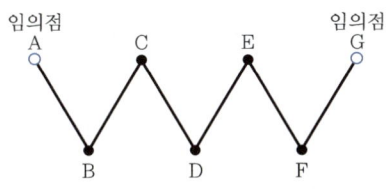

[개방 트래버스]

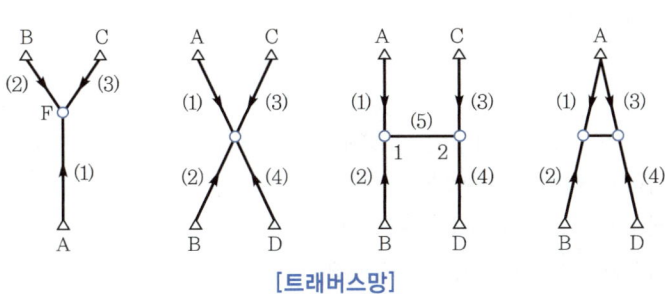

[트래버스망]

SECTION 2 트래버스의 방법

1 트래버스 측량의 순서

- 외업 : 계획 ⇨ 답사 ⇨ 선점 ⇨ 조표 ⇨ 거리관측 ⇨ 각관측 ⇨ 거리, 각 관측정확도
- 내업 : 계산, 조정 ⇨ 측점전개

■ 트래버스 측량의 순서

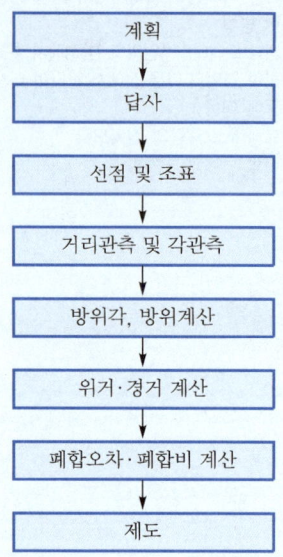

1) 답사

도면을 통해 시간과 경비를 고려하고, 지형도에서 대체적인 측량계획을 세운 후 현지를 답사하여 계획에 따라 측량목적, 측량의 정도를 참작하여 트래버스 노선을 확정한다.

2) 선점

답사계획에 따라 적당한 곳에 트래버스 측점을 선정한다.

3) 선점 시 유의사항

① 노선은 될 수 있는 한 결합 트래버스가 되게 한다.
② 결합 트래버스의 출발점과 결합점 간의 거리는 될 수 있는 한 단거리로 한다.
③ 트래버스의 노선은 평탄한 경로를 택한다.
④ 측점 간의 거리는 될 수 있는 한 등거리로 하고 두 점 간에는 큰 고저차가 없게 한다.
⑤ 측점은 그 점이 기준이 되어 앞으로 실시되는 모든 측량에 편리한 곳이라야 하며, 또 표식이 안전하게 보존되는 곳이라야 한다.
⑥ 측점은 기계를 세우기가 편하고 관측이 용이하며, 관측 중에 기계의 침하나 동요가 없어야 한다.

4) 조표

① 선점이 끝난 후 지상의 측점에 말뚝이나 돌, 콘크리트 등을 매설하여 표시하는 작업을 말한다.
② 영구표식 : 석표 또는 콘크리트로 표시
③ 일시표식 : 5cm×5cm×30cm의 나무말뚝으로 표시

5) 관측

① 현장상황에 따라 사용기계, 관측방법을 적절히 하여 각과 측점 간의 거리를 측정한다.
② 야장 기입은 기계점, 관측점에 대해 기준점의 좌표, 거리, 관측각을 빠짐없이 기록한다.

6) 계산 및 제도

계산결과를 통하여 오차조정 및 트래버스 위치결정을 수행한다.

2 수평각 측정법

1) 교각법

① 교각이란 어떤 측선이 그 앞의 측선과 이루는 각이다.
② 오른편으로 측정하는 방법과 왼편으로 측정하는 방법이 있다.
③ 측점마다 독립해서 측각이 가능하다.
④ 한 각의 착오에 의해 다른 각에 영향을 미치면 재측하여 점검이 가능하지만 방위각을 계산하는 복잡성이 있다.

2) 편각법

① 편각 : 각 측선이 전측선의 연장선과 이루는 각
② 도로, 철도와 같은 노선 측량과 종단측량에 많이 사용
③ 우편각 : 전측선 연장의 우측에 만들어진 각
④ 좌편각 : 전측선 연장의 좌측에 만들어진 각

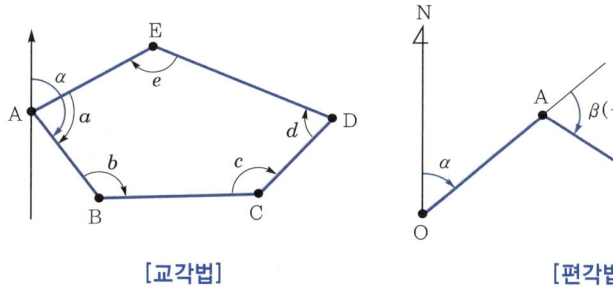

[교각법]　　　　　　　　[편각법]

3) 방위각법

① 각 측선이 일정한 기준선과 이루는 각을 우회로 관측하는 방법이다.
② 방위각 : 진북 방향과 측선이 이루는 우회각
③ 방향각(전원 방위) : 임의 기준선과 측선 사이의 수평각을 시계 방향으로 관측한 각

■ 수평각 측정법
① 교각법 : 어떤 측선이 그 앞의 측선과 이루는 각을 관측하는 방법
② 편각법 : 각 측선이 전측선의 연장선과 이루는 각을 관측하는 방법
③ 방위각법 : 각 측선이 일정한 기준선과 이루는 각을 우회로 관측하는 방법

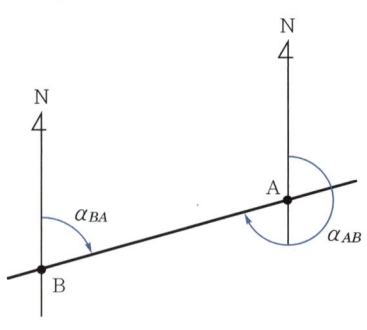

[방위각법]

3 거리와 각관측의 정밀도

거리관측의 정밀도와 각관측의 정밀도가 같다고 하면 정밀도는 다음과 같다.

$$정밀도 = \frac{L}{D} = \frac{\theta}{\rho} = \frac{1}{m}$$

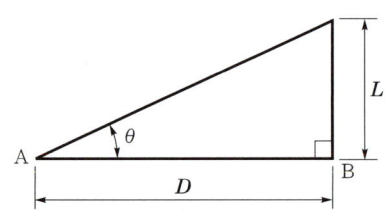

SECTION 3 트래버스의 계산

1 각관측오차

1) 폐합 트래버스

① 내각 관측 : $\Delta a = [a] - 180°(n-2)$
② 외각 관측 : $\Delta a = [a] - 180°(n+2)$
③ 편각 관측 : $\Delta a = [a] - 360°$

여기서, $[a]$: 관측각의 합, n : 변의 수

■ 거리와 각관측의 정밀도

정밀도 $= \dfrac{dl}{l} = \dfrac{d\alpha}{\rho}$

여기서, l : 길이, dl : 길이오차
ρ : 라디안, $d\alpha$: 각오차

■ 폐합 트래버스 각오차

① 내각 관측
$\Delta a = [a] - 180°(n-2)$
② 외각 관측
$\Delta a = [a] - 180°(n+2)$
③ 편각 관측
$\Delta a = [a] - 360°$
여기서, $[a]$: 관측 각의 합
n : 변의 수

2) 결합 트래버스

① 삼각점이 외곽일 경우[그림 (a)]

$$\Delta a = [a] + w_a - w_b - 180°(n+1)$$

② 삼각점이 왼쪽이나 오른쪽으로 향하는 경우[그림 (b), (c)]

$$\Delta a = [a] + w_a - w_b - 180°(n-1)$$

③ 삼각점이 모두 안쪽일 경우[그림 (d)]

$$\Delta a = [a] + w_a - w_b - 180°(n-3)$$

> **출제 POINT**
>
> ■ 결합 트래버스 각오차
> ① 삼각점이 외곽일 경우
> $\Delta a = [a] + w_a - w_b - 180°(n+1)$
> ② 삼각점이 왼쪽이나 오른쪽으로 향하는 경우
> $\Delta a = [a] + w_a - w_b - 180°(n-1)$
> ③ 삼각점이 모두 안쪽일 경우
> $\Delta a = [a] + w_a - w_b - 180°(n-3)$
> 여기서, $[a]$: 관측각의 합, n : 변의 수

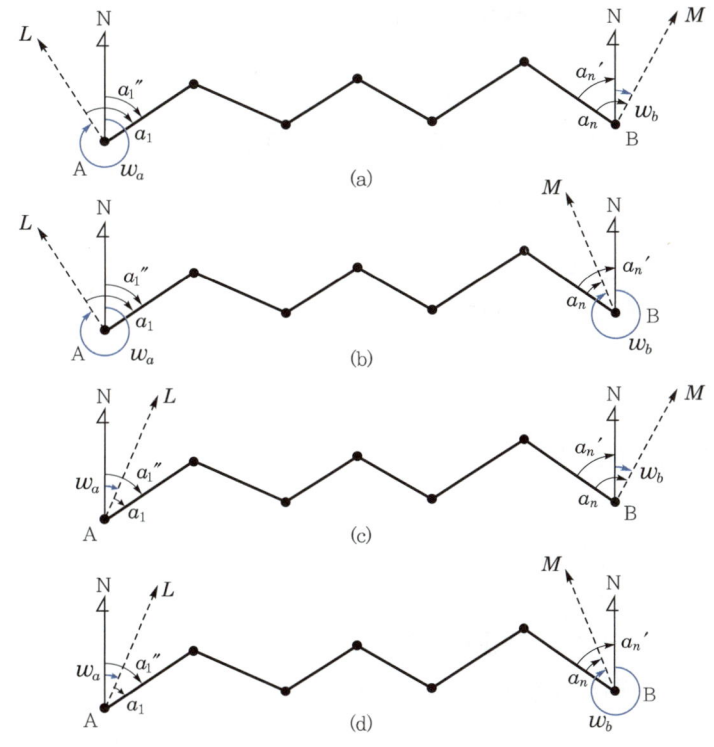

2 측각오차와 허용범위

1) 허용오차의 범위

① 시가지 : $20\sqrt{n} \sim 30\sqrt{n}$ (초)
② 평탄지 : $30\sqrt{n} \sim 60\sqrt{n}$ (초)
③ 산림 및 복잡한 지형 : $90\sqrt{n}$ (초) 이내

출제 POINT

■ 각관측의 오차 조정

① 측각값의 총합과 기하학적 조건과 비교하여 오차가 허용한계 내에 있는지를 확인한다.
② 측각값의 오차가 허용한계를 넘을 때에는 재측하여야 한다.
③ 오차가 허용한계 범위 내에 있으면 경중률 여부에 따라 배분하여 조정한다.

■ 방위각 계산

① 역방위각 = 방위각 + 180°
② 방위각이 360°를 넘으면 360°를 빼준다.
③ 방위각이 (-)값이 나오면 360°를 더한다(방위각은 0~360°).

2) 오차의 배분

측각오차가 허용범위를 넘으면 재측, 허용범위 이내일 때는 아래와 같이 배분한다.
① 각관측의 정도가 같을 경우 오차를 각의 크기에 관계없이 동일하게 배분
② 각관측의 경중률이 다를 경우 오차를 경중률에 반비례하여 각각에 배분

3 방위각 계산

1) 방위각 계산

(1) 교각을 잰 경우

① 교각을 시계 방향으로 측정 시

$$\beta = \alpha + 180° - \alpha_2$$

② 교각을 반시계 방향으로 측정 시(외각)

$$\beta = \alpha - 180° + \alpha_2$$

(2) 편각을 잰 경우

교각에 편각을 더한다.

$$\beta = \alpha + \alpha_1$$

2) 방위각의 계산 순서

① 주어진 진북선과 구하려고 하는 측점에 나란한 진북선을 긋는다.
② 전측선(주어진 방위각의 측선)의 연장선을 내리고 전측선의 방위각을 표시한다.
③ 구하려고 하는 측선의 방위각을 표시한다(방위각이란 진북선에서 구하려고 하는 측선이 이루는 우회각이다).
④ 구하려고 하는 측선의 방위각 표시와 같게 맞추면 된다.

3) 방위의 계산

상한	방위각	방위	
I	0 ~ 90°	N 방위각 E	N 0 ~ 90°E
II	90 ~ 180°	S 180°-방위각 E	S 0 ~ 90°E
III	180 ~ 270°	S 방위각-180° W	S 0 ~ 90°W
IV	270 ~ 60°	N 360°-방위각 W	N 0 ~ 90°W

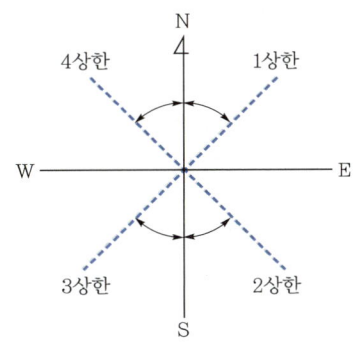

4 거리관측의 오차와 허용범위

1) 위거 및 경거의 계산

(1) 위거(Latitude)

일정한 자오선(남북선)에 대한 어떤 측선의 정사영을 그의 위거라 하며, 측선이 북쪽으로 향할 때 위거는 (+)로 하고 측선이 남쪽으로 향할 때는 (−)이다.

$$\overline{AB}\cos\alpha = 측선의\ 길이 \times \cos\ 방위각$$

■ 위거 및 경거의 계산
① 위거=측선의 길이×cos 방위각
② 경거=측선의 길이×sin 방위각

(2) 경거(Depature)

일정한 동서선에 대한 어떤 측선의 정사영을 그의 경거라 하며, 측선이 동쪽으로 향할 때 경거는 (+), 측선이 서쪽으로 향할 때 경거는 (−)로 한다.

$$\overline{AB}\sin\alpha = 측선의\ 길이 \times \sin\ 방위각$$

구분	1상한	2상한	3상한	4상한
위거(cosα)	(+)	(−)	(−)	(+)
경거(sinα)	(+)	(+)	(−)	(−)

2) 다각측량의 허용오차

토지의 상황, 측량의 사용목적에 따른 정도
① 시가지 : 1/5,000 ~ 1/10,000
② 전답, 대지 등의 평지 : 1/1,000 ~ 1/2,000
③ 산림, 임야, 호소지 : 1/500 ~ 1/1,000

■ 거리오차의 조정
1. 컴퍼스 법칙
   ① 각측량의 정도와 거리측량의 정도가 동일할 때 사용
   ② 각 측선의 길이에 비례하여 폐합오차 배분
2. 트랜싯 법칙
   ① 각측량의 정도가 거리측량의 정도보다 정도가 좋을 때 사용
   ② 위거와 경거의 크기에 비례하여 폐합오차 배분

■ 폐합 트래버스 위·경거오차의 조정
① 관측에 의한 폐합오차의 폐합비가 허용한계 내에 있는지를 확인한다.
② 폐합오차가 허용한계를 넘을 때에는 재측하여야 한다.
③ 오차가 허용한계 범위 내에 있으면 컴퍼스 법칙과 트랜싯 법칙에 의해 배분하여 조정한다.

3) 거리오차의 조정

(1) 컴퍼스 법칙

각 측량의 정도와 거리측량의 정도가 동일할 때 사용하며, 각 측선의 길이에 비례하여 폐합오차를 배분한다.

① 위거에 대한 보정량(조정량) $= -\dfrac{\Delta l}{\sum L} \times L_i$

② 경거에 대한 보정량(조정량) $= -\dfrac{\Delta d}{\sum L} \times L_i$

여기서, Δl : 위거오차, Δd : 경거오차, $\sum L$: 측선길이의 총합
L_i : 해당 측선의 길이

(2) 트랜싯 법칙

각측량의 정도가 거리측량의 정도보다 좋을 때 사용하며, 위거와 경거의 절댓값의 크기에 비례하여 폐합오차를 배분한다.

① 위거에 대한 보정량 $= -\dfrac{\Delta l}{\sum |L|} \times |L|$

② 경거에 대한 보정량 $= -\dfrac{\Delta d}{\sum |D|} \times |D|$

여기서, $\sum |L|, \sum |D|$: 위거, 경거의 절댓값의 합
$|L|, |D|$: 측선의 위거, 경거 절댓값

4) 트래버스의 폐합오차 및 폐합비

(1) 폐합오차

$$E = \sqrt{\Delta L^2 + \Delta D^2}$$

여기서, E : 폐합오차, ΔL : 위거오차, ΔD : 경거오차

폐합 트래버스의 경우 위거오차와 경거오차가 0에 가까워야 정확한 측량이다.

(2) 폐합비

$$\text{폐합비}(R) = \text{정도} = \dfrac{\sqrt{\Delta L^2 + \Delta D^2}}{\sum L} = \dfrac{E}{\sum L}$$

여기서, R : 폐합비(정도), E : 폐합오차, $\sum L$: 측선길이의 총합

(3) 결합 트래버스의 결합오차

$$\Delta L = x_b - X_b, \quad \Delta D = y_b - Y_b$$

여기서, $A(X_a, Y_a), B(X_b, Y_b)$: A, B 두 기지점의 좌표값

$B'(x_b, y_b)$: 기지점 A의 좌표값에 기준하여 계산된 점 B의 좌표값

ΔL : 결합 트래버스의 위거오차

ΔD : 결합 트래버스의 경거오차

결합오차$(E) = \sqrt{\Delta L^2 + \Delta D^2}$

5 좌표의 계산

1) 좌표의 계산

① 합위거(X)=전 측선의 합위거 + 다음 측선의 조정위거(Δx)
② 합경거(Y)=전 측선의 합경거 + 다음 측선의 조정경거(Δy)

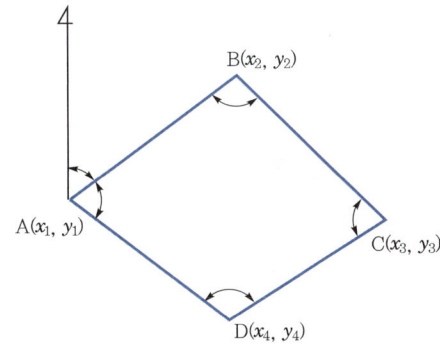

B의 합위거, 합경거$(x_2, y_2) = x_1 + \Delta x_1, \ y_1 + \Delta y_1$

C의 합위거, 합경거$(x_3, y_3) = x_1 + \Delta x_1 + \Delta x_2, \ y_1 + \Delta y_1 + \Delta y_2$

D의 합위거, 합경거$(x_4, y_4) = x_1 + \Delta x_1 + \Delta x_2 + \Delta x_3,$
$\qquad\qquad\qquad\qquad\qquad y_1 + \Delta y_1 + \Delta y_2 + \Delta y_3$

2) 2점의 좌표에 의한 측선장 및 방위 계산

측선장$(l) = \sqrt{(x_2 - x_1)^2 + (y_2 - y_1)^2}$

$\tan \theta = \dfrac{\Delta y}{\Delta x} = \dfrac{y_2 - y_1}{x_2 - x_1}$

방위$(\theta) = \tan^{-1} \dfrac{\Delta y}{\Delta x}$

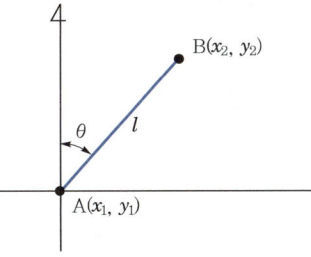

실제 계산에서 방위각으로 바꿀 때는 위거와 경거로부터 상한을 확인해야 한다.

■ 2점의 좌표에 의한 측선장 및 방위 계산

① 측선장(l)
$= \sqrt{\Delta x^2 + \Delta y^2}$
$= \sqrt{(x_2 - x_1)^2 + (y_2 - y_1)^2}$

② $\tan \theta = \dfrac{\Delta y}{\Delta x} = \dfrac{y_2 - y_1}{x_2 - x_1}$

③ 방위
$\theta = \tan^{-1} \left(\dfrac{\Delta y}{\Delta x} \right)$
$= \tan^{-1} \left(\dfrac{y_2 - y_1}{x_2 - x_1} \right)$

출제 POINT

■ 폐합 트래버스 면적 계산
① 배횡거 : 전 측선의 배횡거+전 측선의 경거+해당 측선의 경거
② 배면적 : 배횡거×조정위거
③ 면적 : 배면적의 합÷2

6 면적 계산

1) 배횡거와 배면적 계산

① 횡거(자오선거리) : 어떤 측선의 중심에서 기준 자오선에 내린 수선의 길이
- 임의의 측선의 횡거=전 측선의 횡거+(전 측선 경거의 1/2)+(그 측선 경거의 1/2)

② 배횡거는 횡거의 2배
- 임의의 측선의 배횡거=전 측선의 배횡거+전 측선의 경거+해당 측선의 경거

③ 면적

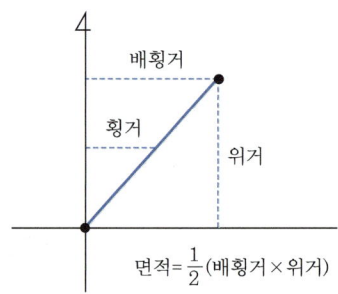

면적 = $\frac{1}{2}$(배횡거×위거)

$\sum$배면적 = $\sum$(배횡거×위거), 면적 = $\frac{\sum 배면적}{2}$

[면적 산정 예시]

위거	경거	합위거	합경거	배횡거	배면적
		0	0		
10	10	10	10	10	100
−10	10	0	20	30	−300
−10	−10	−10	10	30	−300
10	−10	0	0	10	100
					−400

면적=400/2=200

2) 합위거와 합경거(x, y좌표)에 의한 면적 계산

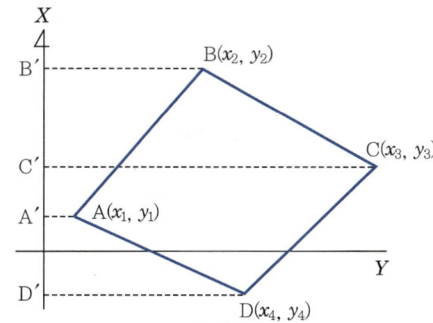

$$\text{면적}(S) = B'BCC' + C'CDD' - B'BAA' - A'ADD'$$

여기서, $B'BCC' = \dfrac{1}{2}(x_2 - x_3)(y_2 + y_3)$

$C'CDD' = \dfrac{1}{2}(x_3 - x_4)(y_3 + y_4)$

$B'BAA' = \dfrac{1}{2}(x_2 - x_1)(y_2 + y_1)$

$A'ADD' = \dfrac{1}{2}(x_1 - x_4)(y_1 + y_4)$

※ 면적$(S) = \dfrac{1}{2} \sum (x_{i-1} - x_{i+1}) y_i$

CHAPTER 05 기출문제

SURVEYING
10년간 출제된 빈출문제

01 트래버스 측량의 작업순서로 알맞은 것은?
① 선점-계획-답사-조표-관측
② 계획-답사-선점-조표-관측
③ 답사-계획-조표-선점-관측
④ 조표-답사-계획-선점-관측

> **해설** 트래버스 측량의 작업순서
> 계획-답사-선점-조표-관측(각, 거리)-오차계산 및 조정-측점전개

02 다음 중 다각측량의 순서로 가장 적합한 것은?
① 계획-답사-선점-조표-관측
② 계획-선점-답사-조표-관측
③ 계획-선점-답사-관측-조표
④ 계획-답사-선점-관측-조표

> **해설** 다각측량의 작업순서
> 계획-답사-선점-조표-관측(각, 거리)-오차계산 및 조정-측점전개

03 트래버스 측량의 종류와 그 특징으로 옳지 않은 것은?
① 결합 트래버스는 삼각점과 삼각점을 연결시킨 것으로 조정계산 정확도가 가장 좋다.
② 폐합 트래버스는 한 측점에서 시작하여 다시 그 측점에 돌아오는 관측 형태이다.
③ 폐합 트래버스는 오차의 계산 및 조정이 가능하나, 정확도는 개방 트래버스보다 좋지 못하다.
④ 개방 트래버스는 임의의 한 측점에서 시작하여 다른 임의의 한 점에서 끝나는 관측 형태이다.

> **해설** 트래버스 측량의 정확도 비교
> 트래버스 측량의 정확도는 결합 트래버스 > 폐합 트래버스 > 개방 트래버스의 순이다.

04 다각측량의 특징에 대한 설명으로 옳지 않은 것은?
① 삼각점으로부터 좁은 지역의 세부측량 기준점을 측설하는 경우에 편리하다.
② 삼각측량에 비해 복잡한 시가지나 지형의 기복이 심한 지역에는 알맞지 않다.
③ 하천이나 도로 또는 수로 등의 좁고 긴 지역의 측량에 편리하다.
④ 다각측량의 종류에는 개방, 폐합, 결합형 등이 있다.

> **해설** 트래버스 측량의 특징
> 다각측량이 삼각측량에 비해 근거리이므로 거리측량의 정확도가 높다고 볼 수 있으나 정확한 각의 관측이 이뤄지지 않아 일반적으로 삼각측량에서 구한 위치정확도가 다각측량의 정확도보다 높다.

05 트래버스 측량(다각측량)에 관한 설명으로 옳지 않은 것은?
① 트래버스 중 가장 정밀도가 높은 것은 결합 트래버스로서 오차점검이 가능하다.
② 폐합오차 조정에서 각과 거리측량의 정확도가 비슷한 경우 트랜싯 법칙으로 조정하는 것이 좋다.
③ 오차의 배분은 각관측의 정확도가 같을 경우 각의 대소에 관계없이 등분하여 배분한다.
④ 폐합 트래버스에서 편각을 관측하면 편각의 총합은 언제나 360°가 되어야 한다.

정답 1. ② 2. ① 3. ③ 4. ② 5. ②

> **[해설] 트래버스의 조정**
> ㉠ 컴퍼스 법칙: 각측량의 정도와 거리측량의 정도가 동일할 때 사용하며, 각 측선의 길이에 비례하여 폐합오차 배분한다.
> ㉡ 트랜싯 법칙: 각측량의 정도가 거리측량의 정도보다 정도가 좋을 때 사용하며, 위거와 경거의 크기에 비례하여 폐합오차 배분한다.

> **[해설]** 트래버스의 측점 간 거리는 되도록 등거리로 하고, 매우 짧은 거리는 피하여 선점한다.

06 트래버스 측량의 일반적인 사항에 대한 설명으로 옳지 않은 것은?
① 트래버스 종류 중 결합 트래버스는 가장 높은 정확도를 얻을 수 있다.
② 각관측방법 중 방위각법은 한번 오차가 발생하면 그 영향은 끝까지 미친다.
③ 폐합오차 조정방법 중 컴퍼스 법칙은 각관측의 정밀도가 거리관측의 정밀도보다 높을 때 실시한다.
④ 폐합 트래버스에서 편각의 총합은 반드시 360°가 되어야 한다.

> **[해설] 트래버스의 조정**
> ㉠ 컴퍼스 법칙: 각측량의 정도와 거리측량의 정도가 동일할 때 사용하며, 각 측선의 길이에 비례하여 폐합오차 배분한다.
> ㉡ 트랜싯 법칙: 각측량의 정도가 거리측량의 정도보다 정도가 좋을 때 사용하며, 위거와 경거의 크기에 비례하여 폐합오차 배분한다.

07 트래버스 측량에서 선점 시 주의하여야 할 사항이 아닌 것은?
① 트래버스의 노선은 가능한 폐합 또는 결합이 되게 한다.
② 결합 트래버스의 출발점과 결합점 간의 거리는 가능한 단거리로 한다.
③ 거리측량과 각측량의 정확도가 균형을 이루게 한다.
④ 측점 간 거리는 다양하게 선점하여 부정오차를 소거한다.

08 트래버스 측량에서 관측값의 계산은 편리하나 한 번 오차가 생기면 그 영향이 끝까지 미치는 각관측 방법은?
① 교각법 ② 편각법
③ 협각법 ④ 방위각법

> **[해설] 트래버스 측량의 각관측방법**
> ㉠ 교각법: 두 측선의 사잇각을 관측하는 수평각 관측법
> ㉡ 편각법: 어느 측선의 바로 앞 측선의 연장선과 이루는 각을 측정하여 각을 측정하는 방법
> ㉢ 방위각법: 자오선을 기준으로 시계 방향으로 해당 측선에 이르는 각을 측정하는 방법

09 수평각 관측방법에서 그림과 같이 각을 관측하는 방법은?

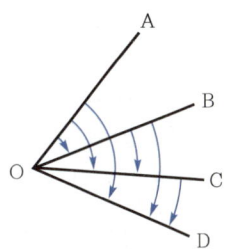

① 방향각 관측법 ② 반복 관측법
③ 배각 관측법   ④ 조합각 관측법

> **[해설]** 조합각 관측법은 각관측법이라고도 하며, 수평각 관측법 중 가장 정확한 값을 얻을 수 있는 방법으로 1등 삼각측량에 이용된다.

정답 6. ③ 7. ② 8. ④ 9. ④

10 다각측량을 위한 수평각 측정방법 중 어느 측선의 바로 앞 측선의 연장선과 이루는 각을 측정하여 각을 측정하는 방법은?

① 편각법   ② 교각법
③ 방위각법 ④ 전진법

> **해설** 트래버스 측량의 각관측방법
> ㉠ 편각법: 어느 측선의 바로 앞 측선의 연장선과 이루는 각을 측정하여 각을 측정하는 방법
> ㉡ 교각법: 두 측선의 사잇각을 관측하는 수평각 관측법
> ㉢ 방위각법: 자오선을 기준으로 시계 방향으로 해당 측선에 이르는 각을 측정하는 방법
> ㉣ 전진법: 평판측량에서 도선을 설치하는 방법

11 각관측 방법 중 배각법에 관한 설명으로 옳지 않은 것은?

① 방향각법에 비하여 읽기오차의 영향을 적게 받는다.
② 수평각 관측법 중 가장 정확한 방법으로 정밀한 삼각측량에 주로 이용된다.
③ 시준할 때의 오차를 줄일 수 있고 최소 눈금 미만의 정밀한 관측값을 얻을 수 있다.
④ 1개의 각을 2회 이상 반복 관측하여 관측한 각도의 평균을 구하는 방법이다.

> **해설** 수평각 관측법 중 가장 정확한 값을 얻을 수 있는 방법으로 1등 삼각측량에 이용되는 각관측방법은 조합각 관측법(각관측법)이다.

12 각관측장비의 수평축이 연직축과 직교하지 않기 때문에 발생하는 측각오차를 최소화하는 방법으로 옳은 것은?

① 직교에 대한 편차를 구하여 더한다.
② 배각법을 사용한다.
③ 방향각법을 사용한다.
④ 망원경의 정・반위로 측정하여 평균한다.

> **해설** 망원경의 정・반위관측으로 소거되는 오차
> ㉠ 시준축오차: 시준선이 수평축과 직각이 아니기 때문에 생기는 오차
> ㉡ 수평축오차: 수평축이 연직축과 직교하지 않기 때문에 생기는 오차
> ㉢ 시준선의 편심 오차(외심 오차): 시준선이 기계의 중심을 통과하지 않기 때문에 생기는 오차

13 트래버스에서 수평각 관측에 관한 설명으로 옳지 않은 것은?(여기서, n : 변의 수)

① 폐합 트래버스의 편각의 합은 $180°(n-2)$이다.
② 교각이란 어느 관측선이 그 앞의 관측선과 이루는 각을 말한다.
③ 편각이란 해당 측선이 앞 측선의 연장선과 이루는 각을 말한다.
④ 교각법은 한 각의 잘못을 발견하였을 경우에도 다른 각에 관계없이 재관측할 수 있다.

> **해설** 폐합 트래버스의 편각의 합은 폐합 다각형의 각의 수와 상관없이 무조건 360°이다.

14 트래버스 측량의 각관측방법 중 방위각법에 대한 설명으로 틀린 것은?

① 진북을 기준으로 어느 측선까지 시계 방향으로 측정하는 방법이다.
② 험준하고 복잡한 지역에서는 적합하지 않다.
③ 각이 독립적으로 관측되므로 오차 발생 시 개별 각의 오차는 이후의 측량에 영향이 없다.
④ 각관측값의 계산과 제도가 편리하고 신속히 관측할 수 있다.

> **해설** 방위각법은 직접 방위각이 관측되어 편리하나 관측된 교각을 기초로 측선에 따라 관측오차가 누적되는 단점이 있다.

정답 10. ① 11. ② 12. ④ 13. ① 14. ③

15 트래버스 측량에서 1회 각관측의 오차가 ±10″라면 30개의 측점에서 1회씩 각관측하였을 때의 총 각관측오차는?

① ±15″ ② ±17″
③ ±55″ ④ ±70″

> **해설** 트래버스 측량의 각관측 오차
> 트래버스 측량에서 각관측 오차는 관측각 개수의 제곱근에 비례하므로
> 30개 각관측오차 $=±10″\sqrt{30}≒±55″$

16 다각측량에서 거리관측 및 각관측의 정밀도는 균형을 고려해야 한다. 거리관측의 허용오차가 ± 1/10,000이라고 할 때, 각관측의 허용오차는?

① ±20″ ② ±10″
③ ±5″   ④ ±1′

> **해설** 각의 정밀도와 거리정밀도의 관계
> 각오차와 거리오차가 균형을 이루므로
> $±\dfrac{1}{10,000}=±\dfrac{\Delta\alpha}{\rho″}$ 에서
> $±\Delta\alpha=±\dfrac{1}{10,000}\times 206,265″=±20″$

17 그림과 같은 트래버스에서 CD측선의 방위는? (단, AB의 방위=N 82°10′E, ∠ABC=98°39′, ∠BCD=67°14′이다.)

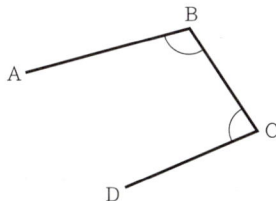

① S6°17′W   ② S83°43′W
③ N6°17′W   ④ N83°43′W

> **해설** 방위의 계산
> 교각관측에 의한 방위각 계산=전 측선 방위각+180°±교각[시계 방향 교각은 (+), 반시계 방향 교각은 (−)]
> ㉠ AB의 방위각=82°10′
> ㉡ BC의 방위각=82°10′+180°−98°39′=163°31′
> ㉢ CD의 방위각=163°31′+180°−67°14′=276°17′
> 방위각이 4상한이므로 CD측선의 방위
> =N(360°−방위각)W=N83°43′W

18 트래버스 측량에서 거리관측의 오차가 관측거리 100m에 대하여 ±1.0mm인 경우 이에 상응하는 각관측오차는?

① ±1.1″ ② ±2.1″
③ ±3.1″ ④ ±4.1″

> **해설** 각의 정밀도와 거리정밀도의 관계
> $\dfrac{dl}{l}=\dfrac{d\alpha}{\rho}$ 에서
> $d\alpha=\dfrac{dl}{l}\times\rho=\dfrac{±0.001\text{m}}{100\text{m}}\times 206,265″≒2.1″$

19 그림에서 교각 A, B, C, D의 크기가 다음과 같을 때 cd측선의 역방위각은? (단, A=100°10′, B=89°35′, C=79°15′, D=120°)

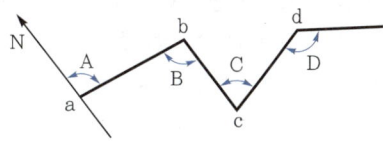

① 00°10′   ② 180°10′
③ 89°50′   ④ 269°50′

> **해설** 방위각의 계산
> ab측선의 방위각=100°10′
> bc측선의 방위각=100°10′+180°−89°35′
>   =190°35′
> cd측선의 방위각=190°35′+180°+79°15′
>   =449°50′=89°50′
> cd측선의 역방위각=89°50′+180°=269°50′

20 방위각 265°에 대한 측선의 방위는?

① S85°W ② E85°W
③ N85°E ④ E85°N

> **해설** 방위의 계산
> 방위각이 265°이면 3상한이므로
> 측선의 방위=S(방위각-180°)W=S85°W

21 측량성과표에 측점 A의 진북 방향각은 0°06′17″이고, 측점 A에서 측점 B에 대한 평균 방향각은 263°38′26″로 되어 있을 때 측점 A에서 측점 B에 대한 역방위각은?

① 83°32′09″ ② 83°44′43″
③ 263°32′09″ ④ 263°44′43″

> **해설** 방위각의 계산
> ㉠ AB측선의 방위각
>   =263°38′26″-0°06′17″=263°32′09″
> ㉡ 역방위각은 180° 차이이므로 AB측선의 역방위각 263°32′09″-180°=83°32′09″

22 시가지에서 25변형 폐합 트래버스 측량을 한 결과 측각오차가 1′5″이었을 때, 이 오차의 처리는? (단, 시가지에서의 허용오차: $20″\sqrt{n} \sim 30″\sqrt{n}$, n: 트래버스의 측점 수, 각측정의 정확도는 같다.)

① 오차를 각 내각에 균등배분 조정한다.
② 오차가 너무 크므로 재측(再測)을 하여야 한다.
③ 오차를 내각(內角)의 크기에 비례하여 배분 조정한다.
④ 오차를 내각(內角)의 크기에 반비례하여 배분 조정한다.

> **해설** 다각측량의 각오차 처리방법
> ㉠ 폐합 트래버스의 허용오차
> $20″\sqrt{n} \sim 30″\sqrt{n}$ =100″~150″
> ㉡ 측각오차 : 1′15″=75″
> ㉢ 허용오차의 범위 안에 있으므로 각 내각에 균등배분하여 조정한다.

23 방위각 153°20′25″에 대한 방위는?

① E 63°20′25″ S ② E 26°39′35″ S
③ S 26°39′35″ E ④ S 63°20′25″ E

> **해설** 방위의 계산
> 방위각이 153°20′25″면 2상한이므로
> 측선의 방위=S(180°-방위각)E=S(26°39′35″)E

24 다각측량에서 어떤 폐합다각망을 측량하여 위거 및 경거의 오차를 구하였다. 거리와 각을 유사한 정밀도로 관측하였다면 위거 및 경거의 폐합오차를 배분하는 방법으로 가장 적당한 것은?

① 각 위거 및 경거에 등분배한다.
② 위거 및 경거의 크기에 비례하여 배분한다.
③ 측선의 길이에 비례하여 분배한다.
④ 위거 및 경거의 절댓값의 총합에 대한 위거 및 경거의 크기에 비례하여 배분한다.

> **해설** 트래버스의 조정
> ㉠ 컴퍼스 법칙 : 각측량의 정도와 거리측량의 정도가 동일할 때 사용하며, 각 측선의 길이에 비례하여 폐합오차 배분한다.
> ㉡ 트랜싯 법칙 : 각측량의 정도가 거리측량의 정도보다 정도가 좋을 때 사용하며, 위거와 경거의 크기에 비례하여 폐합오차 배분한다.

25 트래버스의 조정법에 대한 설명으로 옳은 것은?

① 각측량의 정밀도가 거리측량의 정밀보다 높을 때는 컴퍼스 법칙으로 조정한다.
② 트랜싯 법칙과 컴퍼스 법칙은 모두 엄밀법에 의한 트래버스 조정방법이다.
③ 각측선의 길이에 비례하여 폐합오차를 조정하는 방법이 트랜싯 법칙이다.
④ 폐합오차 및 폐합비를 계산하여 허용범위 내에 있을 경우에만 조정계산한다.

> **해설** 트랜싯 법칙과 컴퍼스 법칙은 트래버스 거리오차의 조정에 대하여 간편법으로 조정하는 방법이다.

정답 20. ① 21. ① 22. ① 23. ③ 24. ③ 25. ④

26 다각측량에서 토털스테이션의 구심오차에 관한 설명으로 옳은 것은?

① 도상의 측점과 토털스테이션의 중심이 동일 연직선상에 있지 않음으로써 발생한다.
② 시준선이 수평분도원의 중심을 통과하지 않음으로써 발생한다.
③ 편심량의 크기에 반비례한다.
④ 정반관측으로 소거된다.

> **해설** 다각측량에서 토털스테이션의 구심오차
> 다각측량에서 구심오차란 지상의 측점(기준점)과 토털스테이션의 중심이 일치하지 않음으로써 발생한다.

27 시가지에서 5개의 측점으로 폐합 트래버스를 구성하여 내각을 측정한 결과, 각관측오차가 30″이었다. 각관측의 경중률이 동일할 때 각오차의 처리방법은? (단, 시가지의 허용오차 범위 $= 20''\sqrt{n} \sim 30''\sqrt{n}$)

① 재측량한다.
② 각의 크기에 관계없이 등배분한다.
③ 각의 크기에 비례하여 배분한다.
④ 각의 크기에 반비례하여 배분한다.

> **해설** 다각측량의 각오차 처리방법
> ㉠ 폐합 트래버스의 허용오차
> $20''\sqrt{n} \sim 30''\sqrt{n} = 44.7'' \sim 67.1''$
> ㉡ 측각오차: 30″
> ㉢ 허용오차의 범위 안에 있고 경중률이 동일하므로 각의 크기에 관계없이 등분배하여 조정한다.

28 시가지에서 25변형 트래버스 측량을 실시하여 2′50″의 각관측오차가 발생하였다면 오차의 처리 방법으로 옳은 것은? (단, 시가지의 측각 허용범위 $= \pm 20''\sqrt{n} \sim 30''\sqrt{n}$, 여기서 n은 트래버스의 측점 수)

① 오차가 허용오차 이상이므로 다시 관측해야 한다.
② 변의 길이의 역수에 비례하여 배분한다.
③ 변의 길이에 비례하여 배분한다.
④ 각의 크기에 따라 배분한다.

> **해설** 다각측량의 각오차 처리방법
> ㉠ 폐합 트래버스의 허용오차: $20''\sqrt{n} \sim 30''$
> $\sqrt{n} = 100'' \sim 150'' (1'40'' \sim 2'30'')$
> ㉡ 측각오차: 2′50″
> ㉢ 허용오차의 범위를 벗어나므로 다시 관측하여야 한다.

★★★
29 트래버스 측량(다각측량)의 폐합오차 조정방법 중 컴퍼스 법칙에 대한 설명으로 옳은 것은?

① 각과 거리의 정밀도가 비슷할 때 실시하는 방법이다.
② 위거와 경거의 크기에 비례하여 폐합오차를 배분한다.
③ 각측선의 길이에 반비례하여 폐합오차를 배분한다.
④ 거리보다는 각의 정밀도가 높을 때 활용하는 방법이다.

> **해설** 트래버스의 조정
> ㉠ 컴퍼스 법칙: 각측량의 정도와 거리측량의 정도가 동일할 때 사용하며, 각 측선의 길이에 비례하여 폐합오차 배분한다.
> ㉡ 트랜싯 법칙: 각측량의 정도가 거리측량의 정도보다 정도가 좋을 때 사용하며, 위거와 경거의 크기에 비례하여 폐합오차 배분한다.

30 평탄한 지역에서 9개 측선으로 구성된 다각측량에서 2′의 각관측오차가 발생하였다면 오차의 처리 방법으로 옳은 것은? (단, 허용오차는 $60''\sqrt{N}$으로 가정한다.)

① 오차가 크므로 다시 관측한다.
② 측선의 거리에 비례하여 배분한다.
③ 관측각의 크기에 역비례하여 배분한다.
④ 관측각에 같은 크기로 배분한다.

정답 26. ① 27. ② 28. ① 29. ① 30. ④

해설	다각측량의 각오차 처리방법
	㉠ 평탄지 폐합 트래버스의 허용오차: $60''\sqrt{N} = 60'' \times \sqrt{9} = 180'' = 3'$ ㉡ 측각오차: $2'$ ㉢ 허용오차의 범위 안에 있으므로 각 내각에 균등배분하여 조정한다(같은 크기로 배분한다).

31 다각측량을 통한 결과에 대한 설명으로 옳지 않은 것은?

① 방위각 330°, 거리 100m에 대한 경거의 값은 -50m이다.
② 위거, 경거의 오차가 각각 3cm, 4cm일 때 폐합오차는 5cm이다.
③ 측선 총거리가 100m, 폐합오차 0.05m일 때 정확도는 1/3,000이다.
④ 각 측정의 정확도가 같을 때에는 오차를 각의 크기에 관계없이 동일하게 배분한다.

해설	다각측량의 개념
	폐합 트래버스의 정확도, 폐합비(정확도)는 폐합오차를 측선의 총거리로 나눈 비율이다. 측선 총거리가 100m, 폐합오차 0.05m일 때 정확도 $= \dfrac{0.05}{100} = \dfrac{1}{2,000}$

32 ★★ 트래버스 측점 A의 좌표가 (200, 200)이고, AB측선의 길이가 50m일 때 B점의 좌표는? (단, AB의 방위각은 195°이고, 좌표의 단위는 m이다.)

① (248.3, 187.1) ② (248.3, 212.9)
③ (151.7, 187.1) ④ (151.7, 212.9)

해설	X, Y 좌표의 계산
	㉠ $X_B = X_A + \overline{AB} \times \cos(\overline{AB}\ 방위각)$ $= 200\text{m} + 50\text{m} \times \cos(195°) = 151.7\text{m}$ ㉡ $Y_B = Y_A + \overline{AB} \times \sin(\overline{AB}\ 방위각)$ $= 200\text{m} + 50\text{m} \times \sin(195°) = 187.1\text{m}$

33 ★ 한 측선의 자오선(종축)과 이루는 각이 60°00′이고 계산된 측선의 위거가 -60m, 경거가 -103.92m일 때 이 측선의 방위와 거리는?

① 방위=S60°00′E, 거리=130m
② 방위=N60°00′E, 거리=130m
③ 방위=N60°00′W, 거리=120m
④ 방위=S60°00′W, 거리=120m

해설	방위와 거리의 계산
	위거가 -60m, 경거가 -103.92m이고 자오선과 이루는 각이 60°이라면 3상한각이므로 방위는 S60°W이고, 거리는 거리 $= \sqrt{위거^2 + 경거^2}$ $= \sqrt{(-60)^2 + (-103.92)^2}$ $= 120\text{m}$

34 ★ 그림과 같은 관측 결과 $\theta = 30°11′00''$, $S = 1000\text{m}$일 때 C점의 X좌표는? (단, AB의 방위각$=89°49′00''$, A점의 X좌표$=1,200\text{m}$)

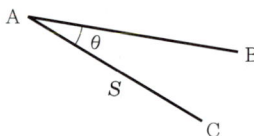

① 700.00m   ② 1203.20m
③ 2064.42m ④ 2066.03m

해설	X, Y 좌표의 계산
	AC의 방위각$=$AB 방위각$+\theta$에서 AC의 방위각$=89°49′00''+30°11′00''=120°$ C점의 X좌표 $=$A점의 X좌표$+S\times\cos$(AC 방위각) $=1,200+1,000\times\cos(120°)$ $=700.00\text{m}$

35 그림의 다각측량 성과를 이용한 C점의 좌표는? (단, $\overline{AB} = \overline{BC} = 100$m이고, 좌표 단위는 m이다.)

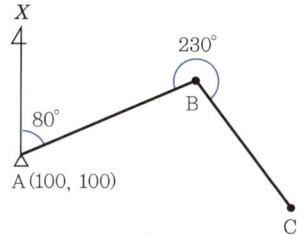

① $X=48.27$m, $Y=256.28$m
② $X=53.08$m, $Y=275.08$m
③ $X=62.31$m, $Y=281.31$m
④ $X=69.49$m, $Y=287.49$m

> **해설** X, Y 좌표의 계산
> ㉠ BC 측선의 방위각
>   = AB 측선의 방위각 + 180° + ∠B
>   = 80° + 180° + 230°
>   = 490° = 130°
> ㉡ $X_C = X_A + \overline{AB} \times \cos(\overline{AB}$ 방위각$)$
> $+ \overline{BC} \times \cos(\overline{BC}$ 방위각$)$
>   = 100m + 100m × cos(80°) + 100m
>   × cos(130°)
>   = 53.08m
> ㉢ $Y_C = Y_A + \overline{AB} \times \sin(\overline{AB}$ 방위각$)$
> $+ \overline{BC} \times \sin(\overline{BC}$ 방위각$)$
>   = 100m + 100m × sin(80°)
>   + 100m × sin(130°)
>   = 275.08m

36 트래버스 측량에서 측점 A의 좌표가 (100m, 100m)이고 측선 AB의 길이가 50m일 때 B점의 좌표는? (단, AB 측선의 방위각은 195°이다.)

① (51.7m, 87.1m) ② (51.7m, 112.9m)
③ (148.3m, 87.1m) ④ (148.3m, 112.9m)

> **해설** X, Y 좌표의 계산
> ㉠ $X_B = X_A + \overline{AB} \times \cos(\overline{AB}$ 방위각$)$
>   = 100m + 50m × cos(195°) = 51.7m
> ㉡ $Y_B = Y_A + \overline{AB} \times \sin(\overline{AB}$ 방위각$)$
>   = 100m + 50m × sin(195°) = 87.1m

37 그림의 다각망에서 C점의 좌표는? (단, $\overline{AB} = \overline{BC} = 100$m 이다.)

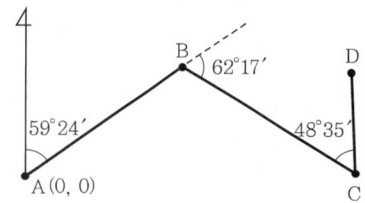

① $X_c = -5.31$m, $Y_c = 160.45$m
② $X_c = -1.62$m, $Y_c = 171.17$m
③ $X_c = -10.27$m, $Y_c = 89.25$m
④ $X_c = 50.90$m, $Y_c = 86.07$m

> **해설** X, Y 좌표의 계산
> ㉠ BC 측선의 방위각 = 59°24′ + 62°17′ = 121°41′
> ㉡ $X_C = X_A + \overline{AB} \times \cos(\overline{AB}$ 방위각$)$
> $+ \overline{BC} \times \cos(\overline{BC}$ 방위각$)$
>   = 0 + 100m × cos(59°24′)
>   + 100m × cos(121°41′)
>   = −1.62m
> ㉢ $Y_C = Y_A + \overline{AB} \times \sin(\overline{AB}$ 방위각$)$
> $+ \overline{BC} \times \sin(\overline{BC}$ 방위각$)$
>   = 0 + 100m × sin(59°24′)
>   + 100m × sin(121°41′)
>   = 171.17m

38 폐합 트래버스 ABCD에서 각측선의 경거, 위거가 표와 같을 때, AD 측선의 방위각은?

측선	위거 (+)	위거 (−)	경거 (+)	경거 (−)
AB	50		50	
BC		30	60	
CD		70		60
DA				

① 133° ② 135°
③ 137° ④ 145°

정답 35. ② 36. ① 37. ② 38. ②

> **해설** 위거, 경거를 이용한 방위각의 계산
> 폐합 트래버스의 관측오차가 없다면 위거의 합과 경거의 합은 0이 되어야 하므로 DA측선의 위거는 +50, 경거는 +50이다.
> DA 측선의 방위각 = $\tan^{-1}\left(\dfrac{\text{DA경거}}{\text{DA위거}}\right)$
> $= \tan^{-1}\left(\dfrac{+50}{-50}\right) = -45°$
> 4상한각이므로 DA방위각은 315°
> AD측선의 방위각은 DA측선의 역방위각이므로
> 315° − 180° = 135°

39 ★ A와 B의 좌표가 다음과 같을 때 측선 AB의 방위각은?

| A점의 좌표 = (179,847.1m, 76,614.3m) |
| B점의 좌표 = (179,964.5m, 76,625.1m) |

① 5°23′15″ ② 185°15′23″
③ 185°23′15″ ④ 5°15′22″

> **해설** 좌표를 이용한 방위각의 계산
> $\overline{AB}$ 측선을 그려보면 1상한각임을 알 수 있으므로 방위각은 1상한에 해당하는 0~90° 사이의 각이 된다.
> $\tan \text{방위각} = \dfrac{\Delta Y}{\Delta X} = \dfrac{Y_B - Y_A}{X_B - X_A}$
> 방위각 $= \tan^{-1}\left(\dfrac{Y_B - Y_A}{X_B - X_A}\right)$
> $= \tan^{-1}\left(\dfrac{76,625.1 - 76,614.3}{179,964.5 - 179,847.1}\right)$
> $= 5°15′22″$

40 ★ 임의 지점 P_1의 좌표가 (−2,000m, 1,000m)이고, 다른 지점 P_2의 좌표가 (−1,250m, 2,299m)일 때 $\overline{P_1P_2}$의 방위각은?

① 30°00′03″ ② 59°59′57″
③ 210°00′03″ ④ 239°59′57″

> **해설** 좌표를 이용한 방위각의 계산
> $\overline{P_1P_2}$ 측선을 그려보면 1상한각임을 알 수 있으므로 방위각은 1상한에 해당하는 0~90° 사이의 각이 된다.

$\tan \text{방위각} = \dfrac{\Delta Y}{\Delta X} = \dfrac{Y_{P2} - Y_{P1}}{X_{P2} - X_{P1}}$

방위각 $= \tan^{-1}\left(\dfrac{Y_{P2} - Y_{P1}}{X_{P2} - X_{P1}}\right)$
$= \tan^{-1}\left(\dfrac{2,299 - 1,000}{-1,250 - (-2,000)}\right)$
$= 59°59′57.38″$

41 ★★ 트래버스 ABCD에서 각측선에 대한 위거와 경거 값이 아래 표와 같을 때, 측선 BC의 배횡거는?

측선	위거(m)	경거(m)
AB	+75.39	+81.57
BC	−33.57	+18.78
CD	−61.43	−45.60
DA	+44.61	−52.65

① 81.57m ② 155.10m
③ 163.14m ④ 181.92m

> **해설** 배횡거의 계산
> 배횡거 = (하나 앞 측선의 배횡거) + (하나 앞 측선의 조정 경거) + (해당 측선의 조정 경거)
>
> | 측선 | 위거(m) | 경거(m) | 배횡거(m) |
> |---|---|---|---|
> | AB | +75.39 | +81.57 | +81.57 |
> | BC | −33.57 | +18.78 | +181.92 |
> | CD | −61.43 | −45.60 | +155.10 |
> | DA | +44.61 | −52.65 | +56.85 |

42 ★ A점에서 관측을 시작하여 A점으로 폐합시킨 폐합 트래버스 측량에서 다음과 같은 측량결과를 얻었다. 이때 측선 AB의 배횡거는?

측선	위거(m)	경거(m)
AB	15.5	25.6
BC	−35.8	32.2
CA	20.3	−57.8

① 0m ② 25.6m
③ 57.8m ④ 83.4m

정답 39. ④ 40. ② 41. ④ 42. ②

> **해설** 배횡거의 계산
> 배횡거=하나 앞 측선의 배횡거 + 하나 앞 측선의 조정 경거 + 해당 측선의 조정 경거
>
> | 측선 | 위거(m) | 경거(m) | 배횡거(m) |
> |---|---|---|---|
> | AB | 15.5 | 25.6 | 25.6 |
> | BC | −35.8 | 32.2 | 83.4 |
> | CA | 20.3 | −57.8 | 57.8 |

43 ★★ 트래버스 측량의 결과로 위거오차 0.4m, 경거오차 0.3m를 얻었다. 총 측선의 길이가 1,500m이었다면 폐합비는?

① 1/2,000 ② 1/3,000
③ 1/4,000 ④ 1/5,000

> **해설** 폐합비(R)의 계산
> $R = \dfrac{\text{폐합오차}}{\text{측선길이의 합}}$에서
> 위거오차 = $\sqrt{\text{위거오차}^2 + \text{경거오차}^2}$ 이므로
> 폐합비 = $\dfrac{\sqrt{0.4^2 + 0.3^2}}{1,500} = \dfrac{1}{3,000}$

44 ★★ 다음은 폐합 트래버스 측량성과이다. 측선 CD의 배횡거는?

측선	위거(m)	경거(m)
AB	+65.39	+83.57
BC	−34.57	+19.68
CD	−61.43	−40.60
DA	+34.61	−62.65

① 60.25m ② 115.90m
③ 135.45m ④ 165.90m

> **해설** 배횡거의 계산
> 배횡거=하나 앞 측선의 배횡거+하나 앞 측선의 조정 경거+해당 측선의 조정 경거
>
> | 측선 | 위거(m) | 경거(m) | 배횡거(m) |
> |---|---|---|---|
> | AB | +65.39 | +83.57 | +83.57 |
> | BC | −34.57 | +19.68 | +186.82 |
> | CD | −61.43 | −40.60 | +165.90 |
> | DA | +34.61 | −62.65 | +62.65 |

45 폐합 트래버스에서 위거의 합이 −0.17m, 경거의 합이 0.22m이고, 전 측선의 거리의 합이 252m일 때 폐합비는?

① 1/900 ② 1/1,000
③ 1/1,100 ④ 1/1,200

> **해설** 폐합비(R)의 계산
> $R = \dfrac{\text{폐합오차}}{\text{측선길이의 합}}$에서
> 위거오차 = $\sqrt{\text{위거오차}^2 + \text{경거오차}^2}$ 이므로
> 폐합비 = $\dfrac{\sqrt{(-0.17)^2 + 0.22^2}}{252} \fallingdotseq \dfrac{1}{900}$

46 ★ 노선 거리를 2km의 결합 트래버스 측량에서 폐합비를 1/5000로 제한한다면 허용폐합오차는?

① 0.1m ② 0.4m
③ 0.8m ④ 1.2m

> **해설** 폐합비(R)를 이용한 폐합오차의 계산
> 폐합비 $R = \dfrac{\text{허용폐합오차}}{\text{측선길이의 합}}$에서
> 허용폐합오차 = $2,000\text{m} \times \dfrac{1}{5,000} = 0.4\text{m}$

47 폐합다각측량을 실시하여 위거오차 30cm, 경거오차 40cm를 얻었다. 다각측량의 전체 길이가 500m라면 다각형의 폐합비는?

① 1/100 ② 1/125
③ 1/1,000 ④ 1/1,250

> **해설** 폐합비(R)의 계산
> $R = \dfrac{\text{폐합오차}}{\text{측선길이의 합}}$에서
> 위거오차 = $\sqrt{\text{위거오차}^2 + \text{경거오차}^2}$ 이므로
> 폐합비 = $\dfrac{\sqrt{0.4^2 + 0.3^2}}{500} = \dfrac{1}{1,000}$

정답 43. ② 44. ④ 45. ① 46. ② 47. ③

48 트래버스 측량의 결과가 표와 같을 때, 폐합오차는?

측점	위거(m)		경거(m)	
	N(+)	S(−)	E(+)	W(−)
A	130.25		110.50	
B		75.63	40.30	
C		110.56		100.25
D	55.04			50.00

① 1.05m ② 1.15m
③ 1.75m ④ 1.95m

해설 폐합오차의 계산
위거의 합과 경거의 합이 각각 0이 되어야 하며 0이 되지 않는 값이 위거오차, 경거오차가 된다.
위거오차 = 130.25 − 75.63 − 110.56 + 55.04
  = − 0.90
경거오차 = 110.50 + 40.30 − 100.25 − 50.00
  = 0.55
폐합오차 = $\sqrt{위거오차^2 + 경거오차^2}$
  = $\sqrt{(-0.90)^2 + 0.55^2}$ = 1.05m

49 트래버스 ABCD에서 각측선에 대한 위거와 경거 값이 아래 표와 같을 때, 측선 BC의 배횡거는?

측선	위거(m)	경거(m)
AB	+75.39	+81.57
BC	−33.57	+18.78
CD	−61.43	−45.60
CA	+44.61	−52.65

① 81.57m ② 155.10m
③ 163.14m ④ 181.92m

해설 배횡거의 계산
배횡거=하나 앞 측선의 배횡거+하나 앞 측선의 조정 경거+해당 측선의 조정 경거

측선	위거(m)	경거(m)	배횡거(m)
AB	+75.39	+81.57	+81.57
BC	−33.57	+18.78	+181.92
CD	−61.43	−45.60	+155.10
DA	+44.61	−52.65	+56.85

50 거리와 각을 동일한 정밀도로 관측하여 다각측량을 하려고 한다. 이때 각측량기의 정밀도가 10″라면 거리측량기의 정밀도는 약 얼마 정도이어야 하는가?

① 1/15,000 ② 1/18,000
③ 1/21,000 ④ 1/25,000

해설 각의 정밀도와 거리정밀도의 관계
㉠ 각측량기의 정밀도가 10″이라는 의미는 1라디 안에 대한 각오차를 의미
㉡ 각오차와 거리오차가 균형을 이루므로
거리오차의 정밀도 = $\frac{10''}{\rho''} = \frac{10''}{206,265''}$
  ≒ $\frac{1}{21,000}$

51 다각측량 결과 측점 A, B, C의 합위거, 합경거가 표와 같다면 삼각형 A, B, C의 면적은?

측점	합위거(m)	합경거(m)
A	100.0	100.0
B	400.0	100.0
C	100.0	500.0

① 40,000m² ② 60,000m²
③ 80,000m² ④ 120,000m²

해설 합위거, 합경거를 이용한 면적의 계산
합위거와 합경거는 X, Y좌표에 해당하므로 좌표법에 의하여 계산하면 A(100, 100)에서 시작하여 시계 방향으로 다시 A로 폐합)

$\frac{100}{100} \times \frac{400}{100} \times \frac{100}{500} \times \frac{100}{100}$

$\sum \searrow$
  = (100×100)+(400×500)+(100×100)
  = 220,000

$\sum \swarrow$
  = (400×100)+(100×100)+(100×500)
  = 100,000

$2 \cdot A = \sum \searrow - \sum \swarrow = 220,000 - 100,000$
  = 120,000

$A = \frac{2 \times A}{2} = 60,000 \text{m}^2$

정답 48. ① 49. ④ 50. ③ 51. ②

52 다음 그림과 같은 결합 트래버스의 측각오차식은? (단, $[a]$: 측각($a_1 \sim a_n$)의 총합)

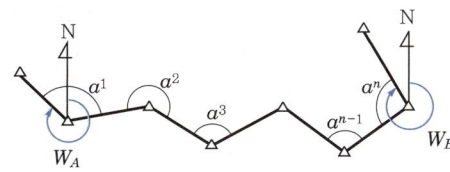

① $E_a = W_A - W_B + [a] - 180°(n-1)$
② $E_a = W_A - W_B + [a] - 180°(n+1)$
③ $E_a = W_A - W_B + [a] - 180°(n-3)$
④ $E_a = W_A - W_B + [a] - 180°(n+3)$

> **해설** 결합 트래버스의 각오차 계산
> ㉠ 삼각점이 외곽일 경우
> $E_a = W_A - W_B = [a] - 180°(n+1)$
> ㉡ 삼각점이 왼쪽이나 오른쪽으로 동일한 방향으로 기울 경우
> $E_a = W_A - W_B = [a] - 180°(n-1)$
> ㉢ 삼각점이 모두 안쪽일 경우
> $E_a = W_A - W_B = [a] - 180°(n-3)$

53 그림과 같은 트래버스에서 AL의 방위각이 29°40′15″, BM의 방위각이 320°27′12″, 교각의 총합이 1190°47′32″일 때 각관측오차는?

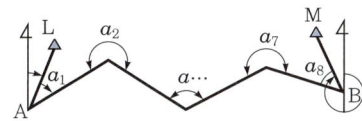

① 45″ ② 35″
③ 25″ ④ 15″

> **해설** 결합 트래버스의 각오차 계산
> 그림과 같이 삼각점이 모두 안쪽일 경우 측각오차는 다음과 같다.
> $E_a = W_A - W_B + [a] - 180°(n-3)$
> $= 29°40′15″ - 320°27′12″ + 1,190°47′32″$
> $\quad - 180°(8-3)$
> $= 0°00′35″$

54 그림과 같은 트래버스에서 AL의 방위각이 19°48′26″, BM의 방위각이 310°36′43″, 내각의 총합이 1,190°47′22″일 때 측각오차는?

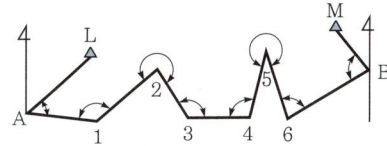

① +15″ ② −25″
③ +47″ ④ −55″

> **해설** 결합 트래버스의 각오차 계산
> 그림과 같이 삼각점이 모두 안쪽일 경우 측각오차는 다음과 같다.
> $E_a = W_A - W_B = [a] - 180°(n-1)$
> $= 19°48′26″ - 310°36′43″ + 1,190°47′22″$
> $\quad - 180°(7-3)$
> $= -0°00′55″$

55 A점에서 B점을 연결하는 결합 트래버스에서 A점의 좌표가 $X_A = 69.30$, $Y_A = 123.56$m이고 B점의 좌표가 $X_B = 153.47$m, $Y_B = 636.22$m일 때 AB 간 위거의 총합이 +84.30m, 경거의 총합이 +512.60m일 때 폐합오차는?

① 0.14m ② 0.24m
③ 0.34m ④ 0.44m

> **해설** 폐합 트래버스의 폐합오차 계산
> ㉠ 위거오차(E_L)
> $E_L = \sum 위거 - (X_B - X_A)$
> $= 84.30 - (153.47 - 69.30) = 0.13$m
> ㉡ 경거오차(E_D)
> $E_D = \sum 경거 - (Y_B - Y_A)$
> $= 512.60 - (636.22 - 123.56) = -0.06$m
> ㉢ 폐합오차(E)
> $E = \sqrt{(E_L)^2 + (E_D)^2}$
> $= \sqrt{(0.13)^2 + (-0.06)^2}$
> $= 0.14$m

정답 52. ① 53. ② 54. ④ 55. ①

56 그림과 같은 결합 트래버스의 관측량 오차는? (단, w_a=20°01′27″, w_b=310°48′31″, 교각의 합 $[a]$ =830°47′24″)

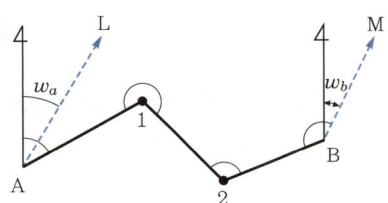

① 2″ ② 10″
③ 20″ ④ 30″

> **해설** 결합 트래버스의 각오차 계산
> 결합 트래버스의 각오차 산정 : 삼각점이 왼쪽이나 오른쪽으로 동일한 방향으로 기울 경우
> $E_a = W_A - W_B + [a] - 180° (n-1)$
> $= 20°01′27″ - 310°48′31″ + 830°47′24″$
> $\quad - 180° \times (4-1)$
> $= 20″$

57 트래버스 측량에서 A, B, C점에 대하여 위거(L)와 경거(D)를 계산하여 $L_{AB}=80.0$m, $D_{AB}=20.0$m, $L_{BC}=-40.0$m, $D_{BC}=30.0$m 의 결과를 얻었다. AC의 거리는? (단, L_{AB} : AB측선의 위거, D_{AB} : AB측선의 경거)

① 61.454m ② 61.789m
③ 62.073m ④ 64.031m

> **해설** 위거와 경거를 이용한 측선의 거리 계산
> 폐합 트래버스는 오차가 없다면 위거의 합과 경거의 합은 0이 된다. 이를 이용하여 $\overline{CA}$ 의 위거와 경거를 구하면 다음과 같다.
>
> | 측선 | 위거 | 경거 | | 측선 | 위거 | 경거 |
> |---|---|---|---|---|---|---|
> | $\overline{AB}$ | 80 | 20 | | $\overline{AB}$ | 80 | 20 |
> | $\overline{BC}$ | −40 | 30 | ⇒ | $\overline{BC}$ | −40 | 30 |
> | $\overline{CA}$ | | | | $\overline{CA}$ | −40 | 50 |
> | 계 | 40 | −50 | | 계 | 0 | 0 |
>
> $\therefore \overline{AC} = \sqrt{(위거)^2 + (경거)^2}$
> $= \sqrt{(-50)^2 + (40)^2} = 64.031$m

정답 56. ③ 57. ④

CHAPTER 6

수준측량

SECTION 1 | 수준측량의 개요

SECTION 2 | 레벨의 종류와 구조

SECTION 3 | 수준측량의 방법

SECTION 4 | 수준측량의 오차

CHAPTER 06 수준측량

회독 체크표

1회독	월	일
2회독	월	일
3회독	월	일

최근 10년간 출제분석표

2015	2016	2017	2018	2019	2020	2021	2022	2023	2024
11.7%	13.3%	15%	13.3%	18.3%	15%	15%	13.3%	10%	10%

출제 POINT

학습 POINT
- 기포관의 감도
- 수준측량의 용어
- 야장기입법
- 교호수준측량
- 수준측량의 오차

■ 수준측량 용어
① 수준면 : 점들이 중력 방향에 직각으로 이루어진 곡면(중력 방향에 연직)
② 수준선 : 수준면에 평행한 곡선
③ 수평면 : 수준면의 한 점에 접한 평면을 수평면
④ 지평선 : 수준면의 한 점에 접한 접선을 수평선
⑤ 기준면 : 높이의 기준이 되는 수준면
⑥ 표고 : 수준면(기준면)에서 어느 점까지의 연직(수직)거리
⑦ 수준점 : 기준면으로부터의 높이를 정확히 구하여 놓은 점으로 고저측량의 기준이 되는 점

SECTION 1 수준측량의 개요

1 개요

1) 수준측량
① 고저측량은 지구상의 **여러 점 간의 고저차를 구하는 측량**이다.
② 수준측량 또는 레벨측량이라고도 부른다.

2) 용어의 정의

(1) 수준면과 수준선
① 수준면이란 점들이 중력 방향에 직각으로 이루어진 곡면(중력 방향에 연직)을 말한다.
② 수준면은 지오이드 면이나 정지한 해수면을 말한다.
③ 수평면은 일반적으로 구면 또는 회전 타원체면이라 가정한다.
④ 소규모의 측량에서는 수평면을 평면으로 가정하여도 무방하다(지구곡률을 고려하지 않고 고저측량을 하여도 무방하다).
⑤ 수준선은 수준면에 평행한 곡선이다.

> **참고**
> **수준측량의 이용**
> ① 기존 지형에 가장 알맞은 도로, 철도 및 운하의 설계
> ② 계획된 고저에 의한 건설공사의 배치
> ③ 토공량의 산정과 공사지역의 배수특성의 조사
> ④ 토지의 현황을 표현하는 지도의 제작

(2) **수평면과 수평선**
① 수평면 : 수준면의 한 점에 접한 평면을 수평면
② 지평선 : 수준면의 한 점에 접한 접선을 수평선

(3) **평균해면 또는 평균해수면**
① 해수의 파도를 정지시키고 간만의 차에 의한 수위변동을 평균한 수준면이다.
② 보통 평균해면을 기준면으로 이용한다.
③ 여러 해 동안 관측한 해수면의 평균값을 말한다.

> **참고**
> 수준측량에서 직선과 곡선
> ① 직선 : 지평선만 직선
> ② 곡선 : 수준선, 기준선, 수평선, 특별기준선 등은 모두 곡선

(4) **기준면**
① 높이의 기준이 되는 수준면으로 그 면의 높이를 ±0으로 정한다.
② 기준면은 일반적으로 수년 동안 관측하여 얻은 평균해수면(Mean Sea Level, M.S.L.)을 사용한다.
③ 기준면은 계산에 의한 가상면이므로 이용하기에 불편하다.
④ 수준기점은 평균해수면을 측정한 부근에 표지를 만들어 정확한 높이를 측정한 것이다.
⑤ 우리나라의 수준원점은 인하대학교 구내에 있으며 높이는 26.6871m이다.
⑥ 기준으로 취한 높이를 0의 수준면 혹은 기준 수준면이라 한다.

(5) **표고**
수준면(기준면)에서 어느 점까지의 연직(수직)거리를 말한다.

(6) **수준점**(B.M. : 고저기준점)
① 수준원점을 출발하여 국도 및 중요 도로를 따라 적당한 간격으로 표석을 매설해 놓은 고정점이다.
② 수준점은 기준면으로부터의 높이를 정확히 구하여 놓은 점으로, 고저측량의 기준이 되는 점이다.
③ 우리나라는 국토지리정보원이 전국의 국토를 따라 약 4km마다 1등 수준점, 이를 기준으로 다시 2km마다 2등 수준점을 설치하여 놓고 있다.

출제 POINT

■ **높이의 기준**
① 평균해수면 : 여러 해 동안 관측한 해수면의 평균값으로 표고의 기준
② 기본수준면(약최저저조면) : 수로 측량 높이의 기준으로 간출지 표고와 수심의 기준
③ 약최고고조면 : 선박의 안전통항을 위한 교량 및 가공선의 높이로 해안선의 기준

출제 POINT

■ 수준측량의 분류

1. 직접수준측량 : 레벨을 이용하여 고저차를 구하는 방법
2. 간접수준측량 : 레벨 이외의 도구를 이용하여 고저차를 구하는 방법
   ① 삼각 수준측량
   ② 스타디아 수준측량
   ③ 기압 수준측량
   ④ 항공사진측량
   ⑤ 평판의 앨리데이드에 의한 방법, 나침반에 의한 방법, 중력에 의한 방법 등
3. 교호수준측량 : 강 또는 바다 등 접근이 곤란한 두 점간의 고저차를 직접 구하는 직접수준측량

2 수준측량의 분류

1) 측량방법에 따른 분류

(1) 직접수준측량

레벨을 이용하여 두 점 간에 세운 표척의 눈금차로부터 직접 고저차를 구하는 방법이다.

(2) 간접수준측량

레벨 이외의 기구를 사용하여 고저차를 구하는 방법이다.
① 삼각 수준측량 : 두 점 간의 연직각과 수평거리를 측정하여 삼각법에 의해 고저차를 구하는 방법
② 스타디아 수준측량 : 스타디아 측량으로 고저차를 구하는 방법
③ 기압 수준측량 : 기압계나 물리적 방법에 따라 기압차를 구하여 고저차를 구하는 방법
④ 항공사진측량 : 항공사진의 입체시에 의하여 고저차를 구한다.
⑤ 기타 : 평판의 앨리데이드에 의한 방법, 나침반에 의한 방법, 중력에 의한 방법 등

(3) 교호수준측량

강 또는 바다 등으로 인하여 접근이 곤란한 두 점 간의 고저차를 직접 구하는 방법이다.

(4) 개략수준측량

간단한 기구로서 정밀을 요하지 않은 두 점 간의 고저차를 구하는 방법이다.

2) 측량의 목적에 따른 분류

(1) 고저차 수준측량

서로 떨어진 두 점 사이의 고저차만을 측정하기 위한 측량이다.

(2) 단면 수준측량

① 도로, 수로 등의 정해진 선을 따라 일정한 간격으로 표고를 정하므로 단면이나 토량을 알기 위한 측량이다.
② 종단 수준측량과 횡단 수준측량이 있다.

3) 법규상의 분류

① 1등수준측량 : 공공측량이나 그 밖의 측량에 기준이 되며 1등수준점 간의 거리는 평균 4km이다.
② 2등수준측량 : 공공측량이나 그 밖의 측량에 기준이 되며 2등수준점 간의 거리는 평균 2km이다.

SECTION 2 레벨의 종류와 구조

1 레벨의 종류

① 덤피레벨 : 망원경이 고정되어 구조가 견고하고 정밀도 좋음
② 미동레벨 : 기포상 합치식 레벨이라고도 하며 정밀측량용 레벨
③ 자동레벨 : 컴펜세이터가 부착되어 사용이 쉽고 신속하게 측정할 수 있어 가장 많이 이용
④ 전자레벨 : 바코드 수준척을 사용하여 레벨에 내장된 컴퓨터로 높이 관측

2 약수준측량기구

① 핸드레벨 : 삼각대 없이 손으로 들고 표척의 눈금을 읽어 개략적 높이차 측정하는 레벨
② 클리노미터 핸드레벨 : 경사각도를 측정하고 경사각을 측정하는 레벨

3 레벨의 구조

1) 대물렌즈

① 시준할 목표물의 상을 십자면에 오게 하는 역할
② 2중렌즈를 사용하여 구면수차와 색수차 제거
③ 망원경의 배율은 대물렌즈의 초점거리와 접안렌즈의 초점거리의 비

2) 접안렌즈

십자선 위에 있는 물체의 상을 정립으로 확대하여 관측자의 눈에 선명하게 보이게 하는 역학

4 기포관

1) 기포관의 구조

① 알코올과 에테르 같은 점성이 적은 액체를 넣어 기포를 남기고 양단을 밀폐한 것
② 기포관은 유리관 안의 액체가 원호를 구성

2) 기포관의 구비조건

① 곡률반경이 클 것

■ 망원경의 배율

$$\frac{F}{f} = \frac{대물렌즈\ 초점거리}{접안렌즈\ 초점거리}$$

출제 POINT

■ 기포관의 구비조건
① 곡률반경이 클 것
② 액체의 점성 및 표면장력이 작을 것
③ 관의 곡률이 일정하고, 관의 내면이 매끈할 것
④ 기포의 길이는 될 수 있는 한 길어야 할 것

■ 기포관의 감도
① 기포가 1눈금 이동하는 데 기포관축이 기울어지는 각도
② 기포가 1눈금에 대한 각오차

② 액체의 점성 및 표면장력이 작을 것
③ 관의 곡률이 일정하고, 관의 내면이 매끈할 것
④ 기포의 길이는 될 수 있는 한 길어야 할 것

3) 기포관의 감도

① 기포가 1눈금 이동에 기포관축이 기울어지는 각도
② 기포가 1눈금 이동하는 데 끼인 기포관의 중심각
③ 수평으로부터의 기울기를 어느 정도로 표시할 수 있는 성능

4) 기포관의 감도의 측정

$\theta = \dfrac{m}{R} = \dfrac{\Delta h}{D}$ (rad)에서 $\theta = n\alpha''$ 이므로 기포관의 감도(α'')는 다음과 같다.

$$\alpha'' = \dfrac{\Delta h}{nD}\rho'' \text{이고, } \alpha'' = \dfrac{m}{nR}\rho''$$

여기서, α'' : 기포관의 감도, R : 기포관의 곡률반경, m : 기포관의 이동거리
D : 레벨과 스타프의 거리, Δh : 위치오차
d : 기포관 1눈금의 길이(2mm)

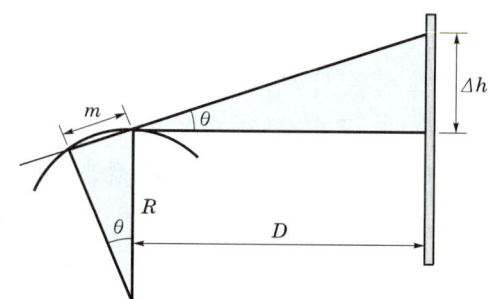

5) 레벨의 조정

① 기포관축을 시준선에 평행하게 할 것($L // C$)
② 기포관축을 연직축에 수직하게 할 것($L \perp V$)

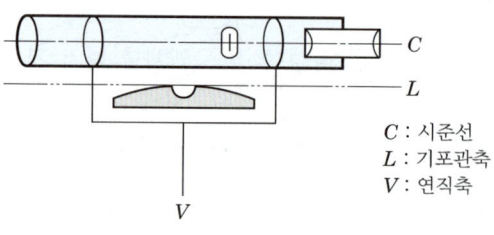

C : 시준선
L : 기포관축
V : 연직축

[레벨의 기본구조]

SECTION 3 수준측량의 방법

1 수준측량의 순서

1) 계획 및 준비

소요의 정도와 경제성 있는 측량을 실시하려면 충분한 계획과 준비가 필요하다.

(1) 도상계획

도상계획은 이미 설치된 수준점의 위치를 조사하고, 가장 좋은 경로를 선택한다. 이때 유의할 사항은 다음과 같다.
① 측량은 국도상에서 하기 때문에 도로 교통상황 등을 고려해야 한다.
② 수준점(영구표식)을 설치할 도로가 가까운 장래에 개수될 예정인 곳은 되도록 피한다.
③ 고저측량 노선은 거리가 다소 멀어도 경사가 완만한 경로를 택하는 것이 좋다.

(2) 세부계획

① 도상계획이 끝나면 세부계획을 세운다.
② 주어진 점의 성과, 점의 기록(기설 수준점에 대한 위치의 명세를 기록한 것)을 준비한다.
③ 휴대용 기계 및 기구, 소모품 같은 것을 빠뜨리지 않도록 잘 준비한다.
④ 측량장비의 점검, 조정을 충분히 하여 완전한 것만 현장으로 가져간다.

2) 답사 및 선점

(1) 개요

① 답사와 선점(영구표석을 설치하는 지점의 선점)은 보통 동시에 행한다.
② 답사에는 계획노선이 적당한지의 여부와 기설점에 이상이 없는지를 확인한다.
③ 노선을 확정하면 소정의 간격으로 설치할 영구표석의 위치를 선정한다.

(2) 선점 시 주의사항

① 수준점의 위치는 도로 한쪽이나 혹은, 도로에 근접한 지역 내의 안전하면서도 발견하기 쉬운 지점이어야 한다.
② 고개, 갈림길, 교차점 등은 선점대상으로 매우 적당하므로 측량거리에 다소의 신축을 가져오더라도 그 지점을 택한다.
③ 습지, 진흙지 등의 연약지반이나 제방 위, 도랑의 양단 등은 보존하는 데 부적당하므로 되도록 피한다.

출제 POINT

■ 수준측량의 순서
① 계획 및 준비
② 답사 및 선점
③ 수준점 매석
④ 관측

출제 POINT

④ 도로상에 택했을 때는 길의 가장자리 등 교통에 지장이 없는 곳을 택한다.

3) 수준점 매석

① 선점이 끝나면 관측에 앞서 표석을 묻는다.
② 그 하부에 콘크리트로 기초를 튼튼하게 하고 지표상에 나온 표석부분이 보호되도록 그 주위에 보호석을 놓고 필요하면 콘크리트로 포장을 한다.
③ 시가지 등의 복잡한 곳에서는 지하에 매설하고, 그 위에 뚜껑을 덮어 콘크리트로 보호한다.

4) 관측

① 직접수준측량
② 야장 작성 : 기고식, 승강식, 고차식 야장

② 수준측량의 방법

1) 직접수준측량

■ 수준측량의 일반식

① 기계고(I.H)
  =지반고(G.H)+후시(B.S)
② 지반고(G.H)
  =기계고(I.H)−전시(F.S)
③ 계획고(F.H)
  =첫 측점의 계획고±(추가거리×경사)
④ 절토고=지반고−계획고=⊕
⑤ 성토고=지반고−계획고=⊖

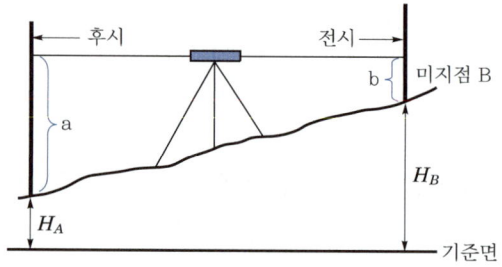

$$\Delta h = H_B - H_A = a - b , \quad H_B = H_A + a - b$$

① 후시(B.S) : 기지점에 세운 표척의 눈금을 읽는 것
② 전시(F.S) : 표고를 구하려는 점에 세운 표척의 눈금을 읽는 것
③ 기계고(I.H) : 기계를 고정시켰을 때 지표면으로부터 망원경의 시준선까지의 높이
④ 이기점(T.P)
  ㉠ 표척을 세워서 전시와 후시를 취하는 점을 말한다. 마지막을 T.P로 놓으면 계산상 편리하다.
  ㉡ 이 점은 측량결과에 중대한 영향을 미치는 점이므로 전시, 후시를 취하는 동안에 이동하거나 침하되는 일이 없어야 하므로 적당한 장소를 선택하여야 한다.

■ 직접수준측량 시 주의사항

① 수준측량은 반드시 왕복측량을 하는 것을 원칙으로 한다.
② 왕복측량을 하되 노선거리는 다르게 한다.
③ 전시와 후시의 거리를 같게 한다.
④ 이기점은 1mm, 그 밖의 점은 5mm 또는 1cm 단위까지 읽는다.
⑤ 레벨을 세우는 횟수를 짝수로 한다(표척의 0눈금 오차 소거).
⑥ 레벨과 표척 사이의 거리는 60m 이내로 한다.

⑤ 중간점(I.P)
　㉠ 중간의 지반변형만을 알고자 전시만 취해주는 점이다.
　㉡ 전시만 관측하는 점으로서 표고만을 관측하는 점을 말한다.

2) 교호수준측량

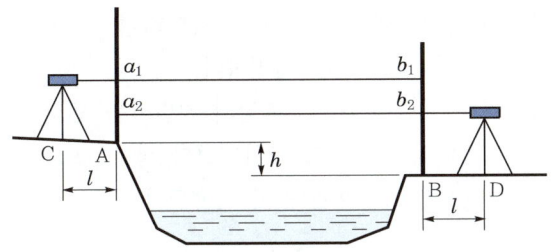

① 위의 그림에 있어서 레벨과 표척을 위치 C-A, D-B를 대상으로 하여 설치한다.
② 점 C에 기계를 세워서 점 A 및 점 B의 표척의 눈금 a_1, b_1를 읽는다.
③ 기계를 점 D에 옮겨 점 A 및 점 B의 표척의 눈금 a_2, b_2를 읽는다.
④ 점 C, 점 D에 관측한 값을 평균화하여 표고차 h를 구한다.

$$\Delta h = \frac{1}{2}\{(a_1 - b_1) + (a_2 - b_2)\}$$

> 참고
>
> 교호수준측량에 의한 표고 계산
>
> | 표척의 읽음값 | $a_1 > b_1$, $a_2 > b_2$ | $a_1 < b_1$, $a_2 < b_2$ |
> |---|---|---|
> | A점 | 지반이 낮다. | 지반이 높다. |
> | B점 | 지반이 높다. | 지반이 낮다. |
> | B점의 표고(H_B) | $H_B = H_A + h$ | $H_B = H_A - h$ |

3 야장기입법

1) 고차식 야장기입법

① 이 야장법은 후시와 전시의 2단만 있으면 고저차를 알수 있으므로 2단식이라고도 한다.
② 이 방법은 두 점의 높이만을 구하는 것이 주목적이며 점검이 용이하지 않다.

■ 야장 작성법
① 고차식: 두 점의 높이만을 구하는 것이 주목적, 중간점 없을 때 이용
② 기고식: 중간점이 많을 때, 일반적으로 많이 이용
③ 승강식: 측점마다의 높고 낮음으로 지반고 계산, 높은 정도를 요하는 측량에 적합

③ 미지점의 지반고=기지점의 지반고+Σ(T.P점의 후시)−Σ(T.P점의 전시)으로 계산한다.
④ 점검계산의 한계성 때문에 가장 낮은 등급에만 이용한다.

2) 기고식 야장법

① 이 야장법은 중간점이 많을 경우에 용이하다.
② 후시보다 전시가 많을 경우 편리하다.
③ 먼저 기계고를 계산한 후 각 측점의 지반고를 계산한다.
④ 승강식보다 기입사항이 적고 고차식보다 상세하므로 시간이 절약된다.
⑤ 일반적으로 종단고저측량에 많이 이용된다.

3) 승강식 야장법

① 기계고를 구하는 대신 각 측점마다의 높고 낮음을 계산하여 지반고를 계산한다.
② 높고 낮음의 총합과 전후시의 총합을 비교하여 검산할 수 있는 장점이 있다.
③ 전시값보다 후시값이 클 때는 그 차를 승란에, 작을 때는 강란에 기입한다.
④ 완전한 검산이 가능하므로 높은 정도를 요하는 측량에 적합하다.
⑤ 중간점이 많을 때는 계산이 복잡하여 시간이 많이 소요되는 단점이 있다.
⑥ 공공측량의 기준점측량에 가장 많이 이용된다.
⑦ 지반고 계산은 측점이 이기점일 경우의 지반고를 기준지반고로 사용한다.

SECTION 4 수준측량의 오차

1 수준측량의 오차

1) 기계적 오차

(1) 기기조정 후 조정되지 않는 오차

① 연직축 오차 : 연직축이 기울어 발생하는 오차로, 높은 정도의 측량 외에는 일반적으로 무시
② 시준축 오차 : 시준선과 기포관축이 평행하지 않아서 발생하는 정오차로, 보통 전후시 거리를 같게 함으로써 소거 가능

■ 수준측량의 정오차

① 표척의 0점 오차
② 표척의 눈금부정에 의한 오차
③ 광선의 굴절에 의한 오차(기차)
④ 지구의 곡률에 의한 오차(구차)
⑤ 표척의 기울기에 의한 오차
⑥ 온도변화에 의한 표척의 신축
⑦ 시준선(시준축)오차
⑧ 레벨 및 표척의 침하에 의한 오차

(2) 시차에 의한 오차
① 시차가 있는 망원경으로 표적을 읽게 되면 눈의 위치가 변하여 정확한 값을 얻을 수 없어 발생하는 부정오차
② 망원경이 시차가 없도록 십자선을 명확히 조정한 후 관측

(3) 표척의 눈금이 정확하지 않을 때의 오차
① 눈금오차는 직접 고저차에 영향을 주며, 고저차에 비례하여 증가하는 정오차
② 표척을 표준자와 비교하여 보정값을 정하고 관측 결과에 보정

(4) 표척의 영눈금의 오차(영점오차)
① 표척의 저면이 마모되거나 변형이 있을 경우 눈금이 아래면과 일치하지 않아 발생하는 정오차
② 오차소거는 출발점의 표척을 도착점에 사용(기계의 정치수를 짝수)

2) 인위적 오차

(1) 표척의 기울기에 의한 오차
① 표척이 기울어 있으면 표척읽기에 커다란 오차가 발생하며 대개는 부정오차
② 표척의 읽음값에 비례, 경사각의 제곱에 비례

(2) 관측순간 기포관이 중앙에 있지 않아 생기는 오차
시준거리에 비례하고 관측 직전에 기포위치를 점검하여 보정한다.

(3) 기기 및 표척의 침하에 의한 오차
기계의 삼각 및 표척을 견고하게 지반에 잘 장치하고 단시간 내에 관측을 마무리해야 한다.

(4) 관측자에 의한 오차
관측자의 개인오차, 기포의 수평조정, 표척의 읽기오차 등이 있다.

3) 자연적 원인에 의한 오차

(1) 곡률오차(구차)
대지측량에서 수평면에 대한 높이와 지평면에 대한 높이의 차

$$\Delta h = \frac{D^2}{2R}$$

(2) 굴절오차
밀도가 상이한 두 공기층의 통과에 따른 빛의 굴절오차

출제 POINT

■ 수준측량의 우연오차
① 시차에 의한 오차: 시차로 인해 정확한 표척값을 읽지 못해 발생
② 레벨의 조정 불완전
③ 기상변화에 의한 오차: 바람이나 온도가 불규칙하게 변화하여 발생
④ 기포관의 둔감
⑤ 기포관 곡률의 부등에 의한 오차
⑥ 진동·지진에 의한 오차
⑦ 대물렌즈의 출입에 의한 오차

$$\Delta h = \frac{-k}{2R}D^2$$

(3) 양차

곡률오차 및 굴절오차의 결과에서

$$\Delta h(양차) = \frac{1-k}{2R}D^2$$

여기서, D : 관측점 간 거리, k : 굴절계수(0.11~0.14)
R : 지구의 곡률반경

(4) 기상의 상태에 따라 생기는 오차

① 태양광선, 바람, 습도, 온도 등이 기계나 표척에 미치는 영향은 일정하지 않으나 측량 결과에 각각 영향을 미친다.
② 높은 정확도의 측량에서는 우산으로 기계를 태양이나 바람으로부터 보호하고 왕복관측한 그 평균값을 구하여 측량결과에 이용함으로써 가능한 한 오차를 줄일 필요가 있다.

4) 직접측량 시 주의사항

① 표척은 1, 2개를 쓰고 출발점에 세워둔 표척은 도착점에 세워둔다.
② 기계의 정치수는 짝수회로 한다.
③ 표척과 기계와의 거리는 60m 내외를 표준으로 한다.
④ 전후시의 표척거리는 등거리로 한다.
⑤ 관측은 보통 후시표척을 기준으로 망원경을 돌려 전시표척을 시준한다.
⑥ 수준측량은 왕복관측을 원칙으로 한다.
⑦ 왕복관측 시 왕복의 오차가 허용오차를 초과할 경우 재측한다.

2 직접수준측량의 오차조정 및 최확값

1) 정밀도 및 오차의 허용한계

거리 1km의 수준측량의 오차를 E라 하면, 거리 S[km]의 수준측량의 오차의 합 M은 다음과 같이 표시된다.

$$M = \pm E\sqrt{S} = \pm K\sqrt{N}$$

여기서, E : 1km당 오차, S : 수준측량의 왕복거리(km)
K : 1회 관측 오차, N : 관측횟수

■ 수준측량의 우연오차

$M = \pm E\sqrt{S} = \pm K\sqrt{N}$
여기서, E : 1km당 오차
S : 수준측량의 왕복거리(km)
K : 1회 관측오차
N : 관측횟수

2) 우리나라의 수준측량의 허용오차 한계

(1) 기본수준측량의 허용오차

구분	1등 수준측량	2등 수준측량	비고
왕복차	2.5mm $\sqrt{S}$	5.0mm $\sqrt{S}$	왕복했을 때
환폐합차	2.0mm $\sqrt{S}$	5.0mm $\sqrt{S}$	

(2) 공공수준측량의 허용오차

구분	1등 수준측량	2등 수준측량	3등 수준측량	4등 수준측량
왕복차	2.5mm $\sqrt{S}$	5mm $\sqrt{S}$	10mm $\sqrt{S}$	20mm $\sqrt{S}$
환폐합차	2.5mm $\sqrt{S}$	5mm $\sqrt{S}$	10mm $\sqrt{S}$	20mm $\sqrt{S}$

3) 직접수준측량의 오차조정

(1) 동일 기지점의 왕복관측 또는 다른 표고기준점에 폐합한 경우

$$\text{각 측점의 조정량} = \frac{\text{폐합오차}}{\text{노선거리의 합}} \times \text{조정할 측선까지의 추가거리}$$

(2) 직접수준측량의 최확값 산정

동일 조건으로 두 점 간을 왕복관측한 경우에는 산술평균방식으로 최확값을 산정하고, 두 점 간의 거리를 2개 이상의 다른 노선을 따라 측량한 경우에는 경중률을 고려한 최확값을 산정한다.

$$P_1 : P_2 : P_3 = \frac{1}{S_1} : \frac{1}{S_2} : \frac{1}{S_3}$$

$$MPV = \frac{[PH]}{[P]} = \frac{P_1 H_1 + P_2 H_2 + P_3 H_3}{P_1 + P_2 + P_3}$$

$$M = \pm \sqrt{\frac{[Pv^2]}{[P](n-1)}}$$

여기서, H_0 : 최확값, M : 평균제곱근오차, P : 경중률

3 수준측량의 응용

1) 종단측량

철도, 도로, 수로 등의 노선측량에는 20m(1측점)마다 중심 말뚝을 박아 중심선을 확정하는데, 그 중심선을 따라 높이의 변화를 측정하는 것

출제 POINT

■ 두 점 간의 직접수준량의 오차 조정

① 경중률 $P_A : P_B : P_C$
$= \frac{1}{S_A} : \frac{1}{S_B} : \frac{1}{S_C}$
(거리에 반비례)

② 최확값 $H_P = \frac{[P \times H]}{[P]}$

③ 평균제곱오차(m_0)
$= \pm \sqrt{\frac{[PV^2]}{[P] \times (n-1)}}$

④ 확률오차(γ_0)
$= \pm$ 평균제곱오차(m_0) $\times 0.6745$

⑤ 정밀도 $\frac{1}{m} = \frac{m_0}{L_0}$

■ 종단면도에 기재할 사항

측점, 거리, 추가거리, 지반고, 계획고, 절토고, 성토고, 경사, 평면곡선, 종곡선

출제 POINT

■ 횡단면도에 기재할 사항

측점, 절토면적, 성토면적, 경사, 용지폭

2) 횡단측량

① 종단측량에 이용된 중심선상의 각 측점의 직각 방향으로 관측하여 높이의 변화를 측량하는 것
② 중심 말뚝에서의 거리와 높이를 관측하는 측량
③ 일반적으로 hand level을 이용하고, 높은 정확도의 측량에서는 레벨을 사용하며, 토공량 산정에 주로 이용

기출문제

01 지반의 높이를 비교할 때 사용하는 기준면은?

① 표고(elevation)
② 수준면(level surface)
③ 수평면(horizontal plane)
④ 평균해수면(mean sea level)

> **해설** **수준측량의 기준면**
> 지반의 높이를 비교할 때 사용하는 기준면은 높이값이 0m인 평균해수면이다.

02 수준측량에 관한 설명으로 옳은 것은?

① 수준측량에서는 빛의 굴절에 의하여 물체가 실제로 위치하고 있는 곳보다 더욱 낮게 보인다.
② 삼각수준측량은 토털스테이션을 사용하여 연직각과 거리를 동시에 관측하므로 레벨측량보다 정확도가 높다.
③ 수평한 시준선을 얻기 위해서는 시준선과 기포관축은 서로 나란하여야 한다.
④ 수준측량의 시준오차를 줄이기 위하여 기준점과의 구심 작업에 신중을 기울여야 한다.

> **해설** ① 수준측량에서는 빛의 굴절에 의하여 물체가 실제로 위치하고 있는 곳보다 더욱 높게 보인다.
> ② 레벨을 이용한 직접수준측량이 토털스테이션을 사용하여 연직각과 거리를 동시에 관측하는 간접수준측량보다 정확도가 높다.
> ③ 수평한 시준선을 얻기 위해서는 시준선과 기포관축은 서로 나란하여야 한다.
> ④ 수준측량의 시준오차를 줄이기 위하여 정준작업에 신중을 기울여야 한다.

03 수준측량과 관련된 용어에 대한 설명으로 틀린 것은?

① 수준면(level surface)은 각 점들이 중력 방향에 직각으로 이루어진 곡면이다.
② 어느 지점의 표고(elevation)라 함은 그 지역 기준타원체로부터의 수직거리를 말한다.
③ 지구곡률을 고려하지 않는 범위에서는 수준면(level surface)을 평면으로 간주한다.
④ 지구의 중심을 포함한 평면과 수준면이 교차하는 선이 수준선(level line)이다.

> **해설** **수준측량에서 높이의 종류**
> ㉠ 지오이드고 : 타원체와 지오이드면까지의 수직거리
> ㉡ 정표고 : 지표면과 지오이드와의 수직거리
> ㉢ 타원체고 : 지표면과 타원체와의 수직거리
> ㉣ 역표고 : 그 점과 지오이드 사이의 퍼텐셜 차이를 표준위도에서의 중력값으로 나눈 것

04 수준측량에서 레벨의 조정이 불완전하여 시준선이 기포관축과 평행하지 않을 때 생기는 오차의 소거 방법으로 옳은 것은?

① 정위, 반위로 측정하여 평균한다.
② 지반이 견고한 곳에 표척을 세운다.
③ 전시와 후시의 시준거리를 같게 한다.
④ 시작점과 종점에서의 표척을 같은 것을 사용한다.

> **해설** 수준측량에서 전시와 후시의 거리를 같게 하는 것이 좋은 가장 큰 이유는 레벨의 시준선 오차 소거에 있다.
>
> **전시와 후시거리를 같게 함으로써 제거되는 오차**
> ㉠ 기계오차(시준축오차) : 레벨조정의 불안정
> ㉡ 구차(지구곡률오차)와 기차(대기굴절오차)

정답 1. ④ 2. ③ 3. ② 4. ③

05 수준측량에서 수준 노선의 거리와 무게(경중률)의 관계로 옳은 것은?

① 노선거리에 비례한다.
② 노선거리에 반비례한다.
③ 노선거리의 제곱근에 비례한다.
④ 노선거리의 제곱근에 반비례한다.

> **해설** 노선의 거리와 경중률의 관계
> ㉠ 직접수준측량에서 경중률은 노선거리에 반비례한다.
> ㉡ 간접수준측량에서 경중률은 노선거리의 제곱에 반비례한다.

06 수준측량에서 전시와 후시의 시준거리를 같게 하면 소거가 가능한 오차가 아닌 것은?

① 관측자의 시차에 의한 오차
② 정준이 불안정하여 생기는 오차
③ 기포관축과 시준축이 평행되지 않았을 때 생기는 오차
④ 지구의 곡률에 의하여 생기는 오차

> **해설** 관측자의 시차에 의한 오차는 우연오차로 통계적인 방법에 의해 조정할 수 있다.
> **전시와 후시거리를 같게 함으로써 제거되는 오차**
> ㉠ 기계오차(시준축오차) : 레벨조정의 불안정
> ㉡ 구차(지구곡률오차)와 기차(대기굴절오차)

07 종단수준측량에서는 중간점을 많이 사용하는 이유로 옳은 것은?

① 중심 말뚝의 간격이 20m 내외로 좁기 때문에 중심 말뚝을 모두 전환점으로 사용할 경우
② 중간점을 많이 사용하고 기고식 야장을 작성할 경우 완전한 검산이 가능하여 종단수준측량의 정확도를 높일 수 있기 때문이다.
③ B.M.점 좌우의 많은 점을 동시에 측량하여 세밀한 종단면도를 작성하기 위해서이다.
④ 핸드레벨을 이용한 작업에 적합한 측량방법이기 때문이다.

> **해설** 종단수준측량에서 중간점을 많이 사용하는 이유는 중심 말뚝의 간격이 20m 내외에도 다양한 지형의 변화가 발생하므로 중심 말뚝을 모두 전환점으로 사용할 경우에 중간점을 많이 사용하게 된다.

08 삼각수준측량에 의해 높이를 측정할 때 기지점과 미지점의 쌍방에서 연직각을 측정하여 평균하는 이유는?

① 연직축오차를 최소화하기 위하여
② 수평분도원의 편심오차를 제거하기 위하여
③ 연직분도원의 눈금오차를 제거하기 위하여
④ 공기의 밀도변화에 의한 굴절오차의 영향을 소거하기 위하여

> **해설** 수준측량 오차의 최소화 방법
> 삼각수준측량에 의해 높이를 측정할 때 기지점과 미지점의 쌍방에서 연직각을 측정하여 평균하는 이유는 공기의 밀도변화에 의한 굴절오차의 영향을 소거하기 위해서이다.

09 수준측량에서 시준거리를 같게 함으로써 소거할 수 있는 오차에 대한 설명으로 틀린 것은?

① 기포관축과 시준선이 평행하지 않을 때 생기는 시준선 오차를 소거할 수 있다.
② 지구곡률오차를 소거할 수 있다.
③ 표척 시준 시 초점나사를 조정할 필요가 없으므로 이로 인한 오차인 시준오차를 줄일 수 있다.
④ 표척의 눈금 부정확으로 인한 오차를 소거할 수 있다.

> **해설** 표척의 조정 불완전으로 인해 생기는 오차는 우연오차로 통계적인 방법에 의해 조절해야 한다.
> **전시와 후시거리를 같게 함으로써 제거되는 오차**
> ㉠ 기계오차(시준축오차) : 레벨조정의 불안정
> ㉡ 구차(지구곡률오차)와 기차(대기굴절오차)

정답 5. ② 6. ① 7. ① 8. ④ 9. ④

10 레벨의 불완전 조정에 의하여 발생한 오차를 최소화하는 가장 좋은 방법은?

① 왕복 2회 측정하여 그 평균을 취한다.
② 기포를 항상 중앙에 오게 한다.
③ 시준선의 거리를 짧게 한다.
④ 전시, 후시의 표척거리를 같게 한다.

> **해설** 수준측량 오차의 최소화 방법
> 수준측량에서 전후시 거리를 같게 하면 시준축오차를 소거할 수 있다. 시준축오차는 망원경의 시준선이 기포관축에 평행이 아닐 때의 오차를 의미하며 전후시 거리를 같게 함으로써 소거할 수 있다.

11 D점의 표고를 구하기 위하여 기지점 A, B, C에서 각각 수준측량을 실시하였다면, D점의 표고 최확값은?

코스	거리	고저차	출발점 표고
A → D	5.0km	+2.442m	10.205m
B → D	4.0km	+4.037m	8.603m
C → D	2.5km	−0.862m	13.500m

① 12.641m
② 12.632m
③ 12.647m
④ 12.638m

> **해설** 경중률을 고려한 표고의 계산
> ㉠ D점의 표고
>   A ⇒ D점의 표고=10.205+2.442=12.647m
>   B ⇒ D점의 표고=8.603+4.037=12.640m
>   C ⇒ D점의 표고=13.500−0.862=12.638m
> ㉡ 경중률은 노선의 거리에 반비례한다.
> $P_A : P_B : P_C = \frac{1}{5} : \frac{1}{4} : \frac{1}{2.5} = 4 : 5 : 8$
> ㉢ 최확값은 경중률을 고려하여 계산한다.
>   최확값$(h) = \frac{P_A \times h_A + P_B \times h_B + P_C \times h_C}{P_A + P_B + P_C}$
> $= 12.64\text{m} + \frac{4 \times 7 + 5 \times 0 + 8 \times (-2)}{4 + 5 + 8}\text{mm}$
> $= 12.641\text{m}$

12 수준측량에서 발생할 수 있는 정오차에 해당하는 것은?

① 표척을 잘못 뽑아 발생되는 읽음오차
② 광선의 굴절에 의한 오차
③ 관측자의 시력 불완전에 의한 오차
④ 태양의 광선, 바람, 습도 및 온도의 순간변화에 의해 발생되는 오차

> **해설** 수준측량 오차의 구분
> ㉠ 수준측량의 정오차: 표척의 0점 오차, 표척의 눈금부정 오차, 기차, 구차, 표척의 기울기에 의한 오차,
> ㉡ 수준측량의 부정오차: 시차에 의한 오차, 레벨의 조정 불완전, 기상변화에 의한 오차, 기포관의 둔감, 기포관 곡률의 부등에 의한 오차

13 수준측량의 부정오차에 해당되는 것은?

① 기포의 순간 이동에 의한 오차
② 기계의 불완전 조정에 의한 오차
③ 지구곡률에 의한 오차
④ 표척의 눈금 오차

> **해설** 수준측량의 오차
> ㉠ 기포의 순간 이동에 의한 오차(기포관의 둔감)
>   : 부정오차
> ㉡ 기계의 불완전 조정에 의한 오차(시준축오차)
>   : 정오차
> ㉢ 지구곡률에 의한 오차(구차): 정오차
> ㉣ 표척의 눈금 오차(0눈금 오차): 정오차

14 A, B, C 각 점에서 P점까지 수준측량을 한 결과가 표와 같다. 거리에 대한 경중률을 고려한 P점의 표고 최확값은?

측량경로	거리	P점의 표고
A → P	1km	135.487m
B → P	2km	135.563m
C → P	3km	135.603m

① 135.529m
② 135.551m
③ 135.563m
④ 135.570m

정답 10. ④ 11. ① 12. ② 13. ① 14. ①

> **해설** 경중률을 고려한 표고의 계산
> ㉠ 경중률은 노선의 거리에 반비례한다.
> $P_A : P_B : P_C = \frac{1}{1} : \frac{1}{2} : \frac{1}{3} = \left(\frac{1}{1} : \frac{1}{2} : \frac{1}{3}\right) \times 6$
> $= 6 : 3 : 2$
> ㉡ 최확값은 경중률을 고려하여 계산한다.
> 최확값$(h) = \frac{P_A \times h_A + P_B \times h_B + P_C \times h_C}{P_A + P_B + P_C}$
> $= 135.5\text{m} + \frac{6 \times (-13) + 3 \times 63 + 2 \times 103}{6 + 3 + 2}\text{mm}$
> $= 135.529\text{m}$

★★★
15 수준점 A, B, C에서 수준측량을 하여 P점의 표고를 얻었다. 관측거리를 경중률로 사용한 P점 표고의 최확값은?

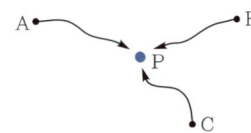

노선	P점 표고값	노선거리
A → P	57.583m	2km
B → P	57.700m	3km
C → P	57.680m	4km

① 57.641m ② 57.649m
③ 57.654m ④ 57.706m

> **해설** 경중률을 고려한 표고의 계산
> ㉠ 경중률은 노선의 거리에 반비례한다.
> $P_A : P_B : P_C$
> $= \frac{1}{2} : \frac{1}{3} : \frac{1}{4} = \left(\frac{1}{2} : \frac{1}{3} : \frac{1}{4}\right) \times 12 = 6 : 4 : 3$
> ㉡ 최확값은 경중률을 고려하여 계산한다.
> 최확값$(h) = \frac{P_A \times h_A + P_B \times h_B + P_C \times h_C}{P_A + P_B + P_C}$
> $= 57.6 + \frac{6 \times (-17) + 4 \times 100 + 3 \times 800}{6 + 4 + 3} \times 10^{-3}$
> $= 57.641\text{m}$

★★
16 A, B, C 세 점에서 P점의 높이를 구하기 위해 직접수준측량을 실시하였다. A, B, C점에서 구한 P점의 높이는 각각 325.13m, 325.19m, 325.02m이고 AP=BP=1km, CP=3km일 때 P점의 표고는?

① 325.08m ② 325.11m
③ 325.14m ④ 325.21m

> **해설** 경중률을 고려한 표고의 계산
> ㉠ 경중률은 노선의 거리에 반비례한다.
> $P_A : P_B : P_C = \frac{1}{1} : \frac{1}{1} : \frac{1}{3} = 3 : 3 : 1$
> ㉡ 최확값은 경중률을 고려하여 계산한다.
> 최확값$= \frac{P_A L_A + P_B L_B + P_C L_C}{P_A + P_B + P_C}$
> $= 325\text{m} + \frac{3 \times 13 + 3 \times 19 + 1 \times 2}{3 + 3 + 1}\text{cm}$
> $= 325.14\text{m}$

★
17 그림과 같이 4개의 수준점 A, B, C, D에서 각각 1km, 2km, 3km, 4km 떨어진 P점의 표고를 직접수준측량한 결과가 다음과 같을 때 P점의 최확값은?

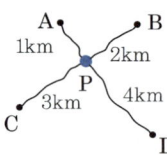

| A → P=125.762m | B → P=125.750m |
| C → P=125.755m | D → P=125.771m |

① 125.755m ② 125.759m
③ 125.762m ④ 125.765m

> **해설** 경중률을 고려한 표고의 계산
> ㉠ 경중률은 노선의 거리에 반비례한다.
> $P_A : P_B : P_C : P_D = \frac{1}{1} : \frac{1}{2} : \frac{1}{3} : \frac{1}{4}$
> $= 12 : 6 : 4 : 3$
> ㉡ 최확값은 경중률을 고려하여 계산한다.
> 최확값$= \frac{P_A h_A + P_B h_B + P_C h_C + P_D h_D}{P_A + P_B + P_C + P_D}$
> $= 125.75\text{m} + \frac{12 \times 12 + 6 \times 0 + 4 \times 5 + 3 \times 21}{12 + 6 + 4 + 3}\text{mm}$
> $= 125.759\text{m}$

정답 15. ① 16. ③ 17. ②

18 두 점 간의 고저차를 정밀하게 측정하기 위하여 A, B 두 사람이 각각 다른 레벨과 표척을 사용하여 왕복관측한 결과가 다음과 같다. 두 점 간 고저차의 최확값은?

| A의 결과값 : 25.447±0.006m |
| B의 결과값 : 25.609±0.003m |

① 25.621m ② 25.577m
③ 25.498m ④ 25.449m

해설 경중률을 고려한 고저차의 계산
경중률은 평균제곱근오차의 제곱에 반비례한다. 비율계산이므로 0.006 : 0.003=2 : 1의 비율을 반영한다.
$P_A : P_B = \frac{1}{2^2} : \frac{1}{1^2} = \frac{1}{4} : \frac{1}{1} = 1 : 4$

최확값 $= \frac{P_A l_A + P_B l_B}{P_A + P_B}$
$= 25.5\text{m} + \frac{1\times(-53)+4\times109}{1+4}\text{mm}$
$= 25.577\text{m}$

19 그림과 같이 △P_1P_2C는 동일 평면상에서 $\alpha_1 = 62°8'$, $\alpha_2 = 56°27'$, $B = 60.00$m이고 연직각 $v_1 = 20°46'$일 때 C로부터 P까지의 높이 H는?

① 24.23m
② 22.90m
③ 21.59m
④ 20.58m

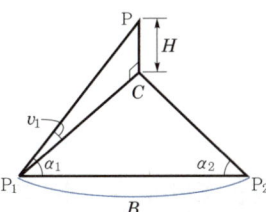

해설 간접수준측량에서의 지반고 계산
$\frac{60\text{m}}{\sin C} = \frac{P_1C}{\sin \alpha_2}$ 에서
$P_1C = \frac{\sin \alpha_2}{\sin C} \times 60$
$= \frac{\sin \alpha_2}{\sin(180°-\alpha_1-\alpha_2)} \times 60$
$= 56.945\text{m}$
$H = P_1C \times \tan v_1 = 21.59\text{m}$

20 표척이 앞으로 3° 기울어져 있는 표척의 읽음값이 3.645m이었다면 높이의 보정량은?

① 5mm ② −5mm
③ 10mm ④ −10mm

해설 간접수준측량에서의 높이의 보정량 계산
표척이 앞으로 3° 기울어져 있으므로 수직으로 된 상태의 높이값은 3.645×cos3°=3.640m이므로 보정량은 −5mm가 된다.

21 기선 $D = 30$m, 수평각 $\alpha = 80°$, $\beta = 70°$, 연직각 $V = 40°$를 관측하였다면 높이 H는? (단, A, B, C점은 동일 평면이다.)

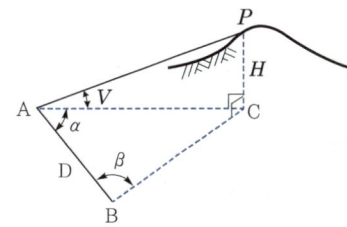

① 31.54m ② 32.42m
③ 47.31m ④ 55.32m

해설 간접수준측량에서의 지반고 계산
㉠ $\overline{AC}$ 길이
$\frac{\overline{AB}}{\sin(\angle ACB)} = \frac{\overline{AC}}{\sin(\angle ABC)}$ 에서
$\frac{30}{\sin 30°} = \frac{\overline{AC}}{\sin 70°}$
$\overline{AC} = \frac{\sin 70°}{\sin 30°} \times 30\text{m} = 56.382\text{m}$

㉡ $\overline{CP}$의 길이(높이 H)
$\tan V = \frac{H}{\overline{AC}}$ 에서
$H = \overline{AC} \times \tan V = 56.382 \times \tan 40°$
$= 47.31\text{m}$

22 지반고(h_A)가 123.6m인 A점에 토털스테이션을 설치하여 B점의 프리즘을 관측하여, 기계고 1.5m, 관측사거리(S) 150m, 수평선으로부터의 고저각(α) 30°, 프리즘고(P_h) 1.5m를 얻었다면 B점의 지반고는?

① 198.0m ② 198.3m
③ 198.6m ④ 198.9m

> **해설** 간접수준측량에서의 지반고 계산
> 시준선은 정준이 되어 평행하므로 시준선 높이에서 A, B점 간이 고저차를 비교하면
> $H_A + h = H_B + P_h - S \times \sin\alpha$에서
> $H_B = H_A + h - P_h + S \times \sin\alpha$
> $= 123.6 + 1.5 - 1.5 + 150 \times \sin 30°$
> $= 198.6m$

23 터널 내의 천장에 측점 A, B를 정하여 A점에서 B점으로 수준측량을 한 결과, 고저차 +20.42m, A점에서의 기계고 -2.5m, B점에서의 표척관측값 -2.25m를 얻었다. A점에 세운 망원경 중심에서 표척 관측점(B)까지의 사거리 100.25m에 대한 망원경의 연직각은?

① 10°14′12″ ② 10°53′56″
③ 11°53′56″ ④ 23°14′12″

> **해설** 간접수준측량에서의 연직각 계산
> 측점 A, B의 고저차 $H_B - H_A$
> $= -2.5 + D \times \sin\alpha + 2.25 = 20.42$
> 에서
> $\alpha = \sin^{-1}\left(\dfrac{20.42 + 2.5 - 2.25}{100.25}\right) = 11°53′56″$

24 측점 A에 토털스테이션을 정치하고 B점에 설치한 프리즘을 관측하였다. 이때 기계고 1.7m, 고저각 +15°, 시준고 3.5m, 경사거리가 2,000m이었다면, 두 측점의 고저차는?

① 495.838m ② 515.838m
③ 535.838m ④ 555.838m

> **해설** 간접수준측량의 고저차 계산
> $H_A + i = H_B + s - H$에서
> $H_B - H_A = i - s + H$
> $\Delta H = 1.7 - 3.5 + 2,000 \times \sin 15° = 515.838m$

25 수준망의 관측 결과가 표와 같을 때, 정확도가 가장 높은 것은?

구분	총거리(km)	폐합오차(mm)
I	25	±20
II	16	±18
III	12	±15
IV	8	±13

① I ② II
③ III ④ IV

> **해설** 수준측량의 정확도 계산
> km당 오차로 수준측량의 정확도를 비교하면
> I : $\dfrac{\pm 20}{\sqrt{25}} = \pm 4.0mm$, II : $\dfrac{\pm 18}{\sqrt{16}} = \pm 4.5mm$,
> III : $\dfrac{\pm 15}{\sqrt{12}} = \pm 4.33mm$, IV : $\dfrac{\pm 13}{\sqrt{8}} = \pm 4.6mm$

26 종단 및 횡단 수준측량에서 중간점이 많은 경우에 가장 편리한 야장기입법은?

① 고차식 ② 승강식
③ 기고식 ④ 간접식

> **해설** 기고식 야장
> ㉠ 중간점이 많을 경우 편리하나 완전한 검산을 할 수 없는 단점에도 가장 많이 사용되는 방법이다.
> ㉡ 종단 및 횡단수준측량 등에 가장 편리한 관측법이다.

정답 22. ③ 23. ③ 24. ② 25. ① 26. ③

27 그림과 같은 수준망을 각각의 환(Ⅰ~Ⅳ)에 따라 폐합오차를 구한 결과가 표와 같다. 폐합오차의 한계가 ±1.0cm일 때 우선적으로 재관측할 필요가 있는 노선은? [단, S : 거리(km)]

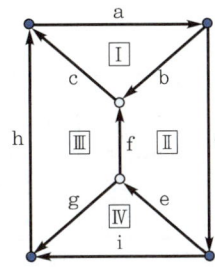

환	폐합오차(m)
Ⅰ	−0.017
Ⅱ	0.048
Ⅲ	−0.026
Ⅳ	−0.083
외주	−0.031

노선	거리(km)	노선	거리(km)
a	4.1	f	4.0
b	2.2	g	2.2
c	2.4	h	2.3
d	6.0	i	3.5
e	3.6		

① e노선   ② f노선
③ g노선   ④ h노선

해설 수준환에서의 오차 계산
폐합오차의 최댓값은 −0.083(Ⅳ), 0.048(Ⅱ)로 수준환 중에 노선 e를 공유하고 있으므로 우선적으로 재관측하여야 한다.

28 A, B, C, D 네 사람이 각각 거리 8km, 12.5km, 18km, 24.5km의 구간을 왕복 수준측량하여 폐합차 7mm, 8mm, 10mm, 12mm를 얻었다면 네 명 중에서 가장 정확한 측량을 실시한 사람은?

① A   ② B
③ C   ④ D

해설 왕복 수준측량 폐합차의 정확도 비교
$E=\pm e\sqrt{L}$에서 정확도 비교는 $e=\pm\dfrac{E}{\sqrt{L}}$에 의하여 산정한다.
㉠ A의 측량정밀도 : $e_A=\pm\dfrac{7}{\sqrt{16}}=\pm 1.75\text{mm}$
㉡ B의 측량정밀도 : $e_B=\pm\dfrac{8}{\sqrt{25}}=\pm 1.60\text{mm}$
㉢ C의 측량정밀도 : $e_C=\pm\dfrac{10}{\sqrt{36}}=\pm 1.67\text{mm}$
㉣ D의 측량정밀도 : $e_D=\pm\dfrac{12}{\sqrt{49}}=\pm 1.71\text{mm}$
∴ 1km당 오차가 가장 작은 B관측이 가장 정확한 측량이다.

29 그림과 같은 수준환에서 직접수준측량에 의하여 표와 같은 결과를 얻었다. D점의 표고는? (단, A점의 표고는 20m, 경중률은 동일하다.)

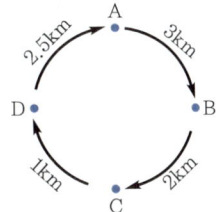

구분	거리(km)	표고(m)
A → B	3	B=12.401
B → C	2	C=11.275
C → D	1	D=9.780
D → A	2.5	A=20.044

① 6.877m   ② 8.327m
③ 9.749m   ④ 10.586m

해설 수준환에서의 오차 계산
수준환에서 관측 후의 A점의 표고가 20.044m로 0.044m의 오차가 발생했으므로
조정량 $=-\dfrac{6}{8.5}\times 0.044=-0.031\text{m}$
D점의 표고 $=9.780-0.031=9.749\text{m}$

30 수준측량의 야장기입방법 중 가장 간단한 방법으로 전시(F.S.)와 후시(B.S.)만 있으면 되는 방법은?

① 고차식   ② 교호식
③ 기고식   ④ 승강식

정답 27. ①   28. ②   29. ③   30. ①

> **[해설] 수준측량 야장기입법**
> ㉠ 고차식: 중간점 없이 이기점 전시와 후시로만 관측된 야장으로 가장 간단하다.
> ㉡ 승강식: 완전한 검사로 정밀측량에 적당하나, 중간점이 많으면 계산이 복잡하고 시간과 비용이 많이 든다.
> ㉢ 기고식: 중간점이 많을 경우 편리하고, 완전한 검산을 할 수 없는 단점에도 가장 많이 사용되는 방법이다.

31 수준측량의 야장기입법에 관한 설명으로 옳지 않은 것은?

① 야장기입법에는 고차식, 기고식, 승강식이 있다.
② 고차식은 단순히 출발점과 끝점의 표고차만 알고자 할 때 사용하는 방법이다.
③ 기고식은 계산과정에서 완전한 검산이 가능하여 정밀한 측량에 적합한 방법이다.
④ 승강식은 앞 측점의 지반고에 해당 측점의 승강을 합하여 지반고를 계산하는 방법이다.

> **[해설] 수준측량의 야장기입법**
> 기고식 야장기입법은 중간점이 많을 경우 편리하고, 완전한 검산을 할 수 없는 단점에도 가장 많이 사용되는 방법이다.

32 직접법으로 등고선을 측정하기 위하여 A점에 레벨을 세우고 기계고 1.5m를 얻었다. 70m 등고선상의 P점을 구하기 위한 표척(staff)의 관측값은? (단, A점 표고는 71.6m이다.)

① 1.0m
② 2.3m
③ 3.1m
④ 3.8m

> **[해설] 후시와 전시를 이용한 지반고의 계산**
> 레벨이 수평을 이루면 기계고가 동일하므로
> $H_a + a = H_p + p$에서
> $p = H_a + a - H_p = 71.6 + 1.5 - 70 = 3.1\text{m}$

33 그림과 같은 수준망에서 높이차의 정확도가 가장 낮은 것으로 추정되는 노선은? (단, 수준환의 거리 Ⅰ=4km, Ⅱ=3km, Ⅲ=2.4km, Ⅳ(㉡㉢㉣)=6km)

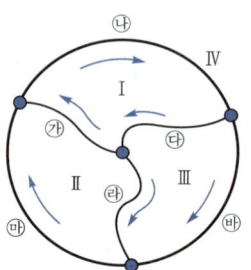

노선	높이차(m)
㉮	+3.600
㉯	+1.385
㉰	−5.023
㉱	+1.105
㉲	+2.523
㉳	−3.912

① ㉮
② ㉯
③ ㉰
④ ㉱

> **[해설] 수준망의 정확도 계산**
> ㉠ 각 노선별 높이차를 계산하고, 진행 방향에 따라 +, −부호를 부여한다.
> Ⅰ: 가+나+다
> $= 3.600 + 1.385 + (-5.023)$
> $= -0.038\text{m}$
> Ⅱ: −가+라+마
> $= (-3.600) + 1.105 + 2.523$
> $= 0.028\text{m}$
> Ⅲ: −다−라+바
> $= -(-5.023) - 1.105 + (-3.912)$
> $= 0.006\text{m}$
> Ⅳ: 나+마+바
> $= 1.385 + 2.523 + (-3.912)$
> $= -0.004\text{m}$
> ㉡ 오차가 가장 많은 노선은 Ⅰ, Ⅱ이고 두 노선에 공통으로 있는 노선은 ㉮이다.

34 기지점의 지반고가 100m이고, 기지점에 대한 후시는 2.75m, 미지점에 대한 전시가 1.40m일 때 미지점의 지반고는?

① 98.65m
② 101.35m
③ 102.75m
④ 104.15m

> **[해설] 후시와 전시를 이용한 지반고의 계산**
> $H_{미지점} = H_{기지점} + \sum B.S - \sum F.S$이므로
> $H_{미지점} = 100 + 2.75 - 1.40 = 101.35\text{m}$

정답 31. ③ 32. ③ 33. ① 34. ②

35 레벨을 이용하여 표고가 53.85m인 A점에 세운 표척을 시준하여 1.34m를 얻었다. 표고 50m의 등고선을 측정하려면 시준하여야 할 표척의 높이는?

① 3.51m ② 4.11m
③ 5.19m ④ 6.25m

> **해설** 후시와 전시를 이용한 지반고의 계산
> 레벨을 수평으로 유지했다면 A, B점의 기계고가 같으므로 $H_A + a = H_B + b$에서
> $53.85 + 1.34 = 50 + b$이므로
> $b = 53.85 + 1.34 - 50 = 5.19\mathrm{m}$

36 직접고저측량을 실시한 결과가 그림과 같을 때, A점의 표고가 10m라면 C점의 표고는? (단, 그림은 개략도로 실제 치수와 다를 수 있다.) [단위: m]

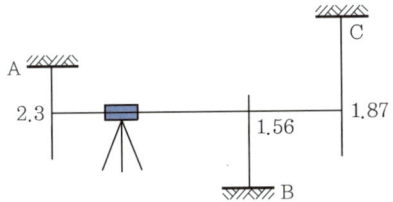

① 9.57m ② 9.66m
③ 10.57m ④ 10.66m

> **해설** 터널 내 수준측량에서 지반고의 계산
> 표척이 거꾸로 설치되어 있으면 관측값은 (-)로 계산
> $H_C = H_A + B.S - F.S$
> $= 10 + (-2.3) - (-1.87)$
> $= 9.57\mathrm{m}$

37 그림과 같은 터널 내 수준측량의 관측 결과에서 A점의 지반고가 20.32m일 때 C점의 지반고는? (단, 관측값의 단위는 m이다.)

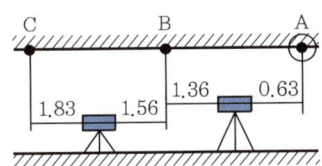

① 21.32m ② 21.49m
③ 16.32m ④ 16.49m

> **해설** 터널 내 수준측량에서 지반고의 계산
> 표척이 천정에 있는 경우는 관측값을 (-)로 적용하여 계산
> $H_C = H_A + \sum B.S - \sum F.S$이므로
> $H_C = 20.32 + [(-0.63) + (-1.56)]$
> $\quad - [(-1.36) + (-1.83)]$
> $= 21.32\mathrm{m}$

38 아래 종단수준측량의 야장에서 ㉠, ㉡, ㉢에 들어갈 값으로 옳은 것은?

(단위: m)

측점	후시	기계고	전시 전환점	전시 중간점	지반고
BM	0.175	㉠			37.133
No.1				0.154	
No.2				1.569	
No.3				1.143	
No.4	1.098	㉡	1.237		㉢
No.5				0.948	
No.6				1.175	

① ㉠: 37.308 ㉡: 37.169 ㉢: 36.071
② ㉠: 37.308 ㉡: 36.071 ㉢: 37.169
③ ㉠: 36.958 ㉡: 35.860 ㉢: 37.097
④ ㉠: 36.958 ㉡: 37.097 ㉢: 35.860

> **해설** 기고식 야장을 이용한 지반고의 계산
> 기고식 야장에서 기계고는 지반고+후시, 지반고는 기계고-전시로 구한다.
>
> | 측점 | 후시 | 기계고 | 전시 전환점 | 전시 중간점 | 지반고 |
> |---|---|---|---|---|---|
> | BM | 0.175 | 37.308 | | | 37.133 |
> | No.1 | | | | 0.154 | 37.154 |
> | No.2 | | | | 1.569 | 35.739 |
> | No.3 | | | | 1.143 | 36.165 |
> | No.4 | 1.098 | 37.169 | 1.237 | | 36.071 |
> | No.5 | | | | 0.948 | 36.221 |
> | No.6 | | | | 1.175 | 35.994 |

정답 35. ③ 36. ① 37. ① 38. ①

39. 수준측량야장에서 측점 3의 지반고는?

(단위: m)

측점	후시	전시 T.P	전시 I.P	지반고
1	0.95			10.00
2			1.03	
3	0.90	0.36		
4			0.96	
5		1.05		

① 10.59m   ② 10.46m
③ 9.92m   ④ 9.56m

> **해설** 기고식 야장을 이용한 지반고의 계산
> 기고식 야장에서 기계고는 지반고+후시, 지반고는 기계고−전시로 구한다.
>
> | 측점 | 후시 | 전시 전환점 | 전시 이기점 | 기계고 | 지반고 |
> |---|---|---|---|---|---|
> | 1 | 0.95 | | | 10.95 | 10.00 |
> | 2 | | | 1.03 | | 9.92 |
> | 3 | 0.90 | 0.36 | | 11.49 | 10.59 |
> | 4 | | | 0.96 | | 10.53 |
> | 5 | | 1.05 | | | 10.44 |

40. 어떤 노선을 수준측량하여 작성된 기고식 야장의 일부 중 지반고 값이 틀린 측점은?

(단위: m)

측점	B.S	F.S T.P	F.S I.P	기계고	지반고
0	3.121				123.567
1			2.586		124.102
2	2.428	4.065			122.623
3		−0.664			124.387
4		2.321			122.730

① 측점 1   ② 측점 2
③ 측점 3   ④ 측점 4

> **해설** 기고식 야장을 이용한 지반고의 계산
>
> | 측점 | B.S | F.S T.P | F.S I.P | 기계고 | 지반고 |
> |---|---|---|---|---|---|
> | 0 | 3.121 | | | 126.688 | 123.567 |
> | 1 | | | 2.586 | | 124.102 |
> | 2 | 2.428 | 4.065 | | 125.051 | 122.623 |
> | 3 | | −0.664 | | | 125.715 |
> | 4 | | 2.321 | | | 122.730 |

41. 승강식 야장이 표와 같이 작성되었다고 가정할 때, 성과를 검산하는 방법으로 옳은 것은? (여기서, ⓐ−ⓑ는 두 값의 차를 의미한다.)

측점	후시	전시 T.P	전시 I.P	승(+)	강(−)	지반고
BM	0.175					ㅂ
No. 1			0.154	−	−	−
No. 2	1.098	1.237			−	−
No. 3			0.948	−	−	−
No. 4		1.175		−		ㅅ
합계	ㄱ	ㄴ	ㄷ	ㄹ	ㅁ	

① ㅅ−ㅂ=ㄱ−ㄴ=ㄹ−ㅁ
② ㅅ−ㅂ=ㄱ−ㄷ=ㄹ−ㅁ
③ ㅅ−ㅂ=ㄱ−ㄹ=ㄴ−ㅁ
④ ㅅ−ㅂ=ㄴ−ㄹ=ㄷ−ㅁ

> **해설** 승강식 야장을 이용한 지반의 계산
> 후시의 합과 이기점 전시의 합의 차이는 두 점 간의 지반고 차이와 같다.
> $\Delta H = \sum B.S - \sum F.S(T.P)$의 식으로 검산에 활용할 수 있다.

정답 39. ① 40. ③ 41. ①

42 수준측량의 결과가 표와 같을 때, No. 3의 지반고 (G)와 No. 4의 기계고(h)는?

측점	후시	전시		비고
		이기점	중간점	
BM1	0.243			
No. 1	1.543	1.356		
No. 2	2.483	1.020		BM1의 지반고 =10.000m
No. 3			1.324	
No. 4	1.854	1.350		
No. 5		2.435		

① $G=10.569\text{m}$, $h=12.397\text{m}$
② $G=10.569\text{m}$, $h=12.483\text{m}$
③ $G=9.106\text{m}$, $h=13.052\text{m}$
④ $G=9.203\text{m}$, $h=9.052\text{m}$

해설 기고식 야장을 이용한 지반고의 계산
기계고=지반고+후시, 지반고=기계고-전시

측점	후시	전시		기계고	지반고
		이기점	중간점		
BM1	0.243			10.243	10.000
No. 1	1.543	1.356		10.430	8.887
No. 2	2.483	1.020		11.893	9.410
No. 3			1.324		10.569
No. 4	1.854	1.350		12.397	10.543
No. 5		2.435			9.962

No. 3의 지반고(G)=10.569m
No. 4의 기계고(h)=12.397m

43 그림과 같은 수준측량에서 P점의 표고는?

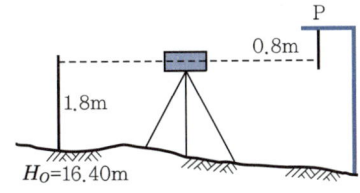

① 17.40m ② 18.0m
③ 18.40m ④ 19.00m

해설 후시와 전시를 이용한 표고의 계산
$H_P = H_O + 후시 - 전시$
$= 16.40 + 1.80 - (-0.80)$
$= 19.00\text{m}$

44 그림과 같이 수준측량을 실시하였다. A점의 표고는 300m이고, B와 C구간은 교호수준측량을 실시하였다면, D점의 표고는? (표고차 : A→B : +1.233m, B→C : +0.726m, C→B : -0.720m, C→D : -0.926m)

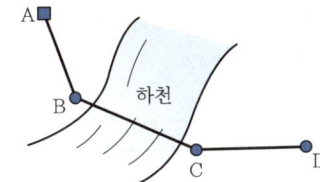

① 300.310m ② 301.030m
③ 302.153m ④ 302.882m

해설 교호수준측량을 이용한 표고의 계산
$H_B = H_A + h = 300 + 1.233 = 301.233\text{m}$
B와 C 사이에 교호수준측량을 수행했으므로
$H_C = H_B + \frac{1}{2}($레벨 P에서의 고저차 + 레벨 Q 에서의 고저차$)$
$= 301.233 + \frac{1}{2}(0.726 + 0.720)$
$= 301.956\text{m}$
레벨 Q에서는 C → B를 관측했으므로 부호를 반대로 적용하여 계산한다.
$H_D = H_C + h = 301.956 - 0.926 = 301.030\text{m}$

45 지표면상의 A, B 간의 거리가 7.1km라고 하면 B점에서 A점을 시준할 때 필요한 측표(표척)의 최소 높이로 옳은 것은? (단, 지구의 반경은 6,370km이고, 대기의 굴절에 의한 요인은 무시한다.)

① 1m ② 2m
③ 3m ④ 4m

정답 42. ① 43. ④ 44. ② 45. ④

해설 구차에 의한 측표의 높이 계산

빛의 굴절을 무시하므로 표척의 최소높이는 구차로 구한다.

$h = \dfrac{S^2}{2R}$ 에서

$h = \dfrac{(7.1\text{km})^2}{2 \times 6370\text{km}} = 0.00396\text{km}$

$\quad = 3.96\text{m} \fallingdotseq 4\text{m}$

46 교호수준측량에서 A점의 표고가 55.00m이고 a_1 =1.34m, b_1=1.14m, a_2=0.84m, b_2=0.56m일 때 B점의 표고는?

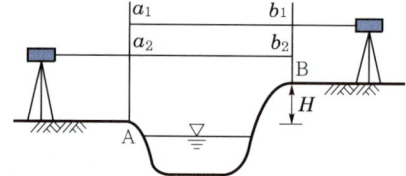

① 55.24m   ② 56.48m
③ 55.22m   ④ 56.42m

해설 교호수준측량을 이용한 표고의 계산

교호수준측량은 양안에서 수준측량한 결과를 평균하여 높이차를 계산하는 관측방법이다.

$H_B = H_A + \dfrac{1}{2}\{(a_1 - b_1) + (a_2 - b_2)\}$

$\quad = 55 + \dfrac{1}{2}\{(1.34 - 1.14) + (0.84 - 0.56)\}$

$\quad = 55.24\text{m}$

정답 46. ①

CHAPTER 7

지형측량

SECTION 1 | **지형측량의 의의**

SECTION 2 | **등고선의 관측 및 활용**

SECTION 3 | **GSIS의 개요 및 분류**

SECTION 4 | **GSIS의 자료해석**

CHAPTER 07 지형측량

회독 체크표
1회독	월 일
2회독	월 일
3회독	월 일

최근 10년간 출제분석표
2015	2016	2017	2018	2019	2020	2021	2022	2023	2024
13.3%	11.7%	8.3%	6.7%	6.7%	6.7%	11.7%	10%	11.7%	10%

출제 POINT

학습 POINT
- 지형의 표시방법
- 등고선의 성질 및 종류
- 등고선의 관측 및 활용
- 지형로의 이용
- 지형공간정보체계의 특징
- 지형공간정보체계의 종류

■ 지물
지표상의 자연 및 인위적인 것으로 도로, 하천, 호수, 철도, 건축물 등

■ 지모
지표면의 기복상태로 산정, 구릉, 계곡, 평야 등

SECTION 1 지형측량의 의의

1 개요

1) 지형측량의 개요

① 지형측량 : 지형도를 작성하기 위한 측량
② 지형도 : 지표면상의 자연 및 인공적인 지물·지모의 상호 위치관계를 수평적, 수직적으로 관측하여 일정한 축척과 도식으로 표시한 것
③ 지물 : 지표면상의 자연적, 인위적 물체(도로, 하천, 호수, 철도, 건축물 등)
④ 지모 : 지표면의 기복상태(산정, 구릉, 계곡, 평야 등)

> **참고**
> 지형도를 작성하기 위한 측량
> ① 항공사진측량에 의한 방법
> ② 인공위성 영상을 이용한 방법
> ③ 수치지형모델에 의한 방법

2) 지도의 종별 및 특성

(1) 표현방법에 의한 분류

① 일반도 : 자연, 인문, 사회 사상(事象)을 정확하고 상세하게 표현한 지도 (1/5,000 및 1/50,000 기본도, 1/250,000 지세도, 1/1,000,000 대한민국전도)
② 주제도 : 특정한 주제를 강조하여 표현한 지도로 일반도를 기초로 한 지도(토지이용도, 지질도, 토양도, 관광도, 교통도, 도시계획도, 국토개발계획도)
③ 특수도 : 특수한 목적에 사용되는 지도(항공도, 해도, 사진지도, 지적도)

(2) 제작방법에 따른 분류
① 실측도 : 실제 측량한 성과로 제작한 지도(1/5,000 및 1/25,000 기본도, 지적도)
② 편집도 : 기존 지도를 이용, 편집한 지도(대축척 → 소축척, 1/25,000 → 1/50,000 지형도)
③ 집성도 : 기존의 지도, 도면, 사진 등을 이어 붙여서 만든 것(사진집성도)

(3) 국가기본도
① 지물 및 지형에 대한 평면좌표와 표고의 3차원 좌표가 수록된 지형도
② 한 나라의 준거적 지도를 의미

> **참고**
>
> 우리나라 지형도의 기준
> ① 축척 : 1/50,000(경위도 15′), 1/25,000(경위도 7′30″), 1/5,000(경위도 1′30″)
> ② 준거타원체 : GRS80
> ③ 수평기준 : 대한민국 경위도원점
> ④ 수직기준 : 인천 평균해수면
> ⑤ 투영법 : 횡메르카토르도법(TM투영)

(4) 축척에 따른 분류
① 대축척 : 1/10,000보다 큰 것
② 중축척 : 1/10,000~1/100,000
③ 소축척 : 1/100,000 미만

2 지형의 표시방법

1) 지형의 표현
① 입체모형에 의한 방법 : 실제 지형을 축소하여 제작하는 모형으로 전체 지역을 개략적으로 판단하는 데 유용
② 투시도에 의한 방법 : 투시도법에 의해 지형을 묘사하는 것으로 안내도 및 경관분석에 이용
③ 지형도에 의한 표시방법

2) 자연적 도법

(1) 영선법(우모법)
① 단선상(短線狀)의 선(게바)으로 지표의 기복을 표시
② 급경사는 굵고 짧게, 완경사는 가늘고 길게 표시

■ **지형의 표시방법**
① 자연적 도법 : 영선법(우모법), 음영법(명암법)
② 부호적 도법 : 단채법(채색법), 점고법, 등고선법

출제 POINT

(2) 음영법(명암법)
① 태양이 서북쪽에서 45° 각도로 비친다고 가정
② 지표의 기복에 대하여 명암을 2~3색 이상으로 지형을 표시

3) 부호적 도법

(1) 단채법(채색법)
① 등고선상의 대상(帶狀) 부분을 색으로 구분하여 높이 변화를 표시
② 육지 : 표고가 높을수록 진한 갈색, 낮을수록 흐린 연두색으로 표시
③ 바다 : 수심이 얕을수록 하늘색, 깊을수록 짙은 남색으로 표시

(2) 점고법
① 지형을 표시할 때 표고를 숫자에 의해 표시
② 해도, 하천, 호소, 항만의 수심도에 주로 이용

(3) 등고선법(contour line)
① 동일한 높이를 연결한 등고선에 의해 지형을 표시
② 토목 공사에서 가장 널리 이용

4) 등고선의 성질

① 동일 등고선상의 모든 점은 같은 높이
② 도면 내외에 폐합하는 폐곡선
③ 도면 내에서 폐합 → 등고선의 내부에 산정 또는 분지가 존재
④ 두 쌍의 볼록부가 서로 마주 보고 다른 한 쌍의 등고선의 바깥쪽으로 내려갈 때 → 고개
⑤ 등고선은 서로 만나지 않는다(예외 : 절벽, 동굴).
⑥ 동일경사의 등고선의 수평거리는 같다.
⑦ 평면을 이루는 지표의 등고선은 서로 평행한 직선
⑧ 계곡을 횡단할 경우
⑨ 최대경사선, 능선, 계곡선과 직각으로 교차
⑩ 산꼭대기와 산밑은 산중턱보다 완경사
⑪ 수원에 가까운 부분은 하류보다 급경사

5) 등고선의 간격 및 종류

(1) 등고선의 종류
① 주곡선(가는 실선) : 등고선 간격의 기준이 되는 곡선
② 계곡선(2호 실선) : 지형의 상태와 판독을 쉽게 하기 위해 사용(주곡선 5개마다)

■ 등고선의 성질
① 도면 내외에 폐합하는 폐곡선
② 도면 내에서 폐합 → 등고선의 내부에 산정 또는 분지가 존재
③ 등고선은 서로 만나지 않는다(예외 : 절벽, 동굴).
④ 최대경사선(유하선, 능선)과 직각으로 교차
⑤ 산꼭대기와 산밑은 산중턱보다 완경사

■ 등고선의 종류
① 주곡선(가는 실선) : 등고선 간격의 기준이 되는 곡선
② 계곡선(2호 실선) : 지형의 상태와 판독을 쉽게 하기 위해 사용(주곡선 5개마다)
③ 간곡선(가는 파선) : 완경사지에서 지형의 변화가 불분명할 때 사용(주곡선의 1/2)
④ 조곡선(가는 점선) : 간곡선의 보조곡선으로 사용(주곡선의 1/4)

③ 간곡선(가는 파선) : 완경사지에서 지형의 변화가 불분명할 때 사용(주곡선의 1/2)
④ 조곡선(가는 점선) : 간곡선의 보조곡선으로 사용(주곡선의 1/4)

> **참고**
>
> 등고선의 용도
> ① 주곡선: 지형을 표시하는 데 기본
> ② 계곡선: 등고선의 높이를 읽게 쉽게 하기 위해
> ③ 간곡선: 완경사지에서 지모의 상태를 자세하게 설명하기 위해
> ④ 조곡선: 간곡선만으로 지모의 상태를 자세하게 표시할 수 없을 때

(2) 등고선 간격 결정 시 주의사항

① 간격은 측량의 목적, 지형, 지도의 축척 등에 따라 결정
② 간격을 좁게 하면 지형을 정밀하기 표시할 수 있으나 소축척에는 과도하게 좁게 표시됨
③ 주곡선 간격은 소축척 시 $\dfrac{m}{2,000} \sim \dfrac{m}{2,500}$, 대축척 시 $\dfrac{m}{500} \sim \dfrac{m}{1,000}$ 을 기준으로 결정
④ 구조물의 설계, 토공량 산출에는 간격을 좁게 하고, 저수지 측량, 노선 예측 등에는 넓게 설정
⑤ 식별등고선 간격 0.2mm

■ 등고선 간격 결정 시 주의사항
① 측량의 목적, 지형, 축척에 따라 결정
② 등고선 간격을 좁게 하면 정밀한 지형 표시 가능
③ 소축척 시 축척 분모의 2,000~2,500으로 나누어 결정
④ 대축척 시 축척 분모의 500~1,000으로 나누어 결정

(단위: m)

구분	축척	주곡선	계곡선	간곡선	조곡선
토목공사용	1/1,000	1	5	0.5	0.25
	1/2,500	2	10	1	0.5
	1/5,000	5	25	2.5	1.25
지형도	1/10,000	5	25	2.5	1.25
	1/25,000	10	50	5	2.5
	1/50,000	20	100	10	5
지세도	1/200,000	100	500	50	25

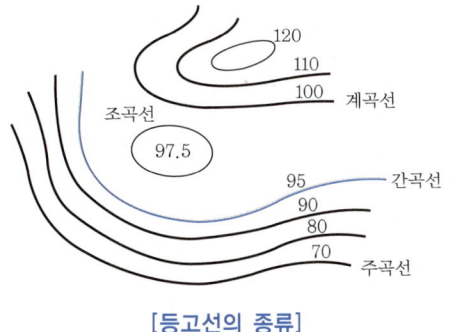

[등고선의 종류]

SECTION 2 등고선의 관측 및 활용

1 지성선

1) 지성선의 개요

    ① 지표면을 다수의 평면으로 이루어졌다고 생각할 때 이 평면의 접합부, 즉 접선을 말한다.
    ② 능선, 곡선, 경사변환선, 최대경사선으로 구성된다.

2) 지성선의 종류

   (1) 능선(凸선, 분수선)
   ① 지표면 높은 곳의 꼭대기점을 연결한 선으로 등고선과 직교한다.
   ② 빗물이 이 경계선을 좌우로 하여 흐르게 되므로 분수선이라고도 한다.

   (2) 곡선(凹선, 합수선, 계곡선)
   ① 지표면이 낮거나 움푹 패인 점을 연결한 선으로 등고선과 직교한다.
   ② 사면을 흐른 물이 이 요선을 향하여 모이게 되므로 합수선, 합곡선이라고도 한다.

   (3) 경사변환선
   ① 동일 방향의 경사면에서 경사의 크기가 다른 두 면의 접합선이다.
   ② 서로 다른 경사면이 만나는 선으로 등고선과 평행하다.

   (4) 최대경사선
   ① 지표의 임의의 1점에 경사가 최대로 되는 방향을 표시한 선으로 등고선과 직교한다.
   ② 물이 흐르는 선으로 유하선이라고도 한다.

■ 지성선의 종류
① 능선(凸선, 분수선) : 지표면 높은 곳의 꼭대기점을 연결한 선으로 등고선과 직교
② 곡선(凹선, 합수선, 계곡선) : 지표면이 낮거나 움푹 패인 점을 연결한 선으로 등고선과 직교
③ 경사변환선 : 동일 방향의 경사면에서 경사의 크기가 다른 두 면의 접합선
④ 최대경사선 : 지표의 임의의 1점에 경사가 최대로 되는 방향을 표시한 선으로 등고선과 직교

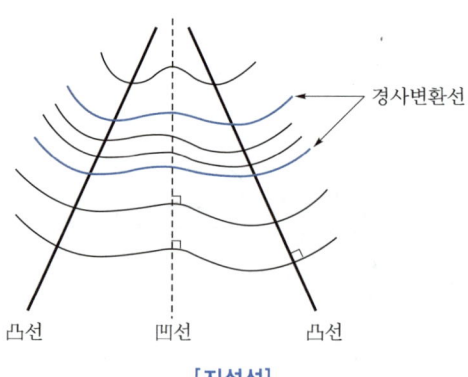

[지성선]

2 등고선의 관측방법

1) 직접법

직접법은 지상관측에 의한 방법을 의미한다.

① 레벨에 의한 방법

$$H_B = (H_A + a_1) - b$$

b_1인 점들로 표척 이동 → P_1, P_2, P_3. 낮은 곳 → 높은 곳

② 평판에 의한 방법

$$H_A = H_C + h_C - H_A$$

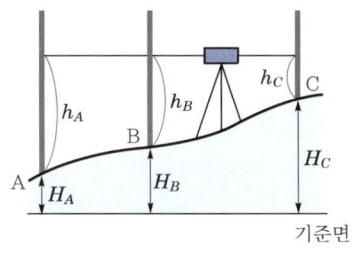

[레벨에 의한 방법]

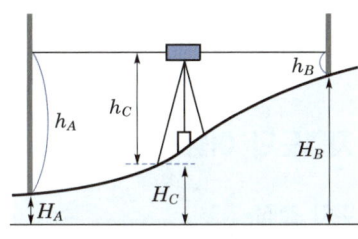

[평판에 의한 방법]

2) 간접관측법

산악지의 임의의 점에 측점을 설치하지 않을 경우, 또는 빠르게 작업을 하지 않고 전체적인 지형의 특징을 파악하는 것을 중요시한 경우의 관측법이다.

① 기지점 표고를 이용한 계산법

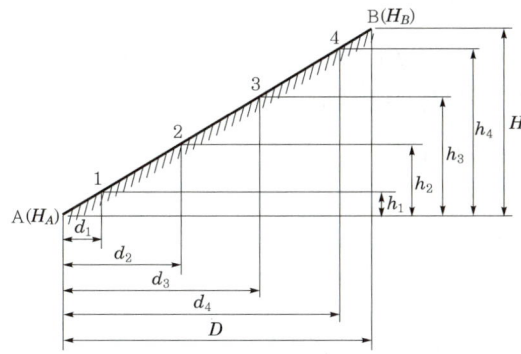

[기지점 표고를 이용한 계산법]

$$H : D = h_1 : d_1 = h_2 : d_2$$

$$\therefore d_1 = \frac{D}{H} \times h_1, \quad d_2 = \frac{D}{H} \times h_2$$

■ 등고선의 간접측정법

① 방안법(좌표점고법) : 택지, 건물부지 등 평지의 정밀한 등고선 측정에 이용
② 종단점법 : 정밀을 요하지 않는 소축척 산지 등에 지성선을 이용한 등고선 측정에 이용
③ 횡단점법 : 도로, 철도, 수로 등의 노선측량의 등고선 측정에 이용
④ 기준점법 : 지역이 넓은 소축척 지형도의 등고선 측정에 이용

출제 POINT

② 목측에 의한 방법
  ㉠ 지성선상의 경사변환점의 위치와 표고를 기본으로 하여 지성선상의 각 등고선의 통과점을 목측에 의해 도상에 구하고 현지지형을 스케치하여 등고선 작도하며,
  ㉡ 1/10,000 이하의 소축척에 이용한다.
③ 방안법 : 정방형, 장방형의 방안의 교점마다 표고를 관측하여 등고선 추출
④ 종단점법 : 지성선 방향이나 주요 방향의 측선에 대해 기준점으로부터의 거리와 높이를 관측하여 등고선을 추출(소축척으로 산지 등에 사용)
⑤ 횡단점법 : 노선측량, 수준측량에서 중심 말뚝의 표고와 횡단선상의 횡단측량 결과를 이용하여 등고선을 그리는 방법
⑥ 기준점법 : 측량 지역 내의 기준이 될 점과 지성선 위의 중요점 위치와 표고를 측정하여 등고선을 넣는 방법

3 지형도의 이용

■ 지형도의 이용
① 위치 결정
② 단면도의 작성
③ 등경사선의 관측
④ 유역면적의 산정
⑤ 체적의 산정

1) 위치 결정

① 경위도 결정 : 지형도의 도곽과 경위도를 기준으로 도상 임의점의 경위도를 결정
② 표고 결정 : 임의점 표고는 주위 등고선으로부터 추정

2) 단면도의 작성

지형도상에서 종횡단면도의 제작에 이용

3) 등경사선의 관측

① 등경사선 : 수평면에 대하여 일정한 경사를 가진 지표면상의 선
② 중심선이 등경사선에 가깝도록 결정

$$L = \frac{100}{i} \times h$$

여기서, h : 등고선 간격, i : 등경사선의 경사, L : 수평거리

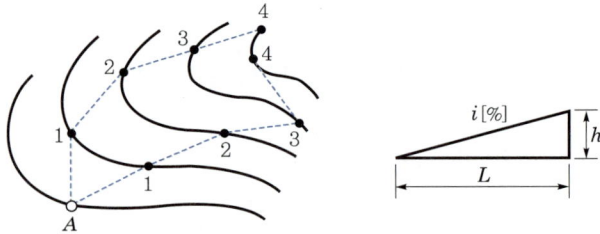

4) 유역면적의 산정

① 지점 유량의 산정이나 댐건설계획 수립 시 한 점에 모이는 유량을 산정하여 댐의 위치를 결정하고, 이때 유역면적을 산정
② 일반적으로 구적기를 이용하여 등고선 간 면적을 관측

5) 체적(토공량) 산정

(1) 양단면 평균법

$$V = \frac{h}{2}\{A_0 + A_n + 2(A_1 + A_2 + \cdots + A_{n-1})\}$$

(2) 각주공식

$$V = \frac{h}{3}\{A_0 + A_n + 4 \times \sum A_{홀수} + 2 \times \sum A_{짝수}\}$$

> **참고**
>
> 지형도의 이용
> ① 저수량 및 토공량 산정
> ② 유역면적의 결정
> ③ 등경사선 관측
> ④ 도상계획의 작성

출제 POINT

■ 토공량 산정
① 양단면 평균법
$$V = \frac{h}{2}(A_0 + A_n + 2\sum A_{나머지})$$
② 각주공식
$$V = \frac{h}{3}(A_0 + A_n + 4 \times \sum A_{홀수} + 2 \times \sum A_{짝수})$$

SECTION 3 GSIS의 개요 및 분류

1 지리공간정보체계(GSIS)의 정의

① 지리공간정보체계(GSIS, Geo-Spatial Information System)란 인간의 의사결정에 필요한 지리정보의 관찰과 수집에서부터 보존과 분석, 출력에 이르기까지 일련의 조작을 위한 시스템을 말한다.
② 공통의 사용을 목적으로 실세계의 관련 구성요소 간의 상호작용으로 이루어진 활동의 모임을 의미한다.

2 지리공간정보체계(GSIS)의 특징

① 지도의 축소·확대가 자유롭고 계측이 용이
② 복잡한 정보의 분류나 분석에 용이
③ 대량의 정보를 저장하고 관리

출제 POINT

④ 원하는 정보의 검색
⑤ 새로운 정보의 추가와 수정에 용이
⑥ 자료의 중첩을 통해 종합적 정보의 획득 용이
⑦ 표현방식이 다른 여러 가지 지도나 도형으로 표현이 가능

> **참고**
>
> **지리정보의 특수성**
> 1. 도형자료와 속성자료의 상호 연계
>   ① 도형자료에 의한 속성자료 검색
>   ② 속성자료에 의한 도형자료 검색도 가능
>   ③ 속성자료와 도형자료는 두 자료를 이용한 상호 동시 검색 가능
> 2. 공간적 위상관계를 이용한 분석
>   ① 도형자료에서 공간 객체 간에 존재하는 공간적 상호관계를 위상관계라 함
>   ② 위상관계 : 인접성, 연결성, 포함성 등 분석
>   ③ 공간분석 : 위상관계를 바탕으로 필요한 정보를 분석하는 과정
> 3. 동적인 공간자료의 가능
>   ① 지리정보는 일정 시점이나 일정 기간에 대한 공간상의 변화에 관한 자료를 수집, 정리 하는 것
>   ② 지리정보가 수집된 시간을 파악, 저장함으로써 시간과 관련된 분석 가능

■ GSIS의 분류

① 지리정보시스템(GIS) : 지리정보를 효율적으로 활용하기 위한 시스템
② 도시정보시스템(UIS) : 도시계획, 행정, 방재 등의 분야에 활용
③ 토지정보시스템(LIS) : 토지 이용, 지형분석, 지적정보 구축에 활용
④ 교통정보시스템(TIS) : 교통계획 및 교통영향평가에 활용
⑤ 도면자동화(AM) : 지도의 제작, 각종 주제도 제작에 활용
⑥ 시설물관리시스템(FM) : 상하수도 시설관리, 통신시설관리 등에 활용
⑦ 측량정보시스템(SIS) : 측지정보, 사진측량, 원격탐사에 활용
⑧ 환경정보시스템(EIS) : 대기, 수질, 폐기물 관련정보 관리에 활용

3 GSIS의 분류

1) 토지정보시스템(Land Information System, LIS)

① 토지에 대한 실제 이용현황과 소유자, 거래, 지가, 개발, 이용제한 등에 관한 각종 정보를 통합 데이터베이스화
② 합리적인 토지정책과 효율적인 행정업무 수행을 지원
③ 전국 온라인 민원발급 등 민원서비스를 획기적으로 개선
④ 지형분석, 토지 이용 및 개발, 지적 관리 등 토지자원에 관련된 문제해결 지원

2) 도시정보시스템(Urban Information System, UIS)

① 전산시스템을 이용하여 도시지역의 각종 위치정보와 속성정보를 데이터베이스화
② 통일된 시스템 내에서 정보의 체계적 분석, 갱신, 편집, 검색 등을 통합 관리
③ 도시의 계획과 관리, 운영 등의 업무를 효율적으로 지원할 수 있는 종합 시스템

3) 도면 자동화(Automated Mapping, AM)

① 도형 해석을 위한 소프트웨어를 이용하여 지형정보를 생성, 수정 및 합성하여 시설물 관리를 효과적으로 하기 위한 시스템
② 시설물 관리시스템에서 이용되는 지도나 도면을 수치 정보화

4) 시설물 관리시스템(Facility Management, FM)

① 건축, 전기, 설비, 통신 등 도면 자동화를 통해 구축된 수치지도를 바탕으로 지상 및 지하의 각종 시설물을 시스템 상에 구축
② 시설물에 대한 유지보수 활동을 효과적으로 지원하는 시스템

5) 교통정보시스템(Transportation Information System, TIS)

① 교통개선계획, 도로 유지보수, 교통시설물관리 등 종합적인 도로관리 및 운영시스템
② 지능형교통시스템(ITS)의 가장 중요한 부분인 교통정보 제공분야에 활용

6) 환경정보시스템(Environment Information System, EIS)

① 동식물정보, 수질정보, 지질정보, 대기정보, 폐기물정보 등을 데이터베이스화
② 각종 환경영향평가와 혐오시설 입지선정 및 대형건설사업에 따른 환경변화예측 등에 활용하는 정보시스템

4 GIS 최신기술

1) 데스크탑(desktop) GIS

데스크탑 PC상에서 사용자들이 손쉽게 GIS 자료의 도화와 일정 수준의 공간분석을 수행할 수 있는 기술

2) 전문(professional) GIS

① 특정 목적 또는 분야에 적용하는 전문적인 GIS
② GIS 발전과정에서 가장 먼저 등장하여 아직까지도 꾸준히 개선 발전되고 있는 분야

3) 전사적(enterprise) GIS

① 과거 독립시스템 또는 한 부서에서 국부적으로 이용하던 GIS시스템을 LAN 및 WAN 등의 네트워크를 통하여 한 기관의 전체 부서 또는 한 지역 내 관련 기관에서 모두 함께 운영하는 개념

■ GIS의 최신기술

① 데스크탑(desktop) GIS : 데스크탑 PC상에서 사용자들이 손쉽게 GIS 자료의 도화와 일정 수준의 공간분석을 수행할 수 있는 기술
② 전문(professional) GIS : 특정 목적 또는 분야에 적용하는 전문적인 GIS
③ 전사적(enterprise) GIS : 네트워크를 통하여 한 기관의 전체 부서 또는 한 지역 내 관련 기관에서 모두 함께 운영하는 개념
④ 컴포넌트(component) GIS : 프로그래밍 설계에서 시스템은 모듈로 구성된 컴포넌트로 나뉘며 컴포넌트 시험이란 컴포넌트를 구성하는 모든 관련된 모듈이 상호 작동을 잘하는 조합인가 시험하는 것 의미
⑤ 인터넷(internet) GIS : 인터넷의 기술을 GIS와 접목하여 지리정보의 입력, 수정, 조작, 분석, 출력 등 GIS 데이터와 서비스의 제공이 인터넷 환경에서 가능하도록 구축된 GIS
⑥ 3차원(3D) GIS : 3차원의 입체적인 공간정보의 제공과 공간분석을 수행하기 위한 기능을 제공하는 것
⑦ 모바일(mobile) GIS : 시·공간의 제약이 없는 무선통신 환경에서 사용자들이 개인 휴대 단말기를 이용하여 필요한 지리정보를 실시간 제공받을 수 있는 GIS 솔루션.
최근 무선 이동통신 환경의 급속한 발달과 개인 휴대 단말기 보급확대 및 성능의 개선 등으로 모빌 GIS는 가장 각광받고 있는 분야

출제 POINT

■ 컴포넌트 GIS
① 모듈로 구성된 컴포넌트(요소)로 구성된 시스템 구성
② 모든 관련된 모듈이 상호 작동하도록 필요에 따라 조합하여 시스템 구성

■ 인터넷 GIS
① 인터넷과 GIS 기술 접목
② 지리정보 입력, 수정, 조작, 분석, 출력 등 GIS 서비스를 인터넷상에서 구현

② 데이터의 공유를 근간으로 부서와 경계를 넘어서는 시스템 통합 차원의 GIS 기술

4) 컴포넌트(component) GIS

① 일반적으로 컴포넌트란 '정의된 인터페이스를 통해 특정 서비스를 제공할 수 있는 소프트웨어의 최소 단위'를 의미
② 프로그래밍 설계에서 시스템은 모듈로 구성된 컴포넌트로 나뉘며 컴포넌트 시험이란 컴포넌트를 구성하는 모든 관련된 모듈이 상호 작동을 잘 하는 조합인가 시험하는 것을 의미

5) 인터넷(internet) GIS

인터넷의 기술을 GIS와 접목하여 지리정보의 입력, 수정, 조작, 분석, 출력 등 GIS 데이터와 서비스의 제공이 인터넷 환경에서 가능하도록 구축된 GIS

6) 3차원(3D) GIS

① 실세계와 유사한 공간 데이터 모델에 대한 사용자들의 요구에 따라 기존의 2차원 평면형태의 공간정보의 제공 및 분석이 아닌 3차원의 입체적인 공간정보의 제공과 공간분석을 수행하기 위한 기능을 제공하는 것
② 3차원 GIS는 네트워크 및 인터넷 기술의 발달, 영상처리 기술의 발달에 힘입어 미래의 각광받는 기술로 주목

7) 모바일(mobile) GIS

① 시·공간의 제약이 없는 무선통신 환경에서 사용자들이 개인 휴대 단말기를 이용하여 필요한 지리정보를 실시간 제공받을 수 있는 GIS 솔루션
② 최근 무선 이동통신 환경의 급속한 발달과 개인 휴대 단말기 보급확대 및 성능의 개선 등으로 모빌 GIS는 가장 각광받고 있는 분야

SECTION 4 GSIS의 자료해석

1 지형공간정보체계의 정보

지형공간정보체계의 자료구조는 크게 위치자료와 속성자료로 구분되며, 위치자료에는 상대위치와 절대위치자료로, 특성자료는 도형, 영상, 속성자료로 구분된다.

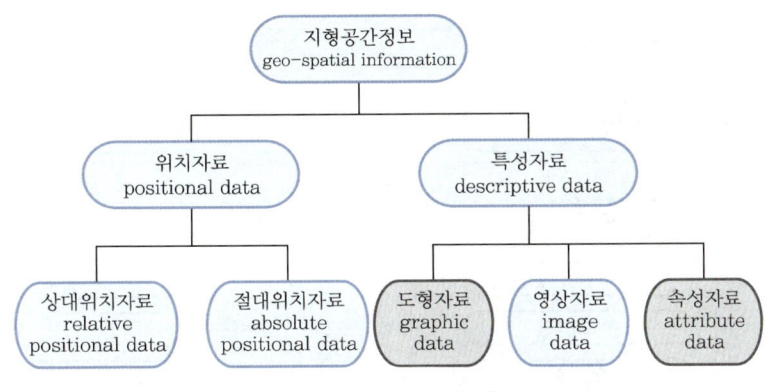

[지형공간정보의 분류]

1) 위치자료(positional data)

영상이나 지도 위의 점이나 선위치를 평면위치(x, y좌표), 수직위치(z좌표)로 나타내는 정보이다.
① 상대위치차료 : 모형공간에서의 위치정보, 상대적 위치 또는 위상관계의 기준
② 절대위치자료 : 실제 공간상의 위치정보, 지상, 지하, 해양, 공중 등 우주공간상에서의 위치기준

2) 특성자료(descriptive data)

(1) 도형자료(graphic data)
① 지도형상 및 주석을 설명하기 위한 6가지 도형요소(점, 선, 면)로 구성
② 지도형상의 수치적 설명이나 지도의 특정한 지도 요소
③ 일정 격자나 벡터(vector) 및 래스터(raster)형으로 입력

(2) 영상자료(image data)
인공위성, 항공기를 통해 얻어진 영상이나 사진상의 정보를 수치화하여 입력(디지털사진기, MSS, MSC, 스캐너에 의한 입력)한 자료로, 항공사진영상, 위성영상 등의 자료이다.

■ GSIS의 자료
1. 위치자료
 ① 상대위치자료 : 모형공간에서의 위치정보, 상대적 위치 또는 위상관계의 기준
 ② 절대위치자료 : 실제 공간상의 위치정보, 지상, 지하, 해양, 공중 등 우주공간상에서의 위치기준
2. 특성자료
 ① 도형자료 : 지도형상 및 주석을 설명하기 위한 6가지 도형요소로 구성
 ② 영상정보 : 인공위성, 항공기를 통해 얻어진 영상이나 사진상의 정보를 수치화하여 입력
 ③ 속성자료 : 지도형상의 특성, 질, 관계와 지형적 위치를 문자 및 숫자의 형태로 입력

(3) 속성자료(attribute data)

지도형상의 특성, 질, 관계와 지형적 위치를 나타내며, 보고서, 문서, 대장 등의 자료(문자 및 숫자의 형태)이다.
① 정량적 자료 : 이름, 설명, 행정구역, 통계분석 불가능
② 정성적 자료 : 인구수, 지가, 면적 등 통계분석 가능

2 자료처리체계

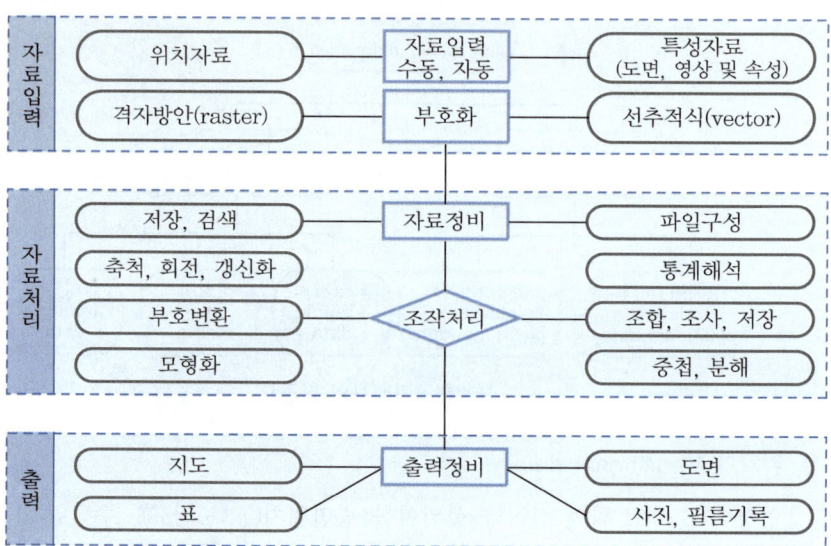

1) 자료입력(data input)

공간정보의 입력에는 디지타이저, 스캐너를 이용하고, 속성정보의 입력에는 키보드가 주로 이용된다.

(1) 디지타이저(수동방식)
① 디지타이저라는 테이블 위에 컴퓨터와 연결된 마우스를 이용하여 필요한 주제(도로, 하천 등)의 형태를 컴퓨터에 입력시키는 것이다.
② 지형도와 지적도 등 도면을 수동으로 입력할 수 있으며, 대상물의 형태를 따라 마우스 모양의 퍽(puck)을 조작하여 X, Y 좌표를 기록하는 방식이다.

(2) 스캐너(자동방식)
① 레이저광선을 지도에 주사하고, 반사되는 값에 수치값을 부여하여 컴퓨터에 저장한다.
② 기존의 지도를 영상의 형태로 만드는 방식이다.

■ 도형의 자료입력
① 디지타이저(수동방식)
② 스캐너(자동방식)

■ 속성자료의 입력
키보드와 마우스를 이용하여 입력

[디지타이저와 스캐너의 비교]

구분	스캐너	디지타이저
입력방식	자동방식	수동방식
결과물	래스터	벡터
비용	고가	저렴
시간	신속	시간이 많이 소요
도면상태	영향을 받음	영향을 적게 받음

> **참고**
>
> **GSIS의 자료처리체계**
> ① 자료의 입력 : 벡터(디지타이저), 래스터(스캐너)
> ② 부호화 : 벡터방식, 래스터방식
> ③ 자료정비 : 파일처리방식, 데이터베이스방식
> ④ 조작 처리 : 표면분석, 중첩분석
> ⑤ 자료출력 : 도형자료(플로터, 모니터, 빔), 속성자료(프린터)

2) 부호화(encoding)

① 벡터방식 : 공간데이터를 표현하는 방법의 하나로 점(0), 선(1차원), 면(2차원)으로 공간형상을 표현한다.

② 래스터방식 : 실세계를 일정 크기의 최소 지도화 단위인 셀로 분할하고, 각 셀에 속성값을 입력하고 저장하여 연산하는 자료구조이다.

3) 자료정비

(1) 데이터베이스의 개념

데이터베이스란 하나의 조직 내에서 다수의 이용자가 서로 다수의 목적으로도 공유할 수 있도록 저장해 놓은 데이터 파일의 집합체이다.

(2) 데이터베이스의 장단점

장점	단점
① 중앙제어 가능 ② 효율적인 자료 호환 ③ 데이터의 독립성 ④ 새로운 응용프로그램 개발의 용이성 ⑤ 반복성의 제거 ⑥ 많은 사용자의 자료 공유 ⑦ 다양한 응용프로그램에서 다른 목적으로 편집 및 저장이 가능	① 초기 구축비용과 유지비용이 고가 ② 초기 구축 시 관련 전문가 필요 ③ 시스템의 복잡성 ④ 자료의 공유로 인해 자료의 분실이나 잘못된 자료가 사용될 가능성이 있어 보완조치 필요 ⑤ 통제의 집중화에 따른 위험성 존재

출제 POINT

■ 벡터자료의 장단점
① 래스터자료보다 압축되어 간결
② 지형학적 자료가 필요한 망조직 분석에 효과적
③ 지도와 거의 비슷한 도형 제작에 적합
④ 래스터보다 훨씬 복잡한 자료구조
⑤ 중첩기능을 수행하기 어려움
⑥ 공간적 편의를 나타내는 데 비효율적

■ 래스터자료의 장단점
① 자료구조가 간단
② 지도중첩이나 원격탐사자료와의 연결이 용이
③ 손쉬운 다양한 공간분석 가능
④ 공간단위가 같은 크기와 형태를 갖기 때문에 시뮬레이션 용이
⑤ 그래픽 자료의 양이 많음
⑥ 공간적 편의를 나타내는 데 비효율적
⑦ 출력의 질 저하

출제 POINT

■ GSIS의 자료의 조작처리
① 표면분석 : 하나의 자료층상에 있는 변량 간의 관계분석에 이용
② 중첩분석 : 둘 이상의 자료층에 있는 변량 간의 관계분석에 적용

4) 조작 처리

(1) 표면분석

하나의 자료층상에 있는 변량 간의 관계분석에 이용

(2) 중첩분석

① 둘 이상의 자료층에 있는 변량 간의 관계분석에 적용
② 변량들의 상대적 중요도에 따라 경중률을 부가하여, 정밀중첩분석에 실행

5) 자료출력(data output)

(1) 자료출력

① 도면, 도표, 지도, 영상 등으로 다양한 방식으로의 결과물을 표현
② 인쇄복사 : 종이, 도화용 물질, 필름 등에 정보인쇄
③ 영상복사 : 영상모니터에 의한 영상표시. 하나의 자료층상에 있는 변량들 간의 관계분석에 이용

(2) 출력 설계 시 고려사항

① 자료에 대한 보안성
② 판독의 용이성
③ 원시자료의 완전성

CHAPTER 07 기출문제

01 지형의 표시방법 중 하천, 항만, 해안측량 등에서 심천측량을 할 때 측점에 숫자로 기입하여 고저를 표시하는 방법은?

① 점고법 ② 음영법
③ 영선법 ④ 등고선법

> **해설** 지형도 표시방법 중 부호도법
> ㉠ 점고법: 하천, 항만, 해양측량 등에서 심천측량을 한 측점에 숫자를 기입하여 고저를 표시하는 방법
> ㉡ 채색법: 색조를 이용하여 고저를 표시하는 방법
> ㉢ 등고선법: 일정한 높이의 수평면으로 지형을 절단했을 때의 잘린 면의 곡선을 이용하여 지형을 표시

02 지형의 표시법에서 부호적 도법에 해당하지 않는 것은?

① 점고법 ② 등고선법
③ 음영법 ④ 채색법

> **해설** 지형도 표시방법
> (1) 부호적 도법
> ㉠ 점고법: 하천, 항만, 해양측량 등에서 심천측량을 한 측점에 숫자를 기입하여 고저를 표시하는 방법
> ㉡ 채색법: 색조를 이용하여 고저를 표시하는 방법
> ㉢ 등고선법: 일정한 높이의 수평면으로 지형을 절단했을 때의 잘린 면의 곡선을 이용하여 지형을 표시
> (2) 자연적 도법
> ㉠ 영선법: 우모와 같이 짧고 거의 평행한 선의 간격, 굵기, 길이, 방향 등에 의하여 지형을 표시하는 방법
> ㉡ 음영법: 서북쪽 45° 방향에서 평행광선이 비칠 때 생기는 그림자로 기복의 모양을 표시하는 방법

03 지형의 표시법에서 자연적 도법에 해당하는 것은?

① 점고법 ② 등고선법
③ 영선법 ④ 채색법

> **해설** 지형도 표시방법 – 자연적 도법
> ㉠ 영선법: 우모와 같이 짧고 거의 평행한 선의 간격, 굵기, 길이, 방향 등에 의하여 지형을 표시하는 방법
> ㉡ 음영법: 서북쪽 45° 방향에서 평행광선이 비칠 때 생기는 그림자로 기복의 모양을 표시하는 방법

04 지형을 표시하는 방법 중에서 짧은 선으로 지표의 기복을 나타내는 방법은?

① 점고법 ② 영선법
③ 단채법 ④ 등고선법

> **해설** 지형도 표시방법
> (1) 부호적 도법
> ㉠ 점고법: 하천, 항만, 해양측량 등에서 심천측량을 한 측점에 숫자를 기입하여 고저를 표시하는 방법
> ㉡ 채색법: 색조를 이용하여 고저를 표시하는 방법
> ㉢ 등고선법: 일정한 높이의 수평면으로 지형을 절단했을 때의 잘린 면의 곡선을 이용하여 지형을 표시
> (2) 자연적 도법
> ㉠ 영선법: 우모와 같이 짧고 거의 평행한 선의 간격, 굵기, 길이, 방향 등에 의하여 지형을 표시하는 방법
> ㉡ 음영법: 서북쪽 45° 방향에서 평행광선이 비칠 때 생기는 그림자로 기복의 모양을 표시하는 방법

정답 1. ① 2. ③ 3. ③ 4. ②

05 지형측량의 순서로 옳은 것은?

① 측량계획-골조측량-측량원도작성-세부측량
② 측량계획-세부측량-측량원도작성-골조측량
③ 측량계획-측량원도작성-골조측량-세부측량
④ 측량계획-골조측량-세부측량-측량원도작성

> **해설** 지형측량의 순서
> 측량계획-골조측량-세부측량-측량원도작성

06 지형의 표시법에 대한 설명으로 틀린 것은?

① 영선법은 짧고 거의 평행한 선을 이용하여 경사가 급하면 가늘고 길게, 경사가 완만하면 굵고 짧게 표시하는 방법이다.
② 음영법은 태양광선이 서북쪽에서 45도 각도로 비친다고 가정하고, 지표의 기복에 대하여 그 명암을 2~3색 이상으로 채색하여 기복의 모양을 표시하는 방법이다.
③ 채색법은 등고선의 사이를 색으로 채색, 색채의 농도를 변화시켜 표고를 구분하는 방법이다.
④ 점고법은 하천, 항만, 해양측량 등에서 수심을 나타낼 때 측점에 숫자를 기입하여 수심 등을 나타내는 방법이다.

> **해설** 지형의 표시법 중 영선법
> ㉠ 우모와 같이 짧고 거의 평행한 선의 간격, 굵기, 길이, 방향 등에 의하여 지형을 표시하는 방법
> ㉡ 경사가 완만하면 가늘고 길게, 경사가 급하면 굵고 짧게 표시하는 방법

07 지형도 작성을 위한 방법과 거리가 먼 것은?

① 탄성파 측량을 이용하는 방법
② 토탈스테이션 측량을 이용하는 방법
③ 항공사진측량을 이용하는 방법
④ 인공위성 영상을 이용하는 방법

> **해설** 탄성파의 특징
> ㉠ 탄성파는 탄성체에 충격으로 급격한 변형을 주었을 때 생기는 파이다.
> ㉡ 탄성파의 전파속도 관측으로 지반탐사가 가능하다.
> ㉢ 탄성파는 충격파로 지진파의 한 종류이므로 횡파, 종파, 표면파 등 3종류가 있다.
> ㉣ 탄성파 측량은 지하매설물탐사에 활용되며 지표 아래 낮은 곳은 굴절법, 깊은 곳은 반사법을 이용한다.

08 지형측량을 할 때 기본 삼각점만으로는 기준점이 부족하여 추가로 설치하는 기준점은?

① 방향전환점   ② 도근점
③ 이기점   ④ 중간점

> **해설** 도근점(圖根點)
> 지형측량에서 기준점이 부족한 경우 설치하는 보조기준점으로, 이미 설치한 기준점만으로는 세부측량을 실시하기가 쉽지 않은 경우에 이 기준점을 기준으로 하여 새로운 수평위치 및 수직위치를 관측하여 결정되는 기준점이다.

09 다음 중 지상기준점측량 방법으로 틀린 것은?

① 항공사진삼각측량에 의한 방법
② 토털스테이션에 의한 방법
③ 지상레이더에 의한 방법
④ GPS의 의한 방법

> **해설** 지상레이더에 의해서는 탐지범위 안에 있는 지상 물체를 감지하며 반사파를 이용하여 영상을 얻기도 하나, 지상기준점측량에는 이용되지 않는다.

10 지형도상에 나타나는 해안선의 표시기준은?

① 평균해면   ② 평균고조면
③ 약최저저조면 ④ 약최고고조면

정답 5. ④ 6. ① 7. ① 8. ② 9. ③ 10. ④

해설 **해안선의 표시기준**
수애선의 결정은 평수위, 지형도 작성 및 해안선은 만수위(약최고고조면), 간출암은 최저수위(약최저저조면)로 결정한다.

13 축척 1 : 50,000 지형도상에서 주곡선 간의 도상 길이가 1cm이었다면 이 지형의 경사는?

① 4%   ② 5%
③ 6%   ④ 10%

해설 **등고선을 이용한 경사의 계산**
축척 1 : 50,000의 지형도에서 주곡선의 간격은 20m이다.
경사도 $i[\%] = \dfrac{높이차}{수평거리} \times 100\% = \dfrac{H}{D} \times 100$이고
도상거리 1cm의 실거리는 50,000cm=500m이므로
$i = \dfrac{20\text{m}}{500\text{m}} \times 100 = 4\%$

11 종단점법에 의한 등고선 관측방법을 사용하는 가장 적당한 경우는?

① 정확한 토량을 산출할 때
② 지형이 복잡할 때
③ 비교적 소축척으로 산지 등의 지형측량을 행할 때
④ 정밀한 등고선을 구하려 할 때

해설 **등고선의 관측방법**
㉠ 방안법 : 정방형, 장방형 형태의 방안에 교점의 표고를 관측하여 보간에 의해 등고선 추출
㉡ 종단점법 : 지성선 방향이나 주요 방향의 측선에 대해 기준점으로부터의 거리와 높이를 관측하여 등고선을 추출하는 방법으로 비교적 소축척으로 산지 등의 지형측량을 행할 때 주로 사용
㉢ 횡단점법 : 노선측량, 수준측량에서 중심 말뚝의 표고와 횡단선상의 횡단측량 결과를 이용하여 등고선을 그리는 방법

14 축척 1 : 5,000 지형도상에서 어떤 산의 상부로부터 하부까지의 거리가 50mm이다. 상부의 표고가 125m, 하부의 표고가 75m이며 등고선의 간격이 일정할 때 이 사면의 경사는?

① 10%   ② 15%
③ 20%   ④ 25%

해설 **등고선을 이용한 경사의 계산**
㉠ 수평거리를 실제거리로 환산
$M = \dfrac{1}{m} = \dfrac{50\text{mm}}{실거리} = \dfrac{1}{5,000}$
실제거리 = $5,000 \times 50\text{mm} = 250,000\text{mm}$
$= 250\text{m}$
㉡ 높이차 $H = 125 - 75 = 50\text{m}$
㉢ 경사의 계산
경사 $(i) = \dfrac{H}{D} \times 100\%$
$= \dfrac{50\text{m}}{250\text{m}} \times 100\% = 20\%$

12 표고가 각각 112m, 142m인 A, B 두 점이 있다. 두 점 AB 사이에 130m의 등고선을 삽입할 때 이 등고선의 A점으로부터 수평거리는? (단, AB의 수평거리는 100m이고, AB 구간은 등경사이다.)

① 50m   ② 60m
③ 70m   ④ 80m

해설 **등고선을 이용한 수평거리의 계산**
AB는 등경사이므로 두 점 간의 수평거리와 높이차의 비례식으로 계산한다.
수평거리 : 높이차 $= D : H = d : h$
$= 100 : (142-112) = d : (130-112)$
$\therefore d = \dfrac{100\text{m} \times 18\text{m}}{30\text{m}} = 60\text{m}$

15 축척 1 : 1,000의 지형측량에서 등고선을 그리기 위한 측점에 높이의 오차가 50cm이었다. 그 지점의 경사각이 1°일 때 그 지점을 지나는 등고선의 도상 오차는?

① 2.86cm   ② 3.86cm
③ 4.86cm   ④ 5.86cm

> **해설** 등고선 도상오차의 계산
> ⓐ 등고선 사이의 수평거리
> $\tan\theta = \dfrac{H}{D}$에서
> $D = \dfrac{H}{\tan\theta} = \dfrac{0.5m}{\tan 1°} = 28.645m$
> ⓑ 1/1,000에서 등고선의 오차
> $\Delta d = \dfrac{28.6m}{1,000} = 0.0286m = 2.86cm$

★ 16 축척 1 : 25,000의 수치지형도에서 경사가 10%인 등경사 지형의 주곡선 간 도상거리는?

① 2mm ② 4mm
③ 6mm ④ 8mm

> **해설** 등고선을 이용한 수평거리의 계산
> 1 : 25,000 지형도의 주곡선 간격은 10m이고 지형 도상 높이는 10m/25,000 = 0.4mm
> 경사 = $\dfrac{H}{D} \times 100\%$에서
> $10\% = \dfrac{0.4mm}{D} \times 100\%$
> $D = \dfrac{0.4mm}{10\%} \times 100\% = 4mm$

★★★ 17 등경사인 지성선상에 있는 A, B표고가 각각 43m, 63m이고 AB의 수평거리는 80m이다. 45m, 50m 등고선과 지성선 AB의 교점을 각각 C, D라고 할 때 AC의 도상길이는? (단, 도상축척은 1 : 100이다.)

① 2cm ② 4cm
③ 8cm ④ 12cm

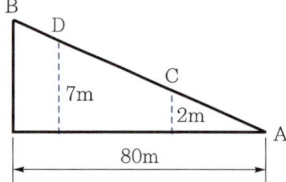

> **해설** 등고선을 이용한 수평거리의 계산
> $D : H = 80 : (63-43) = D : (45-43)$에서
> $D = \dfrac{80m}{20m} \times 2m = 8m$ 이므로
> 축척을 고려한 도상거리 = $\dfrac{8m}{100} = 0.08m = 8cm$

18 축척 1 : 25,000 지형도에서 거리가 6.73cm인 두 점 사이의 거리를 다른 축척의 지형도에서 측정한 결과 11.21cm이었다면 이 지형도의 축척은 약 얼마인가?

① 1 : 20,000 ② 1 : 18,000
③ 1 : 15,000 ④ 1 : 13,000

> **해설** 등고선을 이용한 축척의 계산
> ⓐ 수평거리를 실제거리로 환산
> $M = \dfrac{1}{m} = \dfrac{6.73cm}{실거리} = \dfrac{1}{25,000}$
> 실제거리 = $25,000 \times 6.73cm = 168,250cm$
> ⓑ 축척의 계산
> $M = \dfrac{1}{m} = \dfrac{11.21cm}{168,250cm} = \dfrac{1}{15,000}$

★★ 19 축척 1 : 5,000 지형도의 1장을 만들기 위한 축척 1 : 500 지형도의 매수는?

① 50매 ② 100매
③ 150매 ④ 250매

> **해설** 축척을 이용한 도면 매수의 계산
> 면적은 거리의 제곱에 비례하고, 도엽수는 면적의 함수이므로 도엽수는 축척의 제곱에 비례함을 알 수 있다.
> $\dfrac{1}{500}$은 $\dfrac{1}{5,000}$에 비해 거리가 10배의 관계이고 면적은 $10^2 = 100$이므로 100매임을 알 수 있다.

20 축척 1 : 500 지형도를 기초로 하여 축척 1 : 3,000 지형도를 제작하고자 한다. 축척 1 : 50,000 지형도의 주곡선 간격은 20m이다. 지형도에서 4% 경사의 노선을 선정하고자 할 때 주곡선 사이의 도상수평거리는?

① 5mm ② 10mm
③ 15mm ④ 20mm

> **해설** 등고선을 이용한 수평거리의 계산
> 축척 1 : 50,000의 지형도에서 주곡선의 간격은 20m이다.
> 경사도 $i(\%) = \dfrac{높이차}{수평거리} \times 100(\%) = \dfrac{20}{D} \times 100$
> $= 4\%$에서
> 수평거리 $D = \dfrac{20\text{m}}{4} \times 100 = 500\text{m}$
> 도상수평거리 $d = \dfrac{500\text{m}}{50,000} = 0.01\text{m} = 10\text{mm}$

21 축척 1 : 5,000인 지형도에서 AB 사이의 수평거리가 2cm이면 AB의 경사는?

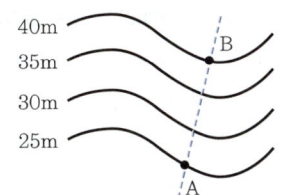

① 10% ② 15%
③ 20% ④ 25%

> **해설** 등고선을 이용한 경사의 계산
> ⊙ 실제거리
> $M = \dfrac{1}{m} = \dfrac{도상거리}{실제거리} = \dfrac{1}{5,000} = \dfrac{2\text{cm}}{실제거리}$
> 에서
> 실제거리 = 0.02m × 5,000 = 100m
> ⓒ 경사도 : $= \dfrac{1}{5,000}$ 지형도상의 주곡선 간격(등고선 높이차)은 5m이므로
> 경사도(%) $= \dfrac{높이차}{수평거리} \times 100\%$
> $= \dfrac{15}{100} \times 100 = 15\%$

22 1 : 3,000 도면 한 장에 포함되는 축척 1 : 500 도면의 매수는? (단, 1 : 500 지형도와 1 : 3,000 지형도의 크기는 동일하다.)

① 16매 ② 25매
③ 36매 ④ 49매

> **해설** 축척을 이용한 도면 매수의 계산
> 면적은 거리의 제곱에 비례하고, 도엽수는 면적의 함수이므로 도엽수는 축척의 제곱에 비례함을 알 수 있다.
> $\dfrac{1}{500}$은 $\dfrac{1}{3,000}$에 비해 거리가 6배의 관계이고 면적은 $6^2 = 36$이므로 36매임을 알 수 있다.

23 축척 1 : 5,000의 지형도 제작에서 등고선 위치오차가 ±0.3mm, 높이 관측오차가 ±0.2mm로 하면 등고선 간격은 최소한 얼마 이상으로 하여야 하는가?

① 1.5m ② 2.0m
③ 2.5m ④ 3.0m

> **해설** 등고선 간격의 계산
> 등고선 간격은 등고선의 평면위치에 대한 오차를 의미하므로
> $d = \pm 0.3\text{mm} \times 5,000 = 1,500\text{mm} = 1.5\text{m}$

24 등고선에 관한 설명으로 옳지 않은 것은?
① 높이가 다른 등고선은 절대 교차하지 않는다.
② 등고선 간의 최단거리 방향은 최급경사 방향을 나타낸다.
③ 지도의 도면 내에서 폐합되는 경우 등고선의 내부에는 산꼭대기 또는 분지가 있다.
④ 동일한 경사의 지표에서 등고선 간의 수평거리는 같다.

> **해설** 등고선의 성질
> 높이가 다른 등고선은 일반적으로 교차하지 않으나 동굴이나 절벽에서는 예외적으로 교차하기도 한다.

25 축척 1 : 5,000 수치지형도의 주곡선 간격으로 옳은 것은?
① 5m ② 10m
③ 15m ④ 20m

정답 21. ② 22. ③ 23. ① 24. ① 25. ①

해설 **축척에 따른 등고선의 간격**

표시법\종류	축척	1/50,000	1/25,000	1/10,000	1/5,000	1/2,500	1/1,000	1/500
2호실선	계곡선	100	50	25	25	10	5	5
세실선	주곡선	20	10	5	5	2	1	1
세파선	간곡선	10	5	2.5	2.5	1	0.5	0.5
세점선	보조곡선	5	2.5	1.25	1.25	0.5	0.25	0.25

26 ★★ 등고선의 성질에 대한 설명으로 옳지 않은 것은?

① 동일 등고선상의 모든 점은 기준면으로부터 같은 높이에 있다.
② 지표면의 경사가 같을 때는 등고선의 간격은 같고 평행하다.
③ 등고선은 도면 내 또는 밖에서 반드시 폐합한다.
④ 높이가 다른 두 등고선은 절대로 교차하지 않는다.

해설 **등고선의 성질**
높이가 다른 등고선은 일반적으로 교차하지 않으나 동굴이나 절벽에서는 예외적으로 교차하기도 한다.

27 등고선의 성질에 대한 설명으로 옳지 않은 것은?

① 등고선은 분수선(능선)과 평행하다.
② 등고선은 도면 내외에서 폐합하는 폐곡선이다.
③ 지도의 도면 내에서 폐합하는 경우 등고선의 내부에는 산꼭대기 또는 분지가 있다.
④ 절벽에서 등고선이 서로 만날 수 있다.

해설 **등고선의 성질**
등고선은 분수선(능선), 계곡선(곡선)과 직교하고, 경사변환선과 평행하다.

28 ★ 지성선에 해당하지 않는 것은?

① 구조선   ② 능선
③ 계곡선   ④ 경사변환선

해설 **지성선(地性線, topographical line)**
㉠ 능선(능선, 분수선): 정상을 향하여 가장 높은 점을 연결한 선으로 빗물이 이것을 경계로 흐르게 되므로 분수선이라고도 한다.
㉡ 곡선(합수선, 계곡선): 가장 낮은 점을 연결한 선으로 계곡선이라고도 한다.
㉢ 경사변환선: 동일 방향의 경사면에서 경사의 크기가 다른 두 면의 교선을 경사변환선이라 한다.
㉣ 최대경사선: 지표의 임의의 한 점에 있어서 그 경사가 최대로 되는 방향을 표시한 선을 말하며 등고선에 직각으로 교차한다. 이는 물이 흐르는 방향으로 유하선이라고도 한다.

29 수치지형도(Digital map)에 대한 설명으로 틀린 것은?

① 우리나라는 축척 1:5,000 수치지형도를 국토기본도로 한다.
② 주로 필지정보와 표고자료, 수계정보 등을 얻을 수 있다.
③ 일반적으로 항공사진측량에 의해 구축된다.
④ 축척별 포함사항이 다르다.

해설 필지정보를 주로 얻을 수 있는 도면은 수치지적도이다.

30 ★ 지형측량에서 등고선의 성질에 대한 설명으로 옳지 않은 것은?

① 등고선은 절대 교차하지 않는다.
② 등고선은 지표의 최대 경사선 방향과 직교한다.
③ 동일 등고선상에 있는 모든 점은 같은 높이이다.
④ 등고선 간의 최단거리의 방향은 그 지표면의 최대경사의 방향을 가리킨다.

해설 높이가 다른 등고선은 일반적으로 교차하지 않으나 동굴이나 절벽에서는 예외적으로 교차하기도 한다.

정답 26. ④ 27. ① 28. ① 29. ② 30. ①

31 지형측량에서 지성선(地性線)에 대한 설명으로 옳은 것은?

① 등고선이 수목에 가려져 불명확할 때 이어주는 선을 의미한다.
② 지모(地貌)의 골격이 되는 선을 의미한다.
③ 등고선에 직각 방향으로 내려 그은 선을 의미한다.
④ 곡선(谷線)이 합류되는 점들을 서로 연결한 선을 의미한다.

> **해설** 지성선의 특성
> 지성선은 지표면이 다수의 평면으로 구성되었다고 할 때 평면 간 접합부, 즉 접선을 말하며 지모의 골격이 되는 선으로 지세선이라고도 한다.

32 등고선의 성질에 대한 설명으로 옳지 않은 것은?

① 등고선은 도면 내외에서 폐합하는 폐곡선이다.
② 등고선은 분수선과 직각으로 만난다.
③ 동굴 지형에서 등고선은 서로 만날 수 있다.
④ 등고선의 간격은 경사가 급할수록 넓어진다.

> **해설** 등고선의 간격은 경사가 급할수록 좁아지고 완만할수록 넓어진다.

33 지형측량에서 등고선의 성질에 대한 설명으로 옳지 않은 것은?

① 등고선의 간격은 경사가 급한 곳에서는 넓어지고, 완만한 곳에는 좁아진다.
② 등고선은 지표의 최대 경사선 방향과 직교한다.
③ 동일 등고선상에 있는 모든 점은 같은 높이이다.
④ 등고선 간의 최단거리 방향은 그 지표면의 최대경사 방향을 가리킨다.

> **해설** 등고선의 간격은 경사가 급할수록 좁아지고 완만할수록 넓어진다.

34 지성선에 관한 설명으로 옳지 않은 것은?

① 지성선은 지표면이 다수의 평면으로 구성되었다고 할 때 평면 간 접합부, 즉 접선을 말하며 지세선이라고도 한다.
② 철(凸)선을 능선 또는 분수선이라 한다.
③ 경사변환선이란 동일 방향의 경사면에서 경사의 크기가 다른 두 면의 접합선이다.
④ 요(凹)선은 지표의 경사가 최대로 되는 방향을 표시한 선으로 유하선이라고 한다.

> **해설** 지성선의 종류
> ㉠ 능선: 지표면 높은 곳의 꼭대기점을 연결한 선, 빗물이 이 경계선을 좌우로 하여 흐르게 되므로 분수선이라고도 함
> ㉡ 곡선: 지표면이 낮거나 움푹 패인 점을 연결한 선, 사면을 흐른 물이 이곳을 향하여 모이게 되므로 합수선이라고도 함
> ㉢ 경사변환선: 동일 방향의 경사면에서 경사의 크기가 다른 두 면의 접합선
> ㉣ 최대경사선: 지표의 임의의 한 점에 있어서 그 경사가 최대로 되는 방향을 표시한 선, 물이 흐르는 방향으로 유선이라고도 함

35 지형공간정보체계에 대한 설명 중 틀린 것은?

① 인간의 의사결정능력의 지원에 필요한 지리정보의 관측과 수집에서부터 보존과 분석, 출력에 이르기까지 일련의 조작을 위한 정보시스템이다.
② 격자방식을 통해 벡터방식에 비해 정확한 경계선 추출이 가능하다.
③ 지리정보는 GIS에서 대상으로 하는 모든 정보를 의미한다.
④ 지리정보의 대표적인 항목은 지리적 위치, 관련 속성정보, 공간적 관계, 시간이다.

> **해설** 벡터방식이 격자방식에 비해 정확한 경계선 추출이 가능하다.

정답 31. ② 32. ④ 33. ① 34. ④ 35. ②

36 지형도의 이용법에 해당되지 않는 것은?

① 저수량 및 토공량 산정
② 유역면적의 도상 측정
③ 간접적인 지적도 작성
④ 등경사선 관측

> **해설** 지형도의 활용
> 지적도의 작성은 기초측량의 지적기준점을 이용한 세부측량에 의해 작성하며 지형도의 작성에 이용하지 않는다.

37 GIS 기반의 지능형 교통정보시스템(ITS)에 관한 설명으로 가장 거리가 먼 것은?

① 고도의 정보처리기술을 이용하여 교통운용에 적용한 것으로 운전자, 차량, 신호체계 등 매순간의 교통상황에 따른 대응책을 제시하는 것
② 도심 및 교통수요의 통제와 조정을 통하여 교통량을 노선별로 적절히 분산시키고 지체시간을 줄여 도로의 효율성을 증대시키는 것
③ 버스, 지하철, 자전거 등 대중교통을 효율적으로 운행관리하며 운행상태를 파악하여 대중교통의 운영과 운영사의 수익을 목적으로 하는 체계
④ 운전자의 운전행위를 도와주는 것으로 주행 중 차량간격, 차선위반여부 등의 안전운행에 관한 체계

> **해설** 지능형 교통정보시스템(ITS)
> 지능형 교통정보시스템(ITS)는 교통수단 및 교통시설에 전자제어 및 통신 등 첨단기술을 접목하여 교통정보 제공 및 서비스를 제공하여 교통체계의 효율성을 증대시키는 시스템을 의미한다.

38 지리정보시스템(GIS) 데이터의 형식 중에서 벡터형식의 객체자료 유형이 아닌 것은?

① 격자(cell)
② 점(point)
③ 선(line)
④ 면(polygon)

> **해설** 벡터형식 객체자료의 유형
> 벡터형식의 객체자료 유형으로는 점, 선, 면이 있고, 래스터형식으로는 격자, 화소, 셀 등이 있다.

39 벡터구조에 비해 격자구조(grid 또는 raster)가 갖는 특징으로 옳지 않은 것은?

① 중첩에 대한 조작이 용이하다.
② 자료구조가 간단하다.
③ 원격탐사자료와의 연계처리가 용이하다.
④ 지형의 세세한 표현에 효과적이다.

> **해설** 지형공간정보체계 자료입력방식의 비교
> 지형의 세세한 표현은 벡터구조가 더 효과적이다.

40 지형도, 항공사진을 이용하여 대상지의 3차원 좌표를 취득하여 불규칙한 지형을 기하학적으로 재현하고 수치적으로 해석하므로 경관해석, 노선선정, 택지조성, 환경설계 등에 이용되는 것은?

① 원격탐사
② 도시정보체계
③ 정사사진
④ 수치지형모델

> **해설** 수치지형모델(DTM, Digital Terrainmodel)
> ㉠ 공간상에 나타난 불규칙한 지형의 변화를 수치적으로 표현하는 방법
> ㉡ 수치지형모델은 표고뿐 아니라 지표의 다른 속성도 포함
> ㉢ 현장측량과 사진측량학과 관련이 있고, 원격탐사와 사회과학과 밀접한 관련

41 다음 중 GIS 자료출력용 하드웨어가 아닌 것은?

① 모니터
② 플로터
③ 프린터
④ 디지타이저

> **해설** GIS 자료출력용 하드웨어
> 디지타이저, 스캐너는 입력용 하드웨어이다.

정답 36. ③ 37. ③ 38. ① 39. ④ 40. ④ 41. ④

42 지리정보시스템의 자료특성에 대한 설명 중 틀린 것은?

① 벡터(vector)자료는 점(point), 선(line), 면(polygon) 자료구조로 단순화하여 좌표를 통해 실세계의 지형지물을 표현한 자료로 수치지도가 이에 속한다.
② 래스터(raster)자료는 균등하게 분할된 격자모델로 최소단위인 화소(pixel) 또는 셀(cell)로 구성된 자료로 항공영상, 위성영상이 대표적이다.
③ 속성정보는 지도상의 특성이나 질, 지형지물의 관계 등을 문자나 숫자형태로 나타낸 자료로 대장, 보고서 등이 이에 속한다.
④ 위치정보는 절대위치정보만으로 구성되며 영상이나 지도 위의 점, 선, 면의 형상을 나타내는 자료이다.

> **해설** 지리정보시스템의 자료특성
> 위치정보는 절대위치정보만이 아니라 상대위치정보로도 표현되며, 이는 점, 선 면적 및 다각형과 같은 공간변량들의 개개의 위치를 나타내는 정보이다.

43 다음 중 지형공간정보체계에 대한 설명 중 틀린 것은?

① 지구 및 우주공간 등의 제반 과학적 현상에 관한 각종 정보를 전산기에 의해 종합적으로 처리하는 정보체계이다.
② 자료입력 방식 중 격자방안방식이 선추적방식에 비해 정확하게 경계선을 추출할 수 있다.
③ 자료취득방법으로는 경제적이면서 비교적 정확도가 높은 항공사진에 의한 방법이 있다.
④ 지형공간정보를 구성하는 속성정보는 위치에 관련된 정성적인 자료 및 정량적인 자료를 포함한다.

> **해설** 지형공간정보체계의 자료입력방식 비교
> 정확한 경계선을 추출하는 자료입력방식은 격자방안방식(래스터방식)이 아니라 선추적방식(벡터방식)이다.

44 GIS를 구축하고 활용하기 위한 기본적인 구성요소를 세 가지로 구분할 때 거리가 먼 것은?

① 공간분석기술 ② 공간데이터베이스
③ 소프트웨어   ④ 하드웨어

> **해설** GIS의 구성요소
> GIS의 구성요소로는 하드웨어, 소프트웨어, 데이터, 인력 등이며 3대 요소이면 하드웨어, 소프트웨어, 데이터를 들 수 있다.

45 공공시설물이나 대규모의 공장, 관로망 등에 대한 지도 및 도면 등 제반정보를 수치 입력하여 시설물에 대한 효율적인 운영·관리를 하는 종합적인 관리체계를 무엇이라 하는가?

① CAD/CAM
② A.M(Automated Mapping) System
③ F.M(Facility Management) System
④ S.I.S(Surveying Information System)

> **해설** 시설물정보체계(F.M)
> 건축, 전기, 설비, 통신 등 도면 자동화를 통해 구축된 수치지도를 바탕으로 지상 및 지하의 각종 시설물을 시스템상에 구축하여 시설물에 대한 유지보수 활동을 효과적으로 지원하는 시스템

46 유비쿼터스(ubiquitous)의 정의로 옳은 것은?

① 시간과 장소에 구애받지 않고 언제 어디서나 원하는 정보에 접근할 수 있는 기술이나 환경
② 인공지능 컴퓨터와 로봇에 의하여 사람의 노동력이 최소화될 수 있는 기술이나 환경
③ 복지사회가 구현되어 사람들이 편안하고 행복하게 살 수 있도록 하는 이상적인 기술이나 환경
④ GPS와 GIS를 결합하여 4차원 정보관리를 할 수 있는 기술이나 환경

정답 42. ④ 43. ② 44. ① 45. ③ 46. ①

> [해설] **유비쿼터스(ubiquitous)의 정의**
> 라틴어로 언제 어디에나 존재한다는 뜻으로 사용자가 언제 어디서나 원하는 정보를 시간과 장소에 구애받지 않고 접근하여 활용할 수 있는 기술이나 환경을 가능하게 하는 컴퓨팅 환경

47 도형자료 중 래스터(raster) 형태의 특징으로 옳지 않은 것은?

① 자료의 데이터구조가 매우 복잡하며, 자료생성이 어렵다.
② 다양한 공간적 편의가 격자형태로 나타나며, 자료의 조작과정이 용이하다.
③ 격자의 크기 조절로 자료용량의 조절이 가능하다.
④ 래스터자료는 주로 네모난 형태를 가지기 때문에 벡터자료에 비해 미관상 매끄럽지 못하다.

> [해설] 래스터 형태의 도형자료는 벡터의 자료구조에 비해 단순하며 쉽게 자료를 생성할 수 있다.

48 도형자료 중 래스터(raster) 형태의 특징으로 옳지 않은 것은?

① 격자의 크기 조절로 자료용량의 조절이 가능하다.
② 자료의 데이터구조가 매우 복잡하며, 자료생성이 어렵다.
③ 다양한 공간적 편의가 격자 형태로 나타나며, 자료의 조작 과정이 용이하다.
④ 래스터자료는 주로 네모난 형태를 가지기 때문에 벡터자료에 비해 미관상 매끄럽지 못하다.

> [해설] **래스터자료의 특징**
> ㉠ 자료구조가 단순명료하고 스캐닝을 통해 간단하게 자료 획득
> ㉡ 저가의 기술과 빠른 발달속도
> ㉢ 자료의 압축 시, 확대 축소 시 정보의 손실발생
> ㉣ 위상구조로 표현하기 힘들고 3차원 분석 및 회전 불가능
> ㉤ 객체를 점, 선, 면의 형태로 구분하기 어려움

정답 47. ① 48. ②

CHAPTER 8

면적 및 체적 측량

SECTION 1 | **면적의 측정**

SECTION 2 | **면적의 분할 및 정확도**

SECTION 3 | **체적의 계산**

SURVEYING

CHAPTER 08

면적 및 체적 측량

회독 체크표

1회독	월	일
2회독	월	일
3회독	월	일

최근 10년간 출제분석표

2015	2016	2017	2018	2019	2020	2021	2022	2023	2024
6.7%	13.3%	10%	15%	13.3%	13.3%	10%	11.7%	11.7%	10%

출제 POINT

학습 POINT

- 삼각형의 면적 계산
- 지거법에 의한 면적 계산
- 축척과 면적과의 관계
- 면적의 분할 및 정확도
- 단면법에 의한 체적 계산
- 점고법에 의한 체적 계산

SECTION 1 면적의 측정

1 개요

① 면적과 체적의 산정은 건설공사의 계획, 토공량 산정, 시공에 있어 적정 계획면 설정, 수문량 조사를 위한 유역면적, 저수지의 담수량 산정 등에 널리 사용된다.

② 토지 및 임야의 면적 등과 같이 재산권이 결부된 실생활의 문제와도 밀접하게 관련되어 있다.

2 면적 산정방법

1) 면적 산정방법

면적이란 토지를 둘러싼 경계선을 기준면에 투영시켰을 때 그 선 내의 면적을 의미한다.

① 직접관측법 : 현지에서 직접 거리를 관측하여 구하는 방법

② 간접관측법 : 도상에서 값을 구하여 계산하거나, 구적기를 사용하여 구하는 방법과 기하학을 이용하여 구하는 방법으로, 토지의 신축, 도상에서의 거리관측오차 등이 면적 등에 영향을 받으며, 직접관측법에 비하여 정확도가 낮음

2) 삼각형 면적 계산

① 삼사법 : 밑변과 높이를 관측하여 면적 산정

$$A = \frac{1}{2}ah$$

여기서, a : 밑변, h : 높이

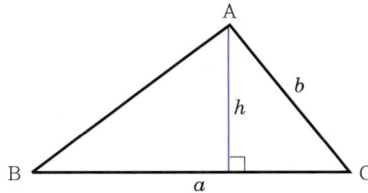 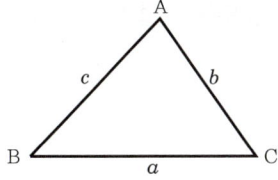

② 이변법 : 2변의 길이와 그 사잇각을 알 때

$$A = \frac{1}{2}ab \cdot \sin C = \frac{1}{2}ac \cdot \sin B = \frac{1}{2}bc \cdot \sin A$$

③ 삼변법 : 3변의 길이를 알 때

$$A = \sqrt{s(s-a)(s-b)(s-c)}, \quad s = \frac{a+b+c}{2}$$

출제 POINT

■ 삼각형의 면적 계산

① 삼사법 : $A = \frac{1}{2}ah$

② 이변법
$$A = \frac{1}{2}ab \cdot \sin C = \frac{1}{2}ac \cdot \sin B$$
$$= \frac{1}{2}bc \cdot \sin A$$

③ 삼변법
$$A = \sqrt{s(s-a)(s-b)(s-c)},$$
$$s = \frac{a+b+c}{2}$$

3) 지거법에 의한 면적 계산

① 복잡하게 굴곡진 경계선 내의 면적을 구할 경우
② 일반적으로 도상에서 구적기를 사용하여 구적
③ 수치계산법으로 구하기 위하여 지거법으로 계산

(1) 사다리꼴 공식

경계선의 굴절이 심한 경우

$$A = d\left\{\frac{y_0 + y_n}{2} + y_1 + y_2 + \cdots + y_{n-1}\right\}$$
$$= d\left\{\frac{y_0 + y_n}{2} + \sum y_{나머지}\right\}$$

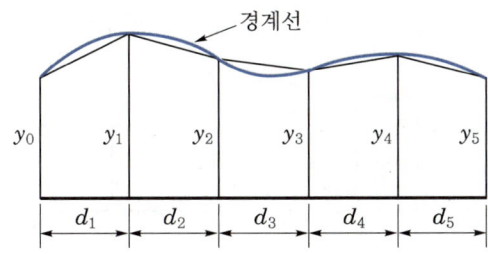

출제 POINT

■ 심프슨 제1법칙
① 구역의 경계선을 2차 포물선으로 보고, 지거의 두 구간을 한 조로 하여 면적을 구하는 방법
② 지거 두 구간의 면적
$$A = \frac{d}{3}(y_0 + 4y_1 + y_2)$$

■ 심프슨 제2법칙
① 구역의 경계선을 3차 포물선으로 보고, 지거의 세 구간을 한 조로 하여 면적을 구하는 방법
② 지거 세 구간의 면적
$$A = \frac{3d}{8}(y_0 + 3y_1 + 3y_2 + y_3)$$

■ 지거에 의한 면적 산정 공식 정리
㉠ 사다리꼴 공식
$$A = d\left[\frac{y_0 + y_n}{2} + \Sigma y_{나머지}\right]$$
㉡ 심프슨 제1법칙
$$A = \frac{d}{3}[y_0 + y_n + 4\Sigma y_{홀수} + 2\Sigma y_{나머지짝수}]$$
㉢ 심프슨 제2법칙
$$A = \frac{3}{8}d[y_0 + y_n + 2\Sigma y_{3의 배수} + 3\Sigma y_{나머지}]$$

(2) 심프슨 제1법칙(2구간을 1조)

$$A_1 = (사다리꼴\ ABDE) + (포물선\ BCD)$$
$$A = \frac{d}{3}\{y_0 + y_n + 4(y_1 + y_3 + \cdots + y_{n-1})$$
$$+ 2(y_2 + y_4 + \cdots + y_{n-2})\}$$
$$= \frac{d}{3}(y_0 + y_n + 4\Sigma y_{홀수} + 2\Sigma y_{나머지짝수})$$

(단, n은 짝수이며 홀수인 경우 끝의 것은 사다리꼴로 계산)

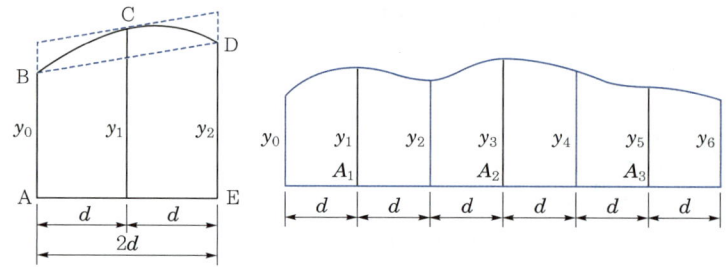

(3) 심프슨 제2법칙(3구간을 1조)

$$A_1 = (사다리꼴\ ABDE) + (포물선\ BCD)$$
$$A = \frac{3}{8}d[y_0 + y_n + 2(y_3 + y_6 + \cdots + y_{n-3})$$
$$+ 3(y_1 + y_2 + y_4 + y_5 + \cdots y_{n-2} + y_{n-1})]$$
$$= \frac{3}{8}d[y_0 + y_n + 2\Sigma y_{3의 배수} + 3\Sigma y_{나머지}]$$

(단, n은 3의 배수)

※ n이 3의 배수가 아닌 경우 나머지는 사다리꼴 공식으로 계산하여 합산

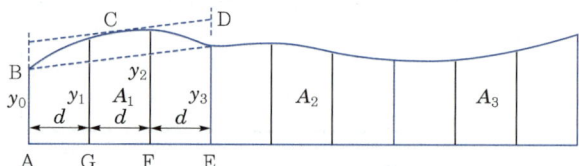

4) 배면적에 의한 면적 계산

배횡거=2×횡거[어떤 측선의 중심에서 기준선(자오선)에 내린 수선의 길이]
① 1측선 : 제1측선의 경거의 길이
② 임의의 측선 : (하나 앞 측선의 배횡거)+(하나 앞의 경거)+(그 측선의 경거)

③ 다각형 면적 $= \frac{1}{2}\sum($배횡거$\times$위거$)$

5) 좌표법(좌표에 의한 면적 계산)

각 측점의 2차원 좌표값(x, y)을 알 때 사용하는 방법으로, 정확한 면적의 산정이 가능하다.

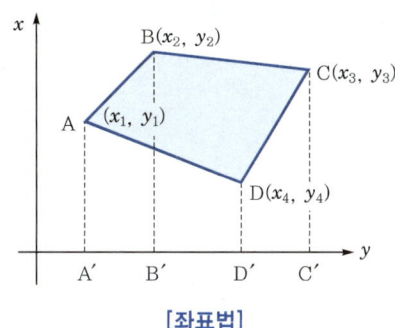

[좌표법]

그림에서 각 점의 좌표가 x_i, y_i라 하면

$$A = \frac{1}{2}\{(x_1+x_2)(y_2-y_1)+(x_2+x_3)(y_3-y_2)\\ -(x_1+x_4)(y_4-y_1)-(x_4+x_3)(y_3-y_4)\}$$

간편법(간이계산법)을 사용하면 간단하다.

$$\frac{x_1}{y_1} \bowtie \frac{x_2}{y_2} \bowtie \frac{x_3}{y_3} \bowtie \frac{x_4}{y_4} \bowtie \frac{x_1}{y_1}$$

$$A = \frac{1}{2}\sum x_i(y_{i+1}-y_{i-1}) = \frac{1}{2}\sum y_i(x_{i+1}-x_{i-1})$$

6) 횡단면적의 산정

(1) 성토단면인 경우

$$\therefore A = \left\{\frac{h_1+h_2}{2}\times(x+y)\right\} \\ -\left\{\left[\frac{1}{2}\left(x-\frac{b}{2}\right)\times h_1\right]+\left[\frac{1}{2}\left(y-\frac{b}{2}\right)\times h_2\right]\right\}$$

출제 POINT

■ 좌표법
① 간편법을 이용하여 계산한다.
② 삼각형의 경우 한 점의 좌표를 원점으로 수평이동하여 계산하면 쉽게 면적을 구할 수 있다.
예제) A(1, 1), B(5, 4), C(5, 1) 세 점으로 이루어진 삼각형의 면적은 A를 (0, 0)으로 이동하면 B는 (4, 3), C는 (4, 0)이 되며

$$\frac{0}{0} \bowtie \frac{4}{3} \bowtie \frac{4}{0} \bowtie \frac{0}{0}$$

2A=12가 되며 A=6이 된다.

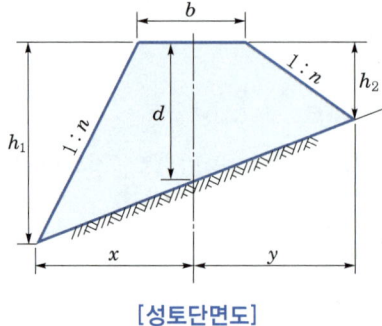

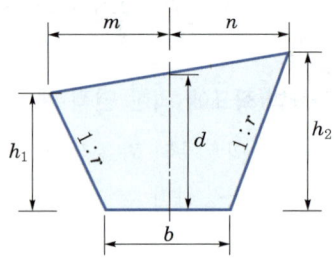

[성토단면도]   [절토단면도]

(2) 절토단면인 경우

$$\therefore A = \left\{ \frac{h_1+d}{2} \times m + \frac{h_2+d}{2} \times n \right\} - \left\{ \frac{h_1}{2} \times \left(m - \frac{b}{2}\right) + \frac{n_2}{2} \times \left(n - \frac{b}{2}\right) \right\}$$

> **참고**
>
> **횡단면적 산정의 의미**
>
> $A = \left\{ \frac{h_1+d}{2} \times m + \frac{h_2+d}{2} \times n \right\} - \left\{ \frac{h_1}{2} \times \left(m - \frac{b}{2}\right) + \frac{n_2}{2} \times \left(n - \frac{b}{2}\right) \right\}$
>
> A = {사다리꼴 면적(좌 + 우)} – {삼각형 면적(좌 + 우)}

7) 축척과 면적과의 관계

① $(축척)^2 = \left(\dfrac{1}{m}\right)^2 = \dfrac{도상면적}{실제면적}$

② $m_1^2 : A_1 = m_2^2 : A_2$ 이므로

$$\therefore A_2 = \left(\frac{m_2}{m_1}\right)^2 A_1$$

여기서, A_1 : 축척 $\dfrac{1}{m_1}$ 인 도면의 축척

A_2 : 축척 $\dfrac{1}{m_2}$ 인 도면의 축척

■ 축척과 면적과의 관계

① $M^2 = \left(\dfrac{1}{m}\right)^2 = \dfrac{도상면적}{실제면적}$

② $\dfrac{A_2}{A_1} = \left(\dfrac{m_2}{m_1}\right)^2$ 에서

$A_2 = \left(\dfrac{m_2}{m_1}\right)^2 A_1$

SECTION 2 면적의 분할 및 정확도

1 삼각형의 분할

1) 한 변에 평행한 직선에 의한 분할[그림 (a) 참조]

$$\frac{\triangle ADE}{\triangle ABC} = \frac{m}{m+n} = \left(\frac{DE}{BC}\right)^2 = \left(\frac{AD}{AB}\right)^2 = \left(\frac{AE}{AC}\right)^2$$

$$\therefore AD = AB\sqrt{\frac{m}{m+n}}, \quad AE = AC\sqrt{\frac{m}{m+n}},$$

$$DE = BC\sqrt{\frac{m}{m+n}}$$

출제 POINT

■ 한 변에 평행한 직선의 분할 예

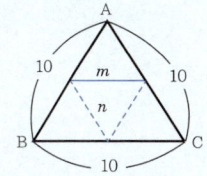

$m:n=1:3$인 정삼각형의 경우 4개의 삼각형은 모두 같은 크기가 된다. 즉, 작은 삼각형은 길이가 5인 정삼각형이 된다.

2) 한변상 고정점(Q)를 지나는 직선에 의한 분할[그림 (b) 참조]

$$\frac{\triangle APQ}{\triangle ABC} = \frac{m}{m+n} = \frac{BQ \cdot BP}{AB \cdot BC}$$

$$\therefore BQ = \frac{m}{m+n} \cdot \frac{AB \cdot BC}{BP}, \quad BP = \frac{m}{m+n} \cdot \frac{AB \cdot BC}{BQ}$$

3) 한 꼭짓점을 지나는 직선에 의한 분할[그림 (c) 참조]

$$\frac{\triangle ABP}{\triangle ABC} = \frac{l}{l+m+n} = \frac{BP}{BC} \Rightarrow BP = \frac{l}{l+m+n}BC$$

$$\frac{\triangle ABQ}{\triangle ABC} = \frac{l+m}{l+m+n} = \frac{BQ}{BC} \Rightarrow BQ = \frac{l+m}{l+m+n}BC$$

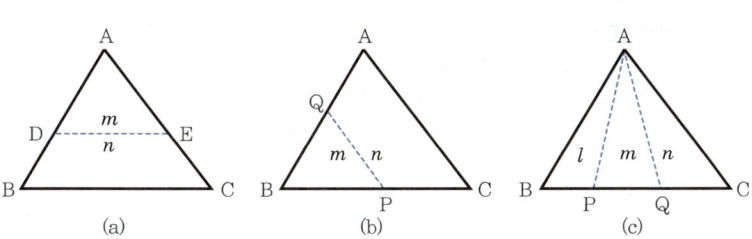

출제 POINT

> **참고**
>
> **삼각형의 분할**
> ① 한 변에 평행한 직선에 의한 분할
>   면적의 분할비율은 길이의 제곱에 비례
> $$AD = AB\sqrt{\frac{m}{m+n}}$$
> ② 한 변상 고정점을 지나는 직선에 의한 분할
>   공유하는 꼭짓점을 기준으로 이변법 공식 적용
> $$BQ = \frac{m}{m+n} \cdot \frac{AB \cdot BC}{BP}$$
> ③ 한 꼭짓점을 지나는 직선에 의한 분할
>   면적의 분할비율은 길이에 비례
> $$BP = \frac{l}{l+m+n}BC$$

■ 사다리꼴 분할

① $PQ = \sqrt{\dfrac{mBC^2 + nAD^2}{m+n}}$

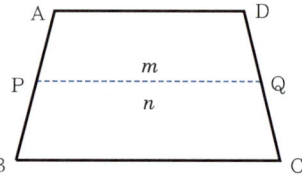

② 윗변 $\overline{AD}$와 아래 면적 n
   아랫변 $\overline{BC}$와 윗면적 m과의 조합으로 계산

2 사각형 분할(사다리꼴)

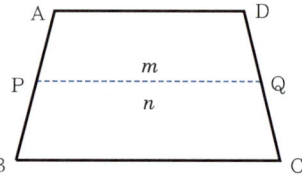

$$PQ = \sqrt{\frac{mBC^2 + nAD^2}{m+n}}$$

$$AP = \frac{PQ - AD}{BC - AD} \times AB \;\;\text{또는}\;\; DQ = \frac{PQ - AD}{BC - AD} \times DC$$

> **참고**
>
> **사각형의 분할**
> ① 사다리꼴 분할이므로 AD//BC//PQ인 경우 적용
> ② AP의 길이, DQ의 길이는 삼각형 비례식 이용

③ 면적 및 체적의 정확도

1) 동일 관측정밀도가 아닌 경우

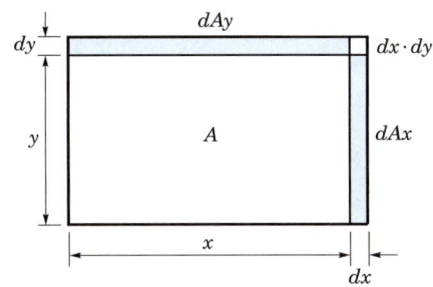

$$\frac{dA}{A} = \frac{dx}{x} + \frac{dy}{y}$$

2) 면적측정의 정밀도

$$\frac{dx}{x} = \frac{dy}{y} = K$$

$$\therefore \frac{dA}{A} = 2K, \text{ 면적측량의 정밀도는 거리측량의 정밀도의 2배}$$

3) 체적측정의 정밀도

$$\frac{dV}{V} = 3\frac{dl}{l}$$

$$\frac{dl}{l} = \frac{1}{3}\frac{dV}{V}$$

체적측량의 정밀도는 거리측량의 정밀도의 3배

4) 면적의 부정오차 전파

면적의 부정오차 $\sigma_A = \pm\sqrt{(x \times \sigma_y)^2 + (y \times \sigma_x)^2}$

여기서, σ_x : 거리 x 관측의 부정오차
σ_y : 거리 y 관측의 부정오차

■ 측량의 정밀도 비교

① 거리측량의 정밀도 $\dfrac{dl}{l}$

② 면적측량의 정밀도 $\dfrac{dA}{A} = 2 \times \dfrac{dl}{l}$

③ 체적측량의 정밀도 $\dfrac{dV}{V} = 3 \times \dfrac{dl}{l}$

출제 POINT

■ 단면법에 의한 체적 계산
① 각주공식
$V = \dfrac{h}{3}(A_1 + 4A_m + A_2)$
$ = \dfrac{l}{6}(A_1 + 4A_m + A_2)$
② 양단면 평균법
$V = \dfrac{A_1 + A_2}{2} \times l$
③ 중앙단면법
$V = A_m \times l$
④ 일반적인 경우 양단면 평균법(과대) > 각주공식(정확) > 중앙단면법(과소)
⑤ 단면의 변화가 선형적인 경우 체적은 모두 동일

SECTION 3 체적의 계산

1 단면법에 의한 체적의 계산

1) 각주공식

① 각주 : 다각형인 양단면이 평행이고 측면이 전부 평면형인 입체
② 일반적으로 어떤 노선의 전 토공량은 중심선에 수직인 평행단면으로 절단 각각을 각주로 가정

$$V = \dfrac{h}{3}(A_1 + 4A_m + A_2) = \dfrac{l}{6}(A_1 + 4A_m + A_2)$$

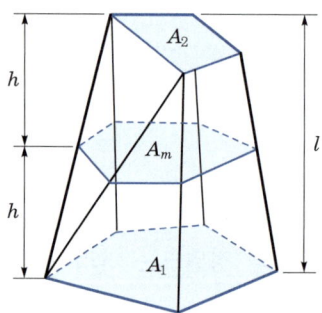

2) 양단면 평균법

① 도로, 철도와 같이 좁고 긴 지형의 토공량 산정에 활용
② 참값보다 크게 나타나는 경향

$$V = \dfrac{A_1 + A_2}{2} \times l$$

3) 중앙단면법

① 횡단면의 간격이 일정하지 않고 단변적의 변화가 크지 않은 경우
② 참값보다 작게 나타나는 경향

$$V = A_m \times l$$

4) 체적의 대소구분

① 일반적인 경우 양단면 평균법(과대) > 각주공식(정확) > 중앙단면법(과소)
② 단면의 변화가 선형적인 경우 체적은 모두 동일

2 점고법에 의한 체적

① 넓은 지역의 정지나 매립과 같은 경우의 토공량 산정
② 일정 간격으로 측점을 설정 → 지반고를 측정 → 각 측점을 정점으로 동일한 사각형이나 삼각형으로 분할하여 면적 산정
③ 개별 사각형이나 삼각형의 면적×지반고와 계획지반고의 높이 차 → 토공량 산정

> **참고**
>
> **점고법에 의한 체적 계산**
> ① 점고법은 토지정리나 구획정리 등 넓은 지역에 많이 쓰이는 체적계산법이다.
> ② 측량구역을 일정한 크기의 사각형, 삼각형으로 구분한다.
> ③ 각 교점의 지반고를 측정한다.
> ④ 기준면을 정하고 사각형이나 삼각형의 평균높이에 면적을 곱해 체적을 구한다.

출제 POINT

■ 사각형 점고법
$$V = \frac{A}{4}(\Sigma h_1 + 2\Sigma h_2 + 3\Sigma h_3 + 4\Sigma h_4)$$
여기서, A : 사각형의 면적

1) 사각형으로 구분한 경우

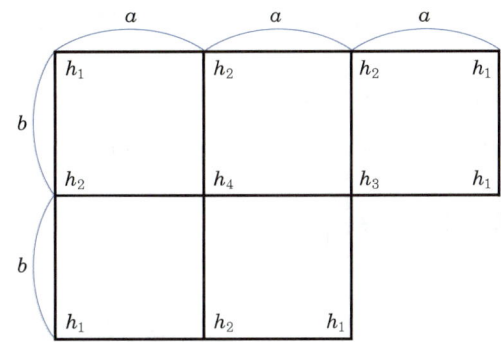

$$V = \frac{A}{4}(\Sigma h_1 + 2\Sigma h_2 + 3\Sigma h_3 + 4\Sigma h_4)$$

여기서, A : 사각형 1개의 면적($A = a \times b$)
　　　　Σh_1 : 사각형의 꼭지각 1개가 접한 점의 표고
　　　　Σh_2 : 사각형의 꼭지각 2개가 접한 점의 표고
　　　　Σh_3 : 사각형의 꼭지각 3개가 접한 점의 표고
　　　　Σh_4 : 사각형의 꼭지각 4개가 접한 점의 표고

■ 삼각형 점고법

$$V = \frac{A}{3}(\Sigma h_1 + 2\Sigma h_2 + \cdots + 6\Sigma h_6)$$

여기서, A : 삼각형의 면적

2) 삼각형으로 구분한 경우

$$V = \frac{A}{3}(\Sigma h_1 + 2\Sigma h_2 + 3\Sigma h_3 + 4\Sigma h_4 + 5\Sigma h_5 + 6\Sigma h_6)$$

여기서, A : 삼각형 1개의 면적 $\left(A = \dfrac{a \times b}{2}\right)$

Σh_5 : 삼각형의 꼭지각 5개가 접한 점의 표고

Σh_6 : 삼각형의 꼭지각 6개가 접한 점의 표고

3) 절성토량이 균형을 이루는 계획고

계획고는 토량을 전체 면적으로 나누어 계산한다.

$$\text{계획고} \ h = \frac{V}{\Sigma A}$$

③ 등고선법에 의해 체적을 구하는 방법(각주공식)

■ 등고선법에 의한 체적 산정

$$V = \frac{h}{3}(A_0 + A_n + 4\Sigma A_{홀수} + 2\Sigma A_{짝수})$$

여기서, h : 등고선 간격

$$V = \frac{h}{3}\left[A_0 + 4(A_1 + A_3 + \cdots + A_{n-1}) + 2(A_2 + A_4 + \cdots + A_{n-2}) + A_n\right]$$

$$V = \frac{h}{3}(A_0 + A_n + 4\Sigma A_{홀수} + 2\Sigma A_{짝수})$$

여기서, h : 등고선 간격

$A_0, A_1, \cdots, A_n$: 등고선에 표시된 각 등고선의 단면적

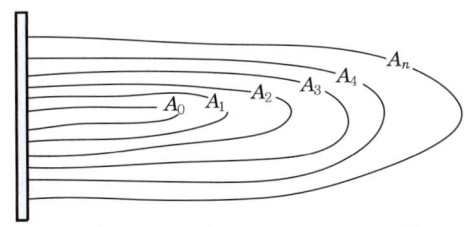

> **참고**
>
> **등고선법에 의한 체적 계산**
> ① 측량구역의 지형측량을 수행한다.
> ② 구적기로 등고선의 면적을 구하고, 정점의 높이를 계산한다.
> ③ 등고선 간격을 높이로 하고, 각주공식이나 양단면 평균법으로 체적을 구한다.

4 유토곡선에 의한 토량 계산

1) 유토곡선의 개요

① 종단면도에서 절토는 (+), 성토는 (−)로 하여 각 측점마다 토량을 구해 누가토량을 계산하여 종단면도 축척과 동일하게 기준선을 설정하여 작도한 곡선
② 유토곡선, 토량곡선이라고 함

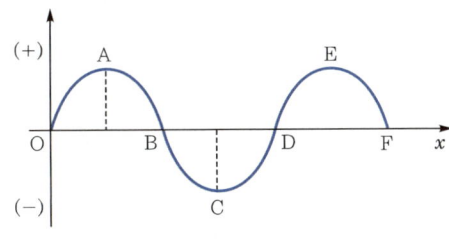

[유토곡선]

2) 유토곡선의 작성

① 측량결과에 의해 종횡단면도 작성
② 측점별 누적토량 계산
③ 종축에 누가토량, 횡축에 거리를 표시하고, 종단면도의 각 측점에 대응하는 누가토량을 도시하여 토적곡선 작도

3) 유토곡선의 이용

① 토량이동에 따른 공사방법과 순서 결정
② 평균운반거리 결정

출제 POINT

■ **유토곡선의 이용**
① 토량이동에 따른 공사방법과 순서 결정
② 평균운반거리 결정
③ 토량의 배분
④ 운반거리에 따른 토공장비의 선정

■ **유토곡선의 성질**
① 하향은 성토, 상향은 절토를 의미
② 극소점은 성토에서 절토로, 극대점은 절토에서 성토로 옮기는 점을 의미

③ 토량의 배분
④ 운반거리에 따른 토공장비의 결정

4) 유토곡선의 성질

① 하향인 구간은 성토, 상향인 구간은 절토를 의미
② 극소점은 성토에서 절토로, 극대점은 절토에서 성토로 옮기는 점을 의미
③ 절토와 성토의 평균운반거리는 유토곡선 토량의 1/2점 간의 거리로 함
④ 평균운반거리는 절토부분의 무게중심과 성토부분의 무게중심 간 거리를 의미
⑤ 기선과 교차하는 점은 토량이동이 없는 평행부분을 의미

CHAPTER 08 기출문제

01 축척에 대한 설명 중 옳은 것은?
① 축척 1 : 500 도면에서의 면적은 실제면적의 1/1,000이다.
② 축척 1 : 600 도면을 축척 1 : 200으로 확대했을 때 도면의 크기는 3배가 된다.
③ 축척 1 : 300 도면에서의 면적은 실제면적의 1/9,000이다.
④ 축척 1 : 500 도면을 축척 1 : 1,000으로 축소했을 때 도면의 크기는 1/4이 된다.

> **해설** 축척과 면적과의 관계
> ㉠ 축척 1 : 500 도면에서의 면적은 실제면적의 1/250,000이다.
> ㉡ 축척 1 : 600 도면을 축척 1 : 200으로 확대했을 때 도면의 크기는 9배가 된다.
> ㉢ 축척 1 : 300 도면에서의 면적은 실제면적의 1/90,000이다.
> ㉣ 축척 1 : 500 도면을 축척 1 : 1,000으로 축소했을 때 도면의 크기는 1/4이 된다.

02 도면에서 곡선에 둘러싸여 있는 부분의 면적을 구하기에 가장 적합한 방법은?
① 좌표법에 의한 방법
② 배횡거법에 의한 방법
③ 삼사법에 의한 방법
④ 구적기에 의한 방법

> **해설** 면적 산정방법의 구분
> ㉠ 곡선으로 둘러싸인 지역의 면적 계산
> • 방안지에 의한 방법
> • 지거법, 구적기에 의한 방법
> ㉡ 직선으로 둘러싸인 지역의 면적 계산
> • 좌표에 의한 계산법
> • 배횡거에 의한 방법
> • 두 변과 그 협각에 의한 방법

03 다음 중 도형이 곡선으로 둘러싸인 지역의 면적 계산방법으로 가장 적합한 것은?
① 좌표에 의한 계산법
② 방안지에 의한 방법
③ 배횡거(D.M.D)에 의한 방법
④ 두 변과 그 협각에 의한 방법

> **해설** 곡선으로 둘러싸인 지역의 면적 계산
> • 방안지에 의한 방법
> • 지거법, 구적기에 의한 방법

04 중심 말뚝의 간격이 20m인 도로구간에서 각 지점에 대한 횡단면적을 표시한 결과가 그림과 같을 때, 각주공식에 의한 전체 토공량은?

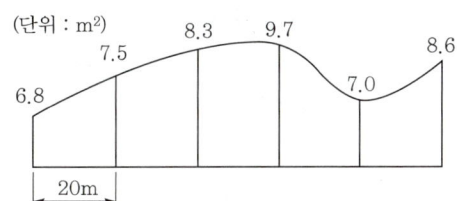

① 156m³   ② 672m³
③ 817m³   ④ 920m³

> **해설** 심프슨 제1법칙을 이용한 면적의 계산
> 각주공식에 의한 토공량 산정에서 표시된 면적의 개수가 짝수이면 마지막 단면의 체적은 양단면 평균에 의해 구한다.
> $$V = \frac{h}{3}(A_0 + A_n + 4\Sigma A_{홀수} + 2\Sigma A_{짝수})$$
> $$+ \frac{h}{2}(A_{n-1} + A_n)$$
> $$V = \frac{20}{3}[6.8 + 7.0 + 4 \times (7.5 + 9.7) + 2 \times 8.3]$$
> $$+ \frac{20}{2}(7.0 + 8.6)$$
> $$= 817 m^3$$

정답 1. ④ 2. ④ 3. ② 4. ③

05 그림과 같은 구역을 심프슨 제1법칙으로 구한 면적은? (단, 각 구간의 지거는 1m로 동일하다.)

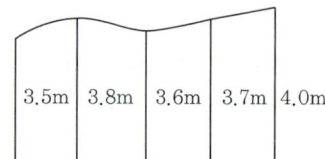

① 14.20m^2 ② 14.90m^2
③ 15.50m^2 ④ 16.00m^2

> **해설** 심프슨 제1법칙을 이용한 면적의 계산
> 심프슨 제1법칙은 지거 2개를 묶어 곡선으로 처리하는 방법이다.
> $$A = \frac{d}{3}(y_0 + y_n + 4\times\sum y_{홀수} + 2\times\sum y_{짝수})$$
> $$= \frac{1}{3}\times(3.5+4.0+4\times(3.8+3.7)+2\times 3.6)$$
> $$= 14.90\text{m}^2$$

06 그림과 같은 횡단면의 면적은?

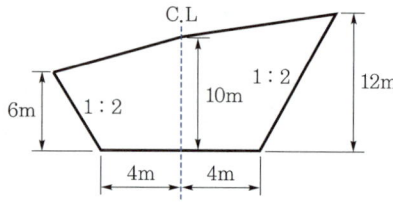

① 196m^2 ② 204m^2
③ 216m^2 ④ 256m^2

> **해설** 도로 횡단면에 대한 면적의 계산
> ㉠ 면적 산정은 공식에 의한 방법보다 사다리꼴 면적에서 양쪽의 삼각형 면적을 빼주면 쉽게 구할 수 있다.
> ㉡ 경사 1 : 2는 높이 1일 때 수평거리 변화가 2라는 의미로 높이 6이면 수평거리 12, 높이 12이면 수평거리 24가 된다.
> ㉢ 사각형의 면적=사다리꼴 면적-왼쪽 삼각형-오른쪽 삼각형
> • 사다리꼴 면적
> $$A_1 = \frac{6+10}{2}\times(4+6\times 2) = 128\text{m}^2$$
> (그림을 90° 돌린 사다리꼴로 본다.)
> $$A_2 = \frac{10+12}{2}\times(4+12\times 2) = 308\text{m}^2$$
> (그림을 90° 돌린 사다리꼴로 본다.)
> • 왼쪽 삼각형 면적 $A_3 = \dfrac{6\times 12}{2} = 36\text{m}^2$
> • 오른쪽 삼각형 면적
> $$A_4 = \frac{12\times 24}{2} = 144\text{m}^2$$
> ∴ 면적$= A_1 + A_2 - A_3 - A_4$
> $= 128+308-36-144 = 256\text{m}^2$

07 △ABC의 꼭짓점에 대한 좌표값이 (30, 50), (20, 90), (60, 100)일 때 삼각형 토지의 면적은? (단, 좌표의 단위: m)

① 500m^2 ② 750m^2
③ 850m^2 ④ 960m^2

> **해설** 좌표법에 의한 면적의 계산
> 좌표법에 의하여 계산하면(A(30, 50)에서 시작하여 시계 방향으로 다시 A로 폐합)
> $$\frac{30}{50}\times\frac{20}{90}\times\frac{60}{100}\times\frac{30}{50}$$
> $\sum↘ = (30\times 90)+(20\times 100)+(60\times 50)$
> $= 7,700$
> $\sum↙ = (20\times 50)+(60\times 90)+(30\times 100)$
> $= 9,400$
> $2\cdot A = \sum↘ - \sum↙ = 7,700-9,400$
> $= -1,700$(면적은 음수가 나올 수 없으므로 (−)부호 생략)
> $A = \dfrac{2\times A}{2} = 850\text{m}^2$

08 그림과 같은 단면의 면적은? (단, 좌표의 단위는 m이다.)

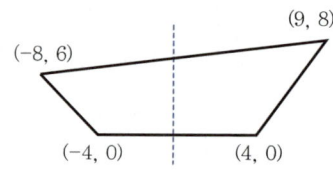

① 174m^2 ② 148m^2
③ 104m^2 ④ 87m^2

정답 5. ② 6. ④ 7. ③ 8. ④

해설 **좌표법에 의한 면적의 계산**

$$\frac{-4}{0} \times \frac{-8}{6} \times \frac{9}{8} \times \frac{4}{0} \times \frac{-4}{0}$$

$\sum\searrow = (-4\times6)+(-8\times8)=-88$
$\sum\nearrow = (9\times6)+(4\times8)=86$
$2\times A = \sum\searrow - \sum\nearrow = -88-86 = -174$
(면적은 음수가 나올 수 없으므로 (−)부호 생략)
$A = \dfrac{2\times A}{2} = \dfrac{174}{2} = 87\,\text{m}^2$

해설 **삼변법에 의한 삼각형 면적의 계산**
㉠ 실거리 계산
$a=0.205\text{m}\times 500=102.5\text{m}$
$b=0.324\text{m}\times 500=162\text{m}$
$c=0.285\text{m}\times 500=142.5\text{m}$
㉡ 헤론의 공식에 의한 면적 산정
$s = \dfrac{a+b+c}{2} = \dfrac{102.5+162+142.5}{2}$
$\quad = 203.5\text{m}$
$A = \sqrt{s(s-a)(s-b)(s-c)}$
$= \sqrt{203.5\times(203.5-102.5)(203.5-162)(203.5-142.5)}$
$= 7213.26\,\text{m}^2$

09 그림과 같은 도로 횡단면도의 단면적은? (단, O을 원점으로 하는 좌표(x, y)의 단위: [m])

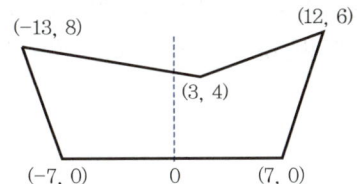

① 94m² ② 98m²
③ 102m² ④ 106m²

해설 **좌표법에 의한 면적의 계산**
좌표법에 의하여 계산하면(A점에서 시작하여 시계 방향으로 다시 A점으로 폐합)

$$\frac{-7}{0} \times \frac{-13}{8} \times \frac{3}{4} \times \frac{12}{6} \times \frac{7}{0} \times \frac{-7}{0}$$

$\sum\nearrow = (-13\times0)+(3\times8)+(12\times4)$
$\qquad +(7\times6)+(-7\times0)$
$\qquad =114$
$\sum\searrow = (-7\times8)+(-13\times4)+(3\times6)$
$\qquad +(12\times0)+(7\times0)$
$\qquad =-90$
$2\cdot A = \sum\nearrow - \sum\searrow = 114-(-90) = 204$
$A = \dfrac{2\cdot A}{2} = 102\,\text{m}^2$

11 그림과 같은 삼각형을 직선 AP로 분할하여 $m:n=3:7$의 면적비율로 나누기 위한 $\overline{BP}$의 거리는? (단, $\overline{BC}$의 거리 = 500m)

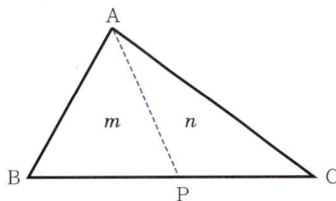

① 100m ② 150m
③ 200m ④ 250m

해설 **면적의 분할 계산**
삼각형의 꼭짓점과 대응되는 변 사이를 분할하는 경우는 면적의 비율과 분할되는 변의 비율이 비례하게 된다. 즉, 길이의 비가 곧 면적의 비가 된다. 이를 식으로 표현하면

$$\dfrac{\triangle ABP}{\triangle ABC} = \dfrac{\frac{1}{2}h\,\overline{BP}}{\frac{1}{2}h\,\overline{BC}} = \dfrac{m}{m+n} = \dfrac{\overline{BP}}{\overline{BC}}$$

$\therefore \overline{BP} = \dfrac{m}{m+n}\times\overline{BC} = \dfrac{3}{3+7}\times 500 = 150\,\text{m}$

10 축척 1:500 도상에서 3변의 길이가 각각 20.5cm, 32.4cm, 28.5cm인 삼각형 지형의 실제면적은?

① 40.70m² ② 288.53m²
③ 6924.15m² ④ 7213.26m²

12 100m²의 정사각형 토지면적을 0.2m²까지 정확하게 구하기 위한 한 변의 최대 허용오차는?

① 2mm ② 4mm
③ 5mm ④ 10mm

정답 9. ③ 10. ④ 11. ② 12. ④

> **[해설] 면적측량과 거리측량의 오차**
> ㉠ 면적이 100m²인 정사각형의 토지의 한 변의 길이($L^2 = A$)
> $L = \sqrt{100\text{m}^2} = 10\text{m}$
> ㉡ 변길이의 정확도의 2배가 면적의 정확도이므로
> $\dfrac{dA}{A} = 2 \times \dfrac{dl}{l}$ 에서 $\dfrac{0.2\text{m}^2}{100\text{m}^2} = 2 \times \dfrac{dl}{10\text{m}}$
> 이므로
> $dl = \dfrac{0.2\text{m}^2}{100\text{m}^2} \times \dfrac{10\text{m}}{2} = 0.01\text{m} = 10\text{mm}$

> **[해설] 면적측량과 거리측량의 오차**
> ㉠ 면적이 1,600m²인 정사각형의 토지의 한 변의 길이($L^2 = A$)
> $L = \sqrt{1,600\text{m}^2} = 40\text{m}$
> ㉡ 변길이의 정확도의 2배가 면적의 정확도이므로
> $\dfrac{dA}{A} = 2 \times \dfrac{dl}{l}$ 에서 $\dfrac{0.5\text{m}^2}{1,600\text{m}^2} = 2 \times \dfrac{dl}{40\text{m}}$
> 이므로 변길이의 최대 허용오차는
> $dl = \dfrac{0.5\text{m}^2}{1,600\text{m}^2} \times \dfrac{40\text{m}}{2}$
> $= 0.00625\text{m} = 6.25\text{mm}$

13 그림과 같은 토지의 $\overline{BC}$에 평행한 $\overline{XY}$로 $m:n = 1:2.5$의 비율로 면적을 분할하고자 한다. $\overline{AB} = 35\text{m}$일 때 $\overline{AX}$는?

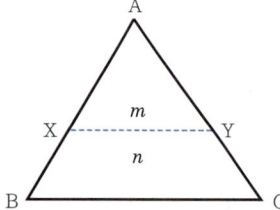

① 17.7m ② 18.1m
③ 18.7m ④ 19.1m

> **[해설] 면적의 분할 계산**
> 한 변에 평행한 직선으로 분할하는 경우 △ABC와 △AXY는 닮은꼴이므로 다음과 같은 관계식이 적용된다.
> $\dfrac{\triangle AXY}{\triangle ABC} = \left(\dfrac{XY}{BC}\right)^2 = \left(\dfrac{AX}{AB}\right)^2 = \left(\dfrac{AY}{AC}\right)^2$
> $= \dfrac{m}{m+n}$
> $\therefore \overline{AX} = \overline{AB}\sqrt{\dfrac{m}{m+n}} = 35\sqrt{\dfrac{1}{1+2.5}} = 18.7\text{m}$

14 1,600m²의 정사각형 토지면적을 0.5m²까지 정확하게 구하기 위해서 필요한 변길이의 최대 허용오차는?

① 2mm ② 6.25mm
③ 10mm ④ 12mm

15 100m²인 정사각형 토지의 면적을 0.1m²까지 정확하게 구현하고자 한다면 이에 필요한 거리관측의 정확도는?

① 1/2,000 ② 1/1,000
③ 1/500 ④ 1/300

> **[해설] 면적측량 정확도의 계산**
> ㉠ 면적이 100m²인 정사각형의 토지의 한 변의 길이($L^2 = A$)
> $L = \sqrt{100\text{m}^2} = 10\text{m}$
> ㉡ 변길이의 정확도의 2배가 면적의 정확도이므로
> $\dfrac{dA}{A} = 2 \times \dfrac{dl}{l}$ 에서 $\dfrac{0.1\text{m}^2}{100\text{m}^2} = 2 \times \dfrac{dl}{d}$
> $\dfrac{dl}{d} = \dfrac{0.1\text{m}^2}{100\text{m}^2} \times \dfrac{1}{2} = \dfrac{1}{2,000}$

16 직사각형 두 변의 길이를 1/200 정확도로 관측하여 면적을 구할 때 산출된 면적의 정확도는?

① 1/50 ② 1/100
③ 1/200 ④ 1/400

> **[해설] 면적측량 정확도의 계산**
> 면적측량의 정확도는 거리측량의 정확도의 2배이므로
> $\dfrac{dA}{A} = 2 \times \dfrac{dl}{l}$ 에서 $\dfrac{dA}{A} = 2 \times \dfrac{1}{200} = \dfrac{1}{100}$

[정답] 13. ③ 14. ② 15. ① 16. ②

17 직사각형의 가로, 세로의 거리가 그림과 같다. 면적 A의 표현으로 가장 적절한 것은?

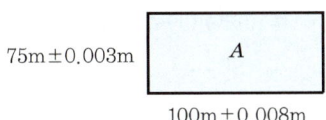

① $7,500\text{m}^2 \pm 0.67\text{m}^2$
② $7,500\text{m}^2 \pm 0.41\text{m}^2$
③ $7,500.9\text{m}^2 \pm 0.67\text{m}^2$
④ $7,500.9\text{m}^2 \pm 0.41\text{m}^2$

> **해설** 직사각형에서의 부정오차 전파
> ㉠ 토지의 면적
> $Y = a \times b = 75 \times 100 = 7,500\text{m}^2$
> ㉡ 직사각형 토지면적의 부정오차 전파
> $\sigma_Y = \pm \sqrt{\left(\dfrac{\partial Y}{\partial a}\right)^2 \sigma_a^2 + \left(\dfrac{\partial Y}{\partial b}\right)^2 \sigma_b^2}$
> $= \pm \sqrt{(b)^2 \sigma_a^2 + (a)^2 \sigma_b^2}$
> $= \pm \sqrt{(75 \times 0.008)^2 + (100 \times 0.003)^2}$
> $= \pm 0.67\text{m}^2$

18 삼각형의 토지면적을 구하기 위해 밑변 a와 높이 h를 구하였다. 토지의 면적과 표준오차는? (단, $a = 15 \pm 0.015\text{m}$, $b = 25 \pm 0.025\text{m}$)

① $187.5 \pm 0.04\text{m}^2$
② $187.5 \pm 0.27\text{m}^2$
③ $375.0 \pm 0.27\text{m}^2$
④ $375.0 \pm 0.53\text{m}^2$

> **해설** 삼각형 토지에 대한 부정오차의 전파
> ㉠ 토지의 면적
> $Y = \dfrac{1}{2} \times a \times b = \dfrac{1}{2} \times 15 \times 25 = 187.5\text{m}^2$
> ㉡ 삼각형 토지면적의 부정오차 전파
> $2Y = \dfrac{1}{2} \times a \times b$
> $\sigma_Y = \pm \dfrac{1}{2} \sqrt{\left(\dfrac{\partial Y}{\partial a}\right)^2 \sigma_a^2 + \left(\dfrac{\partial Y}{\partial b}\right)^2 \sigma_b^2}$
> $= \pm \dfrac{1}{2} \sqrt{(b)^2 \sigma_a^2 + (a)^2 \sigma_b^2}$
> $= \pm \dfrac{1}{2} \sqrt{(25 \times 0.015)^2 + (15 \times 0.025)^2}$
> $= \pm 0.27\text{m}^2$

19 직사각형 토지의 면적을 산출하기 위해 두변 a, b의 거리를 관측한 결과가 $a = 48.25 \pm 0.04\text{m}$, $b = 23.42 \pm 0.02\text{m}$이었다면 면적의 정밀도($\Delta A/A$)는?

① 1/420
② 1/630
③ 1/840
④ 1/1080

> **해설** 직사각형에서의 부정오차 전파
> ㉠ 토지의 면적
> $A = a \times b = 48.25 \times 23.42 = 1130.015\text{m}^2$
> ㉡ 직사각형 토지면적의 부정오차 전파
> $dA = \sigma_Y = \pm \sqrt{\left(\dfrac{\partial A}{\partial a}\right)^2 \sigma_a^2 + \left(\dfrac{\partial A}{\partial b}\right)^2 \sigma_b^2}$
> $= \pm \sqrt{(48.25 \times 0.02)^2 + (23.42 \times 0.04)^2}$
> $= \pm 1.345\text{m}^2$
> ㉢ 정밀도 $\dfrac{dA}{A} = \dfrac{1.345}{1130.015} ≒ \dfrac{1}{840}$

20 어떤 횡단면의 도상면적이 40.5cm²이었다. 가로 축척이 1:20, 세로 축척이 1:60이었다면 실제면적은?

① 48.6m^2
② 33.75m^2
③ 4.86m^2
④ 3.375m^2

> **해설** 축척을 고려한 면적의 계산
> 도상면적의 실제면적은 가로, 세로 축척의 분모를 곱하여 구한다.
> $A = 40.5\text{cm}^2 \times 20 \times 60 \times \dfrac{1\text{m}^2}{(100\text{cm})^2} = 4.86\text{m}^2$

21 축척 1:2,000 도면상의 면적을 축척 1:1,000로 잘못 알고 면적을 관측하여 24,000m²를 얻었다면 실제면적은?

① $6,000\text{m}^2$
② $12,000\text{m}^2$
③ $48,000\text{m}^2$
④ $96,000\text{m}^2$

> **해설** 축척오차를 고려한 면적의 계산
> 축척은 길이의 비이고, 면적은 길이의 제곱에 비례하므로 축척을 1/2로 축소하여 계산한 면적의 실제면적은 축척의 제곱에 비례하여 계산되므로 2의 제곱인 4배로 계산된다.
> 즉, $24,000 \times 2^2 = 96,000\text{m}^2$

정답 17. ① 18. ② 19. ③ 20. ③ 21. ④

22 지상 1km²의 면적을 지도상에서 4cm²으로 표시하기 위한 축척으로 옳은 것은?

① 1 : 5,000 ② 1 : 50,000
③ 1 : 25,000 ④ 1 : 250,000

> **해설** 면적의 비율을 고려한 면적의 계산
> 면적은 거리의 제곱에 비례한다. 축척은 거리의 함수이므로 축척의 제곱에 면적이 비례한다.
> $\dfrac{a_2}{a_1} = \left(\dfrac{m_2}{m_1}\right)^2$ 이므로
> $M = \dfrac{m_2}{m_1} = \sqrt{\dfrac{a_2}{a_1}} = \sqrt{\dfrac{4\text{cm}^2}{1\text{km}^2}} = \dfrac{2\text{cm}}{1\text{km}}$
> $= \dfrac{2\text{cm}}{100,000\text{cm}} = \dfrac{1}{50,000}$

23 축척 1 : 1,500 지도상의 면적을 잘못하여 축척 1 : 1,000으로 측정하였더니 10,000m²가 나왔다면 실제면적은?

① 4,444m² ② 6,667m²
③ 15,000m² ④ 22,500m²

> **해설** 축척오차를 고려한 면적의 계산
> 축척은 길이의 비이고, 면적은 길이의 제곱에 비례하므로 축척을 1/1.5 축소되게 계산한 면적의 실제면적은 축척의 제곱에 비례하여 계산되므로 1.5의 제곱인 2.25배로 계산된다.
> 즉, $10,000 \times 1.5^2 = 22,500\text{m}^2$
> [별해]
> $\dfrac{a_2}{a_1} = \left(\dfrac{m_2}{m_1}\right)^2$ 에서
> $a_2 = \left(\dfrac{m_2}{m_1}\right)^2 \times a_1 = \left(\dfrac{1,500}{1,000}\right)^2 \times 10,000$
> $= 22,500\text{m}^2$

24 축척 1 : 2,000의 도면에서 관측한 면적이 2,500m²이었다. 이때, 도면의 가로와 세로가 각각 1% 줄었다면 실제면적은?

① 2,451m² ② 2,475m²
③ 2,525m² ④ 2,550m²

> **해설** 면적에 대한 오차의 계산
> 도면이 줄어 있는 상태로 관측한 면적에 대한 실제 면적을 구하는 것이므로 실제면적은 면적오차를 구하여 (+)로 적용한다.
> $A_0 = A \pm \Delta A$ $\therefore \Delta A = \pm 2 \times \dfrac{\Delta l}{l} \times A$
> 면적오차 $\Delta A = 2 \times \dfrac{1}{100} \times 2,500\text{m}^2 = 50\text{m}^2$
> 실제면적 $A_0 = A \pm \Delta A = 2,500 + 50$
> $= 2,550\text{m}^2$

25 직사각형 토지를 줄자로 특정한 결과가 가로 37.8m, 세로 28.9m이었다. 이 줄자는 표준길이 30m당 4.7cm가 늘어 있었다면 이 토지의 면적 최대 오차는?

① 0.03m² ② 0.36m²
③ 3.42m² ④ 3.53m²

> **해설** 면적에 대한 오차의 계산
> 늘어나 있는 줄자로 관측한 값의 실제값은 (+)로, 수축된 줄자는 반대로 (−)로 적용한다.
> $A_0 = A \pm C_0$ $\therefore C_0 = \pm 2 \times \dfrac{\Delta l}{l} \times A$
> $C_0 = 2 \times \dfrac{0.047\text{m}}{30\text{m}} \times 37.8\text{m} \times 28.9\text{m}$
> $= 3.42\text{m}^2$

26 축척 1 : 600인 지도상의 면적을 축척 1 : 500으로 계산하여 38.675m²를 얻었다면 실제면적은?

① 26.858m² ② 32.229m²
③ 46.410m² ④ 55.692m²

> **해설** 면적에 대한 오차의 계산
> 축척은 길이의 비이고, 면적은 길이의 제곱에 비례하므로 축척을 1/1.2 축소되게 계산한 면적의 실제면적은 축척의 제곱에 비례하여 계산되므로 1.2의 제곱인 1.44배로 계산된다.
> 즉, $38.675 \times 1.2^2 = 55.692\text{m}^2$

정답 22. ② 23. ④ 24. ④ 25. ③ 26. ④

측량학

27. 표준길이보다 5mm가 늘어나 있는 50m 강철줄자로 250m×250m인 정사각형 토지를 측량하였다면 이 토지의 실제면적은?

① $62,487.50m^2$
② $62,493.75m^2$
③ $62,506.25m^2$
④ $62,512.50m^2$

해설 면적에 대한 오차의 계산

늘어나 있는 줄자로 관측한 값의 실제값은 (+)로, 수축된 줄자는 반대로 (−)로 적용한다.

$A_0 = A \pm C_0$ ∴ $C_0 = \pm 2 \times \dfrac{\Delta l}{l} \times A$

$C_0 = 2 \times \dfrac{0.005m}{50m} \times (250m)^2 = 12.5m^2$

$A_0 = (250m)^2 + 12.5 = 62,512.5m^2$

28. 한 변의 길이가 10m인 정사각형 토지를 축척 1:600 도상에서 관측한 결과, 도상의 변 관측오차가 0.2mm씩 발생하였다면 실제면적에 대한 오차 비율(%)은?

① 1.2%
② 2.4%
③ 4.8%
④ 6.0%

해설 거리측량에 의한 면적오차의 비율 계산

1:600 도상 길이오차가 0.2mm이므로 실제오차는 0.12m이므로 길이에 대한 거리오차의 비율

$= \dfrac{0.12m}{10} \times 100\% = 1.2\%$

면적에 대한 면적오차는 길이오차 비율의 2배이므로 2.4%

29. 30m당 0.03m가 짧은 줄자를 사용하여 정사각형 토지의 한 변을 측정한 결과 150m이었다면 면적에 대한 오차는?

① $41m^2$
② $43m^2$
③ $45m^2$
④ $47m^2$

해설 면적에 대한 오차의 계산

늘어나 있는 줄자로 관측한 값의 실제값은 (+)로, 수축된 줄자는 반대로 (−)로 적용한다.

$A_0 = A \pm C_0$ ∴ $C_0 = \pm 2 \times \dfrac{\Delta l}{l} \times A$

$C_0 = -2 \times \dfrac{0.03m}{30m} \times (150m)^2 = -45m^2$

30. 표준길이에 비하여 2cm 늘어난 50m 줄자로 사각형 토지의 길이를 측정하여 면적을 구하였을 때, 그 면적이 88m²이었다면 토지의 실제면적은?

① $87.30m^2$
② $87.93m^2$
③ $88.07m^2$
④ $88.71m^2$

해설 면적에 대한 오차의 계산

늘어나 있는 줄자로 관측한 값의 실제값은 (+)로, 수축된 줄자는 반대로 (−)로 적용한다.

$A_0 = A \pm dA$ ∴ $dA = \pm 2 \times \dfrac{dl}{l} \times A$

$dA = 2 \times \dfrac{0.02m}{50m} \times 88m^2 = 0.07m^2$

$A_0 = 88 + 0.07 = 88.07m^2$

31. 30m에 대하여 3mm 늘어나 있는 줄자로 정삼각형의 지역을 측정한 결과 80,000m²이었다면 실제의 면적은?

① $80,016m^2$
② $80,008m^2$
③ $79,984m^2$
④ $79,992m^2$

해설 면적오차를 고려한 실제 오차의 계산

늘어나 있는 줄자로 관측한 값의 실제값은 (+)로, 수축된 줄자는 반대로 (−)로 적용한다.

$A_0 = A \pm C_0$ ∴ $C_0 = \pm 2 \times \dfrac{\Delta l}{l} \times A$

$C_0 = 2 \times \dfrac{0.003m}{30m} \times 80,000m^2 = 16m^2$

$A_0 = 80,000 + 16 = 80,016m^2$

32. 지형의 토공량 산정방법이 아닌 것은?

① 각주공식
② 양단면 평균법
③ 중앙단면법
④ 삼변법

해설 삼변법은 삼각형 세 변의 길이를 관측하여 반각공식에 의해 내각을 구하거나 헤론의 공식에 의해 면적을 산정하는 방식이다.

정답 27. ④ 28. ② 29. ③ 30. ③ 31. ① 32. ④

33 토량 계산공식 중 양단면의 면적 차가 클 때 산출된 토량의 일반적인 대소 관계로 옳은 것은? (단, 중앙단면법: A, 양단면 평균법: B, 각주공식: C)

① A=C<B ② A<C=B
③ A<C<B ④ A>C>B

> **해설** 단면법에 의한 토량의 일반적인 대소관계
> - 단면에 의한 체적의 계산에서 가장 정확한 방법은 각주공식이다.
> - 상대적으로 가장 적은 토량이 산정되는 방법은 중앙단면법이다.
> - 가장 많은 토량이 산정되는 방법은 양단면 평균법이다.
> - 도로설계에서는 양단면 평균법에 의하여 토량을 산정한다.

34 고속도로공사에서 각 측점의 단면적이 표와 같을 때, 측점 10에서 측점 12개까지의 토량은? (단, 양단면 평균법에 의해 계산한다.)

측점	단면적(m²)	비고
No. 10	318	측점 간의 거리 =20m
No. 11	512	
No. 12	682	

① 15,120m³ ② 20,160m³
③ 20,240m³ ④ 30,240m³

> **해설** 양단면 평균법에 의한 토량의 계산
> 양단면 평균법에 의해 토량을 구하면
> $V = \dfrac{A_{NO.10} + A_{NO.11}}{2} \times l$
> $+ \dfrac{A_{NO.11} + A_{NO.12}}{2} \times l\,V$이므로
> $V = \dfrac{318+512}{2} \times 20 + \dfrac{512+682}{2} \times 20$
> $= 20,240 \text{m}^3$

35 비행장이나 운동장과 같이 넓은 지형의 정지공사 시에 토량을 계산하고자 할 때 적당한 방법은?

① 점고법 ② 등고선법
③ 중앙단면법 ④ 양단면 평균법

> **해설** 점고법에 의한 토량 계산의 적용
> 비행장이나 운동장과 같이 넓은 지형의 정지공사에서 개략적인 토공량을 계산하려면 일반적으로 점고법을 사용한다.

36 도로공사에서 거리 20m인 성토구간에 대하여 시작 단면 $A_1 = 72\text{m}^2$, 끝 단면 $A_2 = 182\text{m}^2$, 중앙 단면 $A_m = 132\text{m}^2$라고 할 때 각주공식에 의한 성토량은?

① 2540.0m³ ② 2573.3m³
③ 2600.0m³ ④ 2606.7m³

> **해설** 각주공식에 의한 토량의 계산
> 각주공식 $V = \dfrac{l}{6}(A_1 + 4A_m + A_2)$에서
> $V = \dfrac{20}{6} \times (72 + 4 \times 132 + 182) = 2606.7\text{m}^3$

37 대단위 신도시를 건설하기 위한 넓은 지형의 정지공사에서 토량을 계산하고자 할 때 가장 적합한 방법은?

① 점고법
② 비례 중앙법
③ 양단면 평균법
④ 각주공식에 의한 방법

> **해설** 점고법에 의한 토량 계산의 적용
> 비행장이나 대단위 신도시 건설을 위한 넓은 지형의 정지공사에서 개략적인 토공량을 계산하려면 일반적으로 점고법을 사용한다.

정답 33. ③ 34. ③ 35. ① 36. ④ 37. ①

38 대상구역을 삼각형으로 분할하여 각 교점의 표고를 측량한 결과가 그림과 같을 때 토공량은?

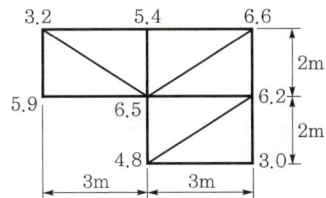

① 98m³ ② 100m³
③ 102m³ ④ 104m³

해설 **삼각형 점고법에 의한 토량의 계산**

$V = \dfrac{ab}{6}(\Sigma h_1 + 2\Sigma h_2 + 3\Sigma h_3 + 4\Sigma h_4 + 5\Sigma h_5 + 6\Sigma h_6)$

$= \dfrac{3 \times 2}{6}[(5.9+3.0)+2(3.2+5.4+6.6+4.8+4.8)+3(6.2)+5(6.5)]$

$= 100\,\text{m}^3$

39 토적곡선(mass curve)을 작성하는 목적으로 가장 거리가 먼 것은?

① 토량의 운반거리 산출
② 토공기계의 선정
③ 토량의 배분
④ 교통량 산정

해설 **유토곡선을 작성하는 목적**
토적곡선을 작성하는 목적으로는 토량의 운반거리 산출, 토공기계의 선정, 토량의 배분 등이 있다.

40 수평 및 수직거리를 동일한 정확도로 관측하여 육면체의 체적을 3,000m³로 구하였다. 체적 계산의 오차를 0.6m³ 이하로 하기 위한 수평 및 수직거리 관측의 최대 허용 정확도는?

① 1/15,000 ② 1/20,000
③ 1/25,000 ④ 1/30,000

해설 **체적측량 정확도의 계산**
체적측량의 정확도는 거리측량의 정확도의 3배이므로

$\dfrac{dV}{V} = 3 \times \dfrac{dl}{l}$ 에서

$\dfrac{dl}{l} = \dfrac{dV}{3V} = \dfrac{0.6\text{m}^3}{3 \times 3,000\text{m}^3} = \dfrac{1}{15,000}$

41 그림과 같이 각 격자의 크기가 10m×10m로 동일한 지역의 전체 토량은?

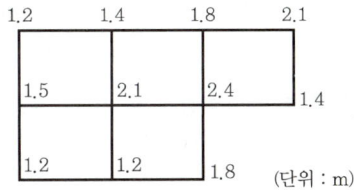

① 877.5m³ ② 893.6m³
③ 913.7m³ ④ 926.1m³

해설 **사각형 점고법에 의한 토량의 계산**

$V = \dfrac{ab}{4}(\Sigma h_1 + 2\Sigma h_2 + 3\Sigma h_3 + 4\Sigma h_4)$

$= \dfrac{10 \times 10}{4} \times \left\{\begin{array}{l}(1.2+2.1+1.4+1.8+1.2)\\+2\times(1.4+1.8+1.2+1.5)\\+3\times 2.4+4\times 2.1\end{array}\right\}$

$= 877.5\,\text{m}^3$

42 동일한 정확도로 3변을 관측한 직육면체의 체적을 계산한 결과가 1,200m³이었다. 거리의 정확도를 1/10,000까지 허용한다면 체적의 허용오차는?

① 0.08m³ ② 0.12m³
③ 0.24m³ ④ 0.36m³

해설 **체적측량 허용오차의 계산**
체적의 정밀도는 거리의 정밀도의 3배이므로

$\dfrac{\Delta V}{V} = 3 \times \dfrac{\Delta l}{l}$ 에서

$\Delta V = 3 \times \dfrac{\Delta l}{l} \times V$

$= 3 \times \dfrac{1}{10,000} \times 1,200 = 0.36\,\text{m}^3$

정답 38. ② 39. ④ 40. ① 41. ① 42. ④

43 그림과 같은 지형에서 각 등고선에 쌓인 부분의 면적이 표와 같을 때 각주공식에 의한 토량은? (단, 윗면은 평평한 것으로 가정한다.)

등고선(m)	면적(m²)
15	3,800
20	2,900
25	1,800
30	900
35	200

① 11,400m³ ② 22,800m³
③ 33,800m³ ④ 38,000m³

해설 등고선으로 둘러싸인 지형의 토량 계산

각주공식에 의한 토공량 산정에서 표시된 면적의 개수가 짝수이면 마지막 단면의 체적은 양단면 평균에 의해 구한다.

$$V = \frac{h}{3}(A_0 + A_n + 4\Sigma A_{홀수} + 2\Sigma A_{짝수})$$

$$V = \frac{5}{3}(3,800 + 200 + 4 \times (2,900 + 900) + 2 \times 1,800)$$

$$= 38,000 \text{m}^3$$

44 그림과 같은 유토곡선(mass curve)에서 하향구간이 의미하는 것은?

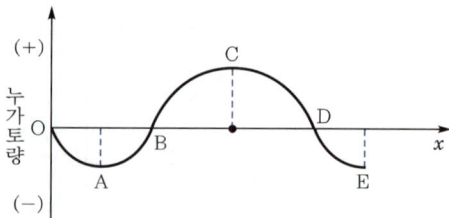

① 성토구간 ② 절토구간
③ 운반토량 ④ 운반거리

해설 유토곡선의 성질

㉠ 곡선의 하향구간: 성토구간, 상향구간: 절토구간
㉡ 곡선의 최소점(저점): 성토구간에서 절토구간으로의 변이점
㉢ 곡선의 극대점(정점): 절토구간에서 성토구간으로의 변이점

정답 43. ④ 44. ①

CHAPTER 9

노선측량

SECTION 1 | **노선측량의 개요**

SECTION 2 | **평면곡선의 설치**

SECTION 3 | **완화곡선**

SECTION 4 | **종단곡선**

CHAPTER 09 노선측량

회독 체크표
1회독	월	일
2회독	월	일
3회독	월	일

최근 10년간 출제분석표
2015	2016	2017	2018	2019	2020	2021	2022	2023	2024
15%	15%	15%	15%	15%	16.7%	15%	18.3%	16.7%	20%

출제 POINT

학습 POINT
- 곡선의 종류
- 평면곡선의 기본공식
- 평면곡선의 설치
- 완화곡선의 성질
- 캔트와 확폭
- 클로소이드의 성질
- 종단곡선의 설치

SECTION 1 노선측량의 개요

1 노선측량의 정의

① 노선측량(route surveying)은 도로, 철도, 수로, 관로 및 송전선로와 같이 폭이 좁고 길이가 긴 구역의 측량이다.
② 도로나 철도의 경우 현지 지형에 조화를 이루는 선형계획과 경제성 및 안전성을 고려한 최적의 곡선설치가 선행되어야 한다.
③ 노선선정, 지형도작성, 중심선측량, 종횡단측량, 용지측량 및 공사량산정의 순으로 진행한다.

> **참고**
>
> **노선선정 시 고려사항**
> ① 가능한 한 직선으로 할 것
> ② 가능한 한 경사가 완만할 것
> ③ 토공량이 적게 하며, 절성토량이 같게 할 것
> ④ 토량운반거리를 짧게 할 것
> ⑤ 배수가 완전할 것

2 노선의 선정

1) 기본설계

   1:2,500~1:5,000 지형도에 노선선정

2) 실시설계

   1:1,000 지형도에 노선선정

3) 노선측량의 순서

① 도상에서 노선선정 및 설계를 위한 지형측량
② 종횡단측량 : 토공량산출
③ 공사측량
④ 준공측량

출제 POINT

■ 노선측량의 순서

노선선정 → 조사 → 실시설계(중심선설치, 지형도작성, 다각측량) → 용지측량 → 공사측량

3 곡선의 설치

1) 중심말뚝의 간격

실시설계 시 20m, 기본설계 시 : 50m~100m

2) 곡선의 종류

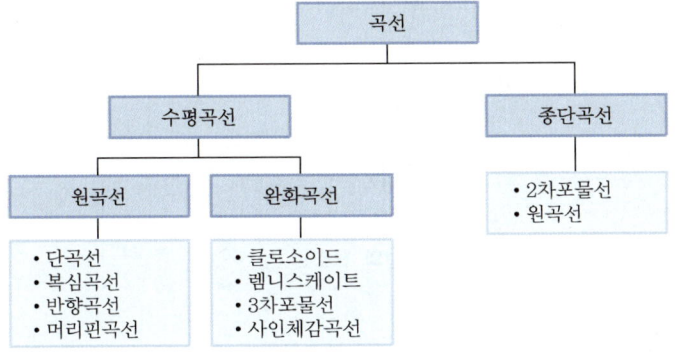

[곡선의 종류]

■ 곡선의 종류

㉠ 원곡선의 설치 : 복심곡선(접선의 같은 쪽 연결, IC), 반향곡선(공통접선의 반대쪽 연결, 쌍굴터널), 머리핀곡선(반향곡선 연속으로 연결, 산지도로)
㉡ 완화곡선의 설치 : 3차포물선(철도), 클로소이드(도로), 렘니스케이트(지하철, 도심지철도), 사인체감곡선(고속철도)
㉢ 종단곡선의 설치 : 원곡선(철도), 2차포물선(도로)

> 참고
>
> 원곡선의 형상

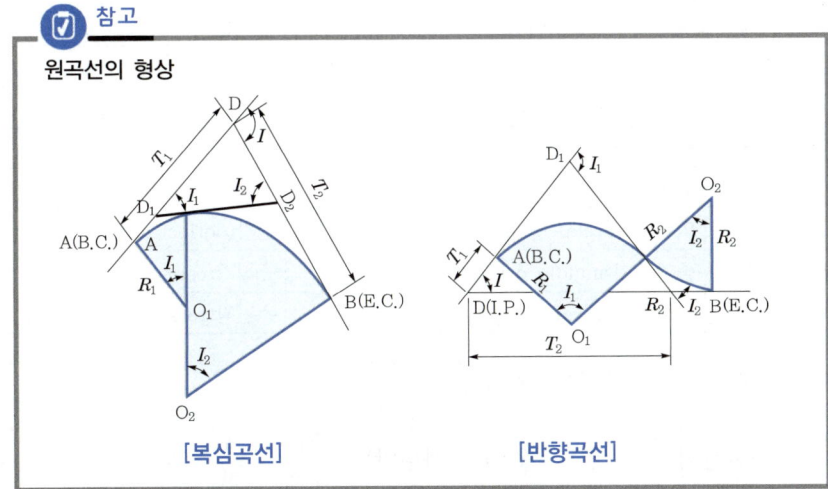

[복심곡선]   [반향곡선]

출제 POINT

■ 단곡선 설치의 기본사항

① 교각(I)의 결정: 노선 방향의 변경으로 교각 발생
② 반경(R)의 결정: 설계속도, 편경사에 따라 최소곡선반경 결정

$$R_{\min} \geq \frac{V^2}{127(i+f)}$$

■ 평면곡선의 기본공식

$\text{T.L.} = R\tan\frac{I}{2}$ (접선길이)

$\text{C.L.} = \frac{\pi}{180°}RI$ (곡선길이)

$M = R\left(1 - \cos\frac{I}{2}\right)$ (중앙종거)

$E = R\left(\sec\frac{I}{2} - 1\right)$ (외할)

$C = 2R \cdot \sin\frac{I}{2}$ (장현)

4 평면곡선의 기본공식

1) 단곡선의 성질

① 단곡선은 반경이 일정한 원곡선이다.
② 단곡선은 반경의 크기에 따라 곡선의 완급을 표시하며 설계속도(V), 편경사(i)와 노면의 횡방향 미끄럼마찰계수(f) 등에 의해 그 크기가 결정된다.

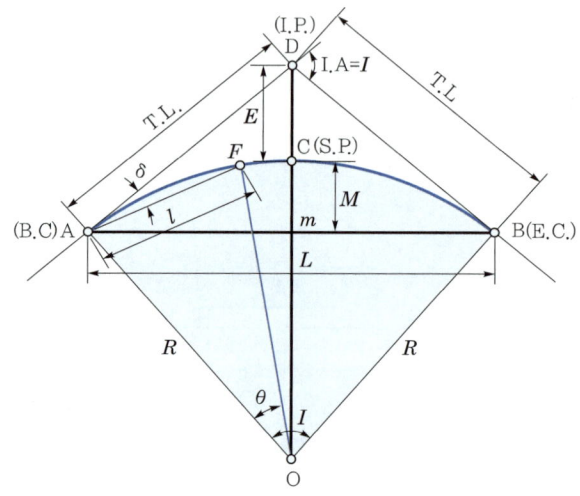

[단곡선의 요소]

[단곡선의 기호와 의미]

기호	의미	기호	의미
B.C.	원곡선시점(begining of curve)	C.L.	곡선길이(curve length)
E.C.	원곡선종점(end of curve)	L	장현(long chord)
I.P.	교선점(intersention point)	l	현길이(chord length)
R	반경(radius of curve)	c	호길이(arc length)
T.L.	접선길이(tangent length)	I.A.(I)	교각(intersection angle)
E	외할(eatermal secant)	δ	편각(deflection angle)
M	중앙종거(middle ordinate)	θ	중심각(central angle)
S.P.	곡선중앙(secant point)	$I/2$	총편각(total deflection angle)

- 접선길이 $\text{T.L.} = R\tan\dfrac{I}{2}$

- 곡선길이 $\text{C.L.} = RI$ (I는 라디안) $= \dfrac{RI}{\rho} = \dfrac{\pi}{180°}RI$

- 편각 $\delta = \dfrac{\theta}{2} = \dfrac{l}{2R}$ (라디안) $= \dfrac{l}{2R} \times \dfrac{180°}{\pi}$

- 호길이 $c = R \cdot \theta = 2R \cdot \delta$ ($\because \theta = 2\delta$)

- 현길이　　　$l = 2R\sin\delta = 2R\sin\dfrac{\theta}{2}$

- 외할　　　　$E = R\sec\dfrac{I}{2} - R = R\left(\sec\dfrac{I}{2} - 1\right) = R\left(\dfrac{1}{\cos\dfrac{I}{2}} - 1\right)$

- 중앙종거　　$M = R - R\cos\dfrac{I}{2} = R\left(1 - \cos\dfrac{I}{2}\right)$

- 장현　　　　$C = 2R\sin\dfrac{I}{2}$

> **참고**
>
> **단곡선공식의 유도**
>
> ① $\tan\dfrac{I}{2} = \dfrac{\text{T.L.}}{R}$
>
> ∴ $\text{T.L.} = R \cdot \tan\dfrac{I}{2}$
>
>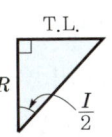
>
> ② $2\pi R : \text{C.L.} = 360° : I°$
>
> ∴ $\text{C.L.} = R \cdot I° \dfrac{\pi}{180°}$
>
>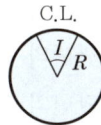
>
> ③ $\cos\dfrac{I}{2} = \dfrac{R}{R+E}$
>
> ∴ $E = R\left(\sec\dfrac{I}{2} - 1\right)$
>
>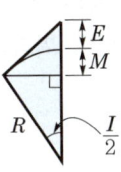
>
> ④ $\cos\dfrac{I}{2} = \dfrac{R-M}{R}$
>
> ∴ $M = R\left(1 - \cos\dfrac{I}{2}\right)$
>
> ⑤ $\sin\dfrac{I}{2} = \dfrac{C/2}{R}$
>
> $C = 2R \cdot \sin\dfrac{I}{2}$
>
>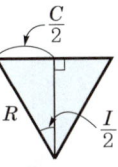

2) 단곡선의 설치

① 기본적으로 단곡선 반경(R), 접선(2방향), 교선점(D), 교각(I)을 정한다.
② 곡선반경(R), 교각(I)으로부터 접선장(T.L), 곡선장(C.L), 외할(E) 등을 계산한다.
③ 곡선시점(B.C.), 곡선종점(E.C.), 곡선의 중간점(S.P.)의 위치를 결정한다.
④ 시단현, 종단현 길이를 구하고 중심말뚝의 위치를 정한다.
⑤ 곡선의 설치는 편각설치법, 접선편거와 현편거에 의한 설치법, 장현에 대한 종거와 횡거에 의한 설치법, 접선에 대한 지거에 의한 설치법, 중앙종거에 의한 설치법 등을 활용한다.

■ 단곡선 설치의 순서

① R, I의 결정
② T.L., C.L., E의 결정
③ B.C., E.L.의 결정
④ l_1, l_2 중심말뚝 위치 결정

출제 POINT

■ 편각법
① 편각: 접선과 현이 이루는 각
② 정밀도가 높은 곡선 설치법
③ 편각: $\delta = \dfrac{l}{2R}$ (라디안)
$= \dfrac{l}{2R} \times \dfrac{180°}{\pi}$

SECTION 2 평면곡선의 설치

1 편각설치법

1) 편각법

① 단곡선에서 접선과 현이 이루는 각인 편각에 의한 곡선설치법이다.
② 정밀도가 가장 높아 많이 이용된다.
③ 편각(δ) : $\delta = \dfrac{l}{2R}$ (라디안) $= \dfrac{l}{2R} \times \dfrac{180°}{\pi} = \dfrac{90°}{\pi} \times \dfrac{l}{R}$

2) 계산순서

① 접선길이(T.L.)와 곡선길이(C.L.) 계산
② 곡선시점의 위치(B.C.) 계산 : B.C. = I.P. − T.L.
③ 곡선종점의 위치(E.C.) 계산 : E.C. = B.C. + C.L.
④ 시단현의 길이(l_1) : l_1 = (B.C. 다음 측점까지의 거리) − (B.C.의 거리)
⑤ 종단현의 길이(l_2) : l_2 = (E.C.의 거리) − (E.C. 이전 측점까지의 거리)
⑥ 편각의 계산 : 시단현, 종단현 및 20m 현에 대한 편각
⑦ 검산 : 편각의 총합 = $I/2$

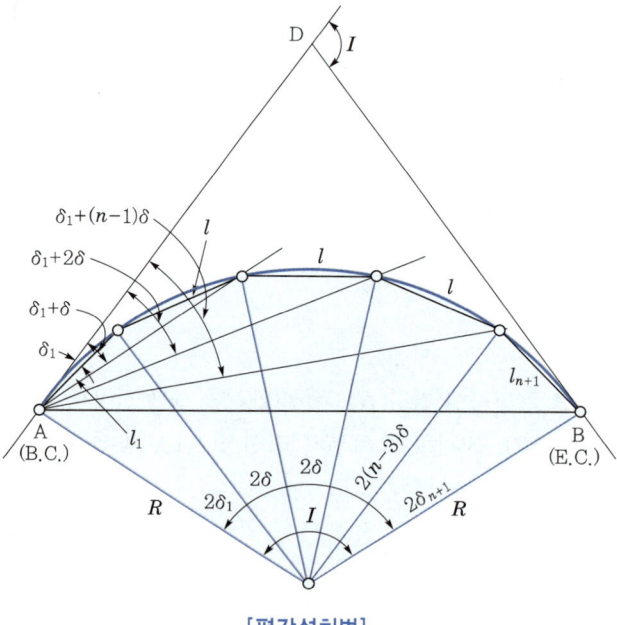

[편각설치법]

> **참고**
> **편각설치법**
> ① 편각은 접선과 현이 이루는 각이다.
> ② 정밀도가 가장 높아 많이 이용된다(터널에서는 지거법 이용).
> ③ 편각의 총합은 교각의 1/2이다.

2 중앙종거법

① 최초에 중앙종거 M_1을 구하고 차례로 M_2, M_3, …로 하여 작은 중앙 종거를 구하여 적당한 간격마다 곡선의 중심말뚝을 박는 방법이다.
② 시가지의 곡선설치나 철도, 도로 등의 기설 곡선의 검사, 정정에 사용된다.
③ 단계별로 1/4로 줄어들어 1/4법이라고도 한다.

$$M_1 = R\left(1 - \cos\frac{I}{2}\right), \quad \frac{L_1}{2} = R\sin\frac{I}{2}$$

$$M_2 = R\left(1 - \cos\frac{I}{4}\right), \quad \frac{L_2}{2} = R\sin\frac{I}{4}$$

$$M_3 = R\left(1 - \cos\frac{I}{8}\right), \quad \frac{L_3}{2} = R\sin\frac{I}{8}$$

■ 출제 POINT

■ 중앙종거법
① 시가지의 곡선 설치에 사용
② 기설곡선의 검사에 사용
③ $M = R\left(1 - \cos\frac{I}{2}\right)$
④ 단계별로 약 $\frac{1}{4}$씩 줄어들어 $\frac{1}{4}$법이라고도 함

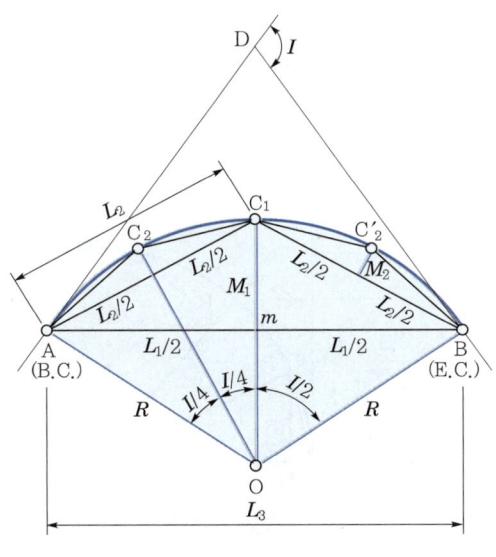

[중앙종거법]

출제 POINT

참고

중앙종거법
① 중앙종거는 곡선의 중점으로부터 장현의 중점으로 내린 수선의 길이이다.
② 기설곡선의 검사와 시가지에 사용된다.
③ 곡선반경 또는 곡선길이가 작을 때 이용되는 설치법이다.

■ 접선지거법
① 편각법으로 설치 곤란한 곳에 사용
② 산림의 벌채량을 줄일 목적으로 곡선 설치
③ 트랜싯 대신 줄자만으로 곡선 설치

3 접선지거법

① 적당한 방향 또는 현을 x축으로 하고 이것에서 수직으로 지거 y를 내려 곡선을 측설하는 방법이다.
② 일반적으로 줄자만을 사용하나 정확히 직각을 만들 때는 직각기 또는 트랜싯을 사용한다.
③ 지거법에 의한 원곡선설치에는 접선지거법, 중앙종거법, 장현지거법 등이 있다.
④ 편각법으로 설치하기 곤란한 곳에 사용하며 삼림 등의 벌채량을 줄일 수 있다.

$$\delta = \sin^{-1} \frac{l}{2R}$$
$$l = 2R \sin\delta$$
$$x = l\sin\delta = 2R\sin^2\delta = R(1-\cos 2\delta)$$
$$y = l\cos\delta = 2R\sin\delta\cos\delta = R\sin 2\delta$$

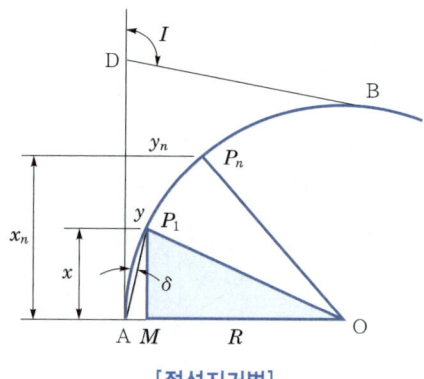

[접선지거법]

참고

접선지거법
① 접선지거법은 편각법으로 곡선을 설치하기 어려울 때 사용한다.
② 트랜싯 대신 줄자만으로 곡선설치를 한다.

4 현편거 및 접선편거법

① 트랜싯 없이도 줄자를 사용하여 간단하게 설치할 수 있는 방법으로 지방도로에 이용된다.

② 다른 방법에 정밀도가 비해 낮다.

③ 현편거($SQ = YP$) : $SQ = YP = d = \dfrac{l^2}{R}$

④ 접선편거(MQ) : $MQ = t = \dfrac{d}{2} = \dfrac{l^2}{2R}$

> **출제 POINT**
>
> ■ 현편거 및 접선편거법
> ① 줄자만으로 곡선 설치
> ② 지방도로에 이용
> ③ 정밀도가 낮은 방식
> ④ 현편거 = $\dfrac{l^2}{R}$, 접선편거 = $\dfrac{l^2}{2R}$

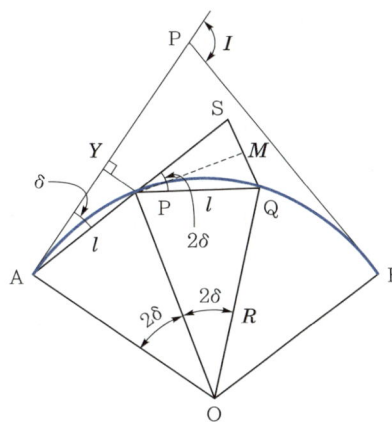

[접선편거와 현편거]

SECTION 3 완화곡선

1 완화곡선의 개요

1) 완화곡선의 개요

① 차량이 직선부에서 곡선부로 이동할 때는 곡률반경이 무한대로부터 일정한 값으로 급격히 변화하기 때문에 원심력도 0에서 최댓값으로 급격히 변하여 차량이 격동하게 되고 승객의 불쾌감을 유발하게 된다.

② 이를 방지하기 위해 원심력의 변화를 곡선의 길이에 따라 점진적으로 일정하게 변하도록 직선부와 곡선부 사이에 삽입하는 곡선이 완화곡선이다.

③ 완화곡선의 반경은 직선부, 무한대로부터 원곡선 시점부, 최솟값까지 점진적으로 변한다.

출제 POINT

■ 완화곡선의 성질
① 완화곡선의 시점은 직선, 종점은 원곡선
② 완화곡선의 곡률은 곡선길이에 비례

■ 캔트(cant)
① 철도는 캔트, 도로는 편경사
② 곡선부의 바깥쪽을 높여 주행안전 도모
③ 정밀도 낮은 방식
④ $C = \dfrac{BV^2}{Rg}$

2) 완화곡선의 성질

① 곡선반경은 완화곡선의 시점에서 무한대, 종점에서 원곡선 R이 된다.
② 완화곡선의 접선은 시점에서 직선에, 종점에서 원호에 접함
③ 완화곡선에 연한 곡률반경의 감소율은 캔트의 증가율과 같은 비율이다 (부호는 반대).
④ 완화곡선의 종점에서의 캔트는 원곡선의 캔트와 동일하다.
⑤ 완화곡선의 곡률은 곡선길이에 비례한다.

2 캔트와 확폭

1) 캔트(편경사)

① 철도에서는 캔트, 도로에서는 편경사라 한다.
② 차량이 곡선을 따라 주행할 때 원심력을 줄이기 위해 곡선의 바깥쪽을 높여 차량의 주행을 안전하도록 한다.

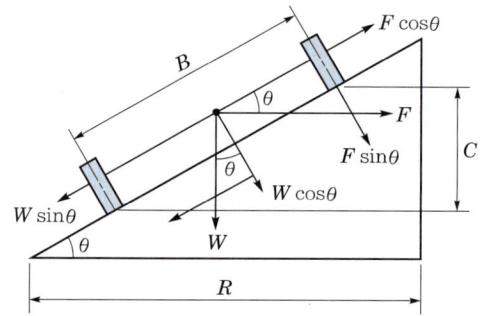

$$\dfrac{C}{B} \fallingdotseq \dfrac{V^2}{127R} \quad \Rightarrow \quad C = \dfrac{BV^2}{Rg}$$

여기서, R : 곡률반경(m), W : 차량중량(kg)
V : 주행속도[km/h = $V/3.6$(m/sec)]
g : 중력가속도 = 9.8m/sec², F : 원심력(kg)
f : 마찰계수, θ : 편경사의 각도
B : 레일 간격(m), C : cant(m)

③ 철도의 경우 궤간 B에 따른 cant C의 크기

• 궤간 1,067mm $B = 1,127$mm, $C = 8.87\dfrac{V^2}{R}$

• 궤간 1,435mm $B = 1,500$mm, $C = 11.8\dfrac{V^2}{R}$

2) 확폭(슬랙)

① 자동차가 곡선부를 주행할 때 뒷바퀴가 앞바퀴보다 항상 안쪽을 지나므로 곡선부에서는 직선부보다 약간 넓게 할 필요가 있으며 이를 곡선부의 확폭(slack)이라 한다.

② 철도에서는 슬랙, 도로에서는 확폭이라 한다.

- 확폭(ε) : $\varepsilon = \dfrac{L^2}{2R}$

- 슬랙(l) : $l = \dfrac{3,600}{R} - 15 \leq 30\text{mm}$

  여기서, L : 차량 전면에서 뒷바퀴까지의 거리
  R : 곡선반경

> **출제 POINT**
>
> ■ 확폭(슬랙)
> ① 도로는 확폭, 철도는 슬랙
> ② 곡선의 안쪽을 약간 넓게 하여 주행안전 도모
> ③ 확폭 $\varepsilon = \dfrac{L^2}{2R}$

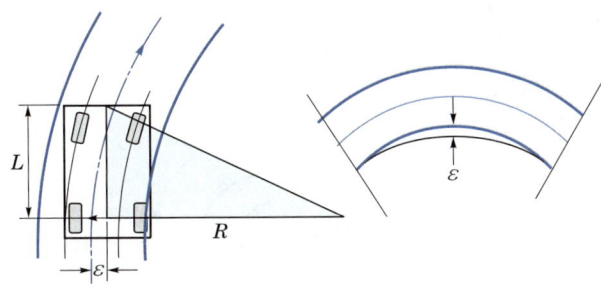

[확폭]

> **참고**
>
> **완화곡선의 공식 정리**
> ① 클로소이드 공식 $A^2 = RL$
> ② 캔트 $C = \dfrac{BV^2}{Rg}$
> ③ 확폭 $\varepsilon = \dfrac{L^2}{2R}$
> ④ 완화곡선 길이 $L = \dfrac{NC}{1,000}$
> ⑤ 최소곡선반경 $R = \dfrac{V^2}{127(i+f)}$

3 완화곡선의 길이

1) 완화곡선의 길이

① 곡선길이 L[m]가 캔트 C[mm]의 N배에 비례인 경우

$$L = \dfrac{N}{1,000} C = \dfrac{N}{1,000} \dfrac{BV^2}{Rg}$$

여기서, L : 완화곡선의 길이
N : 차량 속도에 따라 300~800을 택함

② 일정 시간율로 경사시킨 경우

$$t = \frac{L}{V} = \frac{C}{r} = \frac{BV^2}{rgR} \quad \therefore L = \frac{BV^3}{rgR}$$

여기서, t : 완화곡선을 주행하는 데 필요한 시간
r : 캔트의 시간적 변화율

③ 원심가속도의 허용변화율(P)을 알 경우

$$L = \frac{V^3}{PR}$$

여기서, P : 0.5~0.75m/sec로 함

2) 완화곡선의 종류

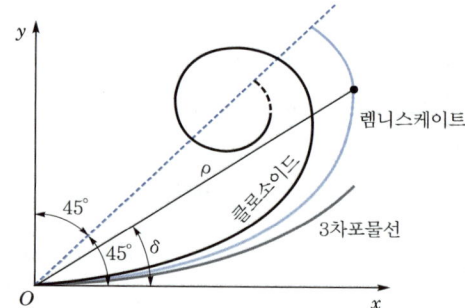

① 클로소이드 : 일반도로, 고속도로
② 3차포물선 : 일반철도
③ 렘니스케이트 곡선 : 지하철(도시철도)
④ 사인체감곡선 : 고속철도

4 클로소이드 곡선

1) 클로소이드 곡선의 개요

① 곡률이 곡선길이에 비례하여 증가하는 일종의 나선형 곡선이다.
② 달팽이곡선이라고도 하며 고속도로나 일반도로에 주로 사용된다.

■ 완화곡선의 종류
① 클로소이드 : 일반도로, 고속도로
② 3차포물선 : 일반철도
③ 렘니스케이트 곡선 : 지하철(도시철도)
④ 사인체감곡선 : 고속철도

2) 단위 클로소이드

① 클로소이드 곡선의 기본식

$$A^2 = RL$$

여기서, A : 클로소이드의 매개변수(파라미터)
L, R : 완화곡선의 길이와 반경

② 단위 클로소이드
클로소이드의 매개변수 $A = 1$인 클로소이드

$$A^2 = RL = 1 \Rightarrow \frac{R}{A}\frac{L}{A} = 1$$

단위 클로소이드의 요소는 알파벳 소문자를 사용하므로

$1 = rl$ (단위 클로소이드 곡선식)

$r = \dfrac{R}{A}$, $l = \dfrac{L}{A}$ 이므로 $R = Ar$, $L = Al$

> **참고**
>
> **매개변수가 A인 클로소이드의 요소**
> ① 길이의 단위를 가진 요소(R, L, X, Y, T_L)는 단위 클로소이드 요소를 A배하여 사용
> ② 길이의 단위가 없는 요소$\left(\tau, \sigma, \dfrac{\Delta r}{r}\right)$는 그대로 사용

3) 클로소이드 공식

① 곡선반경(R) : $R = \dfrac{A^2}{L} = \dfrac{A}{l} = \dfrac{L}{2\tau} = \dfrac{A}{\sqrt{2\tau}}$

② 곡선길이(L) : $L = \dfrac{A^2}{R} = \dfrac{A}{r} = 2\tau R = A\sqrt{2\tau}$

③ 접선각(τ) : $\tau = \dfrac{L}{2R} = \dfrac{L^2}{2A^2} = \dfrac{A^2}{2R^2}$

④ 매개변수(A) : $A = \sqrt{RL} = lR = Lr = \dfrac{L}{\sqrt{2R}} = \sqrt{2}\tau R$

⑤ 이정량(ΔR) : $\Delta R = Y + R\cos\tau - R = Y + R(\cos\tau - 1)$

4) 클로소이드의 성질

① 클로소이드는 나선의 일종이다.

출제 POINT

■ 클로소이드 곡선의 기본식

$A^2 = RL$

■ 클로소이드의 공식

㉠ 곡선반경(R)

$R = \dfrac{A^2}{L} = \dfrac{A}{l} = \dfrac{L}{2\tau} = \dfrac{A}{\sqrt{2\tau}}$

㉡ 곡선길이(L)

$L = \dfrac{A^2}{R} = \dfrac{A}{r} = 2\tau R = A\sqrt{2\tau}$

㉢ 매개변수(A)

$A = \sqrt{RL} = lR = Lr = \dfrac{L}{\sqrt{2R}}$
$= \sqrt{2}\tau R$

출제 POINT

② 모든 클로소이드는 닮은꼴이므로 매개변수 A를 바꾸면 크기가 다른 클로소이드를 무수히 만들 수 있다.
③ 클로소이드의 요소는 길이의 단위를 가진 것과 단위가 없는 것도 있다.
④ 어떤 점에 관한 두 가지의 클로소이드 요소가 정해지면 클로소이드를 해석할 수 있고, 단위의 요소가 하나 주어지면 단위 클로소이드의 표를 유도할 수 있다.
⑤ 접선각 τ는 45° 이하가 좋으며 작을수록 정확하다.
⑥ 곡선길이가 일정할 때 곡률반경이 크면 접선각은 작아진다.

5) 클로소이드의 종류

■ 클로소이드의 종류
① 기본형 : 직선 - 클로소이드 - 원곡선
② S형 : 반향곡선 사이에 삽입한 것
③ 난형 : 복심곡선 사이에 삽입한 것
④ 볼록형 : 같은 방향으로 구부러진 2개의 클로소이드를 직선적으로 삽입한 것
⑤ 복합형 : 같은 방향으로 구부러진 2개 이상의 클로소이드를 이은 것

클로소이드는 직선, 클로소이드, 원곡선 등 선형요소의 조합방법에 따라 기본형, S형, 난형, 볼록형, 복합형 등이 있다.

① 기본형 : 직선, 클로소이드, 원곡선 순으로 나란히 설치된 경우
② S형 : 반향곡선 사이에 클로소이드를 삽입한 것
③ 난형(계란형) : 복심곡선 사이에 클로소이드를 삽입한 것
④ 볼록형(凸형) : 같은 방향으로 구부러진 2개의 클로소이드를 직선적으로 삽입한 것
⑤ 복합형 : 같은 방향으로 구부러진 2개 이상의 클로소이드를 이은 것

> **참고**
>
> **클로소이드의 설치법**
> 1. 직각좌표에 의한 방법
>   ① 주접선에서 직각좌표에 의한 방법
>   ② 현에서 직각좌표에 의한 방법
>   ③ 접선으로부터 직각좌표에 의한 방법
> 2. 극좌표에 의한 방법
>   ① 극각동경법에 의한 설치법
>   ② 극각현장법에 의한 설치법
>   ③ 현각현장법에 의한 설치법
> 3. 기타 방법
>   ① 2/8법에 의한 방법
>   ② 현다각으로부터의 설치법

측량학

> **참고**
>
> 클로소이드의 형식

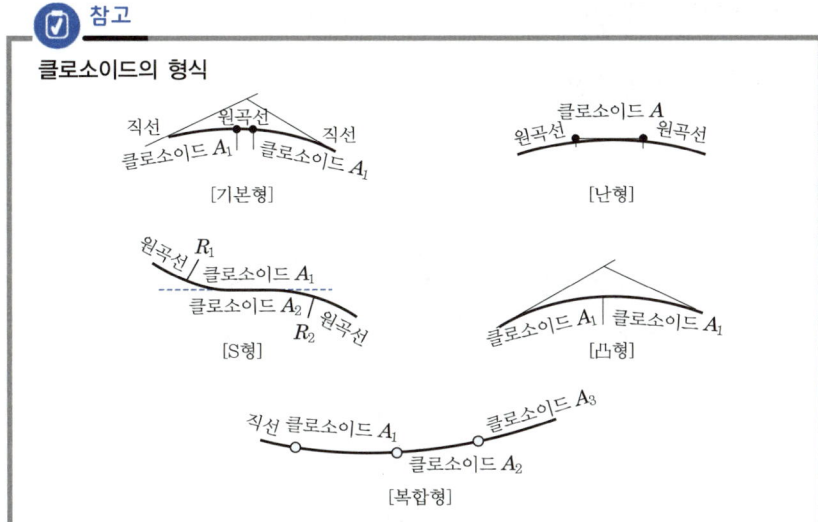

SECTION 4 종단곡선

1 종단곡선의 개요

① 노선의 종단경사가 변하는 곳에 충격을 완화하고 충분한 시거를 확보해 줄 목적으로 경사가 변화하는 곳에 적당한 곡선을 설치하여 차량이 원활하게 주행하도록 하는 곡선이다.
② 원곡선과 포물선이 이용되고 있고 지형에 따라 오목형과 볼록형으로 구분한다.
③ 철도에서는 주로 원곡선이, 도로에서는 2차포물선이 많이 사용된다.

2 종단곡선의 설치

1) 원곡선에 의한 종단곡선(철도)

   (1) 종단곡선의 길이 계산

   ① 접선길이(l) : $l = \dfrac{R}{2}\left(\dfrac{m-n}{1{,}000}\right)$

   두 직선의 경사를 각각 $\dfrac{m}{1{,}000}$, $\dfrac{n}{1{,}000}$, 원곡선의 곡선반경 R

   ② 철도의 종단경사는 1/1,000로 표시하고, 상향경사는 (+), 하향경사는 (−)로 표시

■ 평면곡선의 길이와 종단곡선의 길이

종단곡선의 길이는 평면곡선의 길이인 CL(곡선길이)과 다르게 직선거리를 사용하는데, 이는 종단선은 종단면도상에서는 곡선이지만 평면도상에서는 노선의 길이로 표현되기 때문이다.

출제 POINT

③ 종단곡선의 길이(L) : 접선길이(l)의 2배

$$\therefore L = 2l = R\left(\frac{m-n}{1{,}000}\right)$$

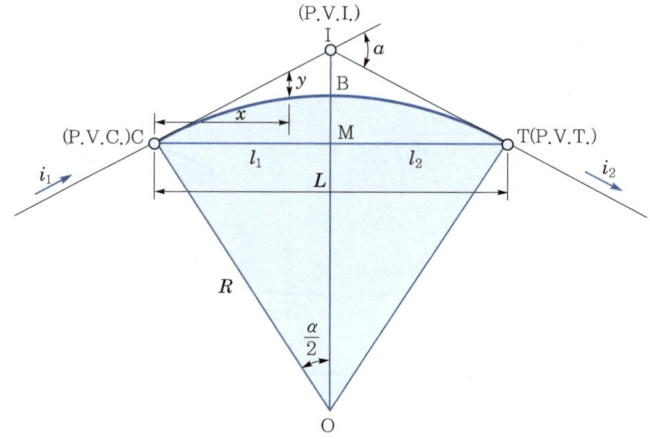

[원곡선에 의한 종단곡선 설치]

(2) 종거 계산

$$y = \frac{x^2}{2R}$$

여기서, x : 횡거
y : 횡거 x에 대한 종거

(3) 최소곡선반경

① 노선의 경사 변화가 $\frac{10}{1{,}000}$ 이상인 경우 종단곡선의 최소곡선반경의 규정
② 수평 곡선반경이 800m 이하인 곡선의 경우 : 4,000m
③ 기타의 경우 : 3,000m

■ 2차포물선에 의한 종단곡선 길이 계산

① 설계속도 기준
$L = \dfrac{(m-n)}{360}V^2$
② 종단곡선의 길이는 가능한 길게 취함
③ 곡률반경 기준
$L = R \times \left(\dfrac{m-n}{100}\right)$

2) 2차포물선에 의한 종단곡선(도로)

(1) 종단곡선의 길이 계산

① 설계속도를 기준으로 하는 경우

$$L = \frac{(m-n)}{360}V^2$$

여기서, V : 설계속도(km/h)
m, n : 종단 경사(%)

• 종단곡선의 길이는 가능한 한 길게 취하는 것이 좋음

- 충격 완화와 시거 확보에 필요한 길이를 감안해서 규정치의 1.5~2.0배 길이 적용
② 곡률반경을 기준으로 하는 경우(일반적으로 많이 사용)

$$L = R \times \left(\frac{m-n}{100}\right)$$

출제 POINT

■ 종단곡선의 비교

구분	철도	도로
곡선	원곡선	2차포물선
종단곡선 길이 (L)	$R\left(\dfrac{m-n}{1,000}\right)$	$R\left(\dfrac{m-n}{100}\right)$
종거(y)	$\dfrac{x^2}{2R}$	$\dfrac{m-n}{200L}x^2$
경사	$\dfrac{1}{1,000}$	$\dfrac{1}{100}$

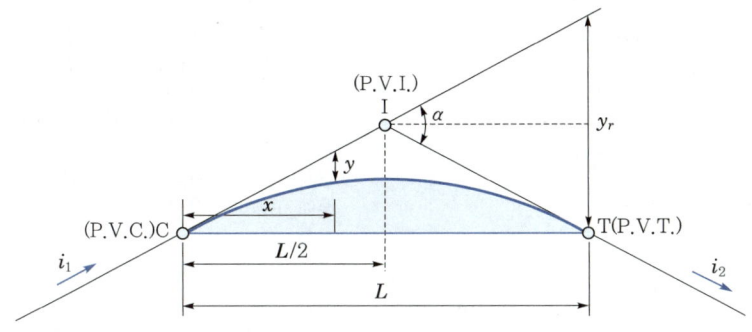

[2차포물선에 의한 종단곡선 설치]

(2) 종거의 계산

$$y = \frac{m-n}{200L}x^2$$

여기서, y : 종거, x : 횡거

(3) 계획고의 계산

$$H' = H_0 + \frac{m}{100}x$$
$$H = H' - y$$

CHAPTER 09 기출문제

10년간 출제된 빈출문제

01 노선선정을 할 때의 유의사항으로 옳지 않은 것은?
① 노선은 될 수 있는 대로 경사가 완만하게 한다.
② 노선은 운전의 지루함을 덜기 위해 평면곡선과 종단곡선을 많이 사용한다.
③ 절토 및 성토의 운반거리를 가급적 짧게 한다.
④ 토공량이 적고, 절토와 성토가 균형을 이루게 한다.

> **해설** 노선선정 시 유의사항
> ㉠ 노선은 될 수 있는 대로 경사가 완만하게 한다.
> ㉡ 곡선설치는 가급적 피하되 운전의 지루함을 덜기 위해 평면곡선과 종단곡선을 적절하게 사용한다.
> ㉢ 절토 및 성토의 운반거리를 가급적 짧게 한다.
> ㉣ 토공량이 적고, 절토와 성토가 균형을 이루게 한다.

02 종단측량과 횡단측량에 관한 설명으로 틀린 것은?
① 종단도를 보면 노선의 형태를 알 수 있으나 횡단도를 보면 알 수 없다.
② 종단측량은 횡단측량보다 높은 정확도가 요구된다.
③ 종단도의 횡축척과 종축척은 서로 다르게 잡는 것이 일반적이다.
④ 횡단측량은 노선의 종단측량에 앞서 실시한다.

> **해설** 노선측량의 순서
> 도로의 중심선을 따라 종단측량을 수행하고, 측점의 직각 방향으로 횡단측량을 수행한다.

03 노선측량에서 실시설계측량에 해당하지 않는 것은?
① 중심선설치 ② 용지측량
③ 지형도작성 ④ 다각측량

> **해설** 노선측량의 순서
> ㉠ 노선선정
> ㉡ 계획조사측량 : 지형도작성, 비교노선선정, 종·횡단면도 작성, 개략노선 결정
> ㉢ 실시설계측량 : 지형도작성, 중심선선정, 중심선설치, 다각측량, 고저측량
> ㉣ 세부측량 : 구조물의 장소에 대해 평면도와 종단면도 작성
> ㉤ 공사측량 : 노선측량의 점검 목적으로 공사 이후에 수행하는 측량

04 노선측량의 일반적인 작업순서로 옳은 것은?

A : 종·횡단측량
B : 중심선측량
C : 공사측량
D : 답사

① A → B → D → C
② D → B → A → C
③ D → C → A → B
④ A → C → D → B

> **해설** 노선측량의 일반적인 작업순서
> 도상계획 – 답사 – 중심선측량 – 종·횡단측량 – 공사측량

05 노선측량에 관한 설명 중 옳은 것은?
① 일반적으로 단곡선 설치 시 가장 많이 이용하는 방법은 지거법이다.
② 곡률이 곡선길이에 비례하는 곡선을 클로소이드 곡선이라 한다.
③ 완화곡선의 접선은 시점에서 원호에, 종점에서 직선에 접한다.
④ 완화곡선의 반경은 종점에서 무한대이고 시점에서는 원곡선의 반경이 된다.

정답 1. ② 2. ④ 3. ② 4. ② 5. ②

해설 ① 일반적으로 단곡선 설치 시 가장 많이 이용하는 방법은 편각법이다.
③ 완화곡선의 접선은 시점에서 직선에, 종점에서 원호에 접한다.
④ 완화곡선의 반경은 시점에서 무한대이고 종점에서는 원곡선의 반경이 된다.

06 종단면도에 표기하여야 하는 사항으로 거리가 먼 것은?

① 흙깎기 토량과 흙쌓기 토량
② 거리 및 누가거리
③ 지반고 및 계획고
④ 경사도

해설 노선측량 종단면도의 표기사항
㉠ 측점의 위치
㉡ 측점 간의 수평거리
㉢ 각 측점의 누가거리
㉣ 측점의 지반고 및 계획고
㉤ 지반고와 계획고의 차, 즉 성토고와 절토고
㉥ 계획선의 경사
㉦ 평면곡선의 설치위치

07 노선 설치방법 중 좌표법에 의한 설치방법에 대한 설명으로 틀린 것은?

① 토털스테이션, GPS 등과 같은 장비를 이용하여 측점을 위치시킬 수 있다.
② 좌표법에 의한 노선의 설치는 다른 방법보다 지형의 굴곡이나 시통 등의 문제가 적다.
③ 좌표법은 평면곡선 및 종단곡선의 설치 요소를 동시에 위치시킬 수 있다.
④ 평면적인 위치의 측설을 수행하고 지형표고를 관측하여 종단면도를 작성할 수 있다.

해설 좌표법의 설치방법
좌표법에 의한 노선의 설치는 측점 간 시통이 요구되는 직선의 연결이므로 지형의 굴곡이나 시통에 문제가 발생한다.

08 도로중심선을 따라 20m 간격의 종단측량을 하여 표와 같은 결과를 얻었다. 측점 No.1과 측점 No.5의 지반고를 연결하는 도로계획선을 설정한다면, 이 계획선의 도로기울기는 얼마인가?

측점	지반고(m)
NO.1	72.68
NO.2	70.08
NO.3	74.13
NO.4	73.58
NO.5	74.28

① −2%
② −1.6%
③ +1.6%
④ +2%

해설 종단곡선에서 도로기울기의 계산
NO.1과 No.5의 지반고를 연결하는 도로계획선이므로 도로의 기울기는 높이차를 수평거리로 나누어 계산한다.
㉠ 높이차 = 74.28 − 72.68 = 1.60m
[지반고가 상승하고 있으므로 경사는 (+)]
㉡ 수평거리 = 100 − 20 = 80m
㉢ 기울기 = $\frac{높이차}{수평거리} \times 100(\%)$
= $\frac{1.6}{80} \times 100 = 2.0\%$

09 도로의 중심선을 따라 20m 간격으로 종단측량을 하여 표와 같은 결과를 얻었다 측점 No.1의 도로계획고를 21.50m로 하고 2%의 상향기울기로 도로를 설치할 때 No.5의 절토고는? (단, 지반고의 단위 : m)

측점	No.1	No.2	No.3	No.4	No.5
지반고	20.30	21.80	23.45	26.10	28.20

① 4.7m
② 5.1m
③ 5.9m
④ 6.1m

해설 종단곡선에서 절토고의 계산

측점	No.1	No.2	No.3	No.4	No.5
지반고	20.30	21.80	23.45	26.10	28.20
계획고	21.50	21.90	22.30	22.70	23.10
절성토고	−1.20	−0.10	+1.15	+3.40	+5.10

정답 6. ① 7. ② 8. ④ 9. ②

10 노선측량의 단곡선 설치방법 중 간단하고 신속하게 작업할 수 있어 철도, 도로 등의 기설곡선 검사에 주로 사용되는 것은?

① 중앙종거법
② 편각설치법
③ 절선편거와 현편거에 의한 방법
④ 절선에 대한 지거에 의한 방법

> **해설 단곡선 설치방법**
> ㉠ 편각법 : 철도, 도로 등에 널리 이용되며 Transit로는 편각을 tape로 거리를 측정하면서 곡선을 설치하는 방법으로 토털스테이션이 없던 시절에는 가장 좋은 결과를 얻을 수 있는 방법
> ㉡ 중앙종거법 : 기설곡선의 검사 또는 조정에 편리하나 중심말뚝의 간격을 20m마다 설치할 수 없는 것이 결점
> ㉢ 절선편거와 현편거법 : 줄자만으로 설치할 수 있는 방법으로 지방도로 등에 많이 사용되나 정밀도는 떨어짐
> ㉣ 장현에 대한 종거 횡거법 : 반경이 짧은 곡선은 이 방법에 의하여 설치
> ㉤ 절선에 대한 지거법 : 산림지대에서 편각법을 쓰며 벌목량이 많아지는 경우에 사용

11 노선측량에서 단곡선의 설치방법에 대한 설명으로 옳지 않은 것은?

① 중앙종거를 이용한 설치방법은 터널 속이나 삼림지대에서 벌목량이 많을 때 사용하면 편리하다.
② 편각설치법은 비교적 높은 정확도로 인해 고속도로나 철도에 사용할 수 있다.
③ 접선편거와 현편거에 의하여 설치하는 방법은 줄자만을 사용하여 원곡선을 설치할 수 있다.
④ 장현에 대한 종거와 횡거에 의하는 방법은 곡률반경이 짧은 곡선일 때 편리하다.

> **해설 단곡선의 설치방법**
> ㉠ 중앙종거법 : 기설곡선의 검사 또는 조정에 편리하나 중심말뚝의 간격을 20m마다 설치할 수 없는 것이 결점
> ㉡ 절선에 대한 지거법 : 산림지대에서 편각법을 쓰며 벌목량이 많아지는 경우에 사용

12 노선측량에 대한 용어 설명 중 옳지 않은 것은?

① 교점 - 방향이 변하는 두 직선이 교차하는 점
② 중심말뚝 - 노선의 시점, 종점 및 교점에 설치하는 말뚝
③ 복심곡선 - 반경이 서로 다른 2개 또는 그 이상의 원호가 연결된 곡선으로 공통접선 의 같은 쪽에 원호의 중심이 있는 곡선
④ 완화곡선 - 고속으로 이동하는 차량이 직선부에서 곡선부로 진입할 때 차량의 원심력을 완화하기 위해 설치하는 곡선

> **해설 노선측량의 용어**
> 중심말뚝은 노선의 중심선을 따라 시점, 종점, 20m마다 1개소씩 설치한다.

13 원곡선에 대한 설명으로 틀린 것은?

① 원곡선을 설치하기 위한 기본요소는 반경(R)과 교각(I)이다.
② 접선길이는 곡선반경에 비례한다.
③ 원곡선은 평면곡선과 수직곡선으로 모두 사용할 수 있다.
④ 고속도로와 같이 고속의 원활한 주행을 위해서는 복심곡선 또는 반향곡선을 주로 사용한다.

> **해설 원곡선의 특징**
> 고속도로와 같이 고속의 원활한 주행을 위해서는 직선구간 사이에 하나의 원곡선을 설치하도록 한다. 복심곡선 또는 반향곡선 등의 복합곡선은 고속도로에 일반적으로 사용하지 않는다.

14 노선설치에서 곡선반경 R, 교각 I인 단곡선을 설치할 때 곡선의 중앙종거(M)를 구하는 식으로 옳은 것은?

① $M = R\left(\sec\dfrac{I}{2} - 1\right)$　② $M = R\tan\dfrac{I}{2}$
③ $M = 2R\sin\dfrac{I}{2}$　④ $M = R\left(1 - \cos\dfrac{I}{2}\right)$

정답 10. ①　11. ②　12. ②　13. ④　14. ④

> **해설** 중앙종거의 계산
> 중앙종거법은 곡선반경 또는 곡선길이가 작은 시가지의 곡선설치와 기설곡선의 검사에 이용된다.
> 중앙종거 $M = R\left(1 - \cos\dfrac{I}{2}\right)$

15 곡선반경 R, 교각 I인 단곡선을 설치할 때 사용되는 공식으로 틀린 것은?

① $T.L. = R\tan\dfrac{I}{2}$ ② $C.L. = \dfrac{\pi}{180°}RI$

③ $E = R\left(\sec\dfrac{I}{2} - 1\right)$ ④ $M = R\left(1 - \sin\dfrac{I}{2}\right)$

> **해설** 중앙종거의 계산
> 중앙종거 $M = R\left(1 - \cos\dfrac{I}{2}\right)$

16 곡선설치에서 교각 $I = 60°$, 반경 $R = 150$m일 때 접선장(T.L.)은?

① 100.0m ② 86.6m
③ 76.8m ④ 38.6m

> **해설** 접선길이의 계산
> 접선장
> $T.L. = R\tan\dfrac{I}{2} = 150\text{m} \times \tan\dfrac{60°}{2} = 86.6\text{m}$

17 노선측량에서 교각이 32°15′00″, 곡선반경이 600m일 때의 곡선장(C.L.)은?

① 355.52m ② 337.72m
③ 328.75m ④ 315.35m

> **해설** 곡선길이의 계산
> $C.L. = \dfrac{\pi}{180°}RI = \dfrac{\pi}{180°} \times 600\text{m} \times 32°15′$
> $= 337.72\text{m}$

18 도로 기점으로부터 교점(I.P.)까지의 추가거리가 400m, 곡선반경 $R = 200$m, 교각 $I = 90°$인 원곡선을 설치할 경우, 곡선시점(B.C.)은? (단, 중심말뚝거리 = 20m)

① No.9 ② No.9 + 10m
③ No.10 ④ No.10 + 10m

> **해설** 곡선시점의 계산
> 중심말뚝의 간격이 20m이므로 시단현의 길이는 곡선시점에서 다음 말뚝까지의 거리를 의미한다.
> $T.L. = R\tan\dfrac{I}{2} = 200 \times \tan\dfrac{90°}{2} = 200\text{m}$
> 곡선시점(B.C)의 위치
> = 시점 ~ 교점까지의 거리 − T.L.
> = 400 − 200 = 200m (= No.10)

19 노선측량으로 곡선을 설치할 때에 교각(I) 60°, 외선길이(E) 30m로 단곡선을 설치할 경우 곡선반경(R)은?

① 103.7m ② 120.7m
③ 150.9m ④ 193.9m

> **해설** 외선길이를 이용한 곡선반경의 계산
> 교점(I.P.)으로부터 원곡선의 중점까지 거리는 외선길이(외할)를 의미하므로
> 외할(외선길이) $E = R \times \left(\sec\dfrac{I}{2} - 1\right)$
> sec 함수는 cos 함수의 역수이므로
> $R = \dfrac{E}{\left(\sec\dfrac{I}{2} - 1\right)} = \dfrac{30}{\left(\dfrac{1}{\cos\dfrac{60°}{2}} - 1\right)} = 193.9\text{m}$

20 교각 $I = 90°$, 곡선반경 $R = 150$m인 단곡선에서 교점(I.P.)의 추가거리가 1139.250m일 때 곡선종점(E.C.)까지의 추가거리는?

① 875.375m ② 989.250m
③ 1224.869m ④ 1374.825m

정답 15. ④ 16. ② 17. ② 18. ③ 19. ④ 20. ③

> **해설** 곡선종점의 추가거리 계산
>
> 중심말뚝의 간격이 20m이므로 시단현의 길이는 곡선시점에서 다음 말뚝까지의 거리를 의미한다.
> $T.L. = R\tan\dfrac{I}{2} = 150 \times \tan\dfrac{90°}{2} = 150.000m$
>
> 곡선시점(B.C.)의 위치
> =시점~교점까지의 거리-T.L.
> = 1139.250 - 150.000 = 989.250m
>
> 중심말뚝의 간격이 20m이므로 시단현의 길이는 곡선시점에서 다음 말뚝까지의 거리를 의미한다.
> $C.L. = \dfrac{\pi}{180°}RI = \dfrac{\pi}{180°} \times 150m \times 90°$
> $= 235.619m$
>
> 곡선종점(E.C.)의 추가거리
> =곡선시점까지의 거리+곡선길이(C.L.)
> = 989.250 + 235.619
> = 1224.869m(No.61 + 4.869m)

★ 21 도로 설계 시에 단곡선의 외할(E)은 10m, 교각은 60°일 때, 접선장(T.L.)은?

① 42.4m ② 37.3m
③ 32.4m ④ 27.3m

> **해설** 외선길이를 이용한 접선길이의 계산
>
> 교점(I.P.)으로부터 원곡선의 중점까지 거리는 외선길이(외할)이므로
> $E = R \times \left(\sec\dfrac{I}{2} - 1\right)$
>
> sec 함수는 cos 함수의 역수이므로
> $R = \dfrac{E}{\left(\sec\dfrac{I}{2} - 1\right)} = \dfrac{10}{\left(\dfrac{1}{\cos\dfrac{60°}{2}} - 1\right)} = 64.641m$
>
> 접선장 $T.L. = R\tan\dfrac{I}{2} = 64.641m \times \tan\dfrac{60°}{2}$
> ≒ 37.3m

★ 21 노선측량에서 단곡선 설치 시 필요한 교각이 95°30′, 곡선반경이 200m일 때 장현(L)의 길이는?

① 296.087m ② 302.619m
③ 417.131m ④ 597.238m

> **해설** 장현의 계산
>
> 장현 $C = 2R \times \sin\dfrac{I}{2}$ 에서
> $C = 2 \times 200 \times \sin\dfrac{95°30′}{2} = 296.087m$

★ 23 교각(I) 60°, 외선길이(E) 15m인 단곡선을 설치할 때 곡선길이는?

① 85.2m ② 91.3m
③ 97.0m ④ 101.5m

> **해설** 외선길이를 이용한 곡선길이의 계산
>
> 외선길이(외할) $E = R\left(\sec\dfrac{I}{2} - 1\right)$ 에서 sec 함수는 cos 함수의 역수이므로
> $R = \dfrac{E}{\left(\sec\dfrac{I}{2} - 1\right)} = \dfrac{15}{\left(\dfrac{1}{\cos\dfrac{60°}{2}} - 1\right)} = 96.96m$
>
> $C.L. = \dfrac{\pi}{180°}RI = \dfrac{\pi}{180°} \times 96.96 \times 60°$
> = 101.5m

★★ 24 노선에 곡선반경 $R = 600m$인 곡선을 설치할 때, 현의 길이 $L = 20m$에 대한 편각은?

① 54′18″ ② 55′18″
③ 56′18″ ④ 57′18″

> **해설** 편각의 계산
>
> 20m의 편각 $\delta = \dfrac{l}{2R} \times \rho$
> $= \dfrac{20}{2 \times 600} \times \dfrac{180°}{\pi} = 0°57′18″$

25 단곡선 설치에 있어서 교각 $I = 60°$, 반경 $R = 200m$, 곡선의 시점 B.C. = No.8+15m일 때 종단현에 대한 편각은? (단, 중심말뚝의 간격은 20m이다.)

① 38′10″ ② 42′58″
③ 1°16′20″ ④ 2°51′53″

정답 21. ② 22. ① 23. ④ 24. ④ 25. ①

> **해설** 종단현에 대한 편각의 계산
> 종단현의 길이를 먼저 구한 후 편각을 구한다.
> ㉠ C.L. = $\frac{\pi}{180°}RI = \frac{\pi}{180°} \times 200 \times 60°$
> = 209.44m
> ㉡ 곡선종점의 위치 = 175 + C.L.
> = 175 + 209.44
> = 384.44m
> ㉢ 종단현의 길이 $l_2 = 384.44 - 380 = 4.44$m
> ㉣ 종단현의 편각 $\delta_{l_2} = \frac{l_2}{2R} \times \frac{180°}{\pi}$
> = $\frac{4.44}{2 \times 200} \times \frac{180°}{\pi}$
> = 0°38′10″

> **해설** 시단현에 대한 편각의 계산
> 중심말뚝의 간격이 20m이므로 시단현의 길이는 곡선시점에서 다음 말뚝까지의 거리를 의미한다. 시단현(l_1)의 길이는 곡선시점인 1,146보다 큰 20의 배수인 1,160m에서 곡선시점까지의 거리를 뺀 값이다.
> ∴ 1,160 − 1,146 = 14m
> 시단현 편각(δ) = $\frac{l_1}{2R} \times \rho = \frac{14}{2 \times 250} \times \frac{180°}{\pi}$
> = 1°36′15″

★★ 26 교점(I.P.)은 도로 기점에서 500m의 위치에 있고 교각 $I = 36°$일 때 외선길이(외할)=5.00m라면 시단현의 길이는? (단, 중심말뚝거리는 20m이다.)

① 10.43m ② 11.57m
③ 12.36m ④ 13.25m

> **해설** 시단현 길이의 계산
> 중심말뚝의 간격이 20m이므로 시단현의 길이는 곡선시점에서 다음 말뚝까지의 거리를 의미한다.
> $E = R \times \left(\sec\frac{I}{2} - 1\right)$
> sec 함수는 cos 함수의 역수이므로
> $R = \frac{E}{\left(\sec\frac{I}{2} - 1\right)} = \frac{5}{\left(\frac{1}{\cos\frac{36°}{2}} - 1\right)} = 97.159$m
> T.L. = $R\tan\frac{I}{2} = 97.159 \times \tan\frac{36°}{2} = 31.569$m
> 곡선시점(B.C.)의 위치 = 시점~교점까지의 거리 − T.L. = 500 − 31.57 = 468.43m
> 시단현의 길이 l_1은 B.C.점의 위치보다 큰 20의 배수에서 빼주므로 480 − 468.43 = 11.57m

★ 27 단곡선을 설치할 때 곡선반경이 250m, 교각이 116°23′, 곡선시점까지의 추가거리가 1146m일 때 시단현의 편각은? (단, 중심말뚝 간격 = 20m)

① 0°41′15″ ② 1°15′36″
③ 1°36′15″ ④ 2°54′51″

28 교점(I.P.)까지의 누가거리가 355m인 곡선부에 반경(R)이 100m인 원곡선을 편각법에 의해 삽입하고자 한다. 이때 20m에 대한 호와 현길이의 차이에서 발생하는 편각(δ)의 차이는?

① 약 20″ ② 약 34″
③ 약 46″ ④ 약 55″

> **해설** 호와 현길이의 차이에 대한 편각의 계산
> ㉠ 호의 길이 C.L. = $\frac{\pi}{180°}RI$에서
> $I = \frac{20\text{m}}{100\text{m}} \times \frac{180°}{\pi} = 11°27′33″$
> ㉡ 현의 길이
> $C = 2R\sin\frac{I}{2} = 2 \times 100\text{m} \times \sin\frac{11°27′33″}{2}$
> = 19.9667m
> ㉢ C.L. − C = 20 − 19.9667 = 0.0333m
> ㉣ $\delta = \frac{L}{2R}\rho = \frac{0.0333}{2 \times 100} \times \frac{180°}{\pi} = 0°0′34″$

★★ 29 곡선 반경이 500m인 단곡선의 종단현이 15.343m이라면 이에 대한 편각은?

① 0°31′37″ ② 0°43′19″
③ 0°52′45″ ④ 1°04′26″

> **해설** 종단현에 대한 편각의 계산
> 종단현 편각(δ) = $\frac{l_2}{2R} \times \rho$
> = $\frac{15.343}{2 \times 500} \times \frac{180°}{\pi} = 0°52′45″$

정답 26. ② 27. ③ 28. ② 29. ③

30 그림과 같은 복곡선에서 $t_1 + t_2$의 값은?

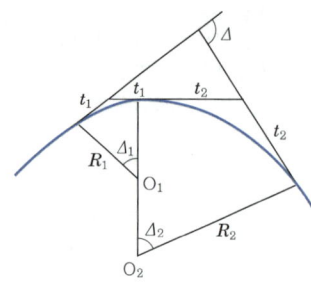

① $R_1(\tan\Delta_1 + \tan\Delta_2)$
② $R_2(\tan\Delta_1 + \tan\Delta_2)$
③ $R_1\tan\Delta_1 + \tan\Delta_2$
④ $R_1\tan\dfrac{\Delta_1}{2} + R_2\tan\dfrac{\Delta_2}{2}$

> **해설** 복합곡선의 관계식
> $t_1 = R_1 \times \tan\dfrac{\Delta_1}{2},\ t_2 = R_2 \times \tan\dfrac{\Delta_2}{2}$
> $\therefore t_1 + t_2 = R_1 \times \tan\dfrac{\Delta_1}{2} + R_2 \times \tan\dfrac{\Delta_2}{2}$

31 도로의 단곡선 설치에서 교각이 60°, 반경이 150m 이며, 곡선시점이 No.8+17m(20m×8+17m)일 때 종단현에 대한 편각은?

① 0°02′45″   ② 2°41′21″
③ 2°57′54″   ④ 3°15′23″

> **해설** 종단현에 대한 편각의 계산
> 종단현의 길이를 먼저 구한 후 편각을 구한다.
> ㉠ C.L. $= \dfrac{\pi}{180°}RI = \dfrac{\pi}{180°} \times 150 \times 60°$
> $= 157.08$m
> ㉡ 곡선종점의 위치 $= 177 + $ C.L.
> $= 177 + 157.08$
> $= 334.08$m
> ㉢ 종단현의 길이 $l_2 = 334.08 - 320 = 14.08$m
> ㉣ 종단현의 편각 $\delta_{l_2} = \dfrac{l_2}{2R} \times \dfrac{180°}{\pi}$
> $= \dfrac{14.08}{2 \times 150} \times \dfrac{180°}{\pi}$
> $= 2°41′21″$

32 그림과 같은 복곡선(compound curve)에서 관계식 으로 틀린 것은?

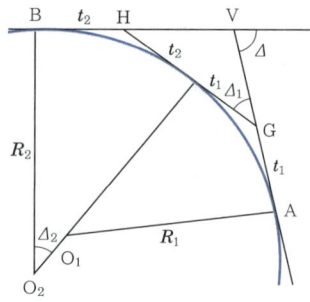

① $\Delta_1 = \Delta - \Delta_2$
② $t_2 = \Delta_2\tan\dfrac{\Delta_2}{2}$
③ $VG = (\sin\Delta_2)\left(\dfrac{GH}{\sin\Delta}\right)$
④ $VB = (\sin\Delta_2)\left(\dfrac{GH}{\sin\Delta}\right) + t_2$

> **해설** 복합곡선의 관계식
> $VB = VH + t_2$에서
> $VH = (\sin\Delta_1)\left(\dfrac{GH}{\sin\Delta}\right)$이므로
> $VB = (\sin\Delta_1)\left(\dfrac{GH}{\sin\Delta}\right) + t_2$

33 그림과 같은 반경=50m인 원곡선을 설치하고자 할 때 접선거리 AI상에 있는 HC의 거리는? (단, 교각=60°, α=20°, ∠AHC=90°)

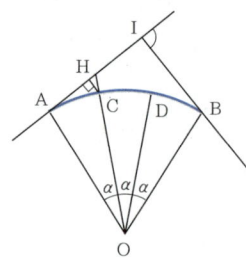

① 0.19m   ② 1.98m
③ 3.02m   ④ 3.24m

정답 30. ④ 31. ② 32. ④ 33. ③

> **해설** 평면곡선의 반경을 이용한 장현의 계산
>
> AC는 현의 길이로 $AC = 2R\sin\frac{\alpha}{2}$이고
> CH는 AC에 대한 sin값이므로
> $CH = AC \times \sin\frac{\alpha}{2} = 2R\sin^2\frac{\alpha}{2}$
> $= 2 \times 50 \times \sin^2\frac{20°}{2} = 3.02m$

34 ★★ 그림과 같이 $\overset{\frown}{A_oB_o}$의 노선을 $e = 10m$만큼 이동하여 내측으로 노선을 설치하고자 한다. 새로운 반경 R_N은? (단, $R_o = 200m$, $I = 60°$)

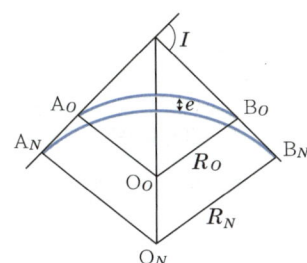

① 217.64m ② 238.26m
③ 250.50m ④ 264.64m

> **해설** 평면곡선 외선길이를 이용한 곡선반경의 계산
>
> 구곡선 $E = R\left(\frac{1}{\cos\frac{I}{2}} - 1\right)$
> $= 200 \times \left(\frac{1}{\cos\frac{60°}{2}} - 1\right) = 30.94m$
>
> 신곡선 $E' = R'\left(\frac{1}{\cos\frac{I}{2}} - 1\right)$에서
> $30.94 + 10 = R'\left(\frac{1}{\cos\frac{I}{2}} - 1\right)$이므로
> $R' = \frac{30.94 + 10}{\left(\frac{1}{\cos\frac{60°}{2}} - 1\right)} = 264.64m$

35 ★ 원곡선의 주요점에 대한 좌표가 다음과 같을 때 이 원곡선의 교각(I)은? (단, 교점(I.P.)의 좌표: $X = 1,150.0m$, $Y = 2,300.0m$, 곡선시점(B.C.)의 좌표: $X = 1,000.0m$, $Y = 2,100.0m$, 곡선종점(E.C.)의 좌표: $X = 1,000.0m$, $Y = 2,500.0m$)

① 90°00′00″ ② 73°44′24″
③ 53°07′48″ ④ 36°52′12″

> **해설** 방위각을 이용한 교각의 계산
>
> ㉠ 시점과 교점의 방위각 θ_1
> $\theta_1 = \tan^{-1}\left(\frac{\Delta y}{\Delta x}\right)$
> $= \tan^{-1}\left(\frac{2,300 - 2,100}{1,150 - 1,000}\right) = 53°07′48″$
> 1상한각이므로 $\theta_1 = 53°07′48″$
>
> ㉡ 교점과 종점의 방위각 θ_2
> $\theta_2 = \tan^{-1}\left(\frac{\Delta y}{\Delta x}\right) = \tan^{-1}\left(\frac{2500 - 2300}{1000 - 1150}\right)$
> $= -53°07′48″$
> 2상한각이므로 $\theta_2 = 126°52′12″$
>
> ㉢ 교각 $I = \theta_2 - \theta_1$
> $= 126°52′12″ - 53°07′48″$
> $= 73°44′24″$

36 ★★ 그림과 같이 곡선경 $R = 500m$인 단곡선을 설치할 때 교점에 장애물이 있어 $\angle ACD = 150°$, $\angle CDB = 90°$, $CD = 100m$를 관측하였다. 이때 C점으로부터 곡선의 시점까지의 거리는?

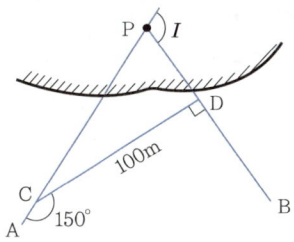

① 530.27m ② 657.04m
③ 750.56m ④ 796.09m

정답 34. ④ 35. ② 36. ③

> **[해설] 평면곡선에서 곡선시점 위치의 계산**
> ∠C=30°, ∠D=90°,
> 교각 $I = ∠C + ∠D = 120°$,
> ∠P = 180° − 120° = 60°
> T.L.= $R \tan \dfrac{I}{2} = 500 \times \tan \dfrac{120°}{2} = 866.03\text{m}$
> $\overline{CP}$ 는 sine 법칙에 의하여 구한다.
> $\dfrac{\overline{CD}}{\sin P} = \dfrac{\overline{CP}}{\sin D} \Leftrightarrow \dfrac{100}{\sin 60°} = \dfrac{\overline{CP}}{\sin 90°}$
> ∴ $\overline{CP} = 115.47\text{m}$
> C점에서 곡선시점까지의 거리
> = T.L. − $\overline{CP}$ = 866.03 − 115.47 = 750.56m

★ 37 다음 중 완화곡선의 종류가 아닌 것은?
① 렘니스케이트 곡선　② 클로소이드 곡선
③ 3차포물선　　　　　④ 배향곡선

> **[해설] 완화곡선의 종류**
> 완화곡선은 클로소이드, 렘니스케이트, 3차포물선, 사인체감곡선 등이 있으며 배향곡선은 평면곡선에서 사용하는 원곡선의 일종이다.

★★ 38 곡률이 급변하는 평면 곡선부에서의 탈선 및 심한 흔들림 등의 불안정한 주행을 막기 위해 고려하여야 하는 사항과 가장 거리가 먼 것은?
① 완화곡선　　② 종단곡선
③ 캔트　　　　④ 슬랙

> **[해설] 캔트와 확폭의 설치**
> 캔트와 확폭은 곡률이 급변하는 평면 곡선부에서의 탈선 및 심한 흔들림 등의 불안정한 주행을 막기 위해 완화곡선을 설치할 때 주로 고려하여야 하는 사항이며, 종단곡선은 고장차로 인한 시거의 확보와 배수를 위해 종단면도상에 설치하는 수직곡선을 의미한다.

★★ 39 확폭량이 S인 노선에서 노선의 곡선반경(R)을 2배로 하면 확폭량(S')은?
① $S' = 1/4 S$　　② $S' = 1/2 S$
③ $S' = 2S$　　　④ $S' = 4S$

> **[해설] 확폭량의 계산**
> 확폭량은 $S = \dfrac{L^2}{2R}$에서
> R을 2배로 하면 $S' = \dfrac{L^2}{2(2R)} = \dfrac{1}{2}S$

★★ 40 캔트가 C인 노선에서 설계속도와 반경을 모두 2배로 할 경우, 새로운 캔트 C'는?
① $1/2 C$　　② $1/4 C$
③ $2C$　　　④ $4C$

> **[해설] 캔트의 계산**
> $C = \dfrac{bV^2}{gR}$
> 여기서, C: 캔트, b: 궤도 간격, V: 설계속도, g: 중력가속도, R: 곡선반경
> 속도와 반경이 2배로 변화할 경우 캔트의 계산
> 새로운 캔트 $C' = \dfrac{b(2V)^2}{g(2R)} = \dfrac{4}{2} \times \dfrac{bV^2}{gR}$
> $= 2 \times \dfrac{bV^2}{gR} = 2C$
> ∴ 2배로 증가한다.

41 도로의 곡선부에서 확폭량(slack)을 구하는 식으로 옳은 것은? (단, L: 차량 앞면에서 차량의 뒤축까지의 거리, R = 차선 중심선의 반경)
① $\dfrac{L}{2R^2}$　　② $\dfrac{L^2}{2R^2}$
③ $\dfrac{L^2}{2R}$　　④ $\dfrac{L}{2R}$

> **[해설] 확폭량의 계산**
> 도로의 평면선형에서 곡선부를 통과하는 차량에는 원심력이 발생하여 접선 방향으로 탈선하는 것을 방지하려 바깥쪽 노면을 안쪽 노면보다 높게 하여 단일경사의 단면을 형성하는데 이를 편경사라 하며, 곡선부를 지나는 차량의 경우 뒷바퀴가 안쪽차로를 침범하게 되어 이를 고려하여 곡선부 안쪽의 폭을 넓혀주게 되는데 이를 확폭, 슬랙이라 한다.
> 확폭량은 $S = \dfrac{L^2}{2R}$으로 구한다.

정답　37. ④　38. ②　39. ②　40. ③　41. ③

측량학

42 캔트(cant)의 크기가 C인 노선을 곡선반경만 2배로 증가시키면 새로운 캔트 C'의 크기는?

① $0.5C$
② C
③ $2C$
④ $4C$

> **해설** 캔트의 계산
> $$C = \frac{bV^2}{gR}$$
> 여기서, C: 캔트, b: 궤도 간격, V: 설계속도, g: 중력가속도, R: 곡선반경
> 반경이 2배로 변화할 경우 캔트의 계산
> 새로운 캔트 $C' = \dfrac{bV^2}{g(2R)} = \dfrac{1}{2} \times \dfrac{bV^2}{gR} = 0.5C$

43 곡선반경이 400m인 원곡선을 설계속도 70km/h로 할 때 캔트(cant)는? (단, 궤간 b=1.065m)

① 73mm
② 83mm
③ 93mm
④ 103mm

> **해설** 캔트의 계산
> $$C = \frac{bV^2}{gR}$$
> 여기서, C: 캔트, b: 궤도 간격, V: 설계속도, g: 중력가속도, R: 곡선반경
> 단위를 통일하여 계산하는 것이 중요하다. 즉 거리는 m, 시간은 s
> $$C = \frac{1.067 \times \left(\frac{70}{3.6}\right)^2}{9.8 \times 400} = 0.103\,\text{m} = 103\,\text{mm}$$

44 완화곡선에 대한 설명으로 옳지 않은 것은?

① 모든 클로소이드(clothoid)는 닮은꼴이며 클로소이드 요소는 길이의 단위를 가진 것과 단위가 없는 것이 있다.
② 완화곡선의 접선은 시점에서 원호에, 종점에서 직선에 접한다.
③ 완화곡선의 반경은 그 시점에서 무한대, 종점에서는 원곡선의 반경과 같다.
④ 완화곡선에 연한 곡선반경의 감소율은 캔트(cant)의 증가율과 같다.

> **해설** 완화곡선의 성질
> ㉠ 완화곡선의 반경은 시점에서 무한대, 종점에서는 원곡선의 반경과 같다.
> ㉡ 완화곡선의 접선은 시점에서는 직선에, 종점에서는 원호에 접한다.
> ㉢ 완화곡선의 곡선반경 감소율은 캔트의 증가율과 같다.
> ㉣ 완화곡선의 편경사의 크기는 곡선의 반경에 반비례하고 설계속도에 비례한다.

45 철도의 궤도 간격 b=1.067m, 곡선반경 R=600m인 원곡선상을 열차가 100km/h로 주행하려고 할 때 캔트는?

① 100mm
② 140mm
③ 180mm
④ 220mm

> **해설** 캔트의 계산
> $$C = \frac{bV^2}{gR}$$
> 여기서, C: 캔트, b: 궤도 간격, V: 설계속도, g: 중력가속도, R: 곡선반경
> 단위를 통일하여 계산하는 것이 중요하다. 즉 거리는 m, 시간은 s
> $$C = \frac{1.067 \times \left(\frac{100}{3.6}\right)^2}{9.8 \times 600} = 0.140\,\text{m} = 140\,\text{mm}$$

46 완화곡선에 대한 설명으로 옳지 않은 것은?

① 곡선반경은 완화곡선의 시점에서 무한대, 종점에서 원곡선의 반경으로 된다.
② 완화곡선의 접선은 시점에서 직선에, 종점에서 원호에 접한다.
③ 완화곡선에 연한 곡선반경의 감소율은 캔트의 증가율의 2배가 된다.
④ 완화곡선 종점의 캔트는 원곡선의 캔트와 같다.

> **해설** 완화곡선의 성질
> 완화곡선의 곡선반경 감소율은 캔트의 증가율과 같다.

정답 42. ① 43. ④ 44. ② 45. ② 46. ③

47 완화곡선에 대한 설명으로 옳지 않은 것은?

① 완화곡선의 곡선반경은 시점에서 무한대, 종점에서 원곡선의 반경 R로 된다.
② 클로소이드의 형식에는 S형, 복합형, 기본형 등이 있다.
③ 완화곡선의 접선은 시점에서 원호에, 종점에서 직선에 접한다.
④ 모든 클로소이드는 닮은꼴이며 클로소이드 요소에는 길이의 단위를 가진 것과 단위가 없는 것이 있다.

> **해설** 완화곡선의 성질
> 완화곡선의 접선은 시점에서 직선에, 종점에서 원호에 접한다.

48 클로소이드곡선에 관한 설명으로 옳은 것은?

① 곡선반경 R, 곡선길이 L, 매개변수 A와의 관계식은 $RL = A$이다.
② 곡선반경에 비례하여 곡선길이가 증가하는 곡선이다.
③ 곡선길이가 일정할 때 곡선반경이 커지면 접선각은 작아진다.
④ 곡선반경과 곡선길이가 매개변수 A의 1/2인 점($R = L = A/2$)을 클로소이드 특성점이라고 한다.

> **해설** 클로소이드의 특징
> ㉠ 곡선반경 R, 곡선길이 L, 매개변수 A와의 관계식은 $A^2 = RL$이다.
> ㉡ 곡률에 비례하여 곡선길이가 증가하는 곡선이다.
> ㉢ 곡선길이가 일정할 때 곡선반경이 커지면 접선각은 작아진다.
> ㉣ 곡선반경과 곡선길이가 매개변수와 같은 점($R = L = A$)을 클로소이드 특성점이라고 한다.

49 완화곡선에 대한 설명으로 틀린 것은?

① 단위 클로소이드란 매개변수 A가 1인, 즉 $R \times L = 1$의 관계에 있는 클로소이드다.
② 완화곡선의 접선은 시점에서 직선에, 종점에서 원호에 접한다.
③ 클로소이드의 형식 중 S형은 복심곡선 사이에 클로소이드를 삽입한 것이다.
④ 캔트(cant)는 원심력 때문에 발생하는 불리한 점을 제거하기 위해 두는 편경사이다.

> **해설** 클로소이드의 형식
> ㉠ 복합형 : 같은 방향으로 구부러진 2개 이상의 클로소이드를 이은 것
> ㉡ 난형 : 복심곡선 사이에 클로소이드 삽입
> ㉢ 철형 : 같은 방향으로 구부러진 2개의 클로소이드를 직선적으로 삽입
> ㉣ S형 : 반향곡선 사이에 2개의 클로소이드 삽입

50 완화곡선 중 클로소이드에 대한 설명으로 옳지 않은 것은? (단, R: 곡선반경, L: 곡선길이)

① 클로소이드는 곡률이 곡선길이에 비례하여 증가하는 곡선이다.
② 클로소이드는 나선의 일종이며 모든 클로소이드는 닮은꼴이다.
③ 클로소이드의 종점 좌표 x, y는 그 점의 접선각의 함수로 표시된다.
④ 클로소이드에서 접선각 τ을 라디안으로 표시하면 $\tau = \dfrac{R}{2L}$이 된다.

> **해설** 클로소이드의 접선각
> 클로소이드에서 접선각 τ을 라디안으로 표시하면 $\tau = \dfrac{l}{2R}$이 된다.

정답 47. ③ 48. ③ 49. ③ 50. ④

51 클로소이드 곡선에 대한 설명으로 틀린 것은?
① 곡률이 곡선의 길이에 반비례하는 곡선이다.
② 단위 클로소이드란 매개변수 A가 1인 클로소이드이다.
③ 모든 클로소이드는 닮은꼴이다.
④ 클로소이드에서 매개변수가 A가 정해지면 클로소이드의 크기가 정해진다.

> **해설** 클로소이드의 개요
> ㉠ 곡률이 곡선길이에 비례하는 곡선
> ㉡ 곡선반경과 곡선길이는 반비례
> ㉢ 차의 앞바퀴의 회전속도를 일정하게 유지할 경우 차가 그리는 궤적이 클로소이드
> ㉣ 기본식 $A^2 = RL = \dfrac{L^2}{2\tau} = 2\tau R^2$

52 완화곡선 중 클로소이드에 대한 설명으로 틀린 것은?
① 클로소이드는 나선의 일종이다.
② 매개변수를 바꾸면 다른 무수한 클로소이드를 만들 수 있다.
③ 모든 클로소이드는 닮은꼴이다.
④ 클로소이드 요소는 모두 길이의 단위를 갖는다.

> **해설** 클로소이드의 성질
> ㉠ 클로소이드는 나선의 일종이다.
> ㉡ 모든 클로소이드는 닮은꼴(상사성)이다.
> ㉢ 단위가 있는 것도 있고 없는 것도 있다.
> ㉣ τ는 30°가 적당하다.

53 클로소이드 곡선(clothoid curve)에 대한 설명으로 옳지 않은 것은?
① 고속도로에 널리 이용된다.
② 곡률이 곡선의 길이에 비례한다.
③ 완화곡선(緩和曲線)의 일종이다.
④ 클로소이드 요소는 모두 단위를 갖지 않는다.

> **해설** 클로소이드의 성질
> 클로소이드 요소는 단위가 있는 것도 있고 없는 것도 있다.

54 클로소이드 곡선에서 곡선반경(R)=450m, 매개변수(A)=300m일 때 곡선길이(L)는?
① 100m ② 150m
③ 200m ④ 250m

> **해설** 클로소이드 곡선길이의 계산
> $A^2 = RL$에서
> $L = \dfrac{A^2}{R} = \dfrac{300^2}{450} = 200\,\text{m}$

55 클로소이드(clothoid)의 매개변수(A)가 60m, 곡선길이(L)가 30m일 때 반경(R)은?
① 60m ② 90m
③ 120m ④ 150m

> **해설** 클로소이드 곡선반경의 계산
> $A^2 = RL$에서
> $R = \dfrac{A^2}{L} = \dfrac{60^2}{30} = 120\,\text{m}$

56 노선의 곡선반경이 100m, 곡선길이가 20m일 경우 클로소이드(clothoid)의 매개변수(A)는?
① 22m ② 40m
③ 45m ④ 60m

> **해설** 클로소이드 매개변수의 계산
> $A^2 = R \cdot L$에서
> $A = \sqrt{RL} = \sqrt{100 \times 20} \fallingdotseq 45\,\text{m}$

57 도로노선의 곡률반경 R=2,000m, 곡선길이 L=245m일 때, 클로소이드의 매개변수 A는?
① 500m ② 600m
③ 700m ④ 800m

> **해설** 클로소이드 매개변수의 계산
> $A^2 = R \cdot L$에서
> $A = \sqrt{RL} = \sqrt{2,000 \times 245} = 700\,\text{m}$

정답 51. ① 52. ④ 53. ④ 54. ③ 55. ③ 56. ③ 57. ③

58 도로의 종단곡선으로 많이 쓰이는 곡선은?

① 3차포물선
② 2차포물선
③ 클로소이드 곡선
④ 렘니스케이트 곡선

> **해설** 완화곡선의 종류
> 완화곡선의 종류에는 클로소이드 곡선(고속도로), 렘니스케이트 곡선(시가지철도), 3차포물선(일반철도), 사인체감곡선(고속철도) 등이 있으며 2차포물선은 종단곡선으로 이용된다.

59 노선의 종단경사가 급격히 변하는 곳에서 차량의 충격을 제거하고 시야를 확보하기 위하여 설치하는 것은?

① 수평곡선
② 캔트
③ 종단곡선
④ 슬랙

> **해설** 종단곡선의 설치
> 종단곡선(종곡선)은 종단경사가 급격히 변하는 곳에서도 설치하지만 경사변화가 심하지 않더라도 주행의 안전과 차량충격완화, 시거(보이는 거리), 시야의 확보를 위해 설치한다.

60 종단곡선을 원곡선으로 설치할 때, 상향기울기 $\frac{5}{1,000}$ 와 하향기울기 $\frac{35}{1,000}$ 가 반경 3,000m의 곡선 중에서 교차한다면 곡선시점에서 교점까지의 거리는?

① 120m
② 75m
③ 60m
④ 30m

> **해설** 원곡선형태의 종단곡선의 접선길이
> $l = \frac{R}{2}\left(\frac{n}{1,000} - \frac{m}{1,000}\right)$
> $= \frac{3,000}{2} \times \left(\frac{5}{1,000} - \frac{-35}{1,000}\right) = 60\text{m}$

61 종곡선이 상향기울기 $\frac{2.5}{1,000}$, 하향기울기 $\frac{40}{1,000}$ 일 때 곡선반경이 2,000m이면 곡선장(L)은?

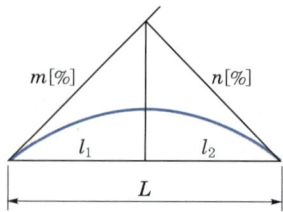

① 85m
② 190m
③ 195m
④ 205m

> **해설** 종단곡선 곡선장의 계산
> 종곡선장
> $L = R\left(\frac{m-n}{1,000}\right) = 2,000 \times \left(\frac{2.5 - (-40)}{1,000}\right)$
> $= 2,000 \times \frac{42.5}{1,000} = 85\text{m}$

62 도로의 종단곡선을 2차포물선으로 설치하려고 한다. 이때 종단 경사가 상·하향 모두 4%라면 종단곡선의 시점과 시점으로부터 24m 떨어진 지점의 높이차(D)는?

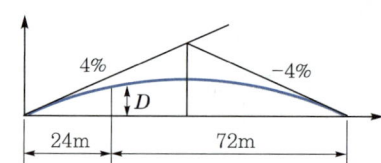

① 0.15m
② 0.24m
③ 0.72m
④ 0.96m

> **해설** 종단곡선 종거의 계산
> 볼록 종곡선의 경우는 종거(y)를 구하여 표고에서 빼주고, 오목 종곡선의 경우는 더해준다.
> $y = \frac{i_1 - i_2}{200L}x^2 = \frac{4-(-4)}{200 \times 96} \times 24^2 = 0.24\text{m}$
> $D' = \frac{i_1}{100}x = \frac{4}{100} \times 24 = 0.96\text{m}$
> $D = D' - y = 0.96 - 0.24 = 0.72\text{m}$

정답 58. ② 59. ③ 60. ③ 61. ① 62. ③

63 그림에서 V 지점에 해당하는 종단곡선(Vertical Curve)상의 계획고(Elevation)는 얼마인가?(단, 종단곡선은 2차포물선이고, A점의 계획고=65.50m)

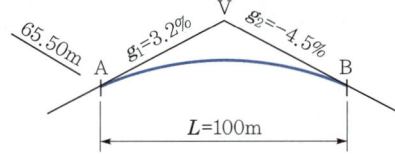

① 66.14m
② 66.57m
③ 66.83m
④ 67.49m

> **해설** 종단곡선 종거의 계산
> 볼록 종곡선의 경우는 종거(y)를 구하여 표고에서 빼주고, 오목 종곡선의 경우는 더해준다.
> $y = \dfrac{g_1 - g_2}{200L}x^2 = \dfrac{3.2-(-4.5)}{200 \times 100} \times 50^2 = 0.96\,\text{m}$
> $H_V = H_A + \dfrac{g_1}{100}x = 65.50 + \dfrac{3.2}{100} \times 50$
> $\quad = 67.1\,\text{m}$
> $H_V' = H_V - y = 67.1 - 0.96 = 66.14\,\text{m}$

★★
64 그림과 같은 종단곡선을 2차포물선으로 설치하고자 할 때, B점의 계획고는? (단, A점의 계획고는 78.63m이다.)

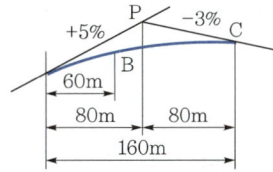

① 81.63m
② 80.73m
③ 79.33m
④ 78.23m

> **해설** 종단곡선 종거의 계산
> 볼록 종곡선의 경우는 종거(y)를 구하여 표고에서 빼주고, 오목 종곡선의 경우는 더해준다.
> $y = \dfrac{g_1 - g_2}{200L}x^2 = \dfrac{5.0-(-3.0)}{200 \times 160}60^2 = 0.9\,\text{m}$
> $H_B = H_A + \dfrac{g_1}{100}x = 78.63 + \dfrac{5.0}{100} \times 60$
> $\quad = 81.63\,\text{m}$
> $H_B' = H_B - y = 81.63 - 0.90 = 80.73\,\text{m}$

65 그림과 같이 원곡선으로 종단곡선을 설치할 때, $i_1 = 0\%$, $i_2 = 7\%$, A=No.25+8.5m, C=No.26+8.5m, B=No.27+8.5m이라고 하면 No.27에서의 종거 y_3의 값은? (단, 측점 간 거리는 20m로 한다.)

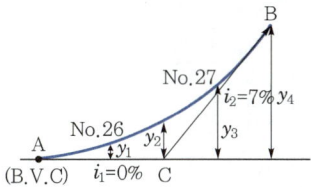

① 0.116m
② 0.35m
③ 0.868m
④ 1.40m

> **해설** 종단곡선 종거의 계산
> 문제의 경우처럼 종거 계산이 대칭이 아닌 경우 x(수평거리)는 종곡선 중심과 관계없이 좌측부터의 거리를 적용한다.
> A에서부터 No.27까지의 거리
> $=$ No.27$-$(No.25$+$8.5)$=540-508.5=31.5\,\text{m}$
> $y = \dfrac{i_1 - i_2}{200L}x^2 = \dfrac{0-(7.0)}{200 \times 40} \times 31.5^2 = 0.868\,\text{m}$

정답 63. ① 64. ② 65. ③

SURVEYING

CHAPTER 10

하천측량

SECTION 1 | **하천측량의 의의**

SECTION 2 | **평면측량**

SECTION 3 | **수준측량**

SECTION 4 | **수위관측**

SECTION 5 | **유속측정**

SECTION 6 | **유량측정**

CHAPTER 10 하천측량

회독 체크표
- 1회독 월 일
- 2회독 월 일
- 3회독 월 일

최근 10년간 출제분석표

2015	2016	2017	2018	2019	2020	2021	2022	2023	2024
5%	6.7%	10%	8.3%	5.0%	3.3%	1.7%	5%	5%	5%

출제 POINT

학습 POINT
- 평면측량의 범위
- 거리표의 설치
- 하천 수위의 종류
- 수위관측소 설치 시 고려사항
- 평균유속측정법
- 연속방정식

■ 하천측량의 작업순서
① 도상조사
② 자료조사
③ 현지조사
④ 평면측량
⑤ 수준측량
⑥ 유량측량
⑦ 기타측량

SECTION 1 하천측량의 의의

1 정의 및 목적

1) 정의

하천의 형상, 수위, 단면, 경사, 지형지물의 위치를 관측하여 평면도, 종횡단면도를 작성하는 측량으로, 유속, 유량, 하천 구조물 등을 조사하는 측량이다.

2) 목적

하수개수공사나 하천공작물의 계획, 설계, 시공 및 특수관리에 필요한 자료를 얻기 위한 측량이다.

3) 작업순서

① 도상조사 : 1/50,000 지형도를 이용하여 유로현황, 지역면적, 지형, 지물 등 조사
② 자료조사 : 홍수피해, 수리권문제, 물의 이용상황, 기타 제반자료 조사
③ 현지조사 : 하천노선의 답사와 선점
④ 평면측량 : 골조측량(삼각, 다각측량), 세부측량(과거 : 평판, 현재 : TS, GNSS 측량)
⑤ 수준측량 : 종횡단측량, 유수부-심천측량으로 종횡단면도 제작(거리표 사용)
⑥ 유량측량 : 각 관측점에서 수위관측, 유속관측, 심천측량 등으로 유량계산
⑦ 기타측량 : 강우량측량, 하천구조물 조사 실시

SECTION 2 평면측량

1 평면측량의 범위

하천의 형상을 포함할 수 있는 크기여야 한다.
① 유제부-제외지 및 제내지의 300m 이내
② 무제부-홍수가 영향을 주는 구역보다 약간 넓게(약 100m)
③ 주운을 위한 하천개수공사의 경우 하류는 하구까지
④ 홍수방재목적의 하천공사 : 하구에서부터 홍수피해가 미치는 지점
⑤ 사방공사의 경우 수원지까지 측량범위

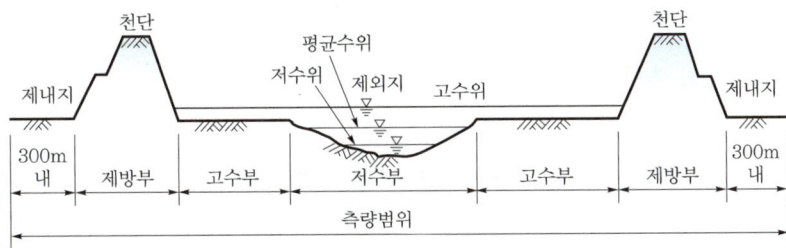

2 골조측량

1) 삼각측량

① 삼각점은 2~3km마다 설치
② 반복법으로 관측하고, 각오차는 20″ 이내(삼각형 오차는 10″ 이내)
③ 소삼각망 : 단열삼각망(사잇각 40°~100°)
④ 실측 기선장과 계산 기선장의 차는 1/60,000 이내일 것
⑤ 사변망 : 합류점, 분류점, 만곡이 심한 장소, 기준설치장소

2) 다각측량

① 세부측량 시 기준점이 부족하므로 약 200m마다 다각망을 만들어 기준점을 늘린다.
② 다각망은 삼각점을 기점과 종점으로 하는 결합다각형으로 하고 폐다각형은 피한다.
③ 결합 traverse의 측각오차는 3′ 이내, 폐합비 1/1,000 이내로 한다.

출제 POINT

■ 제내지와 제외지
① 제내지와 제외지는 사람의 주활동무대가 어디인가를 중심으로 생각해야 한다.
② 사람이 집을 짓고 사는 방향이 제내지, 하천 방향이 제외지가 된다.

■ 하천측량 시 기준점 설치
① 평면측량의 삼각점 : 2~3km마다 설치
② 수준측량의 수준기표 설치 : 5km마다 설치

③ 세부측량

1) 세부측량의 대상

하천형태, 제방, 다리, 방파제, 행정구획경계, 건축물, 하천공사물, 각종 측량표, 양수표, 수애선, 묘지 등 하천유역에 있는 모든 것

2) 세부측량의 방법

① 종래 : 지거측량, 평판측량, 시거측량(stadia 측량)
② 현재 : 토털스테이션측량, GNSS 측량

3) 제내 침수지역, 범람지역, 유수지의 수위, 면적, 용량의 조사 등에 등고선측량 필요

4) 평면도의 축척

① 일반적인 경우 : 1/2500
② 하천의 폭이 50m 이내일 경우 : 1/1000

5) 수애선(물가선)의 측량

① 수애선 : 하천과 하안과의 경계선, 평수위에 의해 결정
② 동시관측에 의한 방법, 심천측량에 의한 방법

SECTION 3 수준측량

① 수준측량의 분류

종단측량, 횡단측량, 심천측량, 하구 심천측량

② 수준기표의 설치

① 수준기표는 지반이 침하되지 않고, 교통장애가 되지 않는 견고한 장소 선정
② 양안 5km마다 설치
③ 수위관측소에는 필히 설치

■ 수애선과 해안선

① 수애선 : 하천과 하안과의 경계선으로, 평수위에 의해 결정하며 하안선, 물가선이라고도 한다.
② 해안선 : 바다와 육지와의 경계선으로 약최고고조면(만조면)에 의해 결정된다.

③ 거리표의 설치

① 거리표는 하구 또는 하천의 합류점에서의 위치를 표시하는 것
② 거리표는 하천의 중심에 직각 방향으로 양안의 제방법선에 설치
③ 설치간격은 하천의 기점에서 하천의 중심을 따라 200m 간격을 표준으로 함
④ 하천의 중심을 따라 설치하는 것이 곤란하므로 좌안을 따라 200m 간격으로 설치
⑤ 거리표의 위치는 보조삼각측량, 보조다각측량으로 결정

> **참고**
>
> 거리표 설치
>
>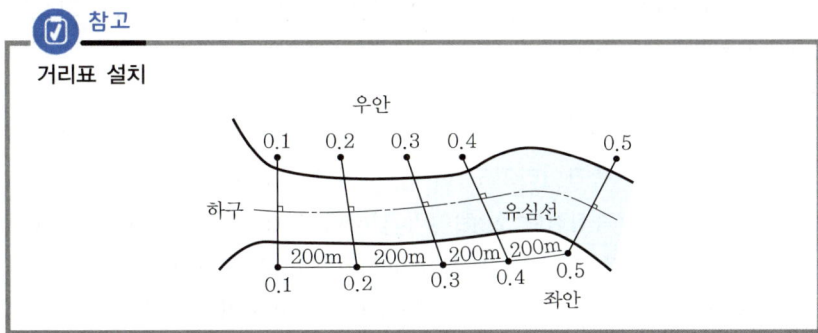

④ 종단측량

① 종단측량이란 좌우 양안의 거리표고와 지반고를 관측하는 것
② 제방고, 수문, V관, 용수로, 배수로 등의 높이, 양수표의 영점고, 교량의 높이 등을 수준측량에 의해 결정하는 것
③ 양안 5km마다 고저기준표(수준기표) 설치, 수위관측소에는 반드시 설치
④ 종단면도 작성
    종 : 1/100(하천의 길이 방향), 횡 : 1/1,000~1/10,000(수위, 고저차)
⑤ 종단면도는 하류를 좌측, 상류를 우측으로 함

⑤ 횡단측량

① 횡단측량은 200m마다 거리표를 기준으로 하여 그 선상의 고저를 측량(좌안을 기준)
② 수애말뚝과 수위와의 관계를 명시(거리와 고저차 관측)
③ 측정구역은 평면측량할 구역을 고려
④ 고저차의 관측은 평탄지의 경우 5~10m 간격으로, 경사변환점은 반드시 실시

■ 종단측량과 횡단측량
① 종단측량 : 좌우 양안의 거리표고와 지반고를 관측하는 것
② 횡단측량 : 200m마다 거리표를 기준으로 하여 그 선상의 고저를 측량(좌안을 기준)

⑤ 횡단측량은 양수표, 댐, 교량, 갑문 등 구조물이 있는 곳에서는 특별한 측량 실시
⑥ 횡단면도 작성
　종 : 1/100, 횡 : 1/1,000~1/10,000
⑦ 횡단면도는 좌안을 좌측으로, 좌안 거리표를 기점으로 하며 거리표의 부호를 제도

6 심천측량

심천측량이란 하천의 수심 및 유수부분의 하저상황을 조사하고 횡단면도를 제작하는 측량이다.

1) 심천측량용 기계기구

① 로드(rod) : 측간이라고도 하며, 수심 1~2m의 얕은 곳에 효과적
② 레드(red) : 측심간(측심추)이라고도 하며 와이어나 로프의 끝부분에 납으로 된 추가 붙어 있어 수심 5m 이상인 곳에 사용
③ 음향측심기(echo sounder) : 초음파를 사용하며 수심 30m까지의 깊은 곳에 사용

■ 심천측량용 기계기구
① 로드(측간) : 수심 1~2m의 얕은 곳에 효과적
② 레드(측심간, 측심추) : 수심 5m 이상인 곳에 사용
③ 음향측심기 : 수심 30m까지의 깊은 곳에 사용

> **참고**
> 로드(rod)와 레드(red)
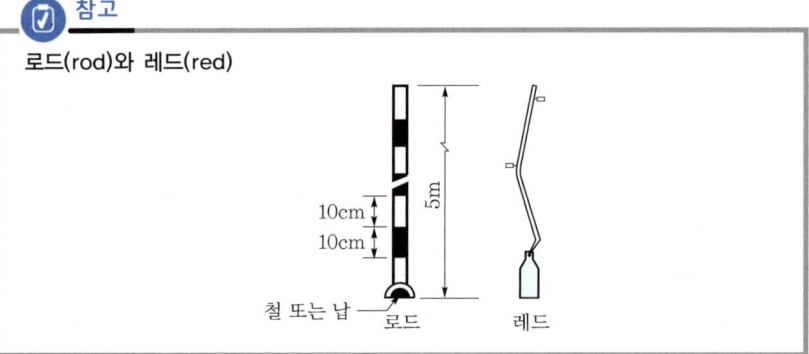

2) 하천 심천측량

(1) 하천 폭이 넓고 수심이 얕은 경우
　① 양안 거리표를 지나는 직선상에 수면말뚝을 설치
　② 와이어로 길이 5~10m마다 수심 관측

(2) 하천 폭이 넓고 수심이 깊은 경우
　① 양안 거리표의 선상에 배를 띄워 배의 위치 및 그 위치에서의 수심 측정

② D점에서 트랜싯으로 관측(전방교회법)

$$AP_1 = AD \cdot \tan\alpha_1, \ AP_2 = AD \cdot \tan\alpha_2$$

③ P점에서 육분의로 관측(후방교회법)

$$AP_1 = AD/\tan\beta_1 \Rightarrow AP_1 = AD \cdot \cot\beta_1$$
$$AP_2 = AD/\tan\beta_2 \Rightarrow AP_1 = AD \cdot \cot\beta_2$$

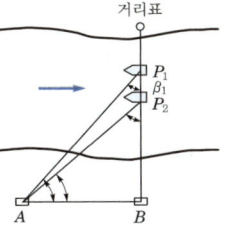

(3) 수심이 30m 정도의 깊은 경우
① 음향측심기나 수압측심기를 사용
② 0.5% 정도의 오차 발생

3) 하구 심천측량
① 하구 부근의 하저 및 해저의 지형을 밝히며 또한 토지, 토사의 조사를 목적
② 항만시설 및 해안 보전시설의 계획자료로 사용
③ 거리표 간격은 50~200m, 하천부분은 50m를 표준
④ 해안에서 수심 20m 되는 앞바다까지 측량구역

SECTION 4 수위관측

1 제도

1) 평면도 작성
① 평면도는 1 : 2,500으로 작도하나 하천의 폭이 50m 이하인 경우 1 : 1,000으로 한다.
② 평면도는 하천개수나 하천구조물의 계획, 설계, 시공의 기초가 되는 도면이다.
③ 기준점은 직교좌표로 전개한다.
④ 축척, 자북, 진북, 측량연월일, 측량자 성명 등을 기입한다.

2) 종단면도 작성
① 축척은 종 1 : 100, 횡 1 : 1,000을 표준으로 하나 경사가 급한 경우 종축척을 1 : 200으로 한다.
② 양안의 거리표 높이, 하상고, 계획고수위, 수위표 등을 기입하며 하루를 좌측으로 제도한다.

3) 횡단면도 작성
① 축척은 종 1 : 100, 횡 1 : 1,000으로 한다(종 : 높이, 횡 : 폭).

출제 POINT

■ 하천 종횡단면도 작도 시 유의사항
㉠ 가로세로의 축척이 다르게 작도한다. 이는 하천의 연장에 비해 높이의 변화가 크지 않기 때문이다.
㉡ 종단면도의 경우 하류를 좌측, 상류를 우측으로 작도한다.

② 횡단면도는 육상부분의 횡단측량과 수중부분의 심천측량의 결과를 연계하여 작성한다.

2 하천의 수위관측

1) 수위관측기구
보통수위표, 자동기록 수위표

2) 하천의 수위

① 최고수위(HWL), 최저수위(LWL) : 어떤 기간에 있어서 최고·최저의 수위로, 연단위나 월단위의 최고·최저로 구분
② 평균최고수위(NHWL), 평균최저수위(NLWL) : 연과 월에 있어서의 최고, 최저의 평균으로 평균최고수위는 축제, 가교, 배수공사 등의 치수목적에, 평균최저수위는 주운, 발전, 관개 등의 이수관계에 이용
③ 평균수위(MWL) : 어떤 기간의 관측수위의 합을 관측횟수로 나누어 평균치를 구한 수위
④ 평균고수위(MHWL), 평균저수위(MLWL) : 어떤 기간에 있어서의 평균수위 이상의 수위의 평균 및 어떤 기간에 있어서의 평균수위 이하의 수위로부터 구한 평균수위
⑤ 최다수위 : 일정 기간 중 제일 많이 발생한 수위
⑥ 평수위(OWL) : 어느 기간의 수위 중 이것보다 높은 수위와 낮은 수위의 관측횟수가 똑같은 수위. 일반적으로 평균수위보다 약간 낮은 수위
⑦ 지정수위 : 홍수 시에 매시 수위를 관측하는 수위
⑧ 통보수위 : 지정된 통보를 개시하는 수위
⑨ 경계수위 : 수방요원의 출동을 필요로 하는 수위

3 수위관측소 설치 시 고려사항

① 그 상하류의 상당한 범위까지 하안과 하상이 안전하고 세굴 및 퇴적이 되지 않는 곳
② 상하류의 길이 약 100m 정도의 직선이어야 하고 유속의 변화가 크지 않은 곳
③ 수위관측 시 교각이나 기타 구조물에 의하여 수위에 영향을 받지 않는 곳
④ 평시에는 쉽게 수위를 관측할 수 있는 곳
⑤ 홍수 시에 관측소가 유실, 이동 및 파손될 위험이 없는 곳
⑥ 지천의 합류점 및 분류점으로 수위의 변화가 생기지 않는 곳

■ 하천 수위의 비교

① 평균수위 : 어떤 기간의 관측수위의 합을 관측횟수로 나누어 평균치를 구한 수위
② 평수위 : 어느 기간의 수위 중 이것보다 높은 수위와 낮은 수위의 관측횟수가 똑같은 수위
③ 평균최고수위 : 치수목적(홍수 등 물로 인한 피해를 막는 용도)
④ 평균최저수위 : 이수목적(물이 필요한 곳에 활용하는 용도)

■ 하천의 수위

① 고수위 : 1년에 2~3회 이상 이보다 적어지지 않는 수위
② 평수위 : 1년에 185일 이상 이보다 적어지지 않는 수위
③ 저수위 : 1년에 275일 이상 이보다 적어지지 않는 수위
④ 갈수위 : 1년에 355일 이상 이보다 적어지지 않는 수위

⑦ 갈수 시에도 양수표의 0의 눈금이 노출되지 않는 곳
⑧ 잔류 및 역류가 없는 장소
⑨ 양수표는 평균해수면에서부터의 표고를 관측

4 수위관측회수와 정도

① cm단위로 읽고 수면경사 측정 시는 1/4cm까지 읽음
② 평수 시, 저수 시에는 1일 2~3회 관측
③ 홍수 시는 주야 계속 1시간마다 관측
④ 감조하천 : 자기양수표를 사용하며 자기양수표가 없을 경우 15분마다 관측
⑤ 간만조인 경우
  ㉠ 평상시 : 6~12시간마다 관측
  ㉡ 홍수 시 : 1~1.5시간마다 관측
  ㉢ 최고수위 전후 : 5~10분마다 관측

> **출제 POINT**
>
> ■ 하천수준측량의 허용오차(4km 왕복 시)
> ① 급류부 : 20mm 이내
> ② 무조부 : 15mm 이내
> ③ 유조부 : 10mm 이내

SECTION 5 유속측정

1 유속계의 종류 및 측정범위

종류		측정범위(m/sec)
price 전기 유속계		0.1 ~ 4
광정 전기 유속계		0.03 ~ 3
광정 음향식 유속계		0.03 ~ 3
전기 유속계	고속용	0.5 ~ 8
	저속용	0.1 ~ 3
	미속용	0.01 ~ 0.5

2 부자를 사용한 유속 측정

1) 부자의 종류

  (1) 표면부자
    ① 홍수 시 급히 유속을 관측할 경우 활용
    ② 나무, 코르크, 병 등을 이용하여 수면 유속을 관측하는 방법
    ③ 표면부자에 의한 표면유속을 v_s로 하면 평균유속은 큰 하천에서 $0.9v_s$, 얕은 하천에서 $0.8v_s$
    ④ 투하지점은 10m 이상, B/3 이상, 20~30초 정도로 함

출제 POINT

(2) 이중부자
① 표면부자에다 수중부자를 연결한 것
② 수중부자는 수면에서 3/5 되는 깊이에서 관측

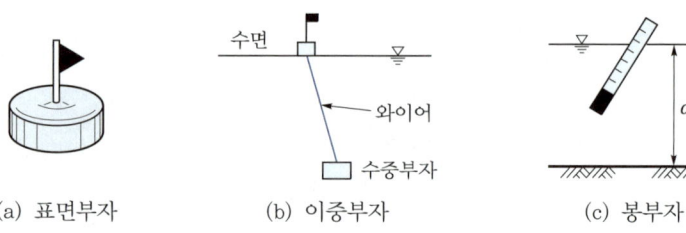

(a) 표면부자   (b) 이중부자   (c) 봉부자

[부자의 종류]

(3) 봉부자
① 낚시찌와 같이 가벼운 대나무나 목판 이용
② 전 수심에 걸쳐 유속의 작용을 받으므로 비교적 고른 평균유속을 받는 부자

2) 부자에 의한 유속관측
① 부자에 의한 유속관측은 하천의 직류부를 선정하여 실시
② 직류부의 길이는 하천폭의 2~3배, 큰 하천인 경우 100~200m, 작은 하천의 경우 20~50m 정도로 설정
③ 부자의 투하점에서 제1관측점까지는 부자가 도달하는 데 약 20~30초 정도가 소요되는 위치로 함
④ 부자의 투하는 교량 또는 부자 투하장치를 사용

■ 부자의 투하지점과 유속측정구간

③ 평균유속측정법

① 1점법

$$V_m = V_{0.6}$$

② 2점법

$$V_m = \frac{1}{2}(V_{0.2} + V_{0.8})$$

③ 3점법

$$V_m = \frac{1}{4}(V_{0.2} + 2V_{0.6} + V_{0.8})$$

■ 평균유속공식
① 1점법: $V_m = V_{0.6}$
② 2점법: $V_m = \frac{1}{2}(V_{0.2} + V_{0.8})$
③ 3점법:
$V_m = \frac{1}{4}(V_{0.2} + 2V_{0.6} + V_{0.8})$

④ 4점법

$$V_m = \frac{1}{5}\left\{V_{0.2} + V_{0.4} + V_{0.6} + V_{0.8} + \frac{1}{2}\left(V_{0.2} + \frac{V_{0.8}}{2}\right)\right\}$$

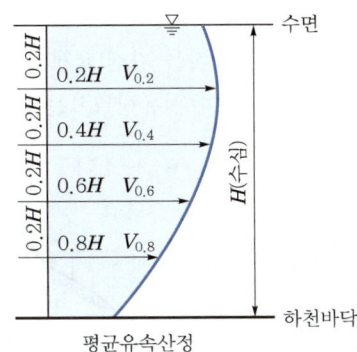

평균유속산정

> **참고**
>
> **평균유속을 구하는 법**
> ① 1점법: 수면으로부터 수심 $0.6H$ 되는 곳의 유속으로 5% 정도의 오차
> ② 2점법: 수면으로부터 수심 $0.2H$, $0.8H$ 되는 곳의 유속으로 2% 정도의 오차
> ③ 3점법: 수면으로부터 수심 $0.2H$, $0.6H$, $0.8H$ 되는 곳의 유속
> ④ 4점법: 수면으로부터 수심 $0.2H$, $0.4H$, $0.6H$, $0.8H$ 되는 곳의 유속으로 수심 1m 내외의 장소에 적합

4 유속에 관한 일반공식

① Chezy의 공식: $V = C\sqrt{RI}$

② Manning의 공식: $V = \frac{1}{n}R^{2/3}I^{1/2}$

여기서, C: Chezy 계수, I: 수면기울기, R: 경심$\left(R = \frac{A}{P}\right)$

n: 조도계수, P: 윤변

③ Kutter 공식 등이 이용됨

> **참고**
>
> **경심과 윤변**
> ① 경심: 유적(단면적)을 윤변으로 나눈 것
> ② 윤변: 수로에 물이 흐를 때 횡단면상에서 물과 수로가 접하는 부분의 길이

■ 유속에 관한 일반공식
① Chezy의 공식
  $V = C\sqrt{RI}$
② Manning의 공식
  $V = \frac{1}{n}R^{2/3}I^{1/2}$

출제 POINT

- 유량산정식(연속방정식)

  $Q = AV = $ 일정

  여기서, Q: 유량

  　　　　A: 단면적

  　　　　V: 유속

SECTION 6 유량측정

1 유량 계산

하천의 유수단면적을 일정한 간격을 가진 n개로 분할하면 그 각각의 단면적과 평균유속은 A_i, V_i가 되며 전유량(Q)는

$$Q = A_1 V_1 + A_2 V_2 + \cdots + A_n V_n = \sum A_i V_i$$

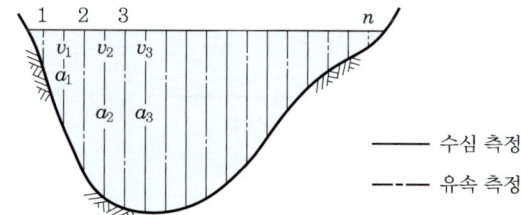

　　　　── 수심 측정
　　　　--- 유속 측정

2 유량곡선으로부터 유량을 구하는 방법

① 어떤 한 지점에서 여러 가지 수위일 경우 유량을 측정하면 수위와 유량과의 관계를 구하게 되어 수위-유량곡선을 얻는다.

② 홍수 시에는 같은 수위라도 감수 시보다 증수 시가 훨씬 더 유량이 많다.

③ 곡선의 기본식

$$Q = a + bh + ch^2 = k(h+z)^2$$

여기서, a, b, c, k: 계수

　　　　h: 수위

　　　　z: 수위표의 0위치와 하저의 차이

④ 하천 유량을 간접적으로 관측하기 위해 평균유속을 사용하는 경우 알아두어야 할 사항은 수면경사, 조도계수, 단면적, 윤변이다.

3 위어에 의한 유량 측정

① 위어는 상류의 흐름을 상승시킴과 동시에 그 자체 위를 통해 수류가 흐르도록 수로에 설치한 장애물로 유량을 측정하는 장치이다.

② 위어는 작은 하천이나 수로에 설치하여 유량을 구한다.

③ 모양에 따른 위어의 구분

　　㉠ 광정위어: 위어의 정점부가 흐름의 방향으로 상당한 길이를 갖는 위어

ⓒ 예연위어 : 위어의 정점부가 흐름의 방향으로 날카로운 날모양을 갖는 위어로 월류수맥이 안전하고 월류수심의 측정이 용이하므로 널리 사용

4 유량 측정방법

① 유속계를 사용하는 방법 : 정확하므로 큰 하천의 유량측정에 이용
② 부자를 사용하는 방법 : 홍수 시와 같이 유속이 대단히 빠른 상태의 유량 측정에 이용되며 정도는 낮음
③ 수면경사를 측정하는 방법 : 수면경사의 측정정도나 계수를 구하는 방법에 따라 정도가 달라짐
④ 간접유량 측정법 : 강우량, 지질, 지형 등을 고려하여 하천의 유출량 추정

> **참고**
>
> **유량 측정장소 선정**
> ① 측수작업이 쉽고 하저의 변화가 없는 곳
> ② 잠류와 역류가 없고, 유수의 상태가 균일한 곳
> ③ 윤변의 성질이 균일하고 상하류를 통하여 횡단면의 형상의 차이가 없는 곳
> ④ 유수 방향이 최다 방향과 일정한 곳
> ⑤ 비교적 유신이 직선이고 갈수류가 없는 곳
> ⑥ 교량이나 다른 구조물의 영향을 받지 않는 곳
> ⑦ 합류에 의하여 불규칙한 영향을 받지 않는 곳
> ⑧ 역류와 와류가 생기지 않는 곳

CHAPTER 10 기출문제

01 하천측량에 대한 설명으로 옳지 않은 것은?
① 수위관측소의 위치는 지천의 합류점 및 분류점으로서 수위의 변화가 일어나기 쉬운 곳이 적당하다.
② 하천측량에서 수준측량을 할 때의 거리표는 하천의 중심에 직각 방향으로 설치한다.
③ 심천측량은 하천의 수심 및 유수부분의 하저 상황을 조사하고 횡단면도를 제작하는 측량을 말한다.
④ 하천측량 시 처음에 할 일은 도상조사로서 유로상황, 지역면적, 지형, 토지이용상황 등을 조사하여야 한다.

> **해설** 수위관측소(양수표)의 설치장소
> ㉠ 하상과 하안이 세굴, 퇴적이 안 되는 곳
> ㉡ 상·하류가 100m 가량 직선인 곳
> ㉢ 수위가 교각 등 구조물의 영향을 받지 않는 곳
> ㉣ 홍수 때에도 양수표를 쉽게 읽을 수 있는 곳
> ㉤ 홍수 시에도 관측소가 유실, 파손될 염려가 없는 곳
> ㉥ 지천의 합류점과 같이 불규칙한 변화가 없는 곳
> ㉦ 양수표는 5~10km마다 배치

02 하천측량에서 평면측량의 일반적인 범위는?
① 유제부에서 제내지 및 제외지 300m 이내, 무제부에서는 홍수가 영향을 주는 구역보다 약간 넓게 한다.
② 유제부에서 제내지 및 제외지 200m 이내, 무제부에서는 홍수가 영향을 주는 구역보다 약간 좁게 한다.
③ 유제부에서 제내지 및 제외지 200m 이내, 무제부에서는 홍수가 영향을 주는 구역보다 약간 넓게 한다.
④ 유제부에서 제내지 및 제외지 300m 이내, 무제부에서는 홍수가 영향을 주는 구역보다 약간 좁게 한다.

> **해설** 하천의 평면측량의 범위
> ㉠ 제방이 있을 때(유제부) : 제외지 전체와 제내지에서 300m 이내까지 실시
> ㉡ 제방이 없을 때(무제부) : 무제부에 있어서는 홍수 시의 영향을 주는 구역으로부터 100m 정도까지 확대하여 실시

03 하천측량에 대한 설명 중 옳지 않은 것은?
① 하천측량 시 처음에 할 일은 도상조사로서 유로상황, 지역면적, 지형지물, 토지이용상황 등을 조사하여야 한다.
② 심천측량은 하천의 수심 및 유수부분의 하저 사항을 조사하고 횡단면도를 제작하는 측량을 말한다.
③ 하천측량에서 수준측량을 할 때의 거리표는 하천의 중심에 직각 방향으로 설치한다.
④ 수위관측소의 위치는 지천의 합류점 및 분류점으로서 수위의 변화가 뚜렷한 곳이 적당하다.

> **해설** 수위관측소의 위치
> 수위관측소의 위치는 지천의 합류점과 같이 불규칙한 변화가 없는 곳이 적당하다.

04 양수표의 설치장소로 적합하지 않은 곳은?
① 상·하류 최소 50m 정도의 곡선인 장소
② 홍수 시 유실 또는 이동의 염려가 없는 장소
③ 수위가 교각 및 그 밖의 구조물에 의해 영향을 받지 않는 장소
④ 평상시는 물론 홍수 때에도 쉽게 양수표를 읽을 수 있는 장소

> **해설** 수위관측소의 위치
> 수위관측소의 위치는 하상과 하안이 세굴, 퇴적이 안 되는 곳으로 상·하류가 100m 가량 직선인 곳이 적당하다.

정답 1. ① 2. ① 3. ④ 4. ①

05 하천의 수위관측소 설치를 위한 장소로 적합하지 않은 것은?

① 상·하류의 길이가 약 100m 정도는 직선인 곳
② 홍수 시 관측소가 유실 및 파손될 염려가 없는 곳
③ 수위표를 쉽게 읽을 수 있는 곳
④ 합류나 분류에 의해 수위가 민감하게 변화하여 다양한 수위의 관측이 가능한 곳

> **해설** 수위관측소의 위치
> 수위관측소는 홍수 시에도 관측소가 유실 및 파손될 염려가 없고 합류나 분류가 없어 수위관측이 쉬운 곳이어야 한다.

06 하천의 심천(측심)측량에 관한 설명으로 틀린 것은?

① 심천측량은 하천의 수면으로부터 하저까지 깊이를 구하는 측량으로 횡단측량과 같이 행한다.
② 측심간(rod)에 의한 심천측량은 보통 수심 5m 정도의 얕은 곳에 사용한다.
③ 측심추(lead)로 관측이 불가능한 깊은 곳은 음향측심기를 사용한다.
④ 심천측량은 수위가 높은 장마철에 하는 것이 효과적이다.

> **해설** 심천측량의 특징
> 심천측량은 수심 및 수심의 위치를 결정하는 측량이므로 장마철보다는 평수위를 유지할 때 실시하는 것이 효과적이다.

07 부자(float)에 의해 유속을 측정하고자 한다. 측정지점 제1단면과 제2단면 간의 거리가 가장 적합한 것은? (단, 큰 하천의 경우)

① 1~5m ② 20~50m
③ 100~200m ④ 500~1000m

> **해설** 부자에 의한 유속측정 시 단면 간 거리의 기준
> ㉠ 큰 하천: 100~200m
> ㉡ 작은 하천: 20~50m

08 하천측량에서 수준측량 과정에 관한 설명으로 틀린 것은?

① 거리표 설치-거리표는 하천 중심에 부표를 이용하여 설치
② 종단측량-좌우 양안의 거리표 높이와 지반고 관측
③ 횡단측량-거리표를 기준으로 그 선상의 고저측량
④ 심천측량-하천의 수심과 하저상황조사를 통한 횡단면도 작성

> **해설** 하천측량의 거리표 설치
> 거리표는 우안 또는 좌안 중 한편에 따른 하구 또는 합류점으로부터 100m 또는 200m마다 설치하며, 1km마다 석표를 매설한다.

09 표면부자에 의한 유속관측 방법에 대한 설명으로 옳지 않은 것은?

① 유속은 (거리/시간)으로 구해진다.
② 시점과 종점의 거리는 하천 폭의 약 2~3배 이상으로 한다.
③ 표면유속이므로 평균유속으로 환산하면 표면유속의 60% 정도가 된다.
④ 하천에 표면부자를 이용하여 시점과 종점 간의 거리와 시간을 측정한다.

> **해설** 부자에 의한 유속의 관측
> 하천의 유속을 관측하는 데는 표면부자, 이중부자, 막대부자 등이 이용된다. 이중에 표면부자는 부자의 일부분이 수면 밖으로 나오게 한 것으로 나무, 코르크 등 가벼운 것으로 만들어 유하시켜 표면의 유속을 관측한다. 급히 유속을 결정해야 하는 경우에 주로 사용된다. 평균유속은 표면유속(수면유속)의 80~90% 정도가 된다.

정답 5. ④ 6. ④ 7. ③ 8. ① 9. ③

10 하천의 수면 유속측정을 위하여 그림과 같이 표면 부표를 수면에 띄우고 A를 출발하여 B를 통과하는 데 소요된 시간을 측정하였더니 1분 10초였다면 수면의 유속은? [단, AB 두 점 간의 거리(L)는 15.3m이다.]

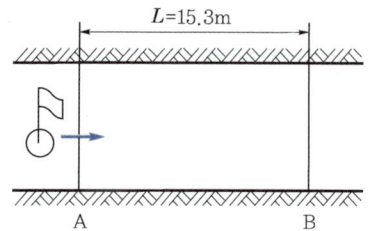

① 0.22m/sec ② 0.81m/sec
③ 10.22m/sec ④ 11.81m/sec

> **해설** 유속의 계산
> 유속(V) = $\dfrac{L}{T} = \dfrac{15.3\text{m}}{70\sec} = 0.22\text{m/sec}$

11 답사나 홍수 등 급하게 유속관측을 필요로 하는 경우에 편리하여 주로 이용하는 방법은?

① 이중부자
② 표면부자
③ 스크루(screw)형 유속계
④ 프라이스(price)식 유속계

> **해설** 부자에 의한 유속의 관측
> 표면부자는 부자의 일부분이 수면 밖으로 나오게 한 것으로 나무, 코르크 등 가벼운 것으로 만들어 유하시켜 표면의 유속을 관측한다. 급히 유속을 결정해야 하는 경우에 주로 사용된다. 평균유속은 표면유속(수면유속)의 80∼90% 정도가 된다.

12 홍수 때 급히 유속을 측정하기에 가장 알맞은 것은?

① 봉부자 ② 이중부자
③ 수중부자 ④ 표면부자

> **해설** 부자에 의한 유속의 관측
> 표면부자는 부자의 일부분이 수면 밖으로 나오게 한 것으로 나무, 코르크 등 가벼운 것으로 만들어 유하시켜 표면의 유속을 관측한다. 급히 유속을 결정해야 하는 경우에 주로 사용된다. 평균유속은 표면유속(수면유속)의 80∼90% 정도가 된다.

13 하천측량에서 유속관측에 대한 설명으로 옳지 않은 것은?

① 유속계에 의한 평균유속 계산식은 1점법, 2점법, 3점법 등이 있다.
② 하천기울기(I)를 이용하여 유속을 구하는 식에는 Chezy 식과 Manning 식 등이 있다.
③ 유속관측을 위해 이용되는 부자는 표면부자, 2중부자, 봉부자 등이 있다.
④ 위어(weir)는 유량관측을 위해 직접적으로 유속을 관측하는 장비이다.

> **해설** 하천측량에서 유속의 관측
> 위어(weir)는 수로의 도중에서 흐름을 막아 이것을 넘치게 하여 물을 낙하시켜 유량을 측정하는 장치로, 유량을 측정하여 연속방정식에 의해 간접적으로 유속을 계산하여 얻을 수 있다.

14 수심이 h인 하천의 평균유속을 구하기 위하여 수면으로부터 $0.2h$, $0.6h$, $0.8h$가 되는 깊이에서 유속을 측량한 결과 초당 0.8m, 1.5m, 1.0m이었다. 3점법에 의한 평균유속은?

① 0.9m/sec ② 1.0m/sec
③ 1.1m/sec ④ 1.2m/sec

> **해설** 3점법에 의한 평균유속의 결정
> 3점법 $V_m = \dfrac{1}{4}(V_{0.2} + 2V_{0.6} + V_{0.8})$
> $= \dfrac{1}{4}(0.8 + 2\times 1.5 + 1.0)$
> $= 1.2\text{m/sec}$

정답 10. ① 11. ② 12. ④ 13. ④ 14. ④

15 하천에서 2점법으로 평균유속을 구할 경우 관측하여야 할 두 지점의 위치는?

① 수면으로부터 수심의 1/5, 3/5 지점
② 수면으로부터 수심의 1/5, 4/5 지점
③ 수면으로부터 수심의 2/5, 3/5 지점
④ 수면으로부터 수심의 2/5, 4/5 지점

> **해설** 2점법에 의한 평균유속의 결정
> ㉠ 1점법 $V_m = V_{0.6}$
> ㉡ 2점법 $V_m = \frac{1}{2}(V_{0.2} + V_{0.8})$
> ㉢ 3점법 $V_m = \frac{1}{4}(V_{0.2} + 2V_{0.6} + V_{0.8})$

16 수면으로부터 수심(H)의 $0.2H$, $0.4H$, $0.6H$, $0.8H$ 지점의 유속($V_{0.2}$, $V_{0.4}$, $V_{0.6}$, $V_{0.8}$)을 관측하여 평균유속을 구하는 공식으로 옳지 않은 것은?

① $V = V_{0.6}$
② $V = 1/2(V_{0.2} + V_{0.8})$
③ $V = 1/3(V_{0.2} + V_{0.6} + V_{0.8})$
④ $V = 1/4(V_{0.2} + 2V_{0.6} + V_{0.8})$

> **해설** 평균유속의 결정
> 3점법에 의한 유속관측은
> $V_m = \frac{1}{4}(V_{0.2} + 2V_{0.6} + V_{0.8})$ 식을 이용하여 구한다.

17 수심이 H인 하천의 유속을 3점법에 의해 관측할 때, 관측 위치로 옳은 것은?

① 수면에서 $0.1H$, $0.5H$, $0.9H$가 되는 지점
② 수면에서 $0.2H$, $0.6H$, $0.8H$가 되는 지점
③ 수면에서 $0.3H$, $0.5H$, $0.7H$가 되는 지점
④ 수면에서 $0.4H$, $0.5H$, $0.9H$가 되는 지점

> **해설** 3점법에 의한 평균유속의 결정
> 3점법에 의한 유속관측은
> $V_m = \frac{1}{4}(V_{0.2} + 2V_{0.6} + V_{0.8})$ 식을 이용하며 관측위치는 수면에서 $0.2H$, $0.6H$, $0.8H$가 되는 지점이 된다.

18 하천의 유속측정 결과 수면으로부터 깊이의 2/10, 4/10, 6/10, 8/10 되는 곳의 유속(m/sec)이 각각 0.662, 0.552, 0.442, 0.332이었다면 3점법에 의한 평균유속은?

① 0.4603m/sec
② 0.4695m/sec
③ 0.5245m/sec
④ 0.5337m/sec

> **해설** 3점법에 의한 평균유속의 결정
> ㉠ 1점법 $V_m = V_{0.6}$
> ㉡ 2점법 $V_m = \frac{1}{2}(V_{0.2} + V_{0.8})$
> ㉢ 3점법 $V_m = \frac{1}{4}(V_{0.2} + 2V_{0.6} + V_{0.8})$
> $= \frac{1}{4}(0.662 + 2 \times 0.552 + 0.332)$
> $= 0.5245 \text{m/sec}$

19 하천측량에서 그림과 같이 깊이에 따른 유속(m/sec)을 얻었을 때, 3점법에 의한 평균유속은?

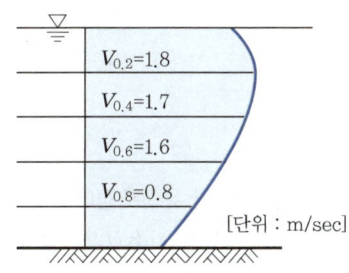

① 1.50m/sec
② 1.45m/sec
③ 1.40m/sec
④ 1.33m/sec

> **해설** 3점법에 의한 평균유속의 결정
> ㉠ 1점법 $V_m = V_{0.6}$
> ㉡ 2점법 $V_m = \dfrac{1}{2}(V_{0.2} + V_{0.8})$
> ㉢ 3점법 $V_m = \dfrac{1}{4}(V_{0.2} + 2V_{0.6} + V_{0.8})$
> $= \dfrac{1}{4}(1.8 + 2 \times 1.6 + 0.8)$
> $= 1.45 \text{m/sec}$

> **해설** 3점법에 의한 평균유속의 결정
> ㉠ 1점법 $V_m = V_{0.6}$
> ㉡ 2점법 $V_m = \dfrac{1}{2}(V_{0.2} + V_{0.8})$
> ㉢ 3점법 $V_m = \dfrac{1}{4}(V_{0.2} + 2V_{0.6} + V_{0.8})$
> $= \dfrac{1}{4}(0.663 + 2 \times 0.532 + 0.467)$
> $= 0.549 \text{m/sec}$

20 수면으로부터 수심의 2/10, 4/10, 6/10, 8/10인 곳에서 유속을 측정한 결과가 각각 1.2m/sec, 1.0m/sec, 0.7m/sec, 0.3m/sec이었다면 평균유속은? (단, 4점법 이용)

① 1.095m/sec ② 1.005m/sec
③ 0.895m/sec ④ 0.775m/sec

> **해설** 4점법에 의한 평균유속의 결정
> ㉠ 1점법 $V_m = V_{0.6}$
> ㉡ 2점법 $V_m = \dfrac{1}{2}(V_{0.2} + V_{0.8})$
> ㉢ 3점법 $V_m = \dfrac{1}{4}(V_{0.2} + 2V_{0.6} + V_{0.8})$
> ㉣ 4점법 $V_m = \dfrac{1}{5}\Big\{V_{0.2} + V_{0.4} + V_{0.6} + V_{0.8}$
> $+ \dfrac{1}{2}\Big(V_{0.2} + \dfrac{1}{2}V_{0.8}\Big)\Big\}$
> $= \dfrac{1}{5}\Big\{1.2 + 1.0 + 0.7 + 0.3$
> $+ \dfrac{1}{2}\Big(1.2 + \dfrac{1}{2} \times 0.3\Big)\Big\}$
> $= 0.775 \text{m/sec}$

★★★
21 수심 H인 하천의 유속측정에서 수면으로부터 깊이 $0.2H$, $0.6H$, $0.8H$인 점의 유속이 각각 0.663m/sec, 0.532m/sec, 0.467m/sec이었다면 3점법에 의한 평균유속은?

① 0.565m/sec ② 0.554m/sec
③ 0.549m/sec ④ 0.543m/sec

★
22 수심이 h인 하천의 평균유속을 구하기 위하여 수면으로부터 $0.2h$, $0.6h$, $0.8h$가 되는 깊이에서 유속을 측량한 결과 0.8m/sec, 1.5m/sec, 1.0m/sec이었다. 3점법에 의한 평균유속은?

① 0.9m/sec ② 1.0m/sec
③ 1.1m/sec ④ 1.2m/sec

> **해설** 3점법에 의한 평균유속의 결정
> 3점법 $V_m = \dfrac{1}{4}(V_{0.2} + 2V_{0.6} + V_{0.8})$
> $= \dfrac{1}{4}(0.8 + 2 \times 1.5 + 1.0)$
> $= 1.2 \text{m/sec}$

23 수심 h인 하천의 수면으로부터 $0.2h$, $0.6h$, $0.8h$인 곳에서 각각의 유속을 측정한 결과 0.562m/sec, 0.497m/sec, 0.364m/sec이었다. 3점법을 이용한 평균유속은?

① 0.45m/sec ② 0.48m/sec
③ 0.51m/sec ④ 0.54m/sec

> **해설** 3점법에 의한 평균유속의 결정
> 3점법 $V_m = \dfrac{1}{4}(V_{0.2} + 2V_{0.6} + V_{0.8})$
> $= \dfrac{1}{4}(0.562 + 2 \times 0.497 + 0.364)$
> $= 0.48 \text{m/sec}$

정답 20. ④ 21. ③ 22. ④ 23. ②

24 하천의 평균유속(V_m)을 구하는 방법 중 3점법으로 옳은 것은? (단, V_2, V_4, V_6, V_8은 각각 수면으로부터 수심(h)의 $0.2h$, $0.4h$, $0.6h$, $0.8h$인 곳의 유속이다.)

① $V_m = \dfrac{V_2 + V_4 + V_8}{3}$

② $V_m = \dfrac{V_2 + V_6 + V_8}{3}$

③ $V_m = \dfrac{V_2 + V_4 + V_8}{4}$

④ $V_m = \dfrac{V_2 + 2V_6 + V_8}{4}$

> **해설** 평균유속의 결정
> ㉠ 1점법 $V_m = V_{0.6}$
> ㉡ 2점법 $V_m = \dfrac{1}{2}(V_{0.2} + V_{0.8})$
> ㉢ 3점법 $V_m = \dfrac{1}{4}(V_{0.2} + 2V_{0.6} + V_{0.8})$

25 수심 H인 하천의 유속측정에서 수면으로부터 깊이 $0.2H$, $0.4H$, $0.6H$, $0.8H$인 지점의 유속이 각각 0.663m/sec, 0.556m/sec, 0.532m/sec, 0.466m/sec 이었다면 3점법에 의한 평균유속은?

① 0.543m/s   ② 0.548m/s
③ 0.559m/s   ④ 0.560m/s

> **해설** 3점법에 의한 평균유속의 결정
> ㉠ 1점법 $V_m = V_{0.6}$
> ㉡ 2점법 $V_m = \dfrac{1}{2}(V_{0.2} + V_{0.8})$
> ㉢ 3점법 $V_m = \dfrac{1}{4}(V_{0.2} + 2V_{0.6} + V_{0.8})$
> $= \dfrac{1}{4}(0.663 + 2 \times 0.532 + 0.466)$
> $= 0.548 \text{m/sec}$

26 수심 h인 하천의 수면으로부터 $0.2h$, $0.4h$, $0.6h$, $0.8h$인 곳에서 각각의 유속을 측정하여 0.562m/sec, 0.521m/sec, 0.497m/sec, 0.364m/sec의 결과를 얻었다면 3점법을 이용한 평균유속은?

① 0.474m/sec   ② 0.480m/sec
③ 0.486m/sec   ④ 0.492m/sec

> **해설** 3점법에 의한 평균유속의 결정
> 3점법 $V_m = \dfrac{1}{4}(V_{0.2} + 2V_{0.6} + V_{0.8})$
> $= \dfrac{1}{4}(0.562 + 2 \times 0.497 + 0.364)$
> $= 0.48 \text{m/sec}$

27 하천측량에서 유속관측에 관한 설명으로 옳지 않은 것은?

① 유속관측에 따르면 같은 단면 내에서는 수심이나 위치에 상관없이 유속의 분포는 일정하다.
② 유속계 방법은 주로 평상시에 이용하고 부자 방법은 홍수 시에 많이 이용된다.
③ 보통 하천이나 수로의 유속은 경사, 유로의 형태, 크기와 수량, 풍향 등에 의해 변한다.
④ 유속관측은 유속계와 부자에 의한 관측 및 하천기울기를 이용하는 공식을 사용할 수 있다.

> **해설** 하천측량 평균유속의 결정
> 유속은 수심에 따라 표면유속-최대유속-평균유속-최소유속으로 변화되므로 상황에 따라 1점법, 2점법, 3점법, 4점법 등으로 평균유속을 계산한다.

28 하천측량에서 수애선의 기준이 되는 수위는?

① 갈수위   ② 평수위
③ 저수위   ④ 고수위

> **해설** 하천측량 수위의 기준
> 수애선의 결정은 평수위, 지형도 작성 및 해안선은 만수위(약최고고조면), 간출암은 최저수위(약최저저조면)로 결정한다.

정답 24. ④ 25. ② 26. ② 27. ① 28. ②

29 하천측량에 대한 설명으로 틀린 것은?

① 제방중심선 및 종단측량은 레벨을 사용하여 직접수준측량 방식으로 실시한다.
② 심천측량은 하천의 수심 및 유수부분의 하저 상황을 조사하고 횡단면도를 제작하는 측량이다.
③ 하천의 수위경계선인 수애선은 평균수위를 기준으로 한다.
④ 수위관측은 지천의 합류점이나 분류점 등 수위변화가 생기지 않는 곳을 선택한다.

> **해설** 하천측량 수위의 기준
> 수애선의 결정은 평수위, 지형도 작성 및 해안선은 만수위(약최고고조면), 간출암은 최저수위(약최저저조면)로 결정한다.

30 그림과 같이 500mm 하수관 공사에서 A점의 관저 계획고가 50.15m이고 B점의 관저 계획고가 50.45m, 하수관의 경사가 1/400일 때 AB 간의 수평거리는?

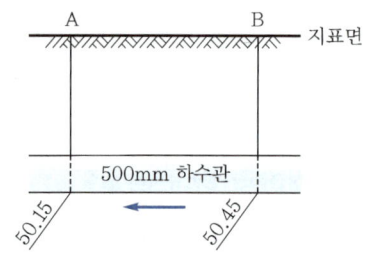

① 60m
② 75m
③ 120m
④ 150m

> **해설** 계획관저고의 계산
> 경사는 높이를 수평거리로 나누어서 얻을 수 있는데 경사가 1/400이므로
> $$\frac{\overline{AB} \text{ 높이차}}{\text{수평거리}} = \frac{1}{400} \text{이므로}$$
> 수평거리 $= 400 \times (50.45 - 50.15) = 120\text{m}$

31 그림과 같이 200mm 하수관을 묻었을 때 측점 A의 관저계획고는 53.16m이고, AB구간의 설치 기울기는 1/200, BC구간의 설치기울기는 1/250일 때, 측점 C의 관저계획고는?

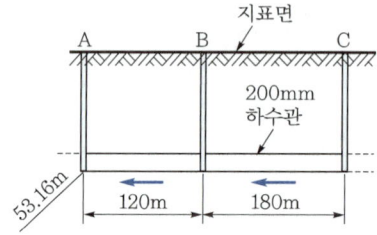

① 54.35m
② 54.48m
③ 54.51m
④ 54.54m

> **해설** 계획관저고의 계산
> 기울기 $i = \frac{H}{D}$ 에서 $H = i \times D$ 이므로
> $H_C = H_A + \Delta H_{AB} + \Delta H_{BC}$
> $= 53.16 + \frac{120}{200} + \frac{180}{250}$
> $= 54.48\text{m}$

32 어떤 하천에서 직선 BC에 따라 그림과 같이 심천측량을 실시할 때 P점에서 관측장비를 이용하여 ∠APB를 관측하여 39°20′을 얻었다. BP의 거리는? (단, AB=73m)

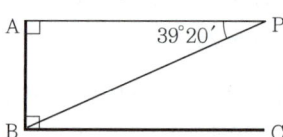

① 96.30m
② 115.17m
③ 125.13m
④ 155.80m

> **해설** 심천측량의 평면위치 계산
> 삼각형의 두 각과 한 변의 길이를 알 때 sine 법칙을 적용하면 모르는 변과 각을 구할 수 있다.
> $$\frac{\overline{BP}}{\sin A} = \frac{\overline{AB}}{\sin P}$$
> $\overline{BP} = \frac{\sin 90°}{\sin 39°20′} \times 73 = 115.17\text{m}$

33 하천의 심천측량을 하기 위해 그림과 같이 AB선에 직각으로 기선 AD=60m를 관측하였다. 현재 P의 위치에서 관측장비를 사용하여 ∠APD=40°를 측정하였다면 AP의 거리는?

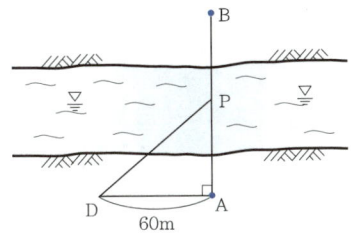

① 71.5m　　② 80.5m
③ 90.2m　　④ 95.5m

> **해설** 심천측량의 평면위치 계산
> ∠APD=40°, ∠PDB=90°-40°=50°이므로
> 삼각함수의 원리에 의해
> $\dfrac{\overline{AP}}{\overline{DA}} = \tan D \Rightarrow \dfrac{\overline{AP}}{60m} = \tan 50°$
> $\overline{AP} = 60 \times \tan 50° = 71.5m$

★34 어떤 하천에서 BC를 따라 심천측량을 실시할 때 B점으로부터 BC에서 직각으로 AB=96m의 기선을 잡았다. 배가 P점 위에서 ∠APB를 측정한 값이 43°30′이었다면 BP의 거리가 100m가 되기 위하여 P점으로부터 배가 이동해야 할 방향과 거리는?

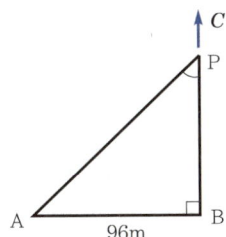

① B방향으로 8.90m　　② C방향으로 8.90m
③ B방향으로 1.16m　　④ C방향으로 1.16m

> **해설** 심천측량의 평면위치 계산
> $\dfrac{\overline{AB}}{\overline{BP}} = \tan 43°30′$
> $\overline{BP} = \dfrac{96}{\tan 43°30′} = 101.16m$
> BP의 거리가 100m가 되려면 P의 위치는 1.16m만큼 B방향으로 이동하여야 한다.

35 그림과 같은 배수로의 배수단면적 계산공식은?

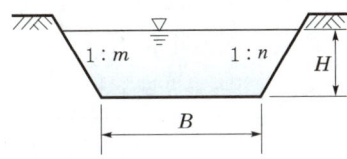

① $(B+mH+nH)\dfrac{H}{2}$
② $\left(B+\dfrac{mH}{2}+\dfrac{nH}{2}\right)H$
③ $\left(B+\dfrac{H}{2m}+\dfrac{H}{2n}\right)H$
④ $(B+mH+nH)H$

> **해설** 배수단면적의 계산
> 사다리꼴 공식에 의해 배수단면적을 산정할 때 경사가 1:m이므로 H에 대한 수평변화는 mH이다.
> $A = \dfrac{1}{2}(B+B+mH+nH) \times H$
> $= \left(B+\dfrac{mH}{2}+\dfrac{nH}{2}\right) \times H$

★36 그림과 같은 하천단면에 평균유속 2.0m/sec로 물이 흐를 때 유량(m^3/sec)은?

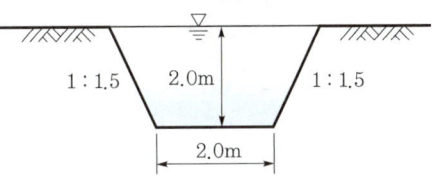

① 10m^3/sec　　② 20m^3/sec
③ 30m^3/sec　　④ 40m^3/sec

정답 33. ①　34. ③　35. ②　36. ②

> **[해설] 유량의 계산**
> 유량은 유속에 단면적을 곱하여 구할 수 있다. 즉 $Q=AV$로 구할 수 있다.
> $$Q=AV=\left(\frac{윗변+아랫변}{2}\times 높이\right)\times 유속$$
> $$=\left\{\frac{(2)+(2+2\times 2\times 1.5)}{2}\times (2)\right\}\times (2)$$
> $$=20\,\text{m}^3/\text{sec}$$

37 각 구간의 평균유속이 표와 같은 때, 그림과 같은 단면을 갖는 하천의 유량은?

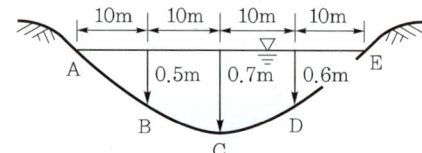

단면	A−B	B−C	C−D	D−E
평균유속 (m/sec)	0.05	0.3	0.35	0.06

① $4.38\text{m}^3/\text{sec}$
② $4.83\text{m}^3/\text{sec}$
③ $5.38\text{m}^3/\text{sec}$
④ $5.83\text{m}^3/\text{sec}$

> **[해설] 유량의 계산**
> 하천의 단위유량을 산정할 때 AB구간은 삼각형으로 BC, CD구간은 사다리꼴로 간주하여 면적을 구하고 각각의 단면적에 구간의 평균유속을 곱하여 합산하여 하천의 유량을 구한다.
> ㉠ AB구간 $=\frac{1}{2}(10\times 0.5)\times 0.05=0.125$
> ㉡ BC구간 $=\frac{(0.5+0.7)}{2}\times 10\times 0.3=1.8$
> ㉢ CD구간 $=\frac{(0.7+0.6)}{2}\times 10\times 0.35=2.275$
> ㉣ DE구간 $=\frac{1}{2}(10\times 0.6)\times 0.06=0.18$
> $Q=㉠+㉡+㉢+㉣=4.38\,\text{m}^3/\text{sec}$

정답 37. ①

APPENDIX

부록

- Ⅰ. 최근 과년도 기출문제
- Ⅱ. CBT 실전 모의고사

2022년 3회 기출문제부터는 CBT 전면시행으로 시험문제가 공개되지 않아서 수험생의 기억을 토대로 복원된 문제를 수록했습니다. 문제는 수험생마다 차이가 있을 수 있습니다.

2018 제1회 토목기사 기출문제

2018년 3월 4일 시행

01 직사각형의 가로, 세로의 거리가 그림과 같다. 면적 A의 표현으로 가장 적절한 것은?

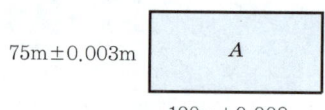

① $7,500\text{m}^2 \pm 0.67\text{m}^2$
② $7,500\text{m}^2 \pm 0.41\text{m}^2$
③ $7,500.9\text{m}^2 \pm 0.67\text{m}^2$
④ $7,500.9\text{m}^2 \pm 0.41\text{m}^2$

> **해설** 직사각형에서의 부정오차 전파
> ㉠ 토지의 면적
> $$Y = a \times b = 75 \times 100 = 7,500\text{m}^2$$
> ㉡ 직사각형 토지면적의 부정오차 전파
> $$\sigma_Y = \pm \sqrt{\left(\frac{\partial Y}{\partial a}\right)^2 \sigma_a^2 + \left(\frac{\partial Y}{\partial b}\right)^2 \sigma_b^2}$$
> $$= \pm \sqrt{(b)^2 \sigma_a^2 + (a)^2 \sigma_b^2}$$
> $$= \pm \sqrt{(75 \times 0.008)^2 + (100 \times 0.003)^2}$$
> $$= \pm 0.67\text{m}^2$$

02 하천측량을 실시하는 주목적에 대한 설명으로 가장 적합한 것은?

① 하천개수공사나 공작물의 설계, 시공에 필요한 자료를 얻기 위하여
② 유속 등을 관측하여 하천의 성질을 알기 위하여
③ 하천의 수위, 기울기, 단면을 알기 위하여
④ 평면도, 종단면도를 작성하기 위하여

> **해설** 하천측량을 실시하는 주목적
> 하천개수공사나 공작물의 설계, 시공에 필요한 자료를 얻기 위하여

03 30m당 0.03m가 짧은 줄자를 사용하여 정사각형 토지의 한 변을 측정한 결과 150m이었다면 면적에 대한 오차는?

① 41m^2 ② 43m^2
③ 45m^2 ④ 47m^2

> **해설** 면적에 대한 오차의 전파
> 늘어나 있는 줄자로 관측한 값의 실제값은 (+)로, 수축된 줄자는 반대로 (-)로 적용한다.
> $$A_0 = A \pm C_0 \quad \therefore C_0 = \pm 2 \times \frac{\Delta l}{l} \times A$$
> $$C_0 = -2 \times \frac{0.03\text{m}}{30\text{m}} \times (150\text{m})^2 = -45\text{m}^2$$

04 지반의 높이를 비교할 때 사용하는 기준면은?

① 표고(elevation)
② 수준면(level surface)
③ 수평면(horizontal plane)
④ 평균해수면(mean sea level)

> **해설** 수준측량의 기준면
> 지반의 높이를 비교할 때 사용하는 기준면은 높이값이 0m인 평균해수면이다.

05 클로소이드 곡선에서 곡선반경(R)=450m, 매개변수(A)=300m일 때 곡선길이(L)는?

① 100m ② 150m
③ 200m ④ 250m

> **해설** 클로소이드 곡선길이의 계산
> $A^2 = RL$에서
> $$L = \frac{A^2}{R} = \frac{300^2}{450} = 200\text{m}$$

정답 1. ① 2. ① 3. ③ 4. ④ 5. ③

06 등고선의 성질에 대한 설명으로 옳지 않은 것은?

① 등고선은 도면 내외에서 폐합하는 폐곡선이다.
② 등고선은 분수선과 직각으로 만난다.
③ 동굴 지형에서 등고선은 서로 만날 수 있다.
④ 등고선의 간격은 경사가 급할수록 넓어진다.

> **해설** 등고선의 성질
> 등고선의 간격은 경사가 급할수록 좁아지고 완만할수록 넓어진다.

07 축척 1 : 25,000 지형도에서 거리가 6.73cm인 두 점 사이의 거리를 다른 축척의 지형도에서 측정한 결과 11.21cm이었다면 이 지형도의 축척은 약 얼마인가?

① 1 : 20,000
② 1 : 18,000
③ 1 : 15,000
④ 1 : 13,000

> **해설** 축척의 계산
> ㉠ 수평거리를 실제거리로 환산
> $M = \dfrac{1}{m} = \dfrac{6.73\text{cm}}{\text{실거리}} = \dfrac{1}{25,000}$
> 실제거리 $= 25,000 \times 6.73 = 168,250\text{cm}$
> ㉡ 축척의 계산
> $M = \dfrac{1}{m} = \dfrac{11.21\text{cm}}{168,250\text{cm}} = \dfrac{1}{15,000}$

08 트래버스 측량(다각측량)에 관한 설명으로 옳지 않은 것은?

① 트래버스 중 가장 정밀도가 높은 것은 결합 트래버스로서 오차 점검이 가능하다.
② 폐합오차 조정에서 각과 거리측량의 정확도가 비슷한 경우 트랜싯 법칙으로 조정하는 것이 좋다.
③ 오차의 배분은 각관측의 정확도가 같을 경우 각의 대소에 관계없이 등분하여 배분한다.
④ 폐합 트래버스에서 편각을 관측하면 편각의 총합은 언제나 360°가 되어야 한다.

> **해설** 트래버스의 조정
> ㉠ 컴퍼스 법칙: 각측량의 정도와 거리측량의 정도가 동일할 때 사용하며, 측측선의 길이에 비례하여 폐합오차 배분한다.
> ㉡ 트랜싯 법칙: 각측량의 정도가 거리측량의 정도보다 정도가 좋을 때 사용하며, 위거와 경거의 크기에 비례하여 폐합오차 배분한다.

09 수심 H인 하천의 유속측정에서 수면으로부터 깊이 $0.2H$, $0.6H$, $0.8H$인 점의 유속이 각각 0.663m/sec, 0.532m/sec, 0.467m/sec이었다면 3점법에 의한 평균유속은?

① 0.565m/sec
② 0.554m/sec
③ 0.549m/sec
④ 0.543m/sec

> **해설** 3점법에 의한 평균유속의 결정
> ㉠ 1점법 $V_m = V_{0.6}$
> ㉡ 2점법 $V_m = \dfrac{1}{2}(V_{0.2} + V_{0.8})$
> ㉢ 3점법
> $V_m = \dfrac{1}{4}(V_{0.2} + 2V_{0.6} + V_{0.8})$
> $= \dfrac{1}{4}(0.663 + 2 \times 0.532 + 0.467)$
> $= 0.549\text{m/sec}$

10 사진측량의 특징에 대한 설명으로 옳지 않은 것은?

① 기상조건에 상관없이 측량이 가능하다.
② 정량적 관측이 가능하다.
③ 측량의 정확도가 균일하다.
④ 정성적 관측이 가능하다.

> **해설** 사진측량의 특징
> 항공사진측량의 대표적인 특징은 정량적 및 정성적 측정이 가능하나, 기상의 영향을 받아 흐린 날이나 구름이 낀 날에는 관측이 어렵다.

정답 6. ④ 7. ③ 8. ② 9. ③ 10. ①

11 교점(I.P.)은 도로 기점에서 500m의 위치에 있고 교각 $I=36°$일 때 외선길이(외할)=5.00m라면 시단현의 길이는? (단, 중심말뚝거리는 20m이다.)

① 10.43m ② 11.57m
③ 12.36m ④ 13.25m

> **해설** 시단현 길이의 계산
> 중심말뚝의 간격이 20m이므로 시단현의 길이는 곡선시점에서 다음 말뚝까지의 거리를 의미한다.
> $E = R \times \left(\sec\dfrac{I}{2} - 1\right)$
> sec 함수는 cos 함수의 역수이므로
> $R = \dfrac{E}{\left(\sec\dfrac{I}{2}-1\right)} = \dfrac{5}{\left(\dfrac{1}{\cos\dfrac{36°}{2}}-1\right)} = 97.159\,\text{m}$
> $\text{T.L.} = R\tan\dfrac{I}{2} = 97.159 \times \tan\dfrac{36°}{2} = 31.569\,\text{m}$
> 곡선시점(B.C.)의 위치
> = 시점~교점까지의 거리 - T.L.
> = 500 - 31.57 = 468.43m
> 시단현의 길이 l_1은 B.C.점의 위치보다 큰 20의 배수에서 빼주므로 480 - 468.43 = 11.57m

12 단일삼각형에 대해 삼각측량을 수행한 결과 내각이 $\alpha=54°25'32''$, $\beta=68°43'23''$, $\gamma=56°51'14''$이었다면 β의 각조건에 의한 조정량은?

① $-4''$ ② $-3''$
③ $+4''$ ④ $+3''$

> **해설** 단열삼각망 각조건의 조정
> 측각오차 $\Delta a = \alpha + \beta + \gamma - 180° = 0°00'09''$
> 조정량 $= -\dfrac{\Delta a}{n} = -\dfrac{9''}{3} = -3''$
> α, β, γ에 각각 $-3''$씩 조정한다.

13 그림과 같이 4개의 수준점 A, B, C, D에서 각각 1km, 2km, 3km, 4km 떨어진 P점의 표고를 직접수준측량한 결과가 다음과 같을 때 P점의 최확값은?

A → P = 125.762m
B → P = 125.750m
C → P = 125.755m
D → P = 125.771m

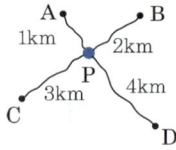

① 125.755m ② 125.759m
③ 125.762m ④ 125.765m

> **해설** 경중률을 고려한 표고의 계산
> ㉠ 경중률은 노선의 거리에 반비례한다.
> $P_A : P_B : P_C : P_D = \dfrac{1}{1} : \dfrac{1}{2} : \dfrac{1}{3} : \dfrac{1}{4}$
> $= 12 : 6 : 4 : 3$
> ㉡ 최확값은 경중률을 고려하여 계산한다.
> 최확값 $= \dfrac{P_A L_A + P_B L_B + P_C L_C + P_D L_D}{P_A + P_B + P_C + P_D}$
> $= 125.75\,\text{m}$
> $+ \dfrac{12 \times 12 + 6 \times 0 + 4 \times 5 + 3 \times 21}{12+6+4+3}\,\text{mm}$
> $= 125.759\,\text{m}$

14 GNSS 관측 성과로 틀린 것은?

① 지오이드 모델 ② 경도와 위도
③ 지구중심좌표 ④ 타원체고

> **해설** GNSS 관측 성과
> GNSS 관측 성과로는 지구중심좌표로 경도와 위도, 타원체고를 들 수 있으나 지오이드 모델을 정립하지는 못한다.

정답 11. ② 12. ② 13. ② 14. ①

15 삼각망의 종류 중 유심삼각망에 대한 설명으로 옳은 것은?

① 삼각망 가운데 가장 간단한 형태이며 측량의 정확도를 얻기 위한 조건이 부족하므로 특수한 경우 외에는 사용하지 않는다.
② 가장 높은 정확도를 얻을 수 있으나 조정이 복잡하고, 포함된 면적이 작으며 특히 기선을 확대할 때 주로 사용한다.
③ 거리에 비하여 측점 수가 가장 적으므로 측량이 간단하며 조건식의 수가 적어 정확도가 낮다.
④ 광대한 지역의 측량에 적합하며 정확도가 비교적 높은 편이다.

> **해설** **삼각망의 종류**
> ㉠ 단열삼각망 : 동일 측점 수에 비하여 도달거리가 가장 길기 때문에 폭이 좁고 거리가 먼 지역에 적합하다. 거리에 비하여 관측 수가 적으므로 측량이 신속하고 경비가 적게 드는 반면 정밀도는 낮다.
> ㉡ 유심삼각망 : 동일 측점 수에 비하여 피복 면적이 가장 넓다. 넓은 지역의 측량에 적당하고, 정밀도는 단열삼각망과 사변형 삼각망의 중간이다.
> ㉢ 사변형 삼각망 : 조건식의 수가 가장 많기 때문에 가장 높은 정밀도를 얻을 수 있으나, 조정이 복잡하고 피복면적이 적으며 많은 노력과 시간 그리고 경비가 필요하다. 높은 정밀도를 필요로 하는 측량이나 기선 삼각망 등에 사용된다.

16 어떤 횡단면의 도상면적이 40.5cm²이었다. 가로 축척이 1 : 20, 세로 축척이 1 : 60이었다면 실제면적은?

① 48.6m² ② 33.75m²
③ 4.86m² ④ 3.375m²

> **해설** **축척을 고려한 면적의 계산**
> 도상면적의 실제면적은 가로, 세로 축척의 분모를 곱하여 구한다.
> $A = 40.5\text{cm}^2 \times 20 \times 60 \times \dfrac{1\text{m}^2}{(100\text{cm})^2} = 4.86\text{m}^2$

17 다음은 폐합 트래버스 측량성과이다. 측선 CD의 배횡거는?

측선	위거(m)	경거(m)
AB	+65.39	+83.57
BC	−34.57	+19.68
CD	−61.43	−40.60
DA	+34.61	−62.65

① 60.25m ② 115.90m
③ 135.45m ④ 165.90m

> **해설** **배횡거의 계산**
> 배횡거=하나 앞 측선의 배횡거+하나 앞 측선의 조정경거+해당 측선의 조정경거
>
> | 측선 | 위거(m) | 경거(m) | 배횡거(m) |
> |---|---|---|---|
> | AB | +65.39 | +83.57 | +83.57 |
> | BC | −34.57 | +19.68 | +186.82 |
> | CD | −61.43 | −40.60 | +165.90 |
> | DA | +34.61 | −62.65 | +62.65 |

18 동일한 지역을 같은 조건에서 촬영할 때, 비행고도만을 2배로 높게 하여 촬영할 경우 전체 사진매수는?

① 사진매수는 1/2만큼 늘어난다.
② 사진매수는 1/2만큼 줄어든다.
③ 사진매수는 1/4만큼 늘어난다.
④ 사진매수는 1/4만큼 줄어든다.

> **해설** **배행고도 2배로 높게 촬영할 때 전체 사진매수의 계산**
> 항공사진측량에서 사진의 축척은 초점거리에 비례하고 비행고도에 반비례하므로 비행고도가 2배 늘어날 경우 축척은 1/2로 줄게 되고 도면의 매수는 축척의 제곱에 비례하므로 도면 매수는 1/4로 줄게 된다.

정답 15. ④ 16. ③ 17. ④ 18. ④

19 중심말뚝의 간격이 20m인 도로구간에서 각 지점에 대한 횡단면적을 표시한 결과가 그림과 같을 때, 각주공식에 의한 전체 토공량은?

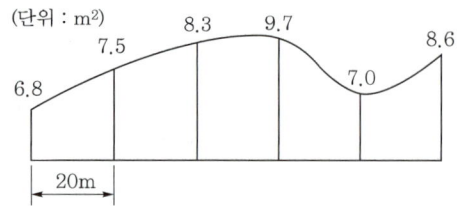

① 156m³
② 672m³
③ 817m³
④ 920m³

> **해설** 각주공식에 의한 토공량의 계산
>
> 각주공식에 의한 토공량 산정에서 표시된 면적의 개수가 짝수이면 마지막 단면의 체적은 양단면 평균에 의해 구한다.
>
> $$V = \frac{h}{3}(A_0 + A_n + 4\sum A_{\text{홀수}} + 2\sum A_{\text{짝수}})$$
> $$+ \frac{h}{2}(A_{n-1} + A_n)$$
> $$= \frac{20}{3}[6.8 + 7.0 + 4 \times (7.5 + 9.7) + 2 \times 8.3]$$
> $$+ \frac{20}{2}(7.0 + 8.6) = 817 \text{m}^3$$

20 노선측량에 대한 용어 설명 중 옳지 않은 것은?

① 교점-방향이 변하는 두 직선이 교차하는 점
② 중심말뚝-노선의 시점, 종점 및 교점에 설치하는 말뚝
③ 복심곡선-반경이 서로 다른 2개 또는 그 이상의 원호가 연결된 곡선으로 공통접선의 같은 쪽에 원호의 중심이 있는 곡선
④ 완화곡선-고속으로 이동하는 차량이 직선부에서 곡선부로 진입할 때 차량의 원심력을 완화하기 위해 설치하는 곡선

> **해설** 노선측량의 용어
>
> 중심말뚝은 노선의 중심선을 따라 시점, 종점, 20m마다 1개소씩 설치한다.

정답 19. ③ 20. ②

2018 제2회 토목기사 기출문제

2018년 4월 28일 시행

01 지형의 토공량 산정방법이 아닌 것은?
① 각주공식　② 양단면 평균법
③ 중앙단면법　④ 삼변법

> **해설** 토공량의 산정방법
> 삼변법은 삼각형 세 변의 길이를 관측하여 반각공식에 의해 내각을 구하거나 헤론의 공식에 의해 면적을 산정하는 방식이다.

02 그림에서 $\overline{AB}=500\text{m}$, $\angle a = 71°33'54''$, $\angle b_1 = 36°52'12''$, $\angle b_2 = 39°05'38''$, $\angle c = 85°36'05''$를 관측하였을 때 $\overline{BC}$의 거리는?

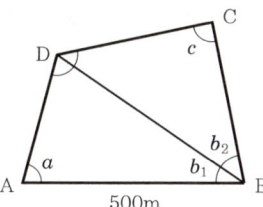

① 391m　② 412m
③ 422m　④ 427m

> **해설** 변조건에 의한 거리의 계산
> ㉠ $\overline{BD}$의 길이
> $$\frac{\overline{AB}}{\sin(180°-\angle(a+b_1))} = \frac{\overline{BD}}{\sin\angle a}$$에서
> $$\overline{BD} = \frac{500\text{m}}{\sin 71°33'54''} \times \sin 71°33'54''$$
> $$= 500\text{m}$$
> ㉡ $\overline{BC}$의 길이
> $$\frac{\overline{BC}}{\sin(180°-\angle(c+b_2))} = \frac{\overline{BD}}{\sin\angle c}$$에서
> $$\overline{BC} = \frac{500\text{m}}{\sin 85°36'05''} \times \sin 55°18'17''$$
> $$\fallingdotseq 412\text{m}$$

03 비행고도 600m에서 초점거리 15cm인 사진기로 수직항공사진을 획득하였다. 길이가 500m인 교량의 사진상의 길이는?
① 0.55mm　② 1.25mm
③ 3.60mm　④ 4.20mm

> **해설** 축척에 의한 교량의 사진상 길이의 계산
> $M = \frac{1}{m} = \frac{f}{H}$에서 $M = \frac{0.15\text{m}}{600\text{m}} = \frac{1}{4,000}$이고
> $M = \frac{\text{사진상 거리}}{\text{실거리}}$에서
> $M = \frac{\text{교량의 사진상 크기}}{50\text{m}} = \frac{1}{4,000}$ 이므로
> 교량의 사진상 크기 $= \frac{500\text{m}}{4,000}$
> $\quad\quad = 0.00125\text{m} = 1.25\text{mm}$

04 구하고자 하는 미지점에 평판을 세우고 3개의 기지점을 이용하여 도상에서 그 위치를 결정하는 방법은?
① 방사법　② 계선법
③ 전방교회법　④ 후방교회법

> **해설** 후방교회법의 특징
> 교회법은 방향선의 교차에 의해 구점의 위치를 결정하는 방식으로 기계를 세우는 위치에 따라 전방(기지점), 측방(기지점, 미지점), 후방(미지점)교회법으로 구분한다.

05 클로소이드(clothoid)의 매개변수(A)가 60m, 곡선 길이(L)가 30m일 때 반지름(R)은?
① 60m　② 90m
③ 120m　④ 150m

정답 1. ④　2. ②　3. ②　4. ④　5. ③

> **[해설] 클로소이드 곡선반경의 계산**
> $A^2 = RL$에서
> $R = \dfrac{A^2}{L} = \dfrac{60^2}{30} = 120\,\text{m}$

06 하천측량에 대한 설명으로 틀린 것은?
① 제방중심선 및 종단측량은 레벨을 사용하여 직접수준측량 방식으로 실시한다.
② 심천측량은 하천의 수심 및 유수부분의 하저상황을 조사하고 횡단면도를 제작하는 측량이다.
③ 하천의 수위경계선인 수애선은 평균수위를 기준으로 한다.
④ 수위관측은 지천의 합류점이나 분류점 등 수위변화가 생기지 않는 곳을 선택한다.

> **[해설] 하천측량 수위의 기준**
> 수애선의 결정은 평수위, 지형도 작성 및 해안선은 만수위(약최고고조면), 간출암은 최저수위(약최저저조면)로 결정한다.

07 지형의 표시법에서 자연적 도법에 해당하는 것은?
① 점고법   ② 등고선법
③ 영선법   ④ 채색법

> **[해설] 지형도 표시방법**
> (1) 부호도법
>   ㉠ 점고법 : 하천, 항만, 해양측량 등에서 심천측량을 한 측점에 숫자를 기입하여 고저를 표시하는 방법
>   ㉡ 채색법 : 색조를 이용하여 고저를 표시하는 방법
>   ㉢ 등고선법 : 일정한 높이의 수평면으로 지형을 절단했을 때의 잘린 면의 곡선을 이용하여 지형을 표시
> (2) 자연도법
>   ㉠ 영선법 : 우모와 같이 짧고 거의 평행한 선의 간격, 굵기, 길이, 방향 등에 의하여 지형을 표시하는 방법
>   ㉡ 음영법 : 서북쪽 45° 방향에서 평행광선이 비칠 때 생기는 그림자로 기복의 모양을 표시하는 방법

08 도로 설계 시에 단곡선의 외할(E)은 10m, 교각은 60°일 때, 접선장(T.L.)은?
① 42.4m   ② 37.3m
③ 32.4m   ④ 27.3m

> **[해설] 외선길이를 이용한 접선길이의 계산**
> 교점(I.P.)으로부터 원곡선의 중점까지 거리는 외선길이(외할)이므로
> $E = R \times \left(\sec\dfrac{I}{2} - 1\right)$
> sec 함수는 cos 함수의 역수이므로
> $R = \dfrac{E}{\left(\sec\dfrac{I}{2}-1\right)} = \dfrac{10}{\left(\dfrac{1}{\cos\dfrac{60°}{2}}-1\right)} = 64.641\,\text{m}$
> 접선장 $\text{T.L.} = R\tan\dfrac{I}{2} = 64.641\,\text{m} \times \tan\dfrac{60°}{2}$
> $\fallingdotseq 37.3\,\text{m}$

09 레벨을 이용하여 표고가 53.85m인 A점에 세운 표척을 시준하여 1.34m를 얻었다. 표고 50m의 등고선을 측정하려면 시준하여야 할 표척의 높이는?
① 3.51m   ② 4.11m
③ 5.19m   ④ 6.25m

> **[해설] 후시와 전시를 이용한 지반고의 계산**
> 레벨을 수평으로 유지했다면 A, B점의 기계고가 같으므로
> $H_A + a = H_B + b$에서 $53.85 + 1.34 = 50 + b$
> 이므로 $b = 53.85 + 1.34 - 50 = 5.19\,\text{m}$

10 다각측량에 관한 설명 중 옳지 않은 것은?
① 각과 거리를 측정하여 점의 위치를 결정한다.
② 근거리이고 조건식이 많아 삼각측량에서 구한 위치보다 정확도가 높다.
③ 선로와 같이 좁고 긴 지역의 측량에 편리하다.
④ 삼각측량에 비해 시가지 또는 복잡한 장애물이 있는 곳의 측량에 적합하다.

정답 6. ③ 7. ③ 8. ② 9. ③ 10. ②

> **해설** 다각측량의 특징
> 다각측량이 삼각측량에 비해 근거리이므로 거리측량의 정확도가 높다고 볼 수 있으나 정확한 각의 관측이 이뤄지지 않아 일반적으로 삼각측량에서 구한 위치정확도가 다각측량의 정확도보다 높다.

11 기지의 삼각점을 이용하여 새로운 도근점들을 매설하고자 할 때 결합 트래버스 측량(다각측량)의 순서는?

① 도상계획 → 답사 및 선점 → 조표 → 거리관측 → 각관측 → 거리 및 각의 오차 배분 → 좌표계산 및 측점 전개
② 도상계획 → 조표 → 답사 및 선점 → 각관측 → 거리관측 → 거리 및 각의 오차 배분 → 좌표계산 및 측점 전개
③ 답사 및 선점 → 도상계획 → 조표 → 각관측 → 거리관측 → 거리 및 각의 오차 배분 → 좌표계산 및 측점 전개
④ 답사 및 선점 → 조표 → 도상계획 → 거리관측 → 각관측 → 좌표계산 및 측점 전개 → 거리 및 각의 오차 배분

> **해설** 결합 트래버스 측량의 작업순서
> 도상계획 → 답사 및 선점 → 조표 → 거리관측 → 각관측 → 거리 및 각의 오차 배분 → 좌표계산 및 측점 전개

12 완화곡선에 대한 설명으로 옳지 않은 것은?

① 완화곡선은 모든 부분에서 곡률이 동일하지 않다.
② 완화곡선의 반경은 무한대에서 시작한 후 점차 감소되어 원곡선의 반경과 같게 된다.
③ 완화곡선의 접선은 시점에서 원호에 접한다.
④ 완화곡선에 연한 곡선반경의 감소율은 캔트의 증가율과 같다.

> **해설** 완화곡선의 성질
> ㉠ 완화곡선의 반경은 시점에서 무한대, 종점에서는 원곡선의 반경과 같다.
> ㉡ 완화곡선의 접선은 시점에서는 직선에, 종점에서는 원호에 접한다.
> ㉢ 완화곡선의 곡선반경 감소율은 캔트의 증가율과 같다.
> ㉣ 완화곡선의 편경사의 크기는 곡선의 반경에 반비례하고 설계속도에 비례한다.

13 축척 1 : 600인 지도상의 면적을 축척 1 : 500으로 계산하여 38.675m²를 얻었다면 실제면적은?

① 26.858m² ② 32.229m²
③ 46.410m² ④ 55.692m²

> **해설** 면적에 대한 오차의 계산
> 축척은 길이의 비이고, 면적은 길이의 제곱에 비례하므로 축척을 1/1.2 축소되게 계산한 면적의 실제면적은 축척의 제곱에 비례하여 계산되므로 1.2의 제곱인 1.44배로 계산된다.
> 즉, $38.675 \times 1.2^2 = 55.692m^2$

14 A, B 두 점 간의 거리를 관측하기 위하여 그림과 같이 세 구간으로 나누어 측량하였다. 측선 $\overline{AB}$의 거리는? (단, Ⅰ : 10m±0.01m, Ⅱ : 20m±0.03m, Ⅲ : 30m±0.05m이다.)

① 60m±0.09m ② 30m±0.06m
③ 60m±0.06m ④ 30m±0.09m

> **해설** 거리측량에 대한 부정오차의 전파
> $\overline{AB} = Ⅰ + Ⅱ + Ⅲ = 10 + 20 + 30 = 60m$
> $\sigma_{AB} = \pm \sqrt{\left(\frac{\partial AB}{\partial Ⅰ}\right)^2 \sigma_Ⅰ^2 + \left(\frac{\partial AB}{\partial Ⅱ}\right)^2 \sigma_Ⅱ^2 + \left(\frac{\partial AB}{\partial Ⅲ}\right)^2 \sigma_Ⅲ^2}$
> $= \pm \sqrt{\sigma_Ⅰ^2 + \sigma_Ⅱ^2 + \sigma_Ⅲ^2}$
> $= \pm \sqrt{0.01^2 + 0.03^2 + 0.05^2} = \pm 0.06m$

정답 11. ① 12. ③ 13. ④ 14. ③

15 그림과 같은 터널 내 수준측량의 관측결과에서 A점의 지반고가 20.32m일 때 C점의 지반고는? (단, 관측값의 단위는 m이다.)

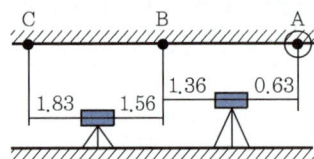

① 21.32m ② 21.49m
③ 16.32m ④ 16.49m

> **해설** 터널 내 수준측량에서 지반고의 계산
> 표척이 천정에 있는 경우는 관측값을 (−)로 적용하여 계산
> $H_C = H_A + \sum B.S - \sum F.S$ 이므로
> $H_C = 20.32 + \{(-0.63)+(-1.56)\}$
> $\qquad -\{(-1.36)+(-1.83)\}$
> $\qquad = 21.32m$

16 그림의 다각측량 성과를 이용한 C점의 좌표는? (단, $\overline{AB} = \overline{BC} = 100m$이고, 좌표 단위는 m이다.)

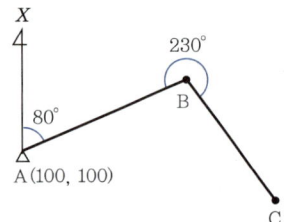

① $X=48.27m$, $Y=256.28m$
② $X=53.08m$, $Y=275.08m$
③ $X=62.31m$, $Y=281.31m$
④ $X=69.49m$, $Y=287.49m$

> **해설** X, Y 좌표의 계산
> ㉠ BC 측선의 방위각
> $\quad$ = AB 측선의 방위각 + 180° + ∠B
> $\quad = 80° + 180° + 230° = 490° = 130°$
> ㉡ $X_C = X_A + \overline{AB} \times \cos(\overline{AB}\ \text{방위각})$
> $\qquad + \overline{BC} \times \cos(\overline{BC}\ \text{방위각})$
> $\qquad = 100m + 100m \times \cos(80°)$
> $\qquad + 100m \times \cos(130°)$
> $\qquad = 53.08m$

> ㉢ $Y_C = Y_A + \overline{AB} \times \sin(\overline{AB}\ \text{방위각})$
> $\qquad + \overline{BC} \times \sin(\overline{BC}\ \text{방위각})$
> $\qquad = 100m + 100m \times \sin(80°) + 100m$
> $\qquad \times \sin(130°)$
> $\qquad = 275.08m$

17 A, B, C, D 네 사람이 각각 거리 8km, 12.5km, 18km, 24.5km의 구간을 왕복 수준측량하여 폐합차를 7mm, 8mm, 10mm, 12mm 얻었다면 4명 중에서 가장 정확한 측량을 실시한 사람은?

① A ② B
③ C ④ D

> **해설** 왕복 수준측량 폐합차의 정확도 비교
> $E = \pm e\sqrt{L}$ 에서 정확도 비교는 $e = \pm \dfrac{E}{\sqrt{L}}$ 에 의하여 산정한다.
> ㉠ A의 측량정밀도 : $e_A = \pm \dfrac{7}{\sqrt{16}} = \pm 1.75mm$
> ㉡ B의 측량정밀도 : $e_B = \pm \dfrac{8}{\sqrt{25}} = \pm 1.60mm$
> ㉢ C의 측량정밀도 : $e_C = \pm \dfrac{10}{\sqrt{36}} = \pm 1.67mm$
> ㉣ D의 측량정밀도 : $e_D = \pm \dfrac{12}{\sqrt{49}} = \pm 1.71mm$
> ∴ 1km당 오차가 가장 작은 B관측이 가장 정확한 측량이다.

18 항공사진의 특수 3점에 해당되지 않는 것은?

① 주점 ② 연직점
③ 등각점 ④ 표정점

> **해설** 사진의 특수 3점
> ㉠ 주점(principal point) : 렌즈의 중심으로부터 화면에 내린 수선의 자리로 렌즈의 광축과 화면이 교차하는 점
> ㉡ 연직점(nadir point) : 중심 투영점 O를 지나는 중력선이 사진면과 마주치는 점
> ㉢ 등각점(isocenter) : 사진면에 직교되는 광선과 중력선이 이루는 각을 2등분하는 광선이 사진면에 마주치는 점

19 수준점 A, B, C에서 수준측량을 하여 P점의 표고를 얻었다. 관측거리를 경중률로 사용한 P점 표고의 최확값은?

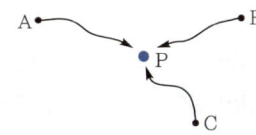

노선	P점 표고값	노선거리
A → P	57.583m	2km
B → P	57.700m	3km
C → P	57.680m	4km

① 57.641m ② 57.649m
③ 57.654m ④ 57.706m

> **해설** 경중률을 고려한 표고의 계산
> ㉠ 경중률은 노선의 거리에 반비례한다.
> $$P_A : P_B : P_C = \frac{1}{2} : \frac{1}{3} : \frac{1}{4}$$
> $$= \left(\frac{1}{2} : \frac{1}{3} : \frac{1}{4}\right) \times 12$$
> $$= 6 : 4 : 3$$
> ㉡ 최확값은 경중률을 고려하여 계산한다.
> $$최확값(h) = \frac{P_A \times h_A + P_B \times h_B + P_C \times h_C}{P_A + P_B + P_C}$$
> $$= 57.6 + \frac{6 \times (-17) + 4 \times 100 + 3 \times 800}{6 + 4 + 3} \times 10^{-3}$$
> $$= 57.641m$$

20 지구상에서 50km 떨어진 두 점의 거리를 지구곡률을 고려하지 않은 평면측량으로 수행한 경우의 거리 오차는? (단, 지구의 반경은 6,370km이다.)

① 0.257m ② 0.138m
③ 0.069m ④ 0.005m

> **해설** 측지학의 분류
> 거리의 허용정밀도
> $$\frac{d-D}{D} = \frac{1}{12}\left(\frac{D}{R}\right)^2 = \frac{1}{12}\left(\frac{50}{6,370}\right)^2$$
> $$= \frac{1}{194,769.12}$$
> 거리오차
> $$d - D = \frac{d-D}{D} \times D = \frac{1}{194,769.12} \times 50km$$
> $$= 0.000257km = 0.257m$$

정답 19. ① 20. ①

2018 제3회 토목기사 기출문제

2018년 8월 19일 시행

01 트래버스 ABCD에서 각 측선에 대한 위거와 경거 값이 아래 표와 같을 때, 측선 BC의 배횡거는?

측선	위거(m)	경거(m)
AB	+75.39	+81.57
BC	-33.57	+18.78
CD	-61.43	-45.60
CA	+44.61	-52.65

① 81.57m
② 155.10m
③ 163.14m
④ 181.92m

해설 배횡거의 계산

배횡거＝하나 앞 측선의 배횡거＋하나 앞 측선의 조정 경거＋해당 측선의 조정경거

측선	위거(m)	경거(m)	배횡거(m)
AB	+75.39	+81.57	+81.57
BC	-33.57	+18.78	+181.92
CD	-61.43	-45.60	+155.10
DA	+44.61	-52.65	+56.85

02 DGPS를 적용할 경우 기지점과 미지점에서 측정한 결과로부터 공통오차를 상쇄시킬 수 있기 때문에 측량의 정확도를 높일 수 있다. 이때 상쇄되는 오차요인이 아닌 것은?

① 위성의 궤도정보오차
② 다중경로오차
③ 전리층 신호지연
④ 대류권 신호지연

해설 다중경로오차(multipath)의 특징

다중경로오차(Multipath)는 GPS 위성의 신호가 수신기에 수신되기 전에 건물이나 지형 등에 반사되어 수신되므로 발생하는 오차로서 기준국과 이동국의 거리의 문제가 아닌 수신기 주변에 반사물질의 유무와 관계가 있는 사항이다.

03 사진축척이 1 : 5,000이고 종중복도가 60%일 때 촬영기선의 길이는? (단, 사진크기는 23cm×23cm 이다.)

① 360m
② 375m
③ 435m
④ 460m

해설 촬영기선길이의 계산

촬영기선의 길이는 축척, 사진의 크기, 종중복도의 함수이다.
$B = ma(1-p) = 5,000 \times 0.23 \times (1-0.6)$
$= 460m$

04 완화곡선에 대한 설명으로 옳지 않은 것은?

① 모든 클로소이드(clothoid)는 닮은꼴이며 클로소이드 요소는 길이의 단위를 가진 것과 단위가 없는 것이 있다.
② 완화곡선의 접선은 시점에서 원호에, 종점에서 직선에 접한다.
③ 완화곡선의 반경은 그 시점에서 무한대, 종점에서는 원곡선의 반경과 같다.
④ 완화곡선에 연한 곡선반경의 감소율은 캔트(cant)의 증가율과 같다.

해설 완화곡선의 성질

㉠ 완화곡선의 반경은 시점에서 무한대, 종점에서는 원곡선의 반경과 같다.
㉡ 완화곡선의 접선은 시점에서는 직선에, 종점에서는 원호에 접한다.
㉢ 완화곡선의 곡선반경 감소율은 캔트의 증가율과 같다.
㉣ 완화곡선의 편경사의 크기는 곡선의 반경에 반비례하고 설계속도에 비례한다.

정답 1. ④ 2. ② 3. ④ 4. ②

05 삼변측량에 관한 설명 중 틀린 것은?
① 관측요소는 변의 길이뿐이다.
② 관측값에 비하여 조건식이 적은 단점이 있다.
③ 삼각형의 내각을 구하기 위해 cosine 제2법칙을 이용한다.
④ 반각공식을 이용하여 각으로부터 변을 구하여 수직위치를 구한다.

> 해설 **삼변측량의 특징**
> 수직위치를 측정할 수 있는 방법은 수준측량으로 반각공식은 수평거리를 관측하여 내각과 면적을 산정하는 삼변법에 이용된다.

06 교호수준측량에서 A 점의 표고가 55.00m이고 $a_1 = 1.34$m, $b_1 = 1.14$m, $a_2 = 0.84$m, $b_2 = 0.56$m일 때 B 점의 표고는?

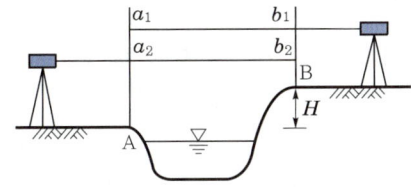

① 55.24m   ② 56.48m
③ 55.22m   ④ 56.42m

> 해설 **교호수준측량을 이용한 표고의 계산**
> 교호수준측량은 양안에서 수준측량한 결과를 평균하여 높이차를 계산하는 관측방법이다.
> $H_B = H_A + \dfrac{1}{2}\{(a_1 - b_1) + (a_2 - b_2)\}$
> $= 55 + \dfrac{1}{2}\{(1.34 - 1.14) + (0.84 - 0.56)\}$
> $= 55.24$m

07 하천측량 시 무제부에서의 평면측량 범위는?
① 홍수가 영향을 주는 구역보다 약간 넓게
② 계획하고자 하는 지역의 전체
③ 홍수가 영향을 주는 구역까지
④ 홍수영향 구역보다 약간 좁게

> 해설 **하천의 평면측량의 범위**
> ㉠ 제방이 있을 때(유제부): 제외지 전체와 제내지에서 300m 이내까지 실시
> ㉡ 제방이 없을 때(무제부): 무제부에 있어서는 홍수 시의 영향을 주는 구역으로부터 100m 정도까지 확대하여 실시
> ㉢ 하천공사: 하구에서 상류의 홍수피해가 미치는 지점까지
> ㉣ 사방공사: 수원지까지
> ㉤ 해운을 위한 하천개수공사: 하구까지

08 어떤 거리를 10회 관측하여 평균 2403.557m의 값을 얻고 잔차의 제곱의 합 8,208mm²를 얻었다면 1회 관측의 평균제곱근오차는?
① ±23.7mm   ② ±25.5mm
③ ±28.3mm   ④ ±30.2mm

> 해설 **1회 관측의 평균제곱근오차(σ)**
> $\sigma = \pm\sqrt{\dfrac{[v^2]}{n-1}} = \pm\sqrt{\dfrac{8,208}{10-1}} = \pm 30.2$mm

09 지반고(h_A)가 123.6m인 A 점에 토털스테이션을 설치하여 B점의 프리즘을 관측하여, 기계고 1.5m, 관측사거리(S) 150m, 수평선으로부터의 고저각(α) 30°, 프리즘고(P_h) 1.5m를 얻었다면 B점의 지반고는?
① 198.0m   ② 198.3m
③ 198.6m   ④ 198.9m

> 해설 **간접수준측량에서의 지반고 계산**
> 시준선은 정준이 되어 평행하므로 시준선 높이에서 A, B점 간의 고저차를 비교하면
> $H_A + h = H_B + P_h - S \times \sin\alpha$에서
> $H_B = H_A + h - P_h + S \times \sin\alpha$
> $= 123.6 + 1.5 - 1.5 + 150 \times \sin 30°$
> $= 198.6$m

정답 5. ④ 6. ① 7. ① 8. ④ 9. ③

10 측량성과표에 측점 A의 진북 방향각은 0°06′17″ 이고, 측점 A에서 측점 B에 대한 평균 방향각은 263°38′26″로 되어 있을 때에 측점 A에서 측점 B에 대한 역방위각은?

① 83°32′09″ ② 83°44′43″
③ 263°32′09″ ④ 263°44′43″

> **해설** 방위각의 계산
> ㉠ AB측선의 방위각
> $= 263°38′26″ - 0°06′17″ = 263°32′09″$
> ㉡ 역방위각은 180° 차이이므로 AB측선의 역방위각 $263°32′09″ - 180° = 83°32′09″$

11 수심이 h인 하천의 평균유속을 구하기 위하여 수면으로부터 $0.2h$, $0.6h$, $0.8h$가 되는 깊이에서 유속을 측량한 결과 0.8m/sec, 1.5m/sec, 1.0m/sec 이었다. 3점법에 의한 평균 유속은?

① 0.9m/sec ② 1.0m/sec
③ 1.1m/sec ④ 1.2m/sec

> **해설** 3점법에 의한 평균유속의 결정
> $$3점법\ V_m = \frac{1}{4}(V_{0.2} + 2V_{0.6} + V_{0.8})$$
> $$= \frac{1}{4}(0.8 + 2 \times 1.5 + 1.0)$$
> $$= 1.2\,\text{m/sec}$$

12 위성에 의한 원격탐사(Remote Sensing)의 특징으로 옳지 않은 것은?

① 항공사진측량이나 지상측량에 비해 넓은 지역의 동시측량이 가능하다.
② 동일 대상물에 대해 반복측량이 가능하다.
③ 항공사진측량을 통해 지도를 제작하는 경우보다 대축척 지도의 제작에 적합하다.
④ 여러 가지 분광 파장대에 대한 측량자료 수집이 가능하므로 다양한 주제도 작성이 용이하다.

> **해설** 원격탐사의 특징
> 사진측량의 축척 $M = \frac{1}{m} = \frac{f}{H}$ 이므로 고도에 반비례하며, 고도가 높을수록 소축척이 된다. 그러므로 원격탐사에 의한 지도는 소축척 지도의 제작에 적합하다.

13 교각이 60°이고 반경이 300m인 원곡선을 설치할 때 접선의 길이(T.L.)는?

① 81.603m ② 173.205m
③ 346.412m ④ 519.615m

> **해설** 접선길이의 계산
> $$접선장\ T.L. = R\tan\frac{I}{2} = 300\text{m} \times \tan\frac{60°}{2}$$
> $$= 173.205\text{m}$$

14 지상 1km²의 면적을 지도상에서 4cm²로 표시하기 위한 축척으로 옳은 것은?

① 1 : 5,000 ② 1 : 50,000
③ 1 : 25,000 ④ 1 : 250,000

> **해설** 면적의 비율을 고려한 면적의 계산
> 면적은 거리의 제곱에 비례한다. 축척은 거리의 함수이므로 축척의 제곱에 면적이 비례한다.
> $\frac{a_2}{a_1} = \left(\frac{m_2}{m_1}\right)^2$ 이므로
> $$M = \frac{m_2}{m_1} = \sqrt{\frac{a_2}{a_1}} = \sqrt{\frac{4\,\text{cm}^2}{1\,\text{km}^2}} = \frac{2\,\text{cm}}{1\,\text{km}}$$
> $$= \frac{2\,\text{cm}}{100,000\,\text{cm}} = \frac{1}{50,000}$$

측량학

15 수준측량에서 레벨의 조정이 불완전하여 시준선이 기포관축과 평행하지 않을 때 생기는 오차의 소거 방법으로 옳은 것은?
① 정위, 반위로 측정하여 평균한다.
② 지반이 견고한 곳에 표척을 세운다.
③ 전시와 후시의 시준거리를 같게 한다.
④ 시작점과 종점에서의 표척을 같은 것을 사용한다.

> **해설** 수준측량에서 전시와 후시의 거리를 같게 하는 것이 좋은 가장 큰 이유는 레벨의 시준선 오차 소거에 있다.
> **전시와 후시거리를 같게 함으로써 제거되는 오차**
> ㉠ 기계오차(시준축오차) : 레벨조정의 불안정
> ㉡ 구차(지구곡률오차)와 기차(대기굴절오차)

16 △ABC의 꼭짓점에 대한 좌표값이 (30, 50), (20, 90), (60, 100)일 때 삼각형 토지의 면적은? (단, 좌표의 단위 : m)
① 500m^2
② 750m^2
③ 850m^2
④ 960m^2

> **해설** 좌표법에 의한 면적의 계산
> 좌표법에 의하여 계산하면 A(30, 50)에서 시작하여 시계 방향으로 다시 A로 폐합)
> $$\frac{30}{50} \times \frac{20}{90} \times \frac{60}{100} \times \frac{30}{50}$$
> $\sum \searrow = (30 \times 90) + (20 \times 100) + (60 \times 50)$
> $\quad = 7{,}700$
> $\sum \swarrow = (20 \times 50) + (60 \times 90) + (30 \times 100)$
> $\quad = 9{,}400$
> $2 \cdot A = \sum \searrow - \sum \swarrow = 7{,}700 - 9{,}400$
> $\quad = -1700$
> [면적은 음수가 나올 수 없으므로 (−)부호 생략]
> $A = \frac{2 \times A}{2} = 850 \text{m}^2$

17 GNSS 상대측위방법에 대한 설명으로 옳은 것은?
① 수신기 1대만을 사용하여 측위를 실시한다.
② 위성과 수신기 간의 거리는 전파의 파장 개수를 이용하여 계산할 수 있다.
③ 위상차의 계산은 단순차, 2중차, 3중차와 같은 차분기법으로는 해결하기 어렵다.
④ 전파의 위상차를 관측하는 방식이나 절대측위방법보다 정확도가 낮다.

> **해설 GNSS 상대측위방법**
> ㉠ 2대 이상의 수신기를 사용하여 측위를 실시한다.
> ㉡ 위성과 수신기 간의 거리는 전파의 파장 개수를 이용하여 계산할 수 있다.
> ㉢ 위상차의 계산은 1중차, 2중차, 3중차와 같은 차분기법을 이용한다.
> ㉣ 전파의 위상차를 관측하는 방식으로 절대측위방법보다 정확도가 높다.

18 노선측량의 일반적인 작업순서로 옳은 것은?

A : 종·횡단측량
B : 중심선측량
C : 공사측량
D : 답사

① A → B → D → C
② D → B → A → C
③ D → C → A → B
④ A → C → D → B

> **해설 노선측량의 일반적인 작업순서**
> 도상계획 – 답사 – 중심선측량 – 종·횡단측량 – 공사측량

정답 15. ③ 16. ③ 17. ② 18. ②

19 삼각형의 토지면적을 구하기 위해 밑변 a와 높이 h를 구하였다. 토지의 면적과 표준오차는? (단, $a = 15 \pm 0.015\text{m}$, $h = 25 \pm 0.025\text{m}$)

① $187.5 \pm 0.04\text{m}^2$ ② $187.5 \pm 0.27\text{m}^2$
③ $375.0 \pm 0.27\text{m}^2$ ④ $375.0 \pm 0.53\text{m}^2$

해설 삼각형에서의 부정오차 전파
㉠ 토지의 면적
$$Y = \frac{1}{2} \times a \times b = 15 \times 25 = 187.5\text{m}^2$$
㉡ 삼각형 토지면적의 부정오차 전파
$$Y = \frac{1}{2} \times a \times b$$
$$\sigma_Y = \pm \frac{1}{2} \sqrt{\left(\frac{\partial Y}{\partial a}\right)^2 \sigma_a^2 + \left(\frac{\partial Y}{\partial b}\right)^2 \sigma_b^2}$$
$$= \pm \frac{1}{2} \sqrt{(b)^2 \sigma_a^2 + (a)^2 \sigma_b^2}$$
$$= \pm \frac{1}{2} \sqrt{(25 \times 0.015)^2 + (15 \times 0.025)^2}$$
$$= \pm 0.27\text{m}^2$$

20 축척 1 : 5,000 수치지형도의 주곡선 간격으로 옳은 것은?

① 5m ② 10m
③ 15m ④ 20m

해설 축척에 따른 등고선의 간격

표시법	축척 종류	1/50,000	1/25,000	1/10,000	1/5,000	1/2,500	1/1,000	1/500
2호실선	계곡선	100	50	25	25	10	5	5
세실선	주곡선	20	10	5	5	2	1	1
세파선	간곡선	10	5	2.5	2.5	1	0.5	0.5
세점선	보조곡선	5	2.5	1.25	1.25	0.5	0.25	0.25

정답 19. ② 20. ①

2019 제1회 토목기사 기출문제

2019년 3월 3일 시행

01 항공사진의 주점에 대한 설명으로 옳지 않은 것은?
① 주점에서는 경사사진의 경우에도 경사각에 관계없이 수직사진의 축척과 같은 축척이 된다.
② 인접사진과의 주점길이가 과고감에 영향을 미친다.
③ 주점은 사진의 중심으로 경사사진에서는 연직점과 일치하지 않는다.
④ 주점은 연직점, 등각점과 함께 항공사진의 특수3점이다.

> **해설** 항공사진상 주점의 특징
> 주점에서는 경사사진의 경우에는 경사각에 대소에 따라 수직사진의 축척과 다른 축척이 된다.

02 철도의 궤도간격 $b=1.067m$, 곡선반경 $R=600m$인 원곡선상을 열차가 100km/h로 주행하려고 할 때 캔트는?
① 100mm
② 140mm
③ 180mm
④ 220mm

> **해설** 캔트의 계산
> $$C = \frac{bV^2}{gR}$$
> 여기서, C: 캔트
> b: 궤도 간격
> V: 설계속도
> g: 중력가속도
> R: 곡선반경
> 단위를 통일하여 계산하는 것이 중요하다. 즉 거리는 m, 시간은 s
> $$C = \frac{1.067 \times \left(\frac{100}{3.6}\right)^2}{9.8 \times 600} = 0.140m = 140mm$$

03 교각(I) 60°, 외선길이(E) 15m인 단곡선을 설치할 때 곡선길이는?
① 85.2m
② 91.3m
③ 97.0m
④ 101.5m

> **해설** 외선길이를 이용한 곡선길이의 계산
> $$E = R\left(\sec\frac{I}{2} - 1\right)$$
> sec 함수는 cos 함수의 역수이므로
> $$R = \frac{E}{\left(\sec\frac{I}{2}-1\right)} = \frac{15}{\left(\frac{1}{\cos\frac{60°}{2}}-1\right)} = 96.96m$$
> $$C.L. = \frac{\pi}{180°}RI = \frac{\pi}{180°} \times 96.96 \times 60°$$
> $$= 101.5m$$

04 수준측량에서 발생하는 오차에 대한 설명으로 틀린 것은?
① 기계의 조정에 의해 발생하는 오차는 전시와 후시의 거리를 같게 하여 소거할 수 있다.
② 표척의 영눈금 오차는 출발점의 표척을 도착점에서 사용하여 소거할 수 있다.
③ 측지삼각수준측량에서 곡률오차와 굴절오차는 그 양이 미소하므로 무시할 수 있다.
④ 기포의 수평조정이나 표척면의 읽기는 육안으로 한계가 있으나 이로 인한 오차는 일반적으로 허용오차 범위 안에 들 수 있다.

> **해설** 구차와 기차의 적용
> 곡률오차(구차)와 굴절오차(기차)는 그 양이 미소하나 측지삼각수준측량에서는 이를 고려하여 정확한 위치결정에 활용한다. 구차와 기차의 합을 양차라 한다.

정답 1. ① 2. ② 3. ④ 4. ③

05 일반적으로 단열삼각망으로 구성하기에 가장 적합한 것은?

① 시가지와 같이 정밀을 요하는 골조측량
② 복잡한 지형의 골조측량
③ 광대한 지역의 지형측량
④ 하천조사를 위한 골조측량

> **해설 삼각망의 종류**
> ㉠ 단열삼각망: 동일 측점 수에 비하여 도달거리가 가장 길기 때문에 폭이 좁고 거리가 먼 지역에 적합하다. 거리에 비하여 관측 수가 적으므로 측량이 신속하고 경비가 적게 드는 반면 정밀도는 낮다.
> ㉡ 유심삼각망: 동일 측점 수에 비하여 피복면적이 가장 넓다. 넓은 지역의 측량에 적당하고, 정밀도는 단열삼각망과 사변형 삼각망의 중간이다.
> ㉢ 사변형 삼각망: 조건식의 수가 가장 많기 때문에 가장 높은 정밀도를 얻을 수 있으나, 조정이 복잡하고 피복면적이 적으며 많은 노력과 시간 그리고 경비가 필요하다. 높은 정밀도를 필요로 하는 측량이나 기선 삼각망 등에 사용된다.

06 삼각측량의 각 삼각점에 있어 모든 각의 관측 시 만족되어야 하는 조건이 아닌 것은?

① 하나의 측점을 둘러싸고 있는 각의 합은 360°가 되어야 한다.
② 삼각망 중에서 임의의 한 변의 길이는 계산의 순서에 관계없이 같아야 한다.
③ 삼각망 중 각각 삼각형 내각의 합은 180°가 되어야 한다.
④ 모든 삼각점의 포함면적은 각각 일정하여야 한다.

> **해설 삼각망 조정의 3조건**
> ㉠ 각조건: 삼각망 중 각각 3각형 내각의 합은 180°가 될 것
> ㉡ 변조건: 삼각망 중에서 임의의 한 변의 길이는 계산순서에 관계없이 동일할 것
> ㉢ 점조건(측점조건): 한 측점 주위에 있는 모든 각의 총합은 360°가 될 것

07 초점거리 20cm의 카메라로 평지로부터 6,000m의 촬영고도로 찍은 연직사진이 있다. 이 사진에 찍혀 있는 평균표고 500m인 지형의 사진 축척은?

① 1 : 5,000
② 1 : 27,500
③ 1 : 29,750
④ 1 : 30,000

> **해설 항공사진의 축척 계산**
> 사진의 축척은 초점거리에 비례하고, 촬영고도에 반비례한다.
> $M = \dfrac{1}{m} = \dfrac{f}{H}$ 이며 비고가 있는 경우
> $M = \dfrac{f}{H-h} = \dfrac{0.2\,\text{m}}{6,000\,\text{m} - 500\,\text{m}} = \dfrac{1}{27,500}$

08 수준측량의 야장기입법에 관한 설명으로 옳지 않은 것은?

① 야장기입법에는 고차식, 기고식, 승강식이 있다.
② 고차식은 단순히 출발점과 끝점의 표고차만 알고자 할 때 사용하는 방법이다.
③ 기고식은 계산과정에서 완전한 검산이 가능하여 정밀한 측량에 적합한 방법이다.
④ 승강식은 앞 측점의 지반고에 해당 측점의 승강을 합하여 지반고를 계산하는 방법이다.

> **해설 수준측량 야장기입법**
> ㉠ 고차식: 중간점 없이 이기점 전시와 후시만 관측된 야장으로 가장 간단하다.
> ㉡ 승강식: 완전한 검사로 정밀측량에 적당하나, 중간점이 많으면 계산이 복잡하고 시간과 비용이 많이 든다.
> ㉢ 기고식: 중간점이 많을 경우 편리하나 완전한 검산을 할 수 없는 단점에도 가장 많이 사용되는 방법이다.

정답 5. ④ 6. ④ 7. ② 8. ③

09 위성측량의 DOP(Dilution of Precision)에 관한 설명 중 옳지 않은 것은?

① 기하학적 DOP(GDOP), 3차원 위치 DOP(PDOP), 수직위치 DOP(VDOP), 평면위치 DOP(HDOP), 시간 DOP(TDOP) 등이 있다.
② DOP는 측량할 때 수신 가능한 위성의 궤도 정보를 항법메시지에서 받아 계산할 수 있다.
③ 위성측량에서 DOP가 작으면 클 때보다 위성의 배치상태가 좋은 것이다.
④ 3차원 위치 DOP(PDOP)는 평면위치 DOP(HDOP)와 수직위치 DOP(VDOP)의 합으로 나타난다.

해설 **DOP(정밀도 저하율)**
㉠ 위성의 배치에 따른 정밀도 저하율을 의미한다.
㉡ 높은 DOP는 위성의 기하학적 배치 상태가 나쁘다는 것을 의미한다.
㉢ 수신기를 가운데 두고 4개의 위성이 정사면체를 이룰 때, 즉 최대 체적일 때 GDOP, PDOP 등이 최소가 된다.
㉣ DOP 상태가 좋지 않을 때는 정밀 측량을 피하는 것이 좋다.
㉤ PDOP= $\sqrt{q_{xx}^2 + q_{yy}^2 + q_{zz}^2}$

10 완화곡선에 대한 설명으로 옳지 않은 것은?

① 곡선반경은 완화곡선의 시점에서 무한대, 종점에서 원곡선의 반경으로 된다.
② 완화곡선의 접선은 시점에서 직선에, 종점에서 원호에 접한다.
③ 완화곡선에 연한 곡선반경의 감소율은 캔트의 증가율의 2배가 된다.
④ 완화곡선 종점의 캔트는 원곡선의 캔트와 같다.

해설 **완화곡선의 성질**
㉠ 완화곡선의 반경은 시점에서 무한대, 종점에서는 원곡선의 반경과 같다.
㉡ 완화곡선의 접선은 시점에서는 직선에, 종점에서는 원호에 접한다.
㉢ 완화곡선의 곡선반경 감소율은 캔트의 증가율과 같다.
㉣ 완화곡선의 편경사의 크기는 곡선의 반경에 반비례하고 설계속도에 비례한다.

11 축척 1 : 500 지형도를 기초로 하여 축척 1 : 5,000의 지형도를 같은 크기로 편찬하려 한다. 축척 1 : 5,000 지형도의 1장을 만들기 위한 축척 1 : 500 지형도의 매수는?

① 50매   ② 100매
③ 150매   ④ 250매

해설 **축척을 이용한 도면매수의 계산**
면적은 거리의 제곱에 비례하고, 도엽수는 면적의 함수이므로 도엽수는 축척의 제곱에 비례함을 알 수 있다.
$\frac{1}{500}$ 은 $\frac{1}{5,000}$ 에 비해 거리가 10배의 관계이고 면적은 $10^2=100$이므로 100매임을 알 수 있다.

12 거리와 각을 동일한 정밀도로 관측하여 다각측량을 하려고 한다. 이때 각측량기의 정밀도가 10″라면 거리측량기의 정밀도는 약 얼마 정도이어야 하는가?

① 1/15,000   ② 1/18,000
③ 1/21,000   ④ 1/25,000

해설 **각의 정밀도와 거리정밀도의 관계**
㉠ 각측량기의 정밀도가 10″라는 의미는 1라디안에 대한 각오차를 의미
㉡ 각오차와 거리오차가 균형을 이루므로
거리오차의 정밀도= $\frac{10″}{\rho″} = \frac{10″}{206,265″}$
$\fallingdotseq \frac{1}{21,000}$

13 지오이드(Geoid)에 대한 설명으로 옳은 것은?

① 육지와 해양의 지형면을 말한다.
② 육지 및 해저의 요철(凹凸)을 평균한 매끈한 곡면이다.
③ 회전타원체와 같은 것으로서 지구의 형상이 되는 곡면이다.
④ 평균해수면을 육지 내부까지 연장했을 때의 가상적인 곡면이다.

정답 9. ④ 10. ③ 11. ② 12. ③ 13. ④

> **해설** 지오이드(geoid)의 정의 및 특징
> ㉠ 정의: 평균해수면을 육지로 연장시켜 지구물체를 둘러싸고 있다고 가정한 곡면
> ㉡ 특징
> • 지오이드는 등퍼텐셜면이다.
> • 지오이드는 연직선 중력 방향에 직교한다.
> • 지오이드는 불규칙한 지형이다.
> • 지오이드는 위치에너지($E=mgh$)가 0이다.
> • 지오이드는 육지에서는 회전타원체 위에 존재하고, 바다에서는 회전타원체면 아래에 존재한다.

14 평야지대에서 어느 한 측점에서 중간 장애물이 없는 26km 떨어진 측점을 시준할 때 측점에 세울 표척의 최소 높이는? (단, 굴절계수는 0.14이고 지구곡률반경은 6,370km이다.)

① 16m ② 26m
③ 36m ④ 46m

> **해설** 양차를 이용한 최소높이의 계산
> 지구의 곡률과 대기굴절을 모두 고려하려면 양차를 적용하여 계산한다.
> $h = \dfrac{S^2(1-k)}{2R}$ 에서
> $h = \dfrac{(26\text{km})^2(1-0.14)}{2\times 6{,}370\text{km}} = 0.0456\text{km} \fallingdotseq 46\text{m}$

15 다각측량 결과 측점 A, B, C의 합위거, 합경거가 표와 같다면 삼각형 ABC의 면적은?

측점	합위거(m)	합경거(m)
A	100.0	100.0
B	400.0	100.0
C	100.0	500.0

① 40,000m² ② 60,000m²
③ 80,000m² ④ 120,000m²

> **해설** 합위거, 합경거를 이용한 면적의 계산
> 합위거와 합경거는 X, Y좌표에 해당하므로 좌표법에 의하여 계산하면 A(100, 100)에서 시작하여 시계 방향으로 다시 A로 폐합)
> $\dfrac{100}{100} \times \dfrac{400}{100} \times \dfrac{100}{500} \times \dfrac{100}{100}$
> $\sum\searrow = (100\times 100)+(400\times 500)+(100\times 100)$
> $= 220{,}000$
> $\sum\swarrow = (400\times 100)+(100\times 100)+(100\times 500)$
> $= 100{,}000$
> $2\cdot A = \sum\searrow - \sum\swarrow$
> $= 220{,}000 - 100{,}000 = 120{,}000$
> $A = \dfrac{2\times A}{2} = 60{,}000\text{m}^2$

16 A, B, C 세 점에서 P점의 높이를 구하기 위해 직접수준측량을 실시하였다. A, B, C점에서 구한 P점의 높이는 각각 325.13m, 325.19m, 325.02m이고 AP=BP=1km, CP=3km일 때 P점의 표고는?

① 325.08m ② 325.11m
③ 325.14m ④ 325.21m

> **해설** 경중률을 고려한 표고의 계산
> ㉠ 경중률은 노선의 거리에 반비례한다.
> $P_A : P_B : P_C = \dfrac{1}{1} : \dfrac{1}{1} : \dfrac{1}{3} = 3:3:1$
> ㉡ 최확값은 경중률을 고려하여 계산한다.
> 최확값 $= \dfrac{P_A L_A + P_B L_B + P_C L_C}{P_A + P_B + P_C}$
> $= 325\text{m} + \dfrac{3\times 13 + 3\times 19 + 1\times 2}{3+3+1}\text{cm}$
> $= 325.14\text{m}$

17 비행장이나 운동장과 같이 넓은 지형의 정지공사시에 토량을 계산하고자 할 때 적당한 방법은?

① 점고법 ② 등고선법
③ 중앙단면법 ④ 양단면 평균법

정답 14. ④ 15. ② 16. ③ 17. ①

해설 **점고법에 의한 토량의 계산의 적용**
비행장이나 운동장과 같이 넓은 지형의 정지공사에서 개략적인 토공량을 계산하려면 일반적으로 점고법을 사용한다.

18 방위각 265°에 대한 측선의 방위는?
① S85°W ② E85°W
③ N85°E ④ E85°N

해설 **방위의 계산**
방위각이 265°이면 3상한이므로
측선의 방위=S(방위각-180°)W=S(85°)W

19 100m²인 정사각형 토지의 면적을 0.1m²까지 정확하게 구현하고자 한다면 이에 필요한 거리관측의 정확도는?
① 1/2,000 ② 1/1,000
③ 1/500 ④ 1/300

해설 **면적측량 정확도의 계산**
㉠ 면적이 100m²인 정사각형의 토지의 한 변의 길이($L^2 = A$)
$L = \sqrt{100\text{m}^2} = 10\text{m}$
㉡ 변길이 정확도의 2배가 면적의 정확도이므로
$\dfrac{dA}{A} = 2 \times \dfrac{dl}{l}$ 에서 $\dfrac{0.1\text{m}^2}{100\text{m}^2} = 2 \times \dfrac{dl}{d}$
$\dfrac{dl}{d} = \dfrac{0.1\text{m}^2}{100\text{m}^2} \times \dfrac{1}{2} = \dfrac{1}{2,000}$

20 지형측량에서 지성선(地性線)에 대한 설명으로 옳은 것은?
① 등고선이 수목에 가려져 불명확할 때 이어주는 선을 의미한다.
② 지모(地貌)의 골격이 되는 선을 의미한다.
③ 등고선에 직각방향으로 내려 그은 선을 의미한다.
④ 곡선(谷線)이 합류되는 점들을 서로 연결한 선을 의미한다.

해설 **지성선의 특성**
지성선은 지표면이 다수의 평면으로 구성되었다고 할 때 평면 간 접합부, 즉 접선을 말하며 지모의 골격이 되는 선으로 지세선이라고도 한다.

정답 18. ① 19. ① 20. ②

2019 제2회 토목기사 기출문제

📝 2019년 4월 27일 시행

01 사진측량에 대한 설명 중 틀린 것은?
① 항공사진의 축척은 카메라의 초점거리에 비례하고, 비행고도에 반비례한다.
② 촬영고도가 동일한 경우 촬영기선길이가 증가하면 중복도는 낮아진다.
③ 입체시된 영상의 과고감은 기선고도비가 클수록 커지게 된다.
④ 과고감은 지도축척과 사진축척의 불일치에 의해 나타난다.

해설 과고감의 특징
㉠ 입체사진에서 높이감이 수평감보다 크게 나타나는 정도를 의미하며, 산과 건물의 높이가 실제보다 과장되어 보이는 현상이다.
㉡ 과고감은 기선고도비에 비례한다.
$$\frac{B}{H} = \frac{ma(1-p)}{mf} = \frac{a(1-p)}{f}$$
㉢ 과고감은 기선의 길이, 축척의 분모수, 눈의 위치에 비례, 초점거리, 촬영고도에 반비례한다.

02 캔트(cant)의 크기가 C인 노선의 곡선반경을 2배로 증가시키면 새로운 캔트 C'의 크기는?
① $0.5C$
② C
③ $2C$
④ $4C$

해설 캔트의 계산
$$C = \frac{bV^2}{gR}$$
여기서, C: 캔트, b: 궤도 간격, V: 설계속도, g: 중력가속도, R: 곡선반경
속도와 반경이 2배로 변화할 경우 캔트의 계산
$$C = \frac{bV^2}{g(2R)} = \frac{1}{2} \times \frac{bV^2}{gR} = \frac{1}{2}C$$
∴ 1/2배로 감소한다.

03 대상구역을 삼각형으로 분할하여 각 교점의 표고를 측량한 결과가 그림과 같을 때 토공량은? (단위: m)

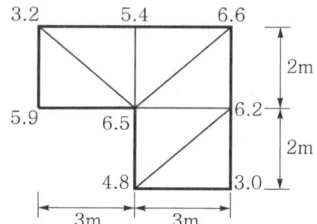

① 98m³
② 100m³
③ 102m³
④ 104m³

해설 삼각형 점고법에 의한 토량의 계산
$$V = \frac{ab}{6}(\Sigma h_1 + 2\Sigma h_2 + 3\Sigma h_3 + 4\Sigma h_4 + 5\Sigma h_5 + 6\Sigma h_6)$$
$$= \frac{3 \times 2}{6}\{(5.9 + 3.0) + 2(3.2 + 5.4 + 6.6 + 4.8 + 4.8) + 3(6.2) + 5(6.5)\}$$
$$= 100\,\text{m}^3$$

04 수심 h인 하천의 수면으로부터 $0.2h$, $0.6h$, $0.8h$인 곳에서 각각의 유속을 측정한 결과, 0.562m/sec, 0.497m/sec, 0.364m/sec이었다. 3점법을 이용한 평균유속은?
① 0.45m/sec
② 0.48m/sec
③ 0.51m/sec
④ 0.54m/sec

해설 3점법에 의한 평균유속의 결정
3점법 $V_m = \frac{1}{4}(V_{0.2} + 2V_{0.6} + V_{0.8})$
$= \frac{1}{4}(0.562 + 2 \times 0.497 + 0.364)$
$= 0.48\,\text{m/sec}$

정답 1. ④ 2. ① 3. ② 4. ②

05 그림과 같은 단면의 면적은? (단, 좌표의 단위는 m이다.)

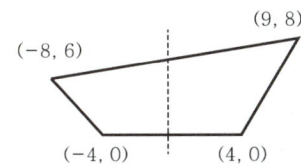

① 174m² ② 148m²
③ 104m² ④ 87m²

해설 좌표법에 의한 면적의 계산

$$\frac{-4}{0} \times \frac{-8}{6} \times \frac{9}{8} \times \frac{4}{0} \times \frac{-4}{0}$$

$\sum \searrow = (-4 \times 6) + (-8 \times 8) = -88$
$\sum \nearrow = (9 \times 6) + (4 \times 8) = 86$
$2 \times A = \sum \searrow - \sum \nearrow = -88 - 86 = -174$
[면적은 음수가 나올 수 없으므로 (-)부호 생략]
$A = \frac{2 \times A}{2} = \frac{174}{2} = 87 m^2$

06 각의 정밀도가 ±20″인 각측량기로 각을 관측할 경우, 각오차와 거리오차가 균형을 이루기 위한 줄자의 정밀도는?

① 약 1/10,000 ② 약 1/50,000
③ 약 1/100,000 ④ 약 1/500,000

해설 거리측량과 각측량의 정확도
㉠ 각의 정밀도가 ±20″이라는 의미는 1라디안에 대한 각오차를 의미
㉡ 각오차와 거리오차가 균형을 이루므로
거리오차의 정밀도 $= \frac{\pm 20''}{\rho''} = \frac{20''}{206,265''}$
$\fallingdotseq \frac{1}{10,000}$

07 노선의 곡선반경이 100m, 곡선길이가 20m일 경우 클로소이드(clothoid)의 매개변수(A)는?

① 22m ② 40m
③ 45m ④ 60m

해설 클로소이드 매개변수의 계산
$A^2 = R \cdot L$ 에서
$A = \sqrt{RL} = \sqrt{100 \times 20} \fallingdotseq 45m$

08 수준점 A, B, C에서 P점까지 수준측량을 한 결과가 표와 같다. 관측거리에 대한 경중률을 고려한 P점의 표고는?

측량경로	거리	P점의 표고
A → P	1km	135.487m
B → P	2km	135.563m
C → P	3km	135.603m

① 135.529m ② 135.551m
③ 135.563m ④ 135.570m

해설 경중률을 고려한 표고의 계산
㉠ 경중률은 노선의 거리에 반비례한다.
$P_A : P_B : P_C = \frac{1}{1} : \frac{1}{2} : \frac{1}{3} = 6 : 3 : 2$
㉡ 최확값은 경중률을 고려하여 계산한다.
최확값(h)
$= \frac{P_A \times h_A + P_B \times h_B + P_C \times h_C}{P_A + P_B + P_C}$
$= 135.5m + \frac{6 \times (-13) + 3 \times 63 + 2 \times 103}{6 + 3 + 2}mm$
$= 135.529m$

09 그림과 같이 교호수준측량을 실시한 결과, $a_1 = 3.835m$, $b_1 = 4.264m$, $a_2 = 2.375m$, $b_2 = 2.812m$이었다. 이때 양안의 두 점 A와 B의 높이차는? (단, 양안에서 시준점과 표척까지의 거리 CA = DB)

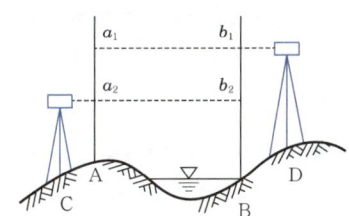

① 0.429m ② 0.433m
③ 0.437m ④ 0.441m

정답 5. ④ 6. ① 7. ③ 8. ① 9. ②

> **[해설] 교호수준측량을 이용한 표고의 계산**
> 교호수준측량은 양안에서 수준측량한 결과를 평균하여 높이차를 계산하는 관측방법이다.
> $H_B = H_A + \frac{1}{2}\{(a_1 - b_1) + (a_2 - b_2)\}$ 에서
> $\Delta H = H_B - H_A = \frac{1}{2}\{(a_1 - b_1) + (a_2 - b_2)\}$
> $= \frac{1}{2}\{(3.835 - 4.264) + (2.375 - 2.812)\}$
> $= 0.433\text{m}$

10 GNSS가 다중주파수(multi frequency)를 채택하고 있는 가장 큰 이유는?

① 데이터 취득 속도의 향상을 위해
② 대류권지연 효과를 제거하기 위해
③ 다중경로오차를 제거하기 위해
④ 전리층지연 효과의 제거를 위해

> **[해설] GNSS가 다중주파수를 채택하는 가장 큰 이유**
> GNSS 측량에서 2중주파수, 다중주파수의 수신기를 사용하는 이유는 전리층지연의 효과를 제거하기 위해서이다.

11 트래버스 측량(다각측량)의 종류와 그 특징으로 옳지 않은 것은?

① 결합 트래버스는 삼각점과 삼각점을 연결시킨 것으로 조정계산 정확도가 가장 높다
② 폐합 트래버스는 한 측점에서 시작하여 다시 그 측점에 돌아오는 관측 형태이다.
③ 폐합 트래버스는 오차의 계산 및 조정이 가능하나, 정확도는 개방 트래버스보다 낮다.
④ 개방 트래버스는 임의의 한 측점에서 시작하여 다른 임의의 한 점에서 끝나는 관측 형태이다.

> **[해설] 트래버스 측량의 정확도 비교**
> 트래버스 측량의 정확도는 결합 트래버스 > 폐합 트래버스 > 개방 트래버스의 순이다.

12 트래버스 측량(다각측량)의 폐합오차 조정방법 중 컴퍼스 법칙에 대한 설명으로 옳은 것은?

① 각과 거리의 정밀도가 비슷할 때 실시하는 방법이다.
② 위거와 경거의 크기에 비례하여 폐합오차를 배분한다.
③ 각 측선의 길이에 반비례하여 폐합오차를 배분한다.
④ 거리보다는 각의 정밀도가 높을 때 활용하는 방법이다.

> **[해설] 트래버스의 조정**
> ㉠ 컴퍼스 법칙 : 각측량의 정도와 거리측량의 정도가 동일할 때 사용하며, 각측선의 길이에 비례하여 폐합오차를 배분한다.
> ㉡ 트랜싯 법칙 : 각측량의 정도가 거리측량의 정도보다 정도가 좋을 때 사용하며, 위거와 경거의 크기에 비례하여 폐합오차를 배분한다.

13 삼각망 조정계산의 경우에 하나의 삼각형에 발생한 각오차의 처리방법은? (단, 각관측 정밀도는 동일하다.)

① 각의 크기에 관계없이 동일하게 배분한다.
② 대변의 크기에 비례하여 배분한다.
③ 각의 크기에 반비례하여 배분한다.
④ 각의 크기에 비례하여 배분한다.

> **[해설] 삼각측량 각오차 처리방법**
> 삼각망의 조정계산에서 각오차의 배분은 각의 크기에 관계없이 동일하게 배분(등분배)한다.

정답 10. ④ 11. ③ 12. ① 13. ①

14 종단수준측량에서는 중간점을 많이 사용하는 이유로 옳은 것은?

① 중심말뚝의 간격이 20m 내외로 좁기 때문에 중심말뚝을 모두 전환점으로 사용할 경우
② 중간점을 많이 사용하고 기고식 야장을 작성할 경우 완전한 검산이 가능하여 종단수준측량의 정확도를 높일 수 있기 때문이다.
③ B.M.점 좌우의 많은 점을 동시에 측량하여 세밀한 종단면도를 작성하기 위해서이다.
④ 핸드레벨을 이용한 작업에 적합한 측량방법이기 때문이다.

> 해설 **종단수준측량에서 중간점을 많이 사용하는 이유**
> 종단수준측량에서 중간점을 많이 사용하는 이유는 중심말뚝의 간격이 20m 내외에도 다양한 지형의 변화가 발생하므로 중심말뚝을 모두 전환점으로 사용할 경우에 중간점을 많이 사용하게 된다.

15 표고 또는 수심을 숫자로 기입하는 방법으로 하천이나 항만 등에서 수심을 표시하는 데 주로 사용되는 방법은?

① 영선법　　② 채색법
③ 음영법　　④ 점고법

> 해설 **지형도 표시방법 중 부호도법**
> ㉠ 점고법 : 하천, 항만, 해양측량 등에서 심천측량을 한 측점에 숫자를 기입하여 고저를 표시하는 방법
> ㉡ 채색법 : 색조를 이용하여 고저를 표시하는 방법
> ㉢ 등고선법 : 일정한 높이의 수평면으로 지형을 절단했을 때의 잘린 면의 곡선을 이용하여 지형을 표시

16 그림과 같은 유심삼각망에서 점조건 조정식에 해당하는 것은?

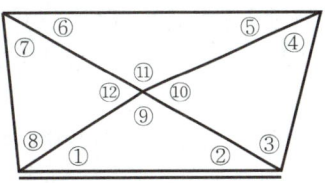

① (①+②+⑨)=180°
② (①+②)=(⑤+⑥)
③ (⑨+⑩+⑪+⑫)=360°
④ (①+②+③+④+⑤+⑥+⑦+⑧)=360°

> 해설 **유심삼각망의 조정조건**
> ㉠ 각조건 : 삼각형 내각의 합은 180°
> ㉡ 점조건 : 한 점 주위의 각의 합은 360° : (⑨+⑩+⑪+⑫)=360°
> ㉢ 변조건 : 어느 방향으로 거리를 계산하여도 동일한 거리이어야 함

17 120m의 측선을 30m 줄자로 관측하였다. 1회 관측에 따른 우연오차가 ±3mm이었다면, 전체 거리에 대한 오차는?

① ±3mm　　② ±6mm
③ ±9mm　　④ ±12mm

> 해설 **거리측량의 오차의 전파**
> 정오차는 관측횟수에 비례하고, 우연오차(부정오차)는 관측횟수의 제곱근에 비례한다.
> ㉠ 관측횟수=$\frac{120\text{m}}{30\text{m}}$=4회
> ㉡ 전체 거리의 우연오차=±3mm$\sqrt{4}$=±6mm

정답　14. ①　15. ④　16. ③　17. ②

18 완화곡선에 대한 설명으로 틀린 것은?
① 곡선반경은 완화곡선의 시점에서 무한대, 종점에서 원곡선의 반경이 된다.
② 완화곡선에 연한 곡선반경의 감소율은 캔트의 증가율과 같다.
③ 완화곡선의 접선은 시점에서 원호에, 종점에서 직선에 접한다.
④ 종점에 있는 캔트는 원곡선의 캔트와 같게 된다.

> 해설 **완화곡선의 성질**
> ㉠ 완화곡선의 반경은 시점에서 무한대, 종점에서는 원곡선의 반경과 같다.
> ㉡ 완화곡선의 접선은 시점에서는 직선에, 종점에서는 원호에 접한다.
> ㉢ 완화곡선의 곡선반경 감소율은 캔트의 증가율과 같다.
> ㉣ 완화곡선의 편경사의 크기는 곡선의 반경에 반비례하고 설계속도에 비례한다.

19 축척 1 : 500 지형도를 기초로 하여 축척 1 : 3,000 지형도를 제작하고자 한다. 축척 1 : 3,000 도면 한 장에 포함되는 축척 1 : 500 도면의 매수는? (단, 1 : 500 지형도와 1 : 3,000 지형도의 크기는 동일하다.)
① 16매　② 25매
③ 36매　④ 49매

> 해설 **축척을 이용한 도면매수의 계산**
> 면적은 거리의 제곱에 비례하고, 도엽수는 면적의 함수이므로 도엽수는 축척의 제곱에 비례함을 알 수 있다.
> $\frac{1}{500}$은 $\frac{1}{3,000}$에 비해 거리가 6배의 관계이고 면적은 $6^2 = 36$이므로 36매임을 알 수 있다.

20 지오이드(Geoid)에 관한 설명으로 틀린 것은?
① 중력장 이론에 의한 물리적 가상면이다.
② 지오이드면과 기준타원체면은 일치한다.
③ 지오이드는 어느 곳에서나 중력 방향과 수직을 이룬다.
④ 평균 해수면과 일치하는 등퍼텐셜면이다.

> 해설 **지오이드(Geoid)의 정의 및 특징**
> 지오이드는 평균해수면을 육지로 연장시켜 지구 물체를 둘러싸고 있다고 가정한 곡면이며, 일반적으로 육지에서는 타원체의 위에, 해양에서는 타원체 아래에 위치하며, 타원체와 일치하지 않는다.

2019 제3회 토목기사 기출문제

2019년 8월 4일 시행

01 축척 1:2,000의 도면에서 관측한 면적이 2,500m² 이었다. 이때, 도면의 가로와 세로가 각각 1% 줄었다면 실제 면적은?

① 2,451m² ② 2,475m²
③ 2,525m² ④ 2,550m²

> **해설** 면적에 대한 오차의 계산
>
> 도면이 줄어있는 상태로 관측한 면적에 대한 실제 면적을 구하는 것이므로 실제면적은 면적오차를 구하여 (+)로 적용한다.
>
> $A_0 = A \pm \Delta A \quad \therefore \Delta A = \pm 2 \times \dfrac{\Delta l}{l} \times A$
>
> 면적오차 $\Delta A = 2 \times \dfrac{1}{100} \times 2{,}500\text{m}^2 = 50\text{m}^2$
>
> 실제면적 $A_0 = A \pm \Delta A = 2{,}500 + 50$
> $\qquad\qquad\quad = 2{,}550\text{m}^2$

02 삼각수준측량에 의해 높이를 측정할 때 기지점과 미지점의 쌍방에서 연직각을 측정하여 평균하는 이유는?

① 연직축오차를 최소화하기 위하여
② 수평분도원의 편심오차를 제거하기 위하여
③ 연직분도원의 눈금오차를 제거하기 위하여
④ 공기의 밀도변화에 의한 굴절오차의 영향을 소거하기 위하여

> **해설** 수준측량 오차의 최소화 방법
>
> 삼각수준측량에 의해 높이를 측정할 때 기지점과 미지점의 쌍방에서 연직각을 측정하여 평균하는 이유는 공기의 밀도변화에 의한 굴절오차의 영향을 소거하기 위해서이다.

03 삼각점 C에 기계를 세울 수 없어서 2.5m를 편심하여 B에 기계를 설치하고 $T'=31°15'40''$를 얻었다면 T는? (단, $\phi=300°20'$, $S_1=2\text{km}$, $S_2=3\text{km}$)

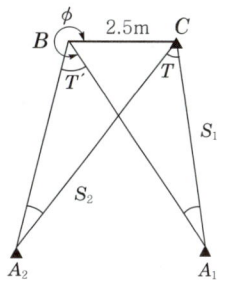

① 31°14′49″ ② 31°15′18″
③ 31°15′29″ ④ 31°15′41″

> **해설** 편심각의 계산
>
> ㉠ $\angle x_1$의 계산
>
> $\dfrac{e}{\sin x_1} = \dfrac{S_1}{\sin(360°-\phi)}$ 에서
>
> $\sin x_1 = \dfrac{e}{S_1}\sin(360°-\phi)$
>
> $x_1 = \sin^{-1}\left[\dfrac{2.5}{2{,}000}\sin(360°-300°20')\right]$
> $\quad = 0°03'43''$
>
> ㉡ $\angle x_2$의 계산
>
> $\dfrac{e}{\sin x_2} = \dfrac{S_2}{\sin(360°-\phi+T')}$ 에서
>
> $\sin x_2 = \dfrac{e}{S_2}\sin(360°-\phi+T')$
>
> $x_2 = \sin^{-1}\left[\dfrac{2.5}{3{,}000}\sin(360°-300°20'+31°15'40'')\right]$
> $\quad = 0°02'52''$
>
> ㉢ $T = T' + x_2 - x_1$
> $\quad = 31°15'40'' + 0°02'52'' - 0°03'43''$
> $\quad = 31°14'49''$

정답 1. ④ 2. ④ 3. ①

04 시가지에서 25변형 트래버스 측량을 실시하여 2′50″의 각관측오차가 발생하였다면 오차의 처리방법으로 옳은 것은? (단, 시가지의 측각 허용범위 $=\pm 20''\sqrt{n}\sim 30''\sqrt{n}$, 여기서 n은 트래버스의 측점 수)

① 오차가 허용오차 이상이므로 다시 관측하여야 한다.
② 변의 길이의 역수에 비례하여 배분한다.
③ 변의 길이에 비례하여 배분한다.
④ 각의 크기에 따라 배분한다.

> **해설** 다각측량의 각오차 처리방법
> ㉠ 폐합 트래버스의 허용오차:
> $20''\sqrt{n}\sim 30''\sqrt{n}$
> $=100''\sim 150''(1'40''\sim 2'30'')$
> ㉡ 측각오차: 2′50″
> ㉢ 허용오차의 범위를 벗어나므로 다시 관측하여야 한다.

05 완화곡선 중 클로소이드에 대한 설명으로 옳지 않은 것은? (단, R: 곡선반경, L: 곡선길이)

① 클로소이드는 곡률이 곡선길이에 비례하여 증가하는 곡선이다.
② 클로소이드는 나선의 일종이며 모든 클로소이드는 닮은꼴이다.
③ 클로소이드의 종점 좌표 x, y는 그 점의 접선각의 함수로 표시된다.
④ 클로소이드에서 접선각 τ을 라디안으로 표시하면 $\tau = \dfrac{R}{2L}$이 된다.

> **해설** 클로소이드의 접선각
> 클로소이드에서 접선각 τ을 라디안으로 표시하면 $\tau = \dfrac{l}{2R}$이 된다.

06 승강식 야장이 표와 같이 작성되었다고 가정할 때, 성과를 검산하는 방법으로 옳은 것은? (여기서, ⓐ-ⓑ는 두 값의 차를 의미한다.)

측점	후시	전시 T.P.	전시 I.P.	승(+)	강(−)	지반고
BM	0.175					㉻
No.1			0.154	−		
No.2	1.098	1.237			−	−
No.3			0.948	−		−
No.4			1.175		−	㉾
합계	㉠	㉡	㉢	㉣	㉤	

① ㉾−㉻=㉠−㉡=㉣−㉤
② ㉾−㉻=㉠−㉢=㉣−㉤
③ ㉾−㉻=㉠−㉣=㉡−㉤
④ ㉾−㉻=㉡−㉣=㉢−㉤

> **해설** 승강식 야장을 이용한 지반고 계산
> 후시의 합과 이기점 전시의 합의 차이는 두 점 간의 지반고 차이와 같다.
> $\Delta H = \sum B.S. - \sum F.S.(T.P.)$의 식으로 검산에 활용할 수 있다.

07 1:50,000 지형도의 주곡선 간격은 20m이다. 지형도에서 4% 경사의 노선을 선정하고자 할 때 주곡선 사이의 도상수평거리는?

① 5mm   ② 10mm
③ 15mm   ④ 20mm

> **해설** 등고선을 이용한 수평거리의 계산
> 축척 1:50,000의 지형도에서 주곡선의 간격은 20m이다.
> 경사도 $i(\%) = \dfrac{높이차}{수평거리} \times 100(\%)$
> $= \dfrac{20}{D} \times 100 = 4\%$
> 에서
> 수평거리 $D = \dfrac{20\text{m}}{4} \times 100 = 500\text{m}$
> 도상수평거리 $d = \dfrac{500\text{m}}{50,000} = 0.01\text{m} = 10\text{mm}$

정답 4. ① 5. ④ 6. ① 7. ②

측량학

08 곡선반경이 400m인 원곡선을 설계속도 70km/h로 할 때 캔트(cant)는? (단, 궤간 $b=1.065m$)

① 73mm ② 83mm
③ 93mm ④ 103mm

> **해설** 캔트의 계산
> $$C = \frac{bV^2}{gR}$$
> 여기서, C: 캔트, b: 궤도 간격, V: 설계속도,
> g: 중력가속도, R: 곡선반경
> 단위를 통일하여 계산하는 것이 중요하다.
> 즉 거리는 m, 시간은 s
> $$C = \frac{1.067 \times \left(\frac{70}{3.6}\right)^2}{9.8 \times 400} = 0.103m = 103mm$$

09 수애선의 기준이 되는 수위는?

① 평수위 ② 평균수위
③ 최고수위 ④ 최저수위

> **해설** 하천측량 수위의 기준
> 수애선의 결정은 평수위, 지형도 작성 및 해안선은 만수위(약최고고조면), 간출암은 최저수위(약최저저조면)로 결정한다.

10 다각측량에서 어떤 폐합다각망을 측량하여 위거 및 경거의 오차를 구하였다. 거리와 각을 유사한 정밀도로 관측하였다면 위거 및 경거의 폐합오차를 배분하는 방법으로 가장 적합한 것은?

① 측선의 길이에 비례하여 분배한다.
② 각각의 위거 및 경거에 등분배한다.
③ 위거 및 경거의 크기에 비례하여 배분한다.
④ 위거 및 경거 절댓값의 총합에 대한 위거 및 경거 크기에 비례하여 배분한다.

> **해설** 트래버스의 조정
> ㉠ 컴퍼스 법칙: 각측량의 정도와 거리측량의 정도가 동일할 때 사용하며, 각측선의 길이에 비례하여 폐합오차를 배분한다.
> ㉡ 트랜싯 법칙: 각측량의 정도가 거리측량의 정도보다 정도가 좋을 때 사용하며, 위거와 경거의 크기에 비례하여 폐합오차를 배분한다.

11 측점 M의 표고를 구하기 위하여 수준점 A, B, C로부터 수준측량을 실시하여 표와 같은 결과를 얻었다면 M의 표고는?

구분	표고(m)	관측 방향	고저차(m)	노선길이
A	13.03	A → M	+1.10	2km
B	15.60	B → M	−1.30	4km
C	13.64	C → M	+0.45	1km

① 14.13m ② 14.17m
③ 14.22m ④ 14.30m

> **해설** 경중률이 다른 관측의 최확값
> ㉠ M점의 표고
> A ⇒ M점의 표고 = 13.03 + 1.10 = 14.13m
> B ⇒ M점의 표고 = 15.60 − 1.30 = 14.30m
> C ⇒ M점의 표고 = 13.64 + 0.45 = 14.09m
> ㉡ 경중률은 노선의 거리에 반비례한다.
> $$P_A : P_B : P_C = \frac{1}{2} : \frac{1}{4} : \frac{1}{1} = 2 : 1 : 4$$
> ㉢ 최확값은 경중률을 고려하여 계산한다.
> $$최확값(h) = \frac{P_A \times h_A + P_B \times h_B + P_C \times h_C}{P_A + P_B + P_C}$$
> $$= 14m + \frac{2 \times 13 + 1 \times 30 + 4 \times 9}{2 + 1 + 4} cm$$
> $$= 14.13m$$

12 방위각 153°20′25″에 대한 방위는?

① E 63°20′25″ S ② E 26°39′35″ S
③ S 26°39′35″ E ④ S 63°20′25″ E

> **해설** 방위의 계산
> 방위각이 153°20′25″면 2상한이므로
> 측선의 방위 = S(180°−방위각)E = S(26°39′35″)E

정답 8. ④ 9. ① 10. ① 11. ① 12. ③

2019년 제3회(2019. 8. 4.)

13 고속도로공사에서 각 측점의 단면적이 표와 같을 때, 측점 10에서 측점 12개까지의 토량은? (단, 양단면 평균법에 의해 계산한다.)

측점	단면적(m²)	비고
No.10	318	
No.11	512	측점 간의 거리=20m
No.12	682	

① 15,120m³ ② 20,160m³
③ 20,240m³ ④ 30,240m³

> **해설** 양단면 평균법에 의한 토량 계산
> 양단면 평균법에 의해 토량을 구하면
> $$V = \frac{A_{No.10} + A_{No.11}}{2} \times l + A_{No.11}$$
> $$+ \frac{A_{No.12}}{2} \times l$$
> 이므로
> $$V = \frac{318+512}{2} \times 20 + \frac{512+682}{2} \times 20$$
> $$= 20,240 \text{m}^3$$

14 어느 각을 10번 관측하여 52°12′을 2번, 52°13′을 4번, 52°14′을 4번 얻었다면 관측한 각의 최확값은?

① 52°12′45″ ② 52°13′00″
③ 52°13′12″ ④ 52°13′45″

> **해설** 경중률이 다른 각관측의 최확값
> 경중률은 관측횟수에 비례하므로
> $$\text{최확값}(\theta) = \frac{\sum P \times \theta}{\sum P}$$
> $$= \frac{2 \times 52°12′ + 4 \times 52°13′ + 4 \times 52°14′}{2+4+4}$$
> $$= 52°13′12″$$

15 100m의 측선을 20m 줄자로 관측하였다. 1회의 관측에 +4mm의 정오차와 ±3mm의 부정오차가 있었다면 측선의 거리는?

① 100.010±0.007m
② 100.010±0.015m
③ 100.020±0.007m
④ 100.020±0.015 m

> **해설** 거리측량의 오차의 전파
> 정오차는 관측횟수에 비례하고, 우연오차(부정오차)는 관측횟수의 제곱근에 비례한다.
> ㉠ 관측횟수 = $\frac{100\text{m}}{20\text{m}}$ = 5(회)
> ㉡ 정오차
>   = +4mm×5회 = +20mm = +0.020m
> ㉢ 우연오차 = ±3mm × $\sqrt{5}$
>   ≒ ±7mm = ±0.007m

16 삼각측량을 위한 기준점성과표에 기록되는 내용이 아닌 것은?

① 점번호 ② 도엽명칭
③ 천문경위도 ④ 평면직각좌표

> **해설** 기준점성과표의 내용
> 삼각측량을 위한 기준점성과표에는 측지경위도가 기록된다.

17 기준면으로부터 어느 측점까지의 연직 거리를 의미하는 용어는?

① 수준선(level line)
② 표고(elevation)
③ 연직선(plumb line)
④ 수평면(horizontal plane)

> **해설** 표고의 정의
> 표고(elevation)란 그 지역의 평균해수면을 연결한 지오이드로부터 지표까지의 수직거리를 말한다.

정답 13. ③ 14. ③ 15. ③ 16. ③ 17. ②

18 곡률이 급변하는 평면 곡선부에서의 탈선 및 심한 흔들림 등의 불안정한 주행을 막기 위해 고려하여야 하는 사항과 가장 거리가 먼 것은?

① 완화곡선　　② 종단곡선
③ 캔트　　　　④ 슬랙

> **해설** 캔트와 확폭의 설치
> 캔트와 확폭은 곡률이 급변하는 평면 곡선부에서의 탈선 및 심한 흔들림 등의 불안정한 주행을 막기 위해 완화곡선을 설치할 때 주로 고려하여야 하는 사항이며, 종단곡선은 고장차로 인한 시거의 확보와 배수를 위해 종단면도상에 설치하는 수직곡선을 의미한다.

19 지성선에 관한 설명으로 옳지 않은 것은?

① 철(凸)선을 능선 또는 분수선이라 한다.
② 경사변환선이란 동일 방향의 경사면에서 경사의 크기가 다른 두 면의 접합선이다.
③ 요(凹)선은 지표의 경사가 최대로 되는 방향을 표시한 선으로 유하선이라고 한다.
④ 지성선은 지표면이 다수의 평면으로 구성되었다고 할 때 평면 간 접합부, 즉 접선을 말하며 지세선이라고도 한다.

> **해설** 지성선의 종류
> ㉠ 곡선 : 요선이라고도 하며, 지표면이 낮거나 움푹 패인 점을 연결한 선. 사면을 흐른 물이 이곳을 향하여 모이게 되므로 합수선이라고도 함
> ㉡ 최대경사선 : 지표의 임의의 1점에 있어서 그 경사가 최대로 되는 방향을 표시한 선. 물이 흐르는 방향으로 유선이라고도 함

20 하천의 평균유속(V_m)을 구하는 방법 중 3점법으로 옳은 것은? (단, V_2, V_4, V_6, V_8은 각각 수면으로부터 수심(h)의 $0.2h$, $0.4h$, $0.6h$, $0.8h$인 곳의 유속이다.)

① $V_m = \dfrac{V_2 + V_4 + V_8}{3}$

② $V_m = \dfrac{V_2 + V_6 + V_8}{3}$

③ $V_m = \dfrac{V_2 + V_4 + V_8}{4}$

④ $V_m = \dfrac{V_2 + 2V_6 + V_8}{4}$

> **해설** 3점법에 의한 평균유속의 결정
> ㉠ 1점법 $V_m = V_{0.6}$
> ㉡ 2점법 $V_m = \dfrac{1}{2}(V_{0.2} + V_{0.8})$
> ㉢ 3점법 $V_m = \dfrac{1}{4}(V_{0.2} + 2V_{0.6} + V_{0.8})$

정답 18. ②　19. ③　20. ④

2020 제1·2회 통합 토목기사 기출문제

2020년 6월 6일 시행

01 종단측량과 횡단측량에 관한 설명으로 틀린 것은?
① 종단도를 보면 노선의 형태를 알 수 있으나 횡단도를 보면 알 수 없다.
② 종단측량은 횡단측량보다 높은 정확도가 요구된다.
③ 종단도의 횡축척과 종축척은 서로 다르게 잡는 것이 일반적이다.
④ 횡단측량은 노선의 종단측량에 앞서 실시한다.

해설 노선측량의 순서
노선측량의 순서로는 도로의 중심선을 따라 종단측량을 수행하고, 측점의 직각 방향으로 횡단측량을 수행한다.

02 지표상 P점에서 9km 떨어진 Q점을 관측할 때 Q점에 세워야 할 측표의 최소높이는? (단, 지구 반경 R = 6,370km이고, P, Q점은 수평면상에 존재한다.)
① 10.2m   ② 6.4m
③ 2.5m   ④ 0.6m

해설 구차에 의한 측표의 높이 계산
빛의 굴절을 무시하므로 표척의 최소높이는 구차로 구한다.
$h = \dfrac{S^2}{2R}$ 에서
$h = \dfrac{(9\text{km})^2}{2 \times 6,370\text{km}} = 0.00636\text{km} ≒ 6.4\text{m}$

03 캔트(cant)의 계산에서 속도 및 반경을 2배로 하면 캔트는 몇 배가 되는가?
① 2배   ② 4배
③ 8배   ④ 16배

해설 캔트의 계산
$C = \dfrac{bV^2}{gR}$
여기서, C: 캔트, b: 궤도 간격, V: 설계속도, g: 중력가속도, R: 곡선반경
속도와 반경이 2배로 변화할 경우 캔트의 계산
$C' = \dfrac{b(2V)^2}{g(2R)} = \dfrac{4}{2} \times \dfrac{bV^2}{gR} = 2 \times \dfrac{bV^2}{gR}$
$= 2C$
∴ 2배로 증가한다.

04 위성측량의 DOP(Dilution of Precision)에 관한 설명으로 옳지 않은 것은?
① DOP는 위성의 기하학적 분포에 따른 오차이다.
② 일반적으로 위성들 간의 공간이 더 크면 위치 정밀도가 낮아진다.
③ DOP를 이용하여 실제측량 전에 위성측량의 정확도를 예측할 수 있다.
④ DOP 값이 클수록 정확도가 좋지 않은 상태이다.

해설 DOP(Dilution of Precision, 정밀도 저하율)
DOP는 위성의 기하학적 분포에 따른 오차를 의미하며, 위성과 수신기와의 거리가 동일한 정사면체를 이룰 때가 최적의 배치관계로 보므로 위성들 간의 공간과는 무관한 개념이다.

05 한 측선의 자오선(종축)과 이루는 각이 60°00′이고 계산된 측선의 위거가 −60m, 경거가 −103.92m일 때 이 측선의 방위와 거리는?
① 방위=S60°00′E, 거리=130m
② 방위=N60°00′E, 거리=130m
③ 방위=N60°00′W, 거리=120m
④ 방위=S60°00′W, 거리=120m

정답 1. ④ 2. ② 3. ① 4. ② 5. ④

> **[해설] 위거, 경거를 이용한 방위와 거리의 계산**
> 위거가 −60m, 경거가 −103.92m이고 자오선과 이루는 각이 60°이라면 3상한각이므로 방위는 S60°W
> 거리 = $\sqrt{위거^2 + 경거^2}$
> = $\sqrt{(-60)^2 + (-103.92)^2}$
> = 120m

> ⓒ 유심삼각망: 동일 측점 수에 비하여 피복면적이 가장 넓다. 넓은 지역의 측량에 적당하고, 정밀도는 단열삼각망과 사변형 삼각망의 중간이다.
> ⓓ 사변형 삼각망: 조건식의 수가 가장 많기 때문에 가장 높은 정밀도를 얻을 수 있으나, 조정이 복잡하고 피복면적이 적으며 많은 노력과 시간 그리고 경비가 필요하다. 높은 정밀도를 필요로 하는 측량이나 기선 삼각망 등에 사용된다.

06 종단점법에 의한 등고선 관측방법을 사용하는 가장 적당한 경우는?

① 정확한 토량을 산출할 때
② 지형이 복잡할 때
③ 비교적 소축척으로 산지 등의 지형측량을 행할 때
④ 정밀한 등고선을 구하려 할 때

> **[해설] 등고선의 관측방법**
> ⓐ 방안법: 정방형, 장방형 형태의 방안에 교점의 표고를 관측하여 보간에 의해 등고선 추출
> ⓑ 종단점법: 지성선 방향이나 주요 방향의 측선에 대해 기준점으로부터의 거리와 높이를 관측하여 등고선을 추출하는 방법으로 비교적 소축척으로 산지 등의 지형측량을 행할 때 주로 사용
> ⓒ 횡단점법: 노선측량, 수준측량에서 중심말뚝의 표고와 횡단선상의 횡단측량 결과를 이용하여 등고선을 그리는 방법

07 삼각측량을 위한 삼각망 중에서 유심다각망에 대한 설명으로 틀린 것은?

① 농지측량에 많이 사용된다.
② 방대한 지역의 측량에 적합하다.
③ 삼각망 중에서 정확도가 가장 높다.
④ 동일 측점 수에 비하여 포함면적이 가장 넓다.

> **[해설]** 삼각망 중에서 정확도가 가장 높은 방법은 사변형망이다.
> **삼각망의 종류**
> ⓐ 단열삼각망: 동일 측점 수에 비하여 도달거리가 가장 길기 때문에 폭이 좁고 거리가 먼 지역에 적합하다. 거리에 비하여 관측 수가 적으므로 측량이 신속하고 경비가 적게 드는 반면 정밀도는 낮다.

08 그림과 같은 토지의 $\overline{BC}$에 평행한 $\overline{XY}$로 $m:n = 1:2.5$의 비율로 면적을 분할하고자 한다. $\overline{AB} = 35m$일 때 $\overline{AX}$는?

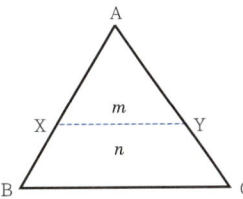

① 17.7m   ② 18.1m
③ 18.7m   ④ 19.1m

> **[해설] 면적의 분할 계산**
> 한 변에 평행한 직선으로 분할하는 경우 △ABC와 △AXY는 닮은꼴이므로 다음과 같은 관계식이 적용된다.
> $\dfrac{\triangle AXY}{\triangle ABC} = \left(\dfrac{XY}{BC}\right)^2 = \left(\dfrac{AX}{AB}\right)^2 = \left(\dfrac{AY}{AC}\right)^2$
> $= \dfrac{m}{m+n}$
> $\therefore \overline{AX} = \overline{AB}\sqrt{\dfrac{m}{m+n}} = 35\sqrt{\dfrac{1}{1+2.5}} = 18.7m$

09 종중복도 60%, 횡중복도 20%일 때 촬영종기선 길이와 촬영횡기선 길이의 비는?

① 1:2   ② 1:3
③ 2:3   ④ 3:1

> **[해설] 촬영종기선 길이와 촬영횡기선 길이의 비 계산**
> $B:C = ma(1-p):ma(1-q)$
> $= (1-0.6):(1-0.2) = 0.4:0.8 = 1:2$

정답 6. ③ 7. ③ 8. ③ 9. ①

10 트래버스 측량에서 거리 관측의 오차가 관측거리 100m에 대하여 ±1.0mm인 경우 이에 상응하는 각 관측오차는?

① ±1.1″ ② ±2.1″
③ ±3.1″ ④ ±4.1″

> **해설** 각의 정밀도와 거리정밀도의 관계
>
> $\dfrac{dl}{l} = \dfrac{d\alpha}{\rho}$ 에서
>
> $d\alpha = \dfrac{dl}{l} \times \rho = \dfrac{\pm 0.001\text{m}}{100\text{m}} \times 206,265'' ≒ 2.1''$

11 지형도의 이용법에 해당되지 않는 것은?

① 저수량 및 토공량 산정
② 유역면적의 도상 측정
③ 직접적인 지적도 작성
④ 등경사선 관측

> **해설** 지형도의 활용
>
> 지적도의 작성은 기초측량의 지적기준점을 이용한 세부측량에 의해 작성하며 지형도의 작성에 이용하지 않는다.

12 노선측량에서 단곡선의 설치방법에 대한 설명으로 옳지 않은 것은?

① 중앙종거를 이용한 설치방법은 터널 속이나 삼림지대에서 벌목량이 많을 때 사용하면 편리하다.
② 편각설치법은 비교적 높은 정확도로 인해 고속도로나 철도에 사용할 수 있다.
③ 접선편거와 현편거에 의하여 설치하는 방법은 줄자만을 사용하여 원곡선을 설치할 수 있다.
④ 장현에 대한 종거와 횡거에 의하는 방법은 곡률반경이 짧은 곡선일 때 편리하다.

> **해설** 단곡선의 설치방법
>
> ㉠ 중앙종거법 : 기설곡선의 검사 또는 조정에 편리하나 중심말뚝의 간격을 20m마다 설치할 수 없는 것이 결점
> ㉡ 절선에 대한 지거법 : 산림지대에서 편각법을 쓰며 벌목량이 많아지는 경우에 사용

13 그림과 같이 수준측량을 실시하였다. A점의 표고는 300m이고, B와 C구간은 교호수준측량을 실시하였다면, D점의 표고는? (표고차 : A→B=1.233m, B→C=+0.726m, C→B=−0.720m, C→D=−0.926m)

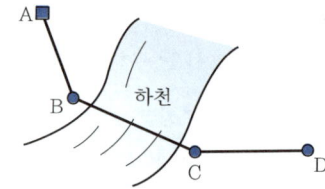

① 300.310m ② 301.030m
③ 302.153m ④ 302.882m

> **해설** 교호수준측량을 이용한 표고의 계산
>
> $H_B = H_A + h = 300 + 1.233 = 301.233\,\text{m}$
> B와 C 사이에 교호수준측량을 수행했으므로
> $H_C = H_B + \dfrac{1}{2}$(레벨 P에서의 고저차+레벨 Q에서의 고저차)
> $= 301.233 + \dfrac{1}{2}(0.726 + 0.720) = 301.956\,\text{m}$
> 레벨 Q에서는 C→B를 관측했으므로 부호를 반대로 적용하여 계산한다.
> $H_D = H_C + h = 301.956 - 0.926 = 301.030\,\text{m}$

14 삼변측량에서 △ABC에서 세 변의 길이가 a = 1200.00m, b = 1600.00m, c = 1442.22m 라면 변 c의 대각인 ∠C는?

① 45° ② 60°
③ 75° ④ 90°

> **해설** 삼각형 세 변의 길이를 이용한 교각의 계산
>
> 세 변의 길이를 알 때 내각의 계산은 코사인 제2법칙에 의해 구한다.
> $\cos \angle C = \dfrac{a^2 + b^2 - c^2}{2ab}$ 에서
> $\angle C = \cos^{-1} \left(\dfrac{a^2 + b^2 - c^2}{2ab} \right)$
> $\angle C = \cos^{-1} \left(\dfrac{1{,}200^2 + 1{,}600^2 - 1442.22^2}{2 \times 1{,}200 \times 1{,}600} \right) = 60°$

15 아래 종단수준측량의 야장에서 ㉠, ㉡, ㉢에 들어갈 값으로 옳은 것은?

(단위: m)

측점	후시	기계고	전시 전환점	전시 중간점	지반고
BM	0.175	㉠			37.133
No.1				0.154	
No.2				1.569	
No.3				1.143	
No.4	1.098	㉡	1.237		㉢
No.5				0.948	
No.6				1.175	

① ㉠ : 37.308, ㉡ : 37.169 ㉢ : 36.071
② ㉠ : 37.308, ㉡ : 36.071 ㉢ : 37.169
③ ㉠ : 36.958, ㉡ : 35.860 ㉢ : 37.097
④ ㉠ : 36.958, ㉡ : 37.097 ㉢ : 35.860

> **해설** 기고식 야장을 이용한 지반고의 계산
>
> 기고식 야장에서 기계고는 지반고+후시, 지반고는 기계고-전시로 구한다.
>
> | 측점 | 후시 | 기계고 | 전시 전환점 | 전시 중간점 | 지반고 |
> |---|---|---|---|---|---|
> | BM | 0.175 | 37.308 | | | 37.133 |
> | No.1 | | | | 0.154 | 37.154 |
> | No.2 | | | | 1.569 | 35.739 |
> | No.3 | | | | 1.143 | 36.165 |
> | No.4 | 1.098 | 37.169 | 1.237 | | 36.071 |
> | No.5 | | | | 0.948 | 36.221 |
> | No.6 | | | | 1.175 | 35.994 |

16 중력이상에 대한 설명으로 옳지 않은 것은?

① 중력이상에 의해 지표면 밑의 상태를 추정할 수 있다.
② 중력이상에 대한 취급은 물리학적 측지학에 속한다.
③ 중력이상이 양(+)이면 그 지점 부근에 무거운 물질이 있는 것으로 추정할 수 있다.
④ 중력식에 의한 계산값에서 실측값을 뺀 것이 중력이상이다.

> **해설** 중력이상의 정의 및 특징
>
> 중력이상은 측정중력과 표준중력과의 차이를 의미하며 주된 원인은 지하물질 간 밀도의 불균일에 기인하며 밀도가 큰 물질이 지표 가까이 있을 때는 (+)값, 반대인 경우 (-)값을 갖는다.

17 초점거리 210mm의 카메라로 지면의 비고가 15m인 구릉지에서 촬영한 연직사진의 축척이 1 : 5,000이었다. 이 사진에서 비고에 의한 최대변위량은? (단, 사진의 크기는 24cm×24cm이다.)

① ±1.2mm ② ±2.4mm
③ ±3.8mm ④ ±4.6mm

> **해설** 비고에 의한 최대변위량의 계산
>
> $H = mf = 5{,}000 \times 0.21\text{m} = 1{,}050\text{m}$
> $\Delta r_{\max} = \dfrac{h}{H} \times r_{\max}$
> 여기서, $r_{\max} = \dfrac{\sqrt{2}}{2} \times a$
> $= \dfrac{15\text{m}}{1{,}050\text{m}} \times \dfrac{\sqrt{2}}{2} \times 24\text{cm}$
> $= 0.242\text{cm} = 2.4\text{mm}$

정답 15. ① 16. ④ 17. ②

18 종단곡선에 대한 설명으로 옳지 않은 것은?

① 철도에서는 원곡선을 도로에서는 2차포물선을 주로 사용한다.
② 종단경사는 환경적, 경제적 측면에서 허용할 수 있는 범위 내에서 최대한 완만하게 한다.
③ 설계속도와 지형 조건에 따라 종단경사의 기준값이 제시되어 있다.
④ 지형의 상황, 주변 지장물 등의 한계가 있는 경우 10% 정도 증감이 가능하다.

> **해설** 종단곡선의 특징
> 종단곡선 경사의 최댓값은 차량의 성능에 좌우되고 노선의 설계속도에 따라 설치하므로 지형의 상황, 주변 지장물 등의 한계로 경사를 조정하지 않는다.

19 트래버스 측량에서 선점 시 주의하여야 할 사항이 아닌 것은?

① 트래버스의 노선은 가능한 폐합 또는 결합이 되게 한다.
② 결합 트래버스의 출발점과 결합점 간의 거리는 가능한 단거리로 한다.
③ 거리측량과 각측량의 정확도가 균형을 이루게 한다.
④ 측점 간 거리는 다양하게 선점하여 부정오차를 소거한다.

> **해설** 트래버스 측량의 선점 시 주의사항
> 트래버스의 측점 간 거리는 되도록 등거리로 하고, 매우 짧은 거리는 피하여 선점한다.

20 토량 계산공식 중 양단면의 면적차가 클 때 산출된 토량의 일반적인 대소관계로 옳은 것은? (단, 중앙단면법 : A, 양단면 평균법 : B, 각주공식 : C)

① A=C<B
② A<C=B
③ A<C<B
④ A>C>B

> **해설** 단면법에 의한 토량의 일반적인 대소관계
> 단면에 의한 체적의 계산에서 가장 정확한 방법은 각주공식, 상대적으로 가장 적은 토량이 산정되는 방법은 중앙단면법, 가장 많은 토량이 산정되는 방법은 양단면 평균법이다. 도로설계에서는 양단면 평균법에 의하여 토량을 산정한다.

정답 18. ④ 19. ④ 20. ③

2020 제3회 토목기사 기출문제

2020년 8월 22일 시행

01 그림과 같이 $\widehat{A_O B_O}$의 노선을 $e=10\text{m}$만큼 이동하여 내측으로 노선을 설치하고자 한다. 새로운 반지름 R_N은? (단, $R_o=200\text{m}$, $I=60°$)

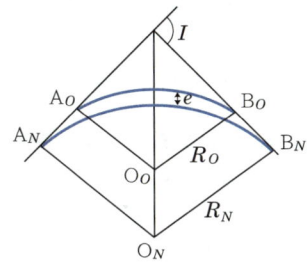

① 217.64m ② 238.26m
③ 250.50m ④ 264.64m

> **해설** 평면곡선 외선길이를 이용한 곡선반경의 계산
>
> 구곡선
> $$E = R\left(\frac{1}{\cos\frac{I}{2}}-1\right) = 200 \times \left(\frac{1}{\cos\frac{60°}{2}}-1\right)$$
> $$= 30.94\text{m}$$
>
> 신곡선 $E' = R'\left(\dfrac{1}{\cos\frac{I}{2}}-1\right)$ 에서
>
> $30.94 + 10 = R'\left(\dfrac{1}{\cos\frac{I}{2}}-1\right)$ 이므로
>
> $R' = \dfrac{30.94+10}{\left(\dfrac{1}{\cos\frac{60°}{2}}-1\right)} = 264.64\text{m}$

02 하천측량에 대한 설명으로 옳지 않은 것은?

① 수위관측소 위치는 지천의 합류점 및 분류점으로서 수위의 변화가 일어나기 쉬운 곳이 적당하다.
② 하천측량에서 수준측량을 할 때의 거리표는 하천의 중심에 직각 방향으로 설치한다.
③ 심천측량은 하천의 수심 및 유수부분의 하저 상황을 조사하고 횡단면도를 제작하는 측량을 말한다.
④ 하천측량 시 처음에 할 일은 도상조사로서 유로상황, 지역면적, 지형, 토지이용상황 등을 조사하여야 한다.

> **해설** 수위관측소의 설치장소
> ㉠ 하상과 하안이 세굴, 퇴적이 안 되는 곳
> ㉡ 상·하류가 100m 가량 직선인 곳
> ㉢ 수위가 교각 등 구조물의 영향을 받지 않는 곳
> ㉣ 홍수 때에도 양수표를 쉽게 읽을 수 있는 곳
> ㉤ 홍수 시에도 관측소가 유실, 파손될 염려가 없는 곳
> ㉥ 지천의 합류점과 같이 불규칙한 변화가 없는 곳
> ㉦ 양수표는 5~10km마다 배치

03 그림과 같이 곡선반경 $R=500\text{m}$인 단곡선을 설치할 때 교점에 장애물이 있어 $\angle\text{ACD}=150°$, $\angle\text{CDB}=90°$, $\overline{\text{CD}}=100\text{m}$를 관측하였다. 이때 C 점으로부터 곡선의 시점까지의 거리는?

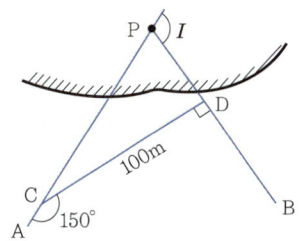

① 530.27m ② 657.04m
③ 750.56m ④ 796.09m

정답 1. ④ 2. ① 3. ③

> **해설** 평면곡선에서 곡선시점 위치의 계산
>
> $\angle C = 30°$, $\angle D = 90°$, 교각 $I = \angle C + \angle D = 120°$, $\angle P = 180° - 120° = 60°$
>
> $T.L. = R\tan\dfrac{I}{2} = 500 \times \tan\dfrac{120°}{2} = 866.03\text{m}$
>
> $\overline{CP}$는 sin 법칙에 의하여 구한다.
>
> $\dfrac{\overline{CD}}{\sin P} = \dfrac{\overline{CP}}{\sin D} \Leftrightarrow \dfrac{100}{\sin 60°} = \dfrac{\overline{CP}}{\sin 90°}$
>
> $\therefore \overline{CP} = 115.47\text{m}$
>
> C 점에서 곡선시점까지의 거리
> $= = T.L. - \overline{CP} = 866.03 - 115.47 = 750.56\text{m}$

04 그림의 다각망에서 C 점의 좌표는? (단, $\overline{AB} = \overline{BC} = 100\text{m}$ 이다.)

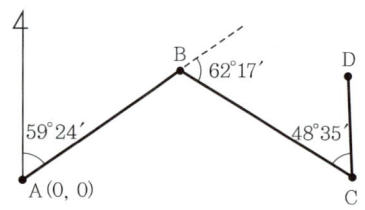

① $X_c = -5.31\text{m}$, $Y_c = 160.45\text{m}$
② $X_c = -1.62\text{m}$, $Y_c = 171.17\text{m}$
③ $X_c = -10.27\text{m}$, $Y_c = 89.25\text{m}$
④ $X_c = 50.90\text{m}$, $Y_c = 86.07\text{m}$

> **해설** X, Y 좌표의 계산
>
> ㉠ BC 측선의 방위각 = 59°24′ + 62°17′ = 121°41′
> ㉡ $X_C = X_A + \overline{AB} \times \cos(\overline{AB}\text{ 방위각})$
> $+ \overline{BC} \times \cos(\overline{BC}\text{ 방위각})$
> $= 0 + 100\text{m} \times \cos(59°24′) + 100\text{m}$
> $\times \cos(121°41′) = -1.62\text{m}$
> ㉢ $Y_C = Y_A + \overline{AB} \times \sin(\overline{AB}\text{ 방위각})$
> $+ \overline{BC} \times \sin(\overline{BC}\text{ 방위각})$
> $= 0 + 100\text{m} \times \sin(59°24′) + 100\text{m}$
> $\times \sin(121°41′) = 171.17\text{m}$

05 각관측 방법 중 배각법에 관한 설명으로 옳지 않은 것은?

① 방향각법에 비하여 읽기오차의 영향을 적게 받는다.
② 수평각 관측법 중 가장 정확한 방법으로 정밀한 삼각측량에 주로 이용된다.
③ 시준할 때의 오차를 줄일 수 있고 최소 눈금 미만의 정밀한 관측값을 얻을 수 있다.
④ 1개의 각을 2회 이상 반복 관측하여 관측한 각도의 평균을 구하는 방법이다.

> **해설** 각관측 방법 중 배각법의 특징
>
> 조합각관측법은 각관측법이라고도 하며, 수평각 관측법 중 가장 정확한 값을 얻을 수 있는 방법으로 1등 삼각측량에 이용된다.

06 수준측량에서 시준거리를 같게 함으로써 소거할 수 있는 오차에 대한 설명으로 틀린 것은?

① 기포관축과 시준선이 평행하지 않을 때 생기는 시준선 오차를 소거할 수 있다.
② 지구곡률오차를 소거할 수 있다.
③ 표척 시준 시 초점나사를 조정할 필요가 없으므로 이로 인한 오차인 시준오차를 줄일 수 있다.
④ 표척의 눈금 부정확으로 인한 오차를 소거할 수 있다.

> **해설** 표척의 조정 불완전으로 인해 생기는 오차는 우연오차로 통계적인 방법에 의해 조절해야 한다.
>
> **전시와 후시거리를 같게 함으로써 제거되는 오차**
> ㉠ 기계오차(시준축오차) : 레벨조정의 불완전
> ㉡ 구차(지구곡률오차)와 기차(대기굴절오차)

07 삼각측량을 위한 삼각점의 위치선정에 있어서 피해야 할 장소와 가장 거리가 먼 것은?

① 측표를 높게 설치해야 되는 곳
② 나무의 벌목면적이 큰 곳
③ 편심관측을 해야 되는 곳
④ 습지 또는 하상인 곳

정답 4. ② 5. ② 6. ④ 7. ③

> **[해설] 삼각점의 위치선정 시 고려사항**
> 편심관측은 측량과정에서 기준점에 기계를 설치할 수 없거나 측점의 시준이 어려울 때 기준점에서 일정 거리를 편심하여 관측하고 관측값을 보정하여 삼각점을 설치하는 관측방법이다.

08 폐합다각측량을 실시하여 위거오차 30cm, 경거오차 40cm를 얻었다. 다각측량의 전체 길이가 500m라면 다각형의 폐합비는?

① 1/100
② 1/125
③ 1/1,000
④ 1/1,250

> **[해설] 폐합비(R)의 계산**
> $R = \dfrac{\text{폐합오차}}{\text{측선길이의 합}}$ 에서
> 폐합오차 $= \sqrt{\text{위거오차}^2 + \text{경거오차}^2}$ 이므로
> 폐합비 $= \dfrac{\sqrt{0.4^2 + 0.3^2}}{500} = \dfrac{1}{1,000}$

09 직접고저측량을 실시한 결과가 그림과 같을 때, A점의 표고가 10m라면 C점의 표고는? (단, 그림은 개략도로 실제 치수와 다를 수 있음)

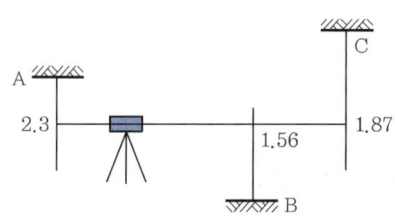

① 9.57m
② 9.66m
③ 10.57m
④ 10.66m

> **[해설] 터널 내 수준측량에서 지반고의 계산**
> 표척이 거꾸로 설치되어 있으면 관측값은 (−)로 계산
> $H_C = H_A + B.S - F.S$
> $= 10 + (-2.3) - (-1.87)$
> $= 9.57\text{m}$

10 하천측량에서 유속관측에 대한 설명으로 옳지 않은 것은?

① 유속계에 의한 평균유속 계산식은 1점법, 2점법, 3점법 등이 있다.
② 하천기울기(I)를 이용하여 유속을 구하는 식에는 Chezy 식과 Manning 식 등이 있다.
③ 유속관측을 위해 이용되는 부자는 표면부자, 2중부자, 봉부자 등이 있다.
④ 위어(weir)는 유량관측을 위해 직접적으로 유속을 관측하는 장비이다.

> **[해설] 하천측량에서 유속의 관측**
> 위어(weir)는 수로의 도중에서 흐름을 막아 이것을 넘치게 하여 물을 낙하시켜 유량을 측정하는 장치로, 유량을 측정하여 연속방정식에 의해 간접적으로 유속을 계산하여 얻을 수 있다.

11 직사각형의 두 변의 길이를 1/100 정밀도로 관측하여 면적을 산출할 경우 산출된 면적의 정밀도는?

① 1/50
② 1/100
③ 1/200
④ 1/300

> **[해설] 면적측량 정확도의 계산**
> 면적측량의 정확도는 거리측량의 정확도의 2배이므로
> $\dfrac{dA}{A} = 2 \times \dfrac{dl}{l}$ 에서 $\dfrac{dA}{A} = 2 \times \dfrac{1}{100} = \dfrac{1}{50}$

12 전자파거리측량기로 거리를 측량할 때 발생되는 관측오차에 대한 설명으로 옳은 것은?

① 모든 관측오차는 거리에 비례한다.
② 모든 관측오차는 거리에 비례하지 않는다.
③ 거리에 비례하는 오차와 비례하지 않는 오차가 있다.
④ 거리가 어떤 길이 이상으로 커지면 관측오차가 상쇄되어 길이에 대한 영향이 없어진다.

> [해설] **전자파거리측량기의 오차**
> ㉠ 거리에 비례하는 오차: 광속도 오차, 광변조 주파수의 오차, 굴절률의 오차
> ㉡ 거리에 비례하지 않는 오차: 측정기의 정수, 반사경 정수의 오차, 위상차 측정오차, 측정기와 반사경의 구심오차

> 경사도 $i[\%] = \dfrac{\text{높이차}}{\text{수평거리}} \times 100\%$
> $= \dfrac{H}{D} \times 100$
> 이고 도상거리 1cm의 실거리는 50,000cm=500m 이므로
> $i = \dfrac{20\text{m}}{500\text{m}} \times 100 = 4\%$

13 토적곡선(mass curve)을 작성하는 목적으로 가장 거리가 먼 것은?

① 토량의 배분
② 교통량 산정
③ 토공기계의 선정
④ 토량의 운반거리 산출

> [해설] **유토곡선을 작성하는 목적**
> 토적곡선을 작성하는 목적으로는 토량의 운반거리 산출, 토공기계의 선정, 토량의 배분 등이 있다.

14 지반의 높이를 비교할 때 사용하는 기준면은?

① 표고(elevation)
② 수준면(level surface)
③ 수평면(horizontal plane)
④ 평균해수면(mean sea level)

> [해설] **수준측량의 기준면**
> 지반의 높이를 비교할 때 사용하는 기준면은 높이값이 0m인 평균해수면이다.

15 축척 1:50,000 지형도상에서 주곡선 간의 도상 길이가 1cm이었다면 이 지형의 경사는?

① 4%
② 5%
③ 6%
④ 10%

> [해설] **등고선을 이용한 경사의 계산**
> 축척 1:50,000의 지형도에서 주곡선의 간격은 20m이다.

16 노선설치에서 곡선반경 R, 교각 I인 단곡선을 설치할 때 곡선의 중앙종거(M)를 구하는 식으로 옳은 것은?

① $M = R\left(\sec\dfrac{I}{2} - 1\right)$
② $M = R\tan\dfrac{I}{2}$
③ $M = 2R\sin\dfrac{I}{2}$
④ $M = R\left(1 - \cos\dfrac{I}{2}\right)$

> [해설] **중앙종거의 계산**
> 중앙종거법은 곡선반경 또는 곡선길이가 작은 시가지의 곡선설치와 기설곡선의 검사에 이용된다.
> 중앙종거 $M = R\left(1 - \cos\dfrac{I}{2}\right)$

17 다음 우리나라에서 사용되고 있는 좌표계에 대한 설명 중 옳지 않은 것은?

> 우리나라의 평면직각좌표는 ㉠ 4개의 평면직각좌표계(서부, 중부, 동부, 동해)를 사용하고 있다. ㉡ 원점은 위도 38°선과 경도 125°, 127°, 129°, 131°선의 교점에 위치하며, ㉢ 투영법은 TM(Transverse mercator)을 사용한다. 좌표의 음수표기를 방지하기 위해 ㉣ 횡좌표에 200,000m, 종좌표에 500,000m를 가산한 가좌표를 사용한다.

① ㉠
② ㉡
③ ㉢
④ ㉣

정답 13. ② 14. ④ 15. ① 16. ④ 17. ④

[해설] **평면직교좌표계의 특징**

우리나라 평면직각좌표계에서는 좌표의 음수표기를 방지하기 위해 좌표계원점 (0, 0)의 횡좌표에 200,000m, 600,000m를 가산한 좌표를 사용한다.

18 그림과 같은 편심측량에서 ∠ABC는? (단, $\overline{AB}$ = 2.0km, $\overline{BC}$=1.5km, e=0.5m, t=54°30′, ϕ= 300°30′)

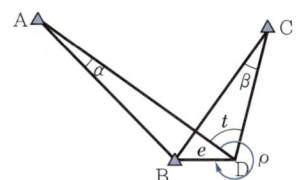

① 54°28′45″ ② 54°30′19″
③ 54°31′58″ ④ 54°33′14″

[해설] **편심각의 계산**

㉠ ∠α의 계산

$\dfrac{e}{\sin\alpha} = \dfrac{AB}{\sin(360°-\phi)}$ 에서

$\sin\alpha = \dfrac{e}{AB}\sin(360°-\phi)$

$\alpha = \sin^{-1}\left[\dfrac{0.5}{2,000}\sin(360°-300°30′)\right]$

$= 0°00′44″$

㉡ ∠β의 계산

$\dfrac{e}{\sin\beta} = \dfrac{BC}{\sin(360°-\phi+t)}$ 에서

$\sin\beta = \dfrac{e}{BC}\sin(360°-\phi+t)$

$\beta = \sin^{-1}\left[\dfrac{0.5}{1,500}\sin(360°-300°30′+54°30′)\right]$

$= 0°01′3″$

㉢ ∠ABC = $t+\beta-\alpha$
 = 54°30′ + 0°01′03″ − 0°00′44″
 = 54°30′19″

19 지형의 표시방법 중 하천, 항만, 해안측량 등에서 심천측량을 할 때 측점에 숫자로 기입하여 고저를 표시하는 방법은?

① 점고법 ② 음영법
③ 영선법 ④ 등고선법

[해설] **지형도 표시방법 중 부호도법**

㉠ 점고법 : 하천, 항만, 해양측량 등에서 심천측량을 한 측점에 숫자를 기입하여 고저를 표시하는 방법
㉡ 채색법 : 색조를 이용하여 고저를 표시하는 방법
㉢ 등고선법 : 일정한 높이의 수평면으로 지형을 절단했을 때의 잘린 면의 곡선을 이용하여 지형을 표시

20 다각측량에서 거리관측 및 각관측의 정밀도는 균형을 고려해야 한다. 거리관측의 허용오차가 ±1/10,000 이라고 할 때, 각관측의 허용오차는?

① ±20″ ② ±10″
③ ±5″   ④ ±1′

[해설] **각의 정밀도와 거리정밀도의 관계**

각오차와 거리오차가 균형을 이루므로

$\pm\dfrac{1}{10,000} = \pm\dfrac{\Delta\alpha}{\rho″}$ 에서

$\pm\Delta\alpha = \pm\dfrac{1}{10,000}\times 206,265″ = \pm 20″$

정답 18. ② 19. ① 20. ①

2020 제4회 토목기사 기출문제

2020년 9월 27일 시행

01 노선측량의 일반적인 작업순서로 옳은 것은?

A : 종·횡단측량 B : 중심선측량
C : 공사측량   D : 답사

① A → B → D → C ② A → C → D → B
③ D → B → A → C ④ D → C → A → B

[해설] 노선측량의 일반적인 작업순서

도상계획-답사-중심선측량-종·횡단측량-공사측량

02 2000m의 거리를 50m씩 끊어서 40회 관측하였다. 관측결과 총 오차가 ±0.14m이었고, 40회 관측의 정밀도가 동일하였다면, 50m거리 관측의 오차는?

① ±0.022m ② ±0.019m
③ ±0.016m ④ ±0.013m

[해설] 거리측량의 오차의 전파

정오차는 관측횟수에 비례하고, 우연오차(부정오차)는 관측횟수의 제곱근에 비례한다.

㉠ 관측횟수 = $\frac{2,000m}{50m}$ = 40(회)

㉡ 우연오차=±1회 오차 $\sqrt{40}$ =±0.14m에서

1회 오차 = $\frac{\pm 0.14m}{\sqrt{40}}$ = ±0.022m

03 지형측량의 순서로 옳은 것은?

① 측량계획-골조측량-측량원도작성-세부측량
② 측량계획-세부측량-측량원도작성-골조측량
③ 측량계획-측량원도작성-골조측량-세부측량
④ 측량계획-골조측량-세부측량-측량원도작성

[해설] 지형측량의 순서

측량계획-골조측량-세부측량-측량원도작성

04 교호수준측량을 한 결과로 $a_1 = 0.472$m, $a_2 = 2.656$m, $b_1 = 2.106$m, $b_2 = 3.895$m를 얻었다. A점의 표고가 66.204m일 때, B점의 표고는?

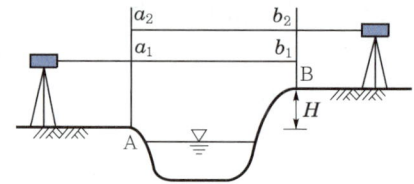

① 64.130m ② 64.768m
③ 65.238m ④ 67.641m

[해설] 교호수준측량을 이용한 표고의 계산

교호수준측량은 양안에서 수준측량한 결과를 평균하여 높이차를 계산하는 관측방법이다.

$H_B = H_A + \frac{1}{2}\{(a_1 - b_1) + (a_2 - b_2)\}$

$= 66.204 + \frac{1}{2}\{(0.472 - 2.106)$
$+ (2.656 - 3.895)\}$

$= 64.768$m

05 항공사진의 특수 3점이 아닌 것은?

① 주점   ② 보조점
③ 연직점   ④ 등각점

[해설] 사진의 특수 3점

㉠ 주점(principal point) : 렌즈의 중심으로부터 화면에 내린 수선의 자리로 렌즈의 광축과 화면이 교차하는 점
㉡ 연직점(nadir point) : 중심 투영점 O를 지나는 중력선이 사진면과 마주치는 점
㉢ 등각점(isocenter) : 사진면에 직교되는 광선과 중력선이 이루는 각을 2등분하는 광선이 사진면에 마주치는 점

정답 1. ③ 2. ① 3. ④ 4. ② 5. ②

06 도로의 노선측량에서 반경(R) 200m인 원곡선을 설치할 때, 도로의 기점으로부터 교점(I.P.)까지의 추가거리가 423.26m, 교각(I)이 42°20′일 때 시단현의 편각은? (단, 중심말뚝간격은 20m이다.)

① 0°50′00″ ② 2°01′52″
③ 2°03′11″ ④ 2°51′47″

> **해설** 시단현에 대한 편각의 계산
>
> 중심말뚝의 간격이 20m이므로 시단현의 길이는 곡선시점에서 다음 말뚝까지의 거리를 의미한다.
>
> $$T.L.=R\tan\frac{I}{2}=200\times\tan\frac{42°20′}{2}=74.44\text{m}$$
>
> 곡선시점(B.C.)의 위치
> = 시점~교점까지의 거리−T.L.
> = 423.26 − 77.44 = 345.82m
> 시단현(l_1)의 길이는 곡선시점인 345.82m보다 큰 20의 배수인 360m에서 곡선시점까지의 거리를 뺀 값이므로 360 − 345.82 = 14.18m
>
> 시단현 편각(δ) = $\frac{l_1}{2R}\times\rho=\frac{14.18}{2\times200}\times\frac{180°}{\pi}$
> = 2°01′52″

07 구면삼각형의 성질에 대한 설명으로 틀린 것은?

① 구면삼각형의 내각의 합은 180°보다 크다.
② 두 점 간의 거리가 구면상에서는 대원의 호길이가 된다.
③ 구면삼각형의 한 변은 다른 두 변의 합보다는 작고 차보다는 크다.
④ 구과량은 구반경의 제곱에 비례하고 구면삼각형의 면적에 반비례한다.

> **해설** 구면삼각형과 구과량
>
> 넓은 지역의 측량의 경우 정밀한 위치결정을 위해 지구의 곡률을 고려하여 각을 관측하게 되는데 이 때 구과량이 발생한다.
> 구면삼각형의 ABC의 3각을 A, B, C라 하면 이 삼각형 내각의 합은 180°가 넘으며 이 차이를 구과량이라고 한다. 즉, $\varepsilon=(A+B+C)-180°$
>
> $$\varepsilon''=\frac{A}{R^2}\rho$$
>
> 여기서, ε : 구과량, A : 삼각형의 면적
> R : 지구 반경, ρ : 라디안

08 수평각관측을 할 때 망원경의 정위, 반위로 관측하여 평균하여도 소거되지 않는 오차는?

① 수평축오차 ② 시준축오차
③ 연직축오차 ④ 편심오차

> **해설** 정·반위관측으로 소거되는 오차
>
> ⊙ 시준축오차 : 시준선이 수평축과 직각이 아니기 때문에 생기는 오차
> ⓒ 수평축오차 : 수평축이 수평이 아니기 때문에 생기는 오차
> ⓒ 시준선의 편심오차(외심오차) : 시준선이 기계의 중심을 통과하지 않기 때문에 생기는 오차
> ※ 연직축오차(연직축이 연직하지 않기 때문에 생기는 오차)는 소거 불가능

09 그림과 같은 횡단면의 면적은?

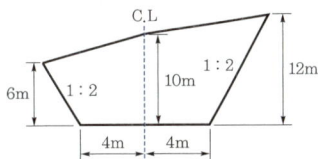

① 196m² ② 204m²
③ 216m² ④ 256m²

> **해설** 도로 횡단면에 대한 면적의 계산
>
> 면적산정은 공식에 의한 방법보다 사다리꼴 면적에서 양쪽의 삼각형 면적을 빼주면 쉽게 구할 수 있다. 경사 1 : 2는 높이 1일 때 수평거리 변화가 2라는 의미로 높이 6이면 수평거리 12, 높이 12이면 수평거리 24이 된다.
> 사각형의 면적=사다리꼴 면적−왼쪽 삼각형
> −오른쪽 삼각형
> ⊙ 사다리꼴 면적
> $$A_1=\frac{6+10}{2}\times(4+6\times2)=128\text{m}^2$$
> (그림을 90° 돌린 사다리꼴로 본다)
> ⓒ 사다리꼴 면적
> $$A_2=\frac{10+12}{2}\times(4+12\times2)=308\text{m}^2$$
> (그림을 90° 돌린 사다리꼴로 본다)
> ⓒ 왼쪽 삼각형 면적 $A_3=\frac{6\times12}{2}=36\text{m}^2$
> ⓔ 오른쪽 삼각형 면적
> $$A_4=\frac{12\times24}{2}=144\text{m}^2$$
> 면적 = $A_1+A_2-A_3-A_4$
> = 128 + 308 − 36 − 144 = 256m²

정답 6. ② 7. ④ 8. ③ 9. ④

10 삼변측량을 실시하여 길이가 각각 $a = 1,200$m, $b = 1,300$m, $c = 1,500$m이었다면 ∠ACB는?

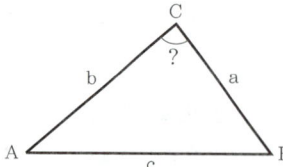

① 73°31′02″ ② 73°33′02″
③ 73°35′02″ ④ 73°37′02″

> **해설** 삼각형 세 변의 길이를 이용한 교각의 계산
> 세 변의 길이를 알 때 내각의 계산은 코사인 제2법칙에 의해 구한다.
> $\cos \angle C = \dfrac{a^2 + b^2 - c^2}{2ab}$ 에서
> $\angle C = \cos^{-1}\left(\dfrac{a^2 + b^2 - c^2}{2ab}\right)$
> $\angle C = \cos^{-1}\left(\dfrac{1,200^2 + 1,300^2 - 1,500^2}{2 \times 1,200 \times 1,300}\right)$
> $= 73°37′02″$

11 30m에 대하여 3mm 늘어나 있는 줄자로써 정삼각형의 지역을 측정한 결과 80,000m²이었다면 실제의 면적은?

① 80,016m² ② 80,008m²
③ 79,984m² ④ 79,992m²

> **해설** 면적오차를 고려한 실제오차의 계산
> 늘어나 있는 줄자로 관측한 값의 실제값은 (+)로, 수축된 줄자는 반대로 (−)로 적용한다.
> $A_0 = A \pm C_0$ ∵ $C_0 = \pm 2 \times \dfrac{\Delta l}{l} \times A$
> $C_0 = 2 \times \dfrac{0.003\text{m}}{30\text{m}} \times 80,000\text{m}^2 = 16\text{m}^2$
> $A_0 = 80,000 + 16 = 80,016\text{m}^2$

12 GNSS 데이터의 교환 등에 필요한 공통적인 형식으로 원시데이터에서 측량에 필요한 데이터를 추출하여 보기 쉽게 표현한 것은?

① Bernese ② RINEX
③ Ambiguity ④ Binary

> **해설** RINEX의 특징
> ㉠ RINEX는 GPS 수신기 기종에 따라 기록방식이 달라 이를 통합하기 위해 만든 표준파일형식이다.
> ㉡ 헤더부분에는 관측점명, 안테나 높이, 관측날짜, 수신기명 등 파일에 대한 정보가 들어간다.
> ㉢ RINEX 파일로 변환하였을 경우 자료처리가 가능하도록 사용자가 편집할 수 있도록 고안된 데이터 포맷이다.
> ㉣ 반송파, 코드 신호를 모두 기록한다.

13 수준망의 관측결과가 표와 같을 때, 관측의 정확도가 가장 높은 것은?

구분	총거리 (km)	폐합오차 (mm)
I	25	±20
II	16	±18
III	12	±15
IV	8	±13

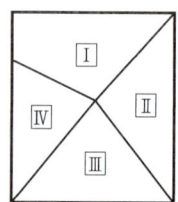

① I ② II
③ III ④ IV

> **해설** 수준측량의 정확도 계산
> km당 오차로 수준측량의 정확도를 비교하면
> I : $\dfrac{\pm 20}{\sqrt{25}} = \pm 4.0$mm, II : $\dfrac{\pm 18}{\sqrt{16}} = \pm 4.5$mm,
> III : $\dfrac{\pm 15}{\sqrt{12}} = \pm 4.33$mm, IV : $\dfrac{\pm 13}{\sqrt{8}} = \pm 4.6$mm

14 GPS위성측량에 대한 설명으로 옳은 것은?

① GPS를 이용하여 취득한 높이는 지반고이다.
② GPS에서 사용하고 있는 기준타원체는 GRS80 타원체이다.
③ 대기 내 수증기는 GPS위성신호를 지연시킨다.
④ GPS측량은 별도의 후처리 없이 관측값을 직접 사용할 수 있다.

정답 10. ④ 11. ① 12. ② 13. ① 14. ③

> **해설** GPS위성측량의 특성
> ㉠ GPS를 이용하여 취득한 높이는 타원체고이다.
> ㉡ GPS에서 사용하고 있는 기준타원체는 WGS84 타원체이다.
> ㉢ 대기 내 수증기는 GPS위성신호를 지연시킨다.
> ㉣ GPS측량은 별도의 후처리를 수행하여야 한다.

> [별해]
> $\dfrac{a_2}{a_1} = \left(\dfrac{m_2}{m_1}\right)^2$ 에서
> $a_2 = \left(\dfrac{m_2}{m_1}\right)^2 \times a_1 = \left(\dfrac{1,500}{1,000}\right)^2 \times 10,000$
> $= 22,500\text{m}^2$

15 완화곡선에 대한 설명으로 옳지 않은 것은?
① 완화곡선의 접선은 시점에서 원호에, 종점에서 직선에 접한다.
② 완화곡선에 연한 곡선반경의 감소율은 캔트(cant)의 증가율과 같다.
③ 완화곡선의 반경은 그 시점에서 무한대, 종점에서는 원곡선의 반경과 같다.
④ 모든 클로소이드(clothoid)는 닮은꼴이며 클로소이드 요소는 길이의 단위를 가진 것과 단위가 없는 것이 있다.

> **해설** 완화곡선의 성질
> ㉠ 완화곡선의 반경은 시점에서 무한대, 종점에서는 원곡선의 반경과 같다.
> ㉡ 완화곡선의 접선은 시점에서는 직선에, 종점에서는 원호에 접한다.
> ㉢ 완화곡선의 곡선반경 감소율은 캔트의 증가율과 같다.
> ㉣ 완화곡선의 편경사의 크기는 곡선의 반경에 반비례하고 설계속도에 비례한다.

16 축척 1 : 1500 지도상의 면적을 축척 1 : 1,000으로 잘못 관측한 결과가 10,000m²이었다면 실제면적은?
① 4,444m² ② 6,667m²
③ 15,000m² ④ 22,500m²

> **해설** 축척오차를 고려한 면적의 계산
> 축척은 길이의 비이고, 면적은 길이의 제곱에 비례하므로 축척을 1/1.5 축소되게 계산한 면적의 실제면적은 축척의 제곱에 비례하여 계산되므로 1.5의 제곱인 2.25배로 계산된다.
> 즉, $10,000 \times 1.5^2 = 22,500\text{m}^2$

17 수준측량에서 전시와 후시의 거리를 같게 하여 소거할 수 있는 오차가 아닌 것은?
① 지구의 곡률에 의해 생기는 오차
② 기포관축과 시준축이 평행되지 않기 때문에 생기는 오차
③ 시준선상에 생기는 빛의 굴절에 의한 오차
④ 표척의 조정 불완전으로 인해 생기는 오차

> **해설** 표척의 조정 불완전으로 인해 생기는 오차는 우연오차로 통계적인 방법에 의해 조절해야 한다.
> **전시와 후시거리를 같게 함으로써 제거되는 오차**
> ㉠ 기계오차(시준축오차) : 레벨조정의 불안정
> ㉡ 구차(지구곡률오차)와 기차(대기굴절오차)

18 초점거리가 210mm인 사진기로 촬영한 항공사진의 기선고도비는? (단, 사진크기는 23cm×23cm, 축척은 1 : 10,000, 종중복도 60%이다.)
① 0.32 ② 0.44
③ 0.52 ④ 0.61

> **해설** 기선고도비의 계산
> 기선고도비는 기선을 고도로 나눈 값이고, 초점거리와 축척으로부터 고도를, 중복값으로부터 기선의 길이를 구한다.
> 분자, 분모에 축척(m)을 약분하여 적용하면 계산이 간단해진다.
> 기선고도비$\left(\dfrac{B}{H}\right) = \dfrac{ma(1-p)}{mf} = \dfrac{a(1-p)}{f}$
> $= \dfrac{0.23 \times (1-0.6)}{0.21} = 0.44$

정답 15. ① 16. ④ 17. ④ 18. ②

19 폐합 트래버스 ABCD에서 각 측선의 경거, 위거가 표와 같을 때, AD측선의 방위각은?

측선	위거		경거	
	(+)	(−)	(+)	(−)
AB	50		50	
BC		30	60	
CD		70		60
DA				

① 133°   ② 135°
③ 137°   ④ 145°

> **해설** **방위각의 계산**
>
> 폐합 트래버스의 관측오차가 없다면 위거의 합과 경거의 합은 0이 되어야 하므로 AD측선의 위거는 −50, 경거는 +50이다.
>
> AD측선의 방위각 $= \tan^{-1}\left(\dfrac{\text{AD경거}}{\text{AD위거}}\right)$
>
> $= \tan^{-1}\left(\dfrac{+50}{-50}\right) = -45°$
>
> 2상한각이므로 AB방위각 $= 180° - 45° = 135°$

20 트래버스 측량의 일반적인 사항에 대한 설명으로 옳지 않은 것은?

① 트래버스 종류 중 결합 트래버스는 가장 높은 정확도를 얻을 수 있다.
② 각관측 방법 중 방위각법은 한번 오차가 발생하면 그 영향은 끝까지 미친다.
③ 폐합오차 조정방법 중 컴퍼스 법칙은 각관측의 정밀도가 거리관측의 정밀도보다 높을 때 실시한다.
④ 폐합 트래버스에서 편각의 총합은 반드시 360°가 되어야 한다.

> **해설** **트래버스의 조정**
>
> ㉠ 컴퍼스 법칙 : 각측량의 정도와 거리측량의 정도가 동일할 때 사용하며, 각측선의 길이에 비례하여 폐합오차 배분한다.
> ㉡ 트랜싯 법칙 : 각측량의 정도가 거리측량의 정도보다 정도가 좋을 때 사용하며, 위거와 경거의 크기에 비례하여 폐합오차 배분한다.

2021 제1회 토목기사 기출문제

2021년 3월 7일 시행

01 삼각망 조정에 관한 설명으로 옳지 않은 것은?
① 임의의 한 변의 길이는 계산경로에 따라 달라질 수 있다.
② 검기선은 측정한 길이와 계산된 길이가 동일하다.
③ 1점 주위에 있는 각의 합은 360°이다.
④ 삼각형의 내각의 합은 180°이다.

> **해설** 삼각망조정의 3조건
> ㉠ 각조건: 삼각망 중 각각 3각형 내각의 합은 180°가 될 것
> ㉡ 변조건: 삼각망 중에서 임의 한 변의 길이는 계산순서에 관계없이 동일할 것
> ㉢ 점조건(측점조건): 한 측점 주위에 있는 모든 각의 총합은 360°가 될 것

02 삼각측량과 삼변측량에 대한 설명으로 틀린 것은?
① 삼변측량은 변 길이를 관측하여 삼각점의 위치를 구하는 측량이다.
② 삼각측량의 삼각망 중 가장 정확도가 높은 망은 사변형삼각망이다.
③ 삼각점의 선점 시 기계나 측표가 동요할 수 있는 습지나 하상은 피한다.
④ 삼각점의 등급을 정하는 주된 목적은 표석설치를 편리하게 하기 위함이다.

> **해설** 삼각측량과 삼변측량의 특징
> 삼각점의 등급(차수)은 각관측의 정밀도에 의하여 1, 2, 3, 4의 4등급으로 구분한 삼각점이다. 등급이 위의 것일수록 정밀한 측량으로 측정한 것이다.

03 그림과 같은 유토곡선(mass curve)에서 하향구간이 의미하는 것은?

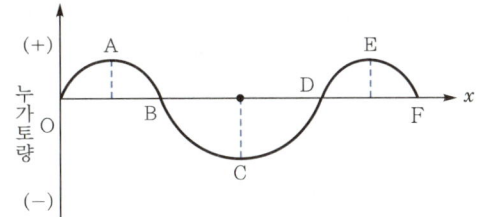

① 성토구간
② 절토구간
③ 운반토량
④ 운반거리

> **해설** 유토곡선의 성질
> ㉠ 곡선의 하향구간: 성토구간, 상향구간: 절토구간
> ㉡ 곡선의 최소점(저점): 성토구간에서 절토구간으로의 변이점
> ㉢ 곡선의 극대점(정점): 절토구간에서 성토구간으로의 변이점

04 조정계산이 완료된 조정각 및 기선으로부터 처음 신설하는 삼각점의 위치를 구하는 계산순서로 가장 적합한 것은?
① 편심조정 계산 → 삼각형 계산(변, 방향각) → 경위도 결정 → 좌표조정 계산 → 표고 계산
② 편심조정 계산 → 삼각형 계산(변, 방향각) → 좌표조정 계산 → 표고 계산 → 경위도 결정
③ 삼각형 계산(변, 방향각) → 편심조정 계산 → 표고 계산 → 경위도 결정 → 좌표조정 계산
④ 삼각형 계산(변, 방향각) → 편심조정 계산 → 표고 계산 → 좌표조정 계산 → 경위도 결정

> **해설** 삼각점의 위치를 구하는 계산순서
> 편심조정 계산 → 삼각형 계산(변, 방향각) → 좌표조정 계산 → 표고 계산 → 경위도 결정

정답 1. ① 2. ④ 3. ① 4. ②

05 기지점의 지반고가 100m이고, 기지점에 대한 후시는 2.75m, 미지점에 대한 전시가 1.40m일 때 미지점의 지반고는?

① 98.65m ② 101.35m
③ 102.75m ④ 104.15m

> **해설** 후시와 전시를 이용한 지반고의 계산
> $H_{미지점} = H_{기지점} + \sum B.S - \sum F.S$
> $= 100 + 2.75 - 1.40 = 101.35m$

06 어느 두 지점 간의 거리를 A, B, C, D 4명이 각각 10회 관측한 결과가 다음과 같다면 가장 신뢰성이 낮은 관측자는?

> A : 165.864±0.002m
> B : 165.867±0.006m
> C : 165.862±0.007m
> D : 165.864±0.004m

① A ② B
③ C ④ D

> **해설** 경중률의 정의 및 성질
> 경중률은 관측값의 신뢰도(신뢰성)를 나타내는 값으로 횟수에 비례하고, 평균제곱근오차의 제곱에 반비례하므로 평균제곱근오차가 클수록 신뢰도는 낮아진다.

07 레벨의 불완전 조정에 의하여 발생한 오차를 최소화하는 가장 좋은 방법은?

① 왕복 2회 측정하여 그 평균을 취한다.
② 기포를 항상 중앙에 오게 한다.
③ 시준선의 거리를 짧게 한다.
④ 전시, 후시의 표척거리를 같게 한다.

> **해설** 수준측량 오차의 최소화 방법
> 수준측량에서 전후시 거리를 같게 하면 시준축오차를 소거할 수 있다. 시준축오차는 망원경의 시준선이 기포관축에 평행이 아닐 때의 오차를 의미하며 전후시 거리를 같게 함으로써 소거할 수 있다.

08 원곡선에 대한 설명으로 틀린 것은?

① 원곡선을 설치하기 위한 기본요소는 반경(R)과 교각(I)이다.
② 접선길이는 곡선반경에 비례한다.
③ 원곡선은 평면곡선과 수직곡선으로 모두 사용할 수 있다.
④ 고속도로와 같이 고속의 원활한 주행을 위해서는 복심곡선 또는 반향곡선을 주로 사용한다.

> **해설** 원곡선의 특징
> 고속도로와 같이 고속의 원활한 주행을 위해서는 직선구간 사이에 하나의 원곡선을 설치하도록 한다. 복심곡선 또는 반향곡선 등의 복합곡선은 고속도로에 일반적으로 사용하지 않는다.

09 트래버스 측량에서 1회 각관측의 오차가 ±10″라면 30개의 측점에서 1회씩 각관측하였을 때의 총 각관측오차는?

① ±15″ ② ±17″
③ ±55″ ④ ±70″

> **해설** 트래버스 측량의 각관측 오차
> 트래버스 측량에서 각관측오차는 관측각 개수의 제곱근에 비례하므로
> 30개 각관측오차 $=±10″\sqrt{30} ≒ ±55″$

10 노선측량에서 단곡선 설치 시 필요한 교각이 95°30′, 곡선반경이 200m일 때 장현(L)의 길이는?

① 296.087m ② 302.619m
③ 417.131m ④ 597.238m

> **해설** 장현의 계산
> $장현(L) = 2R \times \sin\dfrac{I}{2}$
> $= 2 \times 200 \times \sin\dfrac{95°30′}{2}$
> $= 296.087m$

정답 5. ② 6. ③ 7. ④ 8. ④ 9. ③ 10. ①

11 등고선에 관한 설명으로 옳지 않은 것은?

① 높이가 다른 등고선은 절대 교차하지 않는다.
② 등고선 간의 최단거리 방향은 최대경사 방향을 나타낸다.
③ 지도의 도면 내에서 폐합되는 경우에 등고선의 내부에는 산꼭대기 또는 분지가 있다.
④ 동일한 경사의 지표에서 등고선 간의 간격은 같다.

> **해설** 등고선의 성질
> 등고선은 일반적으로 교차하지 않으나 예외적으로 절벽, 동굴과 같은 지형에서는 서로 교차하기도 한다.

12 설계속도 80km/h의 고속도로에서 클로소이드 곡선의 곡선반경이 360m, 완화곡선길이가 40m일 때 클로소이드 매개변수 A는?

① 100m ② 120m
③ 140m ④ 150m

> **해설** 클로소이드 매개변수의 계산
> $A^2 = R \times L$에서
> $A = \sqrt{RL} = \sqrt{360 \times 40} = 120\,\text{m}$

13 교호수준측량의 결과가 아래와 같고, A점의 표고가 10m일 때 B점의 표고는?

- 레벨 P에서 A → B 관측 표고차 : −1.256m
- 레벨 Q에서 B → A 관측 표고차 : +1.238m

① 8.753m ② 9.753m
③ 11.238m ④ 11.247m

> **해설** 교호수준측량을 이용한 표고의 계산
> 교호수준측량은 양안에서 수준측량한 결과를 평균하여 높이차를 계산하는 관측방법이다.
> $H_B = H_A + \frac{1}{2}\{(a_1 - b_1) + (a_2 - b_2)\}$
> $= 10 + \frac{1}{2}\{(-1.256) + (-1.238)\}$
> $= 8.753\,\text{m}$

14 직사각형 토지의 면적을 산출하기 위해 두 변 a, b의 거리를 관측한 결과가 $a = 48.25 \pm 0.04\,\text{m}$, $b = 23.42 \pm 0.02\,\text{m}$ 이었다면 면적의 정밀도($\Delta A / A$)는?

① 1/420 ② 1/630
③ 1/840 ④ 1/1080

> **해설** 직사각형에서의 부정오차 전파
> ㉠ 토지의 면적
> $A = a \times b = 48.25 \times 23.42 = 1130.015\,\text{m}^2$
> ㉡ 직사각형 토지면적의 부정오차 전파
> $dA = \sigma_Y = \pm\sqrt{\left(\frac{\partial A}{\partial a}\right)^2 \sigma_a^2 + \left(\frac{\partial A}{\partial b}\right)^2 \sigma_b^2}$
> $= \pm\sqrt{(48.25 \times 0.02)^2 + (23.42 \times 0.04)^2}$
> $= \pm 1.345\,\text{m}^2$
> ㉢ 정밀도 $\frac{dA}{A} = \frac{1.345}{1130.015} \fallingdotseq \frac{1}{840}$

15 각관측장비의 수평축이 연직축과 직교하지 않기 때문에 발생하는 측각오차를 최소화하는 방법으로 옳은 것은?

① 직교에 대한 편차를 구하여 더한다.
② 배각법을 사용한다.
③ 방향각법을 사용한다.
④ 망원경의 정·반위로 측정하여 평균한다.

> **해설** 망원경의 정·반위관측으로 소거되는 오차
> ㉠ 시준축오차 : 시준선이 수평축과 직각이 아니기 때문에 생기는 오차
> ㉡ 수평축오차 : 수평축이 연직축과 직교하지 않기 때문에 생기는 오차
> ㉢ 시준선의 편심오차(외심오차) : 시준선이 기계의 중심을 통과하지 않기 때문에 생기는 오차

정답 11. ① 12. ② 13. ① 14. ③ 15. ④

16 원격탐사(remote sensing)의 정의로 옳은 것은?

① 지상에서 대상 물체에 전파를 발생시켜 그 반사파를 이용하여 측정하는 방법
② 센서를 이용하여 지표의 대상물에서 반사 또는 방사된 전자 스펙트럼을 측정하고 이들의 자료를 이용하여 대상물이나 현상에 관한 정보를 얻는 기법
③ 우주에 산재해 있는 물체의 고유스펙트럼을 이용하여 각각의 구성 성분을 지상의 레이더 망으로 수집하여 처리하는 방법
④ 우주선에서 찍은 중복된 사진을 이용하여 지상에서 항공사진의 처리와 같은 방법으로 판독하는 작업

> **해설** 원격탐사는 인공위성뿐 아니라 항공기나 지상 등에 설치된 센서에 의해 관측된 자료를 해석하는 기법이다.
>
> **원격탐사의 특징**
> ㉠ 짧은 시간 내 넓은 지역을 동시에 측량할 수 있으며 반복 측량이 가능하다.
> ㉡ 센서(sensor)에 의한 지구 표면의 정보획득이 용이하며 측량자료가 수치 기록되어 판독이 자동적이고 정량화가 가능하다.
> ㉢ 관측이 좁은 시야각으로 행하여지므로 얻어진 영상은 정사투영상에 가깝다.
> ㉣ 탐사된 자료가 즉시 이용될 수 있으며 재해 및 환경문제 해결에 편리하다.
> ㉤ 회전 주기가 일정하므로 원하는 지점 및 시기에 관측하기가 어렵다.

17 초점거리 153mm, 사진크기 23cm×23cm인 카메라를 사용하여 동서 14km, 남북 7km, 평균표고 250m인 거의 평탄한 지역을 축척 1:5,000으로 촬영하고자 할 때, 필요한 모델수는? (단, 종중복도=60%, 횡중복도=30%)

① 81   ② 240
③ 279   ④ 961

> **해설** 사진매수 및 모델수의 계산
>
> 사진매수 및 모델수는 정수이므로 반올림이 아니라 올림으로 계산한다.
> ㉠ 종모델수(D)
> $$D = \frac{S_1}{B} = \frac{S_1}{ma(1-p)}$$
> $$= \frac{14,000\text{m}}{5,000 \times 0.23\text{m} \times (1-0.6)} = 30.4 = 31$$
> ㉡ 촬영경로수(D')
> $$D' = \frac{S_2}{C_0} = \frac{S_2}{(ma)(1-q)}$$
> $$= \frac{7,000\text{m}}{5,000 \times 0.23\text{m} \times (1-0.3)} = 8.7 = 9$$
> ㉢ 총 모델수 = 31 × 9 = 279모델

18 그림과 같이 한 점 O에서 A, B, C방향의 각관측을 실시한 결과가 다음과 같을 때 ∠BOC의 최확값은?

∠AOB	2회	관측결과	40°30′25″
	3회	관측결과	40°30′20″
∠AOC	6회	관측결과	85°30′20″
	4회	관측결과	85°30′25″

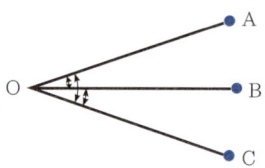

① 45°00′05″   ② 45°00′02″
③ 45°00′03″   ④ 45°00′00″

> **해설** 경중률이 다른 각관측의 최확값
>
> 경중률은 횟수에 비례하므로
> 최확값(θ) = $\frac{\sum P \times \theta}{\sum P}$ 를 적용한다.
>
> ㉠ ∠AOB의 최확값
> $= 40°30' + \frac{2 \times 25'' + 3 \times 20''}{2+3} = 40°30'22''$
>
> ㉡ ∠AOC의 최확값
> $= 85°30' + \frac{6 \times 20'' + 4 \times 25''}{6+4} = 85°30'22''$
>
> ㉢ ∠BOC의 최확값 = ∠AOC − ∠AOB
> $= 45°00'00''$

정답 16. ② 17. ③ 18. ④

19 측지학에 관한 설명 중 옳지 않은 것은?

① 측지학이란 지구 내부의 특성, 지구의 형상, 지구 표면의 상호위치관계를 결정하는 학문이다.
② 물리학적 측지학은 중력측정, 지자기측정 등을 포함한다.
③ 기하학적 측지학에는 천문측량, 위성측량, 높이의 결정 등이 있다.
④ 측지측량이란 지구의 곡률을 고려하지 않는 측량으로 11km 이내를 평면으로 취급한다.

> **해설** 면적에 의한 측량의 분류
> 측지측량(대지측량): 지구의 곡률을 고려한 정밀측량으로 반경 11km 이상의 지역을 곡면으로 간주하며 지각변동의 관측, 항로 등의 측량이 이에 속한다.

20 해도와 같은 지도에 이용되며, 주로 하천이나 항만 등의 심천측량을 한 결과를 표시하는 방법으로 가장 적당한 것은?

① 채색법 ② 영선법
③ 점고법 ④ 음영법

> **해설** 지형도 표시방법 중 부호도법
> ㉠ 점고법: 하천, 항만, 해양측량 등에서 심천측량을 한 측점에 숫자를 기입하여 고저를 표시하는 방법
> ㉡ 채색법: 색조를 이용하여 고저를 표시하는 방법
> ㉢ 등고선법: 일정한 높이의 수평면으로 지형을 절단했을 때의 잘린 면의 곡선을 이용하여 지형을 표시
>
> **지형도 표시방법 중 자연도법**
> ㉠ 영선법: 우모와 같이 짧고 거의 평행한 선의 간격, 굵기, 길이, 방향 등에 의하여 지형을 표시하는 방법
> ㉡ 음영법: 서북쪽 45° 방향에서 평행광선이 비칠 때 생기는 그림자로 기복의 모양을 표시하는 방법

정답 19. ④ 20. ③

2021 제2회 토목기사 기출문제

2021년 5월 15일 시행

01 수로조사에서 간출지의 높이와 수심의 기준이 되는 것은?
① 약최고고조면   ② 평균중등수위면
③ 수애면   ④ 약최저저조면

> **해설** 수로측량의 기준
> 수로측량에서 해안선 결정의 기준이 되는 해수면은 약최고고조면을, 간출지의 높이와 수심의 기준이 되는 해수면은 약최저저조면을, 표고는 평균해수면을 기준으로 한다.

02 그림과 같이 각 격자의 크기가 10m×10m로 동일한 지역의 전체 토량은?

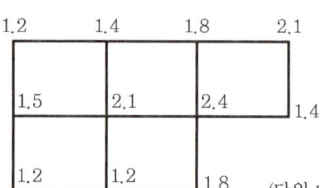

① 877.5m³   ② 893.6m³
③ 913.7m³   ④ 926.1m³

> **해설** 사각형 점고법에 의한 토량의 계산
> $V = \dfrac{ab}{4}(\Sigma h_1 + 2\Sigma h_2 + 3\Sigma h_3 + 4\Sigma h_4)$
> $= \dfrac{10\times10}{4} \times \begin{Bmatrix} (1.2+2.1+1.4+1.8+1.2) \\ +2\times(1.4+1.8+1.2+1.5) \\ +3\times 2.4+4\times 2.1 \end{Bmatrix}$
> $= 877.5\text{m}^3$

03 표척이 앞으로 3° 기울어져 있는 표척의 읽음값이 3.645m이었다면 높이의 보정량은?
① 5mm   ② −5mm
③ 10mm   ④ −10mm

> **해설** 간접수준측량에서의 높이의 보정량 계산
> 표척이 앞으로 3° 기울어져 있으므로 수직으로 된 상태의 높이값은 $3.645 \times \cos 3° = 3.640\text{m}$ 이므로 보정량은 −5mm가 된다.

04 동일 구간에 대해 3개의 관측군으로 나누어 거리관측을 실시한 결과가 표와 같을 때, 이 구간의 최확값은?

관측군	관측값(m)	관측횟수
1	50.362	5
2	50.348	2
3	50.359	3

① 50.354m   ② 50.356m
③ 50.358m   ④ 50.362m

> **해설** 경중률이 다른 거리관측의 최확값
> 경중률은 관측횟수에 비례하므로 최확값 $= \dfrac{\Sigma P \times l}{\Sigma P}$ 에서
> 최확값
> $= 50.350\text{m} + \dfrac{5\times 12 + 2\times(-2) + 3\times 9}{5+2+3}\text{mm}$
> $= 50.358\text{m}$

05 클로소이드 곡선(clothoid curve)에 대한 설명으로 옳지 않은 것은?
① 고속도로에 널리 이용된다.
② 곡률이 곡선의 길이에 비례한다.
③ 완화곡선의 일종이다.
④ 클로소이드 요소는 모두 단위를 갖지 않는다.

정답 1. ④ 2. ① 3. ② 4. ③ 5. ④

해설 **클로소이드의 성질**
  ㉠ 클로소이드는 나선의 일종이다.
  ㉡ 모든 클로소이드는 닮은꼴(상사성)이다.
  ㉢ 단위가 있는 것도 있고 없는 것도 있다.
  ㉣ τ는 30°가 적당하다.

06 최근 GNSS 측량의 의사거리 결정에 영향을 주는 오차와 거리가 먼 것은?

① 위성의 궤도오차
② 위성의 시계오차
③ 위성의 기하학적 위치에 따른 오차
④ SA(selective availability) 오차

해설 **GNSS 측량의 의사거리결정에 영향을 주는 오차**
SA(Selective Availability, 선택적 사용성)는 민간 부문의 사용을 제한하기 위하여 의도적으로 오차를 발생시키는 방법을 의미한다.

07 평탄한 지역에서 9개 측선으로 구성된 다각측량에서 2′의 각관측오차가 발생하였다면 오차의 처리 방법으로 옳은 것은? (단, 허용오차는 $60''\sqrt{N}$으로 가정한다.)

① 오차가 크므로 다시 관측한다.
② 측선의 거리에 비례하여 배분한다.
③ 관측각의 크기에 역비례하여 배분한다.
④ 관측각에 같은 크기로 배분한다.

해설 **다각측량의 각오차 처리방법**
  ㉠ 평탄지 폐합 트래버스의 허용오차:
    $60''\sqrt{N} = 60'' \times \sqrt{9} = 180'' = 3'$
  ㉡ 측각오차: 2′
  ㉢ 허용오차의 범위 안에 있으므로 각 내각에 균등 배분하여 조정한다.

08 도로의 단곡선 설치에서 교각이 60°, 반경이 150m이며, 곡선시점이 No.8+17m(20m×8+17m)일 때 종단현에 대한 편각은?

① 0°02′45″   ② 2°41′21″
③ 2°57′54″   ④ 3°15′23″

해설 **종단현에 대한 편각의 계산**
종단현의 길이를 먼저 구한 후 편각을 구한다.
  ㉠ C.L. $= \dfrac{\pi}{180°} RI = \dfrac{\pi}{180°} \times 150 \times 60°$
    $= 157.08\text{m}$
  ㉡ 곡선종점의 위치
    $= 177 + \text{C.L.} = 177 + 157.08 = 334.08\text{m}$
  ㉢ 종단현의 길이 $l_2 = 334.08 - 320 = 14.08\text{m}$
  ㉣ 종단현의 편각
    $\delta_{l_2} = \dfrac{l_2}{2R} \times \dfrac{180°}{\pi} = \dfrac{14.08}{2 \times 150} \times \dfrac{180°}{\pi}$
    $= 2°41′21″$

09 표고가 300m인 평지에서 삼각망의 기선을 측정한 결과 600m이었다. 이 기선에 대하여 평균해수면 상의 거리로 보정할 때 보정량은? (단, 지구 반경 $R=$ 6,370km)

① +2.83cm   ② +2.42cm
③ -2.42cm   ④ -2.83cm

해설 **거리측량의 표고보정**
표고 300m의 수평거리가 600m이므로 이를 평균해면상 거리로 환산하면 보정량은 줄어들게 된다. 평균해수면에 대한 오차 보정량의 일반적인 적용은
  $C_h = -\dfrac{HL_0}{R}$
  여기서, R: 지구 반경, H: 높이
    L_0: 기준면상의 거리
  $= -\dfrac{300\text{m} \times 0.6\text{km}}{6,370\text{km}}$
  $= -0.0283\text{m} = -2.83\text{cm}$

정답 6. ④ 7. ④ 8. ② 9. ④

10 수치지형도(digital map)에 대한 설명으로 틀린 것은?

① 우리나라는 축척 1 : 5,000 수치지형도를 국토기본도로 한다.
② 주로 필지정보와 표고자료, 수계정보 등을 얻을 수 있다.
③ 일반적으로 항공사진측량에 의해 구축된다.
④ 축척별 포함 사항이 다르다.

> **해설** 수치지형도의 개요
> 필지정보를 주로 얻을 수 있는 도면은 수치지적도이다.

11 등고선의 성질에 대한 설명으로 옳지 않은 것은?

① 등고선은 분수선(능선)과 평행하다.
② 등고선은 도면 내외에서 폐합하는 폐곡선이다.
③ 지도의 도면 내에서 등고선이 폐합하는 경우에 등고선의 내부에는 산꼭대기 또는 분지가 있다.
④ 절벽에서 등고선은 서로 만날 수 있다.

> **해설** 등고선의 성질
> 등고선은 분수선, 능선, 유하선과 직교하고 경사변환선과 평행하다.

12 트래버스 측량의 작업순서로 알맞은 것은?

① 선점 - 계획 - 답사 - 조표 - 관측
② 계획 - 답사 - 선점 - 조표 - 관측
③ 답사 - 계획 - 조표 - 선점 - 관측
④ 조표 - 답사 - 계획 - 선점 - 관측

> **해설** 트래버스 측량의 작업순서
> 계획 - 답사 - 선점 - 조표 - 관측(각, 거리) - 오차 계산 및 조정 - 측점전개

13 지오이드(geoid)에 대한 설명으로 옳지 않은 것은?

① 평균해수면을 육지까지 연장까지 지구 전체를 둘러싼 곡면이다.
② 지오이드면은 등퍼텐셜면으로 중력 방향은 이 면에 수직이다.
③ 지표 위 모든 점의 위치를 결정하기 위해 수학적으로 정의된 타원체이다.
④ 실제로 지오이드면은 굴곡이 심하므로 측지측량의 기준으로 채택하기 어렵다.

> **해설** 지오이드(geoid)의 정의 및 특징
> ㉠ 정의 : 평균해수면을 육지로 연장시켜 지구물체를 둘러싸고 있다고 가정한 곡면
> ㉡ 특징
> • 지오이드는 등퍼텐셜면이다.
> • 지오이드는 연직선 중력 방향에 직교한다.
> • 지오이드는 불규칙한 지형이다.
> • 지오이드는 위치에너지($E = mgh$)가 0이다.
> • 지오이드는 육지에서는 회전타원체 위에 존재하고, 바다에서는 회전타원체면 아래에 존재한다.

14 장애물로 인하여 접근하기 어려운 2점 P, Q를 간접거리 측량한 결과가 그림과 같다. $\overline{AB}$의 거리가 216.90m일 때 $\overline{PQ}$의 거리는?

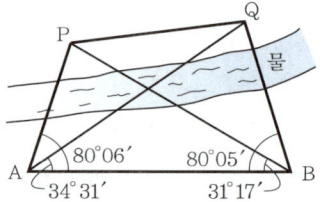

① 120.96m ② 142.29m
③ 173.39m ④ 194.22m

> **해설** 사인 법칙과 코사인 법칙을 이용한 거리의 계산
>
> ㉠ ΔAPB에 AP 거리를 구하면
> $\dfrac{AP}{\sin\angle A} = \dfrac{AB}{\sin\angle P}$ 에서
> $AP = \dfrac{\sin 31°17'}{\sin(180° - 80°06' - 31°17')} \times 216.9m$
> $= 120.96m$
>
> ㉡ ΔAQB에 AQ 거리를 구하면
> $\dfrac{AQ}{\sin\angle B} = \dfrac{AB}{\sin\angle Q}$ 에서
> $AQ = \dfrac{\sin 80°05'}{\sin(180° - 80°05' - 34°31')} \times 216.9m$
> $= 234.99m$
>
> ㉢ PQ의 거리는 ΔAPQ에 코사인 법칙을 적용하여 구하면
> $PQ = \sqrt{AP^2 + AQ^2 - 2AP \times AQ \times \cos\angle A}$
> $= \sqrt{120.96^2 + 234.99^2 - 2 \times 120.96 \times 234.99 \times \cos(80°06' - 34°31')}$
> $= 173.39m$

16 다각측량의 특징에 대한 설명으로 옳지 않은 것은?

① 삼각점으로부터 좁은 지역의 세부측량 기준점을 측설하는 경우에 편리하다.
② 삼각측량에 비해 복잡한 시가지나 지형의 기복이 심한 지역에는 알맞지 않다.
③ 하천이나 도로 또는 수로 등의 좁고 긴 지역의 측량에 편리하다.
④ 다각측량의 종류에는 개방, 폐합, 결합형 등이 있다.

> **해설** 트래버스 측량의 특징
>
> 다각측량이 삼각측량에 비해 근거리이므로 거리측량의 정확도가 높다고 볼 수 있으나 정확한 각의 관측이 이뤄지지 않아 일반적으로 삼각측량에서 구한 위치정확도가 다각측량의 정확도보다 높다.

15 수준측량야장에서 측점 3의 지반고는?

(단위: m)

측점	후시	전시 T.P	전시 I.P	지반고
1	0.95			10.00
2			1.03	
3	0.90	0.36		
4			0.96	
5		1.05		

① 10.59m ② 10.46m
③ 9.92m   ④ 9.56m

> **해설** 기고식 야장을 이용한 지반고의 계산
>
> 기고식 야장에서 기계고는 지반고+후시, 지반고는 기계고-전시로 구한다.
>
> | 측점 | 후시 | 전시 전환점 | 전시 이기점 | 기계고 | 지반고 |
> |---|---|---|---|---|---|
> | 1 | 0.95 | | | 10.95 | 10.00 |
> | 2 | | | 1.03 | | 9.92 |
> | 3 | 0.90 | 0.36 | | 11.49 | 10.59 |
> | 4 | | | 0.96 | | 10.53 |
> | 5 | | 1.05 | | | 10.44 |

17 항공사진측량에서 사진상에 나타난 두 점 A, B의 거리를 측정하였더니 208mm이었으며, 지상좌표는 아래와 같았다면 사진축척(S)은? (단, X_A=205,346.39m, Y_A=10,793.16m, X_B=205,100.11m, Y_B=11,587.87m)

① S=1:3,000   ② S=1:4,000
③ S=1:5,000   ④ S=1:6,000

> **해설** 항공사진축척의 계산
>
> 사진의 축척 $M = \dfrac{1}{m} = \dfrac{\text{사진상 거리}}{\text{실제 거리}}$
> $= \dfrac{0.208}{\sqrt{(\Delta X)^2 + (\Delta Y)^2}}$ 에서
> $M = \dfrac{0.208}{\sqrt{(205,100.11 - 205,346.39)^2 + (11,587.87 - 10,793.16)^2}}$
> $\fallingdotseq \dfrac{1}{4000}$

정답 15. ① 16. ② 17. ②

18 그림과 같은 수준망에서 높이차의 정확도가 가장 낮은 것으로 추정되는 노선은? (단, 수준환의 거리 I = 4km, II = 3km, III = 2.4km, IV(㉯㉰㉱) = 6km)

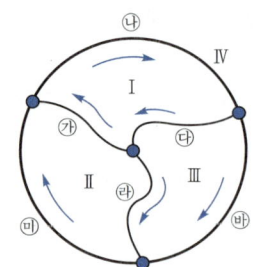

노선	높이차(m)
㉮	+3.600
㉯	+1.385
㉰	−5.023
㉱	+1.105
㉲	+2.523
㉳	−3.912

① ㉮ ② ㉯
③ ㉰ ④ ㉱

해설 수준망의 정확도 계산

㉠ 각 노선별 높이차를 계산하고, 진행 방향에 따라 (+), (−)부호를 부여한다.
I : ㉮+㉯+㉰=3.600+1.385+(−5.023)
　　　　=−0.038m
II : −㉮+㉱+㉲=(−3.600)+1.105+2.523
　　　　=0.028m
III : −㉰−㉱+㉳=−(−5.023)−1.105+(−3.912)
　　　　=0.006m
IV : ㉯+㉲+㉳=1.385+2.523+(−3.912)
　　　　=−0.004m

㉡ 오차가 가장 많은 노선은 I, II이고 두 노선에 공통으로 있는 노선은 ㉮이다.

19 도로의 곡선부에서 확폭량(slack)을 구하는 식으로 옳은 것은? (단, L : 차량 앞면에서 차량의 뒤축까지의 거리, R : 차선 중심선의 반경)

① $\dfrac{L}{2R^2}$　　② $\dfrac{L^2}{2R^2}$

③ $\dfrac{L^2}{2R}$　　④ $\dfrac{L}{2R}$

해설 확폭량의 계산

도로의 평면선형에서 곡선부를 통과하는 차량에는 원심력이 발생하여 접선 방향으로 탈선하는 것을 방지하려 바깥쪽 노면을 안쪽 노면보다 높게 하여 단일경사의 단면을 형성하는데 이를 편경사라 하며, 곡선부를 지나는 차량의 경우 뒷바퀴가 안쪽차로를 침범하게 되어 이를 고려하여 곡선부 안쪽의 폭을 넓혀주게 되는데 이를 확폭, 슬랙이라 한다.

확폭량은 $S = \dfrac{L^2}{2R}$ 으로 구한다.

20 표준길이에 비하여 2cm 늘어난 50m 줄자로 사각형 토지의 길이를 측정하여 면적을 구하였을 때, 그 면적이 88m²이었다면 토지의 실제면적은?

① 87.30m^2　　② 87.93m^2
③ 88.07m^2　　④ 88.71m^2

해설 면적에 대한 오차의 계산

늘어나 있는 줄자로 관측한 값의 실제값은 (+)로, 수축된 줄자는 반대로 (−)로 적용한다.

$dA = \pm 2 \times \dfrac{dl}{l} \times A$

$= 2 \times \dfrac{0.02\text{m}}{50\text{m}} \times 88\text{m}^2 = 0.07\text{m}^2$

$A_0 = A \pm dA$
$= 88 + 0.07 = 88.07\text{m}^2$

정답 18. ① 19. ③ 20. ③

2021 제3회 토목기사 기출문제

📝 2021년 8월 14일 시행

01 A, B 두 점에서 교호수준측량을 실시하여 다음의 결과를 얻었다. A점의 표고가 67.104m일 때 B점의 표고는? (단, $a_1 = 3.756\text{m}$, $a_2 = 1.572\text{m}$, $b_1 = 4.995\text{m}$, $b_2 = 3.209\text{m}$)

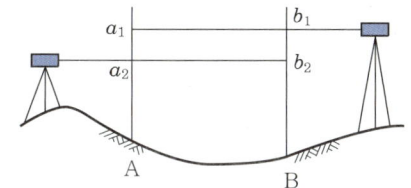

① 64.668m　② 65.666m
③ 68.542m　④ 69.089m

해설 교호수준측량을 이용한 표고의 계산

교호수준측량은 양안에서 수준측량한 결과를 평균하여 높이차를 계산하는 관측방법이다.

$H_B = H_A + \dfrac{1}{2}\{(a_1 - b_1) + (a_2 - b_2)\}$

$= 67.104 + \dfrac{1}{2}\{(3.756 - 4.995)$

$\quad + (1.572 - 3.209)\}$

$= 65.666\text{m}$

02 하천의 심천(측심)측량에 관한 설명으로 틀린 것은?

① 심천측량은 하천의 수면으로부터 하저까지 깊이를 구하는 측량으로 횡단측량과 같이 행한다.
② 측심간(rod)에 의한 심천측량은 보통 수심 5m 정도의 얕은 곳에 사용한다.
③ 측심추(lead)로 관측이 불가능한 깊은 곳은 음향측심기를 사용한다.
④ 심천측량은 수위가 높은 장마철에 하는 것이 효과적이다.

해설 심천측량의 특징

심천측량은 수심 및 수심의 위치를 결정하는 측량이므로 장마철보다는 평수위를 유지할 때 실시하는 것이 효과적이다.

03 곡선반경 R, 교각 I인 단곡선을 설치할 때 각 요소의 계산공식으로 틀린 것은?

① $M = R\left(1 - \sin\dfrac{I}{2}\right)$　② $T.L. = R\tan\dfrac{I}{2}$

③ $C.L. = \dfrac{\pi}{180°}RI$　④ $E = R\left(\sec\dfrac{I}{2} - 1\right)$

해설 단곡선의 기본공식

㉠ 중앙종거 $M = R\left(1 - \cos\dfrac{I}{2}\right)$

㉡ 접선길이 $T.L. = R\tan\dfrac{I}{2}$

㉢ 곡선길이 $C.L. = \dfrac{\pi}{180°}RI$

㉣ 외선길이 $E = R\left(\sec\dfrac{I}{2} - 1\right)$

04 수준측량과 관련된 용어에 대한 설명으로 틀린 것은?

① 수준면(level surface)은 각 점들이 중력 방향에 직각으로 이루어진 곡면이다.
② 어느 지점의 표고(elevation)라 함은 그 지역 기준타원체로부터의 수직거리를 말한다.
③ 지구곡률을 고려하지 않는 범위에서는 수준면(level surface)을 평면으로 간주한다.
④ 지구의 중심을 포함한 평면과 수준면이 교차하는 선이 수준선(level line)이다.

정답 1. ② 2. ④ 3. ① 4. ②

> **해설** 수준측량에서 높이의 종류
> ㉠ 지오이드고 : 타원체와 지오이드면까지의 수직거리
> ㉡ 정표고 : 지표면과 지오이드와의 수직거리
> ㉢ 타원체고 : 지표면과 타원체와의 수직거리
> ㉣ 역표고 : 그 점과 지오이드사이의 퍼텐셜 차이를 표준위도에서의 중력값으로 나눈 것

> **해설** 거리측량과 각측량의 정확도
> 각관측과 거리관측의 정밀도가 동일하다고 하면
> $\dfrac{dl}{l} = \dfrac{d\alpha}{\rho}$ 에서
> $l = \dfrac{dl}{d\alpha} \times \rho = \dfrac{0.5\text{mm}}{2''} \times 206,265''$
> $= 51,566.25\text{mm} \fallingdotseq 51.57\text{m}$

05 완화곡선에 대한 설명으로 옳지 않은 것은?
① 완화곡선의 곡선반경은 시점에서 무한대, 종점에서 원곡선의 반경 R로 된다.
② 클로소이드의 형식에는 S형, 복합형, 기본형 등이 있다.
③ 완화곡선의 접선은 시점에서 원호에, 종점에서 직선에 접한다.
④ 모든 클로소이드는 닮은꼴이며 클로소이드 요소에는 길이의 단위를 가진 것과 단위가 없는 것이 있다.

> **해설** 완화곡선의 성질
> ㉠ 완화곡선의 반경은 시점에서 무한대, 종점에서는 원곡선의 반경과 같다.
> ㉡ 완화곡선의 접선은 시점에서는 직선에, 종점에서는 원호에 접한다.
> ㉢ 완화곡선의 곡선반경 감소율은 캔트의 증가율과 같다.
> ㉣ 완화곡선의 편경사의 크기는 곡선의 반경에 반비례하고 설계속도에 비례한다.

06 토털스테이션으로 각을 측정할 때 기계의 중심과 측점이 일치하지 않아 0.5mm의 오차가 발생하였다면 각관측오차를 2″ 이하로 하기 위한 관측 변의 최소 길이는?
① 82.51m   ② 51.57m
③ 8.25m   ④ 5.16m

07 일반적으로 단열삼각망으로 구성하기에 가장 적합한 것은?
① 시가지와 같이 정밀을 요하는 골조측량
② 복잡한 지형의 골조측량
③ 광대한 지역의 지형측량
④ 하천조사를 위한 골조측량

> **해설** 단열삼각망의 특징
> ㉠ 동일 측점 수에 비하여 도달거리가 가장 길기 때문에 폭이 좁고 거리가 먼 지역에 적합하며, 거리에 비하여 관측 수가 적으므로 측량이 신속하고 경비가 적게 드는 반면 정밀도는 낮다.
> ㉡ 각조건, 변조건과 방향각 조정을 수행한다.

08 지형의 표시법에서 자연적 도법에 해당하는 것은?
① 점고법   ② 등고선법
③ 영선법   ④ 채색법

> **해설** 지형도 표시방법
> (1) 부호도법
> ㉠ 점고법 : 하천, 항만, 해양측량 등에서 심천측량을 한 측점에 숫자를 기입하여 고저를 표시하는 방법
> ㉡ 채색법 : 색조를 이용하여 고저를 표시하는 방법
> ㉢ 등고선법 : 일정한 높이의 수평면으로 지형을 절단했을 때의 잘린 면의 곡선을 이용하여 지형을 표시
> (2) 자연도법
> ㉠ 영선법 : 우모와 같이 짧고 거의 평행한 선의 간격, 굵기, 길이, 방향 등에 의하여 지형을 표시하는 방법
> ㉡ 음영법 : 서북쪽 45° 방향에서 평행광선이 비칠 때 생기는 그림자로 기복의 모양을 표시하는 방법

정답 5. ③ 6. ② 7. ④ 8. ③

09 축척 1:5,000인 지형도에서 AB 사이의 수평거리가 2cm이면 AB의 경사는?

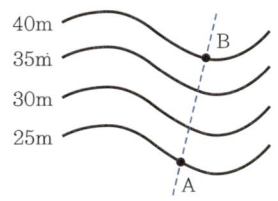

① 10%   ② 15%
③ 20%   ④ 25%

> **해설** 등고선을 이용한 경사의 계산
> ⊙ 실제거리
> $M = \dfrac{1}{m} = \dfrac{도상거리}{실제거리} = \dfrac{1}{5,000}$
> $= \dfrac{2cm}{실제거리}$ 에서
> 실제거리 $= 0.02m \times 5,000 = 100m$
> ⓒ 경사도 : $\dfrac{1}{5,000}$ 지형도상의 주곡선 간격(등고선 높이차)은 5m이므로
> 경사도[%] $= \dfrac{높이차}{수평거리} \times 100\% = \dfrac{15}{100} \times 100$
> $= 15\%$

10 트래버스 측량의 각관측방법 중 방위각법에 대한 설명으로 틀린 것은?

① 진북을 기준으로 어느 측선까지 시계 방향으로 측정하는 방법이다.
② 방위각법에는 반전법과 부전법이 있다.
③ 각이 독립적으로 관측되므로 오차 발생 시 개별 각의 오차는 이후의 측량에 영향이 없다.
④ 각관측값의 계산과 제도가 편리하고 신속히 관측할 수 있다.

> **해설** 트래버스 측량의 방위각법의 특징
> 방위각법은 직접 방위각이 관측되어 편리하나 관측된 교각을 기초로 측선에 따라 관측오차가 누적되는 단점이 있다.

11 대단위 신도시를 건설하기 위한 넓은 지형의 정지공사에서 토량을 계산하고자 할 때 가장 적합한 방법은?

① 점고법   ② 비례중앙법
③ 양단면 평균법   ④ 각주공식에 의한 방법

> **해설** 점고법에 의한 토량의 계산의 적용
> 비행장이나 대단위 신도시 건설을 위한 넓은 지형의 정지공사에서 개략적인 토공량을 계산하려면 일반적으로 점고법을 사용한다.

12 평면측량에서 거리의 허용 오차를 1/500,000까지 허용한다면 지구를 평면으로 볼 수 있는 한계는 몇 km인가? (단, 지구의 곡률반경은 6,370km이다.)

① 22.07km   ② 31.2km
③ 2,207km   ④ 3,122km

> **해설** 평면측량의 한계
> 거리의 허용정밀도는 $\dfrac{d-D}{D} \leq \dfrac{1}{500,000}$ 이므로
> $\dfrac{d-D}{D} = \dfrac{1}{12}\left(\dfrac{D}{R}\right)^2 = \dfrac{1}{500,000}$
> $D = \sqrt{\dfrac{12 \times R^2}{500,000}} = \sqrt{\dfrac{12 \times 6,370^2}{500,000}} = 31.2km$
> 지구의 반경(R)을 6,370km로 대입하면 D는 약 31.2km 이하임을 알 수 있다.

13 측점 A에 토털스테이션을 정치하고 B점에 설치한 프리즘을 관측하였다. 이때 기계고 1.7m, 고저각 +15°, 시준고 3.5m, 경사거리가 2,000m이었다면, 두 측점의 고저차는?

① 512.438m   ② 515.838m
③ 522.838m   ④ 534.098m

> **해설** 간접수준측량의 고저차 계산
> $H_A + i = H_B + s - H$ 에서
> $H_B - H_A = i - s + H$
> $\Delta H = 1.7 - 3.5 + 2,000 \times \sin 15° = 515.838m$

정답 9. ② 10. ③ 11. ① 12. ② 13. ②

14 상차라고도 하며 그 크기와 방향(부호)이 불규칙적으로 발생하고 확률론에 의해 추정할 수 있는 오차는?

① 착오 ② 정오차
③ 개인오차 ④ 우연오차

> **해설** 오차의 성질에 따른 분류
> ㉠ 정오차(누적오차, 누차) : 오차가 일어나는 원인이 명백하고, 일정한 조건 밑에서는 일정한 크기와 방향으로 발생하는 오차. 그 원인이 조사되면 오차량을 계산하여 제거할 수 있는 오차
> ㉡ 부정오차(우연오차, 상차) : 일어나는 원인이 불분명하거나 원인을 안다 하여도 직접 처리하는 방법이 불확실하고 예견할 수 없으며 관측값에 어느 정도의 영향을 주고 있는지를 알 수 없는 성질의 불규칙한 오차. 아무리 주의해도 피할 수 없고 또 계산으로 제거할 수 없으므로 통계학(최소제곱법)적으로 소거하는 방법을 사용
> ㉢ 착오 : 관측자 기술의 미숙, 심리상태의 혼란, 부주의, 착각에 의한 눈금 오독, 기장오기 등으로 발생

15 종단 및 횡단 수준측량에서 중간점이 많은 경우에 가장 편리한 야장기입법은?

① 고차식 ② 승강식
③ 기고식 ④ 간접식

> **해설** 수준측량 야장기입법
> ㉠ 고차식 : 중간점 없이 이기점 전시와 후시로만 관측된 야장으로 가장 간단하다.
> ㉡ 승강식 : 완전한 검사로 정밀측량에 적당하나, 중간점이 많으면 계산이 복잡하고 시간과 비용이 많이 든다.
> ㉢ 기고식 : 중간점이 많을 경우 편리하나 완전한 검산을 할 수 없는 단점에도 가장 많이 사용되는 방법이다.

16 GNSS 측량에 대한 설명으로 옳지 않은 것은?

① 상대측위기법을 이용하면 절대측위보다 높은 측위정확도의 확보가 가능하다.
② GNSS 측량을 위해서는 최소 4개의 가시위성(visible satellite)이 필요하다.
③ GNSS 측량을 통해 수신기의 좌표뿐만 아니라 시계오차도 계산할 수 있다.
④ 위성의 고도각(elevation angle)이 낮은 경우 상대적으로 높은 측위정확도의 확보가 가능하다.

> **해설** GNSS 측량의 특징
> 위성의 고도각은 낮을수록 대기오차가 증대되어 관측이 부정확해지므로 임계고도각을 15° 이상으로 유지한다.

17 축척 1 : 500 도상에서 3변의 길이가 각각 20.5cm, 32.4cm, 28.5cm인 삼각형 지형의 실제면적은?

① 40.70m² ② 288.53m²
③ 6924.15m² ④ 7213.26m²

> **해설** 삼변법에 의한 삼각형 면적의 계산
> ㉠ 실거리 계산
> $a = 0.205m \times 500 = 102.5m$
> $b = 0.324m \times 500 = 162m$
> $c = 0.285m \times 500 = 142.5m$
> ㉡ 헤론의 공식에 의한 면적산정
> $s = \dfrac{a+b+c}{2} = \dfrac{102.5+162+142.5}{2}$
> $= 203.5m$
> $A = \sqrt{s(s-a)(s-b)(s-c)}$
> $= \sqrt{203.5 \times (203.5-102.5)(203.5-162)(203.5-142.5)}$
> $= 7213.26m^2$

18 축척 1 : 20,000인 항공사진에서 굴뚝의 변위가 2.0mm이고, 연직점에서 10cm 떨어져 나타났다면 굴뚝의 높이는? (단, 촬영 카메라의 초점거리=15cm)

① 15m ② 30m
③ 60m ④ 80m

> **해설** 기복변위에 의한 높이의 계산
>
> ⊙ 축척 $M = \dfrac{1}{m} = \dfrac{f}{H}$ 에서
>
> $H = mf = 20,000 \times 0.15 = 3,000\text{m}$
>
> ⊙ 기복변위 $\Delta r = \dfrac{h}{H} \times r$ 에서
>
> $h = \dfrac{\Delta r}{r} \times H = \dfrac{2\text{mm}}{100\text{mm}} \times 3,000\text{m} = 60\text{m}$

19 폐합 트래버스에서 위거의 합이 −0.17m, 경거의 합이 0.22m이고, 전 측선의 거리의 합이 252m일 때 폐합비는?

① 1/900 ② 1/1,000
③ 1/1,100 ④ 1/1,200

> **해설** 폐합비(R)의 계산
>
> $R = \dfrac{\text{폐합오차}}{\text{측선길이의 합}}$ 에서
>
> 폐합오차 $= \sqrt{\text{위거오차}^2 + \text{경거오차}^2}$ 이므로
>
> 폐합비 $= \dfrac{\sqrt{(-0.17)^2 + 0.22^2}}{252} \fallingdotseq \dfrac{1}{900}$

20 곡선반경이 500m인 단곡선의 종단현이 15.343m 이라면 종단현에 대한 편각은?

① 0°31′37″ ② 0°43′19″
③ 0°52′45″ ④ 1°04′26″

> **해설** 종단현에 대한 편각의 계산
>
> 시단현 편각(δ) $= \dfrac{l_2}{2R} \times \rho$
>
> $= \dfrac{15.343}{2 \times 500} \times \dfrac{180°}{\pi} = 0°52′45″$

2022 제1회 토목기사 기출문제

📝 2022년 3월 5일 시행

01 다음 설명 중 옳지 않은 것은?
① 측지선은 지표상 두 점 간의 최단거리선이다.
② 라플라스점은 중력측정을 실시하기 위한 점이다.
③ 항정선은 자오선과 항상 일정한 각도를 유지하는 지표의 선이다.
④ 지표면의 요철을 무시하고 적도반경과 극반경으로 지구의 형상을 나타내는 가상의 타원체를 지구타원체라고 한다.

> **해설** 라플라스점의 특징
> 측지망이 광범위하게 설치된 경우 측량오차가 누적되는 것을 피하기 위해 200~300km마다 1점의 비율로 삼각측량에 의해 계산된 측지방위각과 천문측량에 의해 관측된 값들을 조정함으로써 삼각망의 비틀림을 바로잡을 수 있는 점

02 그림과 같은 반경=50m인 원곡선에서 $\overline{HC}$의 거리는? (단, 교각=60°, $\alpha = 20°$, $\angle AHC = 90°$)
① 0.19m
② 1.98m
③ 3.02m
④ 3.24m

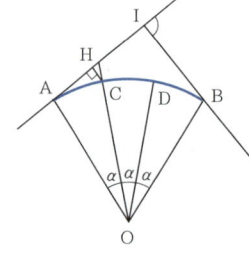

> **해설** 평면곡선반경을 이용한 장현의 계산
> AC는 현의 길이로 $AC = 2R\sin\frac{\alpha}{2}$ 이고
> CH는 AC에 대한 sin값이므로
> $CH = AC \times \sin\frac{\alpha}{2} = 2R\sin^2\frac{\alpha}{2}$
> $= 2 \times 50 \times \left(\sin\frac{20°}{2}\right)^2 = 3.02m$

03 노선거리를 2km의 결합 트래버스 측량에서 폐합비를 1/5,000로 제한한다면 허용폐합오차는?
① 0.1m
② 0.4m
③ 0.8m
④ 1.2m

> **해설** 폐합비(R)의 계산
> $R = \dfrac{폐합오차}{측선길이의 합}$ 에서
> 허용폐합오차 $= 2,000m \times \dfrac{1}{5,000} = 0.4m$

04 GNSS 상대측위방법에 대한 설명으로 옳은 것은?
① 수신기 1대만을 사용하여 측위를 실시한다.
② 위성의 수신기 간의 거리는 전파의 파장 개수를 이용하여 계산할 수 있다.
③ 위상차의 계산은 단순차, 2중차, 3중차와 같은 차분기법으로는 해결하기 어렵다.
④ 전파의 위상차를 관측하는 방식이나 절대측위방법보다 정확도가 떨어진다.

> **해설** GNSS 상대측위방법의 특징
> ㉠ 2대 이상의 수신기를 사용하여 측위를 실시한다.
> ㉡ 위성의 수신기 간의 거리는 전파의 파장 개수를 이용하여 계산할 수 있다.
> ㉢ 위상차의 계산은 단순차, 2중차, 3중차와 같은 차분기법으로 해결할 수 있다.
> ㉣ 상대측위방법이 절대측위방법보다 정확도가 우수하다.

정답 1. ② 2. ③ 3. ② 4. ②

05 지형측량에서 등고선의 성질에 대한 설명으로 옳지 않은 것은?

① 등고선의 간격은 경사가 급한 곳에서는 넓어지고, 완만한 곳에는 좁아진다.
② 등고선은 지표의 최대경사선 방향과 직교한다.
③ 동일 등고선상에 있는 모든 점은 같은 높이이다.
④ 등고선 간의 최단거리 방향은 그 지표면의 최대경사 방향을 가리킨다.

> **해설** 등고선의 성질
> 등고선의 간격은 경사가 급할수록 좁아지고 완만할수록 넓어진다.

06 지형의 표시법에 대한 설명으로 틀린 것은?

① 영선법은 짧고 거의 평행한 선을 이용하여 경사가 급하면 가늘고 길게, 경사가 완만하면 굵고 짧게 표시하는 방법이다.
② 음영법은 태양광선이 서북쪽에서 45도 각도로 비친다고 가정하고, 지표의 기복에 대하여 그 명암을 2~3색 이상으로 채색하여 기복의 모양을 표시하는 방법이다.
③ 채색법은 등고선의 사이를 색으로 채색, 색채의 농도를 변화시켜 표고를 구분하는 방법이다.
④ 점고법은 하천, 항만, 해양측량 등에서 수심을 나타날 때 측점에 숫자를 기입하여 수심 등을 나타내는 방법이다.

> **해설** 지형의 표시법 중 영선법
> ㉠ 우모와 같이 짧고 거의 평행한 선의 간격, 굵기, 길이, 방향 등에 의하여 지형을 표시하는 방법
> ㉡ 경사가 완만하면 가늘고 길게, 경사가 급하면 굵고 짧게 표시하는 방법

07 동일한 정확도로 3변을 관측한 직육면체의 체적을 계산한 결과가 1,200m³이었다. 거리의 정확도를 1/10,000까지 허용한다면 체적의 허용오차는?

① $0.08m^3$ ② $0.12m^3$
③ $0.24m^3$ ④ $0.36m^3$

> **해설** 체적측량 허용오차의 계산
> 체적의 정밀도는 거리의 정밀도의 3배이므로
> $\frac{\triangle V}{V} = 3 \times \frac{\triangle l}{l}$ 에서
> $\triangle V = 3 \times \frac{\triangle l}{l} \times V = 3 \times \frac{1}{10,000} \times 1,200$
> $= 0.36m^3$

08 △ABC의 꼭짓점에 대한 좌표값이 (30, 50), (20, 90), (60, 100)일 때 삼각형 토지의 면적은? (단, 좌표의 단위 : m)

① $500m^2$ ② $750m^2$
③ $850m^2$ ④ $960m^2$

> **해설** 좌표법에 의한 면적의 계산
> 좌표법에 의하여 계산하면[A(30, 50)에서 시작하여 시계 방향으로 다시 A로 폐합]
> $\frac{30}{50} \times \frac{20}{90} \times \frac{60}{100} \times \frac{30}{50}$
> $\Sigma \searrow = (30 \times 90) + (20 \times 100) + (60 \times 50)$
> $= 7700$
> $\Sigma \nearrow = (20 \times 50) + (60 \times 90) + (30 \times 100)$
> $= 9400$
> $2 \cdot A = \Sigma \searrow - \Sigma \nearrow = 7,700 - 9,400$
> $= -1,700$
> [면적은 음수가 나올 수 없으므로 (-)부호 생략]
> $A = \frac{2 \times A}{2} = 850m^2$

정답 5. ① 6. ① 7. ④ 8. ③

09 교각 $I=90°$, 곡선반경 $R=150$m인 단곡선에서 교점(I.P.)의 추가거리가 1139.250m일 때 곡선종점(E.C.)까지의 추가거리는?

① 875.375m ② 989.250m
③ 1224.869m ④ 1374.825m

> **해설** 곡선종점의 추가거리 계산
> 중심말뚝의 간격이 20m이므로 시단현의 길이는 곡선시점에서 다음 말뚝까지의 거리를 의미한다.
> $$T.L. = R\tan\frac{I}{2} = 150 \times \tan\frac{90°}{2} = 150.000\text{m}$$
> 곡선시점(B.C.)의 위치
> = 시점 ~ 교점까지의 거리 − T.L.
> = 1139.250 − 150.000
> = 989.250m
> 중심말뚝의 간격이 20m이므로 시단현의 길이는 곡선시점에서 다음 말뚝까지의 거리를 의미한다.
> $$C.L. = \frac{\pi}{180°}RI$$
> $$= \frac{\pi}{180°} \times 150\text{m} \times 90° = 235.619\text{m}$$
> 곡선종점(E.C.)의 추가거리
> = 곡선시점까지의 거리 + 곡선길이(C.L.)
> = 989.250 + 235.619
> = 1224.869m (No.61 + 4.869m)

10 수준측량의 부정오차에 해당되는 것은?

① 기포의 순간 이동에 의한 오차
② 기계의 불완전 조정에 의한 오차
③ 지구곡률에 의한 오차
④ 표척의 눈금 오차

> **해설** ① 기포의 순간 이동에 의한 오차(기포관의 둔감) : 부정오차
> ② 기계의 불완전 조정에 의한 오차(시준축오차) : 정오차
> ③ 지구곡률에 의한 오차(구차) : 정오차
> ④ 표척의 눈금 오차(0눈금오차) : 정오차

11 어떤 노선을 수준측량하여 작성된 기고식 야장의 일부 중 지반고 값이 틀린 측점은? (단, 단위: m)

측점	B.S	F.S		기계고	지반고
		T.P	I.P		
0	3.121				123.567
1			2.586		124.102
2	2.428	4.065			122.623
3			−0.664		124.387
4		2.321			122.730

① 측점 1 ② 측점 2
③ 측점 3 ④ 측점 4

> **해설** 기고식 야장을 이용한 지반고의 계산
>
> | 측점 | B.S | F.S | | 기계고 | 지반고 |
> |---|---|---|---|---|---|
> | | | T.P | I.P | | |
> | 0 | 3.121 | | | 126.688 | 123.567 |
> | 1 | | | 2.586 | | 124.102 |
> | 2 | 2.428 | 4.065 | | 125.051 | 122.623 |
> | 3 | | | −0.664 | | 125.715 |
> | 4 | | 2.321 | | | 122.730 |

12 노선측량에서 실시설계측량에 해당하지 않는 것은?

① 중심선설치 ② 지형도작성
③ 다각측량 ④ 용지측량

> **해설** 노선측량의 순서
> ㉠ 노선선정
> ㉡ 계획조사측량 : 지형도작성, 비교노선선정, 종·횡단면도 작성, 개략노선 결정
> ㉢ 실시설계측량 : 지형도작성, 중심선선정, 중심선설치, 다각측량, 고저측량
> ㉣ 세부측량 : 구조물의 장소에 대해 평면도와 종단면도 작성
> ㉤ 공사측량 : 노선측량의 점검 목적으로 공사 이후에 수행하는 측량

정답 9. ③ 10. ① 11. ③ 12. ④

13 트래버스 측량에서 측점 A의 좌표가 (100m, 100m)이고 측선 AB의 길이가 50m일 때 B점의 좌표는? (단, AB측선의 방위각은 195°이다)

① (51.7m, 87.1m) ② (51.7m, 112.9m)
③ (148.3m, 87.1m) ④ (148.3m, 112.9m)

> **해설** X, Y 좌표의 계산
> ㉠ $X_B = X_A + \overline{AB} \times \cos(\overline{AB}\text{ 방위각})$
> $= 100\text{m} + 50\text{m} \times \cos(195°) = 51.7\text{m}$
> ㉡ $Y_B = Y_A + \overline{AB} \times \sin(\overline{AB}\text{ 방위각})$
> $= 100\text{m} + 50\text{m} \times \sin(195°)$
> $= 87.1\text{m}$

14 수심 H인 하천의 유속측정에서 수면으로부터 깊이 $0.2H$, $0.4H$, $0.6H$, $0.8H$인 지점의 유속이 각각 0.663m/sec, 0.556m/sec, 0.532m/sec, 0.466m/sec 이었다면 3점법에 의한 평균유속은?

① 0.543m/sec ② 0.548m/sec
③ 0.559m/sec ④ 0.560m/sec

> **해설** 3점법에 의한 평균유속의 결정
> ㉠ 1점법 $V_m = V_{0.6}$
> ㉡ 2점법 $V_m = \frac{1}{2}(V_{0.2} + V_{0.8})$
> ㉢ 3점법
> $V_m = \frac{1}{4}(V_{0.2} + 2V_{0.6} + V_{0.8})$
> $= \frac{1}{4}(0.663 + 2 \times 0.532 + 0.466)$
> $= 0.548\text{m/sec}$

15 L_1과 L_2의 2개 주파수 수신이 가능한 2주파 GNSS 수신기에 의하여 제거가 가능한 오차는?

① 위성의 기하학적 위치에 따른 오차
② 다중경로오차
③ 수신기오차
④ 전리층오차

> **해설** 2주파 GNSS 수신기에 의해 제거되는 오차
> GNSS 측량에서 2중주파수, 다중주파수의 수신기를 사용하는 이유는 전리층지연의 효과를 제거하기 위해서이다.

16 줄자로 거리를 관측할 때 한 구간 20m의 거리에 비례하는 정오차가 +2mm라면 전 구간 200m를 관측하였을 때 정오차는?

① +0.2mm ② +0.63mm
③ +6.3mm ④ +20mm

> **해설** 거리측량의 정오차의 전파
> 정오차는 관측횟수에 비례하고, 우연오차(부정오차)는 관측횟수의 제곱근에 비례한다.
> 정오차 $E = +2\text{mm} \times \frac{200\text{m}}{20\text{m}} = +20\text{mm}$

17 삼변측량에 대한 설명으로 틀린 것은?

① 전자파거리측량기(EDM)의 출현으로 그 이용이 활성화되었다.
② 관측값의 수에 비해 조건식이 많은 것이 장점이다.
③ 코사인 제2법칙과 반각공식을 이용하여 각을 구한다.
④ 조정방법에는 조건방정식에 의한 조정과 관측방정식에 의한 조정방법이 있다.

> **해설** 삼변측량의 특징
> ㉠ EDM, GPS 등의 출현으로 장거리관측의 정확도가 높아짐에 따라 변만을 관측하여 수평위치결정하는 측량
> ㉡ 코사인 제2법칙 반각공식을 이용하여 변으로부터 각을 구하고 계산한 각과 변에 의해 수평위치 결정
> ㉢ 관측값에 비해 조건식 수가 적어 복수로 변을 연속관측하여 조건식의 수를 늘리고 기상보정을 하여 정확도 향상

정답 13. ① 14. ② 15. ④ 16. ④ 17. ②

18 트래버스 측량의 종류와 그 특징으로 옳지 않은 것은?

① 결합 트래버스는 삼각점과 삼각점을 연결시킨 것으로 조정계산 정확도가 가장 좋다.
② 폐합 트래버스는 한 측점에서 시작하여 다시 그 측점에 돌아오는 관측 형태이다.
③ 폐합 트래버스는 오차의 계산 및 조정이 가능하나, 정확도는 개방 트래버스보다 좋지 못하다.
④ 개방 트래버스는 임의의 한 측점에서 시작하여 다른 임의의 한 점에서 끝나는 관측 형태이다.

> **해설** 트래버스 측량의 정확도 비교
> 트래버스 측량의 정확도는 결합 트래버스 > 폐합 트래버스 > 개방 트래버스의 순이다.

19 수준점 A, B, C에서 P점까지 수준측량을 한 결과가 표와 같다. 관측거리에 대한 경중률을 고려한 P점의 표고는?

측량경로	거리	P점의 표고
A → P	1km	135.487m
B → P	2km	135.563m
C → P	3km	135.603m

① 135.529m ② 135.551m
③ 135.563m ④ 135.570m

> **해설** 경중률을 고려한 표고의 계산
> ㉠ 경중률은 노선의 거리에 반비례한다.
> $$P_A : P_B : P_C = \frac{1}{1} : \frac{1}{2} : \frac{1}{3}$$
> $$= \left(\frac{1}{1} : \frac{1}{2} : \frac{1}{3}\right) \times 6$$
> $$= 6 : 3 : 2$$
> ㉡ 최확값은 경중률을 고려하여 계산한다.
> $$최확값(h) = \frac{P_A \times h_A + P_B \times h_B + P_C \times h_C}{P_A + P_B + P_C}$$
> $$= 135.5 + \frac{6 \times (-13) + 3 \times 63 + 2 \times 103}{6 + 3 + 2} \times 10^{-3}$$
> $$= 135.529\text{m}$$

20 도로노선의 곡률반경 $R = 2{,}000$m, 곡선길이 $L = 245$m일 때, 클로소이드의 매개변수 A는?

① 500m ② 600m
③ 700m ④ 800m

> **해설** 클로소이드 매개변수의 계산
> $A^2 = R \cdot L$에서
> $A = \sqrt{RL} = \sqrt{2{,}000 \times 245} = 700$m

정답 18. ③ 19. ① 20. ③

2022 제2회 토목기사 기출문제

2022년 4월 24일 시행

01 다음 중 완화곡선의 종류가 아닌 것은?
① 렘니스케이트 곡선 ② 클로소이드 곡선
③ 3차포물선 ④ 배향곡선

> **해설** 완화곡선의 종류
> 완화곡선은 클로소이드, 렘니스케이트, 3차포물선, 사인체감곡선 등이 있으며 배향곡선은 평면곡선에서 사용하는 원곡선의 일종이다.

02 그림과 같이 교호수준측량을 실시한 결과가 $a_1=0.63\text{m}$, $a_2=1.25\text{m}$, $b_1=1.15\text{m}$, $b_2=1.73\text{m}$이었다면, B점의 표고는? (단, A의 표고 = 50.00m)

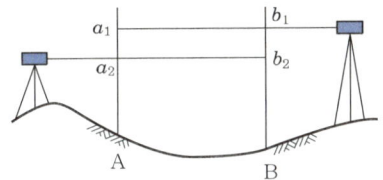

① 49.50m ② 50.00m
③ 50.50m ④ 51.00m

> **해설** 교호수준측량을 이용한 표고의 계산
> 교호수준측량은 양안에서 수준측량한 결과를 평균하여 높이차를 계산하는 관측방법이다.
> $H_B = H_A + \dfrac{1}{2}\{(a_1-b_1)+(a_2-b_2)\}$
> $= 50 + \dfrac{1}{2}\{(0.63-1.15)+(1.25-1.73)\}$
> $= 49.50\text{m}$

03 수심 h인 하천의 수면으로부터 $0.2h$, $0.4h$, $0.6h$, $0.8h$인 곳에서 각각의 유속을 측정하여 0.562m/sec, 0.521m/sec, 0.497m/sec, 0.364m/sec의 결과를 얻었다면 3점법을 이용한 평균유속은?
① 0.474m/sec ② 0.480m/sec
③ 0.486m/sec ④ 0.492m/sec

> **해설** 3점법에 의한 평균유속의 결정
> 3점법 $V_m = \dfrac{1}{4}(V_{0.2}+2V_{0.6}+V_{0.8})$
> $= \dfrac{1}{4}(0.562+2\times0.497+0.364)$
> $= 0.48\text{m/sec}$

04 GNSS 다중주파수(multi-frequency)를 채택하고 있는 가장 큰 이유는?
① 데이터 취득 속도의 향상을 위해
② 대류권지연 효과를 제거하기 위해
③ 다중경로오차를 제거하기 위해
④ 전리층지연 효과의 제거를 위해

> **해설** GNSS가 다중주파수를 채택하는 가장 큰 이유
> GNSS 측량에서 2중주파수, 다중주파수의 수신기를 사용하는 이유는 전리층지연의 효과를 제거하기 위해서이다.

05 측점 간의 시통이 불필요하고 24시간 상시 높은 정밀도로 3차원 위치측정이 가능하며, 실시간 측정이 가능하여 항법용으로도 촬영되는 측량방법은?
① NNSS 측량 ② GNSS 측량
③ VLBI 측량 ④ 토털스테이션 측량

> **해설** GNSS는 GPS와 GLONASS, GALILEO 등 인공위성을 이용하여 지상물의 위치·고도·속도 등에 관한 정보를 제공하는 시스템이다.
>
> **GNSS의 종류**
> • GPS : 미국
> • GLONASS : 러시아
> • GALILEO : 유럽연합
> • QZSS(준천정위성) : 일본
> • 북두항법시스템 : 중국

정답 1. ④ 2. ① 3. ② 4. ④ 5. ②

06
어떤 측선의 길이를 관측하여 다음 표와 같은 결과를 얻었다면 최확값은?

관측군	관측값(m)	관측횟수
1	40.532	5
2	40.537	4
3	40.529	6

① 40.530m   ② 40.531m
③ 40.532m   ④ 40.533m

해설 경중률을 고려한 최확값의 계산

경중률은 측정횟수에 비례한다.
$P_1 : P_2 : P_3 = 5 : 4 : 6$

최확값 $= \dfrac{P_1L_1 + P_2L_2 + P_3L_3}{P_1 + P_2 + P_3}$

$= 40.53\text{m} + \dfrac{5 \times 2 + 4 \times 7 + 6 \times (-1)}{5 + 4 + 6}\text{mm}$

$= 40.532\text{m}$

07
그림과 같은 구역을 심프슨 제1법칙으로 구한 면적은? (단, 각 구간의 지거는 1m로 동일하다.)

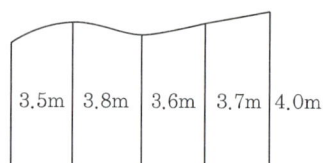

① 14.20m²   ② 14.90m²
③ 15.50m²   ④ 16.00m²

해설 심프슨 제1법칙을 이용한 면적의 계산

심프슨 제1법칙은 지거 2개를 묶어 곡선으로 처리하는 방법이다.

$A = \dfrac{d}{3}(y_0 + y_n + 4 \times \sum y_{홀수} + 2 \times \sum y_{짝수})$

$= \dfrac{1}{3} \times (3.5 + 4.0 + 4 \times (3.8 + 3.7) + 2 \times 3.6)$

$= 14.90\text{m}^2$

08
단곡선을 설치할 때 곡선반경이 250m, 교각이 116°23′, 곡선시점까지의 추가거리가 1,146m일 때 시단현의 편각은? (단, 중심말뚝간격=20m)

① 0°41′15″   ② 1°15′36″
③ 1°36′15″   ④ 2°54′51″

해설 시단현에 대한 편각의 계산

중심말뚝의 간격이 20m이므로 시단현의 길이는 곡선시점에서 다음 말뚝까지의 거리를 의미한다. 시단현(l_1)의 길이는 곡선시점인 1,146m 보다 큰 20의 배수인 1,160m에서 곡선 시점까지의 거리를 뺀 값이므로 $1,160 - 1,146 = 14\text{m}$

시단현 편각(δ) $= \dfrac{l_1}{2R} \times \rho = \dfrac{14}{2 \times 250} \times \dfrac{180°}{\pi}$

$= 1°36′15″$

09
그림과 같은 트래버스에서 AL의 방위각이 29°40′15″, BM의 방위각이 320°27′12″, 교각의 총합이 1190°47′32″ 일 때 각관측오차는?

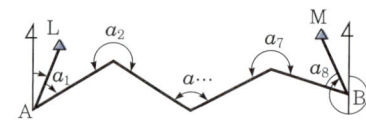

① 45″   ② 35″
③ 25″   ④ 15″

해설 결합 트래버스의 각오차 계산

그림과 같이 삼각점이 모두 안쪽일 경우 측각오차는 다음과 같다.
$E_a = W_A - W_B + [a] - 180°(n-3)$
$= 29°40′15″ - 320°27′12″ + 1190°47′32″$
$\quad - 180°(8-3)$
$= 0°00′35″$

10
지형측량을 할 때 기본 삼각점만으로는 기준점이 부족하여 추가로 설치하는 기준점은?

① 방향전환점   ② 도근점
③ 이기점   ④ 중간점

> **해설** 도근점(圖根點)
> 지형측량에서 기준점이 부족한 경우 설치하는 보조기준점으로 이미 설치한 기준점만으로는 세부측량을 실시하기가 쉽지 않은 경우에 이 기준점을 기준으로 하여 새로운 수평위치 및 수직위치를 관측하여 결정되는 기준점

11 지구반경이 6,370km이고 거리의 허용오차가 $1/10^5$이면 평면측량으로 볼 수 있는 범위의 직경은?

① 약 69km ② 약 64km
③ 약 36km ④ 약 22km

> **해설** 면적에 따른 측량의 분류
> 거리의 허용오차를 $1/10^5$이라 할 경우 평면측량의 최대허용범위는 대상지역을 원으로 가정할 때 직경 약 69km 이하가 된다.
> 거리의 허용정밀도는 $\frac{d-D}{D} \le \frac{1}{10^5}$ 이므로
> $$\frac{d-D}{D} = \frac{1}{12}\left(\frac{D}{R}\right)^2 = \frac{1}{10^5}$$
> $$D = \sqrt{\frac{12 \times R^2}{10^5}} = \sqrt{\frac{12 \times 6,370^2}{10^5}} ≒ 69\,km$$

12 그림과 같은 수준망을 각각의 환에 따라 폐합오차를 구한 결과가 표와 같고 폐합오차의 한계가 $±1.0\sqrt{S}$ cm일 때 우선적으로 재관측할 필요가 있는 노선은? [단, S: 거리(km)]

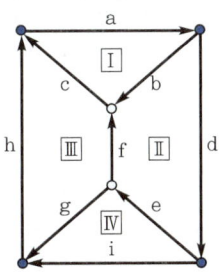

환	노선	거리(km)	폐합오차(m)
I	abc	8.7	−0.017
II	bdef	15.8	0.048
III	cfgh	10.9	−0.026
IV	eig	9.3	−0.083
외주	adih	15.9	−0.031

① e노선 ② f노선
③ g노선 ④ h노선

> **해설** 수준환에서의 오차 계산
> 폐합오차의 최댓값은 −0.083(IV), 0.048(II)로 수준환 중에 노선 e를 공유하고 있으므로 우선적으로 재관측하여야 한다.

13 수준측량에서 발생하는 오차에 대한 설명으로 틀린 것은?

① 기계의 조정에 의해 발생하는 오차는 전시와 후시의 거리를 같게 하여 소거할 수 있다.
② 삼각수준측량은 대지역을 대상으로 하기 때문에 곡률오차와 굴절오차는 그 양이 상쇄되어 고려하지 않는다.
③ 표척의 영눈금오차는 출발점의 표척을 도착점에서 사용하여 소거할 수 있다.
④ 기포의 수평조정이나 표척면의 읽기는 육안으로 한계가 있으나 이로 인한 오차는 일반적으로 허용오차 범위 안에 들 수 있다.

> **해설** 구차와 기차의 적용
> 곡률오차(구차)와 굴절오차(기차)는 그 양이 미소하나 측지삼각수준측량에서는 이를 고려하여 정확한 위치결정에 활용한다.

14 그림과 같은 관측결과 $\theta = 30°11'00''$, $S = 1,000m$ 일 때 C 점의 X좌표는? (단, AB의 방위각=89°49'00'', A 점의 X좌표=1,200m)

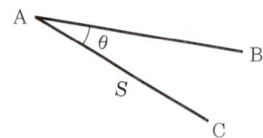

① 700.00m   ② 1203.20m
③ 2064.42m ④ 2066.03m

해설 X, Y 좌표의 계산

AC의 방위각＝AB방위각＋θ에서
AC의 방위각＝$89°49'00'' + 30°11'00'' = 120°$
C점의 X좌표＝A 점의 X좌표＋$S \times \cos$ AC 방위각
$= 1,200 + 1,000 \times \cos 120°$
$= 700.00m$

15 그림과 같은 복곡선에서 $t_1 + t_2$의 값은?

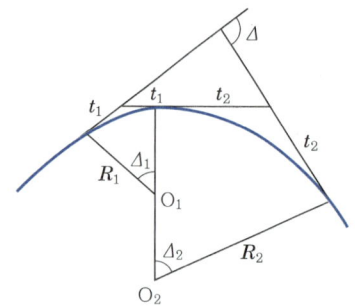

① $R_1(\tan\Delta_1 + \tan\Delta_2)$
② $R_2(\tan\Delta_1 + \tan\Delta_2)$
③ $R_1\tan\Delta_1 + \tan\Delta_2$
④ $R_1\tan\dfrac{\Delta_1}{2} + R_2\tan\dfrac{\Delta_2}{2}$

해설 복합곡선의 관계식

$t_1 = R_1 \times \tan\dfrac{\Delta_1}{2}$, $t_2 = R_2 \times \tan\dfrac{\Delta_2}{2}$

$\therefore t_1 + t_2 = R_1 \times \tan\dfrac{\Delta_1}{2} + R_2 \times \tan\dfrac{\Delta_2}{2}$

16 노선 설치방법 중 좌표법에 의한 설치방법에 대한 설명으로 틀린 것은?

① 토탈스테이션, GPS 등과 같은 장비를 이용하여 측점을 위치시킬 수 있다.
② 좌표법에 의한 노선의 설치는 다른 방법보다 지형의 굴곡이나 시통 등의 문제가 적다.
③ 좌표법은 평면곡선 및 종단곡선의 설치요소를 동시에 위치시킬 수 있다.
④ 평면적인 위치의 측실을 수행하고 지형표고를 관측하여 종단면도를 작성할 수 있다.

해설 좌표법의 설치방법

좌표법에 의한 노선의 설치는 토탈스테이션, GPS 등과 같은 장비를 이용하여 평면곡선의 X, Y 좌표를 결정하는 방법이다.

17 다각측량에서 각 측량의 기계적 오차 중 시준축과 수평축이 직교하지 않아 발생하는 오차를 처리하는 방법으로 옳은 것은?

① 망원경을 정위와 반위로 측정하여 평균값을 취한다.
② 배각법으로 관측을 한다.
③ 방향각법으로 관측을 한다.
④ 편심관측을 하여 귀심계산을 한다.

해설 정·반위관측으로 소거되는 오차

㉠ 시준축오차 : 시준선이 수평축과 직각이 아니기 때문에 생기는 오차
㉡ 수평축오차 : 수평축이 수평이 아니기 때문에 생기는 오차
㉢ 시준선의 편심오차(외심오차) : 시준선이 기계의 중심을 통과하지 않기 때문에 생기는 오차
※ 연직축오차(연직축이 연직하지 않기 때문에 생기는 오차)는 소거 불가능

정답 14. ① 15. ④ 16. ③ 17. ①

18 30m당 0.03m가 짧은 줄자를 사용하여 정사각형 토지와 한 변을 측정한 결과 150m이었다면 면적에 대한 오차는?

① 41m²
② 43m²
③ 45m²
④ 47m²

> **해설** 면적에 대한 오차의 계산
> 늘어나 있는 줄자로 관측한 값의 실제값은 (+)로, 수축된 줄자는 반대로 (−)로 적용한다.
> $A_0 = A \pm C_0 \quad \therefore C_0 = \pm 2 \times \dfrac{\Delta l}{l} \times A$
> $C_0 = -2 \times \dfrac{0.03m}{30m} \times (150m)^2 = -45m^2$

19 지성선에 관한 설명으로 옳지 않은 것은?

① 철(凸)선은 능선 또는 분수선이라고 한다.
② 경사변환선이란 동일 방향의 경사면에서 경사의 크기가 다른 두 면의 접합선이다.
③ 요(凹)선은 지표의 경사가 최대로 되는 방향을 표시한 선으로 유하선이라고 한다.
④ 지성선은 지표면이 다수의 평면으로 구성되었다고 할 때 평면 간 접합부, 즉 접선을 말하며 지세선이라고도 한다.

> **해설** 지성선의 종류
> ㉠ 곡선 : 요선이라고도 하며, 지표면이 낮거나 움푹 패인 점을 연결한 선. 사면을 흐른 물이 이곳을 향하여 모이게 되므로 합수선이라고도 함
> ㉡ 최대경사선 : 지표의 임의의 한 점에 있어서 그 경사가 최대로 되는 방향을 표시한 선. 물이 흐르는 방향으로 유선이라고도 함

20 그림과 같은 지형에서 각 등고선에 쌓인 부분의 면적이 표와 같을 때 각주공식에 의한 토량은? (단, 윗면은 평평한 것으로 가정한다.)

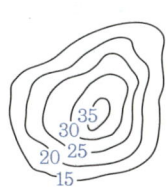

등고선(m)	면적(m²)
15	3,800
20	2,900
25	1,800
30	900
35	200

① 11,400m³
② 22,800m³
③ 33,800m³
④ 38,000m³

> **해설** 등고선으로 둘러싸인 지형의 토량 계산
> 각주공식에 의한 토공량 산정에서 표시된 면적의 개수가 짝수이면 마지막 단면의 체적은 양단면 평균에 의해 구한다.
> $V = \dfrac{h}{3}(A_0 + A_n + 4\Sigma A_{홀수} + 2\Sigma A_{짝수})$
> $V = \dfrac{5}{3}(3,800 + 200 + 4 \times (2,900 + 900) + 2 \times 1,800)$
> $= 38,000m^3$

2022 제3회 토목기사 기출복원문제

2022년 7월 2일 시행

01 UTM 좌표에 대한 설명으로 옳지 않은 것은?
① 중앙자오선의 축척계수는 0.9996이다.
② 좌표계는 경도 6°, 위도 8° 간격으로 나눈다.
③ 우리나라는 40구역(ZONE)과 43구역(ZONE)에 위치하고 있다.
④ 경도의 원점은 중앙자오선에 있으며 위도의 원점은 적도상에 있다.

> **해설** UTM 좌표계의 특징
> ㉠ UTM 좌표는 경도를 6° 간격으로, 위도를 8° 간격으로 분할하여 사용한다.
> ㉡ UTM 좌표는 적도를 횡축으로, 자오선을 종축으로 한다.
> ㉢ 80°N과 80°S 간 전 지역의 지도는 UTM 좌표로 표시할 수 있다.
> ㉣ UTM 좌표는 세계 제2차 대전 말기 연합군의 군사용 좌표로 세계를 하나의 통일된 좌표로 표시하기 위해 고안되었다.
> ㉤ UTM 좌표에서 종좌표는 N으로, 횡좌표는 E를 붙인다.
> ㉥ 중앙자오선에서 축척계수는 0.9996이다.
> ㉦ 우리나라의 UTM 좌표는 51, 52 종대, S, T 횡대에 포함되어 있다.

02 다음 우리나라에서 사용되고 있는 좌표계에 대한 설명 중 옳지 않은 것은?

> 우리나라의 평면직각좌표는 ㉠ <u>4개의 평면직각좌표계(서부, 중부, 동부, 동해)</u>를 사용하고 있다. ㉡ <u>원점은 위도 38°선과 경도 125°, 127°, 129°, 131°선의 교점에 위치</u>하며, ㉢ <u>투영법은 TM(Transverse Mercator)</u>을 사용한다. 좌표의 음수 표기를 방지하기 위해 ㉣ <u>횡좌표에 200,000m, 종좌표에 500,000m를 가산한 가좌표를 사용한다.</u>

① ㉠ ② ㉡
③ ㉢ ④ ㉣

> **해설** 평면직교좌표계의 특징
> 우리나라 평면직각좌표계에서는 좌표의 음수표기를 방지하기 위해 좌표계원점(0, 0)의 횡좌표에 200,000m, 종좌표에 600,000m를 가산한 좌표를 사용한다.

03 A, B 두 점 간의 거리를 관측하기 위하여 그림과 같이 세 구간으로 나누어 측량하였다. 측선 $\overline{AB}$의 거리는? (단, Ⅰ : 10m±0.01m, Ⅱ : 20m±0.03m, Ⅲ : 30m±0.05m이다.)

① 60m±0.09m ② 30m±0.06m
③ 60m±0.06m ④ 30m±0.09m

> **해설** 거리측량에 대한 부정오차의 전파
> $\overline{AB} = Ⅰ + Ⅱ + Ⅲ = 10 + 20 + 30 = 60m$
> σ_{AB}
> $= \pm \sqrt{\left(\frac{\partial AB}{\partial Ⅰ}\right)^2 \sigma_Ⅰ^2 + \left(\frac{\partial AB}{\partial Ⅱ}\right)^2 \sigma_Ⅱ^2 + \left(\frac{\partial AB}{\partial Ⅲ}\right)^2 \sigma_Ⅲ^2}$
> $= \pm \sqrt{\sigma_Ⅰ^2 + \sigma_Ⅱ^2 + \sigma_Ⅲ^2}$
> $= \pm \sqrt{0.01^2 + 0.03^2 + 0.05^2} = \pm 0.06m$

04 다음 중 국가기준점에 속하지 않는 것은?
① 지자기점 ② 지적삼각점
③ 통합기준점 ④ 영해기준점

> **해설** 공간정보의 구축 및 관리 등에 관한 법률 시행령 제8조(측량기준점의 구분)
> 측량기준점은 다음과 같이 구분한다.
> 1. 국가기준점 : 우주측지기준점, 위성기준점, 수준점, 중력점, 통합기준점, 삼각점, 지자기점
> 2. 공공기준점 : 공공삼각점, 공공수준점
> 3. 지적기준점 : 지적삼각점, 지적삼각보조점, 지적도근점

정답 1. ③ 2. ④ 3. ③ 4. ②

05 GPS 위성측량에 대한 설명으로 옳은 것은?

① GPS를 이용하여 취득한 높이는 지반고이다.
② GPS에서 사용하고 있는 기준타원체는 GRS80 타원체이다.
③ 대기 내 수증기는 GPS 위성신호를 지연시킨다.
④ VRS 측량에서는 망조정이 필요하다.

> **해설** GPS 위성측량의 특성
> ㉠ GPS를 이용하여 취득한 높이는 타원체고이다.
> ㉡ GPS에서 사용하고 있는 기준타원체는 WGS84 타원체이다.
> ㉢ 대기 내 수증기는 GPS 위성신호를 지연시킨다.
> ㉣ 정지측량(static surveying)은 기준점측량으로 망조정이 필요하다.

06 삼각점 C에 기계를 세울 수 없어서 2.5m를 편심하여 B에 기계를 설치하고 $T' = 31°15'40''$를 얻었다면 T는? (단, $\phi = 300°20'$, $S_1 = 2\text{km}$, $S_2 = 3\text{km}$)

① 31°14′49″
② 31°15′18″
③ 31°15′29″
④ 31°15′41″

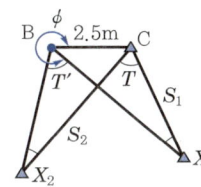

> **해설** 편심각의 계산
> ㉠ ∠x_1의 계산
> $$\frac{e}{\sin x_1} = \frac{S_1}{\sin(360°-\phi)}$$에서
> $$\sin x_1 = \frac{e}{S_1}\sin(360°-\phi)$$
> $$x_1 = \sin^{-1}\left[\frac{2.5}{2,000}\sin(360°-300°20')\right]$$
> $$= 0°03'43''$$
> ㉡ ∠x_2의 계산
> $$\frac{e}{\sin x_2} = \frac{S_2}{\sin(360°-\phi+T')}$$에서
> $$\sin x_2 = \frac{e}{S_2}\sin(360°-\phi+T')$$
> $$x_2 = \sin^{-1}\left[\frac{2.5}{3,000}\sin(360°-300°20'+31°15'40'')\right]$$
> $$= 0°02'52''$$
> ㉢ $T = T' + x_2 - x_1$
> $= 31°15'40'' + 0°02'52'' - 0°03'43''$
> $= 31°14'49''$

07 삼각측량의 각 삼각점에 있어 모든 각의 관측 시 만족되어야 하는 조건이 아닌 것은?

① 하나의 측점을 둘러싸고 있는 각의 합은 360°가 되어야 한다.
② 삼각망 중에서 임의의 한 변의 길이는 계산의 순서에 관계없이 같아야 한다.
③ 삼각망 중 각각 삼각형 내각의 합은 180°가 되어야 한다.
④ 모든 삼각점의 포함면적은 각각 일정하여야 한다.

> **해설** 삼각망 조정의 3조건
> ㉠ 각 조건: 삼각망 중 각각 3각형 내각의 합은 180°가 될 것
> ㉡ 변 조건: 삼각망 중에서 임의 한 변의 길이는 계산순서에 관계없이 동일할 것
> ㉢ 점 조건(측점조건): 한 측점 주위에 있는 모든 각의 총합은 360°가 될 것

08 트래버스에서 수평각 관측에 관한 설명으로 옳지 않은 것은? (여기서, n : 변의 수)

① 폐합 트래버스의 편각의 합은 $180°(n-2)$이다.
② 교각이란 어느 관측선이 그 앞의 관측선과 이루는 각을 말한다.
③ 편각이란 해당 측선이 앞 측선의 연장선과 이루는 각을 말한다.
④ 교각법은 한 각의 잘못을 발견하였을 경우에도 다른 각에 관계없이 재관측할 수 있다.

> **해설** 폐합 트래버스의 각오차 조정(편각관측)
> 폐합 트래버스의 편각의 합은 폐합 다각형의 각의 수와 상관없이 무조건 360°이다.

09 트래버스 측량에서 측점 A의 좌표가 (100m, 100m)이고 측선 AB의 길이가 50m일 때 B점의 좌표는? (단, AB 측선의 방위각은 195°이다.)

① (51.7m, 87.1m)
② (51.7m, 112.9m)
③ (148.3m, 87.1m)
④ (148.3m, 112.9m)

정답 5. ③ 6. ① 7. ④ 8. ① 9. ①

> **해설** X, Y 좌표의 계산
>
> ㉠ $X_B = X_A + \overline{AB} \times \cos(\overline{AB} \text{ 방위각})$
> $= 100\text{m} + 50\text{m} \times \cos(195°) = 51.7\text{m}$
> ㉡ $Y_B = Y_A + \overline{AB} \times \sin(\overline{AB} \text{ 방위각})$
> $= 100\text{m} + 50\text{m} \times \sin(195°) = 87.1\text{m}$

10 그림과 같은 결합 트래버스의 관측량 오차는? (단, $w_a = 20°01'27''$, $w_b = 310°48'31''$, 교각의 합 $[a] = 830°47'24''$)

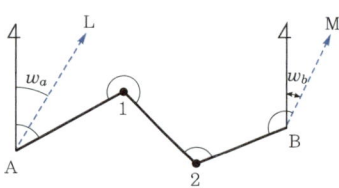

① 2″
② 10″
③ 20″
④ 30″

> **해설** 결합 트래버스의 각오차 계산
>
> 삼각점이 왼쪽이나 오른쪽으로 동일한 방향으로 기울 경우
> $E_a = W_A - W_B + [a] - 180° (n-1)$
> $= 20°01'27'' - 310°48'31'' + 830°47'24''$
> $\quad - 180° \times (4-1)$
> $= 20''$

11 그림과 같은 수준측량에서 P점의 표고는?

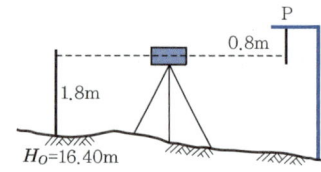

① 17.40m
② 18.0m
③ 18.40m
④ 19.00m

> **해설** 후시와 전시를 이용한 표고의 계산
>
> $H_P = H_O + $ 후시 $-$ 전시
> $= 16.40 + 1.80 - (-0.80)$
> $= 19.00\text{m}$

12 두 점 간의 고저차를 정밀하게 측정하기 위하여 A, B 두 사람이 각각 다른 레벨과 표척을 사용하여 왕복관측한 결과가 다음과 같다. 두 점 간 고저차의 최확값은?

| A의 결과값 : 25.447±0.006m |
| B의 결과값 : 25.609±0.003m |

① 25.621m
② 25.577m
③ 25.498m
④ 25.449m

> **해설** 경중률을 고려한 고저차의 계산
>
> 경중률은 평균제곱근오차의 제곱에 반비례한다.
> 비율계산이므로 0.006 : 0.003 = 2 : 1의 비율을 반영한다.
> $P_A : P_B = \dfrac{1}{2^2} : \dfrac{1}{1^2} = \dfrac{1}{4} : \dfrac{1}{1} = 1 : 4$
> 최확값 $= \dfrac{P_A l_A + P_B l_B}{P_A + P_B}$
> $= 25.5\text{m} + \dfrac{1 \times (-53) + 4 \times 109}{1+4}\text{mm}$
> $= 25.577\text{m}$

13 표고가 각각 112m, 142m인 A, B 두 점이 있다. 두 점 AB 사이에 130m의 등고선을 삽입할 때 이 등고선의 A점으로부터 수평거리는? (단, AB의 수평거리는 100m이고, AB 구간은 등경사이다.)

① 50m
② 60m
③ 70m
④ 80m

> **해설** 등고선을 이용한 수평거리의 계산
>
> AB는 등경사이므로 두 점 간의 수평거리와 높이 차이의 비례식으로 계산한다.
> 수평거리 : 높이차 $= D : H = d : h$
> $= 100 : (142-112) = d : (130-112)$
> $\therefore d = \dfrac{100\text{m} \times 18\text{m}}{30\text{m}} = 60\text{m}$

정답 10. ③ 11. ④ 12. ② 13. ②

14 등고선의 성질에 대한 설명으로 옳지 않은 것은?

① 동일 등고선상의 모든 점은 기준면으로부터 같은 높이에 있다.
② 지표면의 경사가 같을 때는 등고선의 간격은 같고 평행하다.
③ 등고선은 도면 내 또는 밖에서 반드시 폐합한다.
④ 높이가 다른 두 등고선은 절대로 교차하지 않는다.

> **해설** 등고선의 성질
> 높이가 다른 등고선은 일반적으로 교차하지 않으나 동굴이나 절벽에서는 예외적으로 교차하기도 한다.

15 그림과 같은 삼각형을 직선 AP로 분할하여 $m:n=3:7$의 면적비율로 나누기 위한 $\overline{BP}$의 거리는? (단, $\overline{BC}$의 거리=500m)

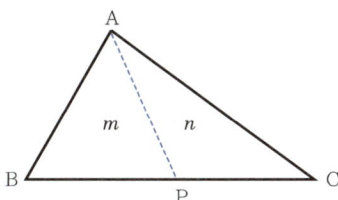

① 100m   ② 150m
③ 200m   ④ 250m

> **해설** 면적의 분할 계산
> 삼각형의 꼭짓점과 대응되는 변 사이를 분할하는 경우는 면적의 비율과 분할되는 변의 비율이 비례하게 된다. 즉, 길이의 비가 곧 면적의 비가 된다. 이를 식으로 표현하면
> $$\frac{\triangle ABP}{\triangle ABC} = \frac{\frac{1}{2}h\overline{BP}}{\frac{1}{2}h\overline{BC}} = \frac{m}{m+n} = \frac{\overline{BP}}{\overline{BC}}$$
> $$\therefore \overline{BP} = \frac{m}{m+n} \times \overline{BC} = \frac{3}{3+7} \times 500 = 150m$$

16 토적곡선(mass curve)을 작성하는 목적으로 가장 거리가 먼 것은?

① 토량의 운반거리 산출
② 토공기계의 선정
③ 토량의 배분
④ 교통량 산정

> **해설** 유토곡선을 작성하는 목적
> 토적곡선을 작성하는 목적으로는 토량의 운반거리 산출, 토공기계의 선정, 토량의 배분 등이 있다.

17 노선측량에서 단곡선의 설치방법에 대한 설명으로 옳지 않은 것은?

① 중앙종거를 이용한 설치방법은 터널 속이나 삼림지대에서 벌목량이 많을 때 사용하면 편리하다.
② 편각설치법은 비교적 높은 정확도로 인해 고속도로나 철도에 사용할 수 있다.
③ 접선편거와 현편거에 의하여 설치하는 방법은 줄자만을 사용하여 원곡선을 설치할 수 있다.
④ 장현에 대한 종거와 횡거에 의하는 방법은 곡률반경이 짧은 곡선일 때 편리하다.

> **해설** 단곡선의 설치방법
> ㉠ 중앙종거법 : 기설곡선의 검사 또는 조정에 편리하나 중심말뚝의 간격을 20m마다 설치할 수 없는 것이 결점
> ㉡ 절선에 대한 지거법 : 산림지대에서 편각법을 쓰며 벌목량이 많아지는 경우에 사용

18 노선측량에서 단곡선 설치 시 필요한 교각이 95°30′, 곡선반경이 200m일 때 장현(L)의 길이는?

① 296.087m   ② 302.619m
③ 417.131m   ④ 597.238m

정답 14. ④ 15. ② 16. ④ 17. ② 18. ①

> **해설** 장현의 계산
>
> 장현 $C = 2R \times \sin\frac{I}{2}$ 에서
> $C = 2 \times 200 \times \sin\frac{95°30'}{2} = 296.087\text{m}$

19 곡률이 급변하는 평면 곡선부에서의 탈선 및 심한 흔들림 등의 불안정한 주행을 막기 위해 고려하여야 하는 사항과 가장 거리가 먼 것은?

① 완화곡선 ② 종단곡선
③ 캔트   ④ 슬랙

> **해설** 캔트와 확폭의 설치
>
> 캔트와 확폭은 곡률이 급변하는 평면 곡선부에서의 탈선 및 심한 흔들림 등의 불안정한 주행을 막기 위해 완화곡선을 설치할 때 주로 고려하여야 하는 사항이며, 종단곡선은 고장차로 인한 시거의 확보와 배수를 위해 종단면도상에 설치하는 수직곡선을 의미한다.

20 그림과 같은 하천단면에 평균유속 2.0m/sec로 물이 흐를 때 유량(m³/sec)은?

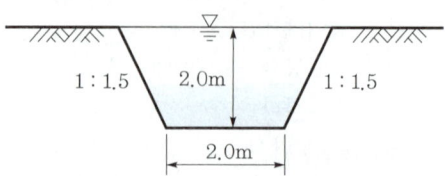

① 10m³/sec ② 20m³/sec
③ 30m³/sec ④ 40m³/sec

> **해설** 유량의 계산
>
> 유량은 유속에 단면적을 곱하여 구할 수 있다. 즉 $Q = AV$로 구할 수 있다.
> $Q = AV = \left(\frac{\text{윗변}+\text{아랫변}}{2} \times \text{높이}\right) \times \text{유속}$
> $= \left\{\frac{(2)+(2+2\times 2\times 1.5)}{2} \times (2)\right\} \times (2)$
> $= 20\text{m}^3/\text{sec}$

정답 19. ② 20. ②

2023 제1회 토목기사 기출복원문제

2023년 2월 18일 시행

01 지오이드(geoid)에 대한 설명 중 옳지 않은 것은?

① 평균해수면을 육지까지 연장한 가상적인 곡면을 지오이드라 하며 이것은 지구타원체와 일치한다.
② 지오이드는 중력장의 등퍼텐셜면으로 볼 수 있다.
③ 실제로 지오이드면은 굴곡이 심하므로 측지측량의 기준으로 채택하기 어렵다.
④ 지구타원체의 법선과 지오이드의 법선 간의 차이를 연직선 편차라 한다.

> **해설** 지오이드(geoid)의 정의 및 특징
> ㉠ 정의: 평균해수면을 육지로 연장시켜 지구물체를 둘러싸고 있다고 가정한 곡면
> ㉡ 특징
> • 등퍼텐셜면이다.
> • 연직선 중력 방향에 직교한다.
> • 불규칙한 지형이다.
> • 위치에너지($E=mgh$)가 0이다.
> • 육지에서는 회전타원체 위에 존재하고, 바다에서는 회전타원체면 아래에 존재한다.

02 각 좌표계에서의 직각좌표를 TM(Transverse Mercator, 횡단 메르카토르) 방법으로 표시할 때의 조건으로 옳지 않은 것은?

① X축은 좌표계 원점의 자북선에 일치하도록 한다.
② 진북 방향을 정(+)으로 표시한다.
③ Y축은 X축에 직교하는 축으로 한다.
④ 진동 방향을 정(+)으로 한다.

> **해설** 공간정보의 구축 및 관리 등에 관한 법률 시행령 [별표 2(측량업의 종류별 업무 내용)]
> 각 좌표계에서의 직각좌표는 TM(Transverse Mercator, 횡단 메르카토르) 방법으로 표시하고, 원점의 좌표는 ($X=0$, $Y=0$)으로 한다.
> ㉠ X축은 좌표계 원점의 자오선에 일치하여야 하고, 진북 방향을 정(+)으로 표시하며, Y축은 X축에 직교하는 축으로서 진동 방향을 정(+)으로 한다.
> ㉡ 세계측지계에 따르지 아니하는 지적측량의 경우에는 가우스상사이중투영법으로 표시하되, 직각좌표계 투영원점의 가산(加算) 수치를 각각 X(N) 500,000미터, Y(E) 200,000미터로 하여 사용할 수 있다.

03 삼각형 A, B, C의 내각을 측정하여 다음과 같은 결과를 얻었다. 오차를 보정한 각 B의 최확값은?

| ∠A=59°59′27″ (1회 관측) |
| ∠B=60°00′11″ (2회 관측) |
| ∠C=59°59′49″ (3회 관측) |

① 60°00′20″ ② 60°00′22″
③ 60°00′33″ ④ 60°00′44″

> **해설** 경중률이 다른 각관측의 최확값
> ㉠ 삼각형 내각의 합 = 179°59′27″이므로 각관측오차 = −33″
> ㉡ 오차의 분배 비율은 관측횟수에 반비례하므로
> A : B : C = $\frac{1}{1} : \frac{1}{2} : \frac{1}{3}$ = 6 : 3 : 2
> ㉢ B의 최확값
> = 60°00′11″ + $\frac{3}{6+3+2}$×33″ = 60°00′20″

04 삼각망 조정계산의 경우에 하나의 삼각형에 발생한 각오차의 처리방법은? (단, 각관측 정밀도는 동일하다.)

① 각의 크기에 관계없이 동일하게 배분한다.
② 대변의 크기에 비례하여 배분한다.
③ 각의 크기에 반비례하여 배분한다.
④ 각의 크기에 비례하여 배분한다.

정답 1. ③ 2. ① 3. ① 4. ①

해설 삼각측량 각오차 처리방법

삼각망의 조정계산에서 각오차의 배분은 각의 크기에 관계없이 동일하게 배분(등분배)한다.

05 측량기준점을 크게 3가지로 구분할 때에 이에 속하지 않는 것은?

① 국가기준점 ② 지적기준점
③ 공공기준점 ④ 수로기준점

해설 공간정보의 구축 및 관리 등에 관한 법률 제7조 (측량기준점)

측량기준점은 국가기준점, 공공기준점, 지적기준점으로 구분한다.
1. 국가기준점 : 측량의 정확도를 확보하고 효율성을 높이기 위하여 국토교통부장관 및 해양수산부장관이 전 국토를 대상으로 주요 지점마다 정한 측량의 기본이 되는 측량기준점
2. 공공기준점 : 공공측량시행자가 공공측량을 정확하고 효율적으로 시행하기 위하여 국가기준점을 기준으로 하여 따로 정하는 측량기준점
3. 지적기준점 : 특별시장·광역시장·특별자치시장·도지사 또는 특별자치도지사나 지적소관청이 지적측량을 정확하고 효율적으로 시행하기 위하여 국가기준점을 기준으로 하여 따로 정하는 측량기준점

06 GPS 구성 부문 중 위성의 신호 상태를 점검하고, 궤도 위치에 대한 정보를 모니터링하는 임무를 수행하는 부문은?

① 우주부문 ② 제어부문
③ 사용자부문 ④ 개발부문

해설 GPS의 주요 구성요소

㉠ 우주부문(Space Segment)
연속적 다중위치결정체계, 55°의 궤도경사각, 위도 60°의 6궤도, 2만 km 고도와 12시간 주기로 운행
㉡ 제어부문(Control Segment)
궤도와 시각 결정을 위한 위성의 추적, 전리층 및 대류층의 주기적 모형화, 위성시간의 동일화, 위성자료 전송
㉢ 사용자부문(User Segment)
위성으로부터 보내진 전파를 수신해 원하는 위치 또는 두 점 사이의 거리 계산

07 삼각측량에 의한 관측 결과가 그림과 같을 때, C점의 좌표는? (단, AB의 거리=10m, 좌표의 단위 : m)

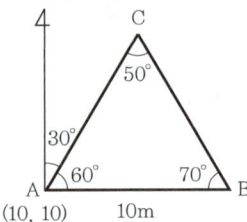

① (20.63, 17.13) ② (16.13, 20.63)
③ (20.63, 16.13) ④ (17.13, 16.13)

해설 좌표의 계산

$\overline{AC}$의 길이는 사인법칙에 의하여 구한다.

$\dfrac{\overline{AB}}{\sin 50°} = \dfrac{\overline{AC}}{\sin 70°}$ 에서

$\overline{AC} = \dfrac{10\text{m}}{\sin 50°} \times \sin 70° = 12.27\text{m}$

$X_C = X_A + \overline{AC} \times \cos$ 방위각
$= 10 + 12.27 \times \cos 30° = 20.63\text{m}$

$Y_C = Y_A + \overline{AC} \times \sin$ 방위각
$= 10 + 12.27 \times \sin 30° = 16.13\text{m}$

08 그림에서 교각 A, B, C, D의 크기가 다음과 같을 때 cd측선의 역방위각은? (단, A=100°10′, B=89°35′, C=79°15′, D=120°)

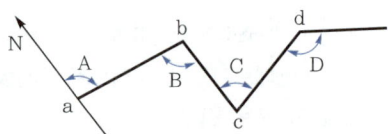

① 00°10′ ② 180°10′
③ 89°50′ ④ 269°50′

해설 방위각의 계산

ab측선의 방위각=100°10′
bc측선의 방위각=100°10′+180°−89°35′
=190°35′
cd측선의 방위각=190°35′+180°+79°15′
=449°50′=89°50′
cd측선의 역방위각=89°50′+180°=269°50′

09 폐합 트래버스 ABCD에서 각측선의 경거, 위거가 표와 같을 때, AD 측선의 방위각은?

측선	위거 (+)	위거 (−)	경거 (+)	경거 (−)
AB	50		50	
BC		30	60	
CD		70		60
DA				

① 133° ② 135°
③ 137° ④ 145°

해설 위거, 경거를 이용한 방위각의 계산

폐합 트래버스의 관측오차가 없다면 위거의 합과 경거의 합은 0이 되어야 하므로 DA측선의 위거는 +50, 경거는 +50이다.

DA 측선의 방위각 $= \tan^{-1}\left(\dfrac{DA 경거}{DA 위거}\right)$
$= \tan^{-1}\left(\dfrac{+50}{-50}\right) = -45°$

4상한각이므로 DA방위각은 315°
AD측선의 방위각은 DA측선의 역방위각이므로
315° − 180° = 135°

10 지반의 높이를 비교할 때 사용하는 기준면은?

① 표고(elevation)
② 수준면(level surface)
③ 수평면(horizontal plane)
④ 평균해수면(mean sea level)

해설 수준측량의 기준면

지반의 높이를 비교할 때 사용하는 기준면은 높이 값이 0m인 평균해수면이다.

11 지형의 표시방법 중 하천, 항만, 해안측량 등에서 심천측량을 할 때 측점에 숫자로 기입하여 고저를 표시하는 방법은?

① 점고법 ② 음영법
③ 영선법 ④ 등고선법

해설 지형도 표시방법 중 부호도법

㉠ 점고법 : 하천, 항만, 해양측량 등에서 심천측량을 한 측점에 숫자를 기입하여 고저를 표시하는 방법
㉡ 채색법 : 색조를 이용하여 고저를 표시하는 방법
㉢ 등고선법 : 일정한 높이의 수평면으로 지형을 절단했을 때의 잘린 면의 곡선을 이용하여 지형을 표시

12 직접법으로 등고선을 측정하기 위하여 A점에 레벨을 세우고 기계고 1.5m를 얻었다. 70m 등고선상의 P점을 구하기 위한 표척(staff)의 관측값은? (단, A점 표고는 71.6m이다.)

① 1.0m ② 2.3m
③ 3.1m ④ 3.8m

해설 후시와 전시를 이용한 지반고의 계산

레벨이 수평을 이루면 기계고가 동일하므로
$H_a + a = H_p + p$ 에서
$p = H_a + a - H_p = 71.6 + 1.5 - 70 = 3.1m$

13 축척 1 : 25,000의 수치지형도에서 경사가 10%인 등경사 지형의 주곡선 간 도상거리는?

① 2mm ② 4mm
③ 6mm ④ 8mm

해설 등고선을 이용한 수평거리의 계산

1 : 25,000 지형도의 주곡선 간격은 10m이고 지형 도상 높이는 10m/25,000 = 0.4mm

경사 $= \dfrac{H}{D} \times 100\%$ 에서

$10\% = \dfrac{0.4mm}{D} \times 100\%$

$D = \dfrac{0.4mm}{10\%} \times 100\% = 4mm$

정답 9. ② 10. ④ 11. ① 12. ③ 13. ②

14 공공시설물이나 대규모의 공장, 관로망 등에 대한 지도 및 도면 등 제반정보를 수치 입력하여 시설물에 대한 효율적인 운영·관리를 하는 종합적인 관리체계를 무엇이라 하는가?

① CAD/CAM
② A.M(Automated Mapping) System
③ F.M(Facility Management) System
④ S.I.S(Surveying Information System)

> **해설** 시설물정보체계(F.M)
> 건축, 전기, 설비, 통신 등 도면 자동화를 통해 구축된 수치지도를 바탕으로 지상 및 지하의 각종 시설물을 시스템상에 구축하여 시설물에 대한 유지보수 활동을 효과적으로 지원하는 시스템

15 직사각형 두 변의 길이를 1/200 정확도로 관측하여 면적을 구할 때 산출된 면적의 정확도는?

① 1/50
② 1/100
③ 1/200
④ 1/400

> **해설** 면적측량 정확도의 계산
> 면적측량 정확도는 거리측량 정확도의 2배이므로
> $\frac{dA}{A} = 2 \times \frac{dl}{l}$ 에서 $\frac{dA}{A} = 2 \times \frac{1}{200} = \frac{1}{100}$

16 노선에 곡선반경 $R=600$m인 곡선을 설치할 때, 현의 길이 $L=20$m에 대한 편각은?

① 54′18″
② 55′18″
③ 56′18″
④ 57′18″

> **해설** 편각의 계산
> 20m의 편각 $\delta = \frac{l}{2R} \times \rho$
> $= \frac{20}{2 \times 600} \times \frac{180°}{\pi} = 0°57′18″$

17 그림과 같이 각 격자의 크기가 10m×10m로 동일한 지역의 전체 토량은?

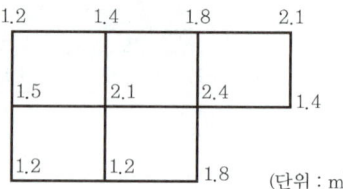

(단위 : m)

① 877.5m³
② 893.6m³
③ 913.7m³
④ 926.1m³

> **해설** 사각형 점고법에 의한 토량의 계산
> $V = \frac{ab}{4}(\Sigma h_1 + 2\Sigma h_2 + 3\Sigma h_3 + 4\Sigma h_4)$
> $= \frac{10 \times 10}{4} \times \begin{Bmatrix} (1.2+2.1+1.4+1.8+1.2) \\ +2 \times (1.4+1.8+1.2+1.5) \\ +3 \times 2.4 + 4 \times 2.1 \end{Bmatrix}$
> $= 877.5\text{m}^3$

18 원곡선에 대한 설명으로 틀린 것은?

① 원곡선을 설치하기 위한 기본요소는 반경(R)과 교각(I)이다.
② 접선길이는 곡선반경에 비례한다.
③ 원곡선은 평면곡선과 수직곡선으로 모두 사용할 수 있다.
④ 고속도로와 같이 고속의 원활한 주행을 위해서는 복심곡선 또는 반향곡선을 주로 사용한다.

> **해설** 원곡선의 특징
> 고속도로와 같이 고속의 원활한 주행을 위해서는 직선구간 사이에 하나의 원곡선을 설치하도록 한다. 복심곡선 또는 반향곡선 등의 복합곡선은 고속도로에 일반적으로 사용하지 않는다.

19 캔트가 C인 노선에서 설계속도와 반경을 모두 2배로 할 경우, 새로운 캔트 C는?

① $1/2 C$
② $1/4 C$
③ $2C$
④ $4C$

> **[해설] 캔트의 계산**
>
> $$C = \frac{bV^2}{gR}$$
>
> 여기서, C: 캔트, b: 궤도 간격, V: 설계속도, g: 중력가속도, R: 곡선반경
>
> 속도와 반경이 2배로 변화할 경우 캔트의 계산
>
> 새로운 캔트 $C = \dfrac{b(2V)^2}{g(2R)} = \dfrac{4}{2} \times \dfrac{bV^2}{gR}$
>
> $\qquad\qquad = 2 \times \dfrac{bV^2}{gR} = 2C$
>
> ∴ 2배로 증가한다.

20 그림과 같이 200mm 하수관을 묻었을 때 측점 A의 관저계획고는 53.16m이고, AB구간의 설치 기울기는 1/200, BC구간의 설치기울기는 1/250일 때, 측점 C의 관저계획고는?

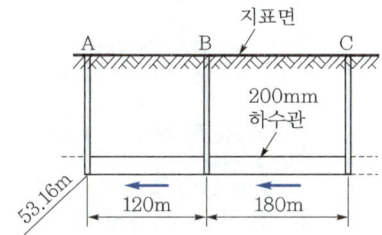

① 54.35m
② 54.48m
③ 54.51m
④ 54.54m

> **[해설] 계획관저고의 계산**
>
> 기울기 $i = \dfrac{H}{D}$ 에서 $H = i \times D$이므로
>
> $H_C = H_A + \Delta H_{AB} + \Delta H_{BC}$
>
> $\quad = 53.16 + \dfrac{120}{200} + \dfrac{180}{250}$
>
> $\quad = 54.48\text{m}$

정답 20. ②

2023 제2회 토목기사 기출복원문제

✏ 2023년 5월 13일 시행

01 지구 반경이 6,370km이고 거리의 허용오차가 $1/10^5$이면 평면측량으로 볼 수 있는 범위의 직경은?

① 약 69km ② 약 64km
③ 약 36km ④ 약 22km

> **해설** 평면측량의 범위
>
> 거리의 허용오차를 $1/10^5$이라 할 경우 평면측량의 최대허용범위는 대상지역을 원으로 가정할 때 직경 약 69km 이하가 된다.
>
> 거리의 허용정밀도는 $\dfrac{d-D}{D} \leq \dfrac{1}{10^5}$ 이므로
>
> $\dfrac{d-D}{D} = \dfrac{1}{12}\left(\dfrac{D}{R}\right)^2 = \dfrac{1}{10^5}$
>
> $D = \sqrt{\dfrac{12 \times R^2}{10^5}} = \sqrt{\dfrac{12 \times 6{,}370^2}{10^5}} \fallingdotseq 69\,km$

02 GNSS 측량에 대한 설명으로 틀린 것은?

① 다양한 항법위성을 이용한 3차원 측위방법으로 GPS, GLONASS, GALILEO 등이 있다.
② VRS 측위는 수신기 1대를 이용한 절대측위 방법이다.
③ 지구질량중심을 원점으로 하는 3차원 직교좌표체계를 사용한다.
④ 정지측량, 신속정지측량, 이동측량 등으로 측위방법을 구분할 수 있다.

> **해설** VRS(Virtual Reference Station, 가상기준점 방식)의 개념
>
> VRS 측위는 수신기 1대를 이용한 상대측위방법이다.
> ㉠ 이동국의 개략적인 위치정보를 VRS서버에 전송하여 인접한 지점에 VRS를 생성한 후 VRS 지점에 관측값과 보정값을 제공함으로써 대기효과가 제거된 상태에서 이동국의 위치를 결정한다.
> ㉡ 실시간 정밀측량방식으로 반송파를 기반으로 측량을 수행한다.

03 측량의 기준에 관한 설명 중 틀린 것은?

① 측량의 원점은 직각좌표의 원점과 수준원점으로 한다.
② 위치는 세계측지계에 따라 측정한 지리학적 경위도와 평균해수면으로부터의 높이로 표시한다.
③ 수로조사에서 간출지의 높이와 수심은 기본수준면을 기준으로 측량한다.
④ 세계측지계, 측량의 원점값의 결정 및 직각좌표의 기준 등에 필요한 사항은 대통령령으로 정한다.

> **해설** 공간정보의 구축 및 관리 등에 관한 법률 제6조(측량기준)
>
> 1. 위치는 세계측지계에 따라 측정한 지리학적 경위도와 높이(평균해수면으로부터의 높이)로 표시한다.
> 2. 측량의 원점은 대한민국 경위도원점 및 수준원점으로 한다.
> 3. 수로조사에서 간출지의 높이와 수심은 기본수준면을 기준으로 측량한다.
> 4. 해안선은 해수면이 약최고고조면에 이르렀을 때의 육지와 해수면과의 경계로 표시한다.

04 그림과 같이 2회 관측한 ∠AOB의 크기는 21°36′28″, 3회 관측한 ∠BOC는 63°18′45″, 6회 관측한 ∠AOC는 84°54′37″일 때 ∠AOC의 최확값은?

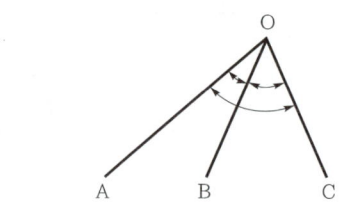

① 84°54′25″ ② 84°54′31″
③ 84°54′43″ ④ 84°54′49″

정답 1. ① 2. ② 3. ① 4. ③

> **해설** 경중률이 다른 각관측의 최확값
>
> 측각오차는 ∠AOC−(∠AOB+∠BOC)로 구하고 −36″이며, ∠AOC는 (−)오차이다.
> 오차는 경중률에 반비례하므로 측각오차의 조정은 관측횟수에 반비례하여
> $P_{\angle AOB} : P_{\angle BOC} : P_{\angle AOC}$
> $= \dfrac{1}{2} : \dfrac{1}{3} : \dfrac{1}{6} = 3 : 2 : 1$
> $\angle AOC = 84°54′37″ + \dfrac{1}{3+2+1} \times 36″$
> $= 84°54′43″$

05 그림과 같은 평면도의 받침판 표지를 갖고 있는 국가기준점은?

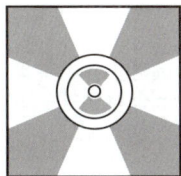

① 위성기준점   ② 통합기준점
③ 삼각점   ④ 수준점

> **해설** 공간정보의 구축 및 관리 등에 관한 법률 시행규칙 제3조(측량기준점표지의 형상) [별표 1]
>
> 통합기준점 표지(단위 : mm) 중의 받침판평면도

06 단일삼각형에 대해 삼각측량을 수행한 결과 내각이 $\alpha=54°25′32″$, $\beta=68°43′23″$, $\gamma=56°51′14″$이었다면 β의 각 조건에 의한 조정량은?

① $-4″$ ② $-3″$
③ $+4″$ ④ $+3″$

> **해설** 단열삼각망 각 조건의 조정
>
> 측각오차 $\Delta a = \alpha + \beta + \gamma - 180° = 0°00′09″$
> 조정량 $= -\dfrac{\Delta a}{n} = -\dfrac{9″}{3} = -3″$
> α, β, γ에 각각 −3″씩 조정한다.

07 삼변측량에서 $\triangle ABC$에서 세 변의 길이가 $a=1200.00\text{m}$, $b=1600.00\text{m}$, $c=1442.22\text{m}$라면 변 c의 대각인 $\angle C$는?

① 45°   ② 60°
③ 75°   ④ 90°

> **해설** 삼각형 세 변의 길이를 이용한 교각의 계산
>
> 세 변의 길이를 알 때 내각의 계산은 코사인 제2법칙에 의해 구한다.
> $\cos \angle C = \dfrac{a^2+b^2-c^2}{2ab}$ 에서
> $\angle C = \cos^{-1}\left(\dfrac{a^2+b^2-c^2}{2ab}\right)$
> $\angle C = \cos^{-1}\left(\dfrac{1{,}200^2+1{,}600^2-1442.22^2}{2\times 1{,}200 \times 1{,}600}\right)$
> $= 60°$

08 그림과 같은 트래버스에서 CD측선의 방위는? (단, AB의 방위=N 82°10′E, ∠ABC=98°39′, ∠BCD=67°14′이다.)

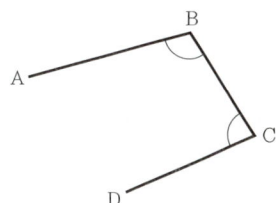

① S6°17′W   ② S83°43′W
③ N6°17′W   ④ N83°43′W

> **해설** 방위의 계산
>
> 교각관측에 의한 방위각 계산=전 측선 방위각+180°±교각[시계 방향 교각은 (+), 반시계 방향 교각은 (−)]
> ㉠ AB의 방위각=82°10′
> ㉡ BC의 방위각=82°10′+180°−98°39′=163°31′
> ㉢ CD의 방위각=163°31′+180−67°14′=276°17′
> 방위각이 4상한이므로 CD측선의 방위
> =N(360°−방위각)W=N83°43′W

09 A와 B의 좌표가 다음과 같을 때 측선 AB의 방위각은?

A점의 좌표=(179,847.1m, 76,614.3m)
B점의 좌표=(179,964.5m, 76,625.1m)

① 5°23′15″ ② 185°15′23″
③ 185°23′15″ ④ 5°15′22″

해설 좌표를 이용한 방위각의 계산

$\overline{AB}$ 측선을 그려보면 1상한각임을 알 수 있으므로 방위각은 1상한에 해당하는 0~90° 사이의 각이 된다.

$$\tan 방위각 = \frac{\Delta Y}{\Delta X} = \frac{Y_B - Y_A}{X_B - X_A}$$

$$방위각 = \tan^{-1}\left(\frac{Y_B - Y_A}{X_B - X_A}\right)$$

$$= \tan^{-1}\left(\frac{76,625.1 - 76,614.3}{179,964.5 - 179,847.1}\right)$$

$$= 5°15′22″$$

10 수준측량에 관한 설명으로 옳은 것은?

① 수준측량에서는 빛의 굴절에 의하여 물체가 실제로 위치하고 있는 곳보다 더욱 낮게 보인다.
② 삼각수준측량은 토털스테이션을 사용하여 연직각과 거리를 동시에 관측하므로 레벨측량보다 정확도가 높다.
③ 수평한 시준선을 얻기 위해서는 시준선과 기포관축은 서로 나란하여야 한다.
④ 수준측량의 시준오차를 줄이기 위하여 기준점과의 구심 작업에 신중을 기울여야 한다.

해설 수준측량

① 수준측량에서는 빛의 굴절에 의하여 물체가 실제로 위치하고 있는 곳보다 더욱 높게 보인다.
② 레벨을 이용한 직접수준측량이 토털스테이션을 사용하여 연직각과 거리를 동시에 관측하는 간접수준측량보다 정확도가 높다.
③ 수평한 시준선을 얻기 위해서는 시준선과 기포관축은 서로 나란하여야 한다.
④ 수준측량의 시준오차를 줄이기 위하여 정준작업에 신중을 기울여야 한다.

11 지형의 표시법에서 부호적 도법에 해당하지 않는 것은?

① 점고법 ② 등고선법
③ 음영법 ④ 채색법

해설 지형도 표시방법

(1) 부호적 도법
  ㉠ 점고법: 하천, 항만, 해양측량 등에서 심천측량을 한 점에 숫자를 기입하여 고저를 표시하는 방법
  ㉡ 채색법: 색조를 이용하여 고저를 표시하는 방법
  ㉢ 등고선법: 일정한 높이의 수평면으로 지형을 절단했을 때의 잘린 면의 곡선을 이용하여 지형을 표시
(2) 자연적 도법
  ㉠ 영선법: 우모와 같이 짧고 거의 평행한 선의 간격, 굵기, 길이, 방향 등에 의하여 지형을 표시하는 방법
  ㉡ 음영법: 서북쪽 45° 방향에서 평행광선이 비칠 때 생기는 그림자로 기복의 모양을 표시하는 방법

12 등경사인 지성선상에 있는 A, B표고가 각각 43m, 63m이고 AB의 수평거리는 80m이다. 45m, 50m 등고선과 지성선 AB의 교점을 각각 C, D라고 할 때 AC의 도상길이는? (단, 도상축척은 1 : 100이다.)

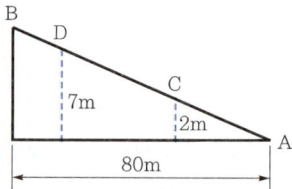

① 2cm ② 4cm
③ 8cm ④ 12cm

해설 등고선을 이용한 수평거리의 계산

$D : H = 80 : (63-43) = D : (45-43)$ 에서

$D = \frac{80m}{20m} \times 2m = 8m$ 이므로

축척을 고려한 도상거리 $= \frac{8m}{100} = 0.08m = 8cm$

정답 9. ④ 10. ③ 11. ③ 12. ③

13 기지점의 지반고가 100m이고, 기지점에 대한 후시는 2.75m, 미지점에 대한 전시가 1.40m일 때 미지점의 지반고는?

① 98.65m   ② 101.35m
③ 102.75m   ④ 104.15m

> **해설** 후시와 전시를 이용한 지반고의 계산
> $H_{미지점} = H_{기지점} + \sum B.S - \sum F.S$
> $= 100 + 2.75 - 1.40 = 101.35m$

14 축척에 대한 설명 중 옳은 것은?

① 축척 1 : 500 도면에서의 면적은 실제면적의 1/1,000이다.
② 축척 1 : 600 도면을 축척 1 : 200으로 확대했을 때 도면의 크기는 3배가 된다.
③ 축척 1 : 300 도면에서의 면적은 실제면적의 1/9,000이다.
④ 축척 1 : 500 도면을 축척 1 : 1,000으로 축소했을 때 도면의 크기는 1/4이 된다.

> **해설** 축척과 면적과의 관계
> ㉠ 축척 1 : 500 도면에서의 면적은 실제면적의 1/250,000이다.
> ㉡ 축척 1 : 600 도면을 축척 1 : 200으로 확대했을 때 도면의 크기는 9배가 된다.
> ㉢ 축척 1 : 300 도면에서의 면적은 실제면적의 1/90,000이다.
> ㉣ 축척 1 : 500 도면을 축척 1 : 1,000으로 축소했을 때 도면의 크기는 1/4이 된다.

15 직사각형의 가로, 세로의 거리가 그림과 같다. 면적 A의 표현으로 가장 적절한 것은?

75m±0.003m A 100m±0.008m

① $7,500m^2 \pm 0.67m^2$
② $7,500m^2 \pm 0.41m^2$
③ $7,500.9m^2 \pm 0.67m^2$
④ $7,500.9m^2 \pm 0.41m^2$

> **해설** 직사각형에서의 부정오차 전파
> ㉠ 토지의 면적
> $Y = a \times b = 75 \times 100 = 7,500m^2$
> ㉡ 직사각형 토지면적의 부정오차 전파
> $\sigma_Y = \pm \sqrt{\left(\frac{\partial Y}{\partial a}\right)^2 \sigma_a^2 + \left(\frac{\partial Y}{\partial b}\right)^2 \sigma_b^2}$
> $= \pm \sqrt{(b)^2 \sigma_a^2 + (a)^2 \sigma_b^2}$
> $= \pm \sqrt{(75 \times 0.008)^2 + (100 \times 0.003)^2}$
> $= \pm 0.67m^2$

16 그림과 같은 지형에서 각 등고선에 쌓인 부분의 면적이 표와 같을 때 각주공식에 의한 토량은? (단, 윗면은 평평한 것으로 가정한다.)

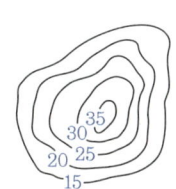

등고선(m)	면적(m²)
15	3,800
20	2,900
25	1,800
30	900
35	200

① 11,400m³   ② 22,800m³
③ 33,800m³   ④ 38,000m³

> **해설** 등고선으로 둘러싸인 지형의 토량 계산
> 각주공식에 의한 토공량 산정에서 표시된 면적의 개수가 짝수이면 마지막 단면의 체적은 양단면 평균에 의해 구한다.
> $V = \frac{h}{3}(A_0 + A_n + 4\sum A_{홀수} + 2\sum A_{짝수})$
> $= \frac{5}{3}[(3,800+200) + 4 \times (2,900+900) + 2 \times 1,800]$
> $= 38,000m^3$

17 곡선설치에서 교각 $I = 60°$, 반경 $R = 150m$일 때 접선장(T.L.)은?

① 100.0m   ② 86.6m
③ 76.8m   ④ 38.6m

정답 13. ②   14. ④   15. ①   16. ④   17. ②

> **해설** 접선길이의 계산
>
> $$\text{접선장 T.L.} = R\tan\frac{I}{2}$$
> $$= 150\text{m} \times \tan\frac{60°}{2} = 86.6\text{m}$$

18 교점(I.P.)은 도로 기점에서 500m의 위치에 있고 교각 $I=36°$일 때 외선길이(외할)=5.00m라면 시단현의 길이는? (단, 중심말뚝거리는 20m이다.)

① 10.43m ② 11.57m
③ 12.36m ④ 13.25m

> **해설** 시단현 길이의 계산
>
> 중심말뚝의 간격이 20m이므로 시단현의 길이는 곡선시점에서 다음 말뚝까지의 거리를 의미한다.
>
> $$E = R \times \left(\sec\frac{I}{2} - 1\right)$$
>
> sec 함수는 cos 함수의 역수이므로
>
> $$R = \frac{E}{\left(\sec\frac{I}{2}-1\right)} = \frac{5}{\left(\dfrac{1}{\cos\dfrac{36°}{2}}-1\right)} = 97.159\text{m}$$
>
> $$\text{T.L.} = R\tan\frac{I}{2} = 97.159 \times \tan\frac{36°}{2} = 31.569\text{m}$$
>
> 곡선시점(B.C.)의 위치=시점~교점까지의 거리
> $-\text{T.L.} = 500 - 31.57 = 468.43\text{m}$
> 시단현의 길이 l_1은 B.C.점의 위치보다 큰 20의 배수에서 빼주므로 $480 - 468.43 = 11.57\text{m}$

19 캔트(cant)의 크기가 C인 노선을 곡선반경만 2배로 증가시키면 새로운 캔트 C'의 크기는?

① $0.5C$ ② C
③ $2C$ ④ $4C$

> **해설** 캔트의 계산
>
> $$C = \frac{bV^2}{gR}$$
>
> 여기서, C: 캔트, b: 궤도 간격, V: 설계속도, g: 중력가속도, R: 곡선반경
> 반경이 2배로 변화할 경우 캔트의 계산
>
> 새로운 캔트 $C' = \dfrac{bV^2}{g(2R)} = \dfrac{1}{2} \times \dfrac{bV^2}{gR} = 0.5C$

20 하천측량에서 유속관측에 관한 설명으로 옳지 않은 것은?

① 유속관측에 따르면 같은 단면 내에서는 수심이나 위치에 상관없이 유속의 분포는 일정하다.
② 유속계 방법은 주로 평상시에 이용하고 부자 방법은 홍수 시에 많이 이용된다.
③ 보통 하천이나 수로의 유속은 경사, 유로의 형태, 크기와 수량, 풍향 등에 의해 변한다.
④ 유속관측은 유속계와 부자에 의한 관측 및 하천기울기를 이용하는 공식을 사용할 수 있다.

> **해설** 하천측량 평균유속의 결정
>
> 유속은 수심에 따라 표면유속-최대유속-평균유속-최소유속으로 변화되므로 상황에 따라 1점법, 2점법, 3점법, 4점법 등으로 평균유속을 계산한다.

정답 18. ② 19. ① 20. ①

2023 제3회 토목기사 기출복원문제

2023년 7월 8일 시행

01 지구 표면의 거리 35km까지를 평면으로 간주했다면 허용정밀도는 약 얼마인가? (단, 지구의 반경은 6,370km이다.)

① 1/300,000　　② 1/400,000
③ 1/500,000　　④ 1/600,000

> **해설** 평면측량의 허용정밀도
> 거리관측의 정밀도 $\dfrac{d-D}{D} = \dfrac{1}{12}\left(\dfrac{D}{R}\right)^2$ 에서
> $\dfrac{d-D}{D} = \dfrac{1}{12}\left(\dfrac{35\text{km}}{6,370\text{km}}\right)^2 \fallingdotseq \dfrac{1}{400,000}$

02 각의 정밀도가 ±20″인 각측량기로 각을 관측할 경우, 각오차와 거리오차가 균형을 이루기 위한 줄자의 정밀도는?

① 약 1/10,000　　② 약 1/50,000
③ 약 1/100,000　　④ 약 1/500,000

> **해설** 거리측량과 각측량의 정확도
> ㉠ 각의 정밀도가 ±20″라는 의미는 1라디안에 대한 각오차를 의미
> ㉡ 각오차와 거리오차가 균형을 이루므로
> 거리오차의 정밀도 $= \dfrac{\pm 20''}{\rho''} = \dfrac{20''}{206,265''}$
> $\fallingdotseq \dfrac{1}{10,000}$

03 우리나라 기준점에 대한 설명으로 옳지 않은 것은?

① 대한민국 수준원점은 인천광역시에 있다.
② 대한민국 수준원점의 높이는 26.6871m이다.
③ 대한민국 경위도원점은 서울특별시에 있다.
④ 대한민국 경위도원점은 경도, 위도, 원방위각의 값으로 나타낸다.

> **해설** 공간정보의 구축 및 관리 등에 관한 법률 시행령 제27조(세계측지계 등)
> 대한민국 경위도원점은 경기도 수원시에 있다.

04 측량기준점을 크게 3가지로 구분할 때, 그 분류로 옳은 것은?

① 삼각점, 수준점, 지적점
② 위성기준점, 수준점, 삼각점
③ 국가기준점, 공공기준점, 지적기준점
④ 국가기준점, 공공기준점, 일반기준점

> **해설** 공간정보의 구축 및 관리 등에 관한 법률 제7조 (측량기준점)
> 측량기준점은 국가기준점, 공공기준점, 지적기준점으로 구분한다.
> 1. 국가기준점: 측량의 정확도를 확보하고 효율성을 높이기 위하여 국토교통부장관 및 해양수산부장관이 전 국토를 대상으로 주요 지점마다 정한 측량의 기본이 되는 측량기준점
> 2. 공공기준점: 공공측량시행자가 공공측량을 정확하고 효율적으로 시행하기 위하여 국가기준점을 기준으로 하여 따로 정하는 측량기준점
> 3. 지적기준점: 특별시장·광역시장·특별자치시장·도지사 또는 특별자치도지사나 지적소관청이 지적측량을 정확하고 효율적으로 시행하기 위하여 국가기준점을 기준으로 하여 따로 정하는 측량기준점

05 삼각측량을 위한 삼각망 중에서 유심다각망에 대한 설명으로 틀린 것은?

① 농지측량에 많이 사용된다.
② 방대한 지역의 측량에 적합하다.
③ 삼각망 중에서 정확도가 가장 높다.
④ 동일 측점 수에 비하여 포함면적이 가장 넓다.

정답 1. ②　2. ①　3. ③　4. ③　5. ③

> **해설** **삼각망의 종류**
> ㉠ 단열삼각망: 동일 측점 수에 비하여 도달거리가 가장 길기 때문에 폭이 좁고 거리가 먼 지역에 적합하며, 거리에 비하여 관측 수가 적으므로 측량이 신속하고 경비가 적게 드는 반면 정밀도는 낮다.
> ㉡ 유심삼각망: 동일 측점 수에 비하여 피복면적이 가장 넓다. 넓은 지역의 측량에 적당하고, 정밀도는 단열삼각망과 사변형삼각망의 중간이다.
> ㉢ 사변형삼각망: 조건식의 수가 가장 많기 때문에 가장 높은 정밀도를 얻을 수 있으나, 조정이 복잡하고 피복면적이 적으며 많은 노력과 시간 그리고 경비가 필요하다. 높은 정밀도를 필요로 하는 측량이나 기선삼각망 등에 사용된다.

06 GPS의 정확도가 1ppm이라면 기선의 길이가 10km일 때 GPS를 이용하여 어느 정도로 정확하게 위치를 알아낼 수 있다는 것을 의미하는가?

① 1km ② 1m
③ 1cm ④ 1mm

> **해설** **GPS의 정확도에서 ppm의 개념**
> 1ppm이란 1/100만이므로 1km 거리관측에 1mm의 오차가 발생하는 것을 의미한다.
> $$\frac{1}{1,000,000} = \frac{1mm}{1km} = \frac{1mm}{1,000,000mm}$$
> 기선의 길이가 10km이면 1km의 10배이므로 1mm의 10배인 1cm의 정확도로 관측됨을 알 수 있다.

07 동일한 각을 관측횟수를 다르게 적용하여 얻은 결과가 표와 같을 때, 각의 최확값은?

구분	관측횟수	관측값
A	2	42°28′40″
B	4	42°28′46″
C	6	42°28′48″

① 42°28′44″ ② 42°28′46″
③ 42°28′48″ ④ 42°28′50″

> **해설** **경중률에 의한 최확값의 계산**
> 최확값(MPV)은 관측횟수에 비례하므로
> $$MPV = 42°28′40″ + \frac{0″\times 2 + 6″\times 4 + 8″\times 6}{2+4+6}$$
> $$= 42°28′46″$$

08 방위각 265°에 대한 측선의 방위는?

① S85°W ② E85°W
③ N85°E ④ E85°N

> **해설** **방위의 계산**
> 방위각이 265°이면 3상한이므로
> 측선의 방위=S(방위각−180°)W=S85°W

09 트래버스 ABCD에서 각측선에 대한 위거와 경거 값이 아래 표와 같을 때, 측선 BC의 배횡거는?

측선	위거(m)	경거(m)
AB	+75.39	+81.57
BC	−33.57	+18.78
CD	−61.43	−45.60
DA	+44.61	−52.65

① 81.57m ② 155.10m
③ 163.14m ④ 181.92m

> **해설** **배횡거의 계산**
> 배횡거=(하나 앞 측선의 배횡거)+(하나 앞 측선의 조정 경거)+(해당 측선의 조정 경거)
>
> | 측선 | 위거(m) | 경거(m) | 배횡거(m) |
> |---|---|---|---|
> | AB | +75.39 | +81.57 | +81.57 |
> | BC | −33.57 | +18.78 | +181.92 |
> | CD | −61.43 | −45.60 | +155.10 |
> | DA | +44.61 | −52.65 | +56.85 |

정답 6. ③ 7. ② 8. ① 9. ④

10 D점의 표고를 구하기 위하여 기지점 A, B, C에서 각각 수준측량을 실시하였다면, D점의 표고 최확값은?

코스	거리	고저차	출발점 표고
A → D	5.0km	+2.442m	10.205m
B → D	4.0km	+4.037m	8.603m
C → D	2.5km	−0.862m	13.500m

① 12.641m ② 12.632m
③ 12.647m ④ 12.638m

> [해설] **경중률을 고려한 표고의 계산**
> ㉠ D점의 표고
> A ⇒ D점의 표고 = 10.205+2.442 = 12.647m
> B ⇒ D점의 표고 = 8.603+4.037 = 12.640m
> C ⇒ D점의 표고 = 13.500−0.862 = 12.638m
> ㉡ 경중률은 노선의 거리에 반비례한다.
> $P_A : P_B : P_C = \frac{1}{5} : \frac{1}{4} : \frac{1}{2.5} = 4 : 5 : 8$
> ㉢ 최확값은 경중률을 고려하여 계산한다.
> 최확값$(h) = \frac{P_A \times h_A + P_B \times h_B + P_C \times h_C}{P_A + P_B + P_C}$
> $= 12.64\text{m} + \frac{4 \times 7 + 5 \times 0 + 8 \times (-2)}{4+5+8}\text{mm}$
> $= 12.641\text{m}$

11 지형의 표시법에 대한 설명으로 틀린 것은?

① 영선법은 짧고 거의 평행한 선을 이용하여 경사가 급하면 가늘고 길게, 경사가 완만하면 굵고 짧게 표시하는 방법이다.
② 음영법은 태양광선이 서북쪽에서 45도 각도로 비친다고 가정하고, 지표의 기복에 대하여 그 명암을 2~3색 이상으로 채색하여 기복의 모양을 표시하는 방법이다.
③ 채색법은 등고선의 사이를 색으로 채색, 색채의 농도를 변화시켜 표고를 구분하는 방법이다.
④ 점고법은 하천, 항만, 해양측량 등에서 수심을 나타낼 때 측점에 숫자를 기입하여 수심 등을 나타내는 방법이다.

> [해설] **지형의 표시법 중 영선법**
> ㉠ 우모와 같이 짧고 거의 평행한 선의 간격, 굵기, 길이, 방향 등에 의하여 지형을 표시하는 방법
> ㉡ 경사가 완만하면 가늘고 길게, 경사가 급하면 굵고 짧게 표시하는 방법

12 직접고저측량을 실시한 결과가 그림과 같을 때, A점의 표고가 10m라면 C점의 표고는? (단, 그림은 개략도로 실제 치수와 다를 수 있다.) [단위 : m]

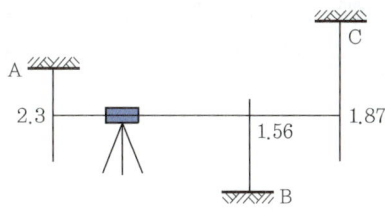

① 9.57m ② 9.66m
③ 10.57m ④ 10.66m

> [해설] **터널 내 수준측량에서 지반고의 계산**
> 표척이 거꾸로 설치되어 있으면 관측값은 (−)로 계산
> $H_C = H_A + B.S - F.S$
> $= 10 + (-2.3) - (-1.87)$
> $= 9.57\text{m}$

13 축척 1 : 5,000 지형도의 1장을 만들기 위한 축척 1 : 500 지형도의 매수는?

① 50매 ② 100매
③ 150매 ④ 250매

> [해설] **축척을 이용한 도면 매수의 계산**
> 면적은 거리의 제곱에 비례하고, 도엽수는 면적의 함수이므로 도엽수는 축척의 제곱에 비례함을 알 수 있다.
> $\frac{1}{500}$은 $\frac{1}{5,000}$에 비해 거리가 10배의 관계이고 면적은 $10^2 = 100$이므로 100매임을 알 수 있다.

정답 10. ① 11. ① 12. ① 13. ②

14 중심 말뚝의 간격이 20m인 도로구간에서 각 지점에 대한 횡단면적을 표시한 결과가 그림과 같을 때, 각주공식에 의한 전체 토공량은?

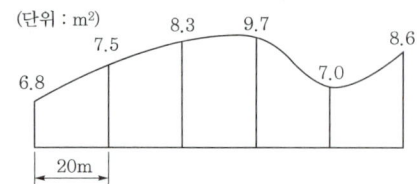

① 156m^3
② 672m^3
③ 817m^3
④ 920m^3

> **해설** 심프슨 제1법칙을 이용한 면적의 계산
>
> 각주공식에 의한 토공량 산정에서 표시된 면적의 개수가 짝수이면 마지막 단면의 체적은 양단면 평균에 의해 구한다.
>
> $V = \dfrac{h}{3}(A_0 + A_n + 4\Sigma A_{홀수} + 2\Sigma A_{짝수})$
> $\quad + \dfrac{h}{2}(A_{n-1} + A_n)$
>
> $V = \dfrac{20}{3}[6.8 + 7.0 + 4 \times (7.5 + 9.7) + 2 \times 8.3]$
> $\quad + \dfrac{20}{2}(7.0 + 8.6)$
> $\quad = 817\text{m}^3$

15 노선선정을 할 때의 유의사항으로 옳지 않은 것은?

① 노선은 될 수 있는 대로 경사가 완만하게 한다.
② 노선은 운전의 지루함을 덜기 위해 평면곡선과 종단곡선을 많이 사용한다.
③ 절토 및 성토의 운반거리를 가급적 짧게 한다.
④ 토공량이 적고, 절토와 성토가 균형을 이루게 한다.

> **해설** 노선선정 시 유의사항
>
> ㉠ 노선은 될 수 있는 대로 경사가 완만하게 한다.
> ㉡ 곡선설치는 가급적 피하되 운전의 지루함을 덜기 위해 평면곡선과 종단곡선을 적절하게 사용한다.
> ㉢ 절토 및 성토의 운반거리를 가급적 짧게 한다.
> ㉣ 토공량이 적고, 절토와 성토가 균형을 이루게 한다.

16 축척 1:1,500 지도상의 면적을 잘못하여 축척 1:1,000으로 측정하였더니 10,000m²가 나왔다면 실제면적은?

① $4,444\text{m}^2$
② $6,667\text{m}^2$
③ $15,000\text{m}^2$
④ $22,500\text{m}^2$

> **해설** 축척오차를 고려한 면적의 계산
>
> 축척은 길이의 비이고, 면적은 길이의 제곱에 비례하므로 축척을 1/1.5 축소되게 계산한 면적의 실제면적은 축척의 제곱에 비례하여 계산되므로 1.5의 제곱인 2.25배로 계산된다.
> 즉, $10,000 \times 1.5^2 = 22,500\text{m}^2$
> [별해]
> $\dfrac{a_2}{a_1} = \left(\dfrac{m_2}{m_1}\right)^2$ 에서
> $a_2 = \left(\dfrac{m_2}{m_1}\right)^2 \times a_1 = \left(\dfrac{1,500}{1,000}\right)^2 \times 10,000$
> $\quad = 22,500\text{m}^2$

17 노선측량에서 교각이 32°15′00″, 곡선반경이 600m일 때의 곡선장(C.L.)은?

① 355.52m
② 337.72m
③ 328.75m
④ 315.35m

> **해설** 곡선길이의 계산
>
> $\text{C.L.} = \dfrac{\pi}{180°}RI = \dfrac{\pi}{180°} \times 600\text{m} \times 32°15′$
> $\quad = 337.72\text{m}$

18 곡선 반경이 500m인 단곡선의 종단현이 15.343m라면 이에 대한 편각은?

① 0°31′37″
② 0°43′19″
③ 0°52′45″
④ 1°04′26″

> **해설** 종단현에 대한 편각의 계산
>
> 종단현 편각$(\delta) = \dfrac{l_2}{2R} \times \rho$
> $\quad = \dfrac{15.343}{2 \times 500} \times \dfrac{180°}{\pi} = 0°52′45″$

정답 14. ③ 15. ② 16. ④ 17. ② 18. ③

19 완화곡선에 대한 설명으로 옳지 않은 것은?

① 모든 클로소이드(clothoid)는 닮은꼴이며 클로소이드 요소는 길이의 단위를 가진 것과 단위가 없는 것이 있다.
② 완화곡선의 접선은 시점에서 원호에, 종점에서 직선에 접한다.
③ 완화곡선의 반경은 그 시점에서 무한대, 종점에서는 원곡선의 반경과 같다.
④ 완화곡선에 연한 곡선반경의 감소율은 캔트(cant)의 증가율과 같다.

> **해설** 완화곡선의 성질
> ㉠ 완화곡선의 반경은 시점에서 무한대, 종점에서는 원곡선의 반경과 같다.
> ㉡ 완화곡선의 접선은 시점에서는 직선에, 종점에서는 원호에 접한다.
> ㉢ 완화곡선의 곡선반경 감소율은 캔트의 증가율과 같다.
> ㉣ 완화곡선의 편경사의 크기는 곡선의 반경에 반비례하고 설계속도에 비례한다.

20 수심이 h인 하천의 평균유속을 구하기 위하여 수면으로부터 $0.2h$, $0.6h$, $0.8h$가 되는 깊이에서 유속을 측량한 결과 0.8m/sec, 1.5m/sec, 1.0m/sec이었다. 3점법에 의한 평균유속은?

① 0.9m/sec ② 1.0m/sec
③ 1.1m/sec ④ 1.2m/sec

> **해설** 3점법에 의한 평균유속의 결정
> $$3점법 \quad V_m = \frac{1}{4}(V_{0.2} + 2V_{0.6} + V_{0.8})$$
> $$= \frac{1}{4}(0.8 + 2 \times 1.5 + 1.0)$$
> $$= 1.2\text{m/sec}$$

정답 19. ② 20. ④

2024 제1회 토목기사 기출복원문제

📝 2024년 2월 17일 시행

01 지구상의 △ABC를 측정한 결과, 두 변의 거리가 a=30km, b=20km였고, 그 사잇각이 80°였다면 이 때 발생하는 구과량은? (단, 지구의 곡선반경은 6,400km로 가정한다.)

① 1.49″　② 1.62″
③ 2.04″　④ 2.24″

> **해설** 구면삼각형과 구과량
> 구과량은 구면삼각형의 면적과 비례하고 지구 반경의 제곱에 반비례한다.
> $\varepsilon = \dfrac{A}{R^2} \times \dfrac{180°}{\pi}$
> $= \dfrac{\frac{1}{2} \times 30 \times 20 \times \sin 80°}{6{,}400^2} \times \dfrac{180°}{\pi}$
> $= 0°0'1.49''$

02 우리나라는 TM도법에 따른 평면직교좌표계를 사용하고 있는데 그 중 동해 원점의 경위도 좌표는?

① 129°00′00″E, 35°00′00″N
② 131°00′00″E, 35°00′00″N
③ 129°00′00″E, 38°00′00″N
④ 131°00′00″E, 38°00′00″N

> **해설** 우리나라의 평면직각좌표계
>
> | 명칭 | 투영원점의 위치 | 투영원점의 좌표 | 적용지역 |
> |---|---|---|---|
> | 서부 좌표계 | 북위 38°, 동경 125° | X=600,000m Y=200,000m (음수방지를 위해) | 동경 124~126° |
> | 중부 좌표계 | 북위 38°, 동경 127° | | 동경 126~128° |
> | 동부 좌표계 | 북위 38°, 동경 129° | | 동경 128~130° |
> | 동해 좌표계 | 북위 38°, 동경 131° | | 동경 130~132° |

03 그림과 같이 한 점 O에서 A, B, C방향의 각관측을 실시한 결과가 다음과 같을 때 ∠BOC의 최확값은?

∠AOB	2회 관측 결과 40°30′25″
	3회 관측 결과 40°30′20″
∠AOC	6회 관측 결과 85°30′20″
	4회 관측 결과 85°30′25″

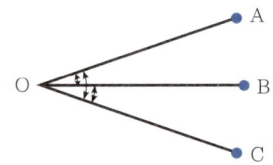

① 45°00′05″　② 45°00′02″
③ 45°00′03″　④ 45°00′00″

> **해설** 경중률이 다른 각관측의 최확값
> 경중률은 횟수에 비례하므로 최확값$(\theta) = \dfrac{\Sigma P \times \theta}{\Sigma P}$를 적용한다.
> ㉠ ∠AOB의 최확값
> $= 40°30' + \dfrac{2 \times 25'' + 3 \times 20''}{2+3} = 40°30'22''$
> ㉡ ∠AOC의 최확값
> $= 85°30' + \dfrac{6 \times 20'' + 4 \times 25''}{6+4} = 85°30'22''$
> ㉢ ∠BOC의 최확값 = ∠AOC − ∠AOB
> $= 45°00'00''$

04 관측자가 이동국(관측점)의 GNSS만을 운용하며, 기준국(GNSS 상시관측소)들로부터 생성된 관측오차보정 데이터를 무선인터넷으로 수신받아 실시간 정밀위치 측정을 수행하는 GNSS 측량방식은?

① 정지측량　② 네트워크 RTK측량
③ 이동측량　④ fast-static측량

정답 1. ①　2. ④　3. ④　4. ②

> **해설** 네트워크 RTK측량의 특징
>
> 관측자가 이동국(관측점)의 GNSS만을 운용하며, 기준국(GNSS 상시관측소)들로부터 생성된 관측오차보정 데이터를 무선인터넷으로 수신받아 실시간 정밀위치 측정을 수행하는 GNSS 측량방식

> **해설** 유심삼각망의 조정조건
>
> 유심삼각망의 조건방정식의 총합은 7개
> ㉠ 각 조건: 삼각형의 수=5개
> ㉡ 점 조건: 유심삼각망의 수=1개
> ㉢ 변 조건: 기선의 수=1개

05 지리학적 경위도, 높이 및 중력 측정 등 3차원의 기준으로 사용하기 위하여 설치된 국가기준점은?

① 통합기준점　② 위성기준점
③ 삼각점　　　④ 수준점

> **해설** 공간정보의 구축 및 관리 등에 관한 법률 시행령 제8조(측량기준점의 구분)
>
> ㉠ 통합기준점: 지리학적 경위도, 직각좌표, 지구중심 직교좌표, 높이 및 중력 측정의 기준으로 사용하기 위하여 위성기준점, 수준점 및 중력점을 기초로 정한 기준점
> ㉡ 위성기준점: 지리학적 경위도, 직각좌표 및 지구중심 직교좌표의 측정 기준으로 사용하기 위하여 대한민국 경위도원점을 기초로 정한 기준점
> ㉢ 삼각점: 지리학적 경위도, 직각좌표 및 지구중심 직교좌표 측정의 기준으로 사용하기 위하여 위성기준점 및 통합기준점을 기초로 정한 기준점
> ㉣ 수준점: 높이 측정의 기준으로 사용하기 위하여 대한민국 수준원점을 기초로 정한 기준점

06 그림과 같은 유심다각망의 조정에 필요한 조건방정식의 총수는?

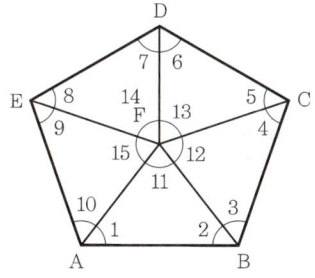

① 5개　② 6개
③ 7개　④ 8개

07 트래버스 측량의 작업순서로 알맞은 것은?

① 선점-계획-답사-조표-관측
② 계획-답사-선점-조표-관측
③ 답사-계획-조표-선점-관측
④ 조표-답사-계획-선점-관측

> **해설** 트래버스 측량의 작업순서
>
> 계획-답사-선점-조표-관측(각, 거리)-오차계산 및 조정-측점전개

08 그림과 같은 관측 결과 $\theta=30°11'00''$, $S=1,000m$일 때 C점의 X좌표는? (단, AB의 방위각 $=89°49'00''$, A점의 X좌표=1,200m)

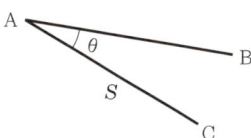

① 700.00m　② 1203.20m
③ 2064.42m　④ 2066.03m

> **해설** X, Y좌표의 계산
>
> AC의 방위각=AB 방위각+θ에서
> AC의 방위각=$89°49'00''+30°11'00''=120°$
> C점의 X좌표
> =A점의 X좌표+$S\times\cos$(AC 방위각)
> =$1,200+1,000\times\cos(120°)$
> =700.00m

정답　5. ①　6. ③　7. ②　8. ①

09 트래버스 측량의 결과가 표와 같을 때, 폐합오차는?

측점	위거(m)		경거(m)	
	N(+)	S(-)	E(+)	W(-)
A	130.25		110.50	
B		75.63	40.30	
C		110.56		100.25
D	55.04			50.00

① 1.05m ② 1.15m
③ 1.75m ④ 1.95m

해설 폐합오차의 계산

위거의 합과 경거의 합이 각각 0이 되어야 하며 0이 되지 않는 값이 위거오차, 경거오차가 된다.
위거오차 $= 130.25 - 75.63 - 110.56 + 55.04$
$= -0.90$
경거오차 $= 110.50 + 40.30 - 110.25 - 50.00$
$= 0.55$
폐합오차 $= \sqrt{위거오차^2 + 경거오차^2}$
$= \sqrt{(-0.90)^2 + 0.55^2} = 1.05\text{m}$

10 그림과 같은 터널 내 수준측량의 관측 결과에서 A점의 지반고가 20.32m일 때 C점의 지반고는? (단, 관측값의 단위는 m이다.)

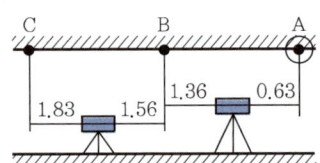

① 21.32m ② 21.49m
③ 16.32m ④ 16.49m

해설 터널 내 수준측량에서 지반고의 계산

표척이 천정에 있는 경우는 관측값을 (-)로 적용하여 계산
$H_C = H_A + \sum B.S - \sum F.S$
$= 20.32 + [(-0.63) + (-1.56)]$
$- [(-1.36) + (-1.83)]$
$= 21.32\text{m}$

11 A, B, C 각 점에서 P점까지 수준측량을 한 결과가 표와 같다. 거리에 대한 경중률을 고려한 P점의 표고 최확값은?

측량경로	거리	P점의 표고
A → P	1km	135.487m
B → P	2km	135.563m
C → P	3km	135.603m

① 135.529m ② 135.551m
③ 135.563m ④ 135.570m

해설 경중률을 고려한 표고의 계산

㉠ 경중률은 노선의 거리에 반비례한다.
$P_A : P_B : P_C = \frac{1}{1} : \frac{1}{2} : \frac{1}{3} = \left(\frac{1}{1} : \frac{1}{2} : \frac{1}{3}\right) \times 6$
$= 6 : 3 : 2$
㉡ 최확값은 경중률을 고려하여 계산한다.
최확값$(h) = \dfrac{P_A \times h_A + P_B \times h_B + P_C \times h_C}{P_A + P_B + P_C}$
$= 135.5 + \dfrac{6 \times (-13) + 3 \times 63 + 2 \times 103}{6 + 3 + 2}\text{mm}$
$= 135.529\text{m}$

12 등고선에 관한 설명으로 옳지 않은 것은?

① 높이가 다른 등고선은 절대 교차하지 않는다.
② 등고선 간의 최단거리 방향은 최급경사 방향을 나타낸다.
③ 지도의 도면 내에서 폐합되는 경우 등고선의 내부에는 산꼭대기 또는 분지가 있다.
④ 동일한 경사의 지표에서 등고선 간의 수평거리는 같다.

해설 등고선의 성질

높이가 다른 등고선은 일반적으로 교차하지 않으나 동굴이나 절벽에서는 예외적으로 교차하기도 한다.

13 다음 중 지상기준점측량 방법으로 틀린 것은?

① 항공사진삼각측량에 의한 방법
② 토털스테이션에 의한 방법
③ 지상레이더에 의한 방법
④ GPS의 의한 방법

> **해설** 지상기준점측량 방법
> 지상레이더에 의해서는 탐지범위 안에 있는 지상 물체를 감지하며 반사파를 이용하여 영상을 얻기도 하나, 지상기준점측량에는 이용되지 않는다.

14 그림과 같은 구역을 심프슨 제1법칙으로 구한 면적은? (단, 각 구간의 지거는 1m로 동일하다.)

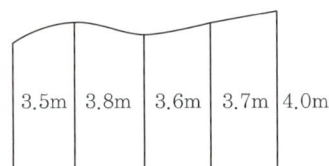

① 14.20m²
② 14.90m²
③ 15.50m²
④ 16.00m²

> **해설** 심프슨 제1법칙을 이용한 면적의 계산
> 심프슨 제1법칙은 지거 2개를 묶어 곡선으로 처리하는 방법이다.
> $A = \dfrac{d}{3}(y_0 + y_n + 4 \times \Sigma y_{홀수} + 2 \times \Sigma y_{짝수})$
> $= \dfrac{1}{3} \times [3.5 + 4.0 + 4 \times (3.8 + 3.7) + 2 \times 3.6]$
> $= 14.90 \text{m}^2$

15 종단면도에 표기하여야 하는 사항으로 거리가 먼 것은?

① 흙깎기 토량과 흙쌓기 토량
② 거리 및 누가거리
③ 지반고 및 계획고
④ 경사도

> **해설** 노선측량 종단면도의 표기사항
> ㉠ 측점의 위치
> ㉡ 측점 간의 수평거리
> ㉢ 각 측점의 누가거리
> ㉣ 측점의 지반고 및 계획고
> ㉤ 지반고와 계획고의 차이. 즉 성토고와 절토고
> ㉥ 계획선의 경사
> ㉦ 평면곡선의 설치위치

16 30m당 0.03m가 짧은 줄자를 사용하여 정사각형 토지의 한 변을 측정한 결과 150m이었다면 면적에 대한 오차는?

① 41m²
② 43m²
③ 45m²
④ 47m²

> **해설** 면적에 대한 오차의 계산
> 늘어나 있는 줄자로 관측한 값의 실제값은 (+)로, 수축된 줄자는 반대로 (−)로 적용한다.
> $A_0 = A \pm C_0$ ∴ $C_0 = \pm 2 \times \dfrac{\Delta l}{l} \times A$
> $C_0 = -2 \times \dfrac{0.03}{30\text{m}} \times (150\text{m})^2 = -45\text{m}^2$

17 노선측량으로 곡선을 설치할 때에 교각(I) 60°, 외선길이(E) 30m로 단곡선을 설치할 경우 곡선반경(R)은?

① 103.7m
② 120.7m
③ 150.9m
④ 193.9m

> **해설** 외선길이를 이용한 곡선반경의 계산
> 교점(I.P.)으로부터 원곡선의 중점까지 거리는 외선길이(외할)를 의미하므로
> 외할(외선길이) $E = R \times \left(\sec\dfrac{I}{2} - 1\right)$
> sec 함수는 cos 함수의 역수이므로
> $R = \dfrac{E}{\left(\sec\dfrac{I}{2} - 1\right)} = \dfrac{30}{\left(\dfrac{1}{\cos\dfrac{60°}{2}} - 1\right)} = 193.9\text{m}$

정답 13. ③ 14. ② 15. ① 16. ③ 17. ④

18 도로의 단곡선 설치에서 교각이 60°, 반경이 150m 이며, 곡선시점이 No.8+17m(20m×8+17m)일 때 종단현에 대한 편각은?

① 0°02′45″ ② 2°41′21″
③ 2°57′54″ ④ 3°15′23″

> **해설** 종단현에 대한 편각의 계산
> 종단현의 길이를 먼저 구한 후 편각을 구한다.
> ㉠ $C.L. = \dfrac{\pi}{180°}RI = \dfrac{\pi}{180°} \times 150 \times 60°$
> $= 157.08m$
> ㉡ 곡선종점의 위치 $= 177 + C.L.$
> $= 177 + 157.08$
> $= 334.08m$
> ㉢ 종단현의 길이 $l_2 = 334.08 - 320 = 14.08m$
> ㉣ 종단현의 편각 $\delta_{l_2} = \dfrac{l_2}{2R} \times \dfrac{180°}{\pi}$
> $= \dfrac{14.08}{2 \times 150} \times \dfrac{180°}{\pi}$
> $= 2°41′21″$

19 클로소이드곡선에 관한 설명으로 옳은 것은?

① 곡선반경 R, 곡선길이 L, 매개변수 A와의 관계식은 $RL = A$이다.
② 곡선반경에 비례하여 곡선길이가 증가하는 곡선이다.
③ 곡선길이가 일정할 때 곡선반경이 커지면 접선각은 작아진다.
④ 곡선반경과 곡선길이가 매개변수 A의 1/2인 점($R = L = A/2$)을 클로소이드 특성점이라고 한다.

> **해설** 클로소이드의 특징
> ㉠ 곡선반경 R, 곡선길이 L, 매개변수 A와의 관계식은 $A^2 = RL$이다.
> ㉡ 곡률에 비례하여 곡선길이가 증가하는 곡선이다.
> ㉢ 곡선길이가 일정할 때 곡선반경이 커지면 접선각은 작아진다.
> ㉣ 곡선반경과 곡선길이가 매개변수와 같은 점($R = L = A$)을 클로소이드 특성점이라고 한다.

20 수심 H인 하천의 유속측정에서 수면으로부터 깊이 $0.2H$, $0.6H$, $0.8H$인 점의 유속이 각각 0.663m/sec, 0.532m/sec, 0.467m/sec이었다면 3점법에 의한 평균유속은?

① 0.565m/sec ② 0.554m/sec
③ 0.549m/sec ④ 0.543m/sec

> **해설** 3점법에 의한 평균유속의 결정
> ㉠ 1점법 $V_m = V_{0.6}$
> ㉡ 2점법 $V_m = \dfrac{1}{2}(V_{0.2} + V_{0.8})$
> ㉢ 3점법 $V_m = \dfrac{1}{4}(V_{0.2} + 2V_{0.6} + V_{0.8})$
> $= \dfrac{1}{4}(0.663 + 2 \times 0.532 + 0.467)$
> $= 0.549 m/sec$

정답 18. ② 19. ③ 20. ③

2024 제2회 토목기사 기출복원문제

2024년 5월 11일 시행

01 구면삼각형의 성질에 대한 설명으로 틀린 것은?
① 구면삼각형의 내각의 합은 180°보다 크다.
② 두 점 간 거리가 구면상에서는 대원의 호길이가 된다.
③ 구면삼각형의 한 변은 다른 두 변의 합보다 작고 차이보다 크다.
④ 구과량은 지구 반경의 제곱에 비례하고 구면삼각형의 면적에 반비례한다.

> **해설** 구면삼각형과 구과량
> 넓은 지역의 측량의 경우 정밀한 위치 결정을 위해 지구의 곡률을 고려하여 각을 관측하게 되는데 이때 구과량이 발생한다.
> 구면삼각형의 ABC의 3각을 A, B, C라 하면 이 삼각형 내각의 합은 180°가 넘으며 이 차이를 구과량이라고 한다.
> 즉, $\varepsilon = (A+B+C) - 180°$
> $$\varepsilon'' = \frac{A}{R^2} \times \rho$$
> 여기서, ε : 구과량, A : 삼각형의 면적, R : 지구 반경, ρ : 라디안

02 1:5,000 지형도 도엽의 1구획으로 옳은 것은?
① 경위도차 1분 30초 ② 경위도차 7분 30초
③ 경위도차 15분 ④ 경위도차 30분

> **해설** 지형도 도식적용규정 제4조(지형도의 도곽 구성)
> ① 지형도의 도곽은 다음 각 호 경위도 차의 경위선에 의하여 구성됨을 원칙으로 한다.
>   1. 1:5000의 경우 1:50,000 지형도 경위도 15′의 1구획을 100등분한 경위도 1′30″
>   2. 1:10,000의 경우 경위도 3′
>   3. 1:25,000의 경우 경위도 7′30″
>   4. 1:50,000의 경우 경위도 15′
> ② 지도의 방위는 경도선의 북쪽 방향을 도북으로 하며, 자침편차 도표를 삽입하는 경우의 자북과 구분한다.

03 정확도 1/5,000을 요구하는 50m 거리측량에서 경사거리를 측정하여도 허용되는 두 점 간의 최대 높이차는?
① 1.0m ② 1.5m
③ 2.0m ④ 2.5m

> **해설** 거리측량의 경사보정
> 경사에 의한 오차 $C_i = -\frac{h^2}{2L}$ 에서 $h = \sqrt{2C_i L}$
> $\frac{1}{5,000} = \frac{C_i}{50}$ 에서 $C_i = \frac{50\text{m}}{5,000} = 0.01\text{m}$ 이므로
> $h = \sqrt{2C_i L} = \sqrt{2 \times 0.01 \times 50} = 1\text{m}$

04 GNSS 측량 시 고려해야 할 사항에 대한 설명으로 옳지 않은 것은?
① 3차원 위치결정을 위해서는 4개 이상의 위성 신호를 관측하여야 한다.
② 임계 고도각(양각)은 15° 이상을 유지하는 것이 좋다.
③ DOP값이 3 이하인 경우는 관측을 하지 않는 것이 좋다.
④ 철탑이나 대형 구조물, 고압선의 아래 지점에서는 관측을 피하여야 한다.

> **해설** DOP(Dilution of Precision)의 특징
> 정밀도 저하율을 의미하는 DOP값은 수치가 작을수록 정확도가 높다.
> ㉠ 위성의 배치에 따른 정밀도 저하율을 의미한다.
> ㉡ 높은 DOP는 위성의 기하학적 배치 상태가 나쁘다는 것을 의미한다.
> ㉢ 수신기를 가운데 두고 4개의 위성이 정사면체를 이룰 때, 즉 최대 체적일 때 GDOP, PDOP 등이 최소가 된다.
> ㉣ DOP 상태가 좋지 않을 때는 정밀 측량을 피하는 것이 좋다.

정답 1. ④ 2. ① 3. ① 4. ③

05 측량기준점의 국가기준점에 대한 설명으로 옳은 것은?

① 수준점 : 수로조사 시 해양에서의 수평위치와 높이, 수심 측정 및 해안선 결정 기준으로 사용하기 위한 기준점
② 중력점 : 지구자기 측정의 기준으로 사용하기 위하여 정한 기준점
③ 통합기준점 : 지리학적 경위도, 직각좌표 및 지구중심 직교좌표의 측정 기준으로 사용하기 위하여 대한민국 경위도원점을 기초로 정한 기준점
④ 삼각점 : 지리학적 경위도, 직각좌표 및 지구중심 직교좌표 측정의 기준으로 사용하기 위하여 위성기준점 및 통합기준점을 기초로 정한 기준점

> **해설** 공간정보의 구축 및 관리 등에 관한 법률 시행령 제8조(측량기준점의 구분) – 국가기준점
> ㉠ 위성기준점 : 지리학적 경위도, 직각좌표 및 지구중심 직교좌표의 측정 기준으로 사용하기 위하여 대한민국 경위도원점을 기초로 정한 기준점
> ㉡ 수준점 : 높이 측정의 기준으로 사용하기 위하여 대한민국 수준원점을 기초로 정한 기준점
> ㉢ 중력점 : 중력 측정의 기준으로 사용하기 위하여 정한 기준점
> ㉣ 통합기준점 : 지리학적 경위도, 직각좌표, 지구중심 직교좌표, 높이 및 중력 측정의 기준으로 사용하기 위하여 위성기준점, 수준점 및 중력점을 기초로 정한 기준점
> ㉤ 삼각점 : 지리학적 경위도, 직각좌표 및 지구중심 직교좌표 측정의 기준으로 사용하기 위하여 위성기준점 및 통합기준점을 기초로 정한 기준점
> ㉥ 지자기점 : 지구자기 측정의 기준으로 사용하기 위하여 정한 기준점
> ㉦ 수로기준점 : 수로조사 시 해양에서의 수평위치와 높이, 수심 측정 및 해안선 결정 기준으로 사용하기 위하여 위성기준점과 기본수준면을 기초로 정한 기준점으로서 수로측량기준점, 기본수준점, 해안선기준점으로 구분한다.
> ㉧ 영해기준점 : 우리나라의 영해를 획정하기 위하여 정한 기준점

06 그림과 같은 삼각망에서 CD의 거리는?

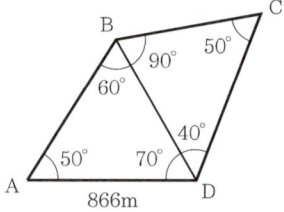

① 1,732m
② 1,000m
③ 866m
④ 750m

> **해설** 변 조건에 의한 거리의 계산
> ㉠ $\overline{BD}$의 길이
> $$\frac{\overline{AD}}{\sin 60°} = \frac{\overline{BD}}{\sin 50°}$$에서
> $$\overline{BD} = 866\text{m} \times \frac{\sin 50°}{\sin 60°}$$
> ㉡ $\overline{CD}$의 길이
> $$\frac{\overline{CD}}{\sin 90°} = \frac{\overline{BD}}{\sin 50°}$$에서
> $$\overline{CD} = \overline{BD} \times \frac{\sin 90°}{\sin 50°}$$
> $$= 866 \times \frac{\sin 50°}{\sin 60°} \times \frac{\sin 90°}{\sin 50°} ≒ 1,000\text{m}$$

07 트래버스 측량의 종류와 그 특징으로 옳지 않은 것은?

① 결합 트래버스는 삼각점과 삼각점을 연결시킨 것으로 조정계산 정확도가 가장 좋다.
② 폐합 트래버스는 한 측점에서 시작하여 다시 그 측점에 돌아오는 관측 형태이다.
③ 폐합 트래버스는 오차의 계산 및 조정이 가능하나, 정확도는 개방 트래버스보다 좋지 못하다.
④ 개방 트래버스는 임의의 한 측점에서 시작하여 다른 임의의 한 점에서 끝나는 관측 형태이다.

> **해설** 트래버스 측량의 정확도 비교
> 트래버스 측량의 정확도는 결합 트래버스 > 폐합 트래버스 > 개방 트래버스의 순이다.

정답 5. ④ 6. ② 7. ③

08 트래버스 측점 A의 좌표가 (200, 200)이고, AB측선의 길이가 50m일 때 B점의 좌표는? (단, AB의 방위각은 195°이고, 좌표의 단위는 m이다.)

① (248.3, 187.1)　② (248.3, 212.9)
③ (151.7, 187.1)　④ (151.7, 212.9)

> **해설** X, Y 좌표의 계산
> ㉠ $X_B = X_A + \overline{AB} \times \cos(\overline{AB}\ \text{방위각})$
> $\quad = 200m + 50m \times \cos(195°) = 151.7m$
> ㉡ $Y_B = Y_A + \overline{AB} \times \sin(\overline{AB}\ \text{방위각})$
> $\quad = 200m + 50m \times \sin(195°) = 187.1m$

09 수준점 A, B, C에서 수준측량을 하여 P점의 표고를 얻었다. 관측거리를 경중률로 사용한 P점 표고의 최확값은?

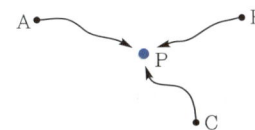

노선	P점 표고값	노선거리
A → P	57.583m	2km
B → P	57.700m	3km
C → P	57.680m	4km

① 57.641m　② 57.649m
③ 57.654m　④ 57.706m

> **해설** 경중률을 고려한 표고의 계산
> ㉠ 경중률은 노선의 거리에 반비례한다.
> $P_A : P_B : P_C$
> $= \frac{1}{2} : \frac{1}{3} : \frac{1}{4} = \left(\frac{1}{2} : \frac{1}{3} : \frac{1}{4}\right) \times 12 = 6 : 4 : 3$
> ㉡ 최확값은 경중률을 고려하여 계산한다.
> 최확값$(h) = \frac{P_A \times h_A + P_B \times h_B + P_C \times h_C}{P_A + P_B + P_C}$
> $= 57.6 + \frac{6 \times (-17) + 4 \times 100 + 3 \times 800}{6 + 4 + 3} \times 10^{-3}$
> $= 57.641m$

10 거리와 각을 동일한 정밀도로 관측하여 다각측량을 하려고 한다. 이때 각측량기의 정밀도가 10″라면 거리측량기의 정밀도는 약 얼마 정도이어야 하는가?

① 1/15,000　② 1/18,000
③ 1/21,000　④ 1/25,000

> **해설** 각의 정밀도와 거리정밀도의 관계
> ㉠ 각측량기의 정밀도가 10″이라는 의미는 1라디안에 대한 각오차를 의미
> ㉡ 각오차와 거리오차가 균형을 이루므로
> 거리오차의 정밀도 $= \frac{10″}{\rho″} = \frac{10″}{206,265″}$
> $\fallingdotseq \frac{1}{21,000}$

11 수준측량야장에서 측점 3의 지반고는?

(단위: m)

측점	후시	전시 T.P	전시 I.P	지반고
1	0.95			10.00
2			1.03	
3	0.90	0.36		
4			0.96	
5		1.05		

① 10.59m　② 10.46m
③ 9.92m　④ 9.56m

> **해설** 기고식 야장을 이용한 지반고의 계산
> 기고식 야장에서 기계고는 지반고+후시, 지반고는 기계고−전시로 구한다.
>
> | 측점 | 후시 | 전시 전환점 | 전시 이기점 | 기계고 | 지반고 |
> |---|---|---|---|---|---|
> | 1 | 0.95 | | | 10.95 | 10.00 |
> | 2 | | | 1.03 | | 9.92 |
> | 3 | 0.90 | 0.36 | | 11.49 | 10.59 |
> | 4 | | | 0.96 | | 10.53 |
> | 5 | | 1.05 | | | 10.44 |

정답 8. ③　9. ①　10. ③　11. ①

12 축척 1:50,000 지형도상에서 주곡선 간의 도상 길이가 1cm이었다면 이 지형의 경사는?

① 4% ② 5%
③ 6% ④ 10%

> **해설** 등고선을 이용한 경사의 계산
>
> 축척 1:50,000의 지형도에서 주곡선의 간격은 20m이다.
>
> 경사도 $i[\%] = \dfrac{\text{높이차}}{\text{수평거리}} \times 100\% = \dfrac{H}{D} \times 100$ 이고
>
> 도상거리 1cm의 실거리는 50,000cm=500m이므로
>
> $i = \dfrac{20\text{m}}{500\text{m}} \times 100 = 4\%$

14 그림과 같은 횡단면의 면적은?

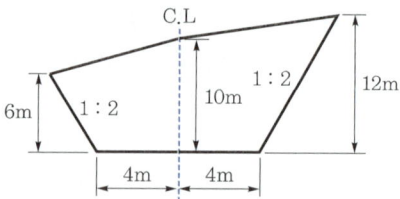

① 196m² ② 204m²
③ 216m² ④ 256m²

> **해설** 도로 횡단면에 대한 면적의 계산
>
> ㉠ 면적 산정은 공식에 의한 방법보다 사다리꼴 면적에서 양쪽의 삼각형 면적을 빼주면 쉽게 구할 수 있다.
> ㉡ 경사 1:2는 높이 1일 때 수평거리 변화가 2라는 의미로 높이 6이면 수평거리 12, 높이 12이면 수평거리 24이 된다.
> ㉢ 사각형의 면적=사다리꼴 면적 – 왼쪽 삼각형 – 오른쪽 삼각형
>
> • 사다리꼴 면적
> $A_1 = \dfrac{6+10}{2} \times (4+6 \times 2) = 128\text{m}^2$
> (그림을 90° 돌린 사다리꼴로 본다.)
>
> $A_2 = \dfrac{10+12}{2} \times (4+12 \times 2) = 308\text{m}^2$
> (그림을 90° 돌린 사다리꼴로 본다.)
>
> • 왼쪽 삼각형 면적 $A_3 = \dfrac{6 \times 12}{2} = 36\text{m}^2$
>
> • 오른쪽 삼각형 면적
> $A_4 = \dfrac{12 \times 24}{2} = 144\text{m}^2$
>
> ∴ 면적= $A_1 + A_2 - A_3 - A_4$
> $= 128 + 308 - 36 - 144 = 256\text{m}^2$

13 축척 1:5,000인 지형도에서 AB 사이의 수평거리가 2cm이면 AB의 경사는?

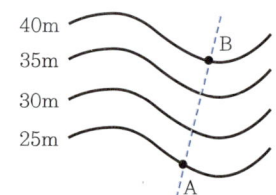

① 10% ② 15%
③ 20% ④ 25%

> **해설** 등고선을 이용한 경사의 계산
>
> ㉠ 실제거리
> $M = \dfrac{1}{m} = \dfrac{\text{도상거리}}{\text{실제거리}} = \dfrac{1}{5,000} = \dfrac{2\text{cm}}{\text{실제거리}}$
> 에서
> 실제거리=0.02m×5,000=100m
>
> ㉡ 경사도 : $\dfrac{1}{5,000}$ 지형도상의 주곡선 간격 (등고선 높이차)은 5m이므로
>
> 경사도(%)= $\dfrac{\text{높이차}}{\text{수평거리}} \times 100\%$
> $= \dfrac{15}{100} \times 100 = 15\%$

15 노선측량의 일반적인 작업순서로 옳은 것은?

| A : 종·횡단측량 |
| B : 중심선측량 |
| C : 공사측량 |
| D : 답사 |

① A → B → D → C
② D → B → A → C
③ D → C → A → B
④ A → C → D → B

정답 12. ① 13. ② 14. ④ 15. ②

> **[해설] 노선측량의 일반적인 작업순서**
> 도상계획 – 답사 – 중심선측량 – 종·횡단측량 – 공사측량

16 교각 $I=90°$, 곡선반경 $R=150m$인 단곡선에서 교점(I.P.)의 추가거리가 1139.250m일 때 곡선종점(E.C.)까지의 추가거리는?

① 875.375m ② 989.250m
③ 1224.869m ④ 1374.825m

> **[해설] 곡선종점의 추가거리 계산**
> 중심말뚝의 간격이 20m이므로 시단현의 길이는 곡선시점에서 다음 말뚝까지의 거리를 의미한다.
> $T.L. = R\tan\frac{I}{2} = 150 \times \tan\frac{90°}{2} = 150.000m$
> 곡선시점(B.C.)의 위치
> =시점~교점까지의 거리 – T.L.
> =1139.250 – 150.000 = 989.250m
> 중심말뚝의 간격이 20m이므로 시단현의 길이는 곡선시점에서 다음 말뚝까지의 거리를 의미한다.
> $C.L. = \frac{\pi}{180°}RI = \frac{\pi}{180°} \times 150m \times 90°$
> $= 235.619m$
> 곡선종점(E.C.)의 추가거리
> =곡선시점까지의 거리+곡선길이(C.L.)
> =989.250+235.619
> =1224.869m(No.61+4.869m)

17 그림과 같이 $\widehat{A_oB_o}$의 노선을 $e=10m$만큼 이동하여 내측으로 노선을 설치하고자 한다. 새로운 반경 R_N은? (단, $R_o=200m$, $I=60°$)

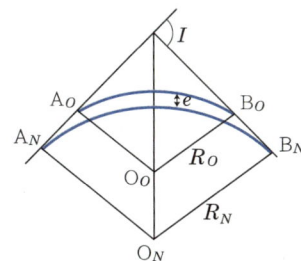

① 217.64m ② 238.26m
③ 250.50m ④ 264.64m

> **[해설] 평면곡선 외선길이를 이용한 곡선반경의 계산**
> 구곡선 $E = R\left(\frac{1}{\cos\frac{I}{2}} - 1\right)$
> $= 200 \times \left(\frac{1}{\cos\frac{60°}{2}} - 1\right) = 30.94m$
> 신곡선 $E' = R'\left(\frac{1}{\cos\frac{I}{2}} - 1\right)$에서
> $30.94+10 = R'\left(\frac{1}{\cos\frac{I}{2}} - 1\right)$이므로
> $R' = \frac{30.94+10}{\left(\frac{1}{\cos\frac{60°}{2}} - 1\right)} = 264.64m$

18 토량 계산공식 중 양단면의 면적 차가 클 때 산출된 토량의 일반적인 대소 관계로 옳은 것은? (단, 중앙단면법: A, 양단면 평균법: B, 각주공식: C)

① A=C<B ② A<C=B
③ A<C<B ④ A>C>B

> **[해설] 단면법에 의한 토량의 일반적인 대소관계**
> ㉠ 단면에 의한 체적의 계산에서 가장 정확한 방법은 각주공식이다.
> ㉡ 상대적으로 가장 적은 토량이 산정되는 방법은 중앙단면법이다.
> ㉢ 가장 많은 토량이 산정되는 방법은 양단면 평균법이다.
> ㉣ 도로설계에서는 양단면 평균법에 의하여 토량을 산정한다.

19 클로소이드 곡선에서 곡선반경(R)=450m, 매개변수(A)=300m일 때 곡선길이(L)는?

① 100m ② 150m
③ 200m ④ 250m

> **[해설] 클로소이드 곡선길이의 계산**
> $A^2 = RL$에서
> $L = \frac{A^2}{R} = \frac{300^2}{450} = 200m$

정답 16. ③ 17. ④ 18. ③ 19. ③

20 하천의 유속측정 결과 수면으로부터 깊이의 2/10, 4/10, 6/10, 8/10 되는 곳의 유속(m/sec)이 각각 0.662, 0.552, 0.442, 0.332였다면 3점법에 의한 평균유속은?

① 0.4603m/sec ② 0.4695m/sec
③ 0.5245m/sec ④ 0.5337m/sec

해설 3점법에 의한 평균유속의 결정

㉠ 1점법 $V_m = V_{0.6}$

㉡ 2점법 $V_m = \dfrac{1}{2}(V_{0.2} + V_{0.8})$

㉢ 3점법 $V_m = \dfrac{1}{4}(V_{0.2} + 2V_{0.6} + V_{0.8})$
$= \dfrac{1}{4}(0.662 + 2 \times 0.552 + 0.332)$
$= 0.5245\,\text{m/sec}$

정답 20. ③

2024 제3회 토목기사 기출복원문제

2024년 7월 6일 시행

01 측지학에 관한 설명 중 옳지 않은 것은?
① 측지학이란 지구 내부의 특성, 지구의 형상, 지구 표면의 상호위치관계를 결정하는 학문이다.
② 물리학적 측지학은 중력측정, 지자기측정 등을 포함한다.
③ 기하학적 측지학에는 천문측량, 위성측량, 높이의 결정 등이 있다.
④ 측지측량이란 지구의 곡률을 고려하지 않는 측량으로 11km 이내를 평면으로 취급한다.

> **해설 측지측량(대지측량)**
> 지구의 곡률을 고려한 정밀측량으로, 반경 11km 이상의 지역을 곡면으로 간주하며 지각변동의 관측, 항로 등의 측량이 이에 속한다.

02 표고가 300m인 평지에서 삼각망의 기선을 측정한 결과 600m이었다. 이 기선에 대하여 평균해수면 상의 거리로 보정할 때 보정량은? (단, 지구 반경 R=6,370km)
① +2.83cm
② +2.42cm
③ -2.42cm
④ -2.83cm

> **해설 거리측량의 표고보정**
> 표고 300m의 수평거리가 600m이므로 이를 평균해면상 거리로 환산하면 보정량은 줄어들게 된다. 평균해수면에 대한 오차 보정량의 일반적인 적용은
> $$C_h = -\frac{HL_0}{R}$$
> $$= -\frac{300\text{m} \times 0.6\text{km}}{6,370\text{km}} = -0.0283\text{m}$$
> $$= -2.83\text{cm}$$
> 여기서, R: 지구 반경
> H: 높이
> L_0: 기준면상의 거리

03 어느 두 지점 간의 거리를 A, B, C, D 4명이 각각 10회 관측한 결과가 다음과 같다면 가장 신뢰성이 낮은 관측자는?

| A : 165.864 ± 0.002m |
| B : 165.867 ± 0.006m |
| C : 165.862 ± 0.007m |
| D : 165.864 ± 0.004m |

① A
② B
③ C
④ D

> **해설 경중률의 정의 및 성질**
> 경중률은 관측값의 신뢰도(신뢰성)를 나타내는 값으로, 횟수에 비례하고 평균제곱근오차의 제곱에 반비례하므로 평균제곱근오차가 클수록 신뢰도는 낮아진다.

04 수로조사에서 간출지의 높이와 수심의 기준이 되는 것은?
① 약최고고조면
② 평균중등수위면
③ 수애면
④ 약최저저조면

> **해설 수로측량의 기준**
> 수로측량에서 해안선 결정의 기준이 되는 해수면은 약최고고조면을, 간출지의 높이와 수심의 기준이 되는 해수면은 약최저저조면을, 표고는 평균해수면을 기준으로 한다.

05 삼각측량에서 삼각점의 위치 선정에 관한 주의사항으로 옳지 않은 것은?
① 각 점이 서로 잘 보여야 한다.
② 측점 수는 될 수 있는 대로 적게 한다.
③ 계속해서 연결되는 작업에 편리하여야 한다.
④ 삼각형은 될 수 있는 대로 직각삼각형으로 구성한다.

정답 1. ④ 2. ④ 3. ③ 4. ④ 5. ④

해설 삼각점 선정 시 주의사항
㉠ 견고한 지반에 설치하여 이동, 침하 등이 없도록 한다.
㉡ 삼각점 상호간에 시준이 잘되어야 한다.
㉢ 삼각형은 가능한 정삼각형에 가깝도록 하는 것이 좋으며, 내각은 30°~120° 이내로 한다.
㉣ 가능한 측점 수를 적게 하여 후속 세부측량의 활용도를 높인다.
㉤ 미지점은 최소 3개, 최대 5개의 기지점에서 정반 양방향으로 시통이 되도록 한다.

06 원격탐사(remote sensing)의 정의로 옳은 것은?
① 지상에서 대상 물체에 전파를 발생시켜 그 반사파를 이용하여 측정하는 방법
② 센서를 이용하여 지표의 대상물에서 반사 또는 방사된 전자 스펙트럼을 측정하고 이들의 자료를 이용하여 대상물이나 현상에 관한 정보를 얻는 기법
③ 우주에 산재해 있는 물체의 고유스펙트럼을 이용하여 각각의 구성 성분을 지상의 레이더망으로 수집하여 처리하는 방법
④ 우주선에서 찍은 중복된 사진을 이용하여 지상에서 항공사진의 처리와 같은 방법으로 판독하는 작업

해설 원격탐사의 특징
원격탐사는 인공위성뿐 아니라 항공기나 지상 등에 설치된 센서에 의해 관측된 자료를 해석하는 기법이다.
㉠ 짧은 시간 내 넓은 지역을 동시에 측량할 수 있으며 반복 측량이 가능하다.
㉡ 센서(sensor)에 의한 지구 표면의 정보획득이 용이하며 측량자료가 수치로 기록되어 판독이 자동적이고 정량화가 가능하다.
㉢ 관측이 좁은 시야각으로 행하여지므로 얻어진 영상은 정사투영상에 가깝다.
㉣ 탐사된 자료가 즉시 이용될 수 있으며 재해 및 환경문제 해결에 편리하다.
㉤ 회전 주기가 일정하므로 원하는 지점 및 시기에 관측하기가 어렵다.

07 그림의 다각측량 성과를 이용한 C점의 좌표는? (단, $\overline{AB} = \overline{BC} = 100m$이고, 좌표 단위는 m이다.)

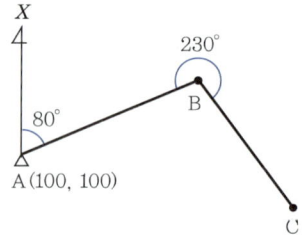

① $X=48.27m$, $Y=256.28m$
② $X=53.08m$, $Y=275.08m$
③ $X=62.31m$, $Y=281.31m$
④ $X=69.49m$, $Y=287.49m$

해설 X, Y 좌표의 계산
㉠ BC 측선의 방위각
  = AB 측선의 방위각 + 180° + ∠B
  = 80° + 180° + 230°
  = 490° = 130°
㉡ $X_C = X_A + \overline{AB} \times \cos(\overline{AB}\text{ 방위각})$
     $+ \overline{BC} \times \cos(\overline{BC}\text{ 방위각})$
   $= 100m + 100m \times \cos(80°) + 100m$
     $\times \cos(130°)$
   $= 53.08m$
㉢ $Y_C = Y_A + \overline{AB} \times \sin(\overline{AB}\text{ 방위각})$
     $+ \overline{BC} \times \sin(\overline{BC}\text{ 방위각})$
   $= 100m + 100m \times \sin(80°)$
     $+ 100m \times \sin(130°)$
   $= 275.08m$

08 수평각 관측방법에서 그림과 같이 각을 관측하는 방법은?

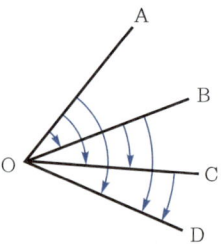

① 방향각 관측법   ② 반복 관측법
③ 배각 관측법   ④ 조합각 관측법

> **해설** 조합각 관측법
>
> 조합각 관측법은 각관측법이라고도 하며, 수평각 관측법 중 가장 정확한 값을 얻을 수 있는 방법으로 1등 삼각측량에 이용된다.

09 다각측량 결과 측점 A, B, C의 합위거, 합경거가 표와 같다면 삼각형 A, B, C의 면적은?

측점	합위거(m)	합경거(m)
A	100.0	100.0
B	400.0	100.0
C	100.0	500.0

① 40,000m² ② 60,000m²
③ 80,000m² ④ 120,000m²

> **해설** 합위거, 합경거를 이용한 면적의 계산
>
> 합위거와 합경거는 X, Y 좌표에 해당하므로 좌표법에 의하여 계산하면 A(100, 100)에서 시작하여 시계 방향으로 다시 A로 폐합)
>
> $$\frac{100}{100} \times \frac{400}{100} \times \frac{100}{500} \times \frac{100}{100}$$
>
> $\sum \searrow = (100 \times 100) + (400 \times 500) + (100 \times 100)$
> $\qquad = 220,000$
> $\sum \nearrow = (400 \times 100) + (100 \times 100) + (100 \times 500)$
> $\qquad = 100,000$
> $2 \cdot A = \sum \searrow - \sum \nearrow = 220,000 - 100,000$
> $\qquad = 120,000$
> $A = \frac{2 \times A}{2} = 60,000 \, \text{m}^2$

10 A, B, C 세 점에서 P점의 높이를 구하기 위해 직접수준측량을 실시하였다. A, B, C점에서 구한 P점의 높이는 각각 325.13m, 325.19m, 325.02m이고 AP=BP=1km, CP=3km일 때 P점의 표고는?

① 325.08m ② 325.11m
③ 325.14m ④ 325.21m

> **해설** 경중률을 고려한 표고의 계산
>
> ㉠ 경중률은 노선의 거리에 반비례한다.
> $P_A : P_B : P_C = \frac{1}{1} : \frac{1}{1} : \frac{1}{3} = 3 : 3 : 1$
> ㉡ 최확값은 경중률을 고려하여 계산한다.
> 최확값 $= \frac{P_A L_A + P_B L_B + P_C L_C}{P_A + P_B + P_C}$
> $= 325\text{m} + \frac{3 \times 13 + 3 \times 19 + 1 \times 2}{3 + 3 + 1} \text{cm}$
> $= 325.14\text{m}$

11 그림과 같이 수준측량을 실시하였다. A점의 표고는 300m이고, B와 C구간은 교호수준측량을 실시하였다면, D점의 표고는? (표고차: A→B: +1.233m, B→C: +0.726m, C→B: −0.720m, C→D: −0.926m)

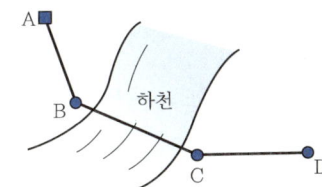

① 300.310m ② 301.030m
③ 302.153m ④ 302.882m

> **해설** 교호수준측량을 이용한 표고의 계산
>
> $H_B = H_A + h = 300 + 1.233 = 301.233 \, \text{m}$
> B와 C 사이에 교호수준측량을 수행했으므로
> $H_C = H_B + \frac{1}{2}$(레벨 P에서의 고저차 + 레벨 Q에서의 고저차)
> $= 301.233 + \frac{1}{2}(0.726 + 0.720)$
> $= 301.956 \, \text{m}$
> 레벨 Q에서는 C → B를 관측했으므로 부호를 반대로 적용하여 계산한다.
> $H_D = H_C + h = 301.956 - 0.926 = 301.030 \, \text{m}$

정답 9. ② 10. ③ 11. ②

12 1 : 3,000 도면 한 장에 포함되는 축척 1 : 500 도면의 매수는? (단, 1 : 500 지형도와 1 : 3,000 지형도의 크기는 동일하다.)

① 16매
② 25매
③ 36매
④ 49매

> **해설** 축척을 이용한 도면 매수의 계산
> 면적은 거리의 제곱에 비례하고, 도엽수는 면적의 함수이므로 도엽수는 축척의 제곱에 비례함을 알 수 있다.
> $\frac{1}{500}$은 $\frac{1}{3,000}$에 비해 거리가 6배의 관계이고 면적은 $6^2 = 36$이므로 36매임을 알 수 있다.

13 그림과 같은 단면의 면적은? (단, 좌표의 단위는 m이다.)

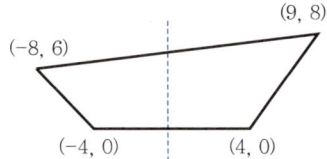

① 174m²
② 148m²
③ 104m²
④ 87m²

> **해설** 좌표법에 의한 면적의 계산
> $\frac{-4}{0} \times \frac{-8}{6} \times \frac{9}{8} \times \frac{4}{0} \times \frac{-4}{0}$
> $\sum \searrow = (-4 \times 6) + (-8 \times 8) = -88$
> $\sum \nearrow = (9 \times 6) + (4 \times 8) = 86$
> $2 \times A = \sum \searrow - \sum \nearrow = -88 - 86 = -174$
> [면적은 음수가 나올 수 없으므로 (−)부호 생략]
> $A = \frac{2 \times A}{2} = \frac{174}{2} = 87 \text{m}^2$

14 축척 1 : 5,000 지형도상에서 어떤 산의 상부로부터 하부까지의 거리가 50mm이다. 상부의 표고가 125m, 하부의 표고가 75m이며 등고선의 간격이 일정할 때 이 사면의 경사는?

① 10%
② 15%
③ 20%
④ 25%

> **해설** 등고선을 이용한 경사의 계산
> ㉠ 수평거리를 실제거리로 환산
> $M = \frac{1}{m} = \frac{50\text{mm}}{\text{실거리}} = \frac{1}{5,000}$
> 실제거리 = $5,000 \times 50\text{mm} = 250,000\text{mm}$
> = 250m
> ㉡ 높이차 $H = 125 - 75 = 50\text{m}$
> ㉢ 경사의 계산
> 경사$(i) = \frac{H}{D} \times 100\%$
> $= \frac{50\text{m}}{250\text{m}} \times 100\% = 20\%$

15 도로공사에서 거리 20m인 성토구간에 대하여 시작 단면 $A_1 = 72\text{m}^2$, 끝 단면 $A_2 = 182\text{m}^2$, 중앙 단면 $A_m = 132\text{m}^2$라고 할 때 각주공식에 의한 성토량은?

① 2540.0m³
② 2573.3m³
③ 2600.0m³
④ 2606.7m³

> **해설** 각주공식에 의한 토량의 계산
> 각주공식 $V = \frac{l}{6}(A_1 + 4A_m + A_2)$에서
> $V = \frac{20}{6} \times (72 + 4 \times 132 + 182) = 2606.7\text{m}^3$

16 클로소이드 곡선(clothoid curve)에 대한 설명으로 옳지 않은 것은?

① 고속도로에 널리 이용된다.
② 곡률이 곡선의 길이에 비례한다.
③ 완화곡선(緩和曲線)의 일종이다.
④ 클로소이드 요소는 모두 단위를 갖지 않는다.

> **해설** 클로소이드의 성질
> 클로소이드 요소는 단위가 있는 것도 있고 없는 것도 있다.

17 도로의 중심선을 따라 20m 간격으로 종단측량을 하여 표와 같은 결과를 얻었다 측점 No.1의 도로계획고를 21.50m로 하고 2%의 상향기울기로 도로를 설치할 때 No.5의 절토고는? (단, 지반고의 단위: m)

측점	No.1	No.2	No.3	No.4	No.5
지반고	20.30	21.80	23.45	26.10	28.20

① 4.7m ② 5.1m
③ 5.9m ④ 6.1m

> **해설** 종단곡선에서 절토고의 계산
>
> | 측점 | No.1 | No.2 | No.3 | No.4 | No.5 |
> |---|---|---|---|---|---|
> | 지반고 | 20.30 | 21.80 | 23.45 | 26.10 | 28.20 |
> | 계획고 | 21.50 | 21.90 | 22.30 | 22.70 | 23.10 |
> | 절성토고 | −1.20 | −0.10 | +1.15 | +3.40 | +5.10 |

18 도로 설계 시에 단곡선의 외할(E)은 10m, 교각은 60°일 때, 접선장(T.L.)은?

① 42.4m ② 37.3m
③ 32.4m ④ 27.3m

> **해설** 외선길이를 이용한 접선길이의 계산
>
> 교점(I.P.)으로부터 원곡선의 중점까지 거리는 외선길이(외할)이므로
>
> $E = R \times \left(\sec\dfrac{I}{2} - 1\right)$
>
> sec 함수는 cos 함수의 역수이므로
>
> $R = \dfrac{E}{\left(\sec\dfrac{I}{2} - 1\right)} = \dfrac{10}{\left(\dfrac{1}{\cos\dfrac{60°}{2}} - 1\right)} = 64.641\text{m}$
>
> 접선장 $T.L. = R\tan\dfrac{I}{2} = 64.641\text{m} \times \tan\dfrac{60°}{2}$
> $\fallingdotseq 37.3\text{m}$

19 다음 중 완화곡선의 종류가 아닌 것은?

① 렘니스케이트 곡선 ② 클로소이드 곡선
③ 3차포물선 ④ 배향곡선

> **해설** 완화곡선의 종류
>
> 완화곡선은 클로소이드, 렘니스케이트, 3차포물선, 사인체감곡선 등이 있으며 배향곡선은 평면곡선에서 사용하는 원곡선의 일종이다.

20 수심이 h인 하천의 평균유속을 구하기 위하여 수면으로부터 $0.2h$, $0.6h$, $0.8h$가 되는 깊이에서 유속을 측량한 결과 초당 0.8m, 1.5m, 1.0m였다. 3점법에 의한 평균유속은?

① 0.9m/sec ② 1.0m/sec
③ 1.1m/sec ④ 1.2m/sec

> **해설** 3점법에 의한 평균유속의 결정
>
> 3점법 $V_m = \dfrac{1}{4}(V_{0.2} + 2V_{0.6} + V_{0.8})$
> $= \dfrac{1}{4}(0.8 + 2 \times 1.5 + 1.0)$
> $= 1.2\text{m/sec}$

정답 17. ② 18. ② 9. ④ 20. ④

2025 제1회 토목기사 기출복원문제

2025년 2월 15일 시행

01 측량의 분류 중 측량 구역이 상대적으로 협소하고 필요로 하는 정밀도에 따라 지구의 곡률을 고려하지 않아도 되는 측량을 무슨 측량이라고 하는가?

① 삼각측량
② 평면측량
③ 측지측량
④ 천문측량

> **해설** 면적에 따른 측량의 분류
> ㉠ 대지측량(측지측량)
>   국지적인 소지측량과 대비되는 측량으로, 지구의 형상과 크기, 즉 지구의 곡률을 고려하여 지표면을 곡면으로 보고 행하는 대규모 정밀측량이다. 측량 정확도가 1/1,000,000(10^{-6})일 경우 반경 11km 이상 또는 면적 약 400km^2 이상의 넓은 지역이 이에 해당하며, 대륙 간 측량도 이 범위에 속한다.
> ㉡ 소지측량(평면측량)
>   지구의 곡률을 고려하지 않는 측량으로, 측량 정확도가 1/1,000,000(10^{-6})일 경우 반경 11km 이내의 지역을 평면으로 취급하여 행하는 측량이다.

02 UTM 좌표계에서 우리나라가 속해 있는 UTM 도엽 중 52S 구역의 원점은?

① 중앙자오선 동경 125°와 적도
② 중앙자오선 동경 127°와 적도
③ 중앙자오선 동경 129°와 적도
④ 중앙자오선 동경 135°와 적도

> **해설** UTM 좌표계의 시작은 서경 180°에서 서쪽으로 6° 간격으로 계수하므로, 동경 0°는 30번째 도엽에서 종료되어 31번째 도엽은 동경 0°~동경 6°가 된다. UTM 52 도엽은 동경 126°~132° 구간에 해당하므로, 52 도엽의 원점은 중앙에 위치하므로 동경 129°가 된다.

03 수준측량 결과 아래와 같은 값을 얻었다. 각 측점의 계산 표고 중 틀린 것은?

측점	후시(m)	전시(m)	표고(m)
No. 1	1.865		10.000
No. 2		0.112	11.753
No. 3		0.237	11.628
No. 4	2.322	1.075	10.790
No. 5		1.562	11.250

① No. 2
② No. 3
③ No. 4
④ No. 5

> **해설** 각 측점의 표고
>
> | 측점 | 후시(m) | 전시(m) | 표고(m) |
> |---|---|---|---|
> | No. 1 | 1.865 | | 10.000 |
> | No. 2 | | 0.112 | 11.753 |
> | No. 3 | | 0.237 | 11.628 |
> | No. 4 | 2.322 | 1.075 | 10.790 |
> | No. 5 | | 1.562 | 11.550 |

04 삼각측량의 단열 삼각망의 용도로 가장 적합한 것은?

① 노선, 하천조사 측량을 위한 골조측량
② 복잡한 지형측량을 하기 위한 골조측량
③ 시가지와 같은 정밀을 요하는 골조측량
④ 광대한 지역의 지형도를 작성하기 위한 골조측량

> **해설** 단열 삼각망
> ㉠ 동일 측점 수에 비해 도달거리가 가장 길어, 폭이 좁고 거리가 먼 지역에 적합하다.
> ㉡ 거리에 비해 관측 수가 적어 측량이 신속하고 경비가 적게 들지만, 정밀도는 낮다.

정답 1. ② 2. ③ 3. ④ 4. ①

05 등고선의 성질에 대한 설명으로 옳지 않은 것은?

① 등고선 중 조곡선은 가는 점선으로 표시한다.
② 일반적으로 등고선 간격의 기준이 되는 곡선은 계곡선이다.
③ 주곡선 간격은 축척 1:50000 지형도의 경우 20m이다.
④ 등고선은 분수선과 직각으로 만난다.

> 해설 일반적으로 등고선 간격의 기준이 되는 곡선은 주곡선이다.

06 오차론에 의해 처리되며 확률변수에 대한 수치적 값을 의미하는 오차는 무엇인가?

① 정오차
② 착오
③ 우연오차
④ 누차

> 해설 **오차의 성질에 따른 분류**
> ⊙ 정오차(누적오차, 누차) : 오차가 일어나는 원인이 명확하고, 일정 조건에서 일정한 크기와 방향으로 발생하는 오차로, 그 원인을 알면 오차량을 계산하여 제거할 수 있는 오차
> ⓒ 부정오차(우연오차, 상차) : 원인이 불분명하거나 원인을 알아도 직접 처리가 불가능하고 예견할 수 없으며 관측값에 어느 정도의 영향을 주고 있는지를 알 수 없는 성질의 불규칙한 오차로, 아무리 주의해도 피할 수 없고 또 계산으로 제거할 수 없으므로 통계학(최소제곱법)적으로 소거하는 방법을 사용
> ⓒ 착오 : 관측자의 미숙, 심리상태의 혼란, 부주의, 착각에 의한 눈금 오독, 기장오기 등으로 발생

07 기지점 A~B 간 트래버스 측량을 실시한 결과 X좌표의 폐합차는 −0.15m, Y좌표의 폐합차는 +0.20m였다. 폐합비가 1/11,000일 때 측선길이의 합은 얼마인가?

① 5,500m
② 2,750m
③ 1,375m
④ 688m

> 해설 ⊙ 폐합오차(E)
> $$E = \sqrt{(위거오차)^2 + (경거오차)^2}$$
> $$= \sqrt{(-0.15)^2 + (+0.20)^2}$$
> $$= 0.25m$$
> ⓒ 폐합비(R)
> $R = \dfrac{폐합오차}{측선길이의 합}$ 에서
> 측선길이의 합 $= 0.25 \times 11,000 = 2,750m$

08 $A = 130m$의 클로소이드 곡선에서 곡선길이(L)가 60m일 때, 곡선반지름(R)은 얼마인가?

① 187.1m
② 281.7m
③ 321.7m
④ 485.1m

> 해설 $A^2 = RL = \dfrac{L^2}{2\tau} = 2\tau R^2$
> $L = \dfrac{A^2}{R} = \dfrac{130^2}{60} = 281.7m$

09 어느 토지의 세 변의 길이가 40.54m, 68.75m, 92.43m인 삼각형 토지의 면적은 얼마인가?

① 1783.3m²
② 1583.3m²
③ 1383.3m²
④ 1283.3m²

> 해설 $S = \dfrac{a+b+c}{2}$
> $= \dfrac{40.54 + 68.75 + 92.43}{2} = 100.86$
> $A = \sqrt{S(S-a)(S-b)(S-c)}$
> $= \sqrt{100.86(100.86-40.54)(100.86-68.75)(100.86-92.43)}$
> $= 1283.3m^2$

10 어느 기간 동안 관측된 수위 중 이보다 높은 수위와 낮은 수위의 관측횟수가 같은 수위를 나타내는 것은?

① 평수위
② 평균수위
③ 평균고수위
④ 평균저수위

정답 5. ② 6. ③ 7. ② 8. ② 9. ④ 10. ①

해설 ① 평수위 : 어느 기간 동안 관측된 수위 중 이 수위보다 높은 수위와 낮은 수위의 관측 횟수가 동일한 수위. 일반적으로 평균수위보다 약간 낮은 수위로, 1년을 통해 185일은 이보다 저하하지 않는 수위
② 평균수위 : 어느 기간 동안 관측된 수위의 합계를 관측 횟수로 나눈 값
③ 평균고수위 : 어떤 기간 내에 연도별, 월별 최고 수위의 평균값
④ 평균저수위 : 어떤 기간 내에 연도별, 월별 최저 수위의 평균값

해설 $H_B = H_A + h = 2.545 + (-0.512) = 2.033$m
B와 C 사이에 교호수준측량을 수행했으므로,
$H_C = H_B + \frac{1}{2}$(레벨 P에서의 고저차+레벨 Q에서의 고저차)
$= 2.033 + \frac{1}{2}[-0.229 + (-0.267)]$
$= 1.785$m
레벨 Q에서는 C → B를 관측했으므로 부호를 반대로 적용하여 계산한다.
$H_D = H_C + h = 1.785 + 0.636 = 2.421$m

11 GPS 위성에 대한 설명으로 틀린 것은?
① 위성이 지구를 한 바퀴 공전할 때 지구는 반 바퀴 자전한다.
② 위성의 고도는 정지궤도위성의 고도보다 낮다.
③ 하나의 궤도면에 6개의 위성이 등간격을 이루도록 설계되어 있다.
④ 북극점 혹은 남극점에서도 가시위성(visible satellite)이 존재한다.

해설 GPS 위성은 하나의 궤도면에 4개의 위성이 60° 간격으로 6개의 궤도를 이루도록 설계되어 있다.

13 수평 및 수직거리를 동일한 정확도로 관측하여 9,000m³의 체적을 정확히 산출하려고 한다. 체적오차를 ±0.9m³ 이하로 하기 위한 거리관측의 최대허용정밀도는 얼마인가?
① 1/100,000 ② 1/90,000
③ 1/30,000   ④ 1/10,000

해설 **최대허용정밀도**
거리오차의 정확도를 K라 할 때, 체적오차의 정확도는 $3K$
$\frac{\Delta l}{l} = K$이면 $\frac{\Delta V}{V} = 3\frac{\Delta l}{l} = 3K$에서
$\frac{0.9}{9,000} = 3\frac{\Delta l}{l}$ 이므로
$\frac{\Delta l}{l} = \frac{0.9}{3 \times 9,000} = \frac{1}{30,000}$

12 그림과 같이 폭 200m인 하천에서 P와 Q지점에 레벨을 세우고 교호수준측량을 실시하였다. A점부터 D점까지 각 측점에서 전후 표척의 표고차가 다음 표와 같을 때, D점의 표고는 얼마인가? (단, A점의 표고=2.545m)

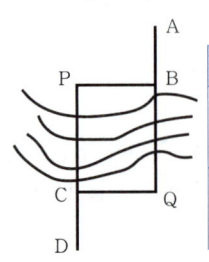

측점	시점 → 종점	표고차
Q	A → B	-0.512m
	B → C	-0.229m
P	C → B	+0.267m
	D → C	-0.636m

① 2.401m   ② 2.411m
③ 2.421m   ④ 2.431m

14 큰 계곡이나 하천을 횡단하여 수준측량을 할 경우에 사용하는 수준측량의 방법으로 가장 알맞은 것은?
① 간접 수준측량   ② 교호 수준측량
③ 시거 수준측량   ④ 종단 수준측량

해설 교호 수준측량은 전후시 거리를 같게 하여 시준축 오차를 소거함으로써 기차와 구차를 미연에 방지할 수 있다. 그러나 하천이나 계곡에서는 전후시의 중간에 레벨을 세울 수 없으므로 양안에 각각 관측점에서 같은 거리 떨어진 위치에 레벨을 세워 측량한다. 그리고 각각의 고저차를 얻어 이를 평균하여 양 측점 간의 고저차를 얻는 방법이다.

정답 11. ③ 12. ③ 13. ③ 14. ②

15 콘크리트 구조물의 부피를 계산하기 위해 가로(l), 세로(w), 높이(h)를 측정한 결과가 $l=30±0.02$m, $w=15±0.03$m, $h=20±0.05$m일 때 구조물의 부피 오차는?

① $±0.27$m³ ② $±1.25$m³
③ $±6.82$m³ ④ $±29.43$m³

> **해설** 직육면체인 저수탱크의 부정오차
> $V = l \times w \times h$
> $\sigma_V = ±\sqrt{\left(\frac{\partial V}{\partial l}\right)^2 \sigma_l^2 + \left(\frac{\partial V}{\partial w}\right)^2 \sigma_w^2 + \left(\frac{\partial V}{\partial h}\right)^2 \sigma_h^2}$
> $= ±\sqrt{(w \times h)^2 \sigma_l^2 + (l \times h)^2 \sigma_w^2 + (l \times w)^2 \sigma_h^2}$
> $= ±\sqrt{(15 \times 20)^2 0.02^2 + (30 \times 20)^2 0.03^2 + (30 \times 15)^2 0.05^2}$
> $= ±29.43$m³

16 삼각망의 정확도가 높은 순서대로 올바르게 나열된 것은?

① 단열 삼각망 > 유심 삼각망 > 사변형 삼각망
② 사변형 삼각망 > 유심 삼각망 > 단열 삼각망
③ 유심 삼각망 > 단열 삼각망 > 사변형 삼각망
④ 사변형 삼각망 > 단열 삼각망 > 유심 삼각망

> **해설** 삼각망의 정확도가 높은 순서
> 사변형 삼각망 > 유심 삼각망 > 단열 삼각망

17 노선측량의 작업순서로 올바른 것은?

① 실시설계측량 - 노선선정 - 계획조사측량 - 용지측량 - 세부측량 - 공사측량
② 노선선정 - 계획조사측량 - 용지측량 - 세부측량 - 실시설계측량 - 공사측량
③ 실시설계측량 - 용지측량 - 노선선정 - 계획조사측량 - 세부측량 - 공사측량
④ 노선선정 - 계획조사측량 - 실시설계측량 - 세부측량 - 용지측량 - 공사측량

> **해설** 노선측량의 작업순서
> 노선선정 - 계획조사측량 - 실시설계측량 - 세부측량 - 용지측량 - 공사측량

18 삼각측량에 의한 관측 결과가 그림과 같을 때, C점의 좌표는? (단, AB의 거리=10m, 좌표의 단위: m)

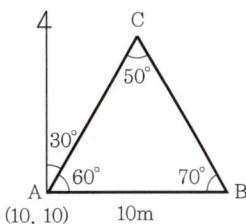

① (6.13, 10.62) ② (10.62, 6.13)
③ (16.13, 20.62) ④ (20.62, 16.13)

> **해설** $\overline{AC}$의 길이는 사인법칙에 의하여 구한다.
> $\frac{\overline{AB}}{\sin 50°} = \frac{\overline{AC}}{\sin 70°}$ 에서
> $\overline{AC} = \frac{10m}{\sin 50°} \times \sin 70° = 12.27$m
> $X_C = X_A + \overline{AC} \times \cos$ 방위각
> $= 10 + 12.27 \times \cos 30°$
> $= 20.62$m
> $Y_C = Y_A + \overline{AC} \times \sin$ 방위각
> $= 10 + 12.27 \times \sin 30°$
> $= 16.13$m

19 그림은 사각형 격자의 교점에서 측정한 절토고이다. 절토량은 얼마인가? (단, 구역의 크기는 가로 20m, 세로 10m로 동일하다.)

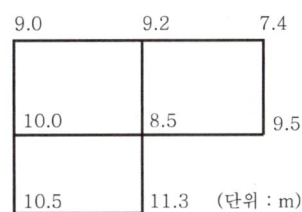

① $1,357$m³ ② $2,424$m³
③ $5,580$m³ ④ $6,530$m³

> **해설** $V = \frac{ab}{4}(\Sigma h_1 + 2\Sigma h_2 + 3\Sigma h_3 + 4\Sigma h_4)$
> $= \frac{10 \times 20}{4}\left[\begin{array}{l}(9.0+7.4+9.5+11.3+10.5)\\+2(9.2+10.0)+3(8.5)\end{array}\right]$
> $= 5,580$m³

정답 15. ④ 16. ② 17. ④ 18. ④ 19. ③

20 그림의 다각측량에서 측선 CD의 방위각은 얼마인가?

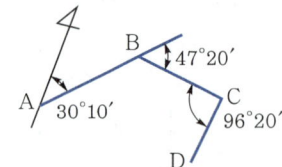

① 173°50′ ② 161°10′
③ 159°40′ ④ 157°30′

> **해설** 편각관측에 의한 방위각의 계산은 시계방향각은 (+), 반시계방각은 (−)로 계산한다.
> ㉠ $\overline{BC}$ 방위각 = $\overline{AB}$ 방위각 + ∠B
>   = 30°10′ + 47°20′
>   = 77°30′
> ㉡ $\overline{CD}$ 방위각 = 77°30′ + (180° − 96°20′)
>   = 161°10′

정답 20. ②

2025 제2회 토목기사 기출복원문제

✏ 2025년 5월 17일 시행

01 평균제곱근 오차에 대한 설명 중 틀린 것은?
① 잔차의 제곱을 산술평균한 값의 제곱근
② 독립관측값인 경우에는 분산의 제곱근
③ 표준편차와 같은 의미로 사용
④ 밀도함수 전체의 99.7% 범위

> **해설** 평균제곱근 오차
> ㉠ 잔차의 제곱을 산술평균한 값의 제곱근이다.
> ㉡ 표준편차와 동의어로 사용된다.
> ㉢ 독립관측값의 경우 분산의 제곱근이다.
> ㉣ 밀도함수 전체의 68.26% 범위이다.

02 조정이 복잡하고 포괄면적이 적으며 시간이 많이 요구되는 단점이 있으나 정확도가 가장 높은 삼각망은?
① 단열삼각망
② 유심삼각망
③ 결합삼각망
④ 사변형 삼각망

> **해설** 사변형 삼각망
> ㉠ 조건식의 수가 가장 많아 가장 높은 정밀도를 얻을 수 있다.
> ㉡ 조정이 복잡하고 피복 면적이 적으며 많은 노력과 시간, 경비가 필요하다.
> ㉢ 높은 정밀도가 요구되는 측량이나 기선 삼각망 등에 사용된다.

03 곡선반지름 300m, 교각 45°인 원곡선의 곡선길이는?
① 235.62m
② 249.32m
③ 270.66m
④ 290.34m

> **해설** $C.L = \dfrac{\pi}{180°} RI$
> $= \dfrac{\pi}{180°} \times 300 \times 45° = 235.62\text{m}$

04 축척 1 : 5,000 지형도에서 면적 8km²의 토지에 대한 도상면적은?
① 0.0032m²
② 0.032m²
③ 0.32m²
④ 32m²

> **해설** 도상면적은 실제면적에서 축척만큼 축소된 것이며, 실제면적은 도상면적에 축척의 분모수를 곱하여 구할 수 있다.
> 가로와 세로 축척이 상이한 횡단면도상의 면적의 실제면적은 도상면적에 가로, 세로의 축척비율을 곱해주면 된다.
> 도상면적 $= \dfrac{\text{실제면적}}{\text{축척분모수}^2}$
> $= \dfrac{8\text{km}^2}{5{,}000^2} \times \dfrac{(1{,}000\text{m})^2}{(1\text{km})^2} = 0.32\text{m}^2$

05 교호수준측량의 실시 결과 $a_1 = 2.657$m, $a_2 = 0.472$m, $b_1 = 3.895$m, $b_2 = 2.106$m를 얻었다. A점의 표고가 100m일 때 B점의 표고는?

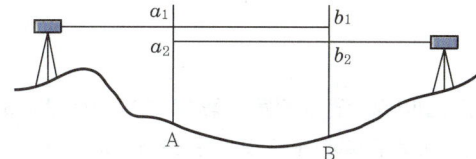

① 97.128m
② 98.564m
③ 101.436m
④ 102.935m

> **해설** 교호수준측량은 양안에서 수준측량한 결과를 평균하여 높이차를 계산하는 관측방법이다.
> $H_B = H_A + \dfrac{1}{2}[(a_1 - b_1) + (a_2 - b_2)]$
> $= 100 + \dfrac{1}{2}[(2.657 - 3.895) + (0.472 - 2.106)]$
> $= 98.564\text{m}$

정답 1. ④ 2. ④ 3. ① 4. ③ 5. ②

06 지형의 표시법에 대한 설명으로 옳은 것은?

① 우모선법-짧고 거의 평행한 선을 이용하여 선의 간격, 굵기, 길이, 방향 등에 의하여 지형의 기복을 표시하는 방법
② 채색법-특정한 곳에서 일정한 방향으로 평행광선을 비추었을 때 생기는 그림자를 바로 위에서 본 상태로 기복의 모양을 표시하는 방법
③ 음영법-등고선의 사이를 같은 색으로 칠하여 색으로 표고를 구분하는 방법
④ 등고선법-측점에 숫자를 기입하여 지형의 높낮이를 표시하는 방법

> **해설** **지형도 표시방법**
> (1) 부호도법
>   ㉠ 점고법: 하천, 항만, 해양측량 등에서 심천측량을 실시한 측점에 숫자를 기입하여 고저를 표시하는 방법
>   ㉡ 채색법: 색조를 이용하여 고저를 표현하는 방법
>   ㉢ 등고선법: 일정한 높이의 수평면으로 지형을 절단했을 때 생기는 단면 곡선을 이용하여 지형을 표시하는 방법
> (2) 자연도법
>   ㉠ 영선법: 우모와 같이 짧고 거의 평행한 선의 간격, 굵기, 길이, 방향 등으로 지형을 표시하는 방법
>   ㉡ 음영법: 서북쪽 45° 방향에서 평행광선이 비칠 때 생기는 그림자를 이용해 기복의 모양을 표시하는 방법

07 길이 50m인 줄자를 사용하여 1250m를 관측하였다. 50m 관측에 대한 오차가 ±5mm라면 전체 거리에서 발생하는 오차는?

① ±10mm   ② ±20mm
③ ±25mm   ④ ±30mm

> **해설** ㉠ 관측횟수(n)
> $$n = \frac{관측길이}{줄자길이} = \frac{1250\text{m}}{50\text{m}} = 25회$$
> ㉡ 전체 관측에서 발생하는 오차의 전파
> $$\sigma_Y = \pm \sqrt{(1)^2\sigma_{x1}^2 + (1)^2\sigma_{x2}^2 + \cdots + (1)^2\sigma_{x25}^2}$$
> $$= \pm 5\sqrt{25} = \pm 25\text{mm}$$

08 위도 80° 이상의 양극지역의 좌표를 표시하는 데 쓰이며 극심 입체 투영법에 의한 좌표는 무엇인가?

① UTM 좌표   ② UPS 좌표
③ TM 좌표   ④ 3차원 직교좌표

> **해설** UPS 좌표는 양극을 원점으로 하는 평면직교좌표계를 사용한다.
>
> **UPS 좌표계**
>   ㉠ UTM 좌표계와 함께 지구상의 위치를 나타내기 위해 사용되는 지리 좌표계
>   ㉡ 지구의 양 극점 부근의 위치를 나타내는 데 사용
>   ㉢ UTM 좌표계에서 나타낼 수 없는 북위 84°보다 북쪽과 남위 80°보다 남쪽 지역에 해당
>   ㉣ 두 좌표계의 경계부가 중첩될 수 있도록 UPS 좌표계의 한계는 위도 30분씩 확장
>   ㉤ UTM 좌표계와 마찬가지로, 등각투영된 직교 격자망과 미터 단위를 사용

09 등고선에 관한 설명으로 옳지 않은 것은?

① 간곡선은 주곡선 간격의 1/2로 표시하며, 주곡선만으로는 지모의 상태를 명시할 수 없는 장소에 가는 파선으로 나타낸다.
② 조곡선은 간곡선 간격의 1/2로 표시하는데, 표현이 부족한 곳에 가는 실선으로 나타낸다.
③ 계곡선은 지모의 상태를 파악하고 등고선의 고저차를 쉽게 판독할 수 있도록 주곡선 5개마다 굵은 실선으로 나타낸다.
④ 주곡선은 지형을 나타내는 기본이 되는 곡선으로 간격은 축척에 따라 다르게 결정된다.

> **해설** 조곡선은 간곡선 간격의 1/2로 표시하는데, 표현이 부족한 곳에 가는 점선으로 나타낸다.

10 수평거리를 동일한 정확도로 관측하여 1000m²의 면적에 대한 면적산정 오차가 ±0.1m² 이하가 되도록 하려면 거리관측의 허용정확도는?

① 1/5000   ② 1/10000
③ 1/20000   ④ 1/25000

정답 6. ① 7. ③ 8. ② 9. ② 10. ③

해설 거리오차의 정확도를 K라 하면 면적오차의 정확도는 $2K$

$\dfrac{\Delta l}{l} = K$이면 $\dfrac{\Delta A}{A} = 2\dfrac{\Delta l}{l} = 2K$

$\dfrac{0.1}{1000} = 2\dfrac{\Delta l}{l}$

$\dfrac{\Delta l}{l} = \dfrac{0.1}{2 \times 1000} = \dfrac{1}{20000}$

11 그림과 같은 삼각형의 꼭짓점 A로부터 밑변을 향해서 직선으로 $m:n = 2:8$의 비율로 면적을 분할하려면 BD의 거리는? (단, BC=300m로 한다.)

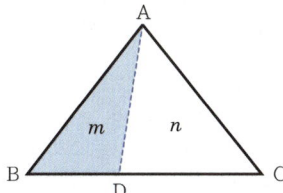

① 30m ② 60m
③ 90m ④ 120m

해설 삼각형의 꼭짓점과 대응되는 변 사이를 분할하는 경우는 면적의 비율과 분할되는 변의 비율이 비례하게 된다. 즉, 길이의 비가 곧 면적의 비가 된다. 이를 식으로 표현하면,

$\dfrac{\triangle ABD}{\triangle ABC} = \dfrac{\frac{1}{2}h\overline{BD}}{\frac{1}{2}h\overline{BC}} = \dfrac{m}{m+n} = \dfrac{\overline{BD}}{\overline{BC}}$

$\therefore \overline{BD} = \dfrac{m}{m+n} \times \overline{BC} = \dfrac{2}{2+8} \times 300 = 60\text{m}$

12 다음 중 3점법에 의한 유속 계산을 위하여 관측해야 할 수심 위치가 아닌 것은? (단, 수심은 수면으로부터 H이다.)

① $0.2H$ ② $0.4H$
③ $0.6H$ ④ $0.8H$

해설 **3점법에 의한 평균유속 구하는 법**
수면으로부터 수심 $0.2H$, $0.6H$, $0.8H$ 되는 곳의 유속의 평균값으로 구한다.

13 그림과 같이 200mm 하수관을 묻었을 때 측점 A의 관저계획고는 53.16m이고, AB 구간의 설치기울기는 1/200, BC 구간의 설치기울기는 1/250일 때, 측점 C의 관저계획고는?

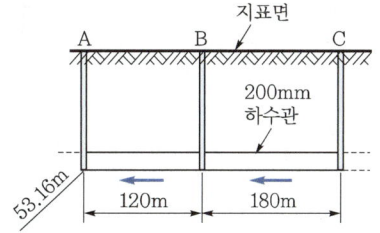

① 54.35m ② 54.48m
③ 54.51m ④ 54.54m

해설 **관저계획고의 계산**

기울기 $i = \dfrac{H}{D}$에서 $H = i \times D$이므로

$H_C = H_A + \Delta H_{AB} + \Delta H_{BC}$
$= 53.16 + \dfrac{120}{200} + \dfrac{180}{250}$
$= 54.48\text{m}$

14 트래버스 측량의 조정에서 컴퍼스 법칙에 의한 조정방법에 대한 설명으로 옳은 것은?

① 각 측량의 정밀도가 거리 측량의 정밀도보다 높을 때 적용되는 방법이다.
② 거리 측량의 정밀도가 각 측량의 정밀도보다 높을 때 적용되는 방법이다.
③ 위거와 경거의 폐합(결합)오차를 각 측선에 이르는 위거(또는 경거)의 크기에 비례하여 그 조정량을 구한다.
④ 위거와 경거의 폐합(결합)오차를 각 측선의 거리에 비례하여 그 조정량을 구한다.

해설 **트래버스 조정**
㉠ 컴퍼스 법칙 : 각측량과 거리측량의 정밀도가 동일할 때 사용하며, 각 측선의 길이에 비례해 조정량을 구한다.
㉡ 트랜싯 법칙 : 각 측량의 정밀도가 거리측량의 정밀도보다 높을 때 사용하며, 위거와 경거의 크기에 비례해 조정량을 구한다.

정답 11. ② 12. ② 13. ② 14. ④

15 다음과 같은 수준측량 성과에서 측점 4의 지반고는?

측점	후시	전시 T.P	전시 I.P	지반고
1	0.95			10.00
2			1.05	
3	0.35	0.30		
4			0.90	
5		1.00		

① 9.90m ② 10.00m
③ 10.10m ④ 10.65m

> **해설** 기계고=지반고+후시, 지반고=기계고-전시
>
> | 측점 | 후시 | 전시 T.P | 전시 I.P | 기계고 | 지반고 |
> |---|---|---|---|---|---|
> | 1 | 0.95 | | | 10.95 | 10.00 |
> | 2 | | | 1.05 | | 9.90 |
> | 3 | 0.35 | 0.30 | | 11.00 | 10.65 |
> | 4 | | | 0.90 | | 10.10 |
> | 5 | | 1.00 | | | 10.00 |

16 직각좌표의 기준 중 동해좌표계의 적용구역으로 옳은 것은?

① 동경 126°~128°
② 동경 128°~130°
③ 동경 130°~132°
④ 동경 132°~134°

> **해설** 우리나라의 평면직각좌표계
>
> | 명칭 | 투영원점의 위치 | 투영원점의 좌표 | 적용지역 |
> |---|---|---|---|
> | 서부 좌표계 | 북위 38°, 동경 125° | $X=600,000m$ $Y=200,000m$ (음수방지를 위해) | 동경 124°~126° |
> | 중부 좌표계 | 북위 38°, 동경 127° | | 동경 126°~128° |
> | 동부 좌표계 | 북위 38°, 동경 129° | | 동경 128°~130° |
> | 동해 좌표계 | 북위 38°, 동경 131° | | 동경 130°~132° |

17 GNSS 측량 시 고려해야 할 사항에 대한 설명으로 옳지 않은 것은?

① 3차원 위치결정을 위해서는 4개 이상의 위성 신호를 관측하여야 한다.
② 임계 고도각(양각)은 15도 이상을 유지하는 것이 좋다.
③ DOP값이 3 이하인 경우는 관측을 하지 않는 것이 좋다.
④ 철탑이나 대형 구조물, 고압선의 아래 지점에서는 관측을 피해야 한다.

> **해설** 정밀도 저하율(DOP, Dilution of Precision)
>
> DOP값은 위성 배치에 따른 정밀도 저하율을 나타내며, 수치가 작을수록 정확도가 높다.
>
> **특징**
> ㉠ DOP값이 높으면 위성의 기하학적 배치 상태가 나쁘다는 것을 의미한다.
> ㉡ 수신기를 가운데 두고 4개의 위성이 정사면체를 이루어 최대 체적이 될 때, GDOP, PDOP 등의 값이 최소가 된다.
> ㉢ DOP 상태가 나쁠 경우, 정밀 측량은 피하는 것이 좋다.

18 $\overline{AB}$의 방위각이 166°29′45″라면 $\overline{AB}$의 역방위각은?

① 13°30′15″
② 103°30′15″
③ 283°30′15″
④ 346°29′45″

> **해설** 측선의 역방위각 계산
>
> 어느 측선의 역방위각은 해당 방위각에 180°를 더한다. 방위각(θ)의 범위가 0°≤θ≤360°이므로 계산 결과가 360°를 초과하면 360°를 빼준다.
> $\overline{AB}$의 역방위각=$\overline{BA}$의 방위각
> = 166°29′45″+180°
> = 346°29′45″

정답 15. ③ 16. ③ 17. ③ 18. ④

19 그림과 같은 터널 내의 수준측량에서 측점 A의 표고를 50m, $I.H$=1.15m, $H.P$=0.56m, a=30°00′, 두 점 간의 경사거리 S=20m일 때 천장에 설치한 B점의 표고는?

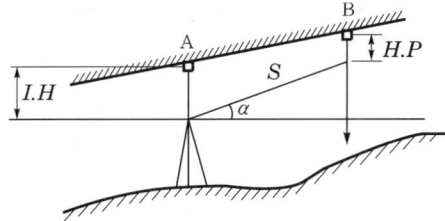

① 9.41m ② 10.04m
③ 59.41m ④ 60.04m

> **해설** 시준선은 정준이 되어 평행하므로 시준선 높이에서 A점과 B점 간의 고저차를 비교하면,
> $H_A - I.H = H_B - H.P - S \cdot \sin\alpha$ 에서
> $H_B = H_A - I.H + H.P + S \cdot \sin\alpha$
> $H_B = 50 - 1.15 + 0.56 + 20 \times \sin30°$
> $\quad = 59.41\text{m}$

20 다음 그림과 같이 반지름 R=300m의 단곡선을 설치하기 위하여 P, Q 두 점 간 거리(b)와 α, β의 두 각을 관측하였다. P점의 위치가 No. 100+7.50m라면 곡선시점 A의 위치는? (단, b=450.60m이고, α=38°15′, β=80°30′이다.)

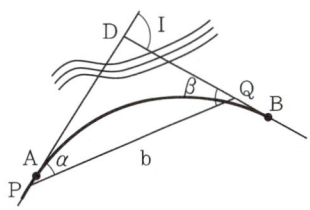

① No. 99+15.50m ② No. 100+7.64m
③ No. 100+21.50m ④ No. 101+3.52m

> **해설** $\angle\alpha$=38°15′, $\angle\beta$=80°30′, 교각 $I = \angle\alpha + \angle\beta$
> $\quad = 118°45′$
> $T.L = R\tan\dfrac{I}{2} = 300 \times \tan\dfrac{118°45′}{2} = 506.77\text{m}$
> $\dfrac{b}{\sin\angle D} = \dfrac{DP}{\sin\beta}$ 에서
> $DP = \dfrac{\sin\beta}{\sin\angle D} \times b$ 이므로
> $DP = \dfrac{\sin80°30′}{\sin61°15′} \times 450.60 = 506.91\text{m}$
> $AP = DP - AD(T.L)$
> $\quad = 506.91 - 506.77 = 0.14\text{m}$
> ∴ A의 위치 = No. 100+7.50+0.14
> $\qquad\qquad\quad$ = No. 100+7.64m

2025 제3회 토목기사 기출복원문제

2025년 8월 23일 시행

01 다각측량을 통한 결과에 대한 설명으로 옳지 않은 것은?

① 방위각 330°, 거리 100m에 대한 경거의 값은 −50m이다.
② 위거, 경거의 오차가 각각 3cm, 4cm일 때 폐합오차는 5cm이다.
③ 측선 총거리가 100m, 폐합오차 0.05m일 때 정확도는 1/3,000이다.
④ 각 측정의 정확도가 같을 때에는 오차를 각의 크기에 관계없이 동일하게 배분한다.

> **해설** 폐합트래버스의 정확도(폐합비)는 폐합오차를 측선의 총거리로 나눈 비율이다.
> 폐합비 $= \dfrac{0.05}{100} = \dfrac{1}{2000}$

02 수준측량에서 5m 표척 상단이 후방으로 30cm 기울어져 있다. 표척의 읽음값이 4m이었다면 이 관측값에 대한 오차는?

① 약 0.7cm
② 약 1.5cm
③ 약 3.0cm
④ 약 6.0cm

> **해설** ㉠ 5m 표척이 30cm 기울어져 있을 때 발생할 표척의 읽음오차
> 경사길이 $= \sqrt{\text{표척의 길이}^2 + \text{기울어진 길이}^2}$
> $= \sqrt{5^2 + 0.3^2}$
> $= 5.00899\text{m}$
> ∴ 표척의 읽음오차 $= 8.99\text{mm}$
> ㉡ 5m 표척이 30cm 기울어져 있을 때 발생할 표척의 읽음오차(x)
> 표척의 길이의 비 = 오차의 비
> $5 : 4 = 8.99 : x$
> ∴ $x = \dfrac{4 \times 8.99}{5} = 7.19\text{mm}$ (약 0.7cm)

03 수준측량에 사용되는 용어에 대한 설명으로 옳은 것은?

① 전시는 전후의 측량을 연결할 때 사용한다.
② 후시는 기지의 측점에 세운 표척의 읽음값이다.
③ 기계고는 지면에서부터 망원경 중심까지의 높이이다.
④ 수준면은 각 측점에서 지오이드면과 직교하는 모든 점을 잇는 곡면이다.

> **해설** ㉠ 전시 : 미지의 측점에 세운 표척의 읽음값
> ㉡ 기계고 : 높이의 기준면에서 망원경의 시준선까지의 높이
> ㉢ 수준면 : 중력 방향과 직교하는 모든 점을 잇는 곡면

04 GNSS 측량에 대한 설명으로 옳지 않은 것은?

① 인공위성의 전파를 수신하여 위치를 결정하는 시스템이다.
② 우천시에도 위치 결정이 가능하다.
③ 수신점의 높이를 결정하는 데 이용될 수 있다.
④ 2점 이상 관측 시 수신점 간 시통이 되지 않으면 위치를 결정할 수 없다.

> **해설** GNSS 측량에서 기준점 선점 시 인접 기준점과 시통 여부는 관계없다. 다만, 기준점과 위성 간 전파 수신이 가능하도록 임계고도각을 확보할 수 있는 지역을 선정해야 하고, 전파 다중경로가 발생하거나 주파수 단절이 예상되는 지역 등은 피해야 한다.

05 GPS 오차원인 중 L1 신호와 L2 신호의 굴절비율이 상이함을 이용하여 L1/L2의 선형 조합을 통해 보정이 가능한 것은?

① 전리층 지연 오차
② 위성시계오차
③ GPS 안테나의 구심오차
④ 다중경로오차

정답 1. ③ 2. ① 3. ③ 4. ④ 5. ①

> **해설** 전리층에서 발생하는 전파지연오차는 두 주파수 수신기의 주파수 조합에 의해 소거되므로 GPS 수신기 중에서는 두 개의 주파수를 사용하는 2주파 수신기를 가장 많이 사용한다.

06 교각 $I=60°$, 외할 $E=15m$로 원곡선을 설치할 때 원곡선의 곡선길이는?

① 110.52m　② 101.54m
③ 55.70m　④ 45.70m

> **해설** $E = R \cdot \left(\sec\dfrac{I}{2} - 1\right)$
> sec 함수는 cos 함수의 역수이므로
> $R = \dfrac{E}{\left(\sec\dfrac{I}{2}-1\right)} = \dfrac{15}{\left(\dfrac{1}{\cos\dfrac{60°}{2}}-1\right)} = 96.96m$
> $C.L = \dfrac{\pi}{180°}RI$
> $= \dfrac{\pi}{180°} \times 96.96 \times 60° = 101.54m$

07 도로의 노선측량에서 종단면도에 기재되지 않는 사항은?

① 용지의 경계　② 절토 및 성토고
③ 계획고　④ 곡선 및 경사

> **해설** 노선측량 종단면도의 표기사항
> ㉠ 측점의 위치
> ㉡ 측점 간의 수평거리
> ㉢ 각 측점의 누가거리
> ㉣ 측점의 지반고 및 계획고
> ㉤ 지반고와 계획고의 차이(성토고와 절토고)
> ㉥ 계획선의 경사
> ㉦ 평면곡선의 설치 위치

08 경중률에 관한 설명으로 옳지 않은 것은?

① 경중률은 관측횟수에 비례한다.
② 경중률은 노선거리에 반비례한다.
③ 경중률은 확률오차의 제곱에 비례한다.
④ 경중률은 표준편차의 제곱에 반비례한다.

> **해설** 경중률은 관측값의 무게 또는 비중이라고도 하며, 관측값의 신뢰도를 나타내는 값이다. 경중률은 관측횟수에 비례하고, 노선 거리, 정밀도의 제곱, 확률오차, 평균제곱근오차, 표준편차의 제곱에 반비례한다.

09 줄자로 40m를 관측할 때, 양단의 고저차가 42cm이었다면 수평거리의 보정값은?

① $-1.2mm$　② $-2.2mm$
③ $-3.3mm$　④ $-4.4mm$

> **해설** 경사거리 보정
> C_i(경사보정량) $= -\dfrac{h^2}{2L}$ 정중앙에 초목이 있어 50cm 올라갔으므로, 50m 전 구간에 대해서는 1m 오차가 발생한다.
> $C_i = -\dfrac{(0.42m)^2}{2 \times 40m} = -0.0022m = -2.2mm$

10 등고선에 대한 설명으로 틀린 것은?

① 등고선은 절벽, 동굴과 같은 지형에서는 서로 교차하기도 한다.
② 경사가 급할수록 등고선의 간격이 좁다.
③ 경사가 같으면 등고선 간격이 일정하다.
④ 등고선은 최대경사선과는 직교하고 분수선과는 평행하다.

> **해설** 등고선의 성질
> ㉠ 한 등고선상의 모든 점의 높이는 동일하다.
> ㉡ 등고선은 도면 내외에서 반드시 폐합된다.
> ㉢ 폐합 최중심부 : 산정 또는 凹地(화살표 등으로 표시)
> ㉣ 등고선 간 거리 : 완경사에서는 넓고, 급경사에서는 좁다.
> ㉤ 등고선 간 거리 : 등경사면에서는 간격이 일정하다.
> ㉥ 등고선 간 거리 : 최대경사 방향에서 최단거리가 된다.
> ㉦ 등고선은 소실(생략하는 경우), 교차(동굴, 절벽 예외, 실제로 도식 사용), 분기, 합치하지 않는다.
> ㉧ 능선, 계곡, 최대경사선은 등고선과 직교한다.

정답 6. ②　7. ①　8. ③　9. ②　10. ④

11 일반적으로 주곡선의 등고선 간격을 결정하는 데 가장 중요한 요소는?

① 도면의 축척 ② 지역의 넓이
③ 지형의 상태 ④ 내업에 필요한 시간

> **해설** 주곡선의 등고선 간격을 결정하는 데 가장 중요한 요소는 도면의 축척이다.
> 예를 들어, 중축척 도면의 경우 축척 분모를 2,000 혹은 2,500으로 나눈 값이 주곡선 간격이 된다.

12 우리나라의 표고기준에 관한 설명 중 틀린 것은?

① 다년간 조석을 관측한 결과를 평균 조정한 평균 해수면을 이용하여 그 위치를 지상에 영구표석으로 설치하여 수준원점으로 삼았다.
② 우리나라의 수준원점의 표고는 26.6871m이다.
③ 해저수심은 평균최고 만조면을 기준으로 한다.
④ 우리나라 수준원점은 인하공업전문대학 내에 있다.

> **해설** 공간정보의 구축 및 관리 등에 관한 법률 제6조 (측량기준)
> ① 측량의 기준은 다음 각 호와 같다.
>   1. 위치는 세계측지계에 따라 측정한 지리학적 경위도와 높이로 표시한다.
>   2. 측량의 원점은 대한민국 경위도원점 및 수준원점으로 한다.
>   3. 수로조사에서 간출지의 높이와 수심은 기본수준면(약최저저조면)을 기준으로 측량한다.
>   4. 해안선은 해수면이 약최고고조면(일정 기간 조석을 관측하여 분석한 결과 가장 높은 해수면)에 이르렀을 때의 육지와 해수면과의 경계로 표시한다.

13 UTM 좌표계에 대한 설명으로 옳은 것은?

① 각 구역은 서쪽 방향으로 10° 간격으로 1부터 번호를 붙인다.
② 지구 전체를 경도 6°씩 60구역으로 나눈다.
③ 위도는 6° 간격으로 남북으로 20등분하여 나눈다.
④ 위도 80° 이상의 양극지역의 좌표를 표시하기 위한 좌표계이다.

> **해설** UTM 좌표계
> ㉠ UTM 좌표는 경도를 6° 간격, 위도를 8° 간격으로 분할하여 사용한다.
> ㉡ UTM 좌표는 적도를 횡축으로, 자오선을 종축으로 한다.
> ㉢ 80°N과 80°S 간 전 지역의 지도는 UTM 좌표로 표시할 수 있다.
> ㉣ UTM 좌표는 제2차 세계대전 말기 연합군의 군사용 좌표로 세계를 하나의 통일된 좌표로 표시하기 위해 고안되었다.
> ㉤ UTM 좌표에서 종좌표는 N, 횡좌표는 E를 붙인다.
> ㉥ 중앙자오선에서 축척계수는 0.9996이다.

14 하천측량 중 유속관측에 관한 설명으로 옳지 않은 것은?

① 유속관측은 유속계에 의한 방법, 부자에 의한 방법, 하천기울기를 이용한 방법 등이 있다.
② 관측 장소의 상·하류 유로는 일정한 단면을 갖고 있으며 관측이 편리한 곳을 선정하여 관측한다.
③ 수위의 변화에 의해 하천 횡단면 형상이 급변하지 않고 토질이 양호한 곳을 선정하여 관측한다.
④ 곡류부로서 흐름의 변화가 다양하고, 하상의 요철이 많은 곳을 선정하여 관측한다.

> **해설** 하천의 유속을 관측할 때 직류부로서 흐름의 변화가 없으며, 하상의 요철이 없는 곳을 선정하여 관측한다.

15 원곡선 설치에 있어서 곡선반지름 $R=250$m, 교각 $I=130°$일 때, 곡선길이($C.L$)는?

① $C.L=553.25$m ② $C.L=567.23$m
③ $C.L=570.25$m ④ $C.L=575.23$m

> **해설** $C.L = \dfrac{\pi}{180°} RI$
> $= \dfrac{\pi}{180°} \times 250 \times 130° = 567.23$m

정답 11. ① 12. ③ 13. ② 14. ④ 15. ②

16 그림과 같은 삼각형의 꼭짓점 A로부터 밑변을 향해서 직선으로 a : b : c=5 : 3 : 2의 비율로 면적을 분할하기 위한 BP, PQ의 거리는? (단, BC=150m)

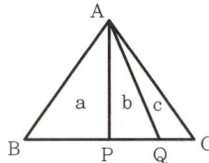

① BP=75m, PQ=45m
② BP=75m, PQ=50m
③ BP=85m, PQ=45m
④ BP=85m, PQ=50m

해설 삼각형의 꼭짓점과 대응되는 변 사이를 분할하는 경우, 면적의 비율과 분할되는 변의 비율이 비례하게 된다. 즉, 길이의 비가 곧 면적의 비가 된다. 이를 식으로 표현하면,

$$\frac{\triangle ABP}{\triangle ABC} = \frac{\frac{1}{2}h\overline{BP}}{\frac{1}{2}h\overline{BC}} = \frac{a}{a+b+c} = \frac{\overline{BP}}{\overline{BC}}$$

$$\therefore \overline{BP} = \frac{a}{a+b+c} \cdot \overline{BC}$$

같은 원리로 $\overline{PQ} = \frac{b}{a+b+c} \cdot \overline{BC}$ 이므로

$$\overline{BP} = \frac{a}{a+b+c} \cdot \overline{BC}$$
$$= \frac{5}{5+3+2} \cdot 150 = 75m$$

$$\overline{PQ} = \frac{b}{a+b+c} \cdot \overline{BC}$$
$$= \frac{3}{5+3+2} \cdot 150 = 45m$$

17 A점(−1750m, −2132m)에서 B점까지의 거리는 300m이고 방위각이 120°라면 B점의 좌표는? (단, 소수점 이하의 값은 버림)

① (−354m, −398m)
② (−1900m, −1872m)
③ (296m, −233m)
④ (−1778m, 1958)

해설 ㉠ B점의 X좌표(X_B)
$X_B = X_A + \overline{AB} \times \cos(\overline{AB}$ 방위각)
$= -1750 + 300 \times \cos 120°$
$= -1900m$

㉡ B점의 Y좌표(Y_B)
$Y_B = Y_A + \overline{AB} \times \sin(\overline{AB}$ 방위각)
$= -2132 + 300 \times \sin 120°$
$= -1872m$

18 그림과 같은 5각형 ABCDE를 동일 면적의 사각형 AFDE로 만들기 위해 DC의 연장선에 경계점 F를 설치하였다. BC=30m, ∠ACB=35°, ∠BCF=83°일 때 CF의 거리는?

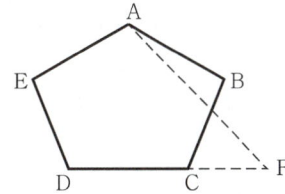

① 15.5m   ② 19.5m
③ 20.0m   ④ 23.3m

해설 문제의 조건에서 △ABC와 △ACF의 면적이 같음을 알 수 있다. 이를 식으로 표현하면,

$$\triangle ABC = \frac{1}{2}\overline{AC} \times \overline{BC} \times \sin\angle ACB$$
$$= \frac{1}{2}\overline{AC} \times 30 \times \sin\angle 35°$$

$$\triangle ACF = \frac{1}{2}\overline{AC} \times \overline{CF} \times \sin\angle ACF$$
$$= \frac{1}{2}\overline{AC} \times \overline{CF} \times \sin\angle 118°$$

△ABC = △ACF 이므로
$$\frac{1}{2}\overline{AC} \times 30 \times \sin\angle 35°$$
$$= \frac{1}{2}\overline{AC} \times \overline{CF} \times \sin\angle 118°$$

$$\overline{CF} = \frac{30 \times \sin\angle 35°}{\sin\angle 118°} = 19.5m$$

정답 16. ① 17. ② 18. ②

19 다음 그림의 면적을 심프슨 제2법칙으로 구한 값은?
(단, 지거는 일정)

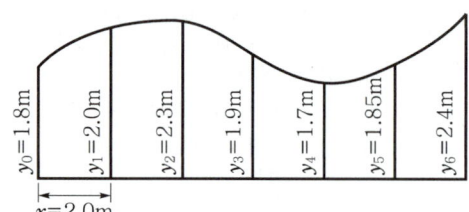

① 11.20m²   ② 13.66m²
③ 21.20m²   ④ 23.66m²

해설 심프슨 제2법칙은 지거 3개를 묶어 곡선으로 처리하는 방법이다.
$$A = \frac{3d}{8}[y_0 + y_n + 3 \times \sum(y_3의\ 배수\ 아닌\ 것) + 2 \times \sum(y_3의\ 배수)]$$
$$= \frac{3 \times 2}{8}[1.8 + 2.4 + 2 \times (1.9) + 3 \times (2.0 + 2.3 + 1.7 + 1.85)]$$
$$= 23.66m^2$$

20 삼각점 간 거리가 3km일 때 관측한 수평각의 허용오차를 2″까지 허용한다면 시준점의 편심을 고려하지 않아도 되는 한도는?

① 2.1cm   ② 2.9cm
③ 4.4cm   ④ 8.7cm

해설 거리관측과 각관측의 정밀도가 같다면
$$\frac{dl}{L} = \frac{\theta}{\rho}\ 이므로$$
$$dl = \frac{\theta}{\rho} \times L = \frac{2″ \times 300,000cm}{206,265″} = 2.9cm$$

정답 19. ④ 20. ②

1회 CBT 실전 모의고사

01 트래버스 측량의 작업순서로 알맞은 것은?
① 선점 – 계획 – 답사 – 조표 – 관측
② 계획 – 답사 – 선점 – 조표 – 관측
③ 답사 – 계획 – 조표 – 선점 – 관측
④ 조표 – 답사 – 계획 – 선점 – 관측

02 1,600m²의 정사각형 토지 면적을 0.5m²까지 정확하게 구하기 위해서 필요한 변길이의 최대 허용오차는?
① 2mm   ② 6.25mm
③ 10mm   ④ 12mm

03 구면 삼각형의 성질에 대한 설명으로 틀린 것은?
① 구면 삼각형의 내각의 합은 180°보다 크다.
② 두 점 간 거리가 구면상에서는 대원의 호길이가 된다.
③ 구면 삼각형의 한 변은 다른 두 변의 합보다 작고 차이보다 크다.
④ 구과량은 구의 반경 제곱에 비례하고 구면 삼각형의 면적에 반비례한다.

04 단곡선 설치에 있어서 교각 $I=60°$, 반경 $R=200m$, 곡선의 시점 B.C.= No.8 +15m일 때 종단현에 대한 편각은? (단, 중심말뚝의 간격은 20m이다.)
① 38′10″   ② 42′58″
③ 1°16′20″   ④ 2°51′53″

05 그림과 같은 트래버스에서 CD측선의 방위는? (단, AB의 방위 = N 82°10′E, ∠ABC = 98°39′, ∠BCD = 67°14′ 이다.)

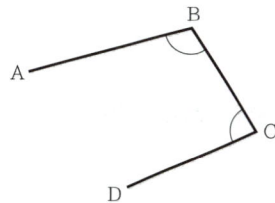

① S 6°17′W   ② S 83°43′W
③ N 6°17′W   ④ N 83°43′W

06 수준측량에서 전시와 후시의 시준거리를 같게 하면 소거가 가능한 오차가 아닌 것은?
① 관측자의 시차에 의한 오차
② 정준이 불안정하여 생기는 오차
③ 기포관 축과 시준축이 평행되지 않았을 때 생기는 오차
④ 지구의 곡률에 의하여 생기는 오차

07 그림과 같은 삼각형을 직선 AP로 분할하여 $m:n = 3:7$의 면적비율로 나누기 위한 BP의 거리는? (단, BC의 거리=500m)

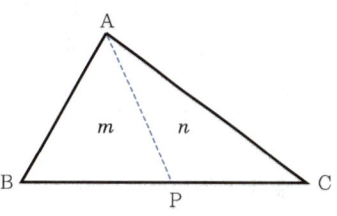

① 100m   ② 150m
③ 200m   ④ 250m

08 등고선에 관한 설명으로 옳지 않은 것은?
① 높이가 다른 등고선은 절대 교차하지 않는다.
② 등고선 간의 최단거리 방향은 최급경사 방향을 나타낸다.
③ 지도의 도면 내에서 폐합되는 경우 등고선의 내부에는 산꼭대기 또는 분지가 있다.
④ 동일한 경사의 지표에서 등고선 간의 수평거리는 같다.

09 하천의 수위관측소 설치를 위한 장소로 적합하지 않은 것은?
① 상하류의 길이가 약 100m 정도는 직선인 곳
② 홍수 시 관측소가 유실 및 파손될 염려가 없는 곳
③ 수위표를 쉽게 읽을 수 있는 곳
④ 합류나 분류에 의해 수위가 민감하게 변화하여 다양한 수위의 관측이 가능한 곳

10 등경사인 지성선 상에 있는 A, B 표고가 각각 43m, 63m이고 AB의 수평거리는 80m이다. 45m, 50m 등고선과 지성선 AB의 교점을 각각 C, D라고 할 때 AC의 도상길이는? (단, 도상축척은 1 : 100이다.)

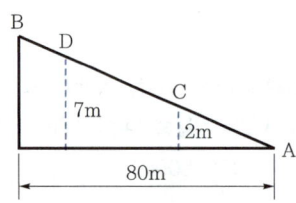

① 2cm   ② 4cm
③ 8cm   ④ 12cm

11 지성선에 해당하지 않는 것은?
① 구조선   ② 능선
③ 계곡선   ④ 경사변환선

12 측량의 분류에 대한 설명으로 옳은 것은?
① 측량 구역이 상대적으로 협소하여 지구의 곡률을 고려하지 않아도 되는 측량을 측지측량이라 한다.
② 측량정확도에 따라 평면기준점측량과 고저기준점측량으로 구분한다.
③ 구면 삼각법을 적용하는 측량과 평면 삼각법을 적용하는 측량과의 근본적인 차이는 삼각형의 내각의 합이다.
④ 측량법에는 기본측량과 공공측량의 두 가지로만 측량을 분류한다.

13 20m 줄자로 두 지점의 거리를 측정한 결과가 320m이었다. 1회 측정마다 ±3mm의 우연오차가 발생한다면 두 지점 간의 우연오차는?
① ±12mm   ② ±14mm
③ ±24mm   ④ ±48mm

14 직접법으로 등고선을 측정하기 위하여 A점에 레벨을 세우고 기계고 1.5m를 얻었다. 70m 등고선 상의 P점을 구하기 위한 표척(staff)의 관측값은? (단, A점 표고는 71.6m이다.)
① 1.0m   ② 2.3m
③ 3.1m   ④ 3.8m

15 측점 A에 각관측 장비를 세우고 50m 떨어져 있는 측점 B를 시준하여 각을 관측할 때, 측선 AB에 직각 방향으로 3cm의 오차가 있었다면 이로 인한 각관측 오차는?
① 0°1′13″   ② 0°1′22″
③ 0°2′04″   ④ 0°2′45″

16 삼각망 조정에 관한 설명으로 옳지 않은 것은?

① 임의 한 변의 길이는 계산경로에 따라 달라질 수 있다.
② 검기선은 측정한 길이와 계산된 길이가 동일하다.
③ 1점 주위에 있는 각의 합은 360°이다.
④ 삼각형의 내각의 합은 180°이다.

17 그림에서 $\overline{AB}=500m$, $\angle a = 71°33'54''$, $\angle b_1 = 36°52'12''$, $\angle b_2 = 39°05'38''$, $\angle c = 85°36'05''$를 관측하였을 때 $\overline{BC}$의 거리는?

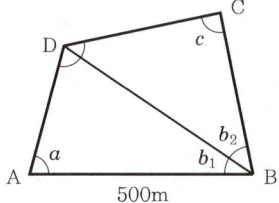

① 391m   ② 412m
③ 422m   ④ 427m

18 도로 설계 시에 단곡선의 외할(E)은 10m, 교각은 60°일 때, 접선장(T.L.)은?

① 42.4m   ② 37.3m
③ 32.4m   ④ 27.3m

19 그림과 같은 터널 내 수준측량의 관측결과에서 A점의 지반고가 20.32m일 때 C점의 지반고는? (단, 관측값의 단위는 m이다.)

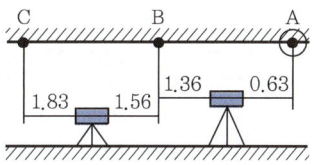

① 21.32m   ② 21.49m
③ 16.32m   ④ 16.49m

20 그림의 다각측량 성과를 이용한 C점의 좌표는? (단, $\overline{AB}=\overline{BC}=100m$이고, 좌표 단위는 m이다.)

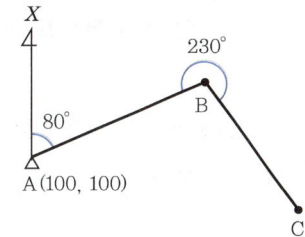

① X=48.27m, Y=256.28m
② X=53.08m, Y=275.08m
③ X=62.31m, Y=281.31m
④ X=69.49m, Y=287.49m

CBT 실전 모의고사 정답 및 해설

ROUND 1회

01	02	03	04	05	06	07	08	09	10
②	②	④	①	④	①	②	①	④	③
11	12	13	14	15	16	17	18	19	20
①	③	①	③	③	①	②	②	①	②

01 트래버스 측량의 작업순서
계획 – 답사 – 선점 – 조표 – 관측(각, 거리) – 오차계산 및 조정 – 측점전개

02 면적측량과 거리측량의 오차
㉠ 면적이 1,600m²인 정사각형의 토지의 한 변의 길이 ($L^2 = A$)
$L = \sqrt{1,600\text{m}^2} = 40\text{m}$

㉡ 변길이의 정확도의 2배가 면적의 정확도이므로
$\dfrac{dA}{A} = 2 \times \dfrac{dl}{l}$ 에서 $\dfrac{0.5\text{m}^2}{1,600\text{m}^2} = 2 \times \dfrac{dl}{40\text{m}}$ 이므로

변길이의 최대 허용오차
$dl = \dfrac{0.5\text{m}^2}{1,600\text{m}^2} \times \dfrac{40\text{m}}{2} = 0.00625\text{m} = 6.25\text{mm}$

03 구면 삼각형과 구과량
넓은 지역의 측량의 경우 정밀한 위치결정을 위해 지구의 곡률을 고려하여 각을 관측하게 되는데 이때 구과량이 발생한다. 구면 삼각형 ABC의 3각을 A, B, C라 하면 이 삼각형 내각의 합은 180°가 넘으며 이 차이를 구과량이라고 한다.
즉, $\varepsilon = (A + B + C) - 180°$

$\varepsilon'' = \dfrac{A}{R^2} \times \rho$

여기서, ε : 구과량, A : 삼각형의 면적, R : 지구 반경, ρ : 라디안

04 종단현에 대한 편각의 계산
종단현의 길이를 먼저 구한 후 편각을 구한다.
㉠ C.L. $= \dfrac{\pi}{180°} RI = \dfrac{\pi}{180°} \times 200 \times 60° = 209.44\text{m}$
㉡ 곡선종점의 위치
$= 175 + \text{C.L.} = 175 + 209.44 = 384.44\text{m}$
㉢ 종단현의 길이 $l_2 = 384.44 - 380 = 4.44\text{m}$
㉣ 종단현의 편각
$\delta_{l_2} = \dfrac{l_2}{2R} \times \dfrac{180°}{\pi} = \dfrac{4.44}{2 \times 200} \times \dfrac{180°}{\pi} = 0°38'10''$

05 방위의 계산
교각관측에 의한 방위각 계산=전측선방위각+180° ± 교각
[시계 방향 교각은 (+), 반시계 방향 교각은 (-)]
① AB의 방위각 $= 82°10'$
② BC의 방위각 $= = 82°10' + 180° - 98°39' = 163°31'$
③ CD의 방위각 $= = 163°31' + 180° - 67°14' = 276°17'$
방위각이 4상한이므로 CD측선의 방위= N(360°−방위각)W
$= N83°43'W$

06 전시와 후시거리를 같게 함으로써 제거되는 오차
㉠ 기계오차(시준축 오차) : 레벨조정의 불안정
㉡ 구차(지구곡률오차)와 기차(대기굴절오차)

07 면적의 분할 계산
삼각형의 꼭짓점과 대응되는 변 사이를 분할하는 경우는 면적의 비율과 분할되는 변의 비율이 비례하게 된다. 즉, 길이의 비가 곧 면적의 비가 된다. 이를 식으로 표현하면

$\dfrac{\triangle ABP}{\triangle ABC} = \dfrac{\frac{1}{2} h \overline{BP}}{\frac{1}{2} h \overline{BC}} = \dfrac{m}{m+n} = \dfrac{\overline{BP}}{\overline{BC}}$

$\therefore \overline{BP} = \dfrac{m}{m+n} \times \overline{BC} = \dfrac{3}{3+7} \times 500 = 150\text{m}$

08 등고선의 성질
높이가 다른 등고선은 일반적으로 교차하지 않으나 동굴이나 절벽에서는 예외적으로 교차하기도 한다.

09 수위관측소의 위치
수위관측소는 합류나 분류가 없어 수위관측이 쉬운 곳이어야 한다.

10 등고선을 이용한 수평거리의 계산
$D : H = 80 : (63 - 43) = D : (45 - 43)$ 에서

$D = \dfrac{80m}{20m} \times 2m = 8m$ 이므로

축척을 고려한 도상거리 $= \dfrac{8m}{100} = 0.08m = 8cm$

11 지성선(地性線, topographical line)의 종류
  ㉠ 능선(능선, 분수선) : 정상을 향하여 가장 높은 점을 연결한 선으로 빗물이 이것을 경계로 흐르게 되므로 분수선이라고도 한다.
  ㉡ 곡선(합수선, 계곡선) : 가장 낮은 점을 연결한 선으로 계곡선이라고도 한다.
  ㉢ 경사변환선 : 동일 방향의 경사면에서 경사의 크기가 다른 두면의 교선을 경사 변환선이라 한다.
  ㉣ 최대 경사선 : 지표의 임의의 한 점에 있어서 그 경사가 최대로 되는 방향을 표시한 선을 말하며 등고선에 직각으로 교차한다. 이는 물이 흐르는 방향으로 유하선이라고도 한다.

12 ① 측량 구역이 상대적으로 협소하여 지구의 곡률을 고려하지 않아도 되는 측량을 평면측량(소지측량)이라 한다.
  ② 측량정확도에 따라 기초측량(골조측량)과 세부측량으로 구분한다.
  ③ 구면 삼각법을 적용하는 측량과 평면 삼각법을 적용하는 측량과의 근본적인 차이는 삼각형의 내각의 합이다.
  ④ 측량법에는 기본측량, 공공측량, 지적측량, 일반측량으로 분류한다.

13 거리측량의 정오차와 우연오차의 전파
  정오차는 관측횟수에 비례하고, 우연오차(부정오차)는 관측횟수의 제곱근에 비례한다.
  ① 관측횟수 $= \dfrac{320m}{20m} = 16(회)$
  ② 우연오차 $= \pm 3mm\sqrt{16} = \pm 12mm$

14 후시와 전시를 이용한 지반고의 계산
  레벨이 수평을 이루면 기계고가 동일하므로
  $Ha + a = Hp + p$ 에서
  $p = Ha + a - Hp = 71.6 + 1.5 - 70 = 3.1m$

15 거리측량과 각측량의 정확도
  거리측량의 정확도와 각측량의 정확도가 동일하다면
  $\dfrac{dl}{l} = \dfrac{d\alpha}{\rho}$ 에서
  $d\alpha = \dfrac{dl}{l} \times \rho = \dfrac{0.03m}{50m} \times \dfrac{180°}{\pi} = 0°2'04''$

16 삼각망조정의 3조건
  ㉠ 각조건 : 삼각망 중 각각 3각형 내각의 합은 180°가 될 것

  ㉡ 변조건 : 삼각망 중에서 임의 한 변의 길이는 계산순서에 관계없이 동일할 것
  ㉢ 점조건(측점조건) : 한 측점 주위에 있는 모든 각의 총합은 360°가 될 것

17 변조건에 의한 거리의 계산
  ㉠ $\overline{BD}$의 길이
  $\dfrac{\overline{AB}}{\sin[180° - \angle(a+b_1)]} = \dfrac{\overline{BD}}{\sin\angle a}$ 에서
  $\overline{BD} = \dfrac{500m}{\sin 71°33'54''} \times \sin 71°33'54'' = 500m$
  ㉡ $\overline{BC}$의 길이
  $\dfrac{\overline{BC}}{\sin[180° - \angle(c+b_2)]} = \dfrac{\overline{BD}}{\sin\angle c}$ 에서
  $\overline{BC} = \dfrac{500m}{\sin 85°36'05''} \times \sin 55°18'17'' ≒ 412m$

18 외선길이를 이용한 접선길이의 계산
  교점(I.P.)으로부터 원곡선의 중점까지 거리는 외선길이(외할)이므로
  $E = R \times \left(\sec\dfrac{I}{2} - 1\right)$
  sec 함수는 cos 함수의 역수이므로
  $R = \dfrac{E}{\left(\sec\dfrac{I}{2} - 1\right)} = \dfrac{10}{\left(\dfrac{1}{\cos\dfrac{60°}{2}} - 1\right)} = 64.641m$
  접선장 $T.L. = R\tan\dfrac{I}{2} = 64.641m \times \tan\dfrac{60°}{2} ≒ 37.3m$

19 터널 내 수준측량에서 지반고의 계산
  표척이 천정에 있는 경우는 관측값을 (-)로 적용하여 계산
  $H_C = H_A + \sum B.S - \sum F.S$
  $= 20.32 + [(-0.63) + (-1.56)] - [(-1.36) + (-1.83)]$
  $= 21.32m$

20 X, Y 좌표의 계산
  ㉠ BC측선의 방위각 = AB측선의 방위각 $+ 180° + \angle B$
  $= 80° + 180° + 230° = 130°$
  ㉡ $X_C = X_A + \overline{AB} \times \cos(\overline{AB}$ 방위각$) + \overline{BC}$
  $\times \cos(\overline{BC}$ 방위각$)$
  $= 100m + 100m \times \cos(80°) + 100m \times \cos(130°)$
  $= 53.08m$
  ㉢ $Y_C = Y_A + \overline{AB} \times \sin(\overline{AB}$ 방위각$) + \overline{BC}$
  $\times \sin(\overline{BC}$ 방위각$)$
  $= 100m + 100m \times \sin(80°) + 100m \times \sin(130°)$
  $= 275.08m$

ROUND 02회 CBT 실전 모의고사

01 축척 1 : 50,000 지형도상에서 주곡선 간의 도상 길이가 1cm이었다면 이 지형의 경사는?
① 4%   ② 5%
③ 6%   ④ 10%

02 노선측량에 관한 설명 중 옳은 것은?
① 일반적으로 단곡선 설치 시 가장 많이 이용하는 방법은 지거법이다.
② 곡률이 곡선길이에 비례하는 곡선을 클로소이드 곡선이라 한다.
③ 완화곡선의 접선은 시점에서 원호에, 종점에서 직선에 접한다.
④ 완화곡선의 반경은 종점에서 무한대이고 시점에서는 원곡선의 반경이 된다.

03 시가지에서 25변형 폐합 트래버스 측량을 한 결과 측각오차가 1′5″이었을 때, 이 오차의 처리는? (단, 시가지에서의 허용오차: $20″\sqrt{n} \sim 30″\sqrt{n}$, n: 트래버스의 측점 수, 각측정의 정확도는 같다.)
① 오차를 각 내각에 균등배분 조정한다.
② 오차가 너무 크므로 재측(再測)을 하여야 한다.
③ 오차를 내각(內角)의 크기에 비례하여 배분 조정한다.
④ 오차를 내각(內角)의 크기에 반비례하여 배분 조정한다.

04 하천측량에서 수애선의 기준이 되는 수위는?
① 갈수위   ② 평수위
③ 저수위   ④ 고수위

05 지성선에 관한 설명으로 옳지 않은 것은?
① 지성선은 지표면이 다수의 평면으로 구성되었다고 할 때 평면 간 접합부, 즉 접선을 말하며 지세선이라고도 한다.
② 철(凸)선을 능선 또는 분수선이라 한다.
③ 경사변환선이란 동일 방향의 경사면에서 경사의 크기가 다른 두 면의 접합선이다.
④ 요(凹)선은 지표의 경사가 최대로 되는 방향을 표시한 선으로 유하선이라고 한다.

06 수준측량에서 레벨의 조정이 불완전하여 시준선이 기포관축과 평행하지 않을 때 생기는 오차의 소거 방법으로 옳은 것은?
① 정위, 반위로 측정하여 평균한다.
② 지반이 견고한 곳에 표척을 세운다.
③ 전시와 후시의 시준거리를 같게 한다.
④ 시작점과 종점에서의 표척을 같은 것을 사용한다.

07 트래버스 측점 A의 좌표가 (200, 200)이고, AB 측선의 길이가 50m일 때 B점의 좌표는? (단, AB의 방위각은 195°이고, 좌표의 단위는 m이다.)
① (248.3, 187.1)   ② (248.3, 212.9)
③ (151.7, 187.1)   ④ (151.7, 212.9)

08 토량 계산공식 중 양단면의 면적차가 클 때 산출된 토량의 일반적인 대소 관계로 옳은 것은? (단, 중앙단면법: A, 양단면 평균법: B, 각주공식: C)
① A=C<B   ② A<C=B
③ A<C<B   ④ A>C>B

09 평균표고 730m인 지형에서 AB 측선의 수평거리를 측정한 결과 5,000m이었다면 평균해수면에서의 환산 거리는? (단, 지구의 반경은 6,370km)

① 5,000.57m ② 5,000.66m
③ 4,999.34m ④ 4,999.43m

10 거리측량의 정확도가 1/10,000일 때 같은 정확도를 가지는 각 관측오차는?

① 18.6″ ② 19.6″
③ 20.6″ ④ 21.6″

11 수심이 h인 하천의 평균 유속을 구하기 위하여 수면으로부터 $0.2h$, $0.6h$, $0.8h$가 되는 깊이에서 유속을 측량한 결과 초당 0.8m, 1.5m, 1.0m이었다. 3점법에 의한 평균 유속은?

① 0.9m/s ② 1.0m/s
③ 1.1m/s ④ 1.2m/s

12 도로의 종단곡선으로 주로 사용되는 곡선은?

① 2차포물선 ② 3차포물선
③ 클로소이드 ④ 렘니스케이트

13 지오이드(geoid)에 대한 설명으로 옳은 것은?

① 육지와 해양의 지형면을 말한다.
② 육지 및 해저의 요철(凹凸)을 평균한 매끈한 곡면이다.
③ 회전타원체와 같은 것으로 지구의 형상이 되는 곡면이다.
④ 평균해수면을 육지 내부까지 연장했을 때의 가상적인 곡면이다.

14 노선에 곡선반경 $R=600$m인 곡선을 설치할 때, 현의 길이 $L=20$m에 대한 편각은?

① 54′18″ ② 55′18″
③ 56′18″ ④ 57′18″

15 그림과 같이 2회 관측한 ∠AOB의 크기는 21°36′28″, 3회 관측한 ∠BOC는 63°18′45″, 6회 관측한 ∠AOC는 84°54′37″일 때 ∠AOC의 최확값은?

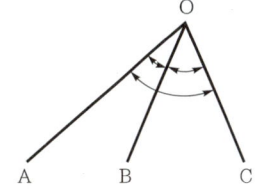

① 84°54′25″ ② 84°54′31″
③ 84°54′43″ ④ 84°54′49″

16 그림과 같은 도로 횡단면도의 단면적은? (단, O을 원점으로 하는 좌표(x, y)의 단위: m)

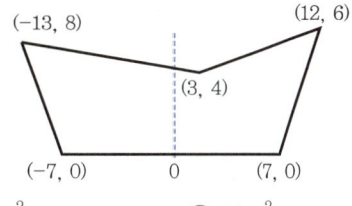

① 94m² ② 98m²
③ 102m² ④ 106m²

17 삼각형 A, B, C의 내각을 측정하여 다음과 같은 결과를 얻었다. 오차를 보정한 각 B의 최확값은?

| ∠A=59°59′27″ (1회 관측) |
| ∠B=60°00′11″ (2회 관측) |
| ∠C=59°59′49″ (3회 관측) |

① 60°00′20″ ② 60°00′22″
③ 60°00′33″ ④ 60°00′44″

18 트래버스 측량의 결과로 위거오차 0.4m, 경거오차 0.3m를 얻었다. 총 측선의 길이가 1,500m이었다면 폐합비는?

① 1/2,000 ② 1/3,000
③ 1/4,000 ④ 1/5,000

19 GNSS 관측성과로 틀린 것은?

① 지오이드 모델   ② 경도와 위도
③ 지구중심좌표   ④ 타원체고

20 교호수준측량에서 A점의 표고가 55.00m이고 $a_1=1.34m$, $b_1=1.14m$, $a_2=0.84m$, $b_2=0.56m$일 때 B점의 표고는?

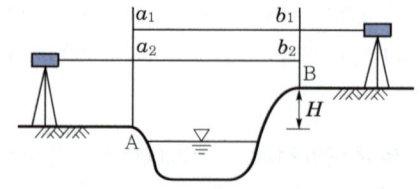

① 55.24m   ② 56.48m
③ 55.22m   ④ 56.42m

CBT 실전 모의고사 정답 및 해설

01	02	03	04	05	06	07	08	09	10
①	②	①	②	④	③	③	③	④	③
11	12	13	14	15	16	17	18	19	20
④	①	④	④	③	③	①	②	①	①

01 등고선을 이용한 경사의 계산
축척 1 : 50,000의 지형도에서 주곡선의 간격은 20m이다.

경사도 $i[\%] = \dfrac{높이차}{수평거리} \times 100\% = \dfrac{H}{D} \times 100$ 이고

도상거리 1cm의 실거리는 50,000cm=500m이므로

$i = \dfrac{20\text{m}}{500\text{m}} \times 100 = 4\%$

02
① 일반적으로 단곡선 설치 시 가장 많이 이용하는 방법은 편각법이다.
③ 완화곡선의 접선은 시점에서 직선에, 종점에서 원호에 접한다.
④ 완화곡선의 반경은 시점에서 무한대이고 종점에서는 원곡선의 반경이 된다.

03 다각측량의 각오차 처리방법
㉠ 폐합 트래버스의 허용오차: $20''\sqrt{n} \sim 30''\sqrt{n} = 100'' \sim 150''$
㉡ 측각오차: $11'15'' = 75''$
㉢ 허용오차의 범위 안에 있으므로 각 내각에 균등 배분하여 조정한다.

04 하천측량 수위의 기준
수애선의 결정은 평수위, 지형도 작성 및 해안선은 만수위(약최고고조면), 간출암은 최저수위(약최저저조면)로 결정한다.

05 지성선의 종류
㉠ 능선: 지표면 높은 곳의 꼭대기점을 연결한 선, 빗물이 이 경계선을 좌우로 하여 흐르게 되므로 분수선이라고도 함
㉡ 곡선: 지표면 낮거나 움푹 패인 점을 연결한 선, 사면을 흐른 물이 이 곳을 향하여 모이게 되므로 합수선이라고도 함
㉢ 경사변환선: 동일 방향의 경사면에서 경사의 크기가 다른 두 면의 접합선
㉣ 최대경사선: 지표의 임의의 1점에 있어서 그 경사가 최대로 되는 방향을 표시한 선, 물이 흐르는 방향으로 유선이라고도 함

06 수준측량에서 전시와 후시의 거리를 같게 하는 것이 좋은 가장 큰 이유는 레벨의 시준선 오차 소거에 있다.
전시와 후시거리를 같게 함으로써 제거되는 오차
① 기계오차(시준축오차): 레벨조정의 불안정
② 구차(지구곡률오차)와 기차(대기굴절오차)

07 X, Y 좌표의 계산
① $X_B = X_A + \overline{AB} \times \cos(\overline{AB}\text{ 방위각})$
$= 200\text{m} + 50\text{m} \times \cos(195°) = 151.7\text{m}$
② $Y_B = Y_A + \overline{AB} \times \sin(\overline{AB}\text{ 방위각})$
$= 200\text{m} + 50\text{m} \times \sin(195°) = 187.1\text{m}$

08 단면법에 의한 토량의 일반적인 대소관계
단면에 의한 체적의 계산에서 가장 정확한 방법은 각주공식, 상대적으로 가장 적은 토량이 산정되는 방법은 중앙단면법, 가장 많은 토량이 산정되는 방법은 양단면 평균법이다. 도로 설계에서는 양단면 평균법에 의하여 토량을 산정한다.

09 거리측량의 표고보정
표고 730m의 수평거리가 5,000m이므로 이를 평균해면상 거리로 환산하면 보정량은 줄어들게 된다.
㉠ 평균해수면에 대한 오차 보정량의 일반적인 적용은
$C_h = -\dfrac{H}{R}L_0 = -\dfrac{730\text{m}}{6,370\text{km}} \times 5\text{km} = -0.57\text{m}$
여기서, R: 지구 반경, H: 높이, L_0: 기준면상의 거리
㉡ 보정 후의 거리 $L = L_0 + C_h = 5,000 - 0.57 = 4,999.4\text{m}$

10 거리측량과 각측량의 정확도
거리측량의 정확도와 각측량의 정확도가 동일하다면
$\dfrac{dl}{l} = \dfrac{d\alpha}{\rho}$ 이므로 $\dfrac{dl}{l} = \dfrac{1}{10,000} = \dfrac{d\alpha}{206,265''}$ 에서
$d\alpha = \dfrac{206,265''}{10,000} = 20.6''$

11 3점법에 의한 평균유속의 결정

3점법 $V_m = \dfrac{1}{4}(V_{0.2} + 2V_{0.6} + V_{0.8})$

$= \dfrac{1}{4}(0.8 + 2 \times 1.5 + 1.0) = 1.2\,\text{m/s}$

12 종단곡선 설치에 사용되는 곡선

종단곡선 설치에 도로는 2차포물선, 철도는 원곡선이 이용된다.

13 지오이드(Geoid)의 정의 및 특징
- ㉠ 정의 : 평균해수면을 육지로 연장시켜 지구 물체를 둘러싸고 있다고 가정한 곡면
- ㉡ 지오이드의 특징
  - 지오이드는 등퍼텐셜면이다.
  - 지오이드는 연직선 중력 방향에 직교한다.
  - 지오이드는 불규칙한 지형이다.
  - 지오이드는 위치에너지($E = mgh$)가 0이다.
  - 지오이드는 육지에서는 회전타원체 위에 존재하고, 바다에서는 회전타원체면 아래에 존재한다.

14 20m에 대한 편각의 계산

20m의 편각 $\delta = \dfrac{l}{2R} \times \rho = \dfrac{20}{2 \times 600} \times \dfrac{180°}{\pi} = 0°57'18''$

15 경중률이 다른 각관측의 최확값

측각오차는 ∠AOC−(∠AOB+∠BOC)로 구하고 −36″이며, ∠AOC는 (−)오차이다.
오차는 경중률에 반비례하므로 측각오차의 조정은 관측횟수에 반비례하여

$P_{\angle AOB} : P_{\angle BOC} : P_{\angle AOC} = \dfrac{1}{2} : \dfrac{1}{3} : \dfrac{1}{6} = 3 : 2 : 1$

∠AOC $= 84°54'37'' + \dfrac{1}{3+2+1} \times 36'' = 84°54'43''$

16 좌표법에 의한 면적의 계산

좌표법에 의하여 계산하면 (A점에서 시작하여 시계 방향으로 다시 A점으로 폐합)

$\dfrac{-7}{0} \bowtie \dfrac{-13}{8} \bowtie \dfrac{3}{4} \bowtie \dfrac{12}{6} \bowtie \dfrac{7}{0} \bowtie \dfrac{-7}{0}$

$\sum\nearrow = (-13 \times 0) + (3 \times 8) + (12 \times 4) + (7 \times 6) + (-7 \times 0)$
$= 114$

$\sum\searrow = (-7 \times 8) + (-13 \times 4) + (3 \times 6) + (12 \times 0) + (7 \times 0)$
$= -90$

$2 \cdot A = \sum\nearrow - \sum\searrow = 114 - (-90) = 204$

$A = \dfrac{2 \cdot A}{2} = 102\,\text{m}^2$

17 경중률이 다른 각관측의 최확값
- ㉠ 삼각형 내각의 합=179°59′27″이므로 각관측오차 $= -33''$
- ㉡ 오차의 분배 비율은 관측횟수에 반비례하므로
  $A : B : C = \dfrac{1}{1} : \dfrac{1}{2} : \dfrac{1}{3} = 6 : 3 : 2$
- ㉢ B의 최확값 $= 60°00'11'' + \dfrac{3}{6+3+2} \times 33'' = 60°00'20''$

18 폐합비(R)의 계산

$R = \dfrac{\text{폐합오차}}{\text{측선길이의 합}}$ 에서

폐합오차 $= \sqrt{\text{위거오차}^2 + \text{경거오차}^2}$ 이므로

폐합비 $= \dfrac{\sqrt{0.4^2 + 0.3^2}}{1,500} = \dfrac{1}{3,000}$

19 GNSS 관측성과

GNSS 관측성과로는 지구중심좌표로 경도와 위도, 타원체고를 들 수 있으나 지오이드 모델을 정립하지는 못한다.

20 교호수준측량을 이용한 표고의 계산

교호수준측량은 양안에서 수준측량한 결과를 평균하여 높이차를 계산하는 관측방법이다.

$H_B = H_A + \dfrac{1}{2}\{(a_1 - b_1) + (a_2 - b_2)\}$

$= 55 + \dfrac{1}{2}\{(1.34 - 1.14) + (0.84 - 0.56)\}$

$= 55.24\,\text{m}$

제3회 CBT 실전 모의고사

01 다음 중 지구의 형상에 대한 설명으로 틀린 것은?
 ① 회전타원체는 지구의 형상을 수학적으로 정의한 것이고, 어느 하나의 국가에 기준으로 채택한 타원체를 준거타원체라 한다.
 ② 지오이드는 물리적인 형상을 고려하여 만든 불규칙한 곡면이며, 높이 측정의 기준이 된다.
 ③ 임의 지점에서 회전타원체에 내린 법선이 적도면과 만나는 각도를 측지위도라 한다.
 ④ 지오이드상에서 중력 퍼텐셜의 크기는 중력이상에 의하여 달라진다.

02 폐합 트래버스 ABCD에서 각측선의 경거, 위거가 표와 같을 때, AD측선의 방위각은?

측선	위거(m) (+)	위거(m) (−)	경거(m) (+)	경거(m) (−)
AB	50		50	
BC		30	60	
CD		70		60
DA				

 ① 133°   ② 135°
 ③ 137°   ④ 145°

03 수준측량에서 수준 노선의 거리와 무게(경중률)의 관계로 옳은 것은?
 ① 노선거리에 비례한다.
 ② 노선거리에 반비례한다.
 ③ 노선거리의 제곱근에 비례한다.
 ④ 노선거리의 제곱근에 반비례한다.

04 직사각형 두 변의 길이를 1/200 정확도로 관측하여 면적을 구할 때 산출된 면적의 정확도는?
 ① 1/50   ② 1/100
 ③ 1/200   ④ 1/400

05 전자파거리측량기로 거리를 측량할 때 발생되는 관측오차에 대한 설명으로 옳은 것은?
 ① 모든 관측오차는 거리에 비례한다.
 ② 모든 관측오차는 거리에 비례하지 않는다.
 ③ 거리에 비례하는 오차와 비례하지 않는 오차가 있다.
 ④ 거리가 어떤 길이 이상으로 커지면 관측오차가 상쇄되어 길이에 대한 영향이 없어진다.

06 직접고저측량을 실시한 결과가 그림과 같을 때, A점의 표고가 10m라면 C점의 표고는? (단, 그림은 개략도로 실제 치수와 다를 수 있다.) [단위: m]

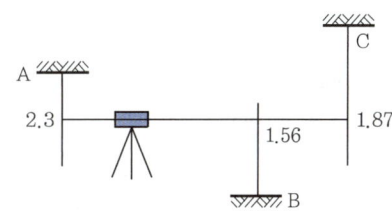

 ① 9.57m   ② 9.66m
 ③ 10.57m   ④ 10.66m

07 지구 표면의 거리 35km까지를 평면으로 간주했다면 허용정밀도는 약 얼마인가? (단, 지구의 반경은 6,370km이다.)
 ① 1/300,000   ② 1/400,000
 ③ 1/500,000   ④ 1/600,000

08 축척 1:25,000의 수치지형도에서 경사가 10%인 등경사 지형의 주곡선 간 도상거리는?
 ① 2mm   ② 4mm
 ③ 6mm   ④ 8mm

09 축척에 대한 설명 중 옳은 것은?
① 축척 1:500 도면에서의 면적은 실제면적의 1/1,000이다.
② 축척 1:600 도면을 축척 1:200으로 확대했을 때 도면의 크기는 3배가 된다.
③ 축척 1:300 도면에서의 면적은 실제면적의 1/9,000이다.
④ 축척 1:500 도면을 축척 1:1,000으로 축소했을 때 도면의 크기는 1/4이 된다.

10 종단면도에 표기하여야 하는 사항으로 거리가 먼 것은?
① 흙깎기 토량과 흙쌓기 토량
② 거리 및 누가거리
③ 지반고 및 계획고
④ 경사도

11 삼각측량을 위한 삼각망 중에서 유심다각망에 대한 설명으로 틀린 것은?
① 농지측량에 많이 사용된다.
② 방대한 지역의 측량에 적합하다.
③ 삼각망 중에서 정확도가 가장 높다.
④ 동일측점 수에 비하여 포함면적이 가장 넓다.

12 정확도 1/5,000을 요구하는 50m 거리 측량에서 경사거리를 측정하여도 허용되는 두 점 간의 최대 높이차는?
① 1.0m ② 1.5m
③ 2.0m ④ 2.5m

13 지형을 표시하는 방법 중에서 짧은 선으로 지표의 기복을 나타내는 방법은?
① 점고법 ② 영선법
③ 단채법 ④ 등고선법

14 완화곡선 중 클로소이드에 대한 설명으로 틀린 것은?
① 클로소이드는 나선의 일종이다.
② 매개변수를 바꾸면 다른 무수한 클로소이드를 만들 수 있다.
③ 모든 클로소이드는 닮은꼴이다.
④ 클로소이드 요소는 모두 길이의 단위를 갖는다.

15 측량에 있어 미지값을 관측할 경우에 나타나는 오차와 관련된 설명으로 틀린 것은?
① 경중률은 분산에 반비례한다.
② 경중률은 반복 관측일 경우 각 관측값 간의 편차를 의미한다.
③ 일반적으로 큰 오차가 생길 확률은 작은 오차가 생길 확률보다 매우 작다.
④ 표준편차는 각과 거리 같은 1차원의 경우에 대한 정밀도의 척도이다.

16 GNSS 측량에 대한 설명으로 틀린 것은?
① 다양한 항법위성을 이용한 3차원 측위방법으로 GPS, GLONASS, Galileo 등이 있다.
② VRS 측위는 수신기 1대를 이용한 절대 측위방법이다.
③ 지구질량중심을 원점으로 하는 3차원 직교좌표 체계를 사용한다.
④ 정지측량, 신속정지측량, 이동측량 등으로 측위방법을 구분할 수 있다.

17 하천측량을 실시하는 주목적에 대한 설명으로 가장 적합한 것은?
① 하천 개수공사나 공작물의 설계, 시공에 필요한 자료를 얻기 위하여
② 유속 등을 관측하여 하천의 성질을 알기 위하여
③ 하천의 수위, 기울기, 단면을 알기 위하여
④ 평면도, 종단면도를 작성하기 위하여

18 클로소이드 곡선에서 곡선반경(R)=450m, 매개변수(A)=300m일 때 곡선길이(L)는?

① 100m ② 150m
③ 200m ④ 250m

19 교점(I.P.)은 도로 기점에서 500m의 위치에 있고 교각 $I=36°$일 때 외선길이(외할)=5.00m라면 시단현의 길이는? (단, 중심말뚝거리는 20m이다.)

① 10.43m ② 11.57m
③ 12.36m ④ 13.25m

20 중심말뚝의 간격이 20m인 도로구간에서 각 지점에 대한 횡단면적을 표시한 결과가 그림과 같을 때, 각주공식에 의한 전체 토공량은?

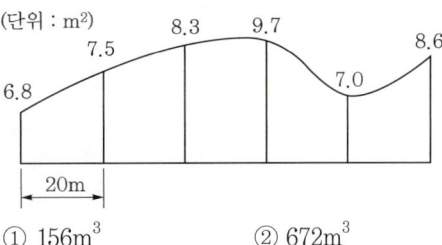

① 156m³ ② 672m³
③ 817m³ ④ 920m³

CBT 실전 모의고사 정답 및 해설

01	02	03	04	05	06	07	08	09	10
④	②	②	②	③	①	②	②	④	①
11	12	13	14	15	16	17	18	19	20
③	①	②	④	②	②	①	③	②	③

01 지구의 형상의 구분
중력이상은 측정중력과 표준중력과의 차이를 의미하며 관측지점의 고도, 지형 등의 차이에 의해 발생하므로 이를 보정하게 되며, 지오이드상에서 중력 퍼텐셜의 크기는 0으로 모두 동일하다.

02 위거, 경거를 이용한 방위각의 계산
폐합 트래버스의 관측오차가 없다면 위거의 합과 경거의 합은 0이 되어야 하므로 DA측선의 위거는 +50, 경거는 +50이다.
DA측선의 방위각 $= \tan^{-1}\left(\dfrac{DA 경거}{DA 위거}\right) = \tan^{-1}\left(\dfrac{+50}{-50}\right)$
$= -45°$
4상한각이므로 DA방위각은 315°
AD측선의 방위각은 DA측선의 역방위각이므로
315°−180°=135°

03 노선의 거리와 경중률의 관계
㉠ 직접수준측량에서 경중률은 노선거리에 반비례한다.
㉡ 간접수준측량에서 경중률은 노선거리의 제곱에 반비례한다.

04 면적측량 정확도의 계산
면적측량의 정확도는 거리측량의 정확도의 2배이므로
$\dfrac{dA}{A} = 2 \times \dfrac{dl}{l}$ 에서 $\dfrac{dA}{A} = 2 \times \dfrac{1}{200} = \dfrac{1}{100}$

05 광파거리측량기의 오차
㉠ 거리에 비례하는 오차: 광속도 오차, 광변조 주파수의 오차, 굴절률의 오차
㉡ 거리에 비례하지 않는 오차: 측정기의 정수, 반사경 정수의 오차, 위상차 측정오차, 측정기와 반사경의 구심오차

06 터널 내 수준측량에서 지반고의 계산
표척이 거꾸로 설치되어 있으면 관측값은 (−)로 계산
$H_C = H_A + B.S - F.S = 10 + (-2.3) - (-1.87) = 9.57$m

07 평면측량의 허용정밀도
거리관측의 정밀도 $\dfrac{d-D}{D} = \dfrac{1}{12}\left(\dfrac{D}{R}\right)^2$ 에서
$\dfrac{d-D}{D} = \dfrac{1}{12}\left(\dfrac{35\text{km}}{6,370\text{km}}\right)^2 ≒ \dfrac{1}{400,000}$

08 등고선을 이용한 수평거리의 계산
1:25,000 지형도의 주곡선 간격은 10m이고 지형도상 높이는 10m/25,000=0.4mm
경사 $= \dfrac{H}{D} \times 100(\%)$ 에서 $10\% = \dfrac{0.4\text{mm}}{D} \times 100\%$
$D = \dfrac{0.4\text{mm}}{10\%} \times 100\% = 4$mm

09 ① 축척 1:500 도면에서의 면적은 실제면적의 1/250,000이다.
② 축척 1:600 도면을 축척 1:200으로 확대했을 때 도면의 크기는 9배가 된다.
③ 축척 1:300 도면에서의 면적은 실제면적의 1/90,000이다.
④ 축척 1:500 도면을 축척 1:1,000으로 축소했을 때 도면의 크기는 1/4이 된다.

10 노선측량 종단면도의 표기사항
㉠ 측점의 위치
㉡ 측점 간의 수평거리
㉢ 각 측점의 누가거리
㉣ 측점의 지반고 및 계획고
㉤ 지반고와 계획고의 차이, 즉 성토고와 절토고
㉥ 계획선의 경사
㉦ 평면곡선의 설치위치

11 삼각망의 종류
- ㉠ 단열삼각망 : 동일측점 수에 비하여 도달거리가 가장 길기 때문에 폭이 좁고 거리가 먼 지역에 적합하다. 거리에 비하여 관측 수가 적으므로 측량이 신속하고 경비가 적게 드는 반면 정밀도는 낮다.
- ㉡ 유심삼각망 : 동일측점 수에 비하여 피복면적이 가장 넓다. 넓은 지역의 측량에 적당하고, 정밀도는 단열삼각망과 사변형 삼각망의 중간이다.
- ㉢ 사변형 삼각망 : 조건식의 수가 가장 많기 때문에 가장 높은 정밀도를 얻을 수 있으나, 조정이 복잡하고 피복면적이 적으며 많은 노력과 시간 그리고 경비가 필요하다. 높은 정밀도를 필요로 하는 측량이나 기선 삼각망 등에 사용된다.

12 거리측량의 경사보정

경사에 의한 오차 $C_i = -\dfrac{h^2}{2L}$ 에서 $h = \sqrt{2C_iL}$

$\dfrac{1}{5,000} = \dfrac{C_i}{50}$ 에서 $C_i = \dfrac{50\text{m}}{5,000} = 0.01\text{m}$ 이므로

$h = \sqrt{2C_iL} = \sqrt{2 \times 0.01 \times 50} = 1\text{m}$

13 지형도 표시방법
(1) 부호도법
- ㉠ 점고법 : 하천, 항만, 해양측량 등에서 심천측량을 한 측점에 숫자를 기입하여 고저를 표시하는 방법
- ㉡ 채색법 : 색조를 이용하여 고저를 표시하는 방법
- ㉢ 등고선법 : 일정한 높이의 수평면으로 지형을 절단했을 때의 잘린 면의 곡선을 이용하여 지형을 표시

(2) 자연도법
- ㉠ 영선법 : 우모와 같이 짧고 거의 평행한 선의 간격, 굵기, 길이, 방향 등에 의하여 지형을 표시하는 방법
- ㉡ 음영법 : 서북쪽 45° 방향에서 평행광선이 비칠 때 생기는 그림자로 기복의 모양을 표시하는 방법

14 클로소이드의 성질
- ㉠ 클로소이드는 나선의 일종이다.
- ㉡ 모든 클로소이드는 닮은꼴(상사성)이다.
- ㉢ 단위가 있는 것도 있고 없는 것도 있다.
- ㉣ τ는 30°가 적당하다.

15 경중률(관측값의 무게)의 정의 및 적용

미지량의 관측에서 그 정밀도가 동일하지 않은 경우에는 어떤 계수를 곱하여 개개의 관측값 간에 평형을 잡은 후 그 최확값을 구해야 한다. 이때에 이 계수를 경중률이라 하는데, 관측값들의 신뢰도를 나타내는 값으로 관측회수에 비례, 분산에 반비례, 관측거리에 반비례하며 평균제곱근오차(표준편차)의 제곱에 반비례한다.

16 VRS 측위는 수신기 1대를 이용한 상대 측위 방법이다.

VRS(Virtual Reference Station, 가상기준점 방식)의 특징
- ㉠ 이동국의 개략적인 위치정보를 VRS서버에 전송하여 인접한 지점에 VRS를 생성한 후 VRS지점에 관측값과 보정값을 제공함으로써 대기효과가 제거된 상태에서 이동국의 위치를 결정한다.
- ㉡ 실시간 정밀측량방식으로 반송파를 기반으로 측량을 수행한다.

17 하천측량을 실시하는 주목적

하천 개수공사나 공작물의 설계, 시공에 필요한 자료를 얻기 위하여

18 클로소이드 곡선길이의 계산

$A^2 = RL$에서

$L = \dfrac{A^2}{R} = \dfrac{300^2}{450} = 200\text{m}$

19 시단현 길이의 계산

중심말뚝의 간격이 20m이므로 시단현의 길이는 곡선시점에서 다음 말뚝까지의 거리를 의미한다.

$E = R \times \left(\sec\dfrac{I}{2} - 1\right)$

sec 함수는 cos 함수의 역수이므로

$R = \dfrac{E}{\left(\sec\dfrac{I}{2} - 1\right)} = \dfrac{5}{\left(\dfrac{1}{\cos\dfrac{36°}{2}} - 1\right)} = 97.159\text{m}$

$\text{T.L} = R\tan\dfrac{I}{2} = 97.159 \times \tan\dfrac{36°}{2} = 31.57\text{m}$

곡선시점(B.C.)의 위치 = 시점~교점까지의 거리 − T.L.
= 500 − 31.57 = 468.43m

시단현의 길이 l_1은 B.C.점의 위치보다 큰 20의 배수에서 빼주므로 480 − 468.43 = 11.57m

20 각주공식에 의한 토공량의 계산

각주공식에 의한 토공량 산정에서 표시된 면적의 개수가 짝수이면 마지막 단면의 체적은 양단면 평균에 의해 구한다.

$V = \dfrac{h}{3}\left(A_0 + A_n + 4\sum A_{홀수} + 2\sum A_{짝수}\right)$
$\quad + \dfrac{h}{2}(A_{n-1} + A_n)$
$= \dfrac{20}{3}(6.8 + 7.0 + 4 \times (7.5 + 9.7) + 2 \times 8.3)$
$\quad + \dfrac{20}{2}(7.0 + 8.6)$
$= 817\text{m}^3$

[저자 소개]

이진녕

- 건국대학교 토목공학과 공학박사
- 측량및지형공간정보기술사
- 현) ㈜동광지엔티 이사
- 현) 명지전문대학 지적과 겸임교수
  신구대학교 지적공간정보학과 겸임교수
  서울과학기술대학교 등 출강
- 전) 도화종합기술공사 단지설계부 과장
- 전) 삼보기술단 도로사업본부 이사
- 전) 신한항업 업무부 이사

[저서]
- 원샷!원킬 토질 및 기초(성안당, 2026)
- 공간정보학(구미서관, 2024)
- 기본측량학(구미서관, 2022)
- 지적측량 공무원 기출 총정리(구미서관, 2020)
- 알기 쉽게 풀어쓴 지적기사/지적산업기사[필기](에듀피디, 2022)
- 지적기사 기출문제로 끝내기[필기](에듀피디, 2022)
- 동영상과 함께하는 토목 CAD(예문사, 2008)

토목기사 필기 완벽 대비
원샷!원킬! 토목기사시리즈 ❷ 측량학

2025. 1. 15. 초 판 1쇄 발행
2026. 1. 7. 개정증보 1판 1쇄 발행

지은이 | 이진녕
펴낸이 | 이종춘
펴낸곳 | BM ㈜도서출판 **성안당**
주소 | 04032 서울시 마포구 양화로 127 첨단빌딩 3층(출판기획 R&D 센터)
       10881 경기도 파주시 문발로 112 파주 출판 문화도시(제작 및 물류)
전화 | 02) 3142-0036
       031) 950-6300
팩스 | 031) 955-0510
등록 | 1973. 2. 1. 제406-2005-000046호
출판사 홈페이지 | www.cyber.co.kr
ISBN | 978-89-315-1222-9 (13530)
정가 | 24,000원

이 책을 만든 사람들
기획 | 최옥현
진행 | 이희영
전산편집 | 이다혜
표지 디자인 | 박현정
홍보 | 김계향, 임진성, 김주승, 최정민, 이해솔
국제부 | 이선민, 조혜란
마케팅 | 구본철, 차정욱, 오영일, 나진호, 강호묵
마케팅 지원 | 장상범
제작 | 김유석

이 책의 어느 부분도 저작권자나 BM ㈜도서출판 **성안당** 발행인의 승인 문서 없이 일부 또는 전부를 사진 복사나 디스크 복사 및 기타 정보 재생 시스템을 비롯하여 현재 알려지거나 향후 발명될 어떤 전기적, 기계적 또는 다른 수단을 통해 복사하거나 재생하거나 이용할 수 없음.

※ 잘못된 책은 바꾸어 드립니다.